Möglichkeit und Wirklichkeit

von

Nicolai Hartmann

Walter de Gruyter & Co.
vormals G. J. Göschensche Verlagshandlung / J. Guttentag, Verlagsbuchhandlung / Georg Reimer / Karl J. Trübner / Veit & Comp.
Berlin 1938

Printed in Germany
Archiv-Nr. 42 42 38
Druck von Walter de Gruyter & Co., Berlin W 35

Vorwort

Es ist das zweite Stück der Ontologie, das ich in diesem Bande vorlege. Es knüpft aufs engste an die vier Untersuchungen „Zur Grundlegung der Ontologie" an, die ich vor zwei Jahren herausbrachte; es verhält sich zu den letzteren wie das Kernstück einer Wissenschaft zu den Präliminarien. Es steht mitten inne zwischen diesen und der schon viel spezielleren Analyse des kategorialen Aufbaus der realen Welt.

Daß die Lehre von der Modalität diese Schlüsselstellung innerhalb der verzweigten Problematik des „Seienden als Seienden" einnimmt, wird noch zu erweisen sein. Denn ohne weiteres einleuchtend ist das keineswegs. Der Erweis aber ist fast identisch mit dem Gange der Untersuchung selbst. Soviel nur läßt sich zum voraus sagen: die große Frage, was überhaupt „Realität" ist — d. h. was eigentlich die „Seinsweise" dieser im ewigen Fluß begriffenen Welt ist, die unser Leben umfängt, die uns hervorbringt und über uns weggeht, — diese Frage ist, wenn überhaupt, so nur auf die eine Weise zu behandeln, welche die Modalanalyse eröffnet. Die Modalanalyse dringt in das Gefüge von Möglichkeit und Wirklichkeit, Notwendigkeit und Zufälligkeit ein und gewinnt aus dem eigenartigen Verhältnis, welches die Modi im Zuge des Weltgeschehens miteinander eingehen, den ontologischen Innenaspekt des Realseins als solchen, der seine positive Bestimmung wenigstens mittelbar möglich macht.

Es geht in diesem Buche also nicht um „Möglichkeit und Wirklichkeit" allein. Es geht noch um sehr vieles mehr, was ein Buchtitel nicht aussprechen kann. Möglichkeit und Wirklichkeit stehen nur insofern im Zentrum der neuen Untersuchungen, als in ihrem Verhältnis fast sämtliche Aufschlüsse über das mancherlei Größere und Wichtigere zu suchen sind, das hier seinen Austrag finden muß.

Aus der „Grundlegung" dürfte zur Genüge hervorgegangen sein, welche Schwierigkeit es mit der genaueren Bestimmung — oder auch nur Beschreibung — der reinen Seinsweisen auf sich hat. Die Analyse von Dasein und Sosein bildete hierfür nur eine Vorbereitung; sie ließ den Unterschied der Seinsweisen (Realität und Idealität) von den Seinsmomenten (Dasein und Sosein) allererst greifbar hervortreten, konnte aber in die Eigenart der ersteren selbst nicht hineinleuchten. Es zeigte sich in aller Klarheit, daß weder das Sein überhaupt noch auch die besondere Seinsweise einer Sphäre sich definieren läßt. Der einzige gangbare Weg zur Bestimmung der Seinsweise ist der, sie aus ihrem kategorialen Aufbau heraus zu verstehen, d. h. sie an ihren eigenen Strukturen sich selbst von innen heraus erleuchten zu lassen.

Das ist eine nicht geringe Aufgabe. Da die Strukturen des Seienden sich als Kategorien fassen lassen, so kann man sagen, daß hiermit bereits die Kategorienlehre anfange. In der Tat ist zwischen dieser und der Ontologie keine scharfe Grenze zu ziehen. Alle Ontologie, wenn sie ins Besondere geht, wird zur Kategorienlehre; genau so wie ja auch alle Erkenntnistheorie und alle Metaphysik. Darin stehen diese Arbeitsgebiete der Philosophie einander nah und zeigen auch geschichtlich verwandte Entwicklungskurven. Das Inhaltliche der Welt, die es zu erkennen gilt, ist eben in der Besonderung des Prinzipiellen verwurzelt, das in ihr herrscht. Ob man also auf diese Welt selbst aus ist oder auf ihre Erkennbarkeit, immer wird die Untersuchung es mit Prädikamenten zu tun haben, die das Prinzipienartige in ihr zu fassen angetan sind.

Die Modalitätsstufen sind die allgemeinsten und fundamentalsten Kategorien sowohl des Seienden als auch der Erkenntnis des Seienden. Ihre Untersuchung geht insofern mit Recht derjenigen der inhaltlichen Kategorien voraus. Die letzteren sind „konstitutive" Prinzipien. Man kennt nun aus Kant den Unterschied der „konstitutiven und regulativen" Prinzipien; man erwartet daher vielleicht eine gewisse Gleichstellung des Modalen mit dem Regulativen. Damit indessen würde man das Problem der Modalität von vornherein verfehlen. Jener Kantische Gegensatz ist ein rein erkenntnistheoretischer, er scheidet das Inhaltliche der Erkenntnis vom Methodologischen, berührt also das Seinsproblem überhaupt nicht. Methode gibt es nur im Gange der Erkenntnis als solcher. Das Seiende als Seiendes hat keine Methoden. Es hat neben seinen konstitutiven Aufbauprinzipien, und ihnen vorgelagert, seine Seinsmomente (Dasein und Sosein), seine Seinsweisen (Realität und Idealität) und Seinsmodi (Möglichkeit, Wirklichkeit, Notwendigkeit). Sie alle stehen in sehr bestimmtem, wiewohl verschieden dimensioniertem Gegensatz zu den konstitutiven Kategorien. Aber keine dieser Arten des Gegensatzes deckt sich mit der Kantischen.

Da nun die Seinsmomente voruntersucht sind, die Seinsweisen aber sich erst nach und nach klären können, so tritt nunmehr an die Stelle des Kantischen Gegensatzes der ontologisch fundamentale Gegensatz des Konstitutiven und Modalen. Was „modal" heißt, kann freilich vor der Hand nicht anders angegeben werden als durch den Stufenunterschied der Seinsmodi selbst, der ja auch dem praktischen Denken kein unbekannter ist, dessen genauere Bedeutung sich aber erst in der Untersuchung selbst auftun kann. Diese nun führt sogleich in die größten sachlichen Schwierigkeiten hinein, ist außerdem von vornherein mit der Aufgabe belastet, die wichtigsten Entscheidungen der Ontologie zu ermöglichen. Sie muß also das eigene Arbeitsfeld im Vordringen allererst aufdecken und klären. Könnte man sich in der Ontologie diese Arbeit sparen, könnte man auch nur die ineinandergreifenden Erfordernisse methodisch trennen, so hätte man freilich leichteres Spiel. Aber wie die Dinge liegen, ist keine Abtrennung und keine Vereinfachung möglich. Der Gang der Untersuchung ist durch die gegebenen Angriffsflächen ihres Gegenstandes eindeutig vorgezeichnet. Er kann nicht beliebig so oder anders gestaltet werden.

Es ist eine Untersuchung, wie sie nicht leicht jemand um ihrer selbst willen in Angriff nimmt. Kein lebensaktuelles und unmittelbar auch kein spekulatives Interesse im Umkreis der philosophischen Probleme haftet am Gegenstand der Modalanalyse. Erst in größerer Tiefe hinter diesen Interessensphären beginnt ihr Reich. Und doch sind es mittelbar gerade die Grundfragen der Metaphysik, die von der Klärung der Modalprobleme aus Licht gewinnen. Dahin gehören solche Fragen wie die nach dem zureichenden Grunde, nach der durchgehenden Determination, nach der contingentia mundi, nach dem Wesen des Werdens, des Sollens, der Verwirklichung des Unwirklichen und Ermöglichung des Unmöglichen. Die alten Meister der prima philosophia haben das wohl empfunden und sich in ihrer Weise um die Modalprobleme bemüht, allen voran Aristoteles, ihm nach die bedeutendsten der Scholastiker, sowie die ontologisch gerichteten unter den Denkern der Neuzeit: Leibniz, Wolf, Hegel. Man darf wohl sagen: je nachdem wieweit sie das Verhältnis von Möglichkeit und Wirklichkeit durchschauten und aus ihm Konsequenzen zu ziehen wußten, fielen auch die weiteren Thesen im Aufbau ihrer Lehrsysteme aus. Es ist eine reizvolle, noch wenig bewältigte Aufgabe der Geschichtsforschung, die Entwicklung der Modalbegriffe durch die Jahrhunderte hin zu verfolgen: vom antiken Gegensatz der Dynamis und Energeia abwärts, über den mittelalterlichen, mit ihm nicht identischen von Potenz und Aktus, bis auf die neuzeitlichen Themen des possibile et impossibile, necessarium et contingens, determinatum et indeterminatum. Man würde, so scheint mir, bei solcher Verfolgung finden, daß die fundamentalen Entscheidungen der Metaphysik von jeher auf dem Gebiete der Modalität gefallen sind.

Erst die heutigen Versuche in der Ontologie sind es, die sich eine Modalanalyse sparen zu können meinen. Oder vielmehr, das Bewußtsein ihrer Notwendigkeit ist — nach dem großen Tiefstande der Ontologie, der im Ausgang des 18. Jahrhunderts einsetzte, — in diesen Versuchen noch gar nicht wiedergekehrt. Man muß es erst wieder erwecken.

Anders kommt man aus all den eingewurzelten Begriffsverwechselungen und Denkunsauberkeiten nicht heraus, die eine wirkliche Erfassung des Seienden als Seienden so gut wie unmöglich gemacht haben. Man muß eben begriffen haben, was Realmöglichkeit ist, um sie auch nur von Wesensmöglichkeit und von logischer Möglichkeit unterscheiden zu können. Es hilft nichts, sich über solche Dinge hinwegzusetzen, weil sie einen formal und bedeutungslos anmuten; man übersieht die Konsequenzen nicht, man kann es zum Voraus nicht wissen, wie verhängnisvoll es ist, wenn man gleich zu Anfang an dieser Wegscheide die Orientierung verliert.

So ist die Ontologie nicht zu bewerkstelligen. Man muß, wenn es einem ernstlich um sie geht, schon auf die dem Seienden selbst eigentümlichen Fundamente zurückgreifen, unbekümmert darum, ob man ein aktueller gerichtetes Interesse damit zurückstößt. Die Grundprobleme der Philosophie haben zu allen Zeiten den Charakter des Esoterischen gehabt. Man kann sie nicht nach Belieben auf das eingefahrene Geleise zeitbedingter Interessen umlenken. Sie schreiben dem Suchenden ihren eigentümlichen Weg vor, der nicht jedermanns Weg sein kann. Hat man den Weg erkannt, so steht man nur vor der Wahl, ihn einzuschlagen oder auf weiteres Eindringen zu verzichten. Der Verzicht ist die Preisgabe der Philosophie. Das Einschlagen des Weges aber ist das Aufsichnehmen einer Arbeit, deren Ende man nicht absieht.

Die Modalanalyse ist, wenn man es recht überlegt, eine ganze Wissenschaft. Sie ist bisher nur sporadisch getrieben worden — ähnlich wie ja auch die Logik einst vor ihrer ersten Zusammenfassung durch Aristoteles eine nur sporadisch getriebene Wissenschaft war. Sie ist in ihrer philosophischen Bedeutung vielleicht nicht geringer als diese. Aber das kann erst sichtbar werden, wenn man sie systematisch in Angriff nimmt. Einstweilen ist nur so viel zu erkennen, daß sie ein Gebiet der Überraschungen und des Umlernens ist, und zwar keineswegs bloß in ontologischer Hinsicht. Es ist kein Seinsdogmatismus, in den sie hineinführt, kein Primat irgendwelcher passiv substantiellen Mächte, die der menschlichen Aktivität Schranken setzten. Es ist gerade das Werk der Befreiung von mißverstandener Bindung, dem sie dient, die geradlinige Fortführung dessen, was Kant und Fichte anstrebten, die Wegbereitung einer von den Fundamenten her wohlgegründeten Philosophie des Menschen und der schöpferischen Tat. Das sind freilich nicht Dinge, die auf den ersten Blick ins Auge springen können; sie erfordern den mühevollen Gang stetigen Eindringens. Aber wohl will es mir scheinen, daß die Modalanalyse allein eine solche Grundlegung vollziehen kann. Denn sie allein ist in der Lage, das einst ebensosehr gefürchtete wie gemiedene Dunkel des Determinationsproblems aufzuhellen. In keinem Punkte aber waren von jeher die traditionellen Begriffe der alten Metaphysik verhängnisvoller als in diesem.

Angesichts solcher Aufgaben hätte ich mich in der Untersuchung vielleicht auf die Modi des Realen beschränken können. Sie eben bilden das Thema, das jene weiten Ausblicke eröffnet. Aber es gibt eine solche Fülle von Irrtümern, die Modi des idealen Seins, des Logischen und selbst der Erkenntnis betreffend, daß es nicht möglich war, diese aus dem Spiele zu lassen. Diese Irrtümer greifen unausgesetzt auf das Verständnis des Realen über und haben es mit der Zeit fast vollständig verbaut. Die Modalanalyse des idealen Seins gehörte allenfalls auch ontologisch mit zum Thema; die des Urteils und der Erkenntnis dagegen hätte füglich herausbleiben können, wenn es möglich gewesen wäre, jenen Vorurteilen anders als auf ihrem eigenen Gegenstandsgebiete zu begegnen. Aber die geschichtlich gewordenen Modalbegriffe haben sich nun einmal in den letzten zwei Jahrhunderten vorwiegend auf dem Gebiete der Logik und Erkenntnistheorie herausgebildet. So blieb nichts anderes übrig, als außer den Modalverhältnissen des idealen Seins auch die des Logischen und der Erkenntnis in die Untersuchung hineinzuziehen. Ich habe die drei Problemgruppen, die sich auf diese Weise von der Modalanalyse des Realen abhoben, im III. Teil unter dem gemeinsamen Titel der „Modalität des Irrealen" zusammengefaßt, wobei die Negativität des Titels ihrer Heterogeneität genügend Spielraum läßt.

Wem es nicht um greifbare Resultate allein, sondern um Einsicht und Gewinnung selbständigen Urteils zu tun ist, der wird diese Ergänzung des Gesamtbildes wohl zu schätzen wissen. In der Tat ist es schwer, sich in den allgemeinsten Seinsfragen zurechtzufinden, wenn man die Gebiete, auf denen uns Möglichkeit und Wirklichkeit mannigfach abgewandelt entgegentreten, nicht zu wirklicher Überschau bringt. Wer darauf verzichten will oder sich in der verzweigten Problematik der Sphären selbständig orientieren kann, der halte sich an das Kernstück allein (den II. Teil, die „Modalität des realen Seins"). Er erhält so wenigstens ein geschlossenes Bild der Dinge, die ontologisch von größerem Belang und überhaupt philosophisch fundamental sind. Ob er dann der Überschau und weiteren Begründung entraten kann, mag er mit seinem philosophischen Gewissen ausmachen.

Berlin, Mai 1937.

Nicolai Hartmann.

Inhalt

II. Abschnitt. Das modale Grundgesetz.

III. Abschnitt. Generelle Anordnung der Modi.

Zweiter Teil

Die Modalität des realen Seins

I. Abschnitt. Die Realmodi und ihre Intermodalgesetze.

Dritter Teil

Die Modalität des Irrealen

I. Abschnitt. Der modale Bau der logischen Sphäre.

Vierter Teil

Intermodalverhältnisse zweiter Ordnung

I. Abschnitt. Das modale Verhältnis der beiden Seinssphären.

II. Abschnitt. Die Realsphäre und die Erkenntnis.

III. Abschnitt. Stellung des idealen Seins und des Logischen.

Einleitung

1. Historisches und Terminologisches.

Im ausgehenden Mittelalter verstand man unter dem Modus die Besonderung der Substanz. Man unterschied am Subsistierenden die Attribute als ständige und notwendige, die Modi als wechselnde und zufällige Bestimmtheiten, verstand jene als Wesensstücke, diese als bloße Zustände der Substanz. Diese Bedeutung von „Modus" erhielt sich in denjenigen philosophischen Systemen der Neuzeit, die sich auf einer Substanzmetaphysik aufbauten. Sie war mit ihnen die herrschende in ihrer Zeit und ging mit ihnen zugrunde, als das kritische Denken den Substanztheorien ein Ende machte. Sie hat mit dem heutigen Sinn von Modalität nichts zu schaffen und mag hier auf sich beruhen bleiben.

Im Gegensatz zu ihr hat sich spät — wohl nicht vor dem 18. Jahrhundert — in der Logik eine andere Bedeutung des Wortes „Modus" herausgebildet. Sie betrifft eine vierte Dimension der Urteilseinteilung neben denen der Quantität, Qualität und Relation. Sie geht von dem Unterschiede aus, ob das Urteil ein Möglichsein, ein Sein schlechthin, oder ein Notwendigsein aussagt. Diese drei Fälle bilden die drei „logischen Modi". In ihrem Gegensatz besteht die „Modalität des Urteils".

Solange die logisch orientierte Erkenntnistheorie herrschende Grunddisziplin der Philosophie war, konnte man sich damit begnügen. In dem Augenblick aber, als das alte Seinsproblem wieder durchzubrechen begann — wovon die ersten Anzeichen bereits in der Hegelschen Logik vorliegen —, besann man sich auch darauf, daß im Inhalt der Urteile ein Seinssinn steckt, und daß folglich auch den Modi des Urteils bereits solche des Seins zugrunde liegen müssen. Man übersetzte also nun die Modalität des Urteils in eine solche des Seins zurück, stieß aber zugleich damit auf die uralte Problematik von Möglichkeit und Wirklichkeit, die das ontologische Denken von seinen Anfängen her begleitet, oder vielmehr sehr wesentlich beherrscht hatte.

Der Ausdruck „Modalität des Seins" ist somit eine neue Prägung. Die Sache aber ist alt. Das neue Gewand konnte ihr nicht genügen, weil es der Welt des Gedankens entlehnt war; und ebensowenig konnte der alte Gehalt der Sache einer neuen, erweiterten Problemlage genügen, wie das Wissen der Neuzeit sie heraufgeführt hatte. Vor allem versagte der logische Wirklichkeitsbegriff, wenn man mit ihm an die Härte des Realen herantrat; aber auch die Seinsmöglichkeit führte auf ein Gewicht der Realsituation zurück, mit dem das luftige Gefüge des bloß widerspruchslos Denkbaren nur noch entfernte Ähnlichkeit zeigte. Hier war es nun, wo das alte Kategorienpaar „Potenz und Aktus" sich zur Erfüllung jener logischen Modi mit Seinsgehalt anbot. Aber weder deckte es sich mit dem eigentlich modalen Gegensatz von Möglichkeit und Wirklichkeit, noch hatte es Spielraum für den dritten, nunmehr hinzugekommenen Seinsmodus, die Notwendigkeit.

In diesem Interferieren der heterogenen Wortbedeutungen und der hinter ihnen noch erkennbaren, nicht weniger heterogenen Problemlinien hat das Forschungsgebiet der Seinsmodalität sich bis zu einer gewissen Spruchreife herauskristallisiert, ohne doch bisher auch nur in den Grundlagen einige Festigkeit gewonnen zu haben. Der Mangel, der hiermit ausgesprochen ist, hängt indessen keineswegs am Zustande des Modalitätsproblems allein; er haftet vielmehr der Sachlage in der ganzen Ontologie an, geht letzten Endes auf die Unklarheiten im Seinsbegriff, in der traditionellen essentia-Lehre, in der Fassung von Dasein und Sosein, sowie in der Gegebenheit des realen und des idealen Seins zurück. Ein neuer Anfang konnte erst gemacht werden, wenn in diesen Punkten Klarheit geschaffen war [1]).

Nachdem dieses geschehen, steht wenigstens der Weg offen. Es hat sich gezeigt, daß in dem traditionellen Gegensatz von essentia und existentia zwei verschiedene Gegensatzpaare stecken, das von Idealität und Realität einerseits, das von Sosein und Dasein andererseits. Die Seinsweisen hängen stets an dem Moment des Daseins, sie sind die Besonderungen oder Weisen des Daseins. Es tritt nun aber zum Gegensatz der Seinsweisen und dem der Seinsmomente als dritter noch der Gegensatz der Seinsmodi hinzu. Denn innerhalb jeder Weise des Daseins gibt es wiederum den Unterschied des Möglichseins, Wirklichseins und Notwendigseins, sowie den der entsprechenden Negativa, des Unmöglichseins, Unwirklichseins und Zufälligseins. Diese Seinsmodi sind es, die je nach der Seinssphäre und ihrer Seinsweise sehr verschieden ausfallen und verschiedene Gesetzlichkeit in ihrem gegenseitigen Verhältnis zeigen.

Die Untersuchung dieser Verhältnisse ist verzweigt und muß für jede Seinssphäre gesondert geführt werden. Das gilt nicht nur für die primären und selbständigen Sphären, sondern ebensosehr auch für die se-

[1]) Solche Klarheit zu schaffen, war die Aufgabe des ersten Bandes: „Zur Grundlegung der Ontologie" (1935), dessen vier Teile den angegebenen Punkten entsprechen.

kundären, d. h. für die des Logischen und die der Erkenntnis. Hätte in der Geschichte der Philosophie das Problem der Seinsmodi eine geradlinige Entwicklung genommen, so ließe sich solche Komplikation wohl vermeiden. Nachdem es aber einmal den Umweg über die Logik und Erkenntnistheorie eingeschlagen hat, und seine Zurücklenkung auf die Seinssphären eine noch unabgeschlossene ist, ergibt sich die Notwendigkeit, das Problem der Modi in ganzer Breite aufzurollen.

Wie sehr solche Umständlichkeit vonnöten ist, beweist schon die Tatsache, daß es den Heutigen noch schwer fällt, Seinsmoment, Seinsweise und Seinsmodus auseinander zu halten. Nichts ist in unseren Tagen geläufiger als die Verwechselung von Dasein und Realität, Realität und Wirklichkeit. Was für die Zwecke der Ontologie erforderlich ist, erschöpft sich aber nicht im bloßen Klären und Unterscheiden. Es gilt vielmehr, das positive Verhältnis, das zwischen ihnen waltet, zu erarbeiten. Nur so kann dem Problem des „Seienden als Seienden" gedient werden.

2. Aristoteles und die Lehre von Potenz und Aktus.

Über das Gewicht solcher Untersuchungen kann man sich leicht täuschen. Das letztvergangene Jahrhundert hat hier kaum eine Aufgabe gesehen, geschweige denn sie in Angriff genommen — sehr im Gegensatz zur älteren Philosophie. Die Anfänge liegen auf der Höhe der griechischen Philosophie. Sie sind in mehr als einer Hinsicht lehrreich.

Es ist eine erstaunliche Tatsache, daß Aristoteles in seiner Lehre vom „Seienden als Seienden" von den sorgfältig aufgestellten und entwickelten „zehn Kategorien" kaum Gebrauch macht. Die οὐσία steht wohl im Zentrum der Erörterung, aber nicht wie ein Prinzip, das man anwendet, sondern wie ein verzweigtes Gewirr von Problemfäden, das zu entwirren ist. Um es aufzulösen, führt er vier andere Prinzipien ein, die mit jenen Kategorien nichts zu tun haben, die sich als zwei Gegensatzpaare darstellen: Form und Materie, Potenz und Aktus. Die ersteren beiden sind offenkundig konstitutiver Art, die letzteren treten mit dem Anspruch auf, Modalitätsstufen zu sein.

Das Wichtige hierbei ist, daß in der Durchführung fast die ganze Schwere des Seinsproblems auf dem Widerspiel von Potenz und Aktus liegen bleibt. Form und Materie sind statische Prinzipien, mit ihnen ist das Werden nicht zu fassen, im Werden aber ist alles Reale begriffen. Aristoteles nimmt zwar die Form als ein aktiv bewegendes Prinzip; aber damit überschreitet er bereits den Sinn des Formseins und schiebt der „Form" ein Moment der „Energeia" unter, das seinen Gegensatz nicht in der Materie, sondern in der „Dynamis" hat. Es ist kein Zufall, daß die Theorie des Buches Z der Metaphysik, die das konkrete Reale (σύνολον) aus dem Zusammenspiel von Form und Materie aufzubauen sucht, sich nicht ohne die Lehre des Buches Θ von Dynamis und Energeia durchführen ließ, obgleich sie keineswegs auf diese hin angelegt ist. Dieses Verhältnis ist von den Interpreten früh bemerkt, aber nicht ausgewertet worden. Die allein stichhaltige Konsequenz, die hier zu ziehen ist, läuft darauf hinaus, daß schon in der aristotelischen Metaphysik die modalen Prinzipien sich als die eigentlich fundamentalen erweisen. Potenz und Aktus haben sich denn auch in der Geschichte der Metaphysik noch lange halten können, nachdem der Dualismus von Form und Materie durchbrochen war. Das letztere geschah bereits in der Individuationslehre des Duns Scotus; „Potenzen" dagegen waren noch die seelischen „Vermögen" des 18. und 19. Jahrhunderts, „Energien" — die Aktivitäten des deutschen Idealismus.

So war von Anbeginn die Seinsweise der realen Welt modal aufgebaut. Aber freilich waren die Prinzipien dieses Aufbaus weder „rein" modal, noch reichten sie für die Fassung des Werdens zu. Das zeigt sich am deutlichsten am Doppelsinn der „Energeia". Sie soll einerseits das bewegende Prinzip vor der Sache sein, andererseits die vollendete Sache selbst; im ersteren Sinne ist das Eidos „reine Energeia", im letzteren der konkrete Einzelfall. Hand in Hand damit geht die Auffassung des Realprozesses als Verwirklichung eines Eidos; und da dieses das energetisch Bewegende in dem Prozeß ist, so wird damit die Energeia selbst zum tätigen Zweckprinzip, das die Verwirklichung leitet, wie der vorgesetzte Zweck im Bewußtsein die Handlung leitet. Und zugleich wird die Dynamis zum Anlagezustand, der teleologisch auf die Verwirklichung ausgerichtet ist.

Daß hiermit über die teleologische Struktur der Determination in den Realprozessen vorentschieden ist, springt in die Augen; und das allein würde genügen, solche Modalbegriffe unhaltbar zu machen. Ontologisch aber steckt noch ein anderer Mangel in ihnen: es sind überhaupt keine reinen Modalbegriffe. Potenz, als Anlage verstanden, ist nicht Möglichkeit, sondern die „Bestimmung zu Etwas" und die immanente Tendenz, dieses Etwas zu werden. Energeia aber ist nicht Wirklichkeit, sondern die Vollendung dieses Etwas; und zwar in der doppelten Bedeutung des zunächst vorgezeichneten, dann aber des verwirklichten Zweckes. Sie verhalten sich innerhalb eines begrenzten Werdeprozesses wie Anfang und Ende des Werdens; und zwar entsprechend der Doppelbedeutung der Energeia so, daß diese als treibende Kraft schon in der Potenz vorausgesetzt, als verwirklichte Form aber erst im Endstadium vorhanden ist.

Damit tritt die konstitutive Seite der beiden Prinzipien deutlich zutage. Wichtiger aber ist, daß auch der Prinzipiencharakter sich verliert. Sind das δυνάμει ὄν und das ἐνεργείᾳ ὄν verschiedene Stadien des Prozesses, der mit einem Seienden vorgeht, so ist ihr Wesen vielmehr das von Zuständen, die einander ablösen. Und damit geraten sie in ein ausschließendes Verhältnis zueinander, das sich mit dem Charakter der Seinsmodi nicht verträgt. Das potentiell Seiende kann nicht zugleich aktuell sein, und das aktuell Seiende nicht potentiell; alles Seiende kann nur entweder den einen oder den anderen Seinszustand haben, aber nicht beide zugleich. Dynamis und Energeia stehen disjunktiv zueinander; sie schließen einander aus. Und da eine von beiden doch einem jeden Seienden zukommen muß, so bewirkt ihr Verhältnis, daß die ganze Welt des Realen in potentiell Seiendes und aktuell Seiendes gespalten dasteht.

3. Die Spaltung des Realen. Das Gespensterdasein der Möglichkeit.

Das ist nun ein Resultat, das eine Fülle von Aporien heraufbeschwört. Wären Dynamis und Energeia rein konstitutiv gefaßt, d. h. bedeuteten sie nichts als Entwicklungsphasen der Sache, so könnte diese Spaltung der realen Welt allenfalls hingehen. Tatsächlich aber ist der modale Gegensatz von möglich und wirklich doch wenigstens mit gemeint, und das ändert die Sachlage wesentlich. Denn nun steht das im Zustand der Dynamis Seiende als ein bloß uneigentlich Seiendes, oder gleichsam Halbseiendes, da. So ist z. B. das Sein des Samens nicht ein in seiner Weise vollwertiges Sein, sondern ein uneigentliches Sein der Pflanze, nämlich ihr bloßes Angelegtsein. Da aber das Leben einer Pflanzenart im ständigen Widerspiel von Samen und ausgebildeter Pflanze besteht — beide fallen unter das gleiche Eidos —, so zerfällt dieses Leben der Art in zwei Seinsarten, die sich niemals decken, sondern fortwährend alternieren: ein Möglichsein und ein Wirklichsein der Pflanze. Alles Lebendige zeigt diese zwei Seinsarten. Und da Aristoteles diesen Gedanken vom Lebendigen aus auf die ganze Natur überträgt (auf alles, was ein inneres Werdeprinzip, eine φύσις, hat), so geht der Schnitt zwischen dem Halbseienden und dem Ganzseienden in der Tat durch das gesamte Reich des Realen.

Das ist ein Dualismus der Seinsarten, der weit schwerer ins Gewicht fällt als ein solcher der konstitutiven Seinsprinzipien. „Form und Materie" sind eben doch nur Elemente im Aufbau der Welt, sie treten nicht getrennt auf. Dynamis und Energeia dagegen bestehen nebeneinander, als getrennte Zustände des Realen. Freilich bleibt das eigentliche Seinsgewicht auf dem Verwirklichten liegen; und dem entspricht die Lehre des Aristoteles von der Priorität der Energeia. Aber neben dem Gesamtbestande des Verwirklichten ist die Welt doch jederzeit voll des Unverwirklichten; und sofern dieses einen modalen Sinn des „Möglichen" an sich hat — etwas ist, was wirklich werden oder auch nicht wirklich werden kann (denn nicht alles Potentielle braucht wirklich zu werden) —, so muß es also innerhalb der realen Welt neben dem Wirklichen eine breite Masse des „bloß Möglichen" geben, das der Entscheidung über seinen Verbleib harrt.

So führt das Mögliche in der Aristotelischen Welt eine Art Gespensterdasein. Die frei herumlaufenden „Möglichkeiten" sind hier durchaus auch etwas Reales. Sie mischen sich als Halbseiendes unter das Vollseiende, drängen sich zwischen seine Reihen, sind Glieder in seinen Zusammenhängen und Abhängigkeiten. Diese Schwierigkeit wird durch jenen Satz von der Priorität der Energeia nicht behoben, denn die Dynamis wird durch ihn nicht in Energeia aufgelöst, sondern nur von ihr abhängig gemacht. Ließe Aristoteles dem Samen einen eigenen Wirklichkeitscharakter, weil er ja doch ein Reales ist so gut wie die ausgebildete Pflanze, so wäre dem ganz anders, und der Dualismus fiele hin. Das aber tut er nicht, denn als wirklich gilt ihm nur die Verwirklichung des Eidos; der Same aber hat kein eigenes Eidos, sondern nur das der Pflanze, und dieses ist in ihm nicht verwirklicht.

Ist nun diese reale Welt, in der wir leben, wirklich so, daß in ihr Halbseiendes neben dem Seienden steht, gleichsam ein Zwischensein von Sein und Nichtsein? Ist es wahr, daß die Anlagesysteme, durch welche die Organismen sich fortpflanzen, keine eigene Wirklichkeit haben, sondern nur ein in der Unentschiedenheit schwebendes Möglichsein? Und vollends, selbst wenn dem so sein sollte, läßt sich denn das auf die große Masse des nicht organischen Seienden übertragen, das doch ebenso entsteht und vergeht? Soll man etwa bestimmte Stadien der Bewegung oder Veränderung (φορά und ἀλλοίωσις) als deren „Anlagephasen" nach Art des Samens verstehen? Müßte man da nicht auch überall nach Endstadien suchen, auf die hin jene „angelegt" sein müßten? Das ergibt von der Mehrzahl der physischen Prozesse ein ganz schiefes Bild. Die Prozeßstadien sind hier überall vielmehr von durchaus gleicher Seinsart, ohne Unterschied ihrer Reihenordnung, ohne Unterschied auch ihrer Dauer oder Flüchtigkeit. Sie sind alle gleich „wirklich" — haben dasselbe Wirklichsein wie das Fließen des Prozesses als Ganzes —, und sind doch ebendeswegen alle gleich „möglich". Denn wären sie nicht möglich, so könnten sie auch nicht wirklich sein.

Sieht man näher zu, so findet man in den Aristotelischen Bestimmungen ein Bild der Welt, in dem für das eigentliche Werden kein Platz ist. Das ist erstaunlich genug, da sich ja andererseits nicht verkennen läßt, daß es dem Aristoteles gerade um die Bestimmung des Werdens geht.

Aber man halte sich vor Augen: in dem Dualismus von Dynamis und Energeia gibt es nur einen Modus für das Anfangsstadium der Prozesse und einen für das Endstadium — und zwar beide statisch-zuständlich gefaßt —, aber keinen für den Prozeß selbst, das Übergehen, den Fluß. Der Zustand der Dynamis liegt „vor" dem Prozeß, der Zustand der Energeia „nach" dem Prozeß. Der Prozeß als solcher geht leer aus. Da aber der Prozeß die kategoriale Grundform des Realen ist — nicht also ein Übergang von Sein zu Sein, sondern die Art und Weise, wie überhaupt Dinge, Lebewesen, Menschen u. a. m. sich im Dasein halten, — so stellt sich die Aristotelische Fassung als Verfehlung des Realseins dar. Das Gewicht liegt hier ganz auf den statisch verstandenen Formprinzipien, die sich in den Prozessen „verwirklichen"; der Prozeß aber spielt nur die Rolle des Übergangs [1]).

Selbstverständlich ließ sich diese Fassung des Prozesses nicht festhalten. Sie ist schon bei Aristoteles selbst durchbrochen. Aber die einmal geprägten Bestimmungen haben sein System überlebt. Sie haben bis in die Neuzeit hinein das Modalitätsproblem im Bereiche ontologischen Denkens beherrscht und das Aufkommen einer reineren Fassung von Möglichkeit und Wirklichkeit verhindert.

4. Das Zukünftige und die „Vielheit der Möglichkeiten".

Wie die Modalprinzipien des Aristoteles sich in der Antike und im Mittelalter ausgewirkt haben, soll hier nicht verfolgt werden [2]). Potenz und Aktus der späteren Jahrhunderte blieben nicht identisch mit dem ursprünglichen Sinn von Dynamis und Energeia; doch blieb das teleologisch-konstitutive Element in ihnen erhalten. Und dieses wurzelte zu tief in der metaphysischen Vorstellungsweise des Abendlandes, als daß eine grundlegende Revision der Modalbegriffe hätte aufkommen können.

Für das Seinsproblem hängt hier so gut wie alles an der Fassung des Möglichkeitsbegriffs. Solange man das Möglichsein als den Seins-

[1]) Davon zeugt drastisch die Schwierigkeit, die Aristoteles mit der Fassung der κίνησις hat: Phys. γ, 201 a 10: ἡ τοῦ δυνάμει ὄντος ἐντελέχεια ᾗ τοιοῦτον κίνησίς ἐστιν. Diese Definition läuft auf einen Widerspruch hinaus, denn nach den Voraussetzungen kann ein δυνάμει ὄν „als solches" gerade nicht die Seinsart der ἐντελέχεια haben. Die Grundbestimmungen werden also hier durchbrochen. Vgl. dazu 201 b 27 ff.: κίνησις geht weder in δύναμις noch in ἐνέργεια auf, sie verlangt eine ἐνέργεια ἀτελής, was ex def. ein hölzernes Eisen ist. Das ist ein gewichtiges Resultat, denn κίνησις ist nicht die „Bewegung" allein, sondern jede Art des Vorganges; d. h. sie ist der „Prozeß" überhaupt.

[2]) Es ist das ein verzweigtes Thema, das neuerdings bei August Faust eine zusammenfassende Darstellung gefunden hat: „Der Möglichkeitsgedanke", 2 Bde., Heidelberg 1931/32.

zustand der „Potenz“ verstand, mußte man auch an der Spaltung des Realen festhalten, und damit zugleich auch an der Vorstellung eines Halbseienden, Unbestimmten oder Unentschiedenen, das neben dem Wirklichen besteht. Je mehr diese Auffassung sich festsetzte, um so mehr löste sie sich von ihrer weltanschaulichen Grundlage und von der Orientierung am Organischen. Man übertrug sie von den eigentlichen Anlagesystemen (deren Prototyp der Same ist) auf den gesamten Bau der realen Welt. Und nun schien es, was bei Aristoteles wohl nicht gemeint war, daß es in der Welt viel mehr Mögliches als Wirkliches geben müßte, da doch von jedem Gegenwartsstadium aus eine Vielheit von „Möglichkeiten“ für die Zukunft offensteht, von denen hernach stets nur eine wirklich wird. Das Wirklichgewordene also mußte sich jederzeit als eine Art Auslese aus einem viel breiteren Umkreis des Möglichen darstellen.

Durch diese Erweiterung der Perspektive erst gewinnt der Begriff der frei im Felde des Realen sich breit machenden „Möglichkeiten“ eine universale Bedeutung. Jedes Prozeßstadium ist nun ein unübersehbar vielfaches Mögliches, und zwar je weiter hinaus bezogen auf das Künftige, um so mehr ein wirklich unabsehbar vielfaches. Dagegen schrumpft das Wirkliche in seinem Gesamtbestande zu einem viel Geringeren und Ärmeren zusammen. Die Gespensterwelt des „bloß Möglichen“ umlagert es allseitig und überwuchert es inhaltlich. Das ist der Aspekt, mit dem der ins Leben tretende Mensch in die Zukunft sieht: es sind „seine Möglichkeiten“, die in ihm liegen, und von denen er sich nun die eine und die andere auswählen zu können meint. Ja, das spekulative Denken überträgt diesen Aspekt auf die Gottheit, wie sie im Anfang der Zeiten unter den „möglichen Welten“ sich die eine wählt, die sie erschafft.

Man meint mit diesem weiten Reiche des Möglichen keineswegs bloß das „Denkbare“. Es ist nicht jenes gedankenlose „alles Mögliche“, das auch „alles Erträumbare“ bedeuten kann. Gemeint ist auch nicht ein Bestehen dieses Möglichen in einem Reiche luftiger Wesenheiten ohne Realität — wie in dem Leibnizischen Gedanken von den „möglichen Welten“ vor der Weltschöpfung. Gemeint ist vielmehr etwas, was mitten unter die realen Dinge, Geschehnisse, Situationen, Lebewesen usw. gehört, nur aber noch nicht wirklich ist — und wovon auch das Meiste nie wirklich wird. Es schwebt dem vorausschauenden Bewußtsein vor als ein Angelegtsein im Gegenwärtigen, aber ohne ein eigentliches Anlageartiges, das als Gebilde da wäre, und natürlich auch ohne jede Gewähr dafür, daß das in ihm „Angelegte“ auch wirklich werde.

Was es mit einem „Angelegtsein“ auf sich haben soll, das in keinem Gebilde vorliegt, das vielmehr selbst flüchtig von Augenblick zu Augenblick im Prozeß ein anderes ist, davon gibt sich solche Denkweise keine

Rechenschaft. Bedenkt man aber, daß auch die Kraft, den Prozeß zu lenken, hier gar nicht mit gemeint ist, so wird alles Angelegtsein solcher Art illusorisch. Was übrig bleibt, ist nicht viel mehr als die schlichte Abhängigkeit des Späteren vom Früheren. Ein solches Abhängigsein aber schlägt den gemachten Voraussetzungen ins Gesicht; denn es bedeutet natürlich alles andere eher als ein Offenstehen vieler „Möglichkeiten".

Und in der Tat wird es nun sehr fraglich, was es denn eigentlich mit dem „Möglichsein" in diesen „Möglichkeiten" auf sich hat. Man gibt sich offenbar keine Rechenschaft, daß die meisten von ihnen vielmehr durchaus unmöglich sind und nur dem oberflächlichen, an keine Realgegebenheit sich bindenden Denken als „Möglichkeiten" erscheinen. Genau besehen ist ein solches oberflächliches Denken höchstens in der Abstraktion, nicht aber im praktischen Leben das gewöhnliche. Wir haben gemeinhin sehr wohl ein dunkles Wissen um die weitausladende Bedingtheit des echten Möglichseins in den Realzusammenhängen des Augenblicks. Wir wissen, daß in Wahrheit lange nicht alles, was uns so als „möglich" vorschwebt, auch realiter möglich „ist". Und zwar pflegen wir das zu wissen, gerade während uns jene „Möglichkeiten" vorschweben, — ohne daß eines das andere aufhöbe, und ohne daß wir daraus auch gleich einen Fingerzeig zu gewinnen wüßten, welche von den vorschwebenden Möglichkeiten Anspruch darauf erheben könnte, eigentliche Realmöglichkeit zu sein. Wir haben eben kein vollständiges Wissen der Situation; aber der Erfahrene hat im allgemeinen sehr wohl ein Wissen darum, daß er dieses Wissen nicht hat.

Man sieht, schon die einfachste Überlegung führt darauf hinaus, daß hier zwischen vorschwebender Möglichkeit und Realmöglichkeit ein Unterschied zu machen ist. Jene beansprucht mit Recht den breiten Spielraum einer Vielzahl von „Möglichkeiten", hält aber dem althergebrachten Anspruch auf Realität nicht stand; diese dagegen erweist sich als strenge Bezogenheit auf eine Reihe von Realbedingungen und wird damit zum Ausdruck eines Realverhältnisses. Beide Arten des Möglichseins haben damit den traditionellen Charakter, ein „Zustand des Seienden" zu sein, abgestreift.

Ob auch das gespenstische Dasein des „bloß Möglichen" in der Realsphäre sich damit in leeren Schein auflöst oder nicht, ist freilich so schnell nicht zu entscheiden. Immerhin hat sich ein anderer Bereich des Möglichen gezeigt, in den es sehr wohl gehören könnte. Ob dem so ist, hängt von einer Reihe anderer Probleme ab.

5. Übersicht der Aporien im alten Möglichkeitsbegriff.

Die Aporien, die durch den traditionellen Möglichkeitsbegriff heraufbeschworen werden, machen ein langes Register von Streitpunkten aus, von denen wenigstens einige im Lauf der Zeit durchgefochten worden sind. Die meisten von ihnen sind so eng mit der teleologischen Metaphysik des Mittelalters verknüpft (auch noch in den Systemen der Neuzeit), daß sie uns heute kaum mehr etwas angehen. Wichtig sind nur diejenigen, die im Wesen der Sache liegen, d. h. in der Auffassung der Modi als „Zustände" des Seienden. Man kann sie dem oben Dargelegten entnehmen und in folgender Weise aufzählen.

1. Das Mögliche als eigentliche Dynamis „zu etwas", oder Angelegtsein „auf etwas", setzt ein Vorbestehen des „Etwas" voraus, auf das es angelegt ist. Da dieses Vorbestehen kein Realsein ist, so muß es entweder von anderer Seinsweise sein oder gar kein Sein haben. Im letzteren Fall ist es illusorisch, im ersteren überschreitet es die Seinssphäre (die des Realen), um deren Modi es sich handelt. In beiden Fällen aber kann es nicht innerhalb der realen Welt ein Seiendes „neben" dem Wirklichseienden sein.

2. Das Mögliche als Halbseiendes innerhalb des Realen hat das Mißliche an sich, daß es ungreifbar zwischen Sein und Nichtsein schwebt. Es haftet also an ihm die alte eleatische Aporie, die das Werden traf, solange man es als Übergang vom Nichtsein zum Sein und umgekehrt (Entstehen und Vergehen — aus Nichts und in Nichts) verstand. Ontologisch ergibt das keinen eindeutigen Sinn, weil vielmehr das Übergehen selbst, das Werden, die durchgehende Seinsform des Realen ist.

3. Ist das Mögliche aber ein bloß ideales Sein (Wesen, Eidos, überzeitliche Form), so ist es in seiner Sphäre — im Wesensreich — ein durchaus Wirkliches, in der Realsphäre aber deswegen doch weder wirklich noch möglich; denn zu seinem Realmöglichsein würden noch viele Realbedingungen gehören, die alle wirklich vorhanden sein müßten. Es ist also in beiden Sphären kein Mögliches.

4. Versteht man es aber von der gegebenen konkreten Realsituation in bestimmter Gegenwart aus als das Zukünftige, so stößt man auf jene Pluralität gleichzeitig offenstehender „Möglichkeiten", von denen stets nur eine zur Verwirklichung gelangt. Und an ihnen bleibt es unverständlich, worin denn der Unterschied dieser einen von den übrigen bestehen soll, die sich im Fortgange als „unmöglich" erweisen.

5. Darin steckt die allgemeine Auffassung des Möglichen als eines Unbestimmten oder Unentschiedenen, das der Entscheidung über seinen Verbleib harrt. Aber abgesehen von dem Nonsens, daß die reale Welt auf diese Weise mit einer Überfülle des Unentschiedenen und Unbe-

stimmten belastet wird — was dem Befunde ja gar nicht entspricht — so bleibt nun noch die besondere Aporie übrig, woher denn das Moment der Entscheidung kommen sollte.

Das sind lauter Schwierigkeiten, die sich ohne große metaphysische Voraussetzungen nicht bewältigen lassen. Von solchen Voraussetzungen aber muß die Ontologie absehen. Vielmehr liegt der Verdacht nah, daß diese Schwierigkeiten ihrerseits schon Konsequenzen metaphysischer Voraussetzungen sind, also künstliche, selbstgemachte Aporien darstellen. Der Verdacht verstärkt sich noch sehr, wenn man sieht, wie sie sich auf den Wirklichkeitsbegriff auswirken. Ist nämlich ein Wirkliches nur das, was als Verwirklichung eines vorgezeichneten Eidos gelten darf, so sinken die meisten Dinge, Vorgänge, Situationen, ja das meiste, was flüchtig, ephemer, bloßes Durchgangsstadium ist, zum Unwirklichen herab. Mit einem solchen Wirklichkeitsbegriff sind allenfalls die typenhaft wiederkehrenden Gestalten des Lebendigen zu fassen, aber nicht die große Masse des immer wieder anders Ausfallenden im unaufhörlichen Sichkreuzen der Geschehnisse.

Es ist eine alte Erfahrung des philosophischen Denkens: was immer es ahnungslos in seinen Möglichkeitsbegriff hineinlegt, das tritt an seinem Wirklichkeitsbegriff sehr drastisch zutage; und was es an jenem verfehlt, das rächt sich an seinem Verständnis des wirklichen Lebens. Es ist darum kein Zufall, daß man immer wieder versucht hat, die innere Bezogenheit der beiden Modi irgendwie zu fassen. Der springende Punkt dabei ist der: wie wird das Mögliche wirklich? Oder: wie wird das Halbseiende ganzseiend? Wie wird das Ideale real? Wie wird das Zukünftige gegenwärtig, das Unbestimmte bestimmt, das Unentschiedene entschieden?

Das Mittelalter ist voll von Versuchen, diese Frage zu lösen. Meist ging man auf die Aristotelische Priorität der Energeia zurück. Man mußte dabei aber entweder die Dynamis zu einer Art von Latentzustand der Energeia machen oder aber den Anstoß zur Verwirklichung in einer Macht außerhalb der Welt suchen — einer schaffenden Vernunft, einem Willen, einer Vorbestimmung. In beiden Fällen sind es untragbare metaphysische Voraussetzungen. Noch spät in der Wolfischen „Ontologie" finden wir das Problem in alter Ungelöstheit als das eines complementum possibilitatis wieder. Aber der neue Begriff ist nur ein neuer Deckmantel der Ratlosigkeit.

Mit solchen Mitteln ist einem Problem so fundamentaler Art offenbar nicht beizukommen. Es gilt vielmehr die Ausgänge, von denen es selbst sich herschreibt, zu revidieren. Dazu aber muß man bis hinter Aristoteles zurückgreifen.

6. Der Megarische Möglichkeitsbegriff und sein Schicksal in der Geschichte der Philosophie.

Zwei Fragen sind es, an denen alles weitere hängt. Die eine betrifft die Neuprägung des Möglichkeitsbegriffs: gibt es nicht einen schlichten Sinn des Sein-Könnens, der nichts mit Angelegtsein und Hinzielen zu tun hätte, der in weit größerer Allgemeinheit auf alle Realverhältnisse zuträfe, also an allem Werdenden und Gewordenen in gleicher Weise aufzeigbar wäre?

Die zweite Frage aber ist die: ist denn der modale Bau des Realen mit dem Widerspiel zweier Modi erschöpft? Gibt es nicht noch eine andere Seinsmodalität, die hier hineinspielt, — eine solche etwa, durch die alle Halbheit, Unbestimmtheit und Unentschiedenheit sich zur Ganzheit schließen dürfte, und alles Fahnden nach dem Anstoß der Verwirklichung sich erübrigte?

Diese zweite Frage führt auf die Einführung der Notwendigkeit hinaus. Sie hat den Umweg über die Logik genommen. Von ihr wird sogleich noch zu handeln sein. Die erste aber, obgleich in unserer Zeit noch kaum zum Durchbruch gelangt, hat ein sehr altes und ehrwürdiges Vorspiel. Von ihr muß zuerst die Rede sein. —

Die Hauptschwierigkeit hängt hier offenbar an der Verselbständigung der Möglichkeit. In ihr als einem Zustand des Seienden neben dem der Wirklichkeit muß die Fehlerquelle liegen und mit ihr der Ursprung aller Unstimmigkeiten. Darum also handelt es sich, ob denn das Möglichsein als ein „Zustand" neben anderen Zuständen des Seienden gelten darf, ja ob überhaupt die Seinsmodi zutreffend als Zuständlichkeiten des Seienden — in erster Linie also des Realen — aufzufassen sind. Sie könnten ja auch Strukturelemente der Seinsweise sein; dann würden sie nicht getrennt auftreten, sondern in allem und jedem Seienden verbunden enthalten sein und durch die Art ihrer Verbindung die Seinsweise ausmachen. Ihr Verhältnis würde dann kein ausschließendes sein wie das der Seinsweisen (Idealität und Realität), sondern ein solches der gegenseitigen Ergänzung wie das der „Seinsmomente" (Dasein und Sosein).

Dieses letztere Verhältnis nun ist sehr wohl angetan, die ganze Aporie mit einem Schlage zu lösen. Sucht man aber in der Geschichte der Metaphysik nach ihm, so findet man nur schwache Spuren davon. Fast ohne Ausnahme herrscht die verselbständigte Aristotelische Möglichkeit. Und wo der Gedanke eines anderen Verhältnisses auftaucht, da wirkt er unglaubwürdig, wird kaum beachtet.

Das Erstaunliche aber ist, daß ein solcher Gedanke ganz im Anfange des ontologischen Denkens bereits da war, ja daß die Aristotelische Lehre von Dynamis und Energeia sich bereits im Gegensatz zu ihm, und geradezu in der Polemik gegen ihn entwickelt hat. Und nicht weniger erstaunlich ist es, daß er in seiner Zeit völlig verkannt wurde, wahrscheinlich sogar von seinen eigenen Urhebern und Verfechtern, obgleich klar herausformuliert, doch weder in seinem Wesen noch in seinen Konsequenzen verstanden wurde. Daß er hernach durch die ungeheure Autorität des Aristoteles gänzlich verdrängt wurde, ist unter solchen Umständen freilich sehr begreiflich.

Es war die Schule der Megariker, die im Verfolg der eleatischen Doktrin den Satz aufstellte, „möglich sei überhaupt nur das Wirkliche" [1]). Das gilt insonderheit für den Aspekt des Zukünftigen: es ist ein Widerspruch, daß von einem bestimmten Stand der Dinge in der Gegenwart aus vielerlei Verschiedenes möglich sei, denn eben dieses Viele erweist sich hinterher als unmöglich, es kann also auch von vornherein nicht möglich gewesen sein. Möglich war nur das eine, das hinterher wirklich wird. Möglich ist also nur, was entweder wirklich ist oder wirklich sein wird.

Diodoros Kronos, der dem Satz diese Form gab, hat sich freilich bei seinen Zeitgenossen wie bei der Nachwelt ins Unrecht gesetzt, und zwar sowohl durch die an sophistisches Begriffsspiel gemahnende Art, wie er ihn verfocht, als auch durch die Konsequenz, die er aus ihm zog. Er wollte nämlich damit nach Zenonischer Weise die Unmöglichkeit des Werdens und den Stillstand alles Seienden beweisen. Daß dieser Beweis ein Trugschluß ist, daß aus dem Grundsatz, nur das Wirkliche sei möglich, etwas derartiges ja gar nicht folgen kann — weil er ebensosehr mögliches Geschehen wie mögliche Dinge oder Substanzen betrifft —, das hat weder er selbst noch einer seiner Zeitgenossen durchschaut. Hier lag von Anbeginn ein Fehler in der Megarischen Lehre. Er ist heute belanglos, weil ein statisches Weltbild ohnehin niemand mehr überzeugt. In seiner Zeit aber hat dieser Fehler verhängnisvoll zur Verkennung einer Einsicht geführt, die ihrer Zeit voraus war.

Denn diese Einsicht — die Schule nannte sie den κυριεύων λόγος (das beherrschende Argument) — war nichts Geringeres als die Aufhebung der populären Möglichkeitsvorstellung und die Einführung eines streng ontologischen Möglichkeitsbegriffs. Hier ist das Möglichsein nicht als ein „Zustand" des Seienden neben dem des Wirklichseins gefaßt, sondern als ein im Wirklichsein enthaltenes und vorausgesetztes Modalmoment. Hier gibt es keine verselbständigte Möglichkeit, kein „bloß Mögliches", keine gespaltene Realwelt, kein Halbseiendes neben dem Seienden, kein Unbestimmtes und keine unabsehbare Mannig-

---

[1]) Von dieser Megarischen These wird weiter unten noch in anderem Zusammenhang zu handeln sein (Kap. 22). Die maßgebende Stelle ist Arist. Metaph. Θ, 1046 b 29 f.

faltigkeit schwebender Möglichkeiten. Es ist stets nur eines möglich, dasjenige nämlich, was wirklich wird; alles übrige ist durchaus unmöglich. Das eben besagt der Satz: möglich ist nur, was wirklich ist.

Weder die Tragweite dieses Satzes noch sein eigentlicher Sinn und seine Begründung kann hier vorweggenommen werden. Das bedarf weiten Ausholens und muß einer späteren Untersuchung vorbehalten bleiben. Denn der Satz ist paradox, er schlägt den gewohnten Begriffen ins Gesicht. Wenn er wahr ist, so muß er auch wahrhaft umwälzend sein. Dann aber dürfte er auch einer ganz anderen Beweisführung würdig sein als derjenigen des Diodoros Kronos. Es kommt einstweilen nur auf die Tatsache an, daß es neben dem Aristotelischen Dynamisbegriff von altersher sehr wohl auch einen anderen Möglichkeitsbegriff gibt, der dessen Aporien vermeidet.

Nur eins sei hier noch gleich bemerkt. Es ist früh gegen diesen Möglichkeitsbegriff eingewandt worden, er lasse Möglichkeit und Wirklichkeit zusammenfallen und hebe damit den Unterschied der Modi auf. Man meint, wenn das Mögliche und das Wirkliche sich decken, so müßte auch das Möglichsein einer Sache dasselbe sein wie ihr Wirklichsein. Es ist aber ein ganz primitiver Denkfehler, der hier unterlaufen ist. Wenn ich sage „nur das Lebendige stirbt", so begreift jeder, daß damit nicht Leben und Sterben identisch gesetzt sind, sondern nur dem Umfange nach sich decken. Denn Dinge „sterben" nicht, den Tod hat in der Tat nur das Leben an sich. Das ist kein Widerspruch, obgleich es das Gegenteil seiner selbst ist, was das Leben an sich hat.

So kann auch das Mögliche sehr wohl das Wirklichsein an sich haben (und umgekehrt), ohne daß eins dem anderen widerstritte; aber auch ohne daß deswegen Möglichkeit und Wirklichkeit identisch würden.

7. Die Modalität des Urteils und der dritte Modus.

Von den Anfängen her war die Ontologie mit der Logik eng verbunden, ja kaum von ihr unterschieden. Nicht erst Aristoteles stellte diese Verbindung her, er vielmehr suchte ihr eine Unterscheidung entgegenzusetzen; diese kam in der Tat seiner Analytik zugute, drang aber nur teilweise bis in seine Metaphysik durch.

Indem die spätere Logik sich langsam vom Seinsproblem ablöste, meldete sich auch der Unterschied der Urteilsmodi von den Seinsmodi. Das possibile logicum wird als modus compositionis im Intellekt dem possibile reale entgegengesetzt, das seinen Grund in einer potentia in re hat [1]). Und da an der Fassung der Möglichkeit auch die der übrigen

[1]) So Duns Scotus (Sent. I. d. 2 quaest. 7). Im übrigen stimmen die Fassungen des possibile logicum in der Scholastik gut überein. Die des possibile reale divergieren stark.

Modi hängt, so übertrug sich die Abgrenzung auf diese. Dabei wurden die Begriffe der logischen Modi frühzeitig stabil, während die ontologischen, von ihren inneren Aporien in Atem gehalten, nicht zur Ruhe kamen.

Die logische Sphäre hat die Eigenart, daß alles in ihr dem Werden enthoben und in einen Aspekt der Zeitlosigkeit erhoben erscheint. Dadurch vereinfacht sich in ihr das Verhältnis der Modalstufen; und so kommt es, daß in der Logik sich zuerst ein geklärtes Gesamtbild und ein eindeutiger Begriff der „Modalität" überhaupt herausbildet. Die Modi sind hier keine Abstufungen des Seins, sondern solche der Urteilsgeltung; wenigstens ist das die geschichtlich vorherrschende Grundbedeutung ihrer Unterscheidung, auf die hier alles hinausläuft. Sie ist im großen ganzen festgehalten, wenn auch in den Begriffsbestimmungen nicht immer getroffen worden.

Dazu kommt als zweites, daß auf logischem Gebiet zuerst sich die Einreihung der Notwendigkeit in die Stufenfolge der Modi vollzog. Das ergab sich aus der Stringenz, mit der in den logischen Schlußformen die conclusio aus den Prämissen folgte. Dieser Punkt ist es, der in erster Linie die Rückwirkung der Urteilsmodalität auf die Modalanalyse des Seins bewirkt hat. —

Die traditionelle Logik stellt die Modalität als vierte Dimension der Urteilserteilung neben die Quantität, Qualität und Relation der Urteile. Sie hat in dieser Fassung sogar eine gewisse Popularität gewonnen. Man unterscheidet vom „assertorischen Urteil" einerseits das „problematische", andererseits das „apodiktische". Das „S ist P" wird im assertorischen Urteil nur schlechthin ausgesagt, ohne Abstufung der Gewißheit; im problematischen wird es als ungewiß, im apodiktischen als gewiß hingestellt. Die Ungewißheit spricht ein Möglichsein, die Gewißheit ein Notwendigsein aus; zwischen beiden steht die Aussage „schlechthin" als die des Wirklichseins.

Insofern ist in dieser Differenzierung ein wesentliches Stück vom ursprünglichen Sinn der Modalität festgehalten: der Inhalt des Urteils bleibt von ihr unberührt, und nur die Art der Geltung stuft sich ab. Die Namen der Modi aber besagen doch etwas mehr, sie weisen über die nackte Geltungsart hinaus. Am deutlichsten ist das im Terminus „apodiktisch". Seine ursprüngliche Bedeutung ist nicht die, daß am Ausgesagten „nicht zu rütteln" ist, sondern daß es das „Bewiesene" ist. Apodeixis eben heißt „Beweis". Nimmt man das genau, so bekommt dadurch die Geltung des Apodiktischen einen relativierten Sinn: das Bewiesene ist, eben weil es bewiesen ist, bedingt durch die Prämissen des Syllogismus; ob diese selbst auch bewiesen sind, dafür steht der Syllogismus nicht ein. Sind sie aber bewiesen, so hängen sie an weiteren

Prämissen. Dieser Rückgang geht in infinitum. Er findet nirgends erste Ansatzpunkte, die selbst den Charakter des logisch Apodiktischen haben könnten. Und das bedeutet: die Apodiktizität ist von Grund aus eine relative, sie hat die Form des „Wenn—So"; sie ist nicht strenge Notwendigkeit. Ja mehr noch, sie ist auch kein reiner Geltungsmodus des „S ist P", sondern ebensosehr ein Strukturmodus seiner Zusammenhänge mit anderen Urteilen. Wirkliche Notwendigkeit — und zwar gerade logische — hat also nicht das Urteil, das „apodiktisch" ausgesagt wird, sondern nur das „Wenn—So" selbst, das die Form seiner Bedingtheit ist. Diese Form aber ist, logisch gesprochen, eine solche der Urteilsrelation, die „hypothetische".

Das bedeutet keineswegs eine Entwertung der logischen Notwendigkeit, und erst recht nicht eine solche der logischen Modalität überhaupt. Vielmehr ist in dieser einfachen Überlegung ein erstes Anzeichen gegeben, daß auch die Modi des Urteils, ähnlich wie die des Seins, im Grunde etwas anderes sind, als man traditioneller Weise in ihnen gesehen hat.

8. Die Geltungsmodalität und ihr Hintergrund.

Nicht viel anders steht es mit dem ursprünglichen Sinn des „Problematischen". Problem bedeutet nicht Ungewißheit, sondern Fraglichkeit und Fragwürdigkeit. Nun ruht alles Fragen schon auf einem Gewußten und irgendwie Gültigen auf, von dem aus allererst ein Wissen um das Nichtgewußte möglich ist. Die Frage greift dem Urteil vor, aber stets nur von geltenden Urteilen aus. Sie ist die logische Form des im Urteilszusammenhang vom Urteil noch nicht Erfaßten. Sie hat also dieselbe Relativität auf Vorgeurteiltes wie der Schluß.

Die Folge ist: das Problematische haftet ebensowenig am einzelnen Urteil wie das Apodiktische. Es hat die Form der Relation, des Zusammenhanges, der Bedingtheit. Insofern liegt auch in ihm kein reiner, sondern ein an Strukturmomente und an die Dependenz der Urteile gebundener Geltungsmodus.

Aber auch wenn man von diesem Einschlag des Inhaltlich-Konstitutiven absieht, bleibt immer noch eine gewisse Uneigentlichkeit in der Fassung der Urteilsmodalität übrig — nämlich eben sofern sie die Geltungsweise und nicht die Seinsweise betrifft. Geltung als solche ist nicht abzulösen von ihrem „Wofür". Man mag sie subjektiv als Geltung für den Erkennenden, für eine Zeit, einen Stand des Wissens, einen Kulturkreis verstehen, oder objektiv als Geltung für einen Umfang von Fällen, beide Male bedeutet das Gelten eben doch nur das Anerkanntsein, resp. das Zutreffen, aber nicht den Modus des Urteils selbst.

Man kann, um das zu vermeiden, einen eigenen Begriff der spezifisch

„logischen Geltung“ herausarbeiten, wie das vielfach versucht worden ist. Aber der Schwierigkeit wird man erst Herr, wenn man diesen Geltungsbegriff auch wirklich mit etwas Aufweisbarem erfüllt, d. h. wenn man den Begriff auf ein logisches Grundphänomen gründet. Das wiederum kann auf keine andere Weise gelingen als durch Aufdeckung des Seins-Sinnes im Urteil, so wie er im „ist“ der Copula vor Augen liegt.

Dieses Sein — das logisch prädikative Sein — ist zwar von sehr untergeordneter und abhängiger Seinsweise, es ist ein nur in der Aussage vorkommendes, also nur vom Gedanken getragenes Sein, das keinen selbständigen Platz neben den primären Seinsweisen (Realität und Idealität) beanspruchen kann. Aber es geht keineswegs in der Subjektivität des Urteilsaktes auf, es erhebt vielmehr den Urteilsinhalt in eine sehr bestimmte Objektivität; und kraft dieser Objektivität besteht der Sinn eines Urteils unabhängig vom urteilenden Subjekt. Dieses Verhältnis ist ein in der Logik wohlbekanntes, obgleich seine Verfechter es selten einmal zureichend zu fassen vermocht haben. Sie haben fast immer den Seinscharakter in der Copula — sei es übersehen, sei es zu leicht genommen, jedenfalls aber verkannt.

An diesem Seinscharakter aber haftet der Zusammenhang des Logischen mit dem Ontologischen. Es sind eben Seinsverhältnisse, die in den Urteilen „beurteilt“ werden. Und dieses prädikative Sein ist es nun, was in den Modalstufen des Urteils sich abwandelt. Nur diese Abwandlung, und nicht die der Geltung, spricht das Urteil unmittelbar aus. Dem nackten „Sein“ in der Copula des assertorischen Urteils tritt ein Möglichsein und ein Notwendigsein gegenüber, ein „Seinkönnen“ und ein „Seinmüssen“. Diese Seinsunterschiede sind rein modale; sie machen die Eigenart des „problematischen“ und „apodiktischen“ Urteils aus. Das ist es, was diese Namen nicht auszudrücken vermögen. Beide sind auch rein logisch nicht näher zu begreifen, ja rein logisch nicht eindeutig erfüllbar. Ihr eigentlicher Sinn ist ein ontologischer. Und auf diesen weist die Modalität der Urteile zurück.

Das ist der Grund, warum man sich für das Verständnis der Seinsmodi nicht an die Modi des Urteils halten kann. Man kann sich von diesen aus wohl auf jene als die zugrundeliegenden hinführen lassen; aber ist man bis auf die Seinsmodi durchgestoßen, so müssen diese in sich selbst und stets in einem gewissen Gegensatz zur logischen Modalität erfaßt werden. Daß man in der Erkenntnistheorie und lange Zeit auch in der Ontologie sich an die Logik gehalten hat, ist in beiden Wissenschaften ein Quell bedenklicher Irrtümer geworden.

9. Die Erkenntnismodalität und die Gewißheitsgrade.

Die Erkenntnistheorie hat die Folgen dieser Verwirrung bis zur Neige auskosten müssen. Denn freilich gibt es auch Erkenntnismodi, so gut wie es Urteilsmodi gibt; und sie müssen sich von diesen genau so sehr unterscheiden, wie Erkenntnis sich vom Urteil unterscheidet. Es ist ein anderes, ob ich etwas als möglich oder als wirklich erkenne, oder als notwendig. Freilich nimmt die geprägte Erkenntnis die Form des Urteils an, aber sie ist nicht Urteil. Man hätte ihre Modi also jedenfalls nicht den Urteilsmodi entnehmen dürfen. Es war der Intellektualismus einer einseitig logisch orientierten Erkenntnistheorie, der solche Entnahme verschuldet hat.

Kant, der seine ganze Kategorientafel der Urteilstafel entlehnte, nahm auch die Urteilsmodi mit in die Analytik der Grundsätze hinüber. So entstanden seine „Postulate des empirischen Denkens", die eine Abstufung der Gewißheit sind. Sie ahmen in ihrer Reihenfolge die logischen Geltungsstufen nach. Sie sind damit bis in die Gegenwart hinein Vorbild geblieben. Ihr Sinn aber ist, wie schon der Name „Postulat" sagt, ein rein methodologischer. Der primäre Sinn der Erkenntnismodalität ist darüber mehr und mehr verloren gegangen. Aber auch die logische Bedeutung darin ist nicht streng festgehalten. Geltungsgrade müssen sich in gewissen Grenzen wohl in Gewißheitsgrade überführen lassen. Aber die Postulate stellen auch nur indirekt Gewißheitsgrade dar. Primär sind sie etwas anderes.

Ihren Unterschied gibt Kant in aller Deutlichkeit als einen solchen der Relation an. Denn er definiert sie durch „Zusammenhang", oder „Übereinkommen". Darauf kommt es an, ob ein Erkenntnisinhalt mit dem Apriorischen der Erkenntnis übereinstimmt, oder mit dem Aposteriorischen, oder mit beiden. Im ersteren Falle ist er als möglich, im zweiten als wirklich, im dritten als notwendig erkannt.

Nun wird man nicht bestreiten können, daß darin sehr wohl Unterschiede der Gewißheit wurzeln können. Aber die Verwurzelung selbst ist deswegen doch kein Gewißheitsgrad, sondern offensichtlich etwas ganz anderes. Denn ist sie Übereinstimmung — einerlei womit —, so ist sie Bezogenheit, ist also ein Strukturmoment, eine Bestimmtheit, also etwas Konstitutives. Das aber sollte sie gerade nicht sein. Das Konstitutive eben ist der generelle kategoriale Gegensatz zum Modalen.

Und selbst wenn es reine Stufen der Gewißheit wären, trifft denn die Abstufung der Gewißheit überhaupt zu auf die Stufen der Erkenntnismodalität? Ist denn die Erkenntnis, daß etwas „sein kann" — also Erkenntnis der Möglichkeit — eine weniger gewisse Erkenntnis als die, daß etwas „ist". Oder soll es sich etwa um eine „bloß mögliche Erkenntnis" handeln? Doch offenbar nicht! Sie ist vielmehr genau ebenso gewisse (oder ungewisse) Erkenntnis, es wird nur in ihr ein anderes erkannt, nämlich dieses, daß etwas „sein kann". Das ist freilich weniger, als wenn man erfaßt, daß es „ist". Aber es ist kein Gewißheitsunterschied; es ist ein Modalunterschied am Erkenntnisinhalt und muß als solcher gefaßt werden.

Der Erkenntnisinhalt seinerseits aber, mitsamt seiner Modalität, kann sich freilich noch einmal nach Gewißheitsgraden abstufen. Man kann des Seinkönnens gewiß oder ungewiß sein, genau so gut wie des Seinmüssens. Die Gewißheitsstufen des Erfassens sind eben etwas anderes als die Erkenntnismodi; ja, diese bestehen indifferent gegen sie. Das Möglichsein und das Notwendigsein können in ihrer Gewißheit nicht nur in drei Stufen, sondern unbegrenzt mannigfaltig abgestuft sein. Aber diese Stufen sind nicht identisch mit ihrem Gegensatz zueinander, auch nicht mit dem Gegensatz zum Erfassen des Wirklichseins.

Zieht man hieraus die Konsequenz, so sieht man, daß nicht nur die Postulate keine Gewißheitsgrade abgeben, sowie daß Gewißheitsgrade keine Erkenntnismodi sind, sondern auch, daß die wirklichen und echten Erkenntnismodi auf Seinsmodi rückbezogen sind. Worauf es ankommt, ist einzig der Unterschied von Erkenntnis des Seinkönnens, Seins und Seinmüssens. Das aber ist etwas ganz anderes, als was die Kantischen Definitionen sagen. Diese Art Unterschied ist nicht relational, ist auch kein Gewißheitsunterschied. Faßbar ist er nur vom Seinsunterschiede aus — erkenntnistheoretisch gesprochen also vom Erkenntnisgegenstande aus.

Solange die Herausarbeitung der Seinsmodi fehlt, sind auch die zugehörigen Erkenntnisweisen nicht faßbar. Darin liegt der Grund, warum auch auf dem Erkenntnisgebiet keine strengen Modalbegriffe herausgearbeitet worden sind.

10. Der metaphysische Notwendigkeitsgedanke.

Die Aristotelische Disposition ließ nur eine Zweiheit von Seinsstufen zu. Neben den Aporien der Dynamis ist dieses der Hauptmangel in ihr. Verschuldet ist er teils durch die Teleologie des Eidos, in der verkappt bereits eine Art Notwendigkeit vorausgesetzt ist, teils durch die Gewohnheit der Alten, in Gegensätzen zu philosophieren. Potenz und Aktus bildeten ein geschlossenes Gegensatzverhältnis, das nicht ergänzungsbedürftig schien, solange man an der Determinationskraft des Eidos nicht zweifelte. Was kann es vom Gesichtspunkt der Dynamis aus über die Energeia hinaus noch weiter geben? Ist doch die Energeia bereits die Erfüllung oder Vollendung (ἐντελέχεια) von allem, was nur irgend im Anlagezustand auftreten kann.

Man kannte die Notwendigkeit sehr wohl, wandte ihren Begriff auch folgerichtig an [1]). Aber sie neben jene beiden zu setzen, schien überflüssig, weil deren Gegensatz eines dritten nicht bedurfte, ja es gar nicht zuließ. Erst die (oben entwickelten) Aporien der Dynamis konnten hier eines anderen belehren. Aber sie wurden nicht entwickelt. Und so blieb die Frage offen, wodurch eigentlich die Unbestimmtheit des Möglichseins zur Bestimmung, ihre Unentschiedenheit zur Entscheidung gebracht wird. Es ist dieses die zweite jener Restfragen, die der traditionelle Möglichkeitsbegriff übrig ließ. Die Antwort auf sie liegt in der Durchbrechung des alten Gegensatzschemas und in der Einführung des Notwendigkeitsmodus.

Die eigentliche Einreihung dieses dritten Modus stieß, solange die Potenz-Aktus-Lehre blühte, auf unüberwindliche Schwierigkeiten. Weder die Logik noch die Erkenntnistheorie hatten genug Gewicht, um in der necessitas den Charakter eines Seinsmodus klar erkennen zu lassen; weder der Geltungsmodus noch der Gewißheitsmodus schien einen ihm entsprechenden Seinsmodus zu verlangen. Ja, auch nachdem man die Notwendigkeit längst in ihrer eigenen ontischen Artung erfaßt hatte, scheute man sich doch, sie in eine Reihe mit Potenz und Aktus zu setzen. Und man muß wohl hinzufügen, diese Scheu war in ihrer Weise berechtigt; denn neben diese beiden gehörte die Notwendigkeit auch wirklich nicht. Sie gehört mit der reinen Seinsmöglichkeit und Seinswirklichkeit zusammen, diese aber sind nicht Potenz und Aktus. Soweit aber ging die Kraft des immer dringlicher werdenden Notwendigkeitsproblems nicht, daß sie zu einer gründlichen Aufräumung mit den alten Modalbegriffen hätte führen können.

Indessen führte der Notwendigkeitsbegriff seit altersher eine Art Sonderdasein im metaphysischen Denken. Neben dem Problem des δυνατόν her, fast unberührt von ihm und zeitlich ihm vorausgehend, tritt er überall da auf, wo der metaphysische Gedanke eines einheitlichen Urprinzips der Welt dominiert. Er ist dann der Ausdruck der durchgehenden Abhängigkeit aller Dinge von dem Prinzip, einerlei ob dieses Prinzip nun ein „Unbestimmtes" (ἄπειρον) oder ein sehr bestimmtes Prinzip der Ordnung, der Harmonie, der Vernunft (λόγος) ist. Man kann ihn in dieser Form ohne viel Deutung bis auf das χρεών des Anaximander zurückverfolgen. Heraklit und Parmenides, wie verschieden sie im übrigen auch den Kosmos sahen, haben eine solche, das Ganze zusammenhaltende Notwendigkeit gekannt.

[1]) Man vergleiche dazu die Definition des ἀναγκαῖον bei Aristoteles, Metaph. Δ 1015a 34ff.: τὸ μὴ ἐνδεχόμενον ἄλλως ἔχειν. Genau dem entsprechend das scholastische: quod non potest non esse.

Feste Form gewann sie in der Stoa. Hier hängt alles an einem göttlichen Logos der Welt, aus ihm heraus sind Geschehnisse und Schicksale vorausbestimmt. Darum tritt hier die ἀνάγκη als πρόνοια und εἱμαρμένη (Vorsehung und Verhängnis) auf. Das ist zwar durchaus kein reiner Modalbegriff der Notwendigkeit, aber er ist doch das konstitutive Seitenstück eines solchen. Und er genügt vollkommen, um die Vielheit der Möglichkeiten, und damit zugleich die stets disjunktiv auftretende Dynamis in sehr bescheidene Schranken zurückzuweisen. In allem Seienden wohnt der Logos, er ist inneres Schicksal aller Dinge. Und es gibt keine Kraft in der Welt, die gegen ihn aufkommen könnte.

Der Neuplatonismus hat diese Lehre mit dem Emanationsgedanken verbunden. Er gab ihr dadurch eine Form, in der sie der christlichen Philosophie in der Patristik und Scholastik eine willkommene Handhabe zur Durchführung ihres Gottesbegriffs darbot.

Charakteristisch aber ist für diese Lehre, daß ihr Notwendigkeitsbegriff doch sehr eng beim Aristotelischen Dynamisbegriff stehen blieb. Der stoische Logos ist als „Same" in allen Einzelwesen vertreten; er spielt also in ihnen die Rolle einer „Anlage". Nur sofern die Harmonie des Ganzen der Welt über das Einzelwesen übergreift, wird dieses mit seinem Geschick in den größeren Zusammenhang einbezogen. Fühlbar also wird die ἀνάγκη nur, soweit sie dieses Einbezogensein ausmacht und äußere Notwendigkeit ist.

Und hier ist freilich ein wesentlicher Gegensatz zu Aristoteles. Die Eidoslehre gab jedem Dinge sein eigenes inneres Prinzip; dieses „kann" in jedem Falle verwirklicht oder auch nicht verwirklicht werden. Insofern steht hier die Anlage ohne Notwendigkeit da, d. h. ohne Entscheidung zum Wirklichwerden. Im Weltbild der Stoa dagegen, und vollends im Neuplatonismus greift die Einheit der Vorsehung bestimmend über sie hinweg. Sie vervollständigt das Unbestimmte, entscheidet das Unentschiedene. Übersetzt man sie ohne Abstrich in die christlichen Begriffe und bezieht sie auf das Verhältnis von Gott und Mensch, so wird sie ohne weiteres zur Augustinischen Prädestination.

11. Naturgesetz und Seinsnotwendigkeit.

Der metaphysische Notwendigkeitsgedanke nimmt sich offenbar zu viel vor. Er will gleich zeigen, daß alles, was „ist" in der Welt, notwendig ist; er setzt überdies die teleologische Form der Determination als eine durchgehende und allbeherrschende voraus. Das letztere hat sich gleich in den Anfängen der neuzeitlichen Naturwissenschaft als unhaltbar erwiesen; es ist außerdem eine These, die weit über das Modalproblem hinausreicht. Das erstere dagegen kann, auch wenn es wahr ist, auf diese Weise doch nicht erwiesen werden.

Zunächst war vielmehr nur die Notwendigkeit überhaupt als Seinsmodus neben die Möglichkeit und Wirklichkeit zu setzen. Und gerade das hat diese Vorsehungsmetaphysik nicht vermocht. Denn eben das Verhältnis zu Potenz und Aktus blieb in ihr ungeklärt. So kommt es, daß die Notwendigkeit an ihre natürliche Stelle erst rücken konnte, nachdem die traditionell gewordene Naturmetaphysik und ihr teleologischer Notwendigkeitsbegriff gefallen war.

Eine wichtige Grenzscheide bildet hierbei das Auftauchen des strengen Gesetzesbegriffs. Der Sinn des Naturgesetzes ist es, streng allgemeine und unverbrüchliche Gültigkeit in allen Spezialfällen zu haben, die ihrer Artung nach nur irgend in seinen Bereich fallen. Das bedeutet dann am Spezialfall selbst, daß an ihm gewisse Züge nicht ausbleiben können. Die Notwendigkeit bedeutet also hier nicht, daß etwas Vorgezeichnetes (ein Eidos) zur Verwirklichung kommen muß, sondern daß ein unlöslicher Zusammenhang besteht zwischen inhaltlich sehr verschiedenen Zügen einer Sache (eines Geschehnisses, eines Ablaufes, einer Sachlage), oder auch zwischen ganzen Gruppen von Zügen; so daß, wenn die eine auftritt, die andere nicht ausbleiben kann.

Diese Fassung der Notwendigkeit ist zwar nicht ganz neu. Auf sie paßt noch gut die Formel des Aristoteles „τὸ μὴ ἐνδεχόμενον ἄλλως ἔχειν". Aber es ist noch etwas anderes, wenn nun die so gefaßte Notwendigkeit auch an ihre natürliche Stelle gerückt wird: an die des Gegenstücks zur Möglichkeit. Sie wird dadurch erst in das altgewohnte Widerspiel von Potenz und Aktus hineingedrängt. Und da sie in dieses nicht hineinpaßt, so ist die Folge, daß sie das Widerspiel — und mit ihm zugleich auch den Potenzbegriff und den Aktusbegriff selbst — sprengt.

Man hatte doch immer gewußt, daß zum Aktuellwerden eines Potentiellen noch ein Anstoß nötig ist, ein Moment der Entscheidung. Man hatte es nur nicht in einer Modalkomponente gesucht. Man konnte es in der höheren Macht einer Weltvernunft suchen; aber damit verzichtete man auf Klärung des inneren Verhältnisses. Man konnte es auch im „Zufall" suchen (contingentia); dann aber setzte man ein zweites Prinzip neben das Formprinzip, das doch als das dirigierende Moment der Verwirklichung gemeint war. Mit der Kontingenz als einem Prinzip setzt man das Eidos außer Kraft. Im Eidosbegriff eben steckte schon eine Art Notwendigkeit, aber eben eine bloß halbe, hinter dem Bilde der zwecktätig bewegenden Kraft verborgene. Diese Verborgenheit läßt es begreiflich erscheinen, daß an ihr so viele Jahrhunderte hindurch die innere Halbheit latent bleiben konnte.

Der Gesetzesbegriff ist zunächst auch ein Formbegriff, hat sich auch geschichtlich aus diesem heraus entwickelt. Er unterscheidet sich aber vom Aristotelisch-scholastischen Formbegriff in so wesentlichen Stücken, daß er uns eher als sein Gegenteil erscheint. Das Gesetz ist nicht bewegende Form, nicht Finalprinzip; es ist auch in erster Linie nicht Form der Sache, sondern Form des Prozesses. Und gerade weil es nicht bewegende Form ist, kann es Form der Bewegung selbst sein. Das alles sind vielbesprochene Dinge, die hier nicht begründet zu werden brauchen. Wichtig für das Modalproblem aber ist eine andere Seite an ihm, die eine direkte Folge jener neuen Bestimmungen ist: das Gesetz unterscheidet sich von der substantiellen Form durch das Spruchreifwerden des Notwendigkeitsmomentes. Erst hier wird die Notwendigkeit von aller spekulativen Belastung abgelöst und gleichsam befreit — vom teleologischen Schema so gut wie vom theologischen —, wird zur neutralen Notwendigkeit, in der nicht die besondere Form des Nicht-anders-sein-Könnens das wesentliche ist, sondern das Nicht-anders-sein-Können selbst. Damit erst ist die modale Grundgestalt der Notwendigkeit erreicht. Sie kündigt sich klar in dem nunmehr unverkennbar gewordenen Gegensatz zur Möglichkeit an. Ein bloß Mögliches eben ist, was auch anders sein kann; notwendig aber ist, was nicht anders sein kann.

Es ist klar, daß in dieser Fassung alle Vorentscheidung über die Art der Determination vermieden ist; und nicht nur darüber, sondern auch über den Umfang des Notwendigen im Reiche des Seienden. Hier ist nicht, wie in den Vorsehungstheorien, vorausgesetzt, daß alles, was ist, notwendig sei; ja streng genommen nicht einmal, daß es überhaupt Notwendiges gibt. Nur daß das Notwendigsein, wo immer es vorkommen mag, etwas anderes ist als Möglichsein und Wirklichsein, ein neuer Seinsmodus neben ihnen, tritt klar zutage — und zwar in bewußtem Unterschied zu allem bloßen Gelten und zum Gewißheitsgrade; denn notwendig „sein" kann natürlich sehr wohl etwas, was gar nicht für notwendig gilt. Und ebenso umgekehrt.

Diese Wendung der Dinge bedeutet nichts Geringeres als den Beginn der geschichtlichen Reife des ganzen Modalitätsproblems. Solange man das Gegenstück der Möglichkeit in der Wirklichkeit erblickte, konnte man ihren kategorialen Charakter auf keine Weise rein erfassen. Darum eben erschien sie als Potenz. Faßt man sie, wie angegeben, als Gegenstück zur Notwendigkeit, so fällt der Potenzcharakter mit all seinen unlösbaren Schwierigkeiten mit einem Schlage hin. Das Moment des Hindrängens auf Verwirklichung geht an die Notwendigkeit über, wird also abgelöst von der Dynamis; was übrig bleibt, ist das reine Möglichsein.

Zugleich damit klärt sich auch der modale Sinn der Wirklichkeit. Die Äquivokation im Begriff der Energeia löst sich auf. Wirklichkeit ist nicht mehr Vollendung, nicht das Verwirklichtsein eines vorgezeichneten Eidos; sie taucht also nicht doppelt auf, am Anfang und am Ende des

Prozesses, sie bedeutet jetzt schlicht das Dasein eines jeden Seienden an seinem Platze der raum-zeitlichen Welt — gleichgültig gegen den Unterschied von Vollendetsein und Unvollendetsein, gleichgültig auch dagegen, ob es ein fortlaufendes Geschehen, ein flüchtiges Prozeßstadium oder eine relativ stabile Sache ist. Der Aktus-Charakter, die Aktivität des „Ins-Werk-Setzens" (ἐνεργεῖν), das von der Analogie des menschlichen „Wirkens" hergenommen war, ist an die Notwendigkeit übergegangen. Was übrig bleibt, ist das reine Wirklichsein als solches.

So wenigstens liegt es in der Intention der Wandlung, die mit dem Gesetzesbegriff einsetzt. Die Wandlung ist deswegen geschichtlich nicht mit einem Schlage vollzogen. Bei den Denkern der Neuzeit hat der Aktusbegriff, mannigfach benannt und gewandelt, noch lange ein Scheindasein geführt. Sehr bekannt ist das aus der Hegelschen Geschichtsphilosophie, die nur das als geschichtlich-„wirklich" gelten läßt, was Verwirklichung der „Idee" (eines substantiell wirkenden geistigen Prinzips) ist, wobei die große Menge der Menschen, Geschehnisse, privaten Schicksale „unwirklich" bleibt und zum Schutt der Geschichte zurückfällt. Das Metaphysisch-Gewaltsame des teleologischen Wirklichkeitsbegriffes leuchtet vielleicht nirgends erschreckender ein als an dieser späten Überspitzung. Das ontologisch-kategoriale Modalitätsproblem ist darüber hinweggeschritten.

12. Die Überordnung der Notwendigkeit und der Satz vom Grunde.

Die Gegensatzstellung zur Möglichkeit, auf der die Einfügung des Notwendigkeitsmodus beruht, ist eine innere, natürliche, am kategorialen Verhältnis der Modi selbst sichtbare. Sie wird sofort einleuchtend, wenn man die Möglichkeit unter Negation stellt. Negierte Möglichkeit ist „Unmöglichkeit". Die Unmöglichkeit ihrerseits aber fällt unter das genus der Notwendigkeit; sie ist Notwendigkeit des Nichtseins. Andererseits wenn man die Notwendigkeit des Seins negiert, so bekommt man Möglichkeit heraus: was nicht notwendig ist, das „kann" wohl sein, „kann" aber auch nicht sein. Dieses doppelte Können ist die Möglichkeit.

In diesem Intermodalverhältnis treten nun Notwendigkeit und Möglichkeit in unmittelbaren Gegensatzzusammenhang. Die Wirklichkeit dagegen bleibt beiden gegenüber neutral stehen, als ein „Sein schlechthin", in dem weder das Möglichsein noch das Notwendigsein direkt sichtbar ist. In dieser Neutralität pflegt das Wirkliche der Erfahrung gegeben zu sein; darauf beruht der Anschein des Zufälligen an ihm.

Erwägt man dieses innere Verhältnis genau, so findet man, daß auch der Gesetzesgedanke ihm nicht gerecht wird. Naturgesetzlichkeit bedeutet Gleichartigkeit der Fälle, der Abläufe; sie ist eine Typik der Prozesse. Das aber ist nicht der eigentliche Sinn der Realnotwendigkeit. Diese ist an sich ganz indifferent gegen Gleichartigkeit und Ungleichartigkeit der Fälle. Für sie ist es nicht wesentlich, daß der Einzelfall „unter" ein Schema falle, daß er etwa in Abhängigkeit von einem allgemeinen Prinzip stehe. Wohl setzt sie eine Abhängigkeit voraus, aber eine ganz andere: die Abhängigkeit von vorbestehenden Realumständen, von Faktoren oder Bedingungen, die ebenso real, zeitgebunden und vergänglich sind wie das Abhängige. Kurz, die Realnotwendigkeit verbindet nicht ein überzeitliches Prinzip mit dem zeitlichen Geschehen; sie verbindet vielmehr innerhalb des Geschehens ein Stadium mit dem anderen, Reales mit Realem, Zeitliches mit Zeitlichem. Daß diese Verbundenheit in den Abläufen der Naturprozesse Gleichartigkeit (Gesetzlichkeit) zeigt, ist gewiß eine Eigenart des Realen, aber es ist nicht das eigentliche Wesen des Notwendigseins. Denkbar wäre ja auch eine Welt ohne Gleichartigkeit und Gesetzlichkeit; deswegen könnte in ihr doch durchgehend eines aus dem anderen notwendig folgen. Die Folge würde nur kein Schema zulassen [1]).

Daß in diesem wichtigen Punkt Unklarheit bis auf den heutigen Tag herrscht, ist wohlbekannt. Das hängt mit den Tendenzen der Gesetzeswissenschaft zusammen, die an allem Seienden das Grundlegende in den Gesetzen allein sieht: die Tatsächlichkeit des Besonderen „beruht" auf dem Gesetz — nicht viel anders als sie einst auf dem Formprinzip beruhen sollte —, und sie aus dem Gesetz heraus verstehen heißt nun, sie als notwendig verstehen. In diesem Sinne gilt Erkenntnis der Notwendigkeit als höchster Erkenntnismodus. Zugleich aber wird damit auch die Seinsnotwendigkeit der Möglichkeit und Wirklichkeit übergeordnet. Sie verdrängt diese aus ihrer beherrschenden Stellung und nimmt selbst die Stelle eines höchsten Seinsmodus ein.

Das mag nun seine Berechtigung haben oder nicht, zweierlei bleibt daran doch bedenklich. Der Seinsmodus ist dem Erkenntnismodus zu sehr angenähert, und der Modalcharakter überhaupt wird auf den Strukturcharakter der Gesetzesform verschoben. Aus beidem resultiert, daß der „höchste" Seinsmodus nun auch als der stärkste und am meisten beherrschende verstanden wird.

Das Inhaltliche und Konstitutive verdrängt also wieder die reine Seinsweise. Hinter der Notwendigkeit taucht das tragende Element der Relation auf. Das Notwendige erscheint als das Involvierte; die

[1]) Die Kategorienlehre wird in anderem Zusammenhange zu zeigen haben, daß dasselbe wie von der Notwendigkeit sogar von der Kausalität gilt. Die sog. Naturgesetze sind wohl an sie als Voraussetzung gebunden, nicht aber der Kausalnexus als solcher an die Naturgesetze.

Involution hat die Form der Determination, und wird diese allbeherrschend gedacht, so steht man beim Determinismus. Auch das wäre freilich noch eine tragbare Konsequenz, wenn sie bloß die Überordnung der reinen Notwendigkeit bedeutete, ohne daß eine bestimmte Determinationsform (die finale oder die kausale) untergeschoben würde. Aber sie wird sehr folgenschwer, wenn alle Determination als eine solche unter Gesetzen verstanden wird.

Es ist ein Verdienst des philosophischen Denkens in dieser Zeit, daß Leibniz — und ihm nach in breiter Durchführung Wolf — das Notwendigkeitsproblem im Gegensatz zur Gesetzeswissenschaft wieder auf eine breitere Basis zu stellen wußten. Das geschah durch die Aufstellung des „Satzes vom Grunde", der sich seither auf allen Gebieten, auf denen es ein Widerspiel der Modi gibt — in der Logik und Erkenntnistheorie so gut wie in der Metaphysik —, durchgesetzt hat.

Das principium rationis sufficientis ist zwar noch weit entfernt, ein eigentliches Modalprinzip zu sein. Es spielt vielmehr seinerseits das Modalproblem erst recht auf ein Determinationsproblem hinaus. Aber es vermeidet die Festlegung auf einen bestimmten Determinationstypus; es löst sich vor allem wieder ganz vom Gesetzesprinzip ab und verlegt den ganzen Nachdruck auf die Verknüpfung des Seienden (oder dessen, was ihm in den sekundären Sphären entspricht, der Gedanken und Einsichten) in sich selbst. Der „zureichende Grund" liegt durchaus in einer Ebene mit seiner notwendigen Folge. Der Gedanke hat seinen Grund in Gedanken, das Erfassen in Erfaßtem, das Seiende in Seiendem.

Und was vielleicht noch wichtiger ist: trotz allem Vorwalten des Konstitutiv-Determinativen im Satz vom Grunde ist hier doch für die zutreffende Fassung des Notwendigkeitsmomentes gesorgt. Das geht sehr anschaulich aus der Formel hervor: „... ratio sufficiens, cur potius sit quam non sit". Man hat dieses „potius" als einen schwachen und gleichsam „halben" Ausdruck beanstandet, der gerade die Stringenz des „Folgens" aus dem Grunde nicht wiedergibt. Das soll nicht bestritten werden. Eins aber gibt er sehr genau wieder, den Gegensatz zur Möglichkeit. Daß etwas „möglich ist", besagt eben nur, daß es sein kann, aber ebensogut auch nicht sein kann. Gerade in dieser Unentschiedenheit ist es von altersher verstanden worden. Ist nun aber der zureichende Grund dasjenige „warum es eher ist als nicht ist", so macht er eben damit das von jeher gesuchte Moment der Entscheidung aus. Insofern ist hier das Wesen des Notwendigseins sehr genau aus seinem Gegensatz zum Möglichsein heraus bestimmt.

Und versteht man alles Sein (Wirklichsein) im Gegensatz zu einer irgendwie bestehenden Alternative des „Sein-und-nichtsein-Könnens", so wird es auch verständlich, warum Leibniz und Wolf dem Satz vom Grunde allgemeine Gültigkeit für alles Seiende zusprechen. Das Wirklichsein ist eben ein „So-und-nicht-anders-Sein"; es hat das Nichtseinkönnen dessen, was es ist, von sich ausgeschlossen. Determinativ ausgedrückt heißt das: es hat seinen Grund, warum es „ist" und nicht „nicht ist"; modal ausgedrückt: es kann nicht „nicht sein", es ist notwendig.

13. Aporien der Modalanalyse. Methodologisches.

Es hat sich gezeigt, daß wir weder von der Seinsmöglichkeit noch von der Seinsnotwendigkeit einen genügend klaren Begriff vorfinden, der sich der Untersuchung zugrunde legen ließe. Daß man unter solchen Umständen noch viel weniger von der Seinswirklichkeit einen solchen im überlieferten Material der Geschichte aufzeigen kann, wird hiernach niemand wunder nehmen. Ist doch das Wirklichsein noch um vieles ungreifbarer, obschon es das scheinbar Selbstverständlichste und Wohlbekannteste ist.

Die Modalkategorien haben eben den ungeheuren Nachteil, schwer faßbar zu sein. Ihre Stellung diesseits aller inhaltlichen Differenzierung bringt das mit sich. Alles Erfassen hält sich an unterscheidbare Bestimmtheiten, also an das, was konstitutiv ist und das Sosein des Seienden betrifft. Alle Kategorien oberhalb der Modalität sind konstitutive Kategorien; alle Beispiele, an denen sich etwas greifbar machen läßt, sind inhaltlich differenziert; und die Bestimmtheiten, die wir ihnen abgewinnen, sind solche des Soseins, nicht des Daseins und seiner Modi. Inhaltlich faßbar sind eben nur Bestimmtheiten.

Die Modalitätsunterschiede sind darum nirgends direkt faßbar. Sie sind, obgleich allem zugrundeliegend und überall vorausgesetzt, doch stets nur „mit" einem bestimmten Inhalt und „an" ihm faßbar. Diese Mittelbarkeit macht die Betrachtung unselbständig, verweist sie auf das Methodengesetz der abwärts gerichteten Schichtenperspektive. Das Gesetz besagt, daß wohl von den höheren Seinsschichten aus die Kategorien der niederen sichtbar gemacht werden können (weil sie im allgemeinen in ihnen mit enthalten sind), aber nicht umgekehrt. Und dabei setzt die eigentliche Aporie erst dort ein, wo die rückschauende Arbeit, vom Besonderen aus das Allgemeine sichtbar zu machen, vollzogen ist. Denn dann erst beginnt die Aufgabe, den Seinsmodus als solchen zu fassen.

Das Erschauen selbst, und vollends die begriffliche Fassung der Modi, kann stets nur im Zusammenhang der inhaltlichen Betrachtung gelingen. Sobald man das Konstitutive aus den Augen verliert, ist nichts mehr sichtbar. Das Erschauen der Modalität ist ein solches Schauen, dem seine eigene Bedingung im Wege steht. Es muß, um durchzudringen, diese seine Bedingung selbst wieder aus dem Wege räumen. Es ist auf diese Weise ein nicht nur indirektes, sondern auch in sich gebrochenes, d. h. ein sich selbst teilweise wieder aufhebendes Schauen. Es kann seinen Gegenstand nur fassen, indem es sich selbst ausschaltet. Und da seine Inhaltsgebundenheit an allem Erfaßten mit erscheint, so muß es stets im Vollzuge sich selbst wieder vom Erfaßten abziehen.

Das ist die methodologische Schwierigkeit in der Modalanalyse, im letzten Grunde eine unaufhebbare Schwierigkeit. Das macht die Modalbegriffe so irritierend schillernd und zugleich so scheinbar nichtssagend und abstrakt. Man sieht es ihnen nicht an, wie sie mit Sprengstoff geladen sind, wie die ganze Krisis von Sein und Nichtsein in ihnen enthalten ist.

Das Schillern freilich läßt sich in gewissen Grenzen überwinden, indem man konzentrisch von verschiedenen Seiten zugleich schaut. Die gewonnenen Aspekte des Modus interferieren dann in der Weise gegeneinander, daß das Unreelle sich gegenseitig auslöscht. Aber die Abstraktheit, die Inhaltsleere, läßt sich nicht wegbringen. Sie ist notwendig, weil sie das Absehen von allem konstitutiv Inhaltlichen bedeutet. Darum bleiben die Modalbegriffe unselbständig.

Genauer gesprochen: Seinsmodi als solche lassen sich überhaupt nicht definieren. Es ist mit ihnen nicht anders als mit den Seinsweisen: man kann sie wohl vergleichen, abgrenzen, Unterschiede feststellen, aber damit trifft man nie direkt das Zentrale. Allerdings ist bei den Modi die Lage günstiger, weil ihre Mannigfaltigkeit größer ist, zumal wenn man die negativen Modi mit hineinnimmt, und weil die Unterscheidung doch am Inhaltlichen der Beispiele mehr Angriffsfläche findet. Aber eigentlich definieren — es sei denn nominell — kann man sie doch auch nicht.

Für ein indirektes Vorgehen aber bleibt immer noch der Weg, die Modi gegenseitig, immer einen von den anderen aus, zu bestimmen. Man kommt dabei auf ihre innere Kohärenz, ihr wechselseitiges Verhältnis der Implikation, der Indifferenz, des Widerstreits. Bei konstitutiven Kategorien ist das eine Definitionsweise, die dem Inhalt wohl gerecht wird. Bei den modalen, die keinen eigenen Inhalt haben, bleibt sie notwendig leer, es sei denn, daß man ihr durch den Anschluß an das unbegrenzte Feld möglichen Inhalts einen Boden gibt. Dann aber muß man, wie gezeigt wurde, das Inhaltliche im Erfassen selbst wieder vom Erfaßten subtrahieren. Und es fragt sich, wieviel dann noch übrigbleibt.

Andererseits aber ist auf diesem Gebiet schon das geringste Erfassen von so fundamentalem Gewicht, daß sich sofort die weiteste Perspektive eröffnet. In unabsehbar mannigfaltige inhaltlich-kategoriale Verhältnisse leuchtet das Verständnis der Modi hinein und klärt das an ihnen sonst Unauflösbare und Undurchschaubare. Ontologisch wirkt sich das in erster Linie an dem Sphärengegensatz des Seienden, d. h. am Greifbarmachen der Seinsweise, aus. Das dunkelste Problem der Ontologie gewinnt von hier aus Licht: das Wesen des Realseins und Idealseins, das in sich selbst in keiner Weise greifbar ist, wird aus dem Verhältnis der Modi zu einander annähernd bestimmbar.

Der Kern dieser Sachlage ist in dem kategorialen Grundgegensatz des Konstitutiven und Modalen selbst zu suchen; er deckt sich im wesentlichen mit dem von Seinsbestimmtheit und Seinsweise. Sein allgemeinster Ausdruck ist das Verhältnis von Sosein und Dasein (das in der „Grundlegung" untersucht worden ist); denn die Seinsweise ist die Weise des Daseins. Dieser Gegensatz hat seinen ontischen Ort unter den übrigen Seinsgegensätzen; und insofern rangiert auch die ganze Modalgesetzlichkeit bereits unter die Kategorienschicht der Seinsgegensätze. Sie steht aber, obgleich ebenso fundamental wie diese, doch auch zugleich im Gegensatz zu ihr. Denn die übrigen Seinsgegensätze sind rein konstitutiv und setzen ihrerseits die Intermodalverhältnisse voraus. Die Kategoriengruppen der Modalität und der Seinsgegensätze sind somit nicht durch einen eigentlichen Höhenunterschied im Sinne der Schichtung voneinander abgehoben, sondern stehen nebeneinander und dürfen als einer Schicht zugehörig angesehen werden. Genauer: sie stehen in einem nicht näher angebbaren Rangverhältnis zueinander.

Diese eigentümliche Stellung der Modalkategorien ist für sie tief charakteristisch. Sie bilden eine Art Grenzgebiet von engerer und eigentlicher Ontologie und engerer Kategorienlehre. Sie sind wohl Kategorien, aber Kategorien der reinen Seinsweise. Das Kernstück der Ontologie bilden sie insofern, als fast alles, was wir vom „Seienden als Seienden" in dieser Allgemeinheit wissen, ein Wissen auf dem Umweg über die Modalanalyse ist. Aber sie sind zugleich auch Grundlage aller kategorialen Bestimmtheit. In ihnen also gerade, als dem Unfaßbarsten beider Lehrgebiete, wird deren Einheit unmittelbar faßbar.

14. Die vier Lehrstücke der Modalanalyse.

So also ist die Sachlage, daß weder die Logik noch die Erkenntnistheorie noch auch die Metaphysik reine Modalbegriffe hervorgebracht hat. Sie müssen auf allen Gebieten neu gewonnen werden. Und da sie überall verschieden sind, so muß sich die Untersuchung dementsprechend spalten.

Das ontologische Gewicht freilich liegt hierbei allein auf der Realsphäre. Die Untersuchung der Realmodi muß daher im Zentrum stehen. Sie nimmt außerdem den breitesten Raum ein; in ihrem Bereich gilt es am meisten umzulernen, sowie die weitesten Konsequenzen zu ziehen. Hierbei ist natürlich von den traditionellen Modalbegriffen auszugehen, die zum Teil von der Logik her, zum Teil durch die alte Potentia-Lehre bestimmt sind; erst im Gegensatz zu diesen läßt sich ein System zureichender Realmodi herausarbeiten.

Der Umweg, der hierdurch geboten ist, führt über ein gleichsam neutrales Reich von Modalbegriffen, an denen die Unterschiede der Sphären verschwunden, oder wenigstens verwischt erscheinen. Die vorbereitende Untersuchung, die es mit diesem noch undifferenzierten Stande der Modi zu tun hat, ist nicht bloß methodologisch geboten, sondern auch sachlich gefordert. Denn einmal hat sie die Bedeutungsverschiedenheiten der geschichtlich überkommenen Modalbegriffe erst einmal zu klären — das oben hierzu Gesagte reicht bei weitem nicht aus —, und dann gibt es auch eine gewisse Grundgesetzlichkeit der Modi, die diesseits ihrer Differenzierung nach Sphären steht und vor aller Besonderung herausgearbeitet werden muß.

Das wichtigste Stück dieser Voruntersuchung ist die Lehre vom „modalen Grundgesetz", das für alle Seinsweisen gilt, und von der dimensionalen Anordnung der Modi. Erst auf Grund der Einsichten, die sich hier ergeben, läßt sich zeigen, was es eigentlich mit den gegenseitigen Verhältnissen der Modi ein und derselben Sphäre, sowie ihren Gesetzlichkeiten, den „Intermodalgesetzen", auf sich hat. An diesen aber hängt alle weitere und differenziertere Untersuchung. Denn, da die Modi in keiner Sphäre direkt definierbar sind, so muß alle genauere Fassung ihres Wesens von den Intermodalverhältnissen ausgehen. Und dabei kann sich in jeder Sphäre die besondere Gesetzlichkeit dieser Verhältnisse erst am Gegensatz zur gegenseitigen Stellung der neutralen Modi ergeben.

Andererseits können sich die Unklarheiten, die hinsichtlich der idealen, logischen und gnoseologischen Sphäre bestehen, erst lichten, wenn das Gefüge der Realmodi klargestellt ist. Darum setzt erst nach dem zentralen „zweiten" Teil die eigentliche Modalanalyse dieser Sphären ein. Sie läßt sich, obgleich in sich keineswegs einheitlich, doch durch die gemeinsame Bezogenheit auf die Realsphäre zu einem „dritten" Teil zusammenfassen.

An letzter Stelle aber steht das Verhältnis der Modi verschiedener Sphären zueinander zur Untersuchung. Und erst in diesem „vierten" Teil können sich die Konsequenzen einer systematischen Bearbeitung des ganzen Problemgebiets der Modalanalyse zeigen. Insonderheit sind es erkenntnistheoretische Einsichten, die hierbei abfallen, und zwar vor allem solche, die der philosophischen Erkenntnis zugute kommen. Denn, wie alle Erkenntnis weitgehend bedingt und getragen ist von dem Verhältnis zwischen Erkenntniskategorien und Seinskategorien, so gilt dasselbe in erhöhtem Maße von dem Verhältnis zwischen den Erkenntnismodi und Seinsmodi. Darum ist die Untersuchung, die hier zu führen ist, prototypisch für die ganze weitere Kategorienlehre, die allgemeine so gut wie die spezielle der einzelnen Wissensgebiete. An ihr erst zeigt sich die Zentralstellung der Modalanalyse — nicht nur für die Ontologie, sondern ebenso auch für philosophische Lehrgebiete aller und jeder Art.

Erster Teil

Das Problem der Modalitätsstufen

I. Abschnitt

Aporien und Äquivokationen der Modalbegriffe

1. Kapitel. Bedeutungen der „Zufälligkeit".

a. Vorläufige Stufenfolge der sechs Modi.

Die geschichtliche Tradition hat sechs Grundmodi herausgearbeitet, drei positive und drei negative: Möglichkeit, Wirklichkeit, Notwendigkeit einerseits, Unmöglichkeit, Unwirklichkeit, Zufälligkeit andererseits. Sie hat außerdem eine Art Reihenfolge dieser Modi gangbar gemacht, die als Rangordnung gemeint ist und je nach der Sphäre, auf die sie bezogen wird, eine Abstufung der Geltung, der Gewißheit oder des Seins selber bedeuten soll.

Diese Rangordnung ist eine andere als die der Seinsschichten und ihrer Kategorien; sie ist auch eine andere als die der Bedeutsamkeit oder die des Wertes. Sie ist rein eine solche des Modus und deckt sich mit keiner anderen Abstufung. In ihr stehen die negativen Modi zu unterst, und zwar so, daß die Negation des niedersten positiven Modus auch unter ihnen wiederum die unterste Stelle einnimmt, die Negation der höheren positiven Modi aber eine entsprechend höhere Stelle. Das Widerspiel der positiven und negativen Modi bekommt dadurch ein symmetrisches Gepräge.

Es wurde in der Einleitung gezeigt, aus welchen Gründen die Notwendigkeit, obzwar spät eingefügt, doch die höchste Stelle unter den positiven Modi beansprucht. Die Möglichkeit aber nimmt von altersher unter ihnen die niederste ein. Damit ist die ganze Rangordnung in einer gewissen Eindeutigkeit bestimmt. Nicht ganz eindeutig freilich bleibt dabei der Sinn des Höher- und Niedrigerseins selbst. Aber er ist doch vor der Hand ein verständlicher; und das genügt für den Ausgang. Das Unmöglichsein ist offenbar äußerstes oder negativstes Nichtsein; es ist dem Sein nach weniger als bloßes Unwirklichsein, denn im Unwirklichsein ist das Möglichsein offengelassen. Unwirklichsein wiederum ist weniger als Zufälligsein; denn das Zufällige ist immerhin wirklich, und nur die Notwendigkeit ist negiert.

Ebenso ist es mit den positiven Modi. Wirklichsein ist mehr als bloß Möglichsein; Notwendigsein ist mehr als bloß Wirklichsein. Das bloß Mögliche kann doch auch unwirklich sein — das eben scheint ja die Möglichkeit zu besagen —, und das bloß Wirkliche kann auch zufällig (nicht notwendig) sein. Denn das scheint der Sinn des nackten Wirklichseins zu sein, daß es ihm nicht anzusehen ist, ob es notwendig oder zufällig ist.

Faßt man diese aufsteigende Reihe in eine Tafel zusammen (wobei der Pfeil die Richtung des Aufstieges von niederer zu höherer Modalität angibt), so sieht die Rangordnung folgendermaßen aus:

Notwendigkeit	↑	Nicht anders sein Können,
Wirklichkeit	│	So und nicht anders Sein,
Möglichkeit	│	So oder nicht so sein Können,
Zufälligkeit	│	Nicht notwendig Sein (auch anders sein Können),
Unwirklichkeit	│	Nicht so Sein,
Unmöglichkeit	│	Nicht so sein Können.

Von dieser Tafel als einem vorläufigen Schema läßt sich immerhin ausgehen. Sie zeigt wenigstens ein einheitliches Prinzip. Sie steht der naiven Auffassung nah genug, um der Erklärung entbehren zu können, und deckt sich überdies gut mit den Geltungsstufen des Urteils.

Bei näherem Zusehen freilich zeigt sich die Ungleichartigkeit der Stufenfolge. Ganz eindeutig ist sie nur innerhalb der positiven Modi. Hier hat der höhere Modus ein deutlich greifbares Plus an Bestimmtheit der Seinsart. Daß Notwendigkeit mehr als Wirklichkeit, Wirklichkeit mehr als Möglichkeit ist, macht einen einheitlichen Richtungssinn aus. Denn hier ist der niedere Modus im höheren enthalten: was wirklich ist, muß zum mindesten möglich sein, und was notwendig ist, muß zum mindesten wirklich sein. So wenigstens entspricht es den traditionellen Modalbegriffen. Ob dem ontologisch auch so „ist", mag einstweilen dahingestellt sein.

Anders bei den negativen Modi. Wohl ist Unmöglichkeit ein Minimum an Sein, äußerstes Nichtsein, Zufälligkeit aber nur ein Nichtsein des Notwendigseins. Aber läßt sich denn sagen, daß die Bestimmtheit der Seinsart selbst im Unwirklichsein geringer sei als im Zufälligsein, und nun gar im Unmöglichsein geringer als im Unwirklichsein?

Das geht offenbar nicht an. Der negativste Modus ist hier vielmehr der bestimmteste, der mittlere weniger bestimmt, der relativ positivste aber der unbestimmteste. Unmöglichkeit ist offenkundig ein Notwendigkeitsmodus, ist negative Notwendigkeit. Sie hat also bei äußerster Negativität doch die gleiche Höhe der Bestimmtheit in der Seinsart selbst (Bestimmtheit des Negativseins) wie der höchste positive Modus. Zufälligkeit dagegen ist nicht nur kein Notwendigkeitstypus, sondern der Gegensatz zum Notwendigsein überhaupt. Daher die Unbestimmtheit in ihrer relativen Positivität. Die Unwirklichkeit aber, die mitten inne zwischen beiden steht, verhält sich indifferent gegen Notwendigsein und Zufälligsein. Sie kann auf Unmöglichkeit beruhen, braucht es aber nicht; und im letzteren Falle ist das Unwirklichsein selbst ein zufälliges.

Danach scheint es, als verhielte sich bei den negativen Modi die Bestimmtheit der Seinsart indirekt proportional zur Höhe des Modus. Der Seinscharakter selbst nimmt ab mit der wachsenden Bestimmtheit seines eigenen Wesens. Dennoch geht es nicht an, eine auch in anderer Hinsicht einheitlich abfallende Linie zu konstruieren. Das wird sofort sichtbar, wenn man den Maßstab des Ineinandersteckens anlegt. Bei den positiven Modi steckte immer der niedere im höheren. Das trifft für die negativen nicht zu: die Unwirklichkeit steckt offenbar nicht in der Zufälligkeit, die Unmöglichkeit nicht in der Unwirklichkeit. Wohl aber könnte man hier das umgekehrte Verhältnis erwarten: das Enthaltensein des weniger bestimmten Modus im bestimmteren, also des in der Rangordnung höheren im niederen. Aber auch das trifft nicht zu.

Allerdings steckt die Unwirklichkeit in der Unmöglichkeit; ein Wirkliches kann eben nicht unmöglich sein. Das folgt aus dem Verhältnis der positiven Modi: Wirklichkeit setzt Möglichkeit voraus. Danach sollte man nun erwarten, daß auch die Zufälligkeit in der Unwirklichkeit stecken müßte. Das aber ist keineswegs der Fall. Das Unwirkliche vielmehr kann sehr wohl auch unmöglich sein, und dann ist es ein notwendig Unwirkliches, und keineswegs zufällig. Das Unwirkliche ist also durchaus indifferent dagegen, ob es unmöglich ist oder bloß zufällig unwirklich.

b. Die fragwürdige Stellung der Zufälligkeit.

Hiernach kann man nicht im Zweifel sein, daß es die Zufälligkeit ist, die in die eindeutige Anordnung der Modi ein Loch reißt. Bei ihr wird die Kurve des Anstieges unstetig.

Dieser Eindruck verstärkt sich noch, wenn man sich klar macht, daß auch zwischen Möglichkeit und Zufälligkeit — also gerade an dem Punkte, wo die negativen Modi an die positiven anschließen, — kein eindeutiges Verhältnis besteht. Hier nämlich setzt ein negativer Modus sogar den positiven voraus: zufälliges Sein setzt die Möglichkeit des Seins, zufälliges Nichtsein die Möglichkeit des Nichtseins voraus. Die Möglichkeit des einen wie des anderen aber setzt durchaus nicht deren Zufälligkeit voraus; von ihr aus kann vielmehr das eine wie das andere auch sehr wohl notwendig sein. Anderenfalls könnte ja das Notwendige gar nicht möglich sein; was auf einen glatten Widerspruch hinausläuft.

In dieser Hinsicht also verhält sich die Zufälligkeit ganz wie ein positiver Modus. Dann aber gehört sie an eine andere Stelle im Stufengang. Und zwar dürfte sie unter den positiven Modi nicht an die unterste Stelle gehören — denn sie setzt ja die Möglichkeit schon voraus —, sondern zwischen Wirklichkeit und Möglichkeit. Und dem entspricht ganz folgerichtig die Indifferenz des Wirklichseins gegen Notwendigkeit und Zufälligkeit. Die Wirklichkeit ihrerseits müßte folglich auch zwischen diese beiden letzteren zu stehen kommen.

Indessen der negative Charakter der Zufälligkeit ist damit nicht aufgehoben. Sie ist und bleibt Negation der Notwendigkeit. Und so bleibt denn trotz aller Umordnung dieselbe Unklarheit in ihrer Stellung zurück. Ja, es dürfte bereits sehr spürbar geworden sein, daß die Unklarheit ihrem eigenen inneren Wesen anhaftet, auf einen Doppelsinn in ihr selbst, eine Art Gespaltenheit ihres Modalcharakters zurückgeht. Solche Unstimmigkeit eines Modus in sich selbst ist natürlich mit bloßer Umgruppierung der Modi nicht zu beheben.

Solcher Unklarheiten nun gibt es an der Zufälligkeit mehr als die eine. Das Zufälligsein ist überhaupt ein strittiger Modus. Ob dieser Modus mit Recht unter den übrigen Modi steht, ist keineswegs summarisch für alle Sphären auszumachen.

Es ist wohlbekannt, wie der „Zufall", den wir im Leben so harmlos hinnehmen, bei eindringender Erkenntnis der Sachlage zu verschwinden pflegt, wie er einem Geflecht von Zusammenhängen vieler Geschehnisse weicht, in dem sich dann das „Zufällige" als notwendig erweist. Auf allen Gebieten unserer Welt- und Lebenskenntnis erfahren wir dieses Verschwinden. Und selbst wo das Eindringen für unsere endliche Erkenntnis nicht zu wirklicher Überschau zu bringen ist, drängt sich doch sehr bestimmt der Eindruck auf, daß die Zusammenhänge durchgehen und für Zufälliges keinen Raum lassen, ja daß nur die Begrenztheit des Wissens uns immer wieder Zufälligkeit vortäuscht.

Diese Täuschung ist nicht aufhebbar. Sie wird zwar am Einzelfall durchschaut, wo die Determinationsfäden sichtbar werden, aber generell läßt sie sich nicht beheben. Die Theorie kann den Zufall verneinen, aber nur als Modus des Seins. Als Modus des Erlebens und der Gegebenheit bleibt er bestehen. Solche Verneinung des Zufalls im Gegensatz zu den Gegebenheitstatsachen vollzieht der Determinismus. Seine These ist: nichts Wirkliches ist zufällig; oder: alles, was wirklich ist, ist notwendig. Er hebt damit die Indifferenz der Wirklichkeit gegen Notwendigkeit und Zufälligkeit auf. Transponiert man diese These aus dem Modalen ins Konstitutive, so lautet sie: alles, was ist, hat seinen zureichenden Grund. Man langt also beim Leibnizischen Satz vom Grunde an.

Dieser Satz wird später zu diskutieren sein. Vor der Hand ist nur die Tatsache auffällig, daß überhaupt die Zufälligkeit ein Modus ist, dessen Vorkommen sich bestreiten läßt. Darin steht sie einzig da unter den anderen Modi. Keiner von ihnen läßt sich in ähnlicher Weise abstreiten. Daß es Wirklichkeit gibt, bestreitet nicht einmal der Skeptiker; er bezweifelt nur ihr Ansichsein — d. h. die Seinsweise der Sphäre, in der sie spielt, — und das ist etwas ganz anderes. Die Möglichkeit ist damit auch anerkannt, denn sie ist im Wirklichsein vorausgesetzt. Unwirklichkeit besagt das bloße Nichtsein, und insofern ist an ihr gar nichts zu bestreiten. Unmöglichkeit und Notwendigkeit aber erfahren wir in aller Härte auf sämtlichen Gebieten des Lebens, des Geschehens, des Denkens, ja selbst der Phantasie. Man kann wohl bestreiten, daß alles Wirkliche notwendig, alles Unwirkliche unmöglich sei; aber nicht, daß es überhaupt Notwendiges und Unmögliches gibt.

Nur die Zufälligkeit macht eine Ausnahme. Sie eben ist kein einfach negativer Modus, sondern ein zur Hälfte positiver. Das Zufällige soll ein Wirkliches bedeuten, an dem nur das Notwendigsein negiert ist. Das ist zwar eine in sich widerspruchslose Seinsart; aber weder ist sie eindeutig unter die anderen Modi einreihbar, noch ist sie mit dem Phänomen der alle Sphären und Schichten durchziehenden Zusammenhänge in Einklang zu bringen.

c. Äquivokationen der Zufälligkeit.

Die Schwierigkeiten, die sich an diesem Punkte zusammendrängen, werden durch den Umstand noch erheblich verdichtet, daß im Sprachgebrauch die Bedeutung von „zufällig" eine schwankende ist. Freilich hat die Art, wie man im Leben vom „Zufall" spricht, mit dem Modalproblem kaum mehr als das Wort gemeinsam. Dennoch mischen sich unbemerkt ständig die Alltagsbedeutungen in die prinzipielle Überlegung hinein und richten Verwirrung an. Man muß daher die Äquivokationen des Zufälligen vor allem einmal aufdecken.

1. Wenn ich jemanden im Versehen gestoßen habe und mich entschuldige, es sei „zufällig" geschehen, so meine ich mit „zufällig" so viel wie unbeabsichtigt, ungewollt, unbezweckt, und folglich unverschuldet. Der Zufall gilt mir als das, was nicht in meiner Intention lag, und was abzuwenden deswegen auch nicht in meiner Macht stand.

2. Wenn ich aber Herrn X auf der Straße begegne, wo ich nichts weniger als diese Begegnung gesucht habe und sie deswegen als „zufällig" empfinde, so meine ich mit diesem Zufälligsein doch keineswegs bloß das Nichtbeabsichtigtsein, sondern das Unerwartetsein und Unvorhergesehen-

sein. Diese Bedeutung kommt dem Wortsinn von „Zufall" am nächsten. Denn hier ist gerade das Mir-Zufallen der Begegnung gemeint. Ähnlich ist es bei allem, was mir unerwartet begegnet, passiert, zustößt, was mich überrascht, berührt oder betrifft.

Im Unvorhergesehenen wie im Unbeabsichtigten werden bestehende Zusammenhänge nicht in Abrede gestellt. Sie werden nur übersehen, es wird von ihnen keine Notiz genommen, selbst dann wenn sie dem intuitiven Verstehen durchaus naheliegen. In beiden Fällen werden die Hintergründe des Geschehens für unwesentlich genommen. Die Zufälligkeit ist auf diese Weise eine Funktion der durch die Auffassungsweise bedingten Isolierung des Geschehnisses.

3. Anders ist es schon, wenn ich mit einem Geldstück „Schrift oder Adler" werfe und den Zufall geradezu herausfordere. Denn hier soll irgendeine Unentschiedenheit durch den „Ausfall" zur Entscheidung gebracht werden. Was ich hier mit der Zufälligkeit des Ausfalls meine, ist weder das Ungewollte noch das Unvorhergesehene allein, sondern die Unabhängigkeit des Resultats von mir, gleichsam das Unparteiischsein des Ausfalls gegen mein Interesse. Unparteiisch eben ist es, sofern ich die Bedingungen des Ausfalls nicht übersehe und nicht in der Gewalt habe.

Die neue Bedeutung des Zufälligen ist die des Undurchschaubaren und Unberechenbaren, dessen also, was man als bloße Tatsache, als das „Ausfallen" selbst hinnimmt. Die Hintergründe des Geschehens werden hier nicht für unwesentlich genommen; man ruft sie ja gerade als entscheidende Instanz an. Aber man läßt sie in ihrem Dunkel und rührt nicht an ihnen. Diese Haltung des Bewußtseins ist im Leben die typische im Hinblick auf das Zukünftige. Sie ist hier nur keine gewollte, kein Spiel mit dem Zufall, kein Herausfordern des Zufalls, sondern eine unvermeidliche Haltung. Im übrigen ist es dasselbe Hinblicken auf den „Ausfall" als auf die Entscheidung des noch Unentschiedenen. Der „Ausfall" in diesem Sinne ist die eigentliche contingentia, (das „wie es halt kommt"), oder in anderer Schattierung die convenientia (das „wie es sich trifft"). Diese Bedeutung der Zufälligkeit ist also ein reiner Modus der Auffassung und als solcher vollkommen berechtigt.

4. Ferner, wenn ich sage: daß in diesem bestimmten Dreieck die Winkelsumme = 180° ist, ist notwendig, daß aber dieser bestimmte Winkel in ihm = 64° ist, ist zufällig, — so meine ich hier mit „Zufälligkeit" etwas ganz anderes als in den obigen Fällen. Ich meine weder ein Unvorhergesehenes noch ein Undurchschaubares, und vollends nicht etwas Unbeabsichtigtes, sondern etwas, was für das Dreieck als solches nicht wesentlich ist, und zwar unabhängig davon, wieweit ich es erfasse. Gemeint also ist hier eine Seinszufälligkeit: ein Dreieck kann auch anders

sein als mit einem Winkel von 64°. Es kann aber nicht anders sein als mit einer Winkelsumme von 180°. Daß dieses bestimmte Dreieck einen Winkel von 64° hat, ist also vom Wesen des Dreiecks aus „zufällig", d. h. es ist unwesentlich, akzidentell.

Mit „akzidentell" ist dann die Seinsart der Besonderheit des bestimmten Falles gemeint, im Gegensatz zur Allgemeinheit und Notwendigkeit der Wesenszüge aller Fälle. Hier also handelt es sich nicht um einen Auffassungsmodus. Nur das eine Moment erinnert an ihn: auch hier bleibt es offen, ob die Sonderbestimmtheit des Einzelfalles nicht auch in ihrer Weise und in ihrer Sphäre (nämlich in der Realsphäre) doch irgendwie notwendig ist. Denn zufällig im Sinne des Akzidentellseins ist sie ja nur vom Wesen des Dreiecks aus, d. h. nur vom idealen Sein aus.

5. Schließlich, wenn ich im Falle eines realen Dreiecks (etwa eines gegebenen Grundstücks dieser Form) den gemessenen Winkel von 64° auch innerhalb seiner Sphäre, also im Zusammenhang der vorliegenden Realverhältnisse, für „zufällig" erkläre, so meine ich noch einmal einen ganz anderen Sinn von Zufälligkeit. Denselben Sinn des Wortes meine ich, wenn ich beim Experiment mit dem Geldstück den Ausfall „Schrift" nicht nur für unberechenbar und unbeeinflußbar, sondern für an sich selbst zufällig halte. Ich meine dann Zufälligkeit im Sinne eines ontisch unverursachten Ausfallens, eines realen Grundlosseins oder Nicht-notwendig-Seins.

Ich betrachte dann den Ausfall als losgelöst von aller Bedingtheit, d. h. als etwas, was auch unter genau gleichen Umständen sehr wohl anders hätte ausfallen können, weil es von ihnen gar nicht abhängig ist. Und hierbei meine ich mit den „gleichen Umständen" nicht nur die mir bekannten oder selbst überhaupt erkennbaren, sondern auch gerade die unerkennbaren (falls es deren gibt) bis in die unwägbarsten Kleinigkeiten hinein. Ich stelle also das Einzelgeschehen aus der Kollokation der Umstände heraus und verstehe es als ein von ihnen unabhängiges Etwas.

Gemeint ist hier keineswegs bloß, daß der Ausfall nicht wesensnotwendig sei (bloß von der Wesenheit aus zufällig, also bloß akzidentell), sondern daß er realiter nicht notwendig sei. Das aber heißt, daß nichts ihn bestimmt hat, daß er rein aus sich selbst heraus so ist, wie er eben ist. Das ist dann die Realkontingenz, in der der Satz vom zureichenden Grunde aufgehoben, für nichtig erklärt ist. Und damit ist der Realzusammenhang der Geschehnisse, und überhaupt der Welt, durchbrochen.

d. Die allein ontisch relevante Bedeutung. Konsequenzen.

Von diesen fünf Bedeutungen des „Zufälligen" ist nur die letzte eine in tieferem Sinne fragwürdige. Nur sie kann bestritten werden. Denn nur sie bestreitet ihrerseits etwas, was sich anderweitig unabweisbar aufdrängt: nur sie steht im Widerstreit mit dem Vorhandensein von Zusammenhang in den Geschehnissen, von Gesetzlichkeit und Abhängigkeit im Bestande der realen Welt. Die übrigen vier Bedeutungen dagegen sind sehr unschuldiger Art; sie sehen vom Bestehen der Notwendigkeit in den Realzusammenhängen nur ab, ohne sie eigentlich zu bestreiten.

An der Realzufälligkeit allein also hängt das metaphysische Problem von contingentia und necessitas, und mit ihm zugleich das Problem des zureichenden Grundes. An sich denkbar ist das Realzufällige durchaus und ohne inneren Widerspruch. Ob auch ohne äußeren Widerspruch (gegen anderweitig Erkanntes), das ist eine ganz andere Frage. Und an dieser Frage hängen die schwersten Entscheidungen. Denn darum handelt es sich im weiteren ontologischen Problem des Realzufalls, ob dieses an sich Denkbare in der realen Welt auch vorkommt, ob es nicht Realphänomene gibt, die ihm widerstreiten. Bei weitem nicht alles, was denkbar ist, hat Wirklichkeit in der realen Welt.

Allerdings erweitert sich dieses Problem auch auf den Bereich der übrigen Sphären. Auch im idealen Sein könnte es ja das isoliert Auftretende geben, das durch nichts bedingt ist; und ebenso mittelbarer Weise wohl auch in der logischen und in der Erkenntnissphäre. Auch das wird noch besondere Untersuchung erfordern. Aber, wie kein irgendwie geläufig gewordener Zufallsbegriff diesen an sich naheliegenden Bedeutungen entspricht, so hängt auch kein größeres Problemgewicht an ihnen.

Darum ist die Realzufälligkeit allein ein solcher Modus, der wichtige kategoriale Entscheidungen verlangt. Neben ihr sind von einigem ontologischen Gewicht — wiewohl ohne eigentliche Aporien — nur noch die (unter 3. und 4. angeführten) Bedeutungen der Unberechenbarkeit und der Wesenszufälligkeit (des Akzidentellen). Aber die erste ist ein bloßer Erkenntnismodus; ihr Auftreten hängt an den besonderen Bedingungen des Erfassens von Zusammenhängen und Abhängigkeiten. Die zweite ist ein komplexer Modus, der nur das Unbestimmtsein des Realen in seiner Besonderheit vom idealen Sein her besagt. In beiden Fällen also handelt es sich bereits um Beziehung zwischen Seinsarten verschiedener Sphären. Diese Beziehung muß, wenn man sie kategorial analysiert, auf Intermodalverhältnisse zweiter Ordnung hinausführen. Solche aber sind Gegenstand einer viel späteren Untersuchung. Sie können erst an die Reihe kommen, wenn die Grundverhältnisse innerhalb der einzelnen Sphären klargestellt sind.

2. Kapitel. Bedeutungen der Notwendigkeit.

a. Das Verhältnis der Notwendigkeit zu ihren Gegenmodi.

Man kann von Äquivokationen der Zufälligkeit nicht reden, ohne auf Äquivokationen der Notwendigkeit zu kommen. Da diese beiden Modi im kontradiktorischen Gegensatz stehen, so wäre zu erwarten, daß jeder Bedeutung der Zufälligkeit auch eine Bedeutung der Notwendigkeit entsprechen werde. Daß dem tatsächlich nur zum Teil so ist — nämlich bei den drei letzten Bedeutungen der Zufälligkeit —, das hat seine Gründe zum Teil in der Negativität der Zufälligkeit, zum Teil aber auch in der Besonderheit des Sprachgebrauchs.

Die ersten beiden Bedeutungen der Zufälligkeit negieren nicht verschiedene Arten der Notwendigkeit, sondern ein und dieselbe, und zwar nur für das Bewußtsein oder das Beachten; es kann ihnen also kein verschiedener Sinn des Notwendigseins entsprechen. Der Sprachgebrauch dagegen ist überhaupt nicht so sehr durch das formale Gegensatzverhältnis bestimmt wie durch das positive Eigengewicht der Modi. Er heftet sich nicht an das rein Negative. Er nimmt auch den „Zufall" nicht als die Negation der Notwendigkeit — die er von Rechts wegen ist —, sondern als etwas Positives, wie unbestimmt dieses immer sein mag. Das naive Bewußtsein versteht ihn als eine Art deus ex machina, der darüber entscheidet, was wird und was nicht wird; es schreibt ihm Tücke oder Güte zu, je nachdem, ob Unerwünschtes oder Erwünschtes eintritt. Zum mindesten aber empfindet es ihn als das hereinschneiende Wirkliche, unbekümmert darum, wie problematisch gerade dieses „Hereinschneien" ist.

Anders die Notwendigkeit. Bei ihr, wo sie überhaupt bewußt wird, gelangt stets auch ein Verhältnis strengen Zusammenhanges mit zum Bewußtsein. Dieses Verhältnis legt auch dem Sprachgebrauch von vornherein gewisse Bindungen auf.

Die Notwendigkeit steht überdies noch in zwei anderen Gegensatzverhältnissen: zur Unmöglichkeit einerseits und zur Möglichkeit andererseits. Die Unmöglichkeit ist selbst eine Art Notwendigkeit, nämlich negative Notwendigkeit. Die Möglichkeit aber ist etwas ganz anderes; zu ihr ist der Gegensatz kein qualitativer, sondern ein rein modaler. Möglich ist das, was auch anders ausfallen kann; notwendig aber ist das, was nicht anders ausfallen kann, als es ausfällt.

Hält man diese Gegensatzmomente fest, so leuchtet schon daran ein, daß es im Notwendigkeitsbegriff verschiedene Seiten geben muß, die je nach ihrem Dominieren oder Zurücktreten eine Reihe von Bedeutungsverschiedenheiten involvieren. In der Tat ist ihre Stellung im Notwendigkeitstypus der verschiedenen Sphären eine weitgehend abweichende.

b. Äquivokationen im Sprachgebrauch.

Allen strengeren Bedeutungen sind auch hier gewisse Äquivokationen der Umgangssprache vorgelagert. Sie sind insofern nicht gleichgültig, als sie sich auf vielerlei Wegen bis in die philosophische Terminologie hinein fühlbar machen und erst durch besondere Überlegung ausgeschaltet werden müssen.

1. Eine dieser Bedeutungen ist die des Notwendigen als des „Erforderlichen", oder für einen bestimmten Zweck „Nötigen". So sprechen wir von den nötigen Mitteln für ein Unternehmen, den notwendigen Kenntnissen für eine Art der Betätigung. Ja, auch ohne ein eigentliches Zweckverhältnis spricht man in der Naturwissenschaft von den notwendigen Bedingungen für das Zustandekommen einer Erscheinung, einer Wirkung, eines Effektes. Dieser Sprachgebrauch meint ein uneigentliches Notwendigsein. Er sieht ein Gesamtverhältnis vom Resultat aus an und meint nichts als die Abhängigkeit des Resultats von der Bedingung, auch wenn diese nur Teilbedingung ist. Eigentlich notwendig ist hierbei die Bedingung gar nicht, wenigstens ist das nicht gesagt und nicht gemeint; sie kann auch fehlen — nur daß dann auch das gemeinte Resultat ausbleibt. Das Reelle an diesem Verhältnis ist nur ein „Wenn—So", gemäß dem vom Resultat aus (sei es einem realen oder einem gedachten) auf die Bedingung geschlossen werden kann. Insofern aber ist die Notwendigkeit darin ein bloßer Erkenntnismodus.

2. Ein eigentliches Notwendigsein dagegen ist gemeint in der populären Bedeutung, die das Notwendige als das Unabwendbare, als Schicksal oder Verhängnis versteht. Hier liegt die Vorstellung eines Vorherbestimmten zugrunde, das sich erfüllen muß, was auch der Mensch dafür oder dagegen tut. Diese Vorstellungsweise rechnet dunkel und unbestimmt immer damit, daß etwas geschehen „soll", resp. nicht geschehen „soll"; und dementsprechend faßt sie das wirklich Eintretende oder Ausbleibende auf. Sie sagt von dem einen „es hat sein sollen", von dem anderen „es hat nicht sein sollen", beides bewußt ex eventu. Dieser Notwendigkeitsbegriff ist teleologisch basiert, sein strukturelles Schema ist die Finaldetermination, und zwar als die des Weltgeschehens überhaupt. Er verträgt sich in gewissen Grenzen gut mit der Potentia-Lehre und hat diese auch geschichtlich in vielen philosophischen Systemen begleitet.

3. Zu unterscheiden davon ist das Notwendige als das bloß Unvermeidliche und Unabwendbare, ohne eigentliches Vorbestimmtsein. Vom Notwendigen in diesem Sinne sagt man nicht „es hat so sein sollen", sondern einfach „so mußte es kommen". Und man meint damit: da die Umstände so und so lagen, konnte es nicht anders kommen. Es war vielleicht nicht an sich unabwendbar, sondern nur für uns; hätte man

die Sachlage durchschaut und noch obendrein die Mittel in der Hand gehabt, es abzuwenden, man hätte es wohl abwenden können, hätte den Prozeß umgelenkt. — In dem so gefaßten Begriff des Unvermeidbaren liegt das Schema der Kausaldetermination zugrunde. Der Kausalprozeß ist grundsätzlich sehr wohl lenkbar, er ist an keine Ziele gebunden. Wer die Macht hat, in ihn einzugreifen, kann ihn dirigieren. Seine Notwendigkeit ist nur die der Folge.

c. Philosophisch wesentliche Bedeutungen des Notwendigseins.

Die letzte dieser populären Bedeutungen nähert sich bereits dem strengen Sinne der Realnotwendigkeit. In ihr ist schon eine Reihe metaphysischer Voraussetzungen abgebaut. Läßt man die letzteren nun ganz beiseite und hält man sich einstweilen nüchtern an den Unterschied der Gegebenheitssphären, so lassen sich die folgenden vier Bedeutungen als philosophisch wesentliche und unbestreitbare herausheben.

1. Da ist zunächst die „logische" Notwendigkeit, am bekanntesten unter dem nicht ganz zutreffenden Namen der „Denknotwendigkeit". Sie ist freilich im reinen Denken greifbar und beherrscht dieses, soweit es „logisches" Denken ist, aber ihr primärer Sinn haftet nicht am Denken, sondern an den Zusammenhängen seines Inhalts. Wir kennen sie im Schluß, im Beweise, in der Ableitung; sie bedeutet die bedingte, aber in ihrer Bedingtheit unbestreitbare und unaufhebbare Geltung des einen auf Grund eines anderen (eines Urteils auf Grund anderer Urteile). Die Bedingtheit an dieser Notwendigkeit ist unaufhebbar; sie hat die Relationsform des „Wenn — So". Diese selbst aber ist eine durchaus unbedingte. Sie beherrscht das Verhältnis von Prämissen und Konklusion durchgehend, geht aber über den Typus dieser Abhängigkeit nicht hinaus. Es liegt also in ihrem Wesen, daß die ersten Prämissenglieder, auf denen sie beruht, nicht auch logisch notwendig sein können. Der regressus aller logischen Notwendigkeitsketten führt unvermeidlich auf ein logisch Zufälliges. Ob dieses auch dem Sein nach nur zufällig besteht, ist damit nicht vorentschieden.

2. Eng verwandt der logischen Notwendigkeit ist die „Wesensnotwendigkeit". Sie beherrscht das ganze Gebiet des idealen Seins. Aus diesem Gebiet ist die logische Formalstruktur nur ein Ausschnitt (nur das allgemeinste Zusammenhangsschema), oder genauer, nur die Erscheinungsform eines solchen in der Sphäre des Gedankens. Denn das Logische steht unter Gesetzen des idealen Seins, und nur deswegen kann seine Geltungskraft über das Reich des Gedankens hinausgehen und sich auf Gegenstände erstrecken.

Wesensnotwendig ist, was einer Sache auf Grund ihrer idealen Struktur zukommt, was von ihr unter keinen Umständen, in keinem noch so besonderen oder „zufälligen" Realfalle abtrennbar ist. Diese Notwendigkeit ist der strenge Gegensatz zum „Akzidentellen" (als dem vom Wesen aus Zufälligen). Aus diesem Gegensatz heraus ist sie eindeutig als die des „Essentiellen" zu verstehen. Sie wurzelt zwar im idealen Sein, ist aber auf dieses nicht beschränkt, sondern erstreckt sich tief ins Reale hinein, auf Sonderfälle aller Art, soweit nur immer das Reale der Struktur des idealen Seins unterworfen ist[1]).

Auch für diese Notwendigkeit aber gilt, was für die logische galt: sie ist eine solche der Bezogenheit und Abhängigkeit. Sie hat die Struktur des „Zukommens" (ὑπάρχειν), also der Relation. Sie kann also nur die Zusammenhänge als solche beherrschen — so weit eben Zusammenhänge reichen —, nicht aber deren erste Grundlagen. Die Prinzipien, Axiome, Grundgesetze bleiben ideal-zufällig. Und mit ihnen bleibt auch der ganze Notwendigkeitszusammenhang des idealen Seins ideal-zufällig. Wesensnotwendig ist stets nur unter Voraussetzung einer Wesenheit oder eines Wesenszusammenhanges dasjenige, was als Besonderes oder als Fall unter ihn fällt; nicht also das Bestehen der Wesenheit selbst.

3. Wie die logische Notwendigkeit von der Wesensnotwendigkeit abhängig ist — gleichsam ihr beschränktes Gegenbild im Reich des Urteils und Schlusses —, so die „Erkenntnisnotwendigkeit" von der logischen. Sie besteht nicht in einer Notwendigkeit der Einsicht, sondern in Einsicht der Notwendigkeit. Sie bedeutet dieses, daß man nicht nur erkennt, was etwas ist oder daß es ist, sondern auch warum es so ist, und warum überhaupt es ist. Zur Erkenntnisnotwendigkeit gehört also außer der Erkenntnis der Sache auch die Erkenntnis des Grundes der Sache. Darum ist sie mehr als Erkenntniswirklichkeit (Tatsachenwissen). Sie ist natürlich ebenso relational wie die logische Notwendigkeit und ebenso wie sie auf Ansätze angewiesen, die nicht als notwendig erkannt werden können —, auch wenn diese nicht ein logisch Erstes sind (denn Erkenntnis kann auch von Realtatsachen ausgehen).

Wesentlich aber ist der Erkenntnisnotwendigkeit, daß sie keineswegs der Seinsnotwendigkeit zu folgen braucht, mag diese nun Wesens- oder Realnotwendigkeit sein. Nicht alles an sich Notwendige hat auch für die menschliche Einsicht Notwendigkeit. Von dem meisten, was wir als Tatsache sehr wohl erfassen, sehen wir die Notwendigkeit nicht ein; und zwar auch dann noch lange nicht, wenn wir Grund haben zu glauben, daß es notwendig ist. Hierin liegt der Beweis, daß Erkenntnisnotwendigkeit etwas anderes ist als Seinsnotwendigkeit, ja selbst als logische Not-

---

[1]) Daß dieses nicht ohne Grenze der Fall ist, darüber vgl. „Grundlegung", Kap. 47—50.

wendigkeit. Sie wird dementsprechend als besondere Modalkategorie zu behandeln sein.

4. Gegen die aufgezählten Arten der Notwendigkeit hebt sich die „Realnotwendigkeit“ noch als etwas Besonderes ab. Man hat sie meist vorschnell dem Kausalzusammenhang gleichgesetzt Natürlich ist die Notwendigkeit der Kausalfolge, so weit sie reicht, eine Form der Realnotwendigkeit; aber sie ist nicht die einzige. Es gibt noch anderen Realzusammenhang als den kausalen, wie es denn noch anderes Reales gibt als das Physische. Auch die organischen und seelischen Vorgänge haben ihre Determination, und diese geht nicht in Kausalität auf; desgleichen die personalen, geistigen, geschichtlichen Vorgänge. Sie alle sind Realvorgänge, laufen in derselben Zeit ab wie die physischen und haben ihre Art Folgerichtigkeit. Auch in ihnen gibt es Abhängigkeit, die da macht, daß sie nicht anders laufen können, als sie tatsächlich laufen.

In diesem „Nicht-anders-Können“ liegt die Realnotwendigkeit. Die konstitutiv-strukturelle Seite an ihr ist also nicht ein bestimmter Typus des Nexus, sondern das Determiniertsein überhaupt, oder das allgemein ontologische Gesetz der Realdetermination. Ob dieses ein durchgehendes ist, und ob alles Reale notwendig ist, wie es ist, steht einstweilen nicht in Frage. Das ist eine Frage der Intermodalverhältnisse des Realen und wird bei deren Untersuchung zu behandeln sein.

Wohl aber führt schon der bloße Begriff der Realnotwendigkeit auf eine Begrenzung ihres Wesens hinaus. Denn auch diese Notwendigkeit hat die Form der Relation; auch das Reale ist notwendig nur „auf Grund von etwas“. Und da die Reihe der Gründe weder ins Unendliche zurückgehen noch in sich selbst zurückkehren kann, so muß es erste Gründe geben, die real zufällig sind. Ob diese im zeitlich Ersten zu suchen sind, oder in ewigen Prinzipien, oder im Ganzen der Realzusammenhänge, das macht in dieser Hinsicht nicht viel Unterschied aus: das Erste, das Prinzip, oder das Ganze sind dann eben der Relation enthoben, in der allein Realnotwendigkeit bestehen kann.

d. Zusammenfassendes und Ergänzendes.

Die drei zuerst aufgezählten Bedeutungen der Notwendigkeit, die dem Sprachgebrauch entnommen wurden, kommen für eine kategoriale Untersuchung nicht in Betracht. Die erste von ihnen spielt eine gewisse Rolle im Erkenntniszusammenhang und muß somit bei den Erkenntnismodi ihre Stelle finden. Die beiden anderen sind von populärmetaphysischer Art und beziehen sich auf die Sphäre des Realen; sie sind gleichsam Vorstufen des Begriffs der Realnotwendigkeit.

Die vier philosophischen Bedeutungen der Notwendigkeit dagegen sind alle objektiv berechtigt. Sie gehören den verschiedenen Sphären an, und jede ist in der ihren unentbehrlich. Ontologisch fundamental sind freilich nur die Realnotwendigkeit und die Wesensnotwendigkeit. Denn nur sie sind primäre Seinsmodi. Die logische und die Erkenntnisnotwendigkeit sind sekundär, sind stets auf jene beiden bezogen; aber sie sind deswegen doch durchaus andere Modaltypen als jene.

Alle vier nach Sphäre und Modaltypus verschiedenen Bedeutungen der Notwendigkeit zeigen aber das Gemeinsame, daß sie 1. auf einer relationalen Struktur der Sphäre fußen, nur an bestehenden Zusammenhängen auftreten (deren modale Kehrseite sie sind), also niemals einem isolierten Inhalt anhaften können, sondern immer nur dem einen in bezug auf den anderen, und 2. daß sie ihre Wesensgrenze in sich selbst tragen, d. h. auf ihr modales Gegenteil, einen Zufälligkeitstypus — je nach der Sphäre verschieden — rückbezogen bleiben.

In einem Punkte noch ist das Gesagte zu ergänzen. Die vier Typen der Notwendigkeit kehren im Negativen an der Unmöglichkeit wieder. Unmöglichkeit ist eben negative Notwendigkeit. Es gibt logische und gnoseologische Unmöglichkeit (letztere ist die Einsicht des Unmöglichseins), wie es Wesens- und Realunmöglichkeit gibt. Auch hier sind die beiden letzteren die Fundamentaltypen, die ersteren die Sekundärtypen.

Und nicht weniger ist auch die Unmöglichkeit in allen vier Fällen eine relational fundierte. Unmöglich eben ist etwas nur, sofern etwas anderes so beschaffen ist, daß es sein Dasein oder Sosein nicht zuläßt. Damit zugleich aber ergibt sich auch für die Unmöglichkeitstypen die in ihnen selbst liegende Wesensgrenze. Ein Isoliertes, ein Erstes, von nichts weiter Abhängiges kann so wenig unmöglich sein wie notwendig. Es ist, sofern es nicht besteht, vielmehr negativ zufällig.

3. Kapitel. Bedeutungen der Möglichkeit.

a. Disjunktive und indifferente Möglichkeit.

Da mit den Bedeutungen der Notwendigkeit die der Unmöglichkeit Hand in Hand gehen, so muß es auch entsprechende Bedeutungen der Möglichkeit geben. So gilt es wenigstens von den vier letztgenannten Bedeutungen, die allein kategorialen Charakter haben. Die Sachlage kompliziert sich aber dadurch, daß mit der Möglichkeit — im Gegensatz zur Notwendigkeit — sich der Nebensinn der Unbestimmtheit verbindet. Es wurde in der Einleitung gezeigt, wie diese Unbestimmtheit als eine Art von Offenbleiben oder Unentschiedensein vorschwebt.

Dadurch kommt ein neuer Zug in die Differenzierung der Bedeutungen hinein. Von diesem Zuge gerade fragt es sich, ob er ein Grundzug ist; und wenn er es ist, in welchen Sphären er Gültigkeit hat. Es ist daher hier vor dem Eintritt in den Unterschied der Sphären zweierlei Art des Möglichseins zu unterscheiden. Dafür läßt sich von eigentlichen Populärbedeutungen absehen. Denn diese führen auf jene zurück.

1. Die eine Art des Möglichseins ist die des „Bloß-möglich-Seins". Was „bloß" möglich ist, das ist jedenfalls nicht wirklich, geschweige denn notwendig. Es führt also in der Welt ein Dasein neben dem Wirklichen, ein unwirkliches, potentielles, sehr rätselhaft anmutendes Dasein. Wir sind ihm schon bei den ersten Schritten der modalen Überlegung begegnet und haben gesehen, wie es in der Geschichte der Metaphysik die breiteste Rolle spielt.

Von dieser Möglichkeit gilt der Satz des Aristoteles, daß sie immer zugleich Möglichkeit des Seins und des Nichtseins ist. Sie ist also Doppelmöglichkeit, oder richtiger „disjunktive Möglichkeit", ein Modus, in dem die sonst nie vereinigten kontradiktorischen Gegenglieder A und non-A zusammenbestehen. Das bedeutet natürlich nicht, daß die Möglichkeit ihrer Koexistenz bestünde, sondern nur daß die Koexistenz beider „Möglichkeiten" besteht. Nur das Zusammen-Wirklichsein von A und non-A ist unmöglich; ihr Zusammen-Möglichsein ist nicht nur sehr möglich, sondern — das ist die Meinung in diesem Möglichkeitsbegriff — auch notwendig: es „muß" immer, wenn A möglich ist, auch non-A möglich sein.

Das Eigentümliche aber an diesem „disjunktiven" Möglichsein ist, daß es beim Übergang zum Wirklichsein sich aufhebt. Wirklichsein kann nämlich immer nur einer der beiden Fälle (denn sie schließen einander aus). Man kann dieses das Gesetz der disjunktiven Möglichkeit nennen. Es läßt sich einfach so aussprechen: sobald A wirklich wird, verschwindet die Möglichkeit von non-A; und sobald non-A wirklich wird, verschwindet die Möglichkeit von A. In beiden Fällen verschwindet also die Koexistenz der beiden Möglichkeiten, und mit ihr zugleich die Disjunktivität und das „Bloß-möglich-Sein".

2. Im Gegensatz hierzu steht die „indifferente Möglichkeit", oder auch die „Möglichkeit schlechthin". Sie ist kein „Bloß-möglich-Sein", sie verträgt sich mit dem Wirklichsein und dem Notwendigsein; darin besteht ihre „Indifferenz". Ja, sie ist ihrerseits diejenige Möglichkeit, die im Wirklichsein und Notwendigsein immer schon erfüllt sein muß; denn was nicht möglich ist, kann eben nicht wirklich sein.

Aber sie ist nicht Doppelmöglichkeit: wenn A möglich ist, so verlangt dieser Möglichkeitsmodus nicht, daß zugleich auch non-A möglich sei. Zwar braucht non-A deswegen nicht gleich unmöglich zu sein; aber es steht doch so, daß dem Möglichsein von A nicht anzusehen ist, ob non-A möglich oder nicht möglich ist. Diese eingliedrige Möglichkeit ist vielmehr durchaus indifferent dagegen. Sie ist also im Gegensatz zur „disjunktiven", die zugleich Möglichkeit von non-A ist, als „indifferente Möglichkeit" zu bezeichnen, d. h. als die gegen den anderen (kontradiktorischen) Fall vollkommen gleichgültige.

Das hat nun eine sehr gewichtige Folge. Die disjunktive Möglichkeit bedeutete einen „Seinszustand" neben der Wirklichkeit; sie kann nicht als Bedingung in das Wirklichsein der Sache mit eingehen, sondern bleibt von ihm ausgeschlossen, denn die in ihr mitgesetzte Möglichkeit von non-A widerspricht dem Wirklichsein von A. Ganz anders die indifferente Möglichkeit: da sie nicht gleichzeitig Möglichkeit von non-A ist, so ist sie auch indifferent gegen Wirklichkeit und Unwirklichkeit von A. Diese Art des Möglichseins also schließt das Wirklichsein nicht von sich aus, verträgt sich vielmehr mit ihm so gut wie mit dem Unwirklichsein. Sie kann also als Bedingung in das Wirklichsein mit eingehen, sie ist kein separater Seinszustand neben der Wirklichkeit.

Die indifferente Möglichkeit hebt sich in der Wirklichkeit nicht auf, erhält sich in ihr. Eine Sphäre, in der dieser Möglichkeitstypus besteht, ist also überhaupt dadurch ausgezeichnet, daß in ihr die Modi keine Zustände sind, sich gegenseitig nicht ausschließen, sondern sich nach der Art von Seinsmomenten auch verbinden und ergänzen können.

b. Logische, ideale und gnoseologische Möglichkeit.

Es steht hiernach zu erwarten, daß die Sphären und ihre Seinsweisen — die primären wie die sekundären — sehr wesentlich durch die Art des Möglichseins charakterisiert sind, die in ihnen waltet. Es zeigt sich aber, daß es ohne genauere Analyse nicht in jeder Sphäre angeht, den Möglichkeitstypus eindeutig zu bestimmen. Das Folgende muß also in einer gewissen Vorläufigkeit genommen werden. Es kann nur Richtlinien angeben.

1. Da ist zunächst die „logische Möglichkeit", sowie die auf ihr beruhende „Denkmöglichkeit" (Denkbarkeit). Es ist wohlbekannt, daß sie den einfachen Sinn der Widerspruchslosigkeit hat. Drückt man die letztere modal aus, so bedeutet sie unmittelbar das Zusammenbestehen-Können aller Momente (oder „Merkmale") eines gedachten Inhalts, oder im einfachsten Falle eines Prädikats P mit den schon vorbestehenden Merkmalen des Subjekts S. Wie groß die Sphäre des Zusammenbestehens ist, bleibt hierbei prinzipiell gleichgültig. Man kann sie auf einen Begriff beschränken, man kann sie auch auf das Ganze aller Begriffe erweitern; und je nachdem wird die Widerspruchslosigkeit wenig oder viel besagen. Vom einzelnen Begriff aus gesehen ist sie im ersteren Fall nur die „innere", im letzteren auch die „äußere" Widerspruchslosigkeit, d. h. seine Verträglichkeit mit einem ganzen System von Begriffen. Aber das Prinzip des Möglichseins als solches ist das gleiche.

Nicht so einfach aber ist es, den Typus dieses Möglichseins näher zu bestimmen. Geht man vom problematischen Urteil „S kann P sein" aus, so bleibt in ihm offenbar das Gegenglied „S kann auch non-P sein" offen. Hier ist also die Möglichkeit disjunktiv; und so wird logische Möglichkeit in der Tat zumeist verstanden. Geht man aber davon aus, daß die Widerspruchslosigkeit eines A ja noch keineswegs die von non-A bedeutet, so steht man ganz unzweideutig bei einer indifferenten Möglichkeit, die genau so sehr den Anspruch erhebt „logische" Möglichkeit zu sein.

Somit sieht die logische Möglichkeit noch einer Klärung entgegen, die erst die durchgeführte Modalanalyse geben kann.

2. Zugrunde liegt der logischen die „Wesensmöglichkeit". Sie bedeutet das Sein-Können oder auch das Nichtsein-Können im Sinne des idealen Seins. Im Dreieck, sagen wir, ist ein Winkel von 90° möglich, aber nicht mehr als einer; es ist auch möglich, daß kein Winkel von 90° in einem Dreieck ist, aber nicht zwei. Eins wie das andere liegt im Wesen des Dreiecks: das letztere widerspricht seinen Wesenszügen, das erstere besteht ohne Widerspruch mit ihnen. Ob in einem besonderen Falle, etwa einem gegebenen realen Dreieck auch ein Winkel von 90° möglich ist, das ist in der Wesensmöglichkeit nicht vorentschieden. Aber auch wenn es nicht real möglich ist, vom Wesen des Dreiecks aus bleibt es doch möglich. Denn das Wesen ist nicht der Spezialfall. Die Spezialität des Realen eben ist „unwesentlich".

Die relationale Struktur des Möglichseins ist auch hier die Widerspruchslosigkeit, und auch hier stuft sie sich ab je nach der Weite oder Enge der Wesenszusammenhänge. Da es sich aber hier um eine Seinssphäre handelt, die nicht der Willkür menschlicher Grenzziehung unterliegt, so ist die Wesensmöglichkeit grundsätzlich stets auf die totale Widerspruchslosigkeit der ganzen Sphäre gestellt.

Von ihrem Modaltypus muß einstweilen dasselbe gelten wie von der logischen Möglichkeit — mit der sie ja auch stets verwechselt worden ist —: der Widerspruchslosigkeit ist es nicht anzusehen, ob sie disjunktive oder indifferente Möglichkeit ist. Das hängt von anderen Bedingungen ab, die erst untersucht werden können, wo sie greifbar werden.

3. Die „Erkenntnismöglichkeit" dagegen beruht nicht einfach auf Widerspruchslosigkeit, obwohl sie durch den logischen Einschlag im Erkennen mit ihr zusammenhängt. Sie bedeutet nicht „Möglichkeit der Erkenntnis" — das wäre vielmehr die Grundfrage der Erkenntnistheorie (man denke an Kants „Bedingungen der Möglichkeit der Erfahrung") —, sondern die „Erkenntnis der Möglichkeit", nämlich von etwas, was Gegenstand der Erkenntnis ist. Man kann sehr wohl erkennen, daß ein Gegenstand A so und so ist, ohne doch zu erkennen, wie

das möglich ist. Zum Erfassen des letzteren gehört ein Erfassen der Zusammenhänge, in denen die Bedingungen von A liegen. Erfaßt man die Bedingungen als gegeben, so begreift man auf Grund ihrer, wie A möglich ist.

Erfaßt man nun die ganze Kette der Bedingungen, so hat man damit die Überschau der Totalmöglichkeit von A; erfaßt man nur einige Glieder von ihr, so ist es nur eine Teilmöglichkeit (Partialmöglichkeit), was man durchschaut. Im ersteren Falle wird erkannt, daß A ohne weiteres möglich ist, im letzteren nur, daß A unter Umständen möglich ist (falls gewisse weitere Bedingungen hinzutreten und die Kette vollständig machen). Es ist leicht zu sehen, daß nur im ersteren Falle echte und eigentliche Erkenntnis der Möglichkeit vorliegt.

In der menschlich-endlichen Erkenntnis aber, und zumal im praktischen Leben, handelt es sich fast ausschließlich um Erfassen der Teilmöglichkeit. Das bedeutet: unsere Erkenntnis des Möglichseins bewegt sich in bloß partialer Überschau der Bedingungen; was wiederum zur Folge hat, daß sie die Form der „disjunktiven" Möglichkeit zeigt. Übersehe ich nämlich nur einen Teil der Bedingungen, unter denen A möglich ist, so weiß ich nicht, ob auch die übrigen vorhanden sind, weiß also nicht, ob schließlich A oder non-A eintreten wird. Ein Partialaspekt der Bedingungen ergibt also in mente notwendig ein doppeltes, disjunktives Möglichsein.

Grundsätzlich bleibt es so auch nachher, wenn A eintritt und als wirklich erkannt wird. Denn man erkennt dann noch keineswegs, warum non-A nicht eintreten konnte. Im Leben und im Erkennen hat darum dieser Modus der Teilmöglichkeit den allergrößten Spielraum, wiewohl er eine unvollständige und uneigentliche Möglichkeit bedeutet. Auf ihm beruht alles Rechnen mit der Vielheit von „Möglichkeiten", alles Erwägen der Chance oder Eventualität. Hätte man alle Bedingungen vor Augen, so fielen die Gegenglieder von A weg, und nur A bliebe möglich. Dann bestünde auch in der Erkenntnismöglichkeit nur eine Chance, und sie selbst wäre indifferente Möglichkeit.

c. Eigenart der Realmöglichkeit.

Im Gegensatz zur logischen und Wesensmöglichkeit einerseits, zur Erkenntnismöglichkeit andererseits steht die „Realmöglichkeit". Sie ist nicht Widerspruchslosigkeit, ist weit mehr als sie. Was ohne Widerstreit in sich harmonisch ist, das ist deshalb noch lange nicht im Realzusammenhang möglich. Die vollkommene geometrische Kugelgestalt eines Körpers ist sicherlich in sich widerspruchsfrei; aber an einem realen Weltkörper ist sie durchaus nicht möglich, solange nicht eine weit auslangende Reihe von Realbedingungen hergestellt ist (dahin gehörte u. a. die Ausschaltung aller das Gleichgewicht der Masse anders beeinflussenden Faktoren, z. B. der Rotation, der gravitativen Einwirkung anderer Massen, der inneren Ungleichartigkeit des spezifischen Gewichtes u. a. m.).

Real möglich im strengen Sinne ist durchaus nur das, dessen Bedingungen alle bis zur letzten erfüllt sind. Solange noch eine fehlt, ist die Sache nicht möglich, sondern vielmehr unmöglich. Dabei bedeutet das Erfülltsein der Bedingungen nichts Geringeres als ihr reales Vorhandensein, also ihr Realwirklichsein.

Hier liegt also eine Relationsstruktur zugrunde, die ebenso wie die der Realnotwendigkeit an den durchgehenden Abhängigkeitsverhältnissen einer bestehenden Determination des Realen haftet. Sie braucht nicht in einer bestimmten Art des Nexus (etwa der kausalen) aufzugehen, muß aber wohl eine durchgehende sein. In einer Welt, die keine durchgehende Dependenz der Geschehnisse, Gebilde und Zustände hätte, würde der Sinn der Realmöglichkeit sich aufheben; in ihr wäre absolut alles gleich möglich, resp. gleich unmöglich. Es bliebe nur die Wesensmöglichkeit übrig, und von ihr aus ist alles Realwerden nur in dem negativ-nichtssagenden Sinne „möglich“, daß die Wesenheit es nicht hindert.

Daraus folgt: Realmöglichkeit im strengen Sinne ist niemals disjunktive, und niemals bloße Teilmöglichkeit. Sie ist ihrem Wesen nach indifferente Möglichkeit und Totalmöglichkeit. Das letztere ist direkt einsichtig an ihrer relationalen Struktur; sie ist eben erst vorhanden, wenn die Kette der Bedingungen total erfüllt ist. Indifferent aber ist sie aus eben demselben Grunde, denn sie kann nicht zugleich Möglichkeit von A und von non-A sein. Vor allem aber, sie kann auch im Wirklichwerden von A nicht „verschwinden“. Das Wirklichsein von A hat gerade die Erfülltheit der Bedingungskette zur Voraussetzung; für sie also muß A zum mindesten real möglich sein.

Und es folgt weiter, daß die stets disjunktive Partialmöglichkeit, mit der wir im Leben immer rechnen, wenn wir in die Zukunft schauen und die Chance erwägen, nicht eigentliche Realmöglichkeit ist. Sie ist nur Erkenntnismöglichkeit, und was dieser im Realen entspricht, ist immer nur ein Teilverhältnis der tatsächlich bestehenden Dependenz. Sie ist selbst nur ein partialer Einblick in die gegebene Realsituation, partiale Erkenntnis der Bedingungskette, deren Totalität erst die Realmöglichkeit ausmacht. Könnten wir diese Kette vollständig übersehen, so würden wir einsehen, daß nicht viele „Eventualitäten“ möglich sind, sondern nur eine. Und das ist stets diejenige, die im weiteren Verlauf des Geschehens wirklich wird.

d. Der Realaspekt der Teilmöglichkeit.

Es ist damit keineswegs gesagt, daß man nicht auch mit gutem Sinn von „realer Teilmöglichkeit" sprechen könnte. Diese ist dann natürlich disjunktiv und nähert sich dem Sinn der Widerspruchslosigkeit.

Nur ist der „gute Sinn" solcher Möglichkeit kein streng ontisch-kategorialer. Allerdings liegt die Berechtigung solcher Rede auch nicht lediglich in der Endlichkeit unserer Einsicht, und insofern kann man sie nicht einfach zur Erkenntnismöglichkeit rechnen. Sie beruht nämlich nicht nur auf dem partialen Unerkanntsein der Bedingungen, sondern auch darauf, daß das Auftreten der Bedingungen ein objektiv zeitliches Nacheinander aufweist. Was in der Zukunft liegt, zu dessen Totalmöglichkeit gehören Bedingungen, die zeitlich noch ausstehen; vom Stande der Gegenwart aus sind sie jedenfalls noch nicht da. Und wenn man nicht sicher erkennen kann, daß sie noch eintreten werden — notwendig eintreten müssen —, so bleibt neben der Möglichkeit von A auch die von non-A offen. Da aber das Negativum non-A sehr verschiedene positive Erfüllungen zuläßt, so bedeutet das ein Offenstehen von „vielen Möglichkeiten".

Das letztere nun ist ein ungenauer Ausdruck; es sollte heißen „eine Vielheit von Möglichem", denn gerade das Möglichsein selbst in dieser Vielheit ist das gleiche und nur der Inhalt ist verschieden. Aber das mag hier auf sich beruhen. Wichtig ist nur, daß überhaupt es einen solchen „Realaspekt der Teilmöglichkeit" gibt, und daß er durchaus kein rein subjektiver Aspekt ist. Die Bedingungskette von A ist hier nicht nur bloß teilweise erkannt, sondern auch nur teilweise vorhanden. Darum wird die Möglichkeit hier disjunktiv. Das in ihr gegebene Verhältnis ist also ein Realverhältnis; und es ist leicht zu sehen, daß alle Möglichkeit von Zukünftigem in gegebener Gegenwart etwas vom Charakter dieses Verhältnisses hat.

Nur das Eine ist dabei nicht zu vergessen, daß dieses Realverhältnis nicht Realmöglichkeit im strengen Sinne ist. Ein zukünftiges A ist ja gerade zur Zeit noch nicht möglich; und dasselbe gilt für die disjunktiven Gegenglieder (die positiven Erfüllungen von non-A). Ja, es ist auch als das zukünftige zur Zeit noch nicht möglich, sondern kann erst möglich werden, wenn die übrigen Bedingungen hinzutreten. Einstweilen aber fehlen diese, und ob sie hinzutreten werden, läßt sich aus der unvollständigen Kette der gegebenen Bedingungen nicht entnehmen. Man dürfte A eigentlich erst dann für real möglich erklären, wenn man die Gewißheit hätte, daß die noch ausstehenden Bedingungen wirklich eintreten werden. Mit dem Anspruch einer solchen Gewißheit aber überschreitet man das Teilverhältnis, das zwischen einigen gegebenen Bedingungen und dem Resultat A besteht; man bezieht sich damit bereits auf einen viel breiteren Realzusammenhang und setzt voraus, daß in ihm auch schon in der Gegenwart die Faktoren enthalten sein müssen, die jene fehlenden Bedingungen von A noch hervortreiben werden. Damit aber nähert man sich wieder dem Aspekt der Totalmöglichkeit und gibt gleichzeitig die Disjunktivität preis. Denn von einer Allheit der Bedingungen aus ist stets nur eines und nicht mehreres möglich.

So aber meinen wir es im Leben nicht, wenn wir von „Zukunftsmöglichkeiten" reden. Man kann beim Erwägen des Kommenden sehr wohl wissen, daß realiter nur eine Möglichkeit besteht, die anderen aber keine Realmöglichkeiten sind. Man kann dabei auch überzeugt sein, daß das allein mögliche Künftige zugleich notwendig ist; ja man weiß wohl gar aus Erfahrung, daß man hinterher ganz gut einsehen wird, warum es nicht anders kommen konnte. Das alles hindert uns nur nicht, das Zukünftige in eine Pluralität von Möglichkeiten gespalten zu sehen.

Es geht daraus deutlich hervor, daß es sich hier nicht um eigentliche Realmöglichkeit handelt. Aber deswegen geht der „Realaspekt der Teilmöglichkeit" doch nicht vollständig in Erkenntnismöglichkeit auf. Er ist zwar ein Aspekt, und als solcher eine Angelegenheit der Erkenntnis; aber es liegt ihm doch ein Realverhältnis zugrunde, das den Aspekt rechtfertigt. Dieses Realverhältnis ist nur weder das der Realmöglichkeit, noch auch das ontisch vollständige Realverhältnis, sondern ein Ausschnitt aus letzterem, ein bloßes Teilverhältnis. Der Ausschnitt aber ist in der Tat durch die Grenzen der Gegebenheit und der Überschau bestimmt.

Daß die Grenzen eines Realaspektes nicht selbst Realgrenzen zu sein brauchen, ist eine immer wiederkehrende, der Erkenntnistheorie wohlbekannte Tatsache. Sie hebt die Realität dessen, was in dem Aspekt erfaßt ist, keineswegs auf. Alle jeweiligen (beweglichen) Erkenntnisgrenzen sind von dieser Art, und nicht weniger auch jede echte (unverrückbare) Erkennbarkeitsgrenze. Es sind alles bloß gnoseologische Grenzen, keine ontologischen. Aber sie heben den Seinscharakter des in diesen Grenzen Erkannten nicht auf.

e. Die Relationalität der Möglichkeit und ihre Wesensgrenze.

Von den aufgezählten Typen der Möglichkeit sind die Real- und Wesensmöglichkeit offenbar die ontologischen Grundtypen. Neben ihnen zeigt nur noch die Erkenntnismöglichkeit eine Eigenstruktur. Dagegen die disjunktive und die indifferente Möglichkeit bilden einen Gegensatz, der sich mit der Mehrheit jener Typen überschneidet; beide erscheinen deshalb in ihnen noch einmal eigenartig abgestuft.

Gemeinsam aber ist allen aufgezählten Typen die relationale Struktur. Möglichkeit wurzelt, ebenso wie Notwendigkeit, stets in einem

Abhängigkeitszusammenhang; ob es auch derselbe ist wie bei ihr, wird noch zu untersuchen sein. Das Gemeinsame beider Modi aber ist, daß überhaupt sie niemals frei schwebend, sondern stets „auf Grund von etwas" bestehen. Das macht ihre innere Relationsstruktur aus. Und diese bleibt dieselbe in allen Sphären und Besonderungen des Modaltypus.

In einem Punkte aber sind die Typen der Möglichkeit wesentlich anders geartet als die der Notwendigkeit. Diese trugen auf Grund ihrer Relationalität ihre Grenze in sich selbst. Die Typen der Möglichkeit dagegen zeigen keine innere Grenze, die sich aus der Relation zu vorbestehenden Bedingungen ergäbe.

Man bedenke: die Notwendigkeit hat den Gegenmodus der Zufälligkeit zur Grenze; wo die Relation von Bedingung und Bedingtem aufhört, da stehen die ersten Glieder als zufällige da — sofern eben nichts da ist, auf Grund dessen sie notwendig sein könnten. Die Möglichkeit aber hat den Gegenmodus der Unmöglichkeit. Soll man nun etwa sagen, wo die ersten Glieder der Bedingungsketten stehen, da stünden sie als ein Unmögliches da? Das geht offenbar nicht an. Weder auf die Zusammenhänge der Wesenssphäre noch auf die der Realsphäre, geschweige denn auf die der sekundären Sphären, kann das zutreffen. Mit der Möglichkeit der ersten Glieder fiele auch die Möglichkeit aller folgenden hin. Das ist bei der Notwendigkeit anders: mit der Notwendigkeit der ersten Glieder fällt die der folgenden noch lange nicht hin. Diese besteht ja bloß relativ auf die früheren Glieder. Sind also die ersten Glieder — und mit ihnen das Ganze des Realzusammenhanges — zufällig, so kann deswegen doch innerhalb des Ganzen Notwendigkeit bestehen.

Es ist eben vielmehr so: die ersten Glieder aller Bedingungsketten sind zwar etwas durchaus Irrationales, und zwar gerade auch sofern sie „zufällig" sind; aber sie sind deswegen doch nicht a limine etwas Unmögliches. Möglichkeit überhaupt ist offenbar etwas, was nur innerhalb einer determinativ gebundenen Sphäre an Bedingungen hängt — an denjenigen nämlich, an die der bestehende Determinationszusammenhang sie bindet, — nicht aber über die betreffende Sphäre hinaus. Außerhalb der Sphäre, resp. an ihren Grenzen, ist vielmehr alles gleich möglich, was nicht in sich selbst unmöglich ist. So kann auch das Zufällige, da es doch irgendwie möglich sein muß, nur „in sich selbst" möglich sein, nicht auf Grund eines anderen. Alles Erste aber ist zufällig. Und wer wollte sagen, das Zufällige sei grundsätzlich unmöglich? Das hieße, daß auch das Ganze unmöglich sei. Nun aber ist das Ganze nicht nur möglich, sondern auch wirklich.

Daß ein solcher Möglichkeitsbegriff inhaltlich nichtssagend ist, macht ihn nicht ontologisch nichtig, sondern zeigt nur, daß er ein Unerkennbares umreißt. Und das ändert nichts an seiner Unerläßlichkeit. Die Grenze, die bei der Notwendigkeit im regressus zu ihrer Selbstaufhebung führt, bedeutet an der Möglichkeit nur die Aufhebung ihrer Relationalität. Was übrig bleibt, ist kein Unmöglichsein, sondern nur ein Möglichsein, das nicht „auf Grund" von etwas besteht. Hier geht die Möglichkeit in einen anderen Modaltypus über: in den eines nicht relationalen Modus.

4. Kapitel. Bedeutungen der Wirklichkeit.

a. Sinnschwankungen im Sprachgebrauch.

Nächst der Zufälligkeit zeigt von allen Modi die Wirklichkeit — und entsprechend ihre Negation, die Unwirklichkeit — die stärkste Bedeutungsschwankung im Sprachgebrauch. Das ist sehr wohl verständlich. Sie ist nicht wie Notwendigkeit und Möglichkeit an ein greifbares Dependenzverhältnis gebunden, ist daher der undefinierbarste Modus. Zugleich aber ist sie der fundamentalste, scheinbar selbstverständlichste und am meisten gewohnheitsmäßig hingenommene Modus.

1. Wenn man etwa vom „Wirklichen" in einem Menschen spricht im Unterschied zu der Maske oder Pose, die er sich gibt, so meint man damit das Echte oder Wahre an ihm. Hier handelt es sich um den Gegensatz von Sein und Schein. Mit der Modalität hat das wenig zu tun. Auch der Schein ist vielmehr in seiner Weise wirklich; sonst eben ist er kein wirklicher Schein.

2. Dem nahe steht die Gleichsetzung von Wirklichkeit und Realität, der man im Leben überall und selbst in der Philosophie — oder was sich so nennt — meist begegnet. Sie ist nach zwei Seiten irreführend. Erstens hat das Reale auch die anderen Modi in sich: Realmöglichkeit und Realnotwendigkeit, desgleichen Realunwirklichkeit und Realunmöglichkeit. Und zweitens gibt es auch eine Wesens- oder Idealwirklichkeit, und nicht weniger logische und Erkenntniswirklichkeit. In diesem Sprachgebrauch also ist einfach die Sphäre mit dem Modus verwechselt.

3. Wieder verschoben erscheint diese Bedeutung in der Gleichsetzung von Wirklichkeit und „Tatsächlichkeit". Dem strengen Wortsinn nach ist Tatsächlichkeit ausschließlich Realwirklichkeit, schließt also die anderen Sphären aus. Praktisch aber versteht man unter ihr meist nicht einmal diese selbst, sondern nur ihre unmittelbare Gegebenheit in der Erfahrung. In diesem Sinne also handelt es sich nur um einen Erkenntnismodus.

4. Hierher gehört auch die Verwechselung von Wirklichkeit und Dasein. Sie ist sehr begreiflich und nur bei feinster Analyse ganz zu entkräften; denn in der Tat ist im Dasein das Wirklichsein das Wesentliche. Aber es ist doch eine Verwechselung des Modus mit dem „Seinsmoment". Auch das Sosein beansprucht Wirklichkeit; und auch das Dasein einer Sache muß

ein mögliches, kann ein notwendiges oder zufälliges sein. Die Ontologie also muß hier, allem Vorwurf scheinbarer Pedanterie zum Trotz, unterscheiden.

5. In der Philosophie begegnet man oft der Auffassung des Wirklichen als des „Wirksamen". Damit macht man etwas ganz anderes aus ihm, macht aus einem Modus eine Seinsbestimmtheit (einen Soseinszug). Aber auch sonst ist diese Gleichsetzung ontologisch schief. Ist ein Seiendes etwa nur dann wirklich, wenn es wirkt? Wird es unwirklich, wenn es nicht wirkt? Oder ist etwa nur die Fähigkeit des Wirkens gemeint? Dann wäre Wirklichkeit auf Möglichkeit reduziert. Zur Möglichkeit aber sollte sie ja gerade den modalen Gegensatz bilden. Nimmt man also Wirksamkeit auch nur als äußeres „Anzeichen" von Wirklichkeit, so bleibt sie doch ein schiefes Anzeichen. Offenbar hat hier der Wortsinn von „Wirklichkeit" irritierend mitgespielt.

6. Von alter Tradition ist ein Wirklichkeitsbegriff, der die inhaltliche Seinsfülle, oder die konkrete Bestimmtheit als Wirklichsein bezeichnet. Nach ihm stuft sich der Modus mit der Höhe der Seinsbestimmung ab: der Organismus gilt für „wirklicher" als das leblose Ding, das seelische Wesen für „wirklicher" als der Organismus u. s. f.; dieser Wirklichkeitsbegriff nähert sich dem scholastischen Realitätsbegriff, nach dem Gott das ens realissimum ist, weil er Inbegriff aller positiven Prädikate ist. Da man „real" und „wirklich" nicht unterschied, so sprang diese Bedeutung der realitas auf die „Wirklichkeit" über.

Hier liegt nun dieselbe Verwechselung mit Seinsbestimmtheit vor wie bei der „Wirksamkeit". Indessen, das gerade ist im Schichtungsverhältnis des Realen das Charakteristische, daß mit der Höhe der Schicht die Bestimmungsfülle zunimmt, der Seinsmodus aber durchaus derselbe bleibt. Es gibt keine Abstufung der streng modal verstandenen Wirklichkeit. Sie ist in allen Schichten ein und dieselbe. Denn sie betrifft nur die Seinsart selbst, nicht das Inhaltliche (das Sosein), das in dieser Art „ist". Das Gleiche gilt ja auch für die übrigen Modi. Die Modi vielmehr bilden eine Stufenfolge eigener Art, und zwar in allen Sphären des Konkretums, und darum sind sie der Abstufung der Schichten nicht unterworfen.

7. Neben diesem Wirklichkeitsbegriff hat das Mittelalter noch einen zweiten hinterlassen, den der actualitas (actus). Er ist das Gegenstück zur potentia und geht auf die Aristotelische ἐνέργεια, resp. ἐντελέχεια zurück. Er bedeutet ausschließlich die Verwirklichung eines Ideenhaften (εἶδος, essentia). Seine inneren Schwierigkeiten sind bereits oben (Einleitung, Abschn. 2—5) aufgedeckt worden. Er trifft den Sinn eines Seinsmodus deswegen nicht, weil er ein teleologisches Schema im Verhältnis von Dynamis und Energeia voraussetzt und überdies durchaus

nicht auf alles Seiende, ja nicht einmal auf alles Reale zutrifft, sondern grundsätzlich alles Unvollkommene von sich ausschließt. Für die wirkliche Welt aber ist es nun einmal charakteristisch, daß sie ebensosehr Vollkommenes wie Unvollkommenes umfaßt.

8. Sehr verbreitet ist auch in neuerer Zeit die Gleichsetzung von Wirklichkeit und „Wahrnehmbarkeit", oder gar von Wirklichem und Sinnesgegebenem. Kant hat ihr Vorschub geleistet im zweiten „Postulat des empirischen Denkens", der Neukantianismus hat sie festgehalten (z. B. Rickert); er ist damit in gefährliche Nähe des Positivismus geraten. Die Wirklichkeit wird damit zu einem bloßen Erkenntnismodus gemacht, die Gegebenheitsart tritt an Stelle der Seinsart. Das Verführende darin ist, daß Sinneszeugnis in der Tat Zeugnis von Realwirklichkeit ist. Aber erstens ist es nicht Zeugnis aller Wirklichkeit, sondern nur bestimmt gearteter. Und zweitens ist es eben doch bloß das Zeugnis, und nicht die Wirklichkeit selbst, von der es zeugt.

b. Logische, gnoseologische und Wesenswirklichkeit.

Von diesen unscharfen und unstimmigen Bedeutungen der Wirklichkeit ist in der Ontologie abzusehen. Was in ihnen an echtem Problemgehalt steckt, gehört in andere Zusammenhänge als die der Modalanalyse. Was übrig bleibt, sind die vier Bedeutungen, in die sich der Sinn des Wirklichseins entsprechend den Sphären spaltet. Von ihnen seien zunächst die ersten drei zusammengefaßt.

1. Die „logische Wirklichkeit" ist bekannt aus der Geltungsweise des assertorischen Urteils. Sie ist die Aussageform des Wirklichseins, des nackten „es ist so", — indifferent gegen Notwendig- oder Zufälligsein, ohne Reflexion auf das Möglichsein. Sie tritt abgelöst von Zusammenhängen und Bedingtheiten auf, ein Gesetztsein ohne Rücksicht auf sie.

2. Dem entspricht die Sachlage bei der „Erkenntniswirklichkeit". Das assertorische Urteil ist nur ihr Ausdruck, nicht identisch mit ihr. Sie bedeutet nicht Wirklichkeit des Erkennens (was eine Sonderform der Realwirklichkeit wäre), sondern Erkenntnis des Wirklichseins von etwas. Ihr Unterschied von der Erkenntnisnotwendigkeit und -Möglichkeit ist der, daß der Gegenstand nicht auf Grund von etwas anderem, nicht aus seiner Relation oder Bedingtheit heraus erfaßt wird, sondern abgelöst davon, aus sich selbst heraus, in einem eigenen Erkenntnismodus, dem der unmittelbaren Gegebenheit. Das Wirkliche tritt hier nicht als das Seiende, auch nicht als das Geltende, sondern als das Erlebte, Erfahrene, Beobachtete, Konstatierte auf; desgleichen mittelbar als das Aufzeigbare, Angebbare, nicht aber als das Demonstrierbare. Es ist auch durchaus nicht das Verstandene oder Begriffene, ja aus sich selbst heraus nicht einmal das Begreifbare. Begreifen und Verstehen kann

man eben nur aus Bedingtheiten, Gründen, Voraussetzungen heraus; das ist Sache der Möglichkeits- und Notwendigkeitserkenntnis. Das bloße Gegebensein verhält sich indifferent dagegen. Das ist der Grund, warum Erkenntniswirklichkeit im Leben leicht für Zufälligkeit genommen wird.

Aber wenn sie Gegebenheit ist, so ist sie deswegen doch keineswegs auf das Sinneszeugnis beschränkt. Die gebende Instanz ist hier vielmehr das Erleben und Erfahren in jeder Form. Dahin gehört das Erleben der Ereignisse und Situationen, das stets nur teilweise von Wahrnehmung getragen ist; desgleichen die Erfahrung, die wir mit fremder menschlicher Eigenart machen, und nicht weniger die innere Selbsterfahrung, die ja gelegentlich ebenso überraschend wie jene ist. In alledem ist die Wahrnehmung nur eine unter anderen Quellen.

3. Nach anderer Richtung ist der logischen Wirklichkeit die „Wesenswirklichkeit" verwandt. Sie bedeutet das Bestehen schlechthin in der idealen Seinssphäre. Man kennt sie z. B. in der „mathematischen Existenz". Diese geht in Geltung nicht auf, sie besagt ein Sein, ein „es gibt". Sie hängt am Seinsmoment des „idealen Daseins". Die Wesenswirklichkeit aber ist breiter zu verstehen, sie betrifft ebensosehr das „ideale Sosein". Denn dasselbe Bestehen gilt von allen erschaubaren und vor die Klammer hebbaren Wesenszügen. Nur daß es hier nicht auf das Erschauen und Konstatieren selbst ankommt — das wäre bloße Erkenntniswirklichkeit —, sondern auf das Erkannte, den Gegenstand.

Die Wesenswirklichkeit ist ein schwer faßbarer Modus, weil in der idealen Seinssphäre die Zusammenhänge dominieren. Das reine ideale Bestehen ist nur im Absehen von diesen zu fassen. Es ist damit nicht gesagt, daß es ein ideales Bestehen ohne Möglichsein und Notwendigsein gibt. Es handelt sich aber auch nicht darum; alles Fragen solcher Art betrifft schon die Intermodalverhältnisse der idealen Sphäre. Aber selbst wenn Wesenswirklichkeit immer und unlöslich mit Wesensmöglichkeit und Wesensnotwendigkeit verbunden sein sollte (mit der ersteren ist sie es ja ohne Zweifel), so bleibt sie doch etwas anderes als diese Modi. Denn sie ist rein als solche ein Sein schlechthin, jene aber sind relationales Sein. Die Nichtablösbarkeit also würde nicht im Modus als solchem liegen, sondern in der inhaltlich relationalen Struktur der idealen Seinssphäre.

c. Die Sonderstellung der Realwirklichkeit.

Erst im Gegensatz zum Geltungsmodus, zum Tatsachenwissen und zum idealen Bestehen ist die „Realwirklichkeit" faßbar. Wirklichkeit im engeren und eigentlichen Sinne ist eben nur die Realwirklichkeit. Darum ist es sehr verständlich, daß sie immer wieder für Realität schlechthin genommen wird, — verständlich, aber deswegen doch keineswegs zutreffend.

Realwirklichkeit steht jenseits aller Gegebenheitsweise und Geltungsart, sie ist so indifferent wie nur je ein echter Seinscharakter gegen alles Erkanntwerden und alles Urteil. Sie steht aber auch ebenso jenseits der Wesenswirklichkeit; was es idealiter „gibt", das gibt es noch lange nicht realiter. Wesenswirklichkeit bedeutet für das Reale nur ein Mögliches, und zwar noch keineswegs ein Realmögliches; denn auch dazu würde noch eine lange Reihe von Realbedingungen gehören. Das Realwirkliche hat die Individualität des Einzelfalles an sich. Zu ihr gehört alles das notwendig, was vom Wesen aus „zufällig" ist. Was an ihr selbst zufällig sein mag, das läßt sich von der Seinsweise allein aus nicht entscheiden.

Realwirklichkeit steht an sich indifferent gegen Notwendigkeit und Zufälligkeit da. Ob das im Reich des Realen auch tatsächlich so ist, ob also in ihm das einzelne Wirkliche ohne Notwendigkeit bestehen kann, das ist eine andere Frage. Aber sollte sich herausstellen, daß es nicht ohne sie bestehen kann, so läge das nicht an ihr als allgemeinem Seinsmodus, sondern am Realzusammenhang als einem durchgehend relational geformten. Die Realwirklichkeit als solche ist nicht ein Strukturmoment des Realen; sie ist nichts als das nackte „So-und-nicht-anders-Sein", ohne die Gründe, warum es nicht anders ist. Sie schließt Gründe nicht aus, aber sie besteht nicht im Aufruhen auf ihnen.

Das wird sehr einleuchtend, wenn man auf das Ganze des Realwirklichen hinblickt, also auf die Welt, wie sie „ist". Denn jenseits ihrer gibt es weder Gründe noch Bedingungen. Ob innerhalb der Welt ein besonderes Wirkliches auch in solcher Abgelöstheit bestehen kann, das ist ein Problem für sich. Sollte das aber auch zu verneinen sein, so bliebe doch die Totalität des Realwirklichen als etwas übrig, was nicht notwendig sein kann, weil es keine Gründe und Bedingungen außer sich hat, auf denen es beruhen könnte. Die Realnotwendigkeit ist es vielmehr, die an der Ganzheit, resp. an den ersten Gliedern ihrer Bedingungsketten, eine Grenze findet. Und dasselbe gilt, wie gezeigt wurde, von der Relationalstruktur des Möglichseins.

Die Realwirklichkeit ist der am wenigsten bestimmbare und beschreibbare Modus. Sie ist es durch ihre Abgelöstheit und Indifferenz gegen die relationalen Modi. Denn fassen läßt sich niemals die Seinsart in sich selbst, sondern nur die Bezogenheit. Andererseits aber ist sie derjenige Modus, der in den drastischsten Gegegebenheitsweisen erfahren wird. Hierher gehören die Gegebenheiten, die aus den emotional-transzendenten Akten stammen, die erlebte Härte der Ereignisse, Schicksale, Widerfahrnisse, das Gewicht des laufenden Lebens mit seiner Fülle und seinem

Ernst. Das menschliche Dasein in seiner Dynamik und Dramatik ist ein einziges großes Zeugnis des Realwirklichen. Denn alles Realitätszeugnis ist in erster Linie Wirklichkeitszeugnis. Erst sekundär, in der Reflexion, ist es auch ein Zeugnis realer Möglichkeit und Notwendigkeit.

Hier liegt der Grund, warum im Leben „Erfahrung" im weiten Sinne ein so großes Übergewicht hat über alles Allgemeinwissen, alle Vorwegnahme und Apriorität. Sie allein hat eben die Handgreiflichkeit des unmittelbaren Davorgestelltseins und Hineingestelltseins, des Betroffenseins, Erfaßtseins oder Beeindrucktseins.

Das sind freilich nur Gegebenheitsweisen des Wirklichen, nicht es selbst. Aber sein Modalcharakter spiegelt sich sehr wohl in ihnen. Das reine Wirklichsein als solches ist nicht charakterisierbar, wiewohl es uns so geläufig und selbstverständlich ist, das Bekannteste des Bekannten. Der Ausdruck „Existenz" — der sich freilich mit Wirklichkeit nicht deckt [1]) — bringt davon etwas zur Anschauung; er besagt das Hervortreten, das Auftreten oder Eintreten (eigentlich das Herausgestelltsein, gleichsam aus dem Dämmer der Unbestimmtheit), und darin eben besteht das Wirklichwerden einer Sache im Fluß des Realgeschehens. Denn alles Realwirkliche hat seine Zeit, sein Kommen und Gehen; der große Strom des Werdens läßt es hervorspringen ins Sein und wieder zurücksinken.

Nach anderer Richtung besagt auch „Dasein" etwas ähnliches, wiewohl Dasein erst recht sich mit Wirklichkeit nicht deckt, sondern ein Seinsmoment ist. Es klingt darin so etwas durch wie ein Sich-breit-Machen in der Enge der Realverhältnisse, ein Vorhandensein und Nicht-wegzubringen-Sein, eine klotzige und unkonziliante Art, seinen Platz zu behaupten; es ist so etwas, was einen — ins Räumliche übertragen — an die Undurchdringlichkeit der Materie erinnert. Das sind zwar nur Bilder, man darf sie nicht wörtlich nehmen; aber etwas von alledem liegt ohne Zweifel im Wesen des Realwirklichen.

d. Wirklichkeit und Unwirklichkeit.

Unter den letzten vier aufgezählten Bedeutungen der Wirklichkeit ist nun offenbar die Realwirklichkeit die ontologisch fundamentale. Es wird sich noch zeigen, daß sie auch unter den anderen Modi und ihren Abarten den Grundmodus bildet. Sie ist daher überhaupt das zentrale Thema der ganzen Modalanalyse, auch dort wo sie von der Menge der Sonderprobleme scheinbar in den Hintergrund gedrängt wird. — Gemeinsam aber ist den vier Typen der Wirklichkeit, wie sie nach den

[1]) Der philosophische Sprachgebrauch versteht „Existenz" mehr im Sinn eines Seinsmomentes (reales Dasein) als eines Seinsmodus (Realwirklichkeit). Außerdem paßt Existenz nur auf Substanzartiges, nicht auf reales Geschehen.

Sphären sich scheiden, die Relationslosigkeit und Abgelöstheit. Darum ist in allen Sphären die Wirklichkeit der am meisten irrationale Modus.

Es erübrigt sich auszuführen, wieso ein Gleiches auch von der Unwirklichkeit gilt. Diese zeigt dieselbe Differenzierung in den Sphären; es gibt logische und Wesensunwirklichkeit, Erkenntnis- und Realunwirklichkeit. Jede hat die streng entsprechende Bedeutung zu ihrem positiven Korrelat. Aber rein als solcher spielt der Modus keine selbständige, ja in der Realsphäre kaum eine angebbare Rolle. Nur im Zusammenhange des Wirklichen, und zwar „auf Grund" des Zusammenhanges, gewinnt er eine gewisse Bedeutung. Er ist ein Modus der Leerstellen in den Sphären. Aber Leerstellen „sind" nur etwas durch ihre positive Umrissenheit. Damit erweist der Modus sein Sekundärsein. Denn diese Bedeutung gewinnt er vom Gegenmodus her, von der Wirklichkeit, gegen die sich abhebend er erst etwas Angebbares ist. Das nackte Nichtsein ist keine Seinsart.

In diesem Sinne ist zu sagen, daß die Unwirklichkeit doch nicht ganz die gleiche Abgelöstheit zeigt wie die Wirklichkeit, nicht im gleichen Maße ein absoluter oder fundamentaler Modus ist wie sie. Oder vielmehr, sie ist es im Grunde wohl, aber nur mitlaufender Weise. Sie ist in derselben Weise abgelöst von den Bedingungszusammenhängen wie die Wirklichkeit, indifferent gegen die relationalen Modi, aber sie ist nicht ablösbar vom Wirklichen. Das ist immerhin eine andere Art von Gebundenheit, die den prinzipiellen Unterschied gegen die negative Möglichkeit und Notwendigkeit immer noch sehr klar erkennen läßt.

Im übrigen gehört das qualitative Element der Negation in ihr in eine andere Problemgruppe. Es wird bei den Kategorien der Qualität zu behandeln sein.

II. Abschnitt

Das modale Grundgesetz

5. Kapitel. Zur Differenzierung der Modi.

a. Der Schein der Zufälligkeit im Wirklichsein.

Die Äquivokationen der Modalbegriffe zeigten eine Reihe von Populärbedeutungen, die überall dem eigentlich kategorialen Sinn der Modi vorgelagert sind und bis in die philosophische Begriffsbildung hinein ihrem Verständnis hinderlich gewesen sind. Ihr Abbau ist von größerer Schwierigkeit, als man meinen sollte. Es genügt nicht, ihre Unstimmigkeiten bloß aufzudecken, sie haben in den Denkbahnen der

Philosophie selbst Wurzel geschlagen; und so werden wir es immer wieder mit ihnen zu tun bekommen.

Wichtiger aber ist, daß auch ihre völlige Überwindung im eigenen Denken noch nicht genügen würde. Denn auch die Gruppe der strengeren philosophischen Bedeutungen läßt an Durchsichtigkeit mancherlei zu wünschen übrig. Die Erledigung der äußeren, mehr den Wortbedeutungen anhaftenden Aporien läßt vielmehr neue und tiefer greifende Aporien der Sache erst hervortreten.

Insonderheit sind die Zufälligkeit und die Wirklichkeit noch der Zweideutigkeit ausgesetzt. Das ist eine Art Ähnlichkeit zwischen ihnen, und keine ganz äußerliche. Beide gehören ja eng zusammen. Nur das Wirkliche kann eigentlich zufällig sein; das Unwirkliche freilich auch, aber es spielt keine selbständige Rolle neben dem Wirklichen. Das Wirkliche ist eben deswegen so mißverständlich, weil es durch seine Abgelöstheit in die Nähe des Zufälligen abgedrängt erscheint.

Das aber gerade ist verunklärend. Denn ob es inmitten des Weltzusammenhanges ein Zufälliges gibt, steht doch erst in Frage. Daß es aber Wirkliches gibt, steht nicht in Frage. Wenn es also oben hieß, das Wirkliche sei an sich indifferent gegen Notwendigkeit und Zufälligkeit, so darf das weder ein Abdrängen ins „Reich des Zufalls" bedeuten, noch auch überhaupt eine Vorwegnahme tatsächlichen Vorkommens der Zufälligkeit in der Welt.

Die Schwierigkeiten, die an diesem Punkte entstehen, sind unabsehbar und werden noch vervielfacht durch die begriffliche Unfaßbarkeit des Wirklichseins. Daß Wirklichkeit in eindeutigster Weise der Erfahrung gegeben ist, ändert hieran nichts, denn aus dieser Quelle gerade ist eine Begriffsbestimmung nicht zu gewinnen. Auch diese Unfaßbarkeit ist der Zufälligkeit verwandt. Überdies tragen die Gegebenheitsweisen des Wirklichen, gerade weil sie Erfahrungscharakter haben, selbst den Stempel des Zufälligen. Das ist zwar nur Erkenntniszufälligkeit; aber auch als solche bleibt sie doch tief irritierend. Sie ist nämlich nicht (wie die anderen Erkenntnismodi) eine Erkenntnis der Zufälligkeit — dazu würde die Einsicht gehören, daß faktisch keine Dependenz vorliegt —, sondern bloße Zufälligkeit der Erkenntnis, und zwar auch das nur auf Grund mangelnden Verstehens ihrer Bedingtheit.

Die Erkenntnis aber überträgt ihre eigene empfundene Zufälligkeit auf ihren Gegenstand. Sie „stößt" auf ihn in scheinbarer Zusammenhangslosigkeit, resp. er „fällt ihr zu". Und da er als wirklicher erfaßt wird, erscheint das Wirkliche als zufällig. Diesen immer sich wiederholenden Vorgang können wir nicht aus der Welt schaffen. Wir können ihn nur durchschauen und als Quelle des ontologischen Irrtums begreifen. Damit können wir seine irritierende Auswirkung immerhin paralysieren.

b. Die Spiegelung der Seinsmodi in den Sekundärmodi.

Es besteht im Leben wie in der Wissenschaft die Tendenz, alle Seinsmodalität auf die uns zugänglichsten, aber sekundären Sphären zu verschieben, auf die des Logischen und die der Erkenntnis. Die primären Modi, die der eigentlichen Seinssphären, werden hierdurch auch aus dem philosophischen Blickfelde verdrängt. Denn sind sie einmal nach Analogie der Erkenntnismodi umgestaltet, so verschwinden sie eben damit hinter den entstandenen Surrogaten.

Ganz ist das auch nicht zu vermeiden. Gegeben ist eben alles in Erkenntnisweisen. Aber gelingt es nicht, die Erfassung der Seinsmodi vom Einfluß der Erkenntnis- und Urteilsmodi freizumachen, so verfehlt man unweigerlich das Ontologische im Modalproblem. Auf dieses aber kommt es im Grunde allein an. Die Modalität des Urteils und der Erkenntnis sind bei weitem nicht von so großem Eigengewicht. Darum ist die Gegenüberstellung der Sphären von so einzigartig klärender Bedeutung.

Für diesen Punkt hat die Analyse der Äquivokationen bereits etwas Entscheidendes gelehrt. Sie zeigte, daß umgekehrt die Modi der sekundären Sphären in Abhängigkeit von denen der Seinssphären stehen, auf sie — und insonderheit auf die Realmodi — bezogen sind und so geradezu eine gewisse Gegenbildlichkeit zu ihnen zeigen. Das ist evident, sobald man erfaßt hat, daß die Urteilsmodi nicht in Stufen der Geltung, die Erkenntnismodi nicht in Stufen der Gewißheit aufgehen, daß vielmehr jene die „Aussage" des Seinkönnens, Seins schlechthin und Seinmüssens, diese aber die „Erkenntnis" ebenderselben drei Seinsstufen bedeuten; und zwar beides, Erkenntnis wie Aussage, sowohl des realen als auch des idealen Seinkönnens, Seins schlechthin und Seinmüssens. Die Seinsmodi spiegeln sich getreulich in den Urteils- und Erkenntnismodi. Sie sind dadurch einerseits deutlich von ihnen abgehoben, sind aber andererseits auch sehr wohl aus ihnen zu gewinnen. Das letztere freilich gilt nur im Groben; auch das zeigte die Bedeutungsanalyse. Am deutlichsten greifbar wurde es an der Gegensätzlichkeit der disjunktiven und indifferenten Möglichkeit. Aber diese wirkt auf die anderen Modi zurück.

Hier liegt also ein wertvoller methodischer Hinweis, zugleich aber auch eine neue Aporie, und zwar eine nicht nur methodische. Die logischen und gnoseologischen Modi weisen wohl über sich hinaus auf die Seinsmodi, aber sie verbergen sie auch zugleich hinter der scheinbar ontologischen Form, in der sie selbst auftreten. Der Urteilsunterschied des Assertorischen und Problematischen ist rein nur faßbar am prädikativen Seinscharakter der Copula: „S ist P" und „S kann P sein". Erkenntniswirklichkeit und Erkenntnismöglichkeit ist unterschieden als die Einsicht, daß etwas so „ist", und die Einsicht, daß etwas so „sein kann". Danach ist man verführt zu meinen, die Seinsmodi müßten unmittelbar in den logischen und gnoseologischen Modi faßbar sein. Dieser Verführung ist man in der klassischen Ontologie gefolgt, etwa wenn man de possibili et impossibili handelte. Sehr deutlich ist das noch bei Wolf, der immer aus der Denkbarkeit und Erkennbarkeit heraus argumentiert. Man vergaß dabei die Hauptsache.

Hauptsache eben ist, daß das im Urteil gesetzte „S kann P sein" nicht identisch ist mit dem ontisch realen (oder selbst ontisch idealen) P-sein-Können von S; daß für dieses eine Reihe von Bedingungen erforderlich ist, und zwar in voller Totalität, die im problematischen Urteil gar nicht in Erwägung gezogen, geschweige denn mitgesetzt ist. Das Urteil kann nur mit der Teilmöglichkeit rechnen, diese aber ist ontisch genommen noch gar nicht Möglichkeit. Dasselbe gilt von den verschiedenen Arten der Möglichkeitserkenntnis. Auch sie faßt in der Regel bloße Teilmöglichkeit. Das ist der Grund, warum sich aus bloß erkannter oder im Urteil gesetzter Möglichkeit nichts mit Gewißheit erschließen läßt.

Man kann unter solche Möglichkeit nichts eindeutig subsumieren, weil sie disjunktiv und nicht indifferent ist. Die Konsequenz könnte immer nur lauten: soweit die Bedingungen bekannt sind, liegt wenigstens kein Widerspruch darin, daß der besondere Fall von S den Charakter P habe. So eine Konsequenz aber ist ontisch so gut wie wertlos; denn eine einzige weitere Bedingung — resp. das Ausbleiben einer einzigen — kann das P-Sein von S im besonderen Falle unmöglich machen. Ja es kann direkt widerspruchsvoll werden. Und damit überträgt sich dasselbe Verhältnis auch auf die Wesensmöglichkeit. Denn wesensmöglich ist an S durchaus nur das, was mit keinem seiner Wesenszüge in Widerspruch steht. Hat aber das Urteil nicht die Gewähr in sich, alle Wesenszüge von S zu umfassen, so ist es auch ideal-ontologisch wertlos und läßt keine Subsumption von Spezielleren zu.

Wo eine Wissenschaft vom idealen Sein solche Möglichkeitsurteile aufstellt, da ist sie an die inhaltliche Untersuchung des Wesens von S gebunden; sie kommt zur Einsicht erst, wo sie die Totalität der Wesenszüge erfaßt hat. So die Mathematik. Sie kann das — wenigstens bei einfacherer Sachlage —, weil ihre Gegenstände nur eine begrenzte Fülle von Zügen haben. In der allgemeinen Wesensschau aber, wie sie den apriorischen Einschlag der Erfahrungswissenschaft ausmacht, ist das nicht möglich. Hier klafft die Diskrepanz zwischen Urteils- und Erkenntnismöglichkeit einerseits und Wesensmöglichkeit andererseits genau ebenso wie zwischen jenen und der Realmöglichkeit.

c. Die Gegensatzdimensionen der modalen Mannigfaltigkeit.

Auf der anderen Seite hat die Unterscheidung nach Sphären eine Mannigfaltigkeit der Modi zur Übersicht gebracht, die eine außerordentliche Komplexheit ihrer gegenseitigen Beziehungen — der Intermodalverhältnisse — und ihrer Gesetze erwarten läßt. Wenn alle sechs Modi (wie sie im Kap. 1 a aufgezählt wurden) in je vier Sphären wiederkehren, und zwar in wesentlicher Abwandlung wiederkehren, so haben wir es mit nicht weniger als 24 Modi zu tun, deren gegenseitige Verhältnisse sowohl innerhalb der einzelnen Sphäre als auch von Sphäre zu Sphäre der Untersuchung vorliegen.

In dieser Mannigfaltigkeit gilt es zunächst Gliederung zu schaffen. Auch dafür sind die Ausgangspunkte durch die Analyse der Bedeutungen bereits gegeben.

Es hat zunächst jeder positive Modus seine Negation sich gegenüber; d. h. an die positiven Modi reihen sich, gegensätzlich zu ihnen gestellt, die negativen Modi an. Zugleich aber ist auch eine Abstufung der Modi durch ihr verschiedenes Seinsgewicht gegeben, ein Höher- und Niedrigersein der Modi rein durch die Seinsart. Und es zeigte sich, daß diese Stufenfolge der positiven Modi bei den negativen wiederkehrt.

Dazu kommt ferner der Gegensatz der Sphären, der selbst wiederum ein zwiefacher ist: einerseits hängt er am Gegensatz der eigentlichen Seinsmodi (oder Primärmodi, d. h. solcher der Seinssphären) und der Sekundärmodi (solcher des Urteils und der Erkenntnis), andererseits am Gegensatz der Realmodi und Idealmodi. Dieser letztere kehrt abgewandelt im Gegensatz der gnoseologischen und logischen Modi wieder. Denn die logischen sind in erster Linie durch die Wesensmodi bestimmt, wie denn überhaupt logische Gesetzlichkeit einen Ausschnitt abgewandelter und gleichsam angewandter Idealgesetzlichkeit darstellt. Die Erkenntnismodi aber sind in erster Linie durch die Realmodi bestimmt, wenigstens wenn man auf die breite Masse der Erfahrung in deren Grundformen hinblickt, und sich nicht einseitig an wissenschaftlich exakter Erkenntnis orientiert. Die Erkenntnis gerade ist es, die in der Zweiheit ihrer Quellen oder Gegebenheitsweisen einerseits der Realwirklichkeit zugewandt ist (im Erfassen a posteriori) und andererseits der Realmöglichkeit und Realnotwendigkeit (im Erfassen a priori). Die reine Idealerkenntnis dagegen ist nur auf eine einzige Quelle, die apriorische, angewiesen.

Mit keiner dieser vier Gegensatzarten deckt sich der Unterschied der Bestimmtheit. Er ist sehr augenfällig, wenn man die Typen der Möglichkeit, und zwar der positiven wie der negativen, neben die der Notwendigkeit stellt. Es kommt also als fünfter Gegensatz der von bestimmtem und unbestimmtem Modalcharakter hinzu.

Aber auch damit sind die Dimensionen des modalen Gegensatzes nicht erschöpft. Es gibt noch eine sechste, die auch in der obigen Analyse bereits aufgetaucht ist, aber noch keine nähere Bestimmung erfahren hat. Das ist der Gegensatz der fundamentalen und relationalen Modi. Er nimmt offenbar eine ganz andere Stellung ein als die übrigen Gegensätze; und es steht zu erwarten, daß aus ihm auch sehr andere Konsequenzen zu ziehen sein werden.

Es ergibt sich eine sechsfache Gegensatzdimensionalität, in der sich die Dimensionen gegenseitig überschneiden:

1. Positive und negative Modi,
2. höhere und niedere Modi,
3. Seinsmodi und Sekundärmodi,
4. Idealmodi und Realmodi (wiederkehrend in den Sekundärmodi),
5. bestimmte und unbestimmte Modi,
6. fundamentale und relationale Modi.

Von diesen Gegensätzen hat jeder sein sehr bestimmtes Eigengewicht. Was die Sphären anlangt (hier im 3. und 4. Gegensatz vertreten), so gliedert sich nach ihnen die ganze weitere Untersuchung. Der 1. Gegensatz ist in sich selbst durchsichtig; der 6. wird sogleich noch zu untersuchen sein, in ihm wurzelt das „modale Grundgesetz". Es wird sich aber zeigen, daß auf dem Verhältnis des 2. und 5. Gegensatzes für die Modalanalyse noch ein eigener Problemnachdruck liegt, ja daß sich hier das ontologische Gewicht auch der speziellen Intermodalverhältnisse (der nach Sphären differenzierten) zusammendrängt. Damit verschiebt sich der Schwerpunkt der Untersuchung auf das Problem der Anordnung oder Rangordnung der Modi. Und da dieses nur aus den Verhältnissen zu entscheiden ist, die zwischen den Modi walten, so hängt alles Weitere an der Aufzeigung von Intermodalgesetzen.

6. Kapitel. Der Gegensatz der fundamentalen und relationalen Modi.

a. Bedingtheit und Unbedingtheit der Seinsart.

Einer besonderen Klarstellung bedarf also zunächst der letzte der aufgezählten Gegensätze. Er in erster Linie ist es, der in die überlieferte Stufenfolge der Modi entscheidend hineinschneidet. Stellt man nämlich die Wirklichkeit zwischen Möglichkeit und Notwendigkeit — mit der Begründung, sie sei „mehr" als Möglichsein, „weniger" als Notwendigsein —, so ist es klar, daß ihre gemeinsame Gegensatzstellung zu beiden nicht erfaßt werden kann. Diese gemeinsame Gegensatzstellung aber ist tief charakteristisch, nicht nur für die Wirklichkeit selbst, sondern auch für die beiden Gegenglieder. Das eben zeigte schon die Analyse der Bedeutungen, daß Notwendigkeit und Möglichkeit in allen Sphären deutlich den Charakter relationaler Rückgebundenheit haben, während die Wirklichkeit in allen Sphären aufs deutlichste abgelöst von aller relationalen Bindung dasteht.

Das Gleiche gilt mutatis mutandis auch von den negativen Modi. Bei ihnen muß man freilich die Zufälligkeit zunächst aus dem Spiele lassen; sie gerade ist als Negation der Notwendigkeit auch Negation der Relationalität überhaupt. Deswegen kann sie nur am Wirklichen auftreten. Aber hier liegen die Verhältnisse noch besonders und müssen besonders untersucht werden. Dagegen zeigen Unwirklichkeit und Unmöglichkeit deutlich den Gegensatz des Fundamentalmodus und des Relationalmodus; wie denn Unmöglichkeit die Notwendigkeit des Nichtseins bedeutet.

Man vergegenwärtige sich nun das Verhältnis konkret. Wenn A notwendig ist, so ist es „auf Grund von etwas" notwendig, oder auch „durch etwas". Wenn A möglich ist, so ist es „vermöge gewisser Bedingungen" möglich, also wiederum „durch" etwas. Rein in sich selbst, oder rein „durch nichts", ist nichts notwendig und nichts möglich. Notwendigkeit und Möglichkeit sind keine in sich ruhenden Modi, sondern „basierte" Modi, nämlich stets auf etwas anderes basierte. Sie kommen nur vor, und können nur vorkommen in einem Gefüge des Seienden, in dem alles durch Abhängigkeitsbeziehungen verbunden ist. Sie bedeuten eine indirekte, seinsgetragene Seinsart, die mit dem tragenden Sein nie identisch ist, aber mit ihm steht und fällt.

Dasselbe gilt von der Unmöglichkeit. Wenn A unmöglich ist, so ist es „durch etwas" unmöglich, was ein Wirklichwerden von A nicht zuläßt. Unmöglich kann etwas nur sein, wo bereits etwas besteht, was seiner Möglichkeit entgegensteht. Auch Unmöglichkeit kann es nur in einem bestehenden Gefüge des Seienden geben.

In dieser Rückbezogenheit besteht die „Relationalität" von Unmöglichkeit, Möglichkeit und Notwendigkeit. Sie ist diesen Modi in allen Sphären eigen, betrifft also durchaus das Wesen der Modi selbst, nicht ihre besondere Stellung oder Abwandlung. Und sie bildet an ihnen gemeinsam den Gegensatz zur Absolutheit der „fundamentalen" Modi, die solche Rückbezogenheit nicht haben.

Die fundamentalen Modi sind Wirklichkeit und Unwirklichkeit. Wenn A wirklich ist, so ist damit keineswegs ausgemacht, ob es auf Grund von etwas wirklich ist, oder auf Grund von nichts; desgleichen ob dazu Bedingungen erfüllt sein mußten oder nicht. Man wird hier zwar schnell bei der Hand sein mit dem Einwand, daß es solche isolierte Wirklichkeit in der Welt doch nicht gebe, daß vielmehr sehr wohl immer Bedingungen erfüllt sein müssen. Das soll nicht bestritten werden, aber davon ist hier noch nicht die Rede. Wenn nämlich dem so ist in der Welt, die allein wir kennen, so liegt das nicht am Wesen der Wirklichkeit, sondern am Wesen der Welt, wie sie einmal ist. Es muß freilich, was wirklich ist, zum mindesten möglich sein, und die Möglichkeit hängt in dieser Realwelt an einer Kette von Bedingungen. Aber an sich denkbar ist auch eine reale Welt, in der es anders zuginge, in der alles, was ist, für sich dastünde, ohne Bedingungen und Gründe.

Will man die Eigenart der bestehenden Realwelt modal ausdrücken, so kann man das nicht anders als durch prinzipielle Formulierung des Intermodalverhältnisses, das in ihr zwischen Möglichkeit und Wirklichkeit einerseits, Notwendigkeit und Wirklichkeit andererseits besteht. Das wird bei Intermodalgesetzen der Realsphäre zu behandeln sein. Aber im Wesen des Wirklichen als solchen liegt die Relationalität nicht.

Das reine Wirklichsein von etwas ist nicht relativ auf das Wirklichsein eines anderen. Es hat modale „Absolutheit". Das heißt es, daß Wirklichkeit kein relationaler, sondern ein „fundamentaler" Seinsmodus ist. Und man darf hinzufügen: sie ist ebendamit auch ein „reiner" Seinsmodus. Bezogenheit nämlich ist an sich nicht Sache der Modalität, sondern des Konstitutiven, der Struktur, der inhaltlichen Beschaffenheit. Die relationalen Modi also sind keine reinen Modi, sondern stehen schon auf der Grenzscheide von Seinsart und Seinsbestimmtheit, zwischen modalen und konstitutiven Kategorien. Nur die Wirklichkeit, und mit ihr die Unwirklichkeit, sind reine Modalität. Und das wiederum ist der Grund, warum ihr Wesen so viel weniger greifbar ist. Denn fassen läßt sich direkt immer nur das inhaltlich Konstitutive, nicht die Seinsart in sich selbst.

Daß es in der Tat mit der Unwirklichkeit ebenso steht wie mit der Wirklichkeit, ist leicht zu sehen. Sie ist ja von dieser nur qualitativ unterschieden, ist derselbe Modus ins Negative gewandt. Wenn etwas unwirklich ist, so ist damit noch nicht ausgemacht, ob es „auf Grund" von etwas unwirklich ist oder nicht, d. h. ob etwas vorbestand, was es nicht wirklich werden ließ. Es braucht nicht unmöglich zu sein, es kann auch „zufällig" unwirklich sein. Ob es das in der Realwelt gibt, ist auch hier eine andere Frage, über die anderweitig zu entscheiden ist. Aber an sich liegt es nicht im Modalcharakter des Unwirklichen, bedingt zu sein. Unwirklichkeit ist ein absoluter Modus (unbeschadet ihrer Unselbständigkeit der Wirklichkeit gegenüber). Von ihr aus könnte es sehr wohl eine Realwelt geben, in der das Unwirklichsein ebenso zufällig wäre wie das Wirklichsein.

b. Die Aporie der Bedingtheit in der Wesensnotwendigkeit.

Beim idealen Sein stößt die Unterscheidung von relationalen und fundamentalen Modi auf einen gewissen Widerstand der traditionellen Anschauungen. Ist es nämlich schon schwierig, Wesenswirklichkeit von Wesensmöglichkeit eindeutig zu unterscheiden — im idealen Sein ist doch alles „Mögliche" auch idealiter wirklich—, so scheint es nun vollends untunlich, Wesensmöglichkeit und Wesensnotwendigkeit relational zu verstehen. Bedeutet die erstere Widerspruchslosigkeit eines Gebildes in sich selbst, so ist dieses doch damit nicht auf ein anderes bezogen, geschweige denn in Abhängigkeit von ihm gebracht. Und noch mehr könnte die Wesensnotwendigkeit ein Notwendigsein der Wesenheit in sich selbst und aus sich selbst heraus zu sein scheinen. So ein inneres Verhältnis eben meint man doch mit dem Notwendigsein aus dem eigenen „Wesen" heraus. Und darum nennt man sie dann auch „innere Notwendigkeit" im Gegensatz zur „äußeren", wie das Reale sie zeigt.

Ist man dann hierbei angelangt, so geht man wohl auch einen Schritt weiter und meint, Realnotwendigkeit sei überhaupt keine echte Notwendigkeit; und zwar eben weil sie bloß „äußere" Notwendigkeit ist. Das eben sei eine bloß „akzidentelle", und insofern „zufällige" Notwendigkeit. Diese Ansicht ist weit verbreitet; sie liegt stillschweigend der Argumentationsweise der Phänomenologie zugrunde, die unbedenklich alles reale Dasein als solches für „zufällig" erklärt. Das hängt mit der Methode des Einklammerns zusammen. Das Eingeklammerte eben wird als das Zufällige verstanden, weil es vom Wesen aus ein Äußerliches ist.

Hier haben sich nun mehrere Fehler übereinandergelagert; man muß sie zunächst auseinanderhalten. Da ist vor allem die Unfähigkeit der „Wesensschau" (sowie auch der älteren Wesenstheorien), eine strengere Unterscheidung der Seinsweisen und ihrer sehr wesentlich differenten Modi zu geben. Man legt unbesehen einen Notwendigkeitsbegriff zugrunde, der diesem Verfahren konveniert, definiert Notwendigkeit als Wesentlichkeit, nämlich als das zum Eidos der Sache Gehörige, und dann hat man die Freiheit nicht mehr, einen anderen Notwendigkeitstypus daneben gelten zu lassen. Daß man damit nicht das Wesen der Notwendigkeit, sondern nur das Wesen des Wesens trifft, also tautologisch definiert hat, kann man bei der einmal eingenommenen Stellung zur Sache nicht mehr einsehen. In Wahrheit ist der Charakter solcher „Notwendigkeit" überhaupt kein Modalcharakter, sondern ein Charakter der Sphäre und des Namens eines Seinsmodus nicht wert.

Ist dieses richtiggestellt, so ist zweierlei in aller Strenge festzustellen. Das Erste ist, daß es in der Tat noch eine andere, ebenso echte Notwendigkeit gibt, neben der Wesensnotwendigkeit; und zwar eine solche, die viel weiter geht als diese, das reale Dasein selbst betrifft und vor keiner noch so individuellen Besonderheit der Fälle Halt macht. Das eben ist die Realnotwendigkeit. Sie hat ihre Gründe nicht im Wesen, sondern im Realzusammenhang. Sie ist vom Wesen aus durchaus zufällig, vom Realen aus aber keineswegs. Sie führt zwar in den Verkettungen des Realen auf ein „erstes Zufälliges" hinaus; aber das gerade ist nicht ihre Eigentümlichkeit, das vielmehr tut die Wesensnotwendigkeit innerhalb ihrer Sphäre auch (vgl. oben Kap. 2c). Darin also ist kein Unterschied zwischen beiden. Soweit die Realnotwendigkeit zufällig ist, muß in ihrer Sphäre auch die Wesensnotwendigkeit zufällig sein. Daß eine Wesenheit so beschaffen ist, wie sie ist, und daß aus dieser Beschaffenheit sich mit Wesensnotwendigkeit Bestimmtes ergibt, das gerade ist, auf seine letzten Gründe zurückgeleitet, genau ebenso zufällig wie die Beschaffenheit der Determinationsketten des Realen. Beide haben hinter sich die Zufälligkeit ihrer ersten Grundlagen, sowie die des Ganzen der Sphäre.

Darüber hinaus aber führt noch ein Zweites. Die Wesensnotwendigkeit ist in sich selbst nicht weniger relational als die Realnotwendigkeit. Wesensnotwendig nämlich ist nicht das Wesen selbst, sondern auf Grund seiner ein anderes; oder auch auf Grund bestimmter Wesenszüge sind andere Wesenszüge notwendig. Es hat keinen Sinn zu sagen, das Wesen des Dreiecks sei notwendig; wohl aber ist es sinnvoll zu sagen: zum Wesen des Dreiecks gehört notwendig, daß seine Winkelsumme = 180° sei. Wesensnotwendigkeit hat unaufhebbar die Form des „Zugehörens" oder „Zukommens" (ὑπάρχειν). Zugehören aber kann immer nur eines einem anderen, nicht sich selbst. Was die Wesensnotwendigkeit besagt, ist ontologisch dieses: wenn ein Gebilde die Züge a b c hat, so gehört unaufhebbar noch der Zug d dazu. Er ist mit ihnen verbunden, ist zugehörig. Diese Zugehörigkeit ist in der Wesenssphäre dasselbe, was das Nicht-ausbleiben-Können in der Realsphäre ist. Wesensnotwendigkeit ist also in demselben Sinne relational wie Realnotwendigkeit.

c. Dieselbe Aporie in der Wesensmöglichkeit.

Und ebenso löst sich die Schwierigkeit bei der Wesensmöglichkeit. Diese hat die Form der Widerspruchslosigkeit. Das setzt voraus, daß überall, wo Wesensmöglichkeit auftritt, schon gewisse Momente vorliegen, denen die in Frage stehenden Wesenszüge entsprechen oder widersprechen können. Im ebenen Dreieck sind zwei Winkel von 90° nicht möglich, wohl aber einer. Es liegen eben im Wesen des Dreiecks schon gewisse Grundzüge vor (z. B. das Gesetz der Winkelsumme), und diesen widerstreitet das eine, das andere aber nicht. Die Wesensmöglichkeit hängt am inhaltlichen Verhältnis der Wesenszüge. Sie ist also in demselben Sinne relational wie in ihrer Sphäre die Realmöglichkeit. Und das gleiche gilt darum auch von der Wesensunmöglichkeit.

Auch hier kann man sich nicht darauf berufen, daß es doch „rein innere" Möglichkeit (und Unmöglichkeit) sei, während die Realmöglichkeit eine „äußere" sei, die auf Grund von Bedingungen außerhalb der Sache besteht. Das Außen und Innen ist vielmehr selbst ein vollkommen relatives. Wohl kann man sagen, ein ideales Gebilde sei ein „in sich mögliches"; aber es ist das doch nur, sofern jedes seiner Momente mit den übrigen zusammenbestehen kann. Und das gewinnt sehr großes Gewicht, wenn man das Gegenbeispiel des „viereckigen Kreises" heranzieht. Der springende Punkt eben liegt darin, daß die idealen Gebilde in sich selbst nicht einfach sind, daß in ihrer Komplexheit Spielraum ist für Einstimmigkeit oder Widerstreit der Momente. Es ist mit dem „In-sich-Möglichen" in Wahrheit so, daß vielmehr immer nur ein Moment, oder eine Gruppe von Momenten, in bezug auf die übrigen Momente möglich oder unmöglich ist, niemals aber jedes für sich oder in sich selbst. Damit stellt sich die Relationalität wieder her, welche die Grundstruktur alles Möglichseins überhaupt bildet. Die übrigen „Momente" eben sind dem einen gegenüber, das in Frage steht, genau in demselben Sinne äußere Momente, wie die Realbedingungen dem Realbedingten.

Schließlich ist es ja auch in der Wesenssphäre nicht so, daß es nur auf „innere Möglichkeit" eines Gebildes in sich selbst ankäme. Es kommt vielmehr immer zugleich auf die Kompossibilität mit anderen Gebilden der Sphäre an, sofern diese bereits einen Zusammenhang bilden, in den alles hineingehört, was sich neben sie stellt. Was am Dreieck möglich sein soll, muß auch mit den Grundverhältnissen der Linien und Winkel überhaupt zusammenstimmen, und zwar bis zu den Axiomen hinauf. Sonst ist es geometrisch nicht möglich.

Damit schließt sich ein ganzes Gebiet von Gebilden, mitsamt seinen Wesenszusammenhängen, zur unlösbaren Einheit zusammen. Und diese Einheit erweist sich nun als das Primäre, vor aller Isolierung der Einzelgebilde Stehende. Ja, in Wahrheit steckt immer schon implicite in der „inneren" Widerspruchslosigkeit eines Gebildes die ganze weitausladende Breite der äußeren Widerspruchslosigkeit, die bis zu den Grenzen überhaupt bestehender Wesenszusammenhänge reicht.

Nur in abstracto läßt sich innere Widerspruchslosigkeit von der äußeren abtrennen. In Wahrheit wurzelt sie ebenso in ihr wie das Einzelgebilde im Gefüge der idealen Gebilde als einem Ganzen wurzelt. Das ist, kategorial betrachtet, dieselbe Verwurzelung im Ganzen durchgehender Zusammenhänge, die auch das reale Einzelgebilde in seiner Sphäre jederzeit an sich hat.

7. Kapitel. Entwicklung des modalen Grundgesetzes.

a. Die Relativität der relationalen Modi auf die fundamentalen.

Relationalität ist nicht Relativität. Sie ist kein Gegensatz zur Absolutheit. Auch Relationen können absolut sein. Und in diesem Sinne fehlt es den relationalen Modi nicht an Absolutheit. Daß sie aber auch Relativität haben, ist etwas anderes an ihnen und bedarf des Nachweises.

Was „relational" ist, das „besteht" in Relation, hat die Struktur der Relation. Es braucht also nicht relativ zu sein. Was aber „relativ" ist, das steht in Relation zu einem anderen, ist also abhängig von diesem oder „relativ auf dieses". Es braucht deswegen in sich nicht wiederum die Struktur der Relation zu haben, d. h. relational zu sein.

In einem relationalen Gebilde sind notwendig die Glieder relativ auf einander; es selbst aber braucht als ihr Ganzes nicht in demselben Sinne relativ auf die Glieder zu sein. Ein relatives Gebilde dagegen, und d. h. was selbst Glied einer Relation ist, braucht nicht Relationsstruktur zu haben. Er kann aber sehr wohl so sein, daß Relationalität eines Gebildes auch mit Relativität verbunden ist. Und dann tritt an ihm mittelbar auch die Relativität in kategorialen Gegensatz zur Absolutheit.

Das ist z. B. grundsätzlich immer an den Grenzen relationaler Gesamtstrukturen der Fall. Aller Zusammenhang und alle Verbundenheit geht auf irgendwelche letzten Glieder zurück, die nicht aus dem Verbundensein selbst heraus verstanden werden können. Und auf diese ist dann das Ganze des Relationsgefüges relativ.

In den relationalen Modi ist diese Relativität ohne weiteres sichtbar. Sie tritt, konstitutiv betrachtet, wohl erst in den Endgliedern der Seinszusammenhänge zutage — in ersten Bedingungen, Prinzipien und dergleichen mehr —, aber modal ist sie stets unmittelbar an jedem besonderen Möglichen und Notwendigen faßbar. Dieses Verhältnis ist es, das sich als „modales Grundgesetz" so aussprechen läßt:

Die relationalen Modi sind alle relativ auf die absoluten Modi. Darum allein sind die letzteren die „fundamentalen" Modi zu nennen.

Oder auch, wenn man die besonderen Modi in das Grundgesetz einfügt: Unmöglichkeit, Möglichkeit und Notwendigkeit sind relativ auf Wirklichkeit und Unwirklichkeit. Darum eben sind Wirklichkeit und Unwirklichkeit die Fundamentalmodi.

Dieses modale Grundgesetz gilt in allen Sphären möglicher Modalabstufung; ja es gilt selbst für die unscharfen und unstimmigen Populärbedeutungen der Modalbegriffe. Und zwar ist seine Geltung so zu verstehen, daß überall die relationalen Modi einer Sphäre auf Wirklichkeit und Unwirklichkeit derselben Sphäre rückbezogen sind.

Die Bezogenheit selbst aber besteht im Vorausgesetztsein, oder Enthaltensein eines fundamentalen Modus im relationalen. Nur ist mit diesem Doppelbilde allein nicht viel gesagt. Denn das Vorausgesetztsein selbst und das Enthaltensein ist hier von sehr eigener Art und keineswegs mit kategorialer Implikation zu verwechseln. Es tritt vielmehr seinerseits in zweierlei verschiedenem Sinne auf — gleichsam in doppelter Richtung —, so daß jeder einzelne relationale Modus in zwiefacher Weise relativ auf den Fundamentalmodus dasteht.

Diese zwiefache Relativität aufweisen, und das modale Grundgesetz selbst erweisen — denn einstweilen ist es noch unerwiesen —, ist eine und dieselbe Aufgabe. Sie wird im gesonderten Nachweis der einen wie der anderen Art des Relativseins bestehen müssen, oder wie wir vorwegnehmend sagen können, im Nachweis der „inneren" und der „äußeren" Relativität. Von der ersteren ist zuerst zu handeln.

b. Der Nachweis der „inneren" Relativität.

Es gibt in der Möglichkeit, Unmöglichkeit und Notwendigkeit ein rein inneres Verhältnis, durch das sie auf ein Wirklichsein, resp. Unwirklichsein, ausgerichtet sind; ein Verhältnis, das in ihrem einfachen modalen Sinn enthalten, also nicht erst durch die Relationalität involviert ist. Es läßt sich in folgender Weise aufzeigen.

Die Unmöglichkeit von A besagt, daß A nicht „sein" kann; seine Möglichkeit, daß A „sein" kann; seine Notwendigkeit, daß A „sein" muß. Also das Nichtkönnen, das Können und das Müssen sind auf ein „Sein" bezogen, das die modale Grundlage und recht eigentlich die Hauptsache in ihnen ist. Ohne ein solches „Sein" ist alles Können und Müssen sinnlos, ist ein Können und Müssen von nichts, besteht also gar nicht. Welchen Modus aber hat dieses „Sein"?

Darauf gibt es nur eine Antwort: es hat seinerseits nicht wieder relationale Modalität — sonst müßte ja die Rückbezogenheit in infinitum weitergehen —, es muß vielmehr „absolute" Modalität haben, ein „Sein schlechthin", das nicht weiter reduzierbar ist. Das aber bedeutet: es hat den Modus der Wirklichkeit. Und im negativen Falle (z. B. in der Möglichkeit des Nichtseins) hat es den Modus der Unwirklichkeit.

Hiervon kann man sich leicht überzeugen. Unmöglichkeit von A bedeutet: A kann nicht „wirklich" sein; Möglichkeit von A bedeutet: A kann „wirklich" sein; und Notwendigkeit von A bedeutet: A muß „wirklich" sein. In allen drei Fällen ist es das Wirklichsein von A, das da unmöglich, möglich und notwendig ist. Über diese Sachlage täuscht im Leben nur die Gewohnheit der vereinfachten Ausdrucksweise, die den Fundamentalmodus nicht mit nennt. Es entsteht dadurch der Schein, als stünde die Wirklichkeit so ohne weiteres in einer Ebene mit Möglichkeit und Notwendigkeit. In Wahrheit sind Möglichkeit und Notwendigkeit bloße Modalmomente der Relativität am Wirklichsein. Darum stehen sie ohne den gemeinsamen Bezugspunkt des Fundamentalmodus gänzlich bedeutungslos da.

Das ist nun offenbar eine Relativität, die sich nicht umkehren läßt. Man kann wohl auch von der Wirklichkeit des Notwendigseins oder Möglichseins einer Sache sprechen; aber nur in demselben Sinne, wie man auch von einer Notwendigkeit oder Möglichkeit des Notwendigseins (resp. Möglichseins) sprechen kann. Dann aber meint man einen komplexen Sekundärmodus, mit dem im Grunde keine neue Seinsart in Erscheinung tritt, sondern nur eine Staffelung derselben Grundmodi. Auch liegt solche Staffelung dann nicht im Wesen jener Notwendigkeit und Möglichkeit, sondern nur im besonderen Inhalt A, dessen Modalität sie sind. Das Fundiertsein auf den „absoluten" Modus dagegen ist aller Möglichkeit und Notwendigkeit wesentlich.

Das wird sehr einleuchtend, wenn man den regressus, den die Staffelung relationaler Modi heraufführt, weiter verfolgt. In einer „Möglichkeit der Möglichkeit" bleibt eben doch die zweite Möglichkeit auf den absoluten Modus bezogen — sei es nun direkt, oder durch weitere gestaffelte Glieder —, irgendwo im Hintergrunde muß eine Möglichkeit des Wirklichseins von etwas stehen. Anders fiele die ganze Reihe in sich zusammen. Dasselbe gilt von jeder Möglichkeit der Notwendigkeit, jeder Notwendigkeit der Möglichkeit, und wie immer man mit Einschluß der Unmöglichkeit weiter kombinieren mag.

In aller Staffelung bleibt das modale Grundverhältnis bestehen: die relationalen Modi bleiben — mittelbar oder unmittelbar — Modalkomponenten des Wirklichseins, bleiben seine Besonderungen und Abwandlungen, je nach der Art der Bedingungsverhältnisse, die in der betreffenden Sphäre walten. Die Fundamentalmodi dagegen sind als solche nicht Modi einer anderen Modalität, sondern sind einfach und ohne Rückbezogenheit das, was sie sind: Sein und Nichtsein schlechthin, Wirklichkeit und Unwirklichkeit.

c. Durchführung und scheinbare Schwierigkeiten.

Diese „innere Relativität" der relationalen Modi auf die fundamentalen ist allen Sphären gemeinsam. Am deutlichsten sichtbar ist sie in der Realsphäre. Hier ist sie geradezu eine Selbstverständlichkeit, und man braucht auf sie nur aufmerksam zu werden, so findet man sie überall bestätigt. „Ein Ereignis ist möglich" heißt nichts anderes als „es kann wirklich eintreten"; „eine Folge ist notwendig" heißt nichts anderes als „sie muß wirklich eintreten". Beidemal ist es das reale Wirklichsein (resp. Wirklich-Geschehen), das da sein „kann" und sein „muß". Und genau so ist es in der Unmöglichkeit mit dem „Nicht-wirklichsein-Können".

Das Gleiche läßt sich für die Erkenntnismodi aufzeigen. Die Erkenntnis der Möglichkeit von A bedeutet die Einsicht, daß A „wirklichsein" kann. Die Erkenntnis der Notwendigkeit ist die Einsicht, daß A „wirklichsein" muß. Die Erkenntnis der Unmöglichkeit ist die Einsicht, daß A nicht „wirklichsein" kann. Das Wirklichsein liegt überall zugrunde, als dasjenige, dessen Möglich- und Notwendigsein erfaßt wird.

Ganz ähnlich ist es auch mit den logischen Modi. Das Urteil „S kann P sein" sagt aus, daß das P-Sein von S wirklichsein kann. Dasselbe Schema liegt vor bei „S muß P sein" und „S kann nicht P sein". Stets ist das „Wirklich-P-Sein" von S dasjenige, wovon ausgesagt wird, daß es sein muß, sein kann oder nicht sein kann. Es kehrt also am prädikativen Sein, wie die Copula es ausspricht, dieselbe Relativität auf den absoluten Modus wieder, die im Realsein und im Erkanntsein waltet.

Nur bei den Wesensmodi ist es schwerer, das Verhältnis zu sehen; aber nur deswegen, weil in der idealen Sphäre überhaupt die Wirklichkeit mehr zurücktritt und gleichsam hinter dem Dominieren der Relationen, Zugehörigkeiten und Bedingtheiten verschwindet. Wenn es „möglich" ist, daß ein Dreieck einen Rechten habe, aber „unmöglich", daß es zwei Rechte habe, so läßt sich die Wesenswirklichkeit darin sehr wohl aufweisen, und zwar in der Form eines relativ auf die anderen Momente des Dreiecks feststellbaren „es gibt" und „es gibt nicht". Am deutlichsten ist das bei der Wesensunmöglichkeit: es kann kein Dreieck mit zwei Rechten „geben"; oder: es kann in einem Dreieck nicht zwei Rechte „geben". Im Falle der Wesensmöglichkeit heißt es: es kann in einem Dreieck wohl einen Rechten „geben". Man darf sich in solchen Formulierungen weder von der ungewohnten (für die Praxis pleonastischen) Wendung noch von der Urteilsform, die das Aussprechen mitbringt, irremachen lassen. Nicht auf den logischen Modus des Urteils kommt es an, sondern auf den Wesensmodus des geometrischen Sachverhalts. Und an diesem ist die Bezogenheit auf das „Vorkommen", das „Bestehen" — kurz auf die mathematische Existenz, die sich hinter dem „es gibt" verbirgt — deutlich greifbar.

Daß für die Wesensnotwendigkeit dasselbe gilt, ist an der entsprechenden Variierung des Beispiels zu sehen. Daß in jedem Dreieck notwendig zwei Winkel spitz sind, bedeutet offenbar: „es gibt" notwendig zwei spitze Winkel in jedem Dreieck. Es ist die Notwendigkeit des „es gibt", d. h. die der Wesenswirklichkeit.

d. Die Unwirklichkeit als Fundamentalmodus.

Soweit wäre es klar, daß in allen Sphären die Wirklichkeit den Fundamentalmodus der relationalen Modi bildet, daß also sie dasjenige ist, „was" eigentlich notwendig, möglich oder unmöglich ist. Aber neben ihr beansprucht auch die Unwirklichkeit eine ähnliche Rolle. Es gibt auch Notwendigkeit, Möglichkeit und Unmöglichkeit des Unwirklichseins.

Nur bilden diese Modi keine neuen Modalstufen neben denen des Wirklichseins, sondern decken sich mit ihnen. Unmöglichkeit ist negative Notwendigkeit, Unwirklichkeit ist negative Wirklichkeit; folglich neutralisieren sich die beiden Negativitäten nach dem Gesetz der duplex negatio. Notwendigkeit des Unwirklichseins ist Unmöglichkeit des Wirklichseins; Unmöglichkeit des Unwirklichseins ist Notwendigkeit des Wirklichseins. Dieses Doppelgesetz ist aus der Logik wohlbekannt. Aber es ist weit entfernt, ein bloß logisches Gesetz zu sein. Es ist ein durchgehendes, allen Sphären gemeinsames Äquivalenzgesetz der Modi. Man kennt es — unter Weglassung der für die Praxis nur tautologisch wirkenden Bezeichnung der absoluten Modi — allgemein unter der kürzeren Formel: Notwendigkeit von non-A ist Unmöglichkeit von A, und Unmöglichkeit von non-A ist Notwendigkeit von A. Man vergißt nur über der Leichtigkeit, mit der die Negation den Platz wechselt (ohne den Gesamtmodus zu verändern), daß es sich nicht um ein bloß qualitatives, sondern um ein Modalgesetz handelt. Hinter den vereinfachten Ausdrücken A und non-A bergen sich die Fundamentalmodi, Wirklichkeit und Unwirklichkeit.

Ein wenig anders liegt es bei der Möglichkeit, sofern sie Möglichkeit des Unwirklichseins ist. Wo es sich um disjunktive Möglichkeit handelt, da ist sie immer zugleich Möglichkeit von A und von non-A; und das bedeutet, daß sie zugleich Möglichkeit des Wirklichseins und des Unwirklichseins ist. Als disjunktive also ist sie stets auf beide Fundamentalmodi zugleich zurückbezogen.

Handelt es sich aber um indifferente Möglichkeit, die sich im Wirklichsein erhält, so fällt die Doppelmöglichkeit hin, und nur ein Glied bleibt übrig. Dann ist die Möglichkeit von A eine andere als die von non-A, und überdies indifferent gegen ihr Bestehen. Das aber bedeutet, daß der ganze Modus sich spaltet: in eine Möglichkeit des Wirklichseins und eine zu ihr indifferent stehende Möglichkeit des Unwirklichseins. So ist es überall, wo es sich um Totalmöglichkeit handelt. Denn nur Teilmöglichkeit kann disjunktiv sein.

Rein modal ist dann die Möglichkeit des Unwirklichseins auf Möglichkeit des Wirklichseins nicht reduzierbar. Wohl aber inhaltlich. Denn im Gesamtbilde des Wirklichen (einer jeden Sphäre) ist jedesmal die

Unwirklichkeit eines A auch wiederum Wirklichkeit eines B; und dementsprechend ist die Möglichkeit von non-A zugleich Möglichkeit von B. Wobei das inhaltliche Verhältnis von A und B unter das kategoriale Grundverhältnis der Qualität fällt, und somit den Modalcharakter nichts angeht.

e. Der Nachweis der „äußeren" Relativität.

Das modale Grundgesetz bedeutet eine doppelte Relativität der relationalen Modi auf die fundamentalen. Die eine dieser Relativitäten, die „innere", lag im kategorialen Sinn der Modi selbst. Die zweite liegt in ihrer Bezogenheit auf anderes Seiendes der gleichen Sphäre. Sie ist „äußere" Relativität. Und sofern das andere Seiende, auf das die Beziehung zurückgeht, seinerseits wieder den Modus der Wirklichkeit (resp. Unwirklichkeit) zeigt, ist auch sie eine Relativität auf die Fundamentalmodi.

Es wurde oben gezeigt, inwiefern Möglichkeit immer und notwendig das Möglichsein „auf Grund" von etwas ist; desgleichen inwiefern Notwendigkeit und Unmöglichkeit immer und notwendig „auf Grund" von etwas bestehen. Die drei relationalen Modi haben ihre Bedingtheit „außer sich", sie haben also auch eine „äußere" Relativität. Sie sind nur möglich in einem bestehenden Zusammenhang des Seienden (einerlei welcher Sphäre), kommen also nur dort vor, wo irgendein modus dependendi waltet.

Damit ist gesagt, daß sie eine konstitutive Kehrseite haben und nicht in reiner Seinsart aufgehen. In ihnen liegt der ontologische Zusammenhang zwischen konstitutiven und modalen Kategorien. Und dieser Punkt des Zusammenhanges führt eine Reihe von Schwierigkeiten herauf, die im Problem der Determination zum Austrag kommen müssen. Die modale Seite des Austrages aber liegt nicht bei den Modi als solchen, sondern bei den Intermodalgesetzen, wie sie den einzelnen Sphären eigentümlich sind. Einstweilen hat uns nur das Bedingtsein selbst in der Struktur der Modi zu beschäftigen. Die Frage nach ihrer gegenseitigen Implikation muß dagegen zurückstehen. Sie ist weder generell stellbar noch generell lösbar.

Generell vielmehr ist nur zu fragen: welchen Modus hat dasjenige, „auf Grund" dessen etwas notwendig, möglich oder unmöglich ist? Oder auch: welchen Modus haben die Bedingungen, aus denen heraus ein A oder non-A (also ein Wirkliches oder Unwirkliches) notwendig, möglich oder unmöglich ist?

Darauf ist zu antworten: nur die Fundamentalmodi sind so beschaffen, daß sie zugleich erfordert und genügend sind, die Seinsart dieser Bedingungen auszumachen. Lassen wir nun vor der Hand den negativen Fundamentalmodus beiseite, so ist die Durchführung dieses Satzes in folgender Weise zu geben.

Die Bedingungen des Notwendigseins und Möglichseins von etwas Wirklichem müssen selbst „wirklich" sein. Es ist zu wenig, daß sie bloß möglich seien, zu viel verlangt, daß sie auch notwendig seien. Nichts ist möglich auf Grund von bloß Möglichem; und nichts ist notwendig auf Grund von bloß Möglichem. Nur auf Grund wirklicher Bedingungen kann etwas möglich oder notwendig sein. Anders wäre es nicht Möglichkeit und Notwendigkeit eines Wirklichen — wie die „innere" Relativität es verlangt —, sondern nur eines Möglichen (was z. B. logisch im hypothetischen Verhältnis deutlich zum Ausdruck kommt). Es wäre also in Wahrheit auch keine wirklich bestehende, sondern nur mögliche Möglichkeit und Notwendigkeit.

Andererseits aber muß auch dieses gelten: nichts wird erst durch die Notwendigkeit seiner Gründe notwendig, und nichts erst durch die Notwendigkeit seiner Bedingungen möglich. Sondern zu beidem genügt es, daß Gründe und Bedingungen „wirklich" seien. Für das Möglichsein bedarf es hierzu keiner Argumentation; es ist evident, daß seine Bedingungen nicht notwendig zu sein brauchen. Für das Notwendigsein aber ist der Satz mit einer Mißverständlichkeit behaftet.

Verlangt man nämlich volle Absolutheit des Notwendigseins, so kann der Satz nicht stimmen. Die Gründe des Notwendigseins müßten selbst notwendig sein, und ebenso deren Gründe, und so fort in infinitum. Nur so wäre es notwendige Notwendigkeit. Und das eben meint man mit absoluter Notwendigkeit.

Aber eben diese absolute Notwendigkeit gibt es nicht, und zwar in keiner Sphäre. Es kann sie nirgends geben, weil Notwendigkeit ein relationaler Modus ist, weil sie folglich ihrem eigenen Wesen nach in jeder Sphäre den regressus der Bedingungen bis an die Grenzen der Sphäre zurückgehen läßt, also bis auf ein Erstes, das nicht notwendig sein kann, weil es hinter ihm nichts mehr gibt, „auf Grund" dessen es notwendig sein könnte. Alle Notwendigkeit geht auf Zufälliges zurück. Und Zufälliges kann keinen anderen positiven Modus haben als den der Wirklichkeit. Alle Notwendigkeit also ist bloß wirkliche und nicht notwendige Notwendigkeit. Ja, sie ist, als das Ganze der Seinsverkettung gesehen, bloß zufällige Notwendigkeit. Oder auch: sie ist niemals absolute, sondern bloß „relative" Notwendigkeit.

Relativ aber ist sie auf nichts anderes als auf die Wirklichkeit ihrer Bedingungen. Freilich können ihre Bedingungen auch selbst wiederum notwendig sein. Aber weder geht dieser regressus ungehemmt fort in infinitum, noch fügt die Notwendigkeit der Bedingungen der Notwendigkeit des Bedingten irgend etwas hinzu. Alle Notwendigkeit eben ist und bleibt bedingt, und irgendwo stößt das Bedingtsein auf bloß „wirkliche" Bedingungen. Wie nah oder fern diese in der Bedingungskette auftreten, ist dafür prinzipiell gleichgültig. Das aber ist es, was der Satz besagt: nichts wird erst durch die Notwendigkeit seiner Gründe notwendig; es genügt, daß die Gründe „wirklich" sind.

Was für Möglichkeit und Notwendigkeit gilt, muß auch für die Unmöglichkeit gelten. Nichts ist unmöglich auf Grund von bloß Möglichem, aber auch nichts erst auf Grund von Notwendigem. Erfordert und zureichend für die Unmöglichkeit ist es, daß ihre Gründe „wirklich" seien. Das folgt nach dem Obigen schon daraus, daß Unmöglichkeit eine Art der Notwendigkeit ist. Sie „kann" wohl auch notwendige Unmöglichkeit sein, aber nicht in infinitum und nicht letzten Endes; und sie braucht es auch gar nicht zu sein. Denn es gibt die absolute Unmöglichkeit so wenig wie die absolute Notwendigkeit, und zwar in allen Sphären. Sie bleibt stets in Rücksicht auf das Ganze der Sphäre bloß relative Unmöglichkeit, und das bedeutet zufällige Unmöglichkeit.

Aber sie ist deswegen keineswegs „bloß mögliche" Unmöglichkeit — das eben wäre gar keine Unmöglichkeit —, sie muß wirklich bestehen. Also müssen ihre Gründe „wirkliche Gründe" sein.

f. Die Stellung der negativen Bedingungen.

Der Satz, der die „äußere Relativität" der relationalen Modi aussprach, ging indessen formal noch weiter. Für die Bedingungen und Gründe dieser Modi ist es erfordert und zureichend, daß ihre eigene Seinsart die der Fundamentalmodi sei. Von den letzteren aber ist bisher nur die Wirklichkeit in Betracht gezogen worden; es erübrigt also noch, auch die Unwirklichkeit als Bedingungsmodus zu untersuchen.

Tatsächlich liegt nun das Gesamtverhältnis so, daß einfache Substitution zum Nachweise genügen würde, — wenn nicht an der Seinsart des negativen Modus einige Mißverständlichkeit hinge. Die Sachlage muß daher doch genauer dargelegt werden.

Unwirklichkeit ist negative Wirklichkeit. Sie teilt mit der positiven die „Absolutheit" der Seinsart, ist in demselben Sinne Nichtsein schlechthin, wie jene Sein schlechthin ist; wobei das „schlechthin" die Indifferenz gegen bestehende relationale Rückbindung bedeutet. Sie steht gleichgültig gegen Möglichkeit und Unmöglichkeit da. Und das bedeutet weiter, daß sie ebenso der Zufälligkeit fähig ist wie die Wirklichkeit. Der ganze Unterschied gegen letztere ist ein qualitativer, kein ursprünglich modaler.

Daraus folgt, daß unter den Bedingungen, „auf Grund" deren etwas möglich, unmöglich oder notwendig ist, stets auch negativ wirkliche enthalten sein können. Oder anders gesagt: auch das Unwirklichsein von etwas kann Grund der Möglichkeit, Unmöglichkeit oder Notwendigkeit einer Sache sein. Nur ist hinzuzufügen: unter anderen, positiv wirklichen Bedingungen. Denn, wie in der Logik der Satz gilt „ex mere negativis nihil sequitur", so gilt auch allgemein ontologisch der Satz: aus rein negativen Bedingungen allein resultiert kein relationaler Modus, weder ein positiver noch ein negativer, also weder Unmöglichkeit von etwas noch auch Möglichkeit oder gar Notwendigkeit von etwas. Eine Serie rein negativer Bedingungen ist eben — gerade im Sinne des absoluten Seinsmodus genommen — ein leeres Nichts. Es sind also vielmehr gar keine Bedingungen, auf Grund deren etwas in irgendeiner Folgeweise sein oder nichtsein könnte.

Ganz anders ist es, wenn eine negative Bedingung unter positiven steht. Sie fällt dann unter das Gesetz omnis negatio est determinatio, das freilich kein modales, aber doch ein Grundgesetz ist [1]). Sie fällt dann in einen Zusammenhang des Wirklichen und bekommt von ihm her das Gewicht einer durchaus positiven Bedingung. Zwischen Wirklichkeit und Unwirklichkeit ist, sofern sie Modi von Bedingungen sind, nur der Unterschied, daß die Wirklichkeit selbständig auftritt, unabhängig davon, ob auch negative Bedingungen mit im Spiele sind, die Unwirklichkeit aber abhängig bleibt von den positiven Gliedern der Bedingungskette.

Im übrigen sind sie durchaus gleichgestellt, und der qualitative Unterschied zwischen ihnen ist hinsichtlich des Bedingungseins ein sekundärer. Tatsächlich ist es ja ohnehin so, daß niemals auf Grund einer einzelnen Bedingung etwas möglich oder notwendig ist, sondern stets auf Grund einer ganzen Kette von Bedingungen. In einer solchen wiegen die negativen Momente gleich schwer wie die positiven, sind im gleichen Maße determinierend. Vollends unter den Bedingungen der Unmöglichkeit pflegen gerade sie die ausschlaggebenden zu sein.

Schließlich läßt sich diese ganze Überlegung noch auf eine allgemeinere Basis stellen, wenn man das allgemein kategoriale Verhältnis von Sein und Nichtsein — resp. das qualitative des Positiven und Negativen — heranzieht. In einem geschlossenen Seinszusammenhange ist stets das Sein des einen zugleich Nichtsein eines anderen, und Nichtsein des einen zugleich Sein eines anderen. Reines Nichtsein ist überhaupt nichts. Bestimmtes Nichtsein aber ist auch bestimmtes Sein. Das ist ein Gesetz der kategorialen Qualität. Es zu diskutieren gehört in einen anderen Zusammenhang. Setzt man es aber hier ein, und bezieht man es auf die Fundamentalmodi — deren Gegensatz ohnehin die generelle Form des Widerspiels von Sein und Nichtsein hat —, so ist alle Wirklichkeit

[1]) Genauer, es ist die Umkehrung eines Grundsatzes der Qualität: omnis determinatio est negatio. Seine conversio simplex wäre also fehlerhaft, wenn man sie absolut nähme. Sie wird aber stichhaltig, sobald man sie auf eine Kollokation positiver Bestimmungen bezieht.

von A eben dadurch, daß sie inhaltlich bestimmte Wirklichkeit ist, zugleich Unwirklichkeit eines B, und alle Unwirklichkeit von A ist eben dadurch, daß sie inhaltlich bestimmte Unwirklichkeit ist, zugleich Wirklichkeit eines B.

Damit hebt sich der letzte Rest von Schwierigkeit, der noch der Unwirklichkeit als Fundamentalmodus anhaftete, in leeren Schein auf. Unwirklichkeit und Wirklichkeit bilden gemeinsam ein einziges, homogenes Seinsfundament der relationalen Modi, in welchem ihr qualitativer Gegensatz verschwindet.

8. Kapitel. Ergänzendes zum modalen Grundgesetz.

a. Die dritte Art der Relativität in den relationalen Modi.

Erschöpft ist das modale Grundgesetz mit der „inneren" und „äußeren" Relativität noch nicht. Es gibt neben diesen beiden noch eine dritte. Auch sie ist Relativität der relationalen Modi auf die fundamentalen. Und sie dürfte in gleicher Weise wie jene beiden eine grundlegende sein. Sie ist nur nicht von gleicher Folgenschwere, ist eine Selbstverständlichkeit, etwas was niemand in Frage stellen würde. Sie soll deswegen hier nur kurz angedeutet werden. Eines eigentlichen Nachweises bedarf sie nicht. Die bloße Klarstellung genügt.

Sie hängt mit jener Staffelung der Modi zusammen, von der sich zeigte, daß sie nicht in infinitum gehen kann. Sind die Bedingungen, auf Grund deren A möglich oder notwendig ist, bloß mögliche Bedingungen, so ist es auch eine bloß „mögliche" Möglichkeit oder Notwendigkeit von A, die daraus resultiert. Sind es notwendige Bedingungen, d. h. solche, die auf Grund weiterer Bedingungen notwendig sind, so ist auch die Möglichkeit oder Notwendigkeit eine notwendige. Es zeigte sich, daß das erstere zu wenig, das letztere zu viel verlangt ist. Es genügt, daß die Bedingungen „wirklich" seien. Was resultiert, ist dann eine „wirkliche" Möglichkeit oder Notwendigkeit von A.

Daraus aber ist nun eine Konsequenz anderer Art zu ziehen, als diejenige, die sich für die „äußere" Relativität ergab. Es zeigt sich, daß Notwendigkeit und Möglichkeit, wenn sie modal vollwertig sein sollen, ihrerseits „wirkliche Notwendigkeit" und „wirkliche Möglichkeit" sein müssen; und natürlich muß aus demselben Grunde auch vollwertige Unmöglichkeit „wirkliche Unmöglichkeit" sein. Als bloß mögliche Seinsarten sind sie das, was sie sind, nicht wirklich; und als notwendige Seinsarten können sie es niemals vollständig (in infinitum) sein. Es ergibt sich also, daß die relationalen Modi den Wirklichkeitsmodus noch in dritter Weise voraussetzen: sie müssen selbst, mit Einschluß ihrer ganzen Relationalstruktur, Wirklichkeit haben.

Das ist nun wiederum ein Verhältnis, das sich nicht umkehren läßt. Man kann zwar, wie sich schon zeigte, die Staffelung der Modi sehr wohl auch anders aufweisen; es gibt auch bloß mögliche Möglichkeit und Notwendigkeit, gibt auch notwendige, aber das gehört nicht zu ihrem Wesen, ist ihnen äußerlich. Wesentlich ist ihnen dagegen, daß sie — wenn sie modal vollwertig sein sollen — „wirkliche" Möglichkeit und Notwendigkeit sein müssen. Und das hat einen sehr reellen Sinn: das Bedingungsverhältnis, in dem sie bestehen, muß ein wirklich bestehendes sein. Es darf kein unwirkliches Verhältnis sein. Das gilt für alle Sphären, wobei in jeder Sphäre das Wirklichsein des Bedingungsverhältnisses streng im Sinne des für die Sphäre charakteristischen Wirklichkeitsmodus zu verstehen ist.

Will man nun sehr genau sein, so ist hier freilich noch anzufügen, daß die Staffelung der relationalen Modi unter sich auch sehr wohl mehrere Glieder aufweisen kann, ohne deswegen gleich sinnlos zu werden. Nur muß sie irgendwo auf ein Glied stoßen, das den Wirklichkeitsmodus hat; sonst bricht sie in sich zusammen. Eine Möglichkeit der Möglichkeit hat einen bedingten modalen Wert, wenn sie selbst als die zweite Möglichkeit, oder als ein weiteres Glied, „wirkliche" Möglichkeit ist. Dasselbe gilt von einer Möglichkeit der Notwendigkeit, oder auch der Unmöglichkeit. Bei der Notwendigkeit der Notwendigkeit liegt es nur insofern anders, als sie ohnehin wirkliche Notwendigkeit ist und nur aus Gründen des regressus auf ein erstes Glied rückbezogen bleibt, das bloß „wirklich" sein kann.

In einem Punkte aber unterscheidet sich diese „dritte" Relativität sehr wesentlich von der ersten und zweiten. In ihrem Sinne sind die relationalen Modi nur auf den positiven Fundamentalmodus relativ, nicht aber auf den negativen. Man kann nicht sagen, das ganze Verhältnis von Bedingungen und Bedingtem, wie es in den relationalen Modi besteht, müsse entweder Wirklichkeit oder Unwirklichkeit haben. Das ist zwar formal eine angängige Alternative, aber nur das eine Glied in ihr ergibt einen Modus, das andere ergibt überhaupt keinen. Unwirkliche Möglichkeit ist eben gar nicht Möglichkeit, einerlei in welcher Sphäre sie spiele; und unwirkliche Notwendigkeit ist gar keine Notwendigkeit. Ein unwirkliches Bedingtheitsverhältnis hat eben überhaupt keinen Bestand; es ist weder ein positives noch ein negatives Verhältnis.

Die Folge ist: die dritte Relativität der relationalen Modi ist im Unterschied zur inneren und zur äußeren Relativität eine bloß einseitige. Sie ist bloß Relativität auf Wirklichkeit, nicht auf Unwirklichkeit. Ein Resultat, das in modaler Hinsicht immerhin insofern von Interesse ist, als es den sekundären Charakter des negativen Fundamentalmodus gegenüber dem positiven außerordentlich plastisch faßbar macht.

b. Geschichtliches. Das dreifache Modalgesetz des Aristoteles.

Das modale Grundgesetz hat sich auf der ganzen Linie bestätigt, und es steht zu erwarten, daß es sich in allen Besonderungen der Modalprobleme wiederfinden wird. Ja, genau genommen, steht es so, daß dieses Gesetz durchschlagende Evidenz gewinnt, wenn man das Prinzipielle darin einmal erfaßt hat. Dieses anzumerken ist nicht überflüssig. Denn es ist die methodisch typische Sachlage bei den meisten der spezielleren Modalgesetze — auch den besonderen, die nur in einer Sphäre walten. Es sind Gesetze, die keineswegs alle bekannt oder anerkannt sind; hat man aber einmal begriffen, worum es sich in ihnen handelt, so gewinnen sie aus dem Zusammenhang der Verhältnisse heraus Evidenz.

Es wäre hiernach verwunderlich, wenn das modale Grundgesetz dem alten ontologischen Denken entgangen sein sollte. Das ist denn auch keineswegs der Fall. Freilich muß man durch die Besonderheit der Formulierung hindurchsehen, wenn man die Spuren des Gesetzes in der geschichtlichen Ferne wiedererkennen will. Denn natürlich verdeckt der spekulative Einschlag der Begriffe den soliden ontologischen Kern der Einsicht.

Es wurde oben gezeigt, wie die Anfänge der Modalitätslehre in der Aristotelischen Theorie von Dynamis und Energeia liegen. Diese Lehre ist eine Modal-Teleologie, und darum im kategorialen Gehalt nicht ohne weiteres durchsichtig. Außerdem ist sie auf zwei Modi beschränkt, die sich mit Möglichkeit und Wirklichkeit nur teilweise decken. Dennoch ist ihr oberster Grundsatz dem modalen Grundgesetz eng verwandt. Es ist das Aristotelische Modalgesetz von der „Priorität" der Energeia vor der Dynamis. Läßt man nämlich in den Begriffen der Dynamis und Energeia den konstruktiv teleologischen Nebensinn fallen — der ja nicht ihren ganzen Gehalt ausmacht —, so nähern sie sich den reinen Modi der Möglichkeit und Wirklichkeit. Und dann besagt das Gesetz: alle Möglichkeit ist schon auf Wirklichkeit rückbezogen; die letztere ist vorausgesetzt, ist der Grundmodus [1]).

Die Analogie zum modalen Grundgesetz geht indessen noch weiter. Aristoteles nämlich entwickelt sein Prinzip der Priorität nach drei Seiten. Die Energeia hat ihre Vorrangstellung 1. dem Eidos nach, 2. dem Sein (οὐσία) nach und 3. dem zeitlichen Werden nach. Von diesen drei Bedeutungen der Priorität darf man die zweite ausschalten, denn an ihr hängt der teleologische Sinn im Verhältnis von Dynamis und Energeia, die Priorität des Zweckes und sein Enthaltensein in der „Anlage". Die erste und die dritte Bedeutung der Priorität entsprechen dagegen er-

[1]) Vgl. Aristoteles, Metaph. Θ. von pag. 1049b 4 an.

staunlich genau der „inneren" und der „äußeren" Relativität auf die Wirklichkeit. Für die dritte Relativität aber findet sich bei Aristoteles keine Analogie.

Dem Eidos nach früher — Aristoteles sagt „dem λόγος nach" (d. h. der Wesensbestimmung nach) früher — ist die Energeia darum, weil die Potenz nicht Potenz schlechthin ist, sondern bestimmte Potenz „von etwas", um dessen Wirklichwerden es sich handelt. Dieses Etwas also, das die Richtung der Dynamis und ihren Inhalt ausmacht, ist ein „der Energeia nach Seiendes", und keineswegs selbst wiederum ein bloß Potentielles. Alle Potenz ist Potenz eines Wirklichen. Läßt man nun in diesem Argument die Teleologie der Potenz fallen, und bringt man damit das Verhältnis auf seinen reinen Modalgehalt, so besagt es, daß die Möglichkeit nicht Möglichkeit eines Möglichen, sondern eines Wirklichen ist. Das aber heißt nichts anderes, als daß die Möglichkeit „innere Relativität" auf Wirklichkeit hat.

Dem Werden nach früher aber — Aristoteles sagt „der Zeit nach" — ist die Energeia in dem Sinne, wie der erwachsene Mensch früher ist als der Same, der von ihm ausgeht, wiewohl der Mensch die Verwirklichung eben dessen ist, was der Same nur potentiell ist. Überträgt man dieses Verhältnis auf den fortlaufenden Werdeprozeß, in dem Potenz und Aktus ständig alternieren, so kommt man auf den Satz des Aristoteles heraus: „Immer greift eine Energeia der anderen vor" [1]). Und die Dynamis ist überall, wo sie auftritt, nur ein Übergang, eingelagert zwischen Energeia und Energeia.

Bringt man auch diesen Satz auf seinen rein modalen Sinn, so besagt er, daß alle Möglichkeit nur Möglichkeit „auf Grund" eines Wirklichen ist. Von einem bloß Möglichen geht keine Möglichkeit aus. Was hinter ihr steht, ihre Seinsvoraussetzung, ist stets das ihr vorgreifende Wirkliche. Und das wiederum heißt, auf eindeutige Begriffe gebracht, daß alle Möglichkeit „äußere Relativität" auf Wirklichkeit hat.

Eingeengt ist diese Einsicht bei Aristoteles allerdings durch seine Auffassung des Prozesses als Verwirklichung eines Angelegten. In der Anlage nämlich ist schon dasselbe Eidos bestimmend wie in der entwickelten Form. Daß die Möglichkeit von etwas Bestimmtem auch in sehr anderen Bedingungen liegen kann, die keine Identität der inneren Form (des Eidos) mit dem Resultat zeigen, ist nach dieser Auffassung grundsätzlich ausgeschlossen. Doch hat Aristoteles selbst diese Begrenzung nicht festgehalten; sie ist z. B. in der Potentialität der Materie (zumal der „ersten") durchbrochen. Und außerdem ist sie auch der Sache nach

1) Ἀεὶ προλαμβάνει ἐνέργεια ἑτέρα πρὸ ἑτέρας. Metaph. Θ 1050 b 5.

nur eine inhaltliche Begrenzung, die mit dem teleologischen Schema des Prozesses steht und fällt.

Weit wichtiger ist, daß es in der Tat die „äußere Relativität" ist, die selbst in dieser Einschränkung noch erkennbar bleibt. Und das kommt in diesem Zusammenhang sehr scharf zum Ausdruck, wenn Aristoteles den Nachdruck darauf legt, daß es immer eine „andere" Energeia ist, die der „einen" vorgreift. Die „eine" eben ist schon die, auf welche die zwischengelagerte Möglichkeit innerlich relativ ist (deren Potenz sie ist); die „andere" aber ist diejenige, auf Grund deren sie dem zeitlichen Werden nach zustande kommt, d. h. auf die sie äußerlich relativ ist.

c. Historische Perspektive.

So kann man ohne viel Deutung im Aristotelischen Prioritätsgesetz die Wesenszüge des modalen Grundgesetzes wiedererkennen. Man darf hieraus nicht eine Frage der Interpretation machen. Es handelt sich nicht darum, ob Aristoteles ein so viel allgemeineres und formaleres Gesetz gemeint habe; es handelt sich nur darum, daß seine viel speziellere Fassung des Problems ihn nichtsdestoweniger auf ein Seinsverhältnis hinausführte, dessen tatsächliche Tragweite eine größere ist. Es ist dieses eine jener zahlreichen bahnbrechenden Entdeckungen in der Geschichte der Philosophie, deren volle Bedeutung von ihren Entdeckern nicht erkannt wurde. Um so wichtiger aber ist es, sie von einem gereifteren Stadium aus auf ihre volle Bedeutung und Tragweite hinauszuführen. Und bedenkt man, daß diese Prioritätsthese des Buches Θ die ontologisch zentrale der ganzen Aristotelischen Metaphysik ist, daß mit ihr nicht nur die Eidoslehre des Buches Z, sondern auch die Lehre vom unbewegten Beweger im Buch Λ steht und fällt, so muß man sagen, daß Aristoteles dem nur halb und halb erschauten modalen Grundgesetz eine Stellung zu geben gewußt hat, die seinem rein ontologischen Gewicht sehr wohl entsprach.

Verwischt ist die Bedeutung des Gesetzes nur durch die Einseitigkeit der Modalteleologie. Überdies ist es nur für die Möglichkeit erkannt, nicht für die anderen relationalen Modi; und auch für die Möglichkeit nicht in ihrer ursprünglichen und allgemeinen Gestalt, sondern nur in der Besonderung zur Dynamis, in der das Hindrängen auf Wirklichkeit ja keineswegs bloß „innere" Relativität bedeutet. Die Aristotelische These behauptet zu viel. Die „äußere" Relativität trifft sie genauer, nur gibt sie ihr eine inhaltlich zu enge Fassung. Dennoch muß man sagen, daß hier in den Grenzen, welche die Aristotelischen Begriffe zogen, nichtsdestoweniger die zwiefache Relativität der Möglichkeit auf Wirklichkeit grundsätzlich erfaßt ist.

Für die weiteren Schicksale der Ontologie ist dieses Gesetz trotz mancher Entstellung und Verkennung von allergrößter Bedeutung geworden. Der Satz von der Priorität des Aktus vor der Potenz hielt sich in den Seinstheorien des Mittelalters; hielt sich auch dort, wo man seinen eigentlichen Sinn nicht mehr recht verstand. Denn Aristoteles hatte ihn einmal mit dem Prinzip des „unbewegten Bewegers" unlöslich verknüpft. Und dieses Prinzip schlug im christlich-metaphysischen Denken entscheidend durch. Mit dem Prinzip aber hielt sich auch die Lehre von der Priorität der Energeia; und nur ihr modaler Sinn, der im Buch Θ immer noch erkennbar ist, schwand mehr und mehr aus den spekulativen Theorien. Die Teleologie wurde immer mehr zum Wesen der Sache.

Erst nach der Erschütterung des teleologischen Denkens, nach dem Sturze des zwecktätig verstandenen Naturbildes, konnte der ursprüngliche Sinn des Aristotelischen Gedankens wieder durchbrechen. Der Durchbruch aber geschah auf dem Umweg über die Erkenntnismodalität.

III. Abschnitt

Generelle Anordnung der Modi

9. Kapitel. Die Stellung der Zufälligkeit unter dem modalen Grundgesetz.

a. Aufhebung der äußeren Relativität in der Zufälligkeit.

Daß es mit der Zufälligkeit noch eine besondere Bewandtnis hat, daß man sie nicht eindeutig unter die übrigen Modi einreihen kann, daß sie ein merkwürdiges Zwischending von positiver und negativer Modalität ist, wurde bereits gezeigt. Sie ist auch der einzige Modus, um dessen Bestehen in der einen oder der anderen Sphäre es eine Kontroverse gibt. Zu alldem kommt nun aber noch etwas anderes: die Frage, inwieweit wir es bei ihr mit einem relationalen Modus zu tun haben, und inwieweit nicht.

Diese Frage ist keineswegs einfach. Zufälligkeit ist das Gegenstück der Notwendigkeit, ihr negativer Gegenmodus. Danach ist zu erwarten, daß ihr Modaltypus ein relationaler sein muß; denn Notwendigkeit ist relational. So ist es auch beim negativen Gegenmodus der Möglichkeit; die Unmöglichkeit ist ebenso relational wie sie selbst. Andererseits aber sieht man leicht, daß die Negativität in der Zufälligkeit von anderer Art ist als die in der Unmöglichkeit. In der letzteren werden nur bestimmte Relationen aufgehoben (diejenigen, auf Grund deren A möglich sein würde), die Bedingtheit und Relationalität überhaupt aber wird nicht nur nicht angetastet, sondern gerade in Anspruch genommen; das Unmöglichsein von A besteht eben nur „auf Grund" bestimmter Bedingungen, die das Sein von A ausschließen. Ganz anders die Negativität in der Zufälligkeit. Sie trifft die Zusammenhänge selbst und als solche, auf Grund deren ein Modus überhaupt relational sein kann. Sie negiert die Relationen überhaupt, isoliert A von allen Bedingungen, und steht so als der absolut relationslose Modus da.

Damit rückt sie an die Seite der absoluten Modi, Wirklichkeit und Unwirklichkeit. Und das ist kein äußerliches Verhältnis, es entspricht der Tatsache, daß diese beiden allein zufällig sein können. Ja, sie übertrifft beide noch sehr wesentlich an Abgelöstheit. Wirklichkeit und Unwirklichkeit heben die Relationen des Seienden nicht auf, sie stehen nur indifferent gegen sie da. Die Zufälligkeit aber steht nicht indifferent gegen sie, hebt gerade die Relationen auf, verneint und vernichtet sie.

Man sieht das am deutlichsten, wenn man sich die Zufälligkeit in der realen Welt verallgemeinert denkt. Da hebt sie dann alle Determination und Dependenz überhaupt in der Welt auf. Sie atomisiert die Welt, zerschlägt sie in disparate Geschehnisse, die unverbunden dastehen. Ja, sie löst sogar die Einheit eines Einzelgeschehnisses auf, indem sie die Verbundenheit seiner zeitlichen Stadien ebenso aufhebt. Sie setzt überhaupt alles Seiende als unbezogen. Sie vernichtet also nicht nur ihr kontradiktorisches Gegenteil, die Notwendigkeit, sondern auch die anderen relationalen Modi, die Möglichkeit und Unmöglichkeit.

Die Zufälligkeit also, wo immer sie herrscht — d. h. einerlei in welcher Sphäre oder welchem Sonderbezirk einer Sphäre —, hebt die „äußere Relativität" der relationalen Modi auf. Ihre Stellung unter dem modalen Grundgesetz wird damit selbst eine unmögliche. Oder aber sie hebt das Gesetz auf. Denn das Gesetz verlangt die äußere Relativität ebensosehr wie die innere.

b. Die Aporie im Verhältnis von Möglichkeit und Zufälligkeit.

Die Stellung der Zufälligkeit unter dem modalen Grundgesetz führt also eine Art Antinomie zwischen ihr und diesem Gesetz herauf. Und auf den ersten Blick könnte man meinen, die Antinomie müßte zu Ungunsten des Gesetzes ausschlagen. So sieht es aus, solange man nur das Verhältnis von Zufälligkeit und Notwendigkeit im Auge hat. Aber das ist, wie sich soeben zeigte, nicht das ganze Verhältnis. Die beiden anderen relationalen Modi sind ebenso mit betroffen. Das ist es, was die ältere Ontologie, wo überhaupt sie Intermodalverhältnisse analysierte, stets außer Acht gelassen hat (z. B. Wolf in seiner Theorie der contingentia), und zwar deswegen, weil sie die Zusammengehörigkeit von necessitas und possibilitas auf Grund ihrer gemeinsamen Relationalität nicht erkannt hat.

Ganz anders stellt sich die Sachlage dar, wenn man von der letzteren ausgeht. Es ist dann durch die Negativität in der Zufälligkeit nicht so sehr das modale Grundgesetz gefährdet als das Bestehen der relationalen Modi überhaupt. Und zwar fällt unter den letzteren dann nicht so sehr die Notwendigkeit als die Möglichkeit ins Gewicht. Die Notwendigkeit nämlich kann man sich sehr wohl aus einer ganzen Sphäre des Seienden (oder einem Sonderbezirk in ihr) weggestrichen denken; das ist wenigstens nicht widersprechend. Aber die Möglichkeit kann man sich aus keinem Bezirk des Seienden weggestrichen denken, weil in jeder Sphäre das Möglichsein Voraussetzung des Wirklichseins ist, mit dem letzteren aber der Grundmodus der ganzen Seinsweise angetastet wird.

So verschiebt sich die Aporie zu einer solchen im Verhältnis von Möglichkeit und Zufälligkeit. Wo in einem Seinsbereich der Zufall herrscht, da ist nicht nur nichts notwendig, sondern streng genommen auch nichts unmöglich und nichts möglich. Dabei fällt es sofort irritierend auf, daß die beiden letzteren Aufhebungen einander widersprechen: wo „nichts unmöglich" ist, da ist keineswegs „nichts möglich", sondern vielmehr „alles möglich"; und wo „nichts möglich" ist, da ist keineswegs „nichts unmöglich", sondern vielmehr „alles unmöglich". Dieser Widerspruch ist offenbar nicht wegzubringen, wenn die äußere Relativität von Möglichkeit und Unmöglichkeit zu Recht besteht, beide also etwas Wirkliches voraussetzen, „auf Grund" dessen sie bestehen.

Oder soll man etwa den Spieß umkehren und den Widerspruch für Schein erklären, indem man den Sinn des Möglichseins und Unmöglichseins „auf Grund" von etwas aufhebt? Man kann sich das etwa folgendermaßen durchgeführt denken. Aufgehoben wird durch die Herrschaft des Zufalls die ganze Voraussetzung und der Boden, auf dem es allererst Möglichkeit und Unmöglichkeit im relationalen Sinne geben kann: die Dependenz innerhalb der Sphäre (oder des Sonderbereichs der Sphäre). Unter solchen Umständen ändert sich der Sinn des Satzes „nichts ist möglich". Er bedeutet dann nicht das Auftreten von Gründen, welche die Möglichkeit aufhöben, sondern das Fehlen aller Gründe und Bedingungen überhaupt, welche das Möglichsein von etwas ausmachen oder aufheben könnten. Dann involviert der Satz zugleich ein Möglichsein in anderem Sinne, nämlich ein solches ohne Gründe und Bedingungen. Aber dann bedeutet er, daß in diesem Sinne vielmehr „alles möglich" ist. Und das widerstreitet nicht dem Satze, daß „nichts unmöglich" ist, sondern fällt mit ihm zusammen.

Die Konsequenz allerdings ist, daß dann beide Sätze nichtssagend werden, ja daß der so umgeformte Möglichkeitsbegriff selbst nichtssagend wird. Wenn ich sage „der mundus fabulosus (etwa ein Reich reiner Glückseligkeit) ist möglich, wenn nur nichts Positives seiner Entstehung hindernd entgegensteht", so ist damit vielmehr noch nichts über sein tatsächliches Möglichsein oder Unmöglichsein gesagt. Gerade die positiven Bedingungen machen sein Möglichsein aus, und von diesen ist in der rein negativen Möglichkeit abgesehen. Es ist ein Irrtum, das Möglichsein von A auf das bloße Nichtvorhandensein von Faktoren hinauszuspielen, denen A widersprechen würde. Dann könnte man auch gleich sagen, wo in einer Sphäre überhaupt nichts ist, da sei alles möglich. Eine so negativistische Widerspruchslosigkeit genügt nicht einmal der logischen Möglichkeit, geschweige denn der Seinsmöglichkeit. Solches Spiel mit der reinen Negativität ist leere Spekulation mit der Unbestimmtheit; und darauf, daß die letztere „alles zuläßt", ist ein echtes Möglichsein nicht zurückzuführen.

c. Die Alternative zwischen Zufälligkeit und relationaler Modalität.

Der Widerstreit zwischen dem modalen Grundgesetz und der Zufälligkeit drängt also im Problemgebiet der Möglichkeit auf eine Entscheidung hin, und diese fällt innerhalb der Sphären, die einen inhaltlichen Zusammenhang zeigen, zu Gunsten des modalen Grundgesetzes aus.

Wäre die Zufälligkeit ein absoluter Modus im Sinne von Wirklichkeit und Unwirklichkeit, so ließe sich der Konflikt wohl anders entscheiden. Aber das ist sie nicht. Sie steht nicht indifferent gegen die Seinsrelationen da, betrifft sie vielmehr sehr wesentlich. Denn sie hebt sie auf. Man drückt das am angemessensten durch die Formel aus: Zufälligkeit ist der negativ relationale Modus. Das bedeutet nicht, daß sie bloß ein negativer Modus von relationalem Typus wäre, sondern daß sie der inbezug auf die Relationalität des Seienden überhaupt negative, also der die Relationen selbst negierende Modus ist.

Das ist der Grund, warum sie mit den relationalen Modi nicht in einer Sphäre zusammenbestehen kann, — nicht wenigstens soweit die Sphäre eine Seinssphäre ist, und sie selbst ein Seinsmodus. Zufälligkeit des Seins hebt entweder die relationalen Modi auf, oder diese heben sie auf. Nur an den Grenzen der Sphäre, in der sie herrschen, lassen sie die Zufälligkeit zu. Aber eben dort hören sie selbst auf zu bestehen. Und dieses ihr Aufhören ist identisch mit dem Einsetzen der Zufälligkeit.

Es besteht also ein alternatives Verhältnis zwischen der Zufälligkeit und den relationalen Modi. Das ist tief charakteristisch für alle spezielleren Intermodalverhältnisse. Diese Alternative spielt in eine lange Reihe von Fragen entscheidend hinein, und überall wo sie auftritt, macht sie das Seinsproblem metaphysisch, weil jenseits der Zusammenhänge auch die Begreifbarkeit aufhört. In dieser Sachlage wurzelt das am meisten kontroverse aller reinen Seinsprobleme, das Determinationsproblem. Die modale Alternative spitzt es zu und treibt es auf einen Punkt hinaus, an dem es dann nur noch die radikale Krisis von durchgehendem Zusammenhang und völliger Zusammenhangslosigkeit gibt.

Die Entscheidung dieser Frage aber liegt nicht mehr bei der generellen Diskussion der Modi, läßt sich auch nicht für alle Sphären gemeinsam geben. Sie hängt in jeder Sphäre an der besonderen Art der konstitutiven Gesetzlichkeit, die in ihr waltet. Und sofern diese sich im gegenseitigen Verhältnis der Modi spiegelt, muß sie sich auch aus der speziellen Analyse der Intermodalgesetzlichkeit jeder einzelnen Sphäre gewinnen lassen.

d. Die Erhaltung der inneren Relativität in der Zufälligkeit.

Indessen, die Stellung der Zufälligkeit unter dem modalen Grundgesetz ist damit noch nicht erschöpft. Dieses Gesetz spricht eine doppelte Relativität auf die fundamentalen Modi aus, eine innere und eine äußere. Das soeben entwickelte Verhältnis betrifft nur die äußere Relativität. Diese ist in der Zufälligkeit aufgehoben. Zufälligkeit ist kein nach außen relativer Modus.

Wie aber steht es mit der inneren Relativität? Hier liegt die Sache offenbar anders. Innere Relativität auf die fundamentalen Modi verträgt sich sehr wohl mit der Aufhebung der konstitutiven Seinsrelationen, ja mit voller Atomisierung der Welt. Was keine Bedingtheit „hinter sich hat", das kann sehr wohl Bedingtheit „in sich" haben. Die Zufälligkeit, sofern sie auf nichts anderem beruht, kann und muß doch deswegen Zufälligkeit „von etwas" sein. Und dieses Etwas, dessen Zufälligkeit sie ist, muß seinerseits im Sinne einer bestimmten Seinsart bestehen. Das aber heißt, Zufälligkeit ist zwar kein äußerlich relativer Modus, wohl aber ein „in sich relativer". Sie hat die innere Relativität der relationalen Modi und gehört in diesem Sinne auch zu ihnen.

Geht man hiervon aus, so ist es auch leicht zu sehen, daß die innere Relativität hier gleichfalls eine Relativität auf die Fundamentalmodi ist, auf Wirklichkeit und Unwirklichkeit. Zufällig eben ist ja gerade das schlichte Sein und Nichtsein, das bestimmte Dasein oder Nichtdasein von etwas, das Geschehen oder Nichtgeschehen, die Existenz oder Nichtexistenz. Und das besagt: zufällig ist nichts anderes als das Wirklichsein oder Unwirklichsein von etwas; ebendasselbe also, was auch notwendig, möglich oder unmöglich sein kann.

Mittelbar freilich kann auch andere Modalität zufällig bestehen. Das ergibt dann die Staffelung der Modi. Es gibt auch zufällige Möglichkeit,

Unmöglichkeit und Notwendigkeit. Ja, es wurde bereits gezeigt, wie diese drei an den Grenzen einer Sphäre, die den Spielraum ihrer Relationalität ausmacht, zwangsläufig zufällig werden. Aber damit ist im Grunde nichts neues gesagt. Denn diese Zufälligkeit der relationalen Modi besteht in der Zufälligkeit ihrer Bedingungen. Und von den Bedingungen gerade gilt der Satz, daß sie schlichte Wirklichkeit — und im negativen Falle Unwirklichkeit — haben müssen. Es bleibt also auch bei gestaffelter Modalität das Grundverhältnis bestehen, daß Zufälligkeit keine äußere, wohl aber innere Relativität auf Wirklichkeit und Unwirklichkeit hat.

Auch so aber bleibt die Stellung der Zufälligkeit unter den anderen Modi eine zwiespältige und gleichsam schillernde. Das modale Grundgesetz ist in ihr zur Hälfte erfüllt. Sie geht in keinem reinen Modalcharakter auf, ist weder ein relationaler Modus noch ein absoluter; oder vielmehr beides nur halb. Sie hebt die Seinsrelationen auf, setzt sich dadurch in Gegensatz, ja geradezu in ein alternatives Verhältnis zu den relationalen Modi, kann aber auch den absoluten nicht zugezählt werden, da sie mit ihrer inneren Relativität auf sie diese vielmehr voraussetzt.

Diese schillernde Stellung kann aus ihrem Wesen nicht weggedeutet werden. Sie muß als offene Aporie übernommen und berücksichtigt werden. Sie bildet ein Seitenstück zu jenem Hindrängen auf metaphysische Grenzfragen, das ihr auf der ganzen Linie der Modalprobleme eigentümlich bleibt. Die Folge aber für die gegenseitige Stellung der Modi ist die, daß sie in jede Art eindeutiger Anordnung, die sich unter Berücksichtigung der oben angegebenen Dimensionen in der Mannigfaltigkeit der Modi durchführen läßt, ein Loch reißt.

10. Kapitel. Zufälligkeit und Selbstaufhebung der Notwendigkeit.

a. Der ontologische Grundsatz der Zufälligkeit.

Es ist nun klar, daß das Verhältnis der Alternative zwischen der Zufälligkeit und den relationalen Modi — das schon in dieser Allgemeinheit zu einer Art Entscheidung drängt — sich in dem engeren Verhältnis von Zufälligkeit und Notwendigkeit noch einmal zuspitzt. Das Determinationsproblem ist zwar zu Unrecht auf diesen einen Punkt beschränkt worden, aber als positivster der relationalen Modi ist doch die Notwendigkeit am meisten vom Gegensatz zur Zufälligkeit betroffen. Das spricht sich formal darin aus, daß sie allein unmittelbar kontradiktorisch zu ihr steht. Und weiter hängt damit die Tatsache zusammen, daß nur an der Notwendigkeit der Grenzbegriff einer aus ihr selbst heraus notwendigen Zufälligkeit auftaucht, nicht aber an der Möglichkeit und wenigstens nicht unmittelbar an der Unmöglichkeit.

Es wurde gezeigt, wie dieser Grenzbegriff in allen Sphären ein der Notwendigkeit wesentlicher und innerer ist, ein von ihrer Relationalität selbst geforderter. Nun hat sich weiter gezeigt, daß die Zufälligkeit gerade die Aufhebung der Relationalität als solcher ist. Daraus folgt: Notwendigkeit hat die Eigentümlichkeit an sich, ihre eigene ontische Voraussetzung, und damit sich selbst aufzuheben—, nicht zwar in den Grenzen der Sphäre, in der sie waltet, wohl aber an den Grenzen selbst. Denn es liegt im Wesen ihrer äußeren Relativität, immer über sich hinauszuweisen auf anderes und mit diesem regressus nicht aufhören zu können, bis sie an die Grenzen des bestehenden Seinszusammenhanges gelangt. Das erste Glied der Verkettung ist stets bloß wirklich, ohne notwendig zu sein. Und das besagt, es ist zufällig. Der Grund davon liegt im Abreißen der äußeren Relativität an den Grenzen der Sphäre.

Danach besteht zwischen Notwendigkeit und Zufälligkeit — beide noch streng generell, diesseits der Sphärenunterschiede verstanden — ein ganz eindeutiges Verhältnis. Man kann es als ontologischen Grundsatz der Zufälligkeit so aussprechen: es gibt keine Notwendigkeit ohne Zufälligkeit, wohl aber kann es Zufälligkeit ohne Notwendigkeit geben. Oder auf die Sphären möglicher Zusammenhänge bezogen: es kann in einer Sphäre wohl alles zufällig sein, aber es kann nicht in einer Sphäre alles notwendig sein.

In der letzteren Form könnte die zweite Hälfte des Satzes freilich mißverständlich erscheinen. Sie bedeutet nicht, daß nicht innerhalb einer Sphäre alles relational gebunden und dementsprechend notwendig sein könnte; sie bedeutet nur, daß an den Grenzen der Sphäre die Dependenz in Abgelöstheit, die Notwendigkeit in Zufälligkeit umschlägt. Aber die Grenzglieder zählen mit zur Sphäre, und folglich zählt auch die Zufälligkeit mit zur Sphäre.

Die erste Hälfte des Satzes scheint eindeutiger zu sein. Doch liegt hier die Schwierigkeit nur auf anderer Seite. Ist nämlich in einer Sphäre alles zufällig, so ist die Sphäre atomisiert, aufgelöst, nicht mehr als Sphäre zu bezeichnen. Es fehlt ihr der Zusammenhalt. Immerhin wird davon nur der Charakter der Sphäre als solcher betroffen, nicht die Zufälligkeit. Diese besteht auch bei aufgelöstem Zusammenhalt. Tatsächlich ist ein solcher Fall ja auch fiktiv. Denn so ist jedenfalls keine der Sphären, die wir kennen, beschaffen. Zusammenhang ist überall, und auch Notwendigkeit gibt es überall. Aber das liegt an der Artung der Sphären, nicht am Verhältnis von Notwendigkeit und Zufälligkeit.

b. Absolut notwendiges und absolut zufälliges Wesen.

Der ontologische Grundsatz der Zufälligkeit — ontologisch, weil er die Populärbedeutungen des Zufälligen ausschließt und nur das dem

Sein nach Zufällige betrifft — hat eine Ungleichheit im Gewicht der beiden Modi aufgedeckt: die Notwendigkeit trägt das Prinzip ihrer Selbstaufhebung in sich und involviert damit die Zufälligkeit als ihre Begrenzung; die Zufälligkeit dagegen kennt keine Selbstaufhebung und Begrenzung, sie involviert von sich aus keine Notwendigkeit. Selbstaufhebung eben ist die Folge der äußeren Relativität auf Wirklichkeit. Die Zufälligkeit aber hat nur innere, nicht äußere Relativität.

So durchsichtig diese Sachlage erscheint, wenn man sie einmal grundsätzlich erfaßt hat, sie ist doch in der Metaphysik fast immer verkannt worden. Und die Verkennung hat zu den gröblichsten Fehlern geführt. Das große Beispiel dafür ist der ungeheure Mißbegriff des „absolut notwendigen Wesens".

Man meinte damit Gott als den ersten Grund aller in der Welt bestehenden Notwendigkeit. Zwei Arten der Überlegung sprechen für das absolute Notwendigsein dieses ersten Grundes. Die eine ist die in den meisten Formen des kosmologischen Gottesbeweises enthaltene. Sie schließt so: ein Grund, auf dem die Notwendigkeit von etwas beruht, muß selbst notwendig sein; was also als erster Grund aller Gründe zugleich Grund aller Notwendigkeit in der Welt ist, muß absolute Notwendigkeit haben; sonst fiele alle Notwendigkeit in sich zusammen, wäre zufällige Notwendigkeit. Und die zweite Überlegung läuft etwa so: wenn alles Notwendige Folge aus einem Grunde ist, so ist auch der Grund seinerseits für die Folge notwendig; geht nun die Reihe der Gründe weiter zurück, so muß deren Notwendigkeit immer unbedingter werden; der Grund aller Gründe muß folglich absolut notwendiger Grund sein.

Beide Überlegungen sind falsch. Die erstere schließt a contingentia mundi — „weil sonst die Welt mitsamt aller Notwendigkeit doch im Grunde zufällig wäre". Diese Scheu vor dem Zufall ist verständlich, aber argumentieren läßt sich nicht aus ihr. Außerdem liegt hier ein einfaches Mißverständnis des Grund-Seins vor. Grund von etwas sein heißt gar nicht notwendig sein, sondern nur eine notwendige Folge nach sich ziehen. Im Verhältnis von Grund und Folge ist überhaupt nur die Folge notwendig (auf Grund des Grundes), niemals aber der Grund selbst. Für das Notwendigsein der Folge aber genügt, wie oben erwiesen wurde, das Wirklichsein des Grundes. Ein erster Grund aller notwendigen Folge in der Welt braucht also durchaus kein notwendiger Grund zu sein, geschweige denn ein „absolut notwendiger". Es genügt, daß er ein wirklicher sei.

Die zweite Überlegung aber — sie liegt meist unausgesprochen zugrunde und verrät sich nur gelegentlich — verwechselt die Unerläßlichkeit des Grundes für die Folge mit der Notwendigkeit des Grundes selbst. Jene Unerläßlichkeit nämlich ist bestenfalls Erkenntnisgrund der Überlegung, dann aber jedenfalls nicht Seinsgrund der Sache. Oder aber, sie ist teleologisch verstanden, als das Erfordertsein von Mitteln für einen Zweck; dann aber ist die Unerläßlichkeit des Grundes eine rein spekulative Konstruktion.

In Argumenten solcher Art drängt sich mancherlei Begriffsverwirrung zusammen. Es ist sehr verständlich, wie man dazu kommt, alle Notwendigkeit, die aus einem ersten Grunde — wie aus einer Quelle des Notwendigseins — hervorgeht, ihm selbst zuzuschreiben. Immer wieder in der Geschichte hat sich die sehr naive Vorstellung vorgedrängt, die in der Notwendigkeit eine Art Substanz erblickt, welche gleichsam in unendlicher Quantität dem Ursprung eigen ist und deshalb unbegrenzt aus ihm hervorströmen kann — nach der Art wie bei Aristoteles ewige Bewegung aus dem ersten Bewegenden hervorströmt. Die meisten Weltsubstanz-Lehren zeigen das Schema dieser Vorstellungsweise. Die engeren Emanationssysteme bilden hier nur einen Spezialfall.

Ja, derselbe Fehler ist auch auf das exakte Denken übergesprungen. Man nennt die logischen Gesetze oder die Axiome der Geometrie „notwendig", weil auf Grund ihres Bestehens das Abgeleitete notwendig ist. Die Verführung zu solcher Übertragung besteht überhaupt bei allen ersten Prinzipien, deren man im Rückschluß habhaft wird: man hält sie selbst für notwendig, weil auf ihnen die Notwendigkeit im Besonderen und Konkreten beruht.

Aber ganz das Gegenteil ist der Fall. Weder Axiome noch Gesetze noch irgendwelche Prinzipien sind notwendig. Sie werden höchstens als die „notwendigen Voraussetzungen" des anderweitig gegebenen Besonderen erfaßt. Aber das ist nur die Erkenntnisnotwendigkeit im Verfahren des Rückschlusses, nicht Seinsnotwendigkeit des Erschlossenen. Es ist also bestenfalls — wenn der Schluß stichhaltig ist — nur Notwendigkeit der Einsicht, daß sie „wirklich" bestehen. Und auch das trifft tatsächlich kaum irgendwo genau zu. Es gibt vielmehr eine sehr berechtigte Kontroverse um ihr Bestehen, und zwar auf allen einschlägigen Gebieten. Prinzipien sind freilich ein Fundament der Notwendigkeit, nämlich der am Concretum auftretenden Notwendigkeit. Sie selbst aber sind durchaus zufällig.

Auf das „absolut notwendige Wesen" angewandt bedeutet das nun nichts Geringeres, als daß es vielmehr in Wahrheit das „absolut zufällige Wesen" ist. Anders müßte es, da es die Grenze der Relationalität der Welt bildet, ein aus sich selbst notwendiges Wesen sein. Und das eben ist es, was man mit der causa sui hat sagen wollen. In Wahrheit bedeutet aber ein aus sich selbst notwendiges Wesen ein nicht notwendiges Wesen. Denn Notwendigkeit hat nun einmal die „äußere Relativität" an sich. Hier aber ist nichts außer ihm da, „auf Grund" dessen es notwendig sein könnte. Man mag also immerhin sagen, es habe seinen Grund in sich, sei causa sui; man gewinnt damit keinerlei höhere Modalität. Denn eben das, was den Grund in sich hat, hat ihn deswegen doch nicht außer sich, ist also nicht ein Notwendiges sondern ein Zufälliges.

Gott als absolut notwendiges Wesen ist vielmehr das absolut zufällige Wesen.

c. Die Zufälligkeit als irregulärer Modus und Grenzmodus.

Für das Problem einer generellen Anordnung der Modi ist es unerläßlich, dieses Verhältnis zu durchschauen. Da alle Notwendigkeit auf zufällige Anfangsglieder zurückgeht, so könnte man geneigt sein, hieraus eine modale Überlegenheit der Zufälligkeit zu folgern, oder doch ihr eine Art Zentralstellung unter den Seinsmodi zu geben. Das wäre ebenso verkehrt, wie wenn man die Zufälligkeit im Gottesbegriff, in den Axiomen und Prinzipien verkennen wollte.

Gerade diese großen Beispiele zeigen, daß das wahre Wesen dieses Modus vielmehr nur das eines Rand- oder Grenzmodus ist. Als ein solcher ist er unbedingt anzuerkennen, auch der antinomische Charakter seiner Stellung kann darüber nicht täuschen. Ob er aber darüber hinaus noch innerhalb der Seinssphären eine Stelle beanspruchen kann, muß fraglich bleiben, solange die Intermodalverhältnisse der Sphären selbst nicht eine Entscheidung darüber geben.

Es kann einstweilen nur soviel als Konsequenz des Gesagten festgehalten werden: die Zufälligkeit als Grenzmodus gehört nicht unter diejenigen Modi, die in durchgehender Bezogenheit aufeinander die Seinssphären durchwalten. Nennt man diese Modi die regulären, so ist die Zufälligkeit als „irregulärer Modus" zu bezeichnen. Man kann das modale Gefüge einer Seinssphäre sehr wohl verstehen, ohne die Zufälligkeit hineinzuziehen. Das aber bedeutet: man kann aus dem System der Modi einfach die Zufälligkeit weglassen. Man muß ihr nur die Stelle an den Grenzen der Sphäre offenhalten. Denn hier tritt sie an den Platz der Notwendigkeit. Und eben damit hält man ihr auch im System der Modi den Platz der Notwendigkeit offen.

Damit wird ihr eigentümliches Verhältnis zu den anderen Modi klar. Sie nimmt unter ihnen keinen selbständigen Platz ein, sondern den eines anderen Modus. Die Notwendigkeit eben hat ihren Platz nur bedingterweise inne; und zwar nicht modal bedingterweise, sondern konstitutiv bedingterweise — bedingt nämlich durch die Reichweite der Relationen und des Zusammenhanges der Sphäre. Wo dieser Zusammenhang aufhört, schlägt sie automatisch in ihr Gegenteil, die Zufälligkeit um. Damit verschwindet sie zugleich auch aus den Intermodalverhältnissen. Die Zufälligkeit ersetzt sie und tritt in ihre Rechte.

Dieses Verhältnis schwebte Leibniz vor, als er an den Anfang aller Dinge — neben die ewigen Wahrheiten — ein Prinzip der convenientia setzte und in ihm den universalen Grund des Daseins der Welt erblickte. An diesem Prinzip, welches den Grund der Welt „zureichend" machen sollte, hob sich in Wahrheit der Satz vom „zureichenden Grunde" auf. Es war ein grundloses Prinzip.

11. Kapitel. Das formale System der Modi.

a. Modale Indifferenz und modale Heterogeneität.

Auch ohne die sonderbare Stellung der Zufälligkeit ist der Gegensatz der fundamentalen und relationalen Modi ein mit manchen Rätseln behaftetes Kapitel. Wird doch der Unterschied „höherer und niederer" Modi durch ihn nicht berührt. Die Abstufung geht homogen durch, obgleich der Seinssinn der Modi heterogen ist. Es ist daher von Wichtigkeit, sich dieser Gegensätzlichkeit noch anderweitig zu vergewissern.

Dafür gibt ein anderes Phänomen eine Handhabe. Man kann es das der „modalen Indifferenz" nennen. Es spielt freilich schon in das Problem der Intermodalverhältnisse hinein, aber doch zunächst nur generell, d. h. noch ohne Rücksicht auf die besondere Sachlage in den einzelnen Sphären.

Unter modaler Indifferenz ist die eigenartige Stellung eines Modus zu zwei anderen, in kontradiktorischem Gegensatz stehenden Modi zu verstehen, sofern diese beiden in gleicher Weise ihm zukommen, resp. mit ihm zusammenfallen können. An ein und derselben Sache zusammenfallen, oder zusammenbestehen, können durchaus nicht beliebige Modi miteinander, z. B. nicht Wirklichkeit mit Unmöglichkeit. Ebenso aber können auch nicht alle Modi beliebig ohne einander bestehen, z. B. nicht Wirklichkeit ohne Möglichkeit. Was wirklich ist, kann nicht unmöglich sein, es muß zum mindesten möglich sein. Nach beiden Richtungen also ist die Wirklichkeit nicht indifferent. Darum machen die bestehenden modalen Indifferenzen ein besonderes kategoriales Phänomen aus, das nur bestimmten Modi untereinander eigen ist.

Es gibt im formalen Verhältnis der Modi, diesseits ihrer Differenzierung nach Sphären, drei Indifferenzen:

1. Wirklichkeit ist indifferent gegen Notwendigkeit und Zufälligkeit;
2. Möglichkeit ist indifferent gegen Wirklichkeit und Unwirklichkeit;
3. Unwirklichkeit ist indifferent gegen Möglichkeit und Unmöglichkeit.

Diese Indifferenzen werden sofort evident, wenn man sie konkret ausspricht. 1. Was wirklich ist, kann notwendig oder zufällig sein; beides verträgt sich mit dem nackten Wirklichsein. 2. Was möglich ist, kann wirklich oder unwirklich sein; das trifft freilich nicht auf die disjunktive Möglichkeit zu (die sich im Wirklichsein aufhebt), wohl aber auf die indifferente; und um eben dieser Verträglichkeit willen ist die letztere „indifferente Möglichkeit". Denn das Wirkliche muß mindestens möglich sein; und aus diesem Grunde ist zu erwarten, daß in den Seinssphären nur indifferente Möglichkeit vorkommt. 3. Was unwirklich ist, kann deswegen wohl möglich sein, kann aber auch unmöglich sein; beides verträgt sich mit dem formalen Unwirklichsein.

Von diesen modalen Indifferenzen nun gilt zweierlei. Erstens: die Zweiheit der kontradiktorischen Modi, gegen die ein dritter Modus indifferent steht, besteht immer aus einem höheren und einem niederen Modus; es können, vom dritten Modus aus gerechnet, nicht beide Modi höhere oder beide niedere sein. So wenigstens steht es, wenn man die oben gegebene traditionelle Stufenordnung der Modi gelten läßt, die dem formalen oder generellen Verhältnis der Modi, diesseits ihrer Differenzierung nach Sphären, entspricht. Wenn Möglichkeit gegen Wirklichkeit und Unwirklichkeit indifferent ist, so ist relativ auf die Möglichkeit Wirklichkeit ein höherer, Unwirklichkeit ein niederer Modus; die Möglichkeit selbst steht in der Mitte, und die Alternative, die sie offen läßt, spielt zwischen einem höheren und einem niederen Modus.

Und zweitens: versteht man den Gegensatz von fundamentalen und relationalen Modi als „modale Heterogeneität", so gilt der Satz, daß alle modale Indifferenz zwischen heterogenen Modi spielt. Oder auch so: zieht man zwischen den beiden Typen der Modi einen Trennungsstrich, so daß auf der einen Seite die beiden absoluten, auf der anderen die vier relationalen zu stehen kommen, so spielt alle modale Indifferenz ohne Ausnahme „über den Strich" hinüber oder herüber [1]). Ein absoluter Modus kann nur indifferent sein gegen zwei relationale Modi, ein relationaler nur gegen zwei absolute Modi. Ersteres ist bei der Wirklichkeit der Fall (indifferent gegen Notwendigkeit und Zufälligkeit) und bei der Unwirklichkeit (indifferent gegen Möglichkeit und Unmöglichkeit), letzteres bei der Möglichkeit (indifferent gegen Wirklichkeit und Unwirklichkeit).

Hier liegt offenbar eine ganz einfache Gesetzlichkeit vor. Das Über-den-Strich-Spielen ist das Gesetz der modalen Indifferenz. Es beweist, daß der Gegensatz der relationalen und absoluten Modi ein grundlegender ist und wirklich eine kategoriale Heterogeneität bedeutet. Innerhalb

---

[1]) Vgl. hierzu unten Kap. 11 d, das in Fig. 5 gegebene Schema.

der homogenen Modi gibt es auf beiden Seiten des Striches keine Indifferenz. Man darf also wohl vermuten, daß das ganze Phänomen der modalen Indifferenzen durch das Bestehen der modalen Heterogeneität bedingt ist. Und damit rückt der Gegensatz der fundamentalen und relationalen Modi wieder in ein neues Licht: er wird zum eigentlichen Grundmoment der modalen Mannigfaltigkeit, gegen welches sowohl der qualitative Gegensatz der Modi als auch ihre Höhenordnung zurücktritt.

b. Dimensionale Anordnung der regulären Modi.

Die letzte Betrachtung zeigt deutlich, daß man mit der alten Anordnung der Modi nicht ausreicht. In ihr kann man wohl die Höhe des Modus und den Grenzstrich der positiven gegen die negativen Modi ausdrücken; dafür reicht die eindimensionale Ordnung zu. Keineswegs aber reicht sie für die Abgrenzung der relationalen gegen die absoluten Modi aus. Da nun die Indifferenzen gerade hier einen Grenzstrich voraussetzen, indem sie alle „über den Strich gehen", so ist ihr Verhältnis in linearer Anordnung jedenfalls nicht ausdrückbar.

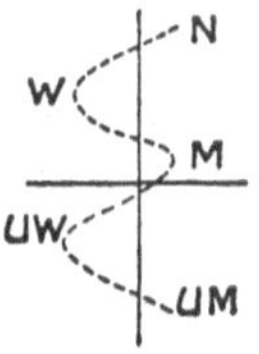

Fig. 1

Es wird ausdrückbar, sobald man eine zweite Dimension einführt, die eigens die Heterogeneität der Modi im Unterschied zu ihrer Höhenlage darstellt. Läßt man nun vor der Hand die Zufälligkeit, als irregulären Modus, aus dem Spiele — es zeigte sich ja, daß sie nicht eindeutig einfügbar ist —, so bekommt man die Anordnung von Fig. 1 heraus. Darin drückt der horizontale Strich die Grenze der positiven gegen die negativen Modi aus, der vertikale dagegen die der absoluten gegen die relationalen Modi. Der letztere Strich ist es dann, „über den" die modalen Indifferenzen gehen. Die schraffierte Linie deutet den Übergang vom höchsten bis zum niedersten Modus an; die schlangenförmige Kurve, die sie beschreibt, entspricht der Heterogeneität der Modi, die sie miteinander verbindet.

Legt man dagegen anstelle des zweiten Gegensatzes (absolut—relational) den Gegensatz der Bestimmtheit und Unbestimmtheit der Modi [1]) zugrunde und bildet ihn in der Horizontale ab, so fällt die Anordnung ganz anders aus (Fig. 2). Denn die Unmöglichkeit ist von höherer Bestimmtheit als die Unwirklichkeit, und diese von höherer als die Möglichkeit. Läßt man nun die Bestimmtheit des Modaltypus — im Unterschied zur modalen „Höhe" — von links nach rechts zunehmen, so bleibt die Möglichkeit als unbestimmtester Modus ganz allein (ohne negatives

[1]) Es ist von den oben aufgezählten Gegensätzen der fünfte. Vgl. Kap. 5 c.

Gegenglied) links stehen; rechts ihr gegenüber steht das Gegensatzpaar der bestimmtesten Modi, Notwendigkeit und Unmöglichkeit, das zugleich die größte Spannweite der modalen Höhe zeigt; die beiden absoluten Modi dagegen nehmen die Mitte ein, sie bilden einen Gegensatz von mittlerer Spannweite der modalen Höhe.

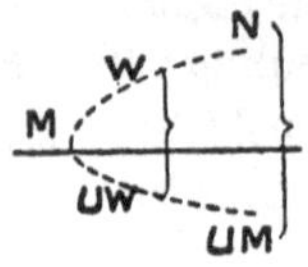

Fig. 2

Da es sich in den beiden Anordnungen um das Verhältnis derselben fünf regulären Modi handelt, so müßte man sie von Rechts wegen miteinander verbinden. Dann aber wird das Schema dreidimensional. Man müßte dazu die Abszisse von Fig. 2 senkrecht in die Tiefe gehend auf die von Fig. 1 stellen. Die Möglichkeit würde dann einerseits zusammen mit Notwendigkeit und Unmöglichkeit den absoluten Modi gegenüberstehen, andererseits aber als unbestimmtester Modus die Vertikalschicht der absoluten Modi zwischen sich und dem Gegensatzpaar von Notwendigkeit und Unmöglichkeit haben. Rein schematisch macht das keine Schwierigkeiten, es ist auch der Sache nach eindeutig, für die Anschauung dagegen wird es schon reichlich kompliziert.

Die Kurve des Überganges vom positivsten zum negativsten Modus durchläuft in beiden Schemata die drei übrigen Modi. Sie fängt bei höchster Bestimmtheit an und läuft über die niederste Bestimmtheit (Möglichkeit) wieder zu höchster Bestimmtheit (Unmöglichkeit) zurück: sie passiert dabei im Hinlaufen wie im Rücklaufen je einen absoluten Modus. Sie bildet also in Fig. 2 (wie die schraffierte Linie zeigt) annähernd eine Parabel, indem sie zweimal Übergangsglieder mittlerer Bestimmtheit berührt (Wirklichkeit und Unwirklichkeit). Die Schlangenlinie in Fig. 1 dagegen entsteht dadurch, daß hier die Übergangsglieder links stehen (als absolute Modi), während die Endglieder und das mittlere Glied rechts stehen (als relationale Modi). Der Übergang muß also viermal über den Grenzstrich gehen, der die modale Heterogeneität kennzeichnet.

Bezieht man beide Kurven dreidimensional aufeinander, so bekommt man die einheitliche komplexe Kurve der Gesamtabstufung in ihren drei einander überschneidenden Gegensätzlichkeiten.

c. Die Einfügung des irregulären Modus.

Einen Mangel aber hat diese Anordnung. Von den drei modalen Indifferenzen lassen sich in ihr nur zwei unterbringen, die der Möglichkeit gegen Wirklichkeit und Unwirklichkeit, sowie die der Unwirklichkeit gegen Möglichkeit und Unmöglichkeit; nicht aber die der Wirklichkeit gegen Notwendigkeit und Zufälligkeit. Denn die Zufälligkeit ist in die Anordnung nicht aufgenommen.

Will man die dritte Indifferenz mit ausdrücken, so muß man die Zufälligkeit wieder einfügen. Und das ist nicht einfach, denn ihre Stellung ist in keiner der drei Dimensionen eindeutig, ist also weder in Fig. 1 noch in Fig. 2 durch eine klare Einordnung darstellbar. Andererseits kann man sich auch nicht damit helfen, daß sie ein „irregulärer" Modus ist, nur ein Grenzmodus der Sphären, also nur an den Grenzen einer Sphäre an die Stelle der Notwendigkeit rückt. Denn eben mit diesem An-die-Stelle-Rücken ändert sich die ganze Anordnung. Man muß vielmehr, um ihr gerecht zu werden, ihr eine Stelle anweisen, welche ihrer eigenartig schillernden Zwitternatur entspricht. Diese Zwitternatur ist eine dreifache.

1. Zufälligkeit ist weder ein rein positiver noch ein rein negativer Modus. Sie ist zwar Negation der Notwendigkeit, aber das Nichtnotwendige ist noch kein Nichtseiendes, wie das Unwirkliche und Unmögliche, kann also nicht eindeutig neben diese beiden gestellt werden. Zufälligkeit hält die Mitte zwischen modaler Positivität und Negativität; ja, sie ist ein zugleich positiver und negativer Modus. In beiden Schemata kann man das nur so ausdrücken, daß man sie genau auf den Grenzstrich der positiven und negativen Modi (den horizontalen Strich) setzt.

2. Zufälligkeit ist weder ein rein relationaler noch ein rein absoluter Modus. Sie ist, wie sich zeigte, beides und auch beides nicht. Sie ist Aufhebung der Relationalität, ist insofern selbst relationslos, ist aber doch negativ rückbezogen auf die Seinsrelationen. Sie ist also als negativer Modus relational, als positiver Modus absolut. Das spiegelt sich in den oben erwiesenen Sätzen: sie hat wohl innere Relativität auf die Fundamentalmodi, aber nicht äußere. Will man das in dem Schema von Fig. 1 ausdrücken, so kann man die Zufälligkeit nur mitten auf den vertikalen Grenzstrich der absoluten und relationalen Modi setzen. Und da sie ohnehin bereits auf dem horizontalen Grenzstrich steht, so muß man sie nunmehr in den Schnittpunkt beider Grenzstriche versetzen. Die Folge ist, daß die Übergangskurve, die von der Notwendigkeit abwärts bis zur Unmöglichkeit läuft, nunmehr auch die Zufälligkeit passiert, und zwar so, daß sie eben damit den Schnittpunkt der Grenzstriche passiert. Die Kurve bleibt danach in Fig. 3 im wesentlichen dieselbe Schlangenlinie wie in Fig. 1; sie erscheint nur determinierter in ihrem mittleren Teil — indem sie einen Punkt passiert, in dem die beiden modalen Gegensätze neutralisiert sind.

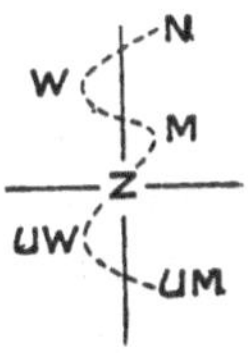

Fig. 3

3. Hinsichtlich der Bestimmtheit zeigt sich die Zwitterstellung der Zufälligkeit darin, daß ihr Verhältnis zur Möglichkeit nicht eindeutig angebbar ist. Gegen die übrigen Modi gesehen, ist die Möglichkeit der unbestimmteste Modus. Sie allein nimmt (als disjunktive) die Form

der Alternative an. Insofern ist sie auch unbestimmter als die Zufälligkeit, die wenigstens stets eindeutig entweder die eines Wirklichen (im Sinne der inneren Relativität) oder die eines Unwirklichen ist. Andererseits aber ist sie die Abgelöstheit von aller Beziehung, während die Möglichkeit in der Rückbezogenheit auf ihre Bedingungen wurzelt. Das läßt sich so deuten: als relationaler Modus ist die Zufälligkeit unbestimmter als die Möglichkeit, als absoluter Modus aber bestimmter als sie. Oder auch: als negativer Modus ist sie unbestimmter, als positiver bestimmter als die Möglichkeit. Denn eben als positiver Modus ist sie absolut, als negativer relational. Will man das im Schema ausdrücken, so muß man Fig. 2 dahin ergänzen, daß man die Zufälligkeit der Höhenordnung nach auf den Grenzstrich der positiven und negativen Modi setzt, in der Horizontale aber — und d. h. in der Abstufung der Bestimmtheit — sie mit der Möglichkeit auf dieselbe Stelle setzt. Der wesentliche Unterschied, daß sie die Stelle nicht mit gleicher Eindeutigkeit einnimmt wie die Möglichkeit, kommt dabei freilich nicht mit zum Ausdruck.

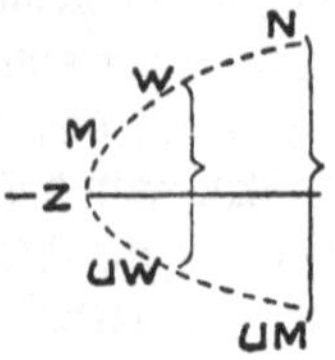

Fig. 4

Die Kurve des Übergangs aber bleibt auch hier (Fig. 4) im wesentlichen dieselbe wie in Fig. 2. Vertikal stehen sich jetzt drei Paare gegenüber. Von ihnen bildet nur das mittlere einen echt kontradiktorischen Gegensatz: Wirklichkeit und Unwirklichkeit. Notwendigkeit und Unmöglichkeit bilden nur den Gegensatz positiver und negativer Notwendigkeit. Möglichkeit und Zufälligkeit aber bilden gar keinen modalen Gegensatz. Das Mögliche kann sehr wohl auch zufällig sein, und das Zufällige muß möglich sein.

Fügt man jetzt die Anordnung von Fig. 3 in die von Fig. 4 ein, so daß das Ganze dreidimensional wird, so bekommt man wiederum eine Gesamtkurve des Übergangs von der Notwendigkeit bis zur Unmöglichkeit hinab, die nunmehr unter Berücksichtigung dreier Gegensätzlichkeiten vier Zwischenstufen durchläuft. Die Zufälligkeit steht dabei in einer Dimension als Extrem da, in zweien als Grenzglied zwischen den Gegensätzen. Ganz eindeutig aber wird ihre Stellung in keiner der drei Dimensionen, am wenigsten in der der Bestimmtheit (Horizontale von Fig. 4); denn hier steht sie in einer Linie mit der Möglichkeit.

Das bedeutet für die Kurve eine Art Unbestimmtheit. Oder, im mathematischen Bilde gesprochen, die Kurve wird in einem gewissen Bezirk unstetig, und zwar in allen drei Dimensionen. Es ist daraus abzunehmen, daß die Zufälligkeit in den einzelnen Sphären noch eine recht verschiedene Rolle spielen kann. Denn der Platz, an dem sie steht, ist der Bezirk der Unstetigkeit. Damit ist ein Restproblem umrissen, das sich in der formalen (generellen) Betrachtung der Intermodalverhältnisse nicht weiter vortreiben läßt, das aber in der speziellen Modalanalyse der einzelnen Sphären sehr wohl weitere Klärung finden kann.

d. Die Stellung der Indifferenzen im formalen System der Modi.

Wichtiger aber ist, daß in dem Schema von Fig. 3 die modalen Indifferenzen sich einigermaßen zureichend ausdrücken lassen. In dem von Fig. 1 ließen sich nur die der Möglichkeit und die der Unwirklichkeit darstellen. Nach Einführung der Zufälligkeit in die Anordnung der Modi geht auch die dritte Indifferenz in dem Schema auf, die der Wirklichkeit (gegen Notwendigkeit und Zufälligkeit).

Eine Schwierigkeit freilich besteht noch darin, daß die Zufälligkeit gerade mitten „auf dem Strich" steht (auf dem vertikalen, der die Heterogeneität der Modi ausdrückt), also halb relationalen, halb absoluten Modalcharakter hat. Die Indifferenzen aber bestehen, wie gezeigt wurde, nur zwischen heterogenen Modi; sie gehen „über den Strich". Da nun Wirklichkeit indifferent gegen Notwendigkeit und Zufälligkeit ist, so würde auf diese Weise ihre Indifferenz nur in einem Gliede der Alternative „über den Strich" gehen, im anderen Gliede aber (bei der Zufälligkeit) nur gerade bis an den Strich heranführen.

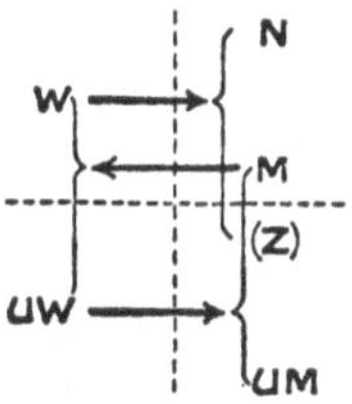

Fig. 5

Diese Schwierigkeit läßt sich beseitigen, wenn man die Zwitternatur der Zufälligkeit berücksichtigt. Es zeigte sich: als absoluter Modus ist sie positiv, als relationaler negativ; denn eben die Relationen sind in ihr negiert. Dasjenige Moment aber in der Zufälligkeit, gegen welches die Wirklichkeit indifferent ist, ist offenbar das negative, das Nichtnotwendigsein. Und dieses macht die relationale Seite an ihrem unstetigen Modalcharakter aus[1]). Man darf also im Hinblick auf die Indifferenz der Wirklichkeit die Zufälligkeit als negativen und zugleich relationalen Modus behandeln. Dann rückt sie aus ihrer Stellung im Kreuzungspunkt der Grenzstriche (Fig. 3) unter den Horizontalstrich zu den negativen Modi, und zugleich nach rechts vom Vertikalstrich zu den relationalen Modi (Fig. 5). Dann ist das Gesetz, daß modale Indifferenz nur zwischen heterogenen Modi besteht, d. h. „über den Strich geht", an der Wirklichkeit erfüllt; denn Notwendigkeit und Zufälligkeit stehen dann, von ihr aus gesehen, beide jenseits des Grenzstriches.

[1]) Die „Unstetigkeit" der Kurve im Bereich der Zufälligkeit würde sich in Fig. 3 und 5 als ein Schwanken des Ortes von Z um den Schnittpunkt der Grenzstriche darstellen, das sich schräg von links oben nach rechts unten hinzieht, d. h. von positiv absolutem Modalcharakter nach negativ relationalem hin. In Fig. 5 ist die untere Extremstellung von Z innerhalb dieses Unstetigkeitsbereichs gewählt.

In dem neuen Schema sind so die drei Indifferenzen zusammengefaßt, ausgedrückt durch die Pfeile und zugehörigen Klammern. Die Klammern entsprechen der zwischen den Gegengliedern der Indifferenz bestehenden Alternative; die Pfeile veranschaulichen das „Über-den Strich-Gehen". Die irreguläre Stellung der Zufälligkeit ist durch ihre Einklammerung angedeutet. Ihre Verschiebung ins negativ Relationale ist gerechtfertigt durch die Unstetigkeit der Kurve in ihrem Bereich. Die letztere selbst freilich läßt sich im Schema nicht mit ausdrücken. Der Sache nach also widerstreitet diese Anordnung der von Fig. 3 nicht. Nur die Einheitlichkeit der Übergangskurve (die symmetrische Schlangenlinie) ist gestört. Aber gerade sie ist fiktiv durch die schwankende Stellung der Zufälligkeit.

Im übrigen läßt sich bei solcher Umstellung auch das andere (qualitative) Gesetz der modalen Indifferenz vom Schema ablesen: daß jedesmal ein Modus gegen einen positiv heterogenen und einen negativ heterogenen Modus indifferent steht. Das kommt eindeutig darin zum Ausdruck, daß auch die Klammern alle „über einen Strich" gehen, nämlich über den horizontalen Grenzstrich, also mit ihrer Spannweite jedesmal einen positiven und einen negativen Modus umfassen.

Zweiter Teil

Die Modalität des realen Seins

I. Abschnitt

Die Realmodi und ihre Intermodalgesetze

12. Kapitel. Seinsmodi und Sekundärmodi.

a. Die Rolle der Intermodalverhältnisse.

Von den modalen Gegensätzen, die oben aufgezählt wurden (Kap. 5c) sind zwei noch nicht zur Geltung gekommen: der Gegensatz der Seinsmodi und Sekundärmodi, sowie der der Realmodi und Idealmodi. Der letztere spielt freilich unmittelbar nur innerhalb der Seinsmodi, aber er kehrt mittelbar unter den Sekundärmodi wieder, insofern die logischen Modi den Idealmodi eng verwandt sind, die Erkenntnismodi aber in erster Linie die der Realerkenntnis sind und daher auf die Realmodi bezogen dastehen.

Man kommt also mit diesen Gegensätzen auf das Modalproblem der Sphären, deren Vierzahl annähernd der Überschneidung beider Gegensatzpaare entspricht. Dieses Problem rückt nun in den Vordergrund, weil an ihm sich die Untersuchung in eine Reihe paralleler Aufgaben spaltet. Jede Sphäre verlangt eine eigene Modalanalyse. Solange sich die Betrachtung im Formalen hielt, war das zu vermeiden, obgleich auch dort schon auf Schritt und Tritt die Sphärenunterschiede sich geltend machten. Abarten der Aussage und der Einsicht haben mit solchen des Seins kaum mehr eigentliche Ähnlichkeit, sondern nur noch eine gewisse Analogie, sowie eine unverkennbare Bezogenheit aufeinander. Sie bedeuten nicht nur etwas anderes, sondern „sind" auch etwas anderes.

Sobald man die Beziehungen zwischen den Modi — die Intermodalverhältnisse — näher ins Auge faßt, wird es unmöglich, die Untersuchung einheitlich für alle Sphären durchzuführen. Denn gleich bei den ersten Schritten stellt sich heraus, daß diese Beziehungen in den Sphären nicht die gleichen sind. Man könnte freilich versuchen, die Modi getrennt zu betrachten, ohne die Intermodalverhältnisse einzubeziehen.

Aber das gerade erweist sich als ganz unmöglich. Es ist damit hier wie fast überall in der Kategorialanalyse: die Kategorien selbst sind weit schwerer faßbar als ihre Beziehungen zueinander; man muß notgedrungen von den letzteren ausgehen, um auf dem Umwege über sie die Kategorien als solche zu erfassen. Das Phänomen ihrer Kohärenz ist ihre zugängliche Seite, die einzelnen Glieder der Kategoriengruppe werden erst von ihr aus greifbar.

Bei den Modalkategorien kommt noch hinzu, daß sie überhaupt direkt schwer faßbar sind, weil sie im Absehen vom Inhaltlichen, d. h. von allem direkt Angebbaren, erfaßt werden müssen. So muß bei ihnen jeder Umweg willkommen sein. Das gilt insonderheit von den Fundamentalmodi, deren Abgelöstheit auch den Umweg über das konstitutive Gerüst, und folglich über Relationen von nicht modaler Art, ausschließt. Auf die Fundamentalmodi aber kommt letzten Endes alles an, weil die übrigen Modi innerlich und äußerlich auf sie relativ sind.

Die Intermodalverhältnisse also sind nicht identisch in den Sphären, und daraus allein resultiert schon eine gewisse Verschiedenheit der Modi selbst. Bedenkt man nun an dieser Stelle, auf welche Schwierigkeiten die Bestimmung der Sphären selbst und ihrer Seinsweisen stößt, so fällt auf das Gewicht dieser Verschiedenheit noch ein anderes Licht. Was ideales Sein „ist", und was reales Sein „ist", kann man auf keine Weise direkt angeben; sind aber die Modi beider Seinssphären verschieden, so kann man mittelbar aus ihrem Unterschiede den Charakter der Idealität und der Realität selbst entnehmen. Sind ferner die Modi ihrerseits mitsamt ihrer Verschiedenheit auch erst auf dem Umwege über die Intermodalverhältnisse faßbar, so rücken damit die Intermodalverhältnisse an den Ausgangspunkt einer Untersuchung, deren Konsequenzen schließlich einer Bestimmung der Seinsweise sowohl des Idealen wie des Realen zugute kommen müssen.

Dieser Ausblick ist ein so eminent ontologischer, so offensichtlich das Zentralproblem der Ontologie betreffender, daß man an ihm ohne weiteres versteht, warum die Lehre von der Modalität das Kernstück der Ontologie ausmacht.

Was die Intermodalverhältnisse selbst anlangt, so sind sie von dreierlei Art. Sie wurzeln in der Eigenart der einzelnen Modi, einen anderen Modus entweder zu implizieren, oder auszuschließen, oder sich indifferent gegen ihn zu verhalten. Diese drei Arten der Beziehung liegen aller weiteren Besonderung im Verhältnis der Modi zugrunde. Sie können einseitig oder auch gegenseitig zwischen je zwei Modi bestehen. Ihr Variieren im Verhältnis der Modi läßt eine beträchtliche Mannigfaltigkeit im Gesamtbilde ihres Systems zu.

Die drei Indifferenzen, die noch in der allgemeinen Betrachtung (diesseits der Spaltung) dargelegt werden konnten, sind bereits Beispiele von Intermodalverhältnissen. Das Gleiche gilt auch vom Verhältnis fundamentaler und relationaler Modi, wie das modale Grundgesetz es ausspricht. Nur ist hier ein großer Unterschied. Es wird sich zeigen, daß die Indifferenzen durchaus nicht in allen Sphären sich bewahrheiten, daß sie also wirklich mehr dem formalen Verhältnis der Modi anhaften als dem modalen Aufbau der Seinsweisen. Ganz anders das modale Grundgesetz; von ihm gibt es keine Abweichung und keine Ausnahme, wie verschieden sich auch die übrigen Intermodalverhältnisse gestalten mögen. Solches Durchgehen durch alle Sphären und Seinsweisen ist ein deutlicher Beweis, daß es sich um ein wirklich fundamentales Seinsgesetz handelt.

Beziehungen der genannten Art — solche also, die ausschließlich zwischen den Modi einer und derselben Sphäre bestehen, sollen im folgenden „Intermodalverhältnisse erster Ordnung", oder auch „einfache Intermodalverhältnisse" heißen. Die Gesetze, in denen sie sich aussprechen lassen, dürfen demnach als „Intermodalgesetze erster Ordnung" gelten. Sie bilden in jeder Sphäre ein in sich zusammenhängendes Gefüge „einfacher" Gesetze, dessen einzelne Glieder sich nicht isolieren lassen, sondern nur miteinander bestehen. Und je nach der Art dieses Gefüges in einer Sphäre zeigen auch die Modi selbst von Sphäre zu Sphäre ein anderes Gesicht.

Alle Beziehungen weiterer Art stehen in Abhängigkeit von den Intermodalgesetzen erster Ordnung. Denn über die „einfachen" Verhältnisse hinaus gibt es noch andere: solche, die zwischen den Modi einer Sphäre und denen einer anderen Sphäre bestehen. Diese sollen im folgenden „Intermodalverhältnisse zweiter Ordnung", oder auch „komplexe Intermodalverhältnisse" heißen. Die zugehörigen Gesetze, soweit sie sich eindeutig fassen lassen, die „Intermodalgesetze zweiter Ordnung", bilden das Grundgerüst des Zusammenhanges zwischen den Sphären; in ihnen also schließen sich die heterogenen Bereiche des Gegebenen zur Einheit zusammen. Die Zahl und Mannigfaltigkeit der komplexen Intermodalverhältnisse ist natürlich weit größer als die der einfachen; sie zur Übersicht zu bringen, ist eine weitläufige Aufgabe, die eine besondere Reihe von Untersuchungen (im IV. Teil der Modalanalyse) erfordern wird.

Diese Aufgabe läßt sich im heutigen Stadium der einschlägigen Probleme nicht bis zu Ende — d. h. nicht bis auf ein geschlossenes Gefüge von Gesetzen — durchführen. Gleichwohl hängt gerade an ihr die Klärung zahlreicher traditioneller Mißverständnisse, sowie die fruchtbare Behandlung sehr zentraler Probleme der Erkenntnistheorie, Ontologie und Metaphysik. In gewissen Grenzen darf man sagen, daß am Grade ihrer Bewältigung in weitem Maße das Schicksal der systematischen Philosophie in unseren Tagen hängt.

Für die Ermittelung und Bestimmung der Modi selbst aber, sowie für die Klarstellung der Seinsweisen, sind die komplexen Intermodalverhältnisse von untergeordneter Bedeutung. Sie dürfen daher in der Anordnung der Untersuchung solange zurückgestellt werden, bis die Modalität der einzelnen Sphären auf Grund der Intermodalverhältnisse erster Ordnung durchdiskutiert ist.

b. Variierende Vorzugsstellung der Modaltypen.

Wie tief der Sphärenunterschied, insonderheit der in ihm steckende Gegensatz der Primärmodi (Seinsmodi) und Sekundärmodi, in die Modalverhältnisse hineinspielt, dafür ist das Phänomen der Vorzugsstellung relationaler oder absoluter Modi ein greifbarer Beleg. Denn diese ist in den Sphären verschieden, und zwar offenkundig auf Grund des Sphärencharakters selbst verschieden. Die Vorzugsstellung bedeutet nicht ohne weiteres eine Überordnung über die anderen Modi, auch nicht die größere Bestimmtheit, sondern nur dieses, daß der betreffende Modus in der Sphäre dominiert, daß auf ihm das eigentliche Seinsgewicht der Sphäre liegt. Kenntlich ist das daran, daß die Gebilde der Sphäre vorwiegend in diesem Modus auftreten.

Am bekanntesten ist die Vorzugsstellung der Notwendigkeit in der logischen Sphäre. Die Welt des Logischen — wie sekundär immer sie in der Gesamtwelt dastehen mag — ist eine Domäne der Zusammenhänge. Die Folge, die Abhängigkeit, das Umfassen und Umfaßtsein sind ihre bevorzugten Phänomene. Isolierte Begriffe oder Urteile kommen in ihr nicht vor; nur die Abstraktion — der Mißbrauch der aus allem Zusammenhang herausgerissenen „Beispiele" in den Logikbüchern — hebt sie in eine scheinbare Selbständigkeit. Überall, wo es um echtes Gedankengut geht, besteht die logische Struktur in einem verzweigten, alles verbindenden Gefüge. Dem entspricht die Modalform der Konklusionen, die stets Notwendigkeit ist. Daneben spielt noch die Möglichkeit in Form der Widerspruchslosigkeit eine gewisse Rolle. Aber eben diese Form beweist, daß es sich in ihr um den sehr unbestimmten Modus der „disjunktiven" Möglichkeit handelt, der mehr das Negativum zur Unmöglichkeit bildet als das Vorhandensein von Bedingungen ausmacht.

Wirklichkeit und Unwirklichkeit tauchen zwar allenthalben in den Prämissen auf als affirmativ und negativ assertorisches Urteil. Aber die Logik hat es mit diesen direkt gar nicht zu tun. Die Geltung der

Prämissen steht außerhalb ihrer Kompetenz. Die Arten des Schlusses gewähren nur Notwendigkeit der Konklusion „auf Grund" der Prämissen, nicht die Gültigkeit der letzteren selbst. Das logische Gefüge setzt wohl die assertorische Geltung voraus, hat es aber mit ihr weiter nicht zu tun. Es bleibt ganz stehen beim Folgen oder Nichtfolgen. Es ist Gesetzlichkeit der Konsequenz. Darum dominiert hier die Notwendigkeit.

Einen so ausgesprochenen Vorzug eines Modus gibt es freilich nur im Logischen. Die ideale Seinssphäre verhält sich darin schon viel neutraler. Sie zeichnet nicht die Notwendigkeit allein aus, sondern den ganzen Typus der relationalen Modi. Sie ist eine reine Strukturensphäre, die Relation ist daher ihr eigentliches Element. Das Zugehörigsein zur Struktur einer „Wesenheit" ist Wesensnotwendigkeit, das Ausgeschlossensein von ihr ist Wesensunmöglichkeit, das Verträglichsein mit ihr ist Wesensmöglichkeit. Tatsächlich spielt hier die Möglichkeit sogar eine größere Rolle als die Notwendigkeit. Denn an der Widerspruchslosigkeit aller Wesenheiten — nicht nur in sich, sondern auch im Zusammenbestehen mit der ganzen Sphäre — hängt hier so gut wie alles.

Die Erkenntnissphäre dagegen erscheint in dieser Hinsicht gespalten. Im Bereich der Wahrnehmung, sowie aller ihr verwandten, direkt aufnehmenden Akte (auch der emotionalen), walten die absoluten Modi vor; die ihnen entsprechende Bewußtseinsform ist die Tatsachengewißheit. Je unreflektierter das Gegenstandsbewußtsein, um so reiner tritt dieser Modalvorzug in die Erscheinung, und um so weniger wird nach Möglichkeit und Notwendigkeit gefragt. Davon unterscheidet sich radikal das begreifende Erkennen. Begreifen kann man immer nur eines „aus" einem anderen, oder auf Grund eines anderen. Begreifen ist nur möglich im Zusammenhang und aus dem Zusammenhang heraus. Damit treten die relationalen Modi in den Vordergrund. Begriffen hat man eine Sache erst dann, wenn man außer ihrer Tatsächlichkeit auch ihre Möglichkeit und ihre Notwendigkeit erfaßt hat, resp. außer ihrem Nichtvorhandensein auch ihre Unmöglichkeit. Erkenntnisnotwendigkeit und Erkenntnismöglichkeit sind ausgesprochene Modi des begreifenden Erkennens.

Wäre in der Welt der Erkenntnisgegenstände (also des Seienden beider Sphären) alles zufällig, so wäre begreifendes Erkennen ein Ding der Unmöglichkeit, begreifendes Denken aber ein Gedankenspiel ohne Erkenntniswert. Als Domäne des Erkennens bliebe nur das Erfassen von Tatsachen übrig. Andererseits liegt hier auch der Grund für die ausgesprochene Vorherrschaft logischen Denkens in der Sphäre des Begreifens. Das Logische eben ist die reine Strukturgesetzlichkeit derjenigen Zusammenhänge, in denen die relationalen Modi ihren Spielraum haben.

Ganz anders wieder die Realsphäre. Sie zeigt ein deutliches Übergewicht der absoluten Modi. Auf Sein und Nichtsein, Wirklichkeit und Unwirklichkeit, kommt hier alles an. Selbst die Möglichkeit und die Notwendigkeit zeigen hier eine gewisse Betonung des hinter ihnen stehenden Fundamentalmodus (im Sinne der „dritten Relativität"): sie bestehen nur, sofern sie selbst „wirklich" sind, was sie sind. Und das bedeutet nicht nur, daß sie echte Möglichkeit und Notwendigkeit sind, sondern auch daß ihre Bedingungen Realwirklichkeit haben müssen. Das Wirklichsein macht das eigentliche Seinsgewicht des Realen aus. Damit hängt es zusammen, daß in der Realsphäre die negativen Modi nur eine untergeordnete — gleichsam mitlaufende — Rolle spielen; desgleichen daß in dieser Sphäre allein das Problem des Zufälligen eine gewichtige, ins Metaphysische gehende Rolle spielt. Denn wesensnotwendig ist das Reale als solches überhaupt nie. Seine Realnotwendigkeit aber ist wirklichkeitsbedingt.

c. Intermodale Unstimmigkeiten der traditionellen Stufenfolge.

Die Vorzugsstellung eines Modaltypus oder auch eines einzelnen Modus in einer Sphäre deckt sich zwar nicht mit seiner modalen Überordnung. Aber sie ist doch nicht ohne Einflüsse auf die Stufenfolge. Danach ist zu erwarten, daß die Anordnung der Modi, wie sie entsprechend der traditionellen Tafel zugrunde gelegt und in den dimensionalen Schemata (Kap. 11) festgehalten wurde, in den Sphären eine Umordnung erfahren wird. Die Unvermeidlichkeit der Umordnung kündet sich in gewissen Unstimmigkeiten jener Anordnung an, die überall da hervortreten, wo es sich nicht um logische Modalität allein handelt, sondern um Erkenntnis- und Seinsmodalität.

Ein klassisches Beispiel dafür liefern die Kantischen „Postulate des empirischen Denkens", die freilich nur die drei positiven Modi betreffen, in ihnen aber die logische Stufenfolge festhalten. Kant definiert so: 1. „Was mit den formalen Bedingungen der Erfahrung (der Anschauung und den Begriffen nach) übereinkommt, ist möglich". 2. „Was mit den materialen Bedingungen der Erfahrung (der Empfindung) zusammenhängt, ist wirklich". 3. „Dessen Zusammenhang mit dem Wirklichen nach allgemeinen Bedingungen der Erfahrung bestimmt ist, ist (existiert) notwendig".

Diese Bestimmungen haben weit über die Kantische Philosophie hinaus Anklang gefunden. Sie sind der Ausdruck gewisser stillschweigender Voraussetzungen, die fast überall gemacht werden, wo in einem positiv-wissenschaftlichen oder philosophischen Problemzusammenhang ein Stück modaler Überlegung auftaucht. Deswegen ist es wichtig, sich über sie als inhaltliche Thesen klar zu werden[1]).

Sie haben die Form von Definitionen. Schon das allein widerspricht dem Titelbegriff der „Postulate". Gemeint sind sie als Methodenprinzipien, Richtlinien des empirischen Denkens, dürfen also nur sagen, was bei bestimmtem Erfahrungsstande als möglich, wirklich und notwendig zu „gelten" habe, nicht was möglich, wirklich und notwendig „ist". Wäre dieser Sinn in ihnen streng festgehalten, so ließe sich ihnen wohl nur die Metabasis aus dem Bereich des Modalen in den des Konstitutiven vorwerfen. Diese Metabasis fällt ohne weiteres auf. In allen drei Definitionen machen die „Bedingungen der Erfahrung" den Beziehungspunkt der Übereinstimmung aus. Diese wiederum sind nach Kantischer Disposition einerseits „formale", andererseits „materiale" Inhaltsmomente, haben also mit Modalität nichts zu schaffen.

Aber der Anspruch der Postulate geht weiter. Sie sagen nicht nur, was für möglich, wirklich und notwendig zu „gelten" habe, sondern in aller Bestimmtheit, was möglich „ist", wirklich „ist", notwendig „ist". Damit erheben sie einen Anspruch, den bloße Beziehung auf Erkenntnisbedingungen nicht rechtfertigen kann. Die Möglichkeit des „Gegenstandes" ist von der Form der „Erkenntnis" abhängig gemacht; ebenso die Wirklichkeit des „Gegenstandes" von der Materie der „Erkenntnis", und Notwendigkeit des „Gegenstandes" von der Zusammenstimmung beider „Erkenntnis"-Momente. Solches Abhängigmachen ist nur unter Voraussetzung eines idealistischen Standpunktes angängig. Mit der leisesten Kritik am Standpunkt wird es illusorisch. Das gerade ist in hohem Maße fraglich, ob Erkenntnismomente überhaupt für Seinsmodalität aufkommen können. Jede unbefangene Prüfung zeigt, daß Seinsmodi etwas wesentlich anderes sind als Erkenntnismodi.

Ontologisch gesprochen: das Phänomen der Sphärendifferenz, das von Rechts wegen in jedem tragfähigen Erkenntnisbegriff schon vorausgesetzt sein sollte, ist ganz außer Acht gelassen. Wäre „Möglichsein" und „Wirklichsein" nichts als Bewußtsein der Möglichkeit und Bewußtsein der Wirklichkeit, so gäbe es überhaupt keine anderen Modi als die Bewußtseinsmodi. Das widerstreitet schon dem Unterschiede, den hier sowohl die naive als auch die wissenschaftliche Auffassung macht. Beide nämlich wissen sehr genau, daß in der realen Welt sehr vieles möglich „ist" und wirklich „ist", was keineswegs als möglich oder wirklich „erkannt wird", ja vielleicht nicht einmal als solches „erkennbar ist". Dafür ist nach den Kantischen Definitionen schlechterdings kein Raum.

[1]) Es ist im Punkt 9 der Einleitung bereits auf ihre Zweischneidigkeit in erkenntnistheoretischer Hinsicht hingewiesen worden. Jetzt aber handelt es sich um ihren Anspruch auf ontologische Geltung.

Darüber hinaus bleibt auch die Zuweisung der Modalunterschiede an den Gegensatz von Form und Materie fraglich. Für die Erkenntnismodi hat sie eine bedingte Berechtigung, weil die relationalen Momente der Erkenntnis in ihrer Form liegen, die materialen aber eine absolute Gegebenheitsweise haben. Für Seinsmodi aber kann das nicht zutreffen, weil Formmomente an allem Seienden dieselbe Wirklichkeit, Möglichkeit oder Notwendigkeit haben wie die Substrate, an denen sie bestehen.

d. Aporetik der Kantischen Modalbegriffe.

Die Aporien, die an den genannten Unstimmigkeiten hängen, lassen sich in folgende vier Punkte zusammenfassen.

1. Wenn Wirklichkeit an der Erkenntnismaterie allein hängt, Möglichkeit aber an der Erkenntnisform allein, so muß offenbar vieles wirklich sein können, was nicht möglich ist. Denn eine Gewähr dafür, daß mit der Materie nur übereinkommt, was auch mit der Form übereinkommt, ist weder in der Erkenntnis noch sonstwo gegeben. Und selbst wenn sie gegeben wäre, so sprächen doch die beiden ersten Postulate sie nicht aus. Nach ihnen also bliebe in der Tat ein Wirkliches zulässig, das gar nicht möglich wäre.

2. Was in keinem Zusammenhang mit der Wahrnehmung stünde, könnte nicht wirklich sein, auch wenn es mit allen Formen, den allgemeinen wie den speziellen (etwa den Naturgesetzen) übereinstimmte, ja von ihnen gar gefordert wäre. Materielle Körper im Weltraum oder ganze Systeme von solchen, wenn sie dem Wahrnehmungszusammenhang entrückt sind, müßten deswegen unwirklich sein; und noch viel mehr würde das vom geistigen Sein jeder Art gelten. Daß etwas wirklich sein könnte, was nicht wahrnehmbar oder aus Wahrnehmbarem erschließbar wäre, ist hier von vornherein in Abrede gestellt.

3. Wenn Notwendigkeit im Zusammenhang mit dem Wirklichen nach allgemeinen Bedingungen der Erfahrung bestehen soll, so kann dasjenige, was nicht auf einen Zusammenhang mit Wahrgenommenem zurückgeht, nicht notwendig sein. Verhältnisse der reinen Mathematik könnten also nicht notwendig sein, ebensowenig a priori einsichtige Sachverhalte. Das ist nicht einmal mit Kants eigenen Anschauungen über synthetische Urteile a priori in Einklang zu bringen. Die Notwendigkeit ist hier wirklich nur als die des „empirischen Denkens" gefaßt; sie ist so nicht einmal Modus alles Erkennens, geschweige denn ein Modalcharakter des Seins.

4. Wenn Wirklichkeit nur die eine Hälfte der Notwendigkeitsbedingungen erfüllt (den Zusammenhang mit der Wahrnehmung), so ist offenbar das Wirkliche als solches zufällig. Das geht wohl in einem

grob indeterministischen Weltbilde an, aber nicht im Kantischen, welches restlos von Gesetzlichkeiten durchwaltet wird. In einer Welt, in der das Wirkliche nicht nur nicht als notwendig erkannt wird, sondern auch nicht notwendig „ist", hat es überhaupt keinen Sinn, nach Gesetzen auch nur auszuschauen. Gesetzlichkeit setzt irgend eine Form von Notwendigkeit des Wirklichen voraus.

Was an diesen Aporien zum Ausdruck kommt, ist nicht die Schiefheit der Kantischen Modalbegriffe allein, auch nicht bloß die Einseitigkeit des erkenntnistheoretischen Dualismus, sondern die grundsätzliche Verfehlung der Seinsweisen als solcher. Dieser Vorwurf trifft mutatis mutandis jede Fassung, die den gleichen Dreischritt der Stufenfolge in einer Seinssphäre durchführen will. Es ist von Hause aus falsch, das Möglichsein von etwas auf seine bloße Zulässigkeit unter gewissen Prinzipien der Erfahrung zurückzuführen, desgleichen das Wirklichsein auf Gegebenheit zu beziehen. Und doppelt falsch ist es, das Notwendigsein als eine Synthese beider Bezogenheiten zu verstehen.

Denn weder ist Notwendigkeit eine Summe aus Möglichkeit und Wirklichkeit, noch setzt sie die Bedingungen von deren Erkennbarsein voraus. Sie ist ein durchaus anderer Modus als jene, und ihre tatsächliche Beziehung zu ihnen ist eine ganz andere als die der Zusammenfassung. Das zeigt sich, sobald man von der Relationalität ausgeht, die sie mit der Möglichkeit gemeinsam hat.

13. Kapitel. Die Realmodi und das Modalbewußtsein.

a. Ontologische Durchbrechung der traditionellen Stufenfolge.

Die traditionelle Stufenfolge hat sich für die Seinssphären als unzureichend erwiesen. Es muß ein prinzipieller Fehler in ihr sein; das ist leicht zu sehen. Schwer aber wird es, anzugeben, wo der Fehler steckt.

Die Schwierigkeit wird nicht geringer dadurch, daß in der alten Stufenfolge offenbar auch etwas Richtiges liegt, das von der Kritik nicht berührt wird: die Tatsache der Heterogeneität unseres Wissens um Wirklichkeit einerseits, Möglichkeit und Notwendigkeit andererseits. Es bleibt also die Bezogenheit des Wirklichkeitsbewußtseins auf Wahrnehmungsgegebenheit bestehen. Wodurch schließlich wissen wir überhaupt von der Existenz der Dinge, wenn nicht durch Wahrnehmung? Insofern behält Kants zweites Postulat Recht. Hieran wird auch wenig geändert, wenn man sieht, daß hinter der Wahrnehmung noch die ganze Reihe der transzendenten Akte steht.

Dagegen bleibt die Frage übrig: warum sollte das Wirklichsein denn überhaupt auf Gegebenes beschränkt sein? Es läßt sich ja vielmehr schon rein a priori aufs deutlichste einsehen, daß es Wirkliches geben kann in der Weite der realen Welt, von dem wir durch keinerlei Gegebenheit Kenntnis haben noch erlangen können, weder durch Wahrnehmung noch durch einen anderen der primär transzendenten Akte. Im Modalcharakter des „Wirklichseins" liegt weder das Erkanntsein noch die Erkennbarkeit überhaupt. Und auf die reine Fassung des Modalcharakters allein kommt es jetzt an, nicht auf Gegebenheit und Erkennbarkeit.

Wie mit der Wirklichkeit, so ist es auch mit der Möglichkeit und Notwendigkeit. Daß etwas mit den formalen Bedingungen der Erfahrung übereinkomme, genügt wohl, ein Möglichkeits-Bewußtsein auszumachen, nicht aber ein Möglich-Sein der Sache auszulösen. Im Realzusammenhange kann die Sache deswegen sehr wohl noch unmöglich sein, nämlich in dem Falle, daß die Reihe ihrer Realbedingungen unvollständig ist. Diese Realbedingungen aber können ganz außerhalb des Bereichs jener „formalen Bedingungen der Erfahrung" liegen.

Und ebenso: wenn der Zusammenhang einer Sache mit dem Wahrgenommenen nach allgemeinen Erfahrungsgesetzen bestimmt ist, da genügt das wohl für ein gewisses Bewußtsein der Notwendigkeit, nicht aber für das reale Notwendigsein der Sache selbst. Das reale Notwendigsein hängt an realen Gründen, und diese determinieren unabhängig davon, ob sie durch Erfahrungsgesetze im Zusammenhang mit Wahrgenommenem stehen oder nicht. Notwendig „sein" kann etwas auch, wenn es nicht als notwendig erkannt wird; ja, auch wenn es gar nicht erkannt wird.

In diesen Überlegungen, so einfach sie sein mögen, wendet sich die Frage nach den Modalstufen ganz eindeutig vom Erkenntnistheoretischen ins Ontologische. Die traditionelle Stufenordnung wird in ihrer Sphäre nicht einmal bestritten. Nur die Seinsverhältnisse der Realsphäre heben sich dagegen ab. Dem alten Rationalismus lag nichts näher, als Erkenntnisstufen mit Seinsstufen zu identifizieren; der Idealismus vollends kann das gar nicht vermeiden, und die Mehrzahl der neueren Richtungen — bis auf den im Formalismus erstickten Positivismus herab — haben es ihm nachgemacht. Sie wußten es nicht besser. Erst der ontologische Gehalt des Modalproblems durchbricht diese längst zwangsläufig gewordene Verfestigung einer vereinfachten Denkweise. Seinsverhältnisse fügen sich weder den Forderungen der Vernunft noch der Gesetzlichkeit des Bewußtseins.

b. Beweis der Heterogeneität von Bewußtseins- und Seinsmodi.

So beginnen sich die Realmodi vom Modalbewußtsein abzulösen. Und mit dem Einsetzen dieser Ablösung öffnet sich ein weites Feld ontologischer Einsichten, die nun erst zu gewinnen sind. Das kann nicht mit einem Schlage geschehen; die Durchführung vielmehr ist identisch mit dem ganzen Umfang der nun bevorstehenden Modalanalyse des Realen.

Daß etwas für die Erkenntnis als „wirklich" — also etwa als gegebene Tatsache — gelten kann, ohne daß es als „notwendig" erkannt wäre, ist in keiner Weise bestreitbar. Aber es folgt daraus durchaus nicht, daß es auch „wirklich" sein kann, ohne „notwendig zu sein". Die Seinsnotwendigkeit eben kann unerkannt sein, wo die Seinswirklichkeit erkannt ist. Sie kann in unerkannten Seinszusammenhängen wurzeln. Und in der Mehrzahl der Fälle wird dem so sein.

Ebenso, daß etwas als „wirklich" erkannt wird, ohne daß man einsähe, wie es „möglich" ist, bildet im Leben wie in der Wissenschaft eine sehr gewöhnliche Sachlage. Wir kennen diese Sachlage an allen irgendwie komplizierten oder auch nur neuartigen Erscheinungen. Aber sie bedeutet selbstverständlich nicht, daß die Sache „wirklich ist", ohne „möglich zu sein". Die Seinsmöglichkeit eben kann unerkannt sein, wo die Seinswirklichkeit für das Bewußtsein vollkommen feststeht. Sie kann in unbekannten, und vielleicht gar in unerkennbaren Seinsbedingungen wurzeln. Die Sache erscheint uns dann als „rätselhaft" oder „wunderbar"; genau so wie sie im ersteren Falle (bei unerkannter Notwendigkeit) als „zufällig" erscheint.

Hierin liegt der strenge Beweis für die Heterogeneität zwischen Seinsmodalität überhaupt (Realmodalität im Speziellen) und Bewußtseinsmodalität jeder Art (Erkenntnismodalität im Speziellen). Die Stufen der einen fallen mit denen der anderen nicht zusammen, ja sie entsprechen einander auch nicht, und zwar weder am einzelnen Modus noch auch an den Intermodalverhältnissen. Man muß also die Seinsmodalität unabhängig von der Erkenntnismodalität untersuchen.

In diesem Verhältnis spiegelt sich deutlich die wohlbekannte Beziehung von ratio cognoscendi und ratio essendi. Man kann nie mit Gewißheit aus der ersteren auf die letztere schließen, sie braucht ihr nicht analog zu sein. Was in der einen Grund ist, kann in der anderen Folge sein, und umgekehrt. Genau so ist es bei den Modi. Die Möglichkeit, die im Sein Bedingung der Wirklichkeit ist, kann in der Erkenntnis der Wirklichkeit fehlen, denn sie kann unerkannt sein. Das formale Wissen, daß das als wirklich Erkannte auch irgendwie möglich sein muß, ändert hieran nichts.

So ist denn zu erwarten, daß sich für die Seinssphären auch eine andere Modalfolge ergeben wird als in der Erkenntnis, entsprechend den veränderten Bedeutungen und gegenseitigen Abhängigkeiten der Modi. Denn die Seinsmodi bedeuten überhaupt kein Modalbewußtsein, und die Bewußtseinsmodi keine Modi des Seins.

c. Modalgegensätze und Modalstufenfolge des Realen.

Alle Einteilung beruht auf dem Gegensatz. Unter den Dimensionen des modalen Gegensatzes bleibt nun offenbar die der positiven und negativen Modi vom Gegensatz der Sphären unberührt. An ihr also ist beim Übergang zu den Realmodi nichts zu modeln. Nur die Zufälligkeit steht in dieser Hinsicht unbestimmt da. Doch kann gerade sie einstweilen aus dem Spiel bleiben, weil sie als Grenzmodus nur das Ganze der Sphäre betrifft, nicht das besondere Reale innerhalb ihrer.

Anders ist es mit dem Gegensatz der fundamentalen und relationalen Modi. Geht man von der Wirklichkeit als dem positiven Fundamentalmodus aus — sie ist, wie sich zeigte, in der Realsphäre ohnehin der dominierende Modus —, so zeigt ihre Gegensatzanalyse in bezug auf die beiden anderen positiven Modi ein negatives Bild. Wirklichkeit steht weder zur Notwendigkeit noch zur Möglichkeit in eigentlicher Gegensatzbeziehung. Nur ihre Absolutheit steht zu der jenen beiden gemeinsamen Relationalität in Gegensatz. Aber das ist nur ein Gegensatz des Modaltypus, nicht der einzelnen Modi selbst. Der einzige strenge Gegensatz zum Wirklichsein liegt beim Unwirklichsein, also innerhalb des gleichen Modaltypus. Das Unwirkliche nun bedeutet, formal genommen, weder ein notwendig Unwirkliches noch ein zufällig Unwirkliches; es kann wohl jedes von diesen bedeuten, und zwar ohne daß sich sein modaler Sinn verschöbe, braucht es aber nicht. Es steht indifferent zu Unmöglichkeit und Möglichkeit.

Es ist aber nicht so, daß deswegen auch das Wirkliche indifferent zu ihnen stünde. Das Unmögliche wenigstens kann nicht wirklich sein. Was wirklich ist, muß zum mindesten möglich sein. Man kann das Indifferenzverhältnis nicht unverändert vom negativen auf den positiven Modus übertragen. Es schlägt in ein anderes um. Aber das neue Verhältnis ist ein positives und von ganz anderer Art: ein Verhältnis der Abhängigkeit, oder der Implikation. Ein solches Verhältnis besteht nur zu einem Gegengliede, nicht zu zweien; im genannten Falle zur Möglichkeit.

Hält man dieses zum Vergleich fest und tritt nun an die intermodale Stellung der Möglichkeit heran, so wird ihre enge Zusammengehörigkeit mit der Notwendigkeit sofort sichtbar. Und dann wiederum wird die gemeinsame Stellung beider zum absoluten Modus (der Wirklichkeit) durchsichtig.

Die Möglichkeit nämlich steht in struktureller Gegensatzbeziehung zur Notwendigkeit. Auf diesen Gegensatz ist man nach den oben aufgezählten Dimensionen nicht gefaßt; er geht in keiner von ihnen auf, ist auch in keiner der traditionellen Fassungen zu seinem Recht gekommen.

Er ist denn auch von eigenartig komplexer Struktur; er läßt sich am einfachsten als ein Doppelgesetz aussprechen: das Fehlen der Notwendigkeit bedeutet unmittelbar eine Art von Möglichkeit, und das Fehlen der Möglichkeit bedeutet unmittelbar eine Art von Notwendigkeit. Nämlich: das Nichtnotwendigsein (von A) ist negative Möglichkeit (Möglichkeit von non-A, also das negative Glied der disjunktiven Möglichkeit); und das Nichtmöglichsein (von A) ist negative Notwendigkeit (Notwendigkeit von non-A).

Beide Sätze sind in dieser Form auch der Logik wohlbekannt. Das wird evident, wenn man die enge Zusammengehörigkeit von Notwendigkeit und Gattungsallgemeinheit im Urteil zum Ausgangspunkt nimmt. Wenn „S a P" gilt, so ist notwendig jedes einzelne S auch P; gilt aber „S a P" nicht, so fällt diese Notwendigkeit hin, ein einzelnes S „kann" dann auch non-P sein. Nichtnotwendigsein ist negatives Möglichsein. Und ebenso wenn „S i P" gilt, so „kann" ein einzelnes S wohl P sein; gilt es aber nicht, so gilt „S e P", und kein einzelnes S kann P sein. Die Negation der Möglichkeit ist negative Notwendigkeit.

d. Die Spaltung der Realmöglichkeit.

In der logischen Sphäre nimmt sich dieses Verhältnis sehr harmlos aus. Denn hier gibt es die disjunktive Möglichkeit: Möglichkeit des Seins schließt stets auch Möglichkeit des Nichtseins ein, und umgekehrt. Es gibt hier nur die Doppelmöglichkeit von P und non-P. Ist also die Nichtnotwendigkeit unmittelbar die Möglichkeit des Nichtseins, so ist sie mittelbar auch die Möglichkeit des Seins. Das aber ändert sich auf ontisch realem Boden.

In der Realsphäre gibt es keine disjunktive Möglichkeit. Sonst könnte das, was wirklich ist, nicht möglich sein: im Wirklichsein eines A eben besteht die Möglichkeit von non-A nicht mehr, sie würde ihm widersprechen. Die Realmöglichkeit ist zum mindesten indifferente Möglichkeit; d. h. sie muß es wenigstens zulassen, daß A zugleich wirklich sei. Anders kann sie sich im Wirklichsein von A nicht erhalten; und das muß sie, wenn das Wirkliche nicht „unmöglich" sein soll (vgl. Kap. 3, a und c).

In der Sphäre des realen Seins also ist die Möglichkeit von A und die von non-A nicht eine und dieselbe. Es sind zwei verschiedene Möglichkeiten, ein positiver und ein negativer Modus, die in bezug auf denselben Sachverhalt A nicht zusammenbestehen können. Sie schließen einander aus, genau so wie Wirklichkeit und Unwirklichkeit einander ausschließen. Das findet seine Bestätigung im inhaltlichen Charakter der Realmöglichkeit. Sie besteht, wie gezeigt wurde, in der Reihe der realen Bedingungen; und diese machen erst, wenn sie alle bis zur letzten erfüllt sind, den Sachverhalt A möglich. Solange eine fehlt, ist A nicht möglich. Sind sie aber alle beisammen, so ist non-A nicht möglich.

Unter solchen Umständen gewinnt das modale Grundgesetz, das die relationalen Modi von den absoluten scheidet, noch eine besondere Bedeutung. Es erweist sich als unmöglich, die Wirklichkeit in der Stufenordnung der Modi zwischen Möglichkeit und Notwendigkeit einzureihen, desgleichen die Unwirklichkeit zwischen negativer Möglichkeit und Unmöglichkeit. Man muß mit der Sonderstellung der Fundamentalmodi Ernst machen, und zwar nicht nur in der Weise, daß man sie, wie oben geschehen, dimensional den relationalen entgegensetzt, sondern auch durch eine radikale Umordnung der Modi ihrer modalen Höhe nach. Man muß die Wirklichkeit entweder unterhalb der Möglichkeit oder oberhalb der Notwendigkeit, die Unwirklichkeit entweder oberhalb der negativen Möglichkeit oder unterhalb der Unmöglichkeit stellen. Die beiden Fundamentalmodi kommen dann entweder dicht nebeneinander (am horizontalen Grenzstrich) zu stehen, oder aber so weit auseinander, daß sie mit ihrer Spannweite die ganze Reihe der relationalen Modi umfassen. Welche von beiden Stellungen die angemessene ist, wird sich noch zeigen.

Daß hierbei die Indifferenzgesetze verletzt werden, darf einen nicht irremachen. Die Indifferenzen sind nur formale Verhältnisse; ihre Geltung hing an der traditionellen Stufenfolge der Modi. Das aber steht nun gerade in Frage, ob die Eigenart der Realsphäre nicht diese Stufenfolge durchbricht und die aus ihr übernommenen Bedeutungen der Modi, sowie ihre Intermodalgesetze wesentlich abändert.

Die Sachlage ist ja überhaupt die, daß man erst mit der genaueren Untersuchung der Intermodalverhältnisse einer bestimmten Sphäre erstmalig in die kategoriale Analyse der Modi eintritt. Alles, was man vor dieser Untersuchung an hergebrachten Bestimmungen übernimmt — und dazu zählt auch alles, was generell (diesseits der Aufspaltung nach Sphären) am formalen Charakter der Modi ausgemacht wurde —, muß einstweilen im Verdacht stehen, Vorurteil zu sein. Es muß in jeder Sphäre von neuem der Prüfung unterworfen werden.

14. Kapitel. Übersicht der Intermodalgesetze des Realen.

a. Die Äquivalenzen der relationalen Modi.

Aus dem Gesagten läßt sich eine neue Reihe von Konsequenzen ziehen, mit denen wir direkt in die Diskussion der Intermodalverhältnisse des Realen eintreten. Die erste Reihe dieser Konsequenzen knüpft an die Gegensatzbeziehung von Möglichkeit und Notwendigkeit an, wie sie soeben (Kap. 13 c) entwickelt wurde.

Es ist kein direkter Gegensatz. Erst durch ihre negativen Gegenstücke treten diese Modi in Gegenstellung zueinander. Das kontradiktorische Gegenteil der Möglichkeit fällt unter das genus der Notwendigkeit (Unmöglichkeit ist negative Notwendigkeit); und das kontradiktorische Gegenteil der Notwendigkeit fällt unter das genus der Möglichkeit (Nichtnotwendigsein ist negative Möglichkeit).

Wendet man dieses Gegensatzverhältnis ins Positive, so läßt es sich in Form von Äquivalenzgesetzen aussprechen. Es ist je ein negativer Modus einem positiven äquivalent, sofern das Moment der Negation auf den absoluten Modus überspringt, auf den der relationale relativ ist (im Sinne der inneren Relativität). Relativ nämlich kann sowohl die Möglichkeit als die Notwendigkeit ebensogut auf Wirkliches (A) wie auf Unwirkliches (non-A) sein. Die beiden ersten Äquivalenzen nehmen demnach folgende Form an:

1. Negation der Möglichkeit von A ist Notwendigkeit von non-A;
2. Negation der Notwendigkeit von A ist Möglichkeit von non-A.

Hinter dem Gegensatzverhältnis tut sich ein sehr positives auf, eine sehr enge und ursprüngliche Bezogenheit der beiden positiv relationalen Modi aufeinander, und zwar auf dem Umweg über ihre negativen Gegenglieder; denn die Notwendigkeit von non-A ist Unmöglichkeit von A, und Möglichkeit von non-A ist das negative Glied der gespaltenen Möglichkeit, das nunmehr als selbständiger negativer Modus dasteht.

Das Verhältnis intensiviert sich aber noch, wenn man den Gegensatz von seiner negativen Seite aus faßt. Geht man nämlich bei der Negation beider Modi von innerer Relativität auf ein Unwirkliches (non-A) aus, so ergeben die Äquivalenzen die positiven Modi von A:

3. Negation der Möglichkeit von non-A ist Notwendigkeit von A;
4. Negation der Notwendigkeit von non-A ist Möglichkeit von A.

Diese Sätze sind um ihres eminent positiven Resultats willen von größerem Gewicht als die beiden ersten. Der erste von ihnen (3) ist denn auch in der Logik wohlbekannt, dadurch daß auf ihm der apagogische Schluß beruht. Aber es ist nicht das Schließen allein, was hier in Frage steht. Vielmehr ist mit diesen Äquivalenzgesetzen der Anfang zur Ermittelung der Intermodalverhältnisse des Realen gemacht. Sie stehen den formalen Gesetzen noch nah, erinnern in der Form an sie. Aber ihre Tragweite ist bereits eine größere.

Zu der formalen Symmetrie selbst, die in den Äquivalenzgesetzen auffällt, sei noch bemerkt, daß sie auf der Spaltung der Möglichkeit beruht. Diese Gesetze können also nur für solche Sphären gelten (es braucht nicht die Realsphäre allein zu sein), in denen die Möglichkeit nicht disjunktiv ist. Durch die Spaltung bekommen wir an Stelle von dreien vier relationale Modi, zwei positive und zwei negative (Fig. 6); es sind zwei Notwendigkeiten und zwei Möglichkeiten, je eine positiv und eine negativ. Die beiden Notwendigkeiten sind gleichbedeutend mit je einer Unmöglichkeit (der des kontradiktorischen Gegenteils). Jeder der vier Äquivalenzsätze nun geht von der Negation je eines dieser Modi aus: die Negation je einer Möglichkeit erweist sich als äquivalent mit je einer Notwendigkeit, die Negation je einer Notwendigkeit mit je einer Möglichkeit. Alle vier Äquivalenzen gehen über den Grenzstrich der positiven gegen die negativen Modi. Dieses symmetrische Verhältnis beruht offenbar darauf, daß je zwei von den vier Modi kontradiktorisch zueinander stehen, so daß sie nicht nur unter den Satz des Widerspruchs, sondern auch unter den Satz vom ausgeschlossenen Dritten fallen. Es stehen je eine Möglichkeit und eine Notwendigkeit, durch den Strich geschieden, so zu einander, daß notwendig eine von beiden bestehen muß. Das eine Paar ist M von A und N von non-A, das andere M von non-A und N von A. Die vier Äquivalenzgesetze sind nichts als die Explikation dieses einheitlichen Verhältnisses. Ihre Einheitlichkeit ist kein Zufall. Aber das ontologische Gewicht der Sache liegt nicht bei ihr, sondern in Konsequenzen sehr anderer Art.

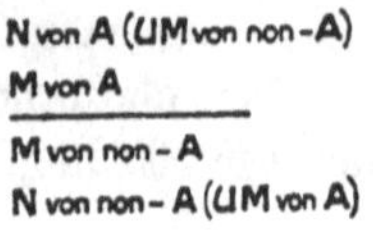

Fig. 6

b. Die Stellung der Fundamentalmodi in der Realsphäre.

Daß der Kreis der modalen Äquivalenzen mit diesen vier Gesetzen geschlossen ist, zeigt besser als alles andere die Homogeneität der relationalen Modi. Die Wirklichkeit und ihr Gegenstück, die Unwirklichkeit, stehen außerhalb dieses Kreises. Sie haben ihre eigene Gegensätzlichkeit, und zwar eine direkte und einfache, die niemals von sich aus auf die relationalen Modi übergreift, sondern ganz innerhalb der fundamentalen (in Fig. 1, links vom Strich) bleibt. Negation der Wirklichkeit ist immer nur Unwirklichkeit, und Negation der Unwirklichkeit immer nur Wirklichkeit. Erst durch ihr Enthaltensein in den relationalen Modi — im Sinne von deren „innerer Relativität" auf die fundamentalen — greifen sie auf die weiteren Gegensätze und Äquivalenzen über.

An dieser Außenstellung der absoluten Modi ändert es nichts, daß die relationalen auf sie relativ sind, daß also jenes A und non-A, um deren Möglichkeit und Notwendigkeit es in den Äquivalenzen geht, verkürzte Symbole für ein Wirkliches und Unwirkliches sind. Diese Relativität besagt nur das Vorausgesetztsein der absoluten Modi in den relationalen, nicht einen Gegensatz, der Äquivalenz nach sich ziehen könnte. Sie reißt den Grenzstrich der Heterogeneität nicht ein. Sie vielmehr richtet ihn auf. Denn eben relativ auf Wirklichkeit und Unwirklichkeit sind nur die relationalen Modi [1]).

Diese Sachlage wirft ein neues Licht auf die Schiefheit der üblichen Einreihung der Wirklichkeit zwischen Möglichkeit und Notwendigkeit, der Unwirklichkeit zwischen Möglichkeit und Unmöglichkeit. Beide sind ontologisch keine Mittelstufen. Für die Realsphäre stimmt es nicht, wenn man Wirklichkeit für „mehr" als Möglichkeit, aber „weniger" als Notwendigkeit gelten läßt; sie hat dafür weder genügende Homogeneität noch genügende Gegensätzlichkeit zu beiden. Sie fällt in ein anderes genus der Seinsart. Sie ist, wie sich schon zeigte, entweder oberhalb oder unterhalb beider einzusetzen. Und da sie unterhalb der Möglichkeit offenbar nicht stehen kann — denn Möglichkeit ist in ihr vorausgesetzt —, so bleibt nur das eine übrig: in der Realsphäre kommt die Wirklichkeit oberhalb der Notwendigkeit zu stehen. So wenigstens muß man es erwarten.

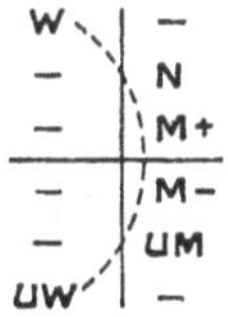

Fig. 7

Und dasselbe ist bei der Unwirklichkeit zu erwarten. Auch sie wird nicht zwischen (negativer) Möglichkeit und Unmöglichkeit stehen dürfen, sondern nur oberhalb oder unterhalb beider. Und da sie oberhalb der Möglichkeit (auch der negativen) nicht stehen kann — denn sie ist offensichtlich negativer als diese —, so bleibt nur das eine übrig: in der Realsphäre muß die Unwirklichkeit unterhalb der Unmöglichkeit zu stehen kommen. Sie steht dann als der niederste Seinsmodus, der am reinsten negative und zugleich in seiner Negativität bestimmteste da.

Es muß indessen an dieser Stelle in aller Klarheit ausgesprochen werden, daß beide Sätze — resp. beide Umstellungen, die der Wirklichkeit, wie die der Unwirklichkeit — mit den voraufgehenden Überlegungen noch keineswegs erwiesen sind, daß sie vielmehr ihres Erweises noch harren. Und sie sind viel zu gewichtig, als daß man sich bei ihnen mit einem formalen Kalkül der „Anordnung" begnügen könnte. Was die in Fig. 7 dargestellte Anordnung rein äußerlich ausdrückt, ist nichts Geringeres als die Grundlage der Realontologie. Es ist der Ausgangspunkt zur Beantwortung der großen Frage, was eigentlich Realität ist.

---

[1]) Freilich gibt es im Sinne einer Staffelung der Modi sowohl W von A und W von non-A als auch UW von A und UW von non-A; und auch von diesen sind je zwei kreuzweise einander äquivalent. Aber da es sich hier nur um zwei Grundmodi handelt, so kommt dabei nichts als das Gesetz der duplex negatio heraus. Äquivalenzen solcher Art sind nichtssagend und dürfen hier aus dem Spiel bleiben.

Wer das Schema von Fig. 7 mit den oben gebrachten Schemata (Fig. 1, 3 und 5) vergleicht, kann sich davon vielleicht zum voraus ein Bild machen. Die Möglichkeit ist aufgelöst in zwei Modi, einen positiven und einen negativen (M + und M —). Die Schlangenlinie des Überganges in der zweidimensionalen Anordnung ist verschwunden; an ihre Stelle ist eine viel einfachere Übergangslinie getreten, die den vertikalen Grenzstrich nur zweimal überschreitet und auf dem Wege von der Unwirklichkeit aufwärts bis zur Wirklichkeit die ganze Reihe der relationalen Modi zusammenhängend durchläuft. Für die Indifferenzen ist in dieser Anordnung kein Raum; man könnte keine von ihnen eindeutig unterbringen. Das bedeutet ontologisch das Auftreten einer ganzen Reihe sehr eigenartiger Intermodalverhältnisse. Diese aber sind es, die erst noch herauszuarbeiten und zu erweisen sind. An ihnen allein hängt die Stichhaltigkeit der neuen Anordnung, und zugleich mit ihr die Grundlage der Realontologie.

c. Der erste Grundsatz der realen Intermodalverhältnisse.

Die Intermodalverhältnisse des Realen, um deren Übersicht — nicht Erweis — es sich jetzt handelt, lassen sich in drei Grundsätzen zusammenfassen. Ihr ontologischer Gehalt freilich kommt in diesen Grundsätzen nur verdeckt zum Ausdruck. Er bedarf der Auseinanderlegung in Folgesätze. Er weicht von aller hergebrachten Auffassung weit ab, mutet in manchen Stücken höchst paradox an. Gerade die paradoxen Folgesätze aber sind es, auf denen das eigentliche Gewicht der Sache ruht. Da der Nachweis dieser Sätze umständlich ist, so empfiehlt es sich, sie selbst einstweilen unerwiesen aufzuzählen und den Erweis einer gesonderten Untersuchung vorzubehalten.

Es sind, wie gezeigt wurde, drei Arten der Beziehung zwischen verschiedenen Modi einer und derselben Sache möglich: Ausschließung, Implikation und Indifferenz. Ein Modus kann einen anderen negieren (von sich ausschließen), er kann ihn fordern (voraussetzen oder nach sich ziehen), und er kann sich mit ihm auch vertragen, ohne ihn zu fordern. Ausschließung nun ist offenbar gegenseitig, Implikation und Indifferenz können auch einseitig auftreten. Ein Modus X kann einen Modus Y voraussetzen, ohne daß dieser ihn voraussetzte; Y muß dann zu X indifferent stehen, d. h. sein Gegenteil zulassen. So wenigstens ist es im formalen Verhältnis der Modi. Im Realverhältnis ändert sich manches daran.

Der erste Grundsatz betrifft die Indifferenz der Modi. Im formalen Verhältnis der Modi gab es drei Indifferenzen, sie hingen an der Wirklichkeit, der Möglichkeit und der Unwirklichkeit. Alle drei waren Doppelverhältnisse (Alternativen). In der Realsphäre sind sie alle drei aufgehoben; es gibt keine reale Modalindifferenz. Es gibt nur Ausschließung und Implikation. Das läßt sich einheitlich so aussprechen:

I. Grundsatz: Von den Modi des Realen ist keiner gegen einen anderen indifferent.

Vor der eigentlichen Beweisführung läßt sich das nur annähernd auf folgende Weise erläutern. Die Wirklichkeit müßte indifferent sein gegen Notwendigkeit und Zufälligkeit. Da aber die Zufälligkeit keine Stelle unter den regulären Modi des Realen hat (vgl. Fig. 7), so bleibt nur das andere Glied der Alternative stehen; damit fällt die Alternative selbst hin, und mit ihr auch die Indifferenz, deren Wesensform sie ist.

Die Möglichkeit müßte indifferent gegen Wirklichkeit und Unwirklichkeit sein. Als gespaltene positive ist sie aber nur Möglichkeit des Seins, nicht des Nichtseins. Da nun Unwirklichkeit die Möglichkeit des Nichtseins voraussetzt, so kann die Möglichkeit des Seins sich nur mit Wirklichkeit, nicht mit Unwirklichkeit verbinden. Die Alternative fällt also hin, und mit ihr die Indifferenz der Möglichkeit. (Das gleiche gilt mutatis mutandis von der abgespaltenen negativen Möglichkeit; sie kann sich mit der Wirklichkeit nicht verbinden, weil diese die Möglichkeit des Seins voraussetzt.)

Schließlich, die Unwirklichkeit müßte gegen Möglichkeit und Unmöglichkeit indifferent sein; wobei die erstere die positive Möglichkeit des Seins ist, denn nur diese steht im kontradiktorischen Verhältnis zur Unmöglichkeit. Nun aber setzt Unwirklichkeit vielmehr die Möglichkeit des Nichtseins voraus; und da diese nach der Spaltung nicht mit der Möglichkeit des Seins zusammenbestehen kann, so kann auch die Unwirklichkeit mit der letzteren nicht zusammenbestehen. Das eine Glied der Alternative fällt also hin, und mit ihm die Alternative selbst. Damit fällt auch die Indifferenz der Unwirklichkeit hin.

d. Der zweite Grundsatz und seine Folgesätze.

Der zweite Grundsatz betrifft die Ausschließung der Modi. Es darf als evident gelten, daß die positiven Modi sich alle miteinander vertragen, desgleichen alle negativen Modi. Eine und dieselbe Sache kann zugleich möglich, wirklich und notwendig sein; ebenso kann sich mit der Möglichkeit ihres Nichtseins ihre Unwirklichkeit und Unmöglichkeit verbinden. Gegenseitige Ausschließung findet also nur zwischen positiven und negativen Modi statt; oder im Bilde gesprochen, sie geht immer über den horizontalen Grenzstrich.

Im formalen Verhältnis aber schließt deswegen doch nicht jeder positive Modus jeden negativen aus, und nicht jeder negative jeden positiven. Es schließen sich gegenseitig nur aus: 1. Notwendigkeit und Unwicklichkeit, 2. Notwendigkeit und Unmöglichkeit, 3. Wirklichkeit und Unwirklichkeit, 4. Wirklichkeit und Unmöglichkeit, 5. Möglichkeit und Unmöglichkeit; und nach Spaltung der Möglichkeit auch noch: 6. negative Möglichkeit und Notwendigkeit. Man kann diese sechs gegenseitigen Unvereinbarkeiten als die „evidenten Ausschlußgesetze" bezeichnen, weil sie am formalen Wesen der Modi — unabhängig von den Besonderheiten der Sphäre — einsichtig sind.

Aber ebenso einsichtig ist es, daß dem formalen Wesen der Modi nach die noch ungespaltene Möglichkeit sich sowohl mit Wirklichkeit als mit Unwirklichkeit verträgt; woraus sich nach der Spaltung ergeben müßte, daß 1. positive Möglichkeit und Unwirklichkeit, und 2. negative Möglichkeit und Wirklichkeit sich nicht gegenseitig ausschließen.

Das entspricht sehr genau der Indifferenz der Möglichkeit gegen Wirklichkeit und Unwirklichkeit (2. Indifferenzgesetz, vgl. Kap. 11 a). Wo Indifferenz waltet, da ist das Ausschlußverhältnis ausgeschaltet. Nun aber sind in der Realsphäre die Indifferenzen aufgehoben (der I. Grundsatz besagte: kein Modus des Realen ist gegen einen anderen Modus indifferent); an die Stelle der Indifferenzen treten Ausschließung oder Implikation. Und da die letztere hier nicht in Frage kommt, so bleibt nur die Ausschließung übrig. Folglich treten in der Realsphäre zu den sechs evidenten Ausschlußgesetzen zwei neue, durchaus paradoxe: es schließen sich aus: 1. Möglichkeit des Nichtseins und Wirklichkeit, sowie 2. Möglichkeit des Seins und Unwirklichkeit.

Wirft man nun einen Blick auf das Schema von Fig. 7, so sieht man, daß nur noch ein Verhältnis übrig ist, an dem die Ausschließung strittig sein könnte: das von positiver und negativer Möglichkeit. Aber eben das bedeutet die Spaltung der Möglichkeit, daß diese beiden nicht an einer und derselben Sache zusammenbestehen können. Auch das ist paradox genug, und es wird noch zu prüfen sein. Einstweilen aber muß man es gelten lassen. Das Gesamtresultat zeigt nun eine großartige Einfachheit und läßt sich in einen Satz zusammenfassen.

II. Grundsatz: Alle positiven Realmodi schließen alle negativen von sich aus; und — da Ausschließung nur gegenseitig sein kann — alle negativen Realmodi schließen alle positiven von sich aus.

Betrachtet man diesen Satz als das allgemeine Prinzip, auf dem die besonderen Ausschlußgesetze alle beruhen, so stellen sich auch die soeben angegebenen paradoxen Ausschlußgesetze als Folgesätze von ihm dar. An diesen letzteren aber hängt das eigentliche Gewicht des Grundsatzes. Es ist deswegen von Wert, sie in expliziter Form zu fassen. Entsprechend der Gegenseitigkeit des Ausschlußverhältnisses zerfällt jedes der beiden Gesetze in zwei Glieder, so daß wir zusammen vier „paradoxe Ausschlußgesetze" bekommen. Sie seien hier in doppelter Formulierung, in aufgelöster und geschlossener, nebeneinander gestellt:

1. Was unwirklich ist, dessen Sein ist auch nicht möglich (Unwirklichkeit schließt positive Möglichkeit aus);
2. Was wirklich ist, dessen Nichtsein ist auch nicht möglich (Wirklichkeit schließt negative Möglichkeit aus);
3. Dasjenige, dessen Sein möglich ist, kann nicht unwirklich sein (positive Möglichkeit schließt Unwirklichkeit aus);
4. Dasjenige, dessen Nichtsein möglich ist, kann nicht wirklich sein (negative Möglichkeit schließt Wirklichkeit aus).

Sieht man sich die beiden letzten Sätze (insonderheit Satz 3) auf ihren Inhalt hin an, so kündigt sich in ihnen bereits jene Revolution der modalen Grundbegriffe an, die den Übergang des Gedankens von seinem eigenen modalen Bau zu dem der Realwelt kennzeichnet. Diese Dinge widerstreiten aller gewohnten und erprobten Denktechnik. Es ist der Boden der Logik, der zu wanken scheint.

e. Der dritte Grundsatz.

Aber erst bei den Implikationen zeigen die Realmodi ihr wahres Gesicht. Die Implikationen sind die bei weitem wichtigsten Intermodalgesetze. Denn sie allein machen das positive Verhältnis der Modi aus, soweit es ein „bestimmtes" Verhältnis ist. Die Indifferenzen sind unbestimmte, die Ausschließungen nur negative Verhältnisse.

Nach dem II. Grundsatz zerfallen die sechs Realmodi in zwei Gruppen, die sich gegenseitig total ausschließen. Den Grenzstrich bildet die Horizontale (in Fig. 7), welche die negativen Modi gegen die positiven abscheidet. Über diesen Grenzstrich hinüber und herüber geht keine Implikation; über diesen Strich geht nur die Ausschließung. So bleiben denn nur die beiden Gruppen, jede in sich geschlossen, als Spielraum möglicher Implikation offen.

Innerhalb dieser Grenzen nun haben von jeher vier Implikationsgesetze gegolten, die man in sehr verschiedenen Fassungen — bald mehr logisch, bald mehr ontologisch — anerkannt, oder auch nur stillschweigend vorausgesetzt findet. Man kann sie in aufgelöster Form so aussprechen: 1. Was notwendig ist, das ist auch wirklich; 2. was wirklich ist, das ist auch möglich; 3. was unmöglich ist, das ist auch unwirklich; 4. was unwirklich ist, dessen Nichtsein ist auch möglich.

Aus dem 1. und 2. Satz ergibt sich dann der Folgesatz: 5. was notwendig ist, muß auch möglich sein; desgleichen aus 3. und 4. der Folgesatz: 6. was unmöglich ist, dessen Nichtsein muß möglich sein.

In geschlossener Form kann man diese sechs „evidenten Implikationsgesetze“ in vier Sätze zusammenfassen: 1. Notwendigkeit impliziert Wirklichkeit und positive Möglichkeit; 2. Wirklichkeit impliziert positive Möglichkeit; 3. Unmöglichkeit impliziert Unwirklichkeit und negative Möglichkeit; 4. Unwirklichkeit impliziert negative Möglichkeit.

Die Evidenz dieser Gesetze ist eine rein formale, selbstverständliche. Aber sie sind deswegen keineswegs bedeutungslos; sie erhalten sich auch in der Realsphäre, sie bleiben dort nur nicht die einzigen. Bei ihnen in erster Linie liegt aber der Grund, warum man immer die Notwendigkeit der Wirklichkeit übergeordnet hat: Notwendigkeit eben erweist sich hier als der bestimmtere Modus, der die beiden anderen positiven Modi impliziert, während Wirklichkeit nur einen impliziert, Möglichkeit aber keinen. Und ähnlich bei den negativen Modi: Unmöglichkeit ist der negativ bestimmteste Modus, der die beiden anderen negativen Modi impliziert, während Unwirklichkeit nur einen, Möglichkeit des Nichtseins keinen Modus impliziert.

So sieht es aus, bevor man den Realcharakter der Sphäre in die Betrachtung einbezieht. Es ist wichtig, sich klar zu machen, was das bedeutet. Es bedeutet, daß in dieser formalen (oder neutralen) Fassung der Modi die Implikationsgesetze nicht umkehrbar sind: Wirklichkeit impliziert nicht Notwendigkeit, Möglichkeit nicht Wirklichkeit noch Notwendigkeit; desgleichen impliziert Unwirklichkeit nicht Unmöglichkeit, negative Möglichkeit weder Unwirklichkeit noch Unmöglichkeit. Die „höheren“ positiven Modi implizieren wohl die niederen, nicht aber die niederen positiven die höheren (resp. diejenigen, die im formalen Verhältnis für die höheren gelten); und die „niederen“ negativen Modi (oder was formal dafür gilt) implizieren wohl die höheren, nicht aber die höheren negativen die niederen.

Das aber ist es gerade, was sich in der Realsphäre von Grund aus ändert. Man bedenke folgendes. Es gibt nur drei Arten des Intermodalverhältnisses: Indifferenz, Ausschließung und Implikation. Welches von diesen dreien sollte wohl das Verhältnis der Wirklichkeit zur Notwendigkeit, der positiven Möglichkeit zur Wirklichkeit und Notwendigkeit sein? Und ebenso, welches ist das der Unwirklichkeit zur Unmöglichkeit, der negativen Möglichkeit zur Unwirklichkeit und Unmöglichkeit? Ausschließung kommt nicht in Frage, denn sie geht nur über den Grenzstrich (den horizontalen), kommt also nur zwischen positiven und negativen Modi vor; die hier in Frage stehenden Verhältnisse aber spielen alle innerhalb einer Gruppe von Modi (der positiven oder der negativen). Im formalen Verhältnis gab es für diese Gegenstücke der evidenten Implikationen die Indifferenz: da war die Möglichkeit (noch ungespalten) indifferent gegen Wirklichkeit und Unwirklichkeit; dann kann natürlich die positive Möglichkeit auch indifferent gegen Notwendigkeit, die negative gegen Unmöglichkeit sein. Ebenso stand die Wirklichkeit zur Notwendigkeit, die Unwirklichkeit zur Unmöglichkeit indifferent.

Nun aber sind nach dem I. Grundsatz die Indifferenzen in der Realsphäre alle gefallen; kein Realmodus steht gegen einen anderen Realmodus indifferent. Die in Frage stehenden Verhältnisse können also, da sie weder in Ausschließung noch Indifferenz bestehen können, nur Implikationsverhältnisse sein. Damit ist die Einseitigkeit der Implikationen aufgehoben. Die Implikationsgesetze werden zu Gesetzen gegenseitiger Implikation. Auf diese Weise aber umfassen sie alle Verhältnisse, die innerhalb je einer Gruppe der Realmodi bestehen. Darum lassen sie sich zusammengefaßt in einem Satz von überraschender Einfachheit aussprechen:

III. Grundsatz: Alle positiven Realmodi implizieren einander, und alle negativen Realmodi implizieren einander.

Die formalen Implikationsgesetze also bleiben bestehen. Es treten zu ihnen nur noch als neue Gesetze ihre Umkehrungen hinzu. Nicht nur die höheren positiven Modi implizieren die niederen, sondern auch die niederen die höheren; und nicht nur die niederen negativen Modi implizieren die höheren, sondern auch die höheren die niederen.

Faßt man den II. und III. Grundsatz zusammen, so wird das Gesamtbild der Intermodalverhältnisse in der Realsphäre noch einheitlicher. Der Grenzstrich, der die Gruppe der positiven von der der negativen Modi scheidet, wird nun vollends zum Zentralphänomen: alle Verhältnisse, die über den Strich gehen, bestehen in Ausschließung; alle, die innerhalb einer Gruppe walten, sei es oberhalb oder unterhalb des Striches, bestehen in Implikation. Eine dritte Art des Verhältnisses kommt nicht vor, denn alle möglichen Beziehungen der sechs Modi sind mit den genannten erschöpft. Das deckt sich damit, was der I. Grundsatz ausspricht: die Indifferenzen sind aufgehoben.

Da nun alle kategoriale Kohärenz (der innere Zusammenhang von Kategorien einer Schicht) die Form der Implikation hat, so läßt sich von den Modi des Realen auch sagen: jede ihrer beiden Gruppen ist in sich vollkommen kohärent, beide Gruppen gegeneinander aber sind vollkommen diskrepant. Es ist ein eigentümlicher Radikalismus des Seins und Nichtseins, der sich darin ausspricht. Dieser Radikalismus ist das erste ontologische Licht, das auf das Wesen der Realität fällt.

f. Folgesätze des dritten Grundsatzes.

Immerhin läßt die übereinfache Formel des III. Grundsatzes sein ontologisches Gewicht nur dunkel ahnen. Man muß ihn schon in die einzelnen Implikationsverhältnisse auseinanderlegen, um zu sehen, was in ihm enthalten ist.

Es sind im Ganzen zwölf Implikationsgesetze, die er umfaßt: die oben aufgezählten sechs evidenten Implikationen, die schon am formalen Verhältnis der Modi einleuchten, und ihre Umkehrungen, die sechs „paradoxen Implikationen", die nur der Realsphäre eigentümlich sind. Es ist selbstverständlich, daß nur die letzteren von ontologischem Gewicht sind, wie denn nur an ihnen der eigenartige Bau der realen Seinsweise hängt. Folglich liegt auch in ihnen allein der eigentliche Sinn des III. Grundsatzes.

Der symmetrische Bau in der Reihe dieser sechs paradoxen Implikationsgesetze kommt am besten zum Ausdruck, wenn man in beiden Modalgruppen von der Möglichkeit ausgeht und bei jedem Gesetz die terminologisch geschlossene Formulierung neben die konkreter wirkende aufgelöste setzt.

a) Paradoxe Implikationen der positiven Realmodi:

1. was real möglich ist, das ist auch real wirklich (positive Realmöglichkeit impliziert Realwirklichkeit);
2. was real wirklich ist, das ist auch real notwendig (Realwirklichkeit impliziert Realnotwendigkeit);
3. was real möglich ist, das ist auch real notwendig (positive Realmöglichkeit impliziert Realnotwendigkeit).

b) Paradoxe Implikationen der negativen Realmodi:

4. dasjenige, dessen Nichtsein real möglich ist, ist auch real unwirklich (negative Realmöglichkeit impliziert Realunwirklichkeit);
5. was real unwirklich ist, das ist auch real unmöglich (Realunwirklichkeit impliziert Realunmöglichkeit);
6. dasjenige, dessen Nichtsein real möglich ist, ist auch real unmöglich (negative Realmöglichkeit impliziert Realunmöglichkeit).

Innerhalb dieser beiden Gesetzesgruppen ist das Verhältnis so, daß das dritte Gesetz sich beidemal aus den beiden ersten als Konklusion ergibt (das 3. Gesetz aus 1 und 2, das 6. aus 4 und 5). Im übrigen sind die Gesetze der ersten Gruppe die bei weitem gewichtigeren, schon weil sie die der positiven Modi sind. Unter ihnen wiederum liegt — da ja das dritte nur ein Folgesatz ist — das ontologische Gewicht auf den ersten beiden Gesetzen, wie denn in diesen auch der Charakter der Paradoxie am stärksten verdichtet und gleichsam aufdringlich erscheint. Diese beiden Gesetze spielen in der weiteren Modalanalyse des realen Seins überhaupt die entscheidende Rolle; ja ihre Tragweite erstreckt sich weit über den Bereich der Modalprobleme hinaus, in die strukturellen Verhältnisse der Realsphäre hinein. Da das erste die Rolle der Möglichkeit, das zweite die der Notwendigkeit im Aufbau der realen Welt bestimmt, so sollen sie im folgenden die eindeutigen Bezeichnungen „Realgesetz der Möglichkeit" und „Realgesetz der Notwendigkeit" führen.

Die Rechtfertigung dieser anspruchsvoll klingenden Titel wird erst zusammen mit dem Erweis der sechs Gesetze selbst gegeben werden können. Denn vorläufig sind alle diese Gesetze nur „aufgestellt"; sie sind noch nicht einmal in ihrem ontologischen Gehalt expliziert, geschweige denn erwiesen. Es wird sich sogar zeigen, daß das wichtigste Intermodalverhältnis — das Wesen der Realwirklichkeit betreffend — in ihnen noch gar nicht zum Ausdruck gekommen ist. Das alles steht noch bevor und kann hier nicht vorweggenommen werden.

Der Erweis selbst kann sich nicht direkt auf die Grundsätze erstrecken, da diese in ihrer Allgemeinheit zu abstrakt sind, um summarisch erwiesen zu werden. Er muß bei den Folgesätzen einsetzen und erst von ihnen zu den Grundsätzen aufsteigen. Es wird sich also bei ihm, da die evidenten Gesetze keines Erweises bedürfen, ausschließlich um zehn Intermodalgesetze handeln: um die vier paradoxen Ausschlußgesetze und die sechs paradoxen Implikationsgesetze. In diesen beiden Gesetzesgruppen ist die Summe der realen Modalgesetzlichkeit vollzählig enthalten.

II. Abschnitt

Formaler Erweis der Intermodalgesetze des Realen

15. Kapitel. Das Spaltungsgesetz der Realmöglichkeit.

a. Das Verhältnis von formalem und materialem Erweis.

Man kann Intermodalgesetze nur erweisen, indem man ihren Inhalt durchschauen lernt. Sie sind keine abgeleiteten Gesetze, die sich aus anderen, allgemeineren beweisen ließen. Überhaupt handelt es sich hier — wie ja stets in der Kategorialanalyse — nicht um eigentliches Beweisen, sondern eher um ein Hinweisen und Aufweisen. Die paradoxen Gesetze würden freilich eines in aller Form durchführbaren Nachweises sehr bedürfen. Was in den Grenzen des Möglichen liegt, ist etwas viel Bescheideneres, wiewohl keineswegs Einfaches: das Paradoxe durchschauen lernen — und zwar so weit, bis man auf Evidentes stößt.

Dazu gibt es zwei Wege: man kann unter den Gesetzen selbst die evidenten zum Ausgangspunkt nehmen und sich von ihnen aus an Hand der intermodalen Kohärenz auf die übrigen hinführen lassen; und man kann vom Concretum aus zeigen, daß die Seinssphäre, deren Gesetze sie sind — in unserem Falle also die Realsphäre — sie in der Tat enthält und aus ihnen heraus zu verstehen ist. Der erste Weg ist ein apriorisches Verfahren und läuft auf einen zwar straffen, aber doch bloß „formalen Erweis" hinaus. Der zweite Weg ist der eines analytischen Eindringens vom Boden der Erfahrung aus; er wächst sich zu einem zwar lose gefügten, aber breit in den Tatsachen verwurzelten „materialen Erweise" aus. Den Charakter rein modaler Argumentation hat nur der formale Erweis. Der materiale hält sich an die konstitutive Seite jener „äußeren Relativität", die den relationalen Modi eigentümlich ist.

Man muß sich von vornherein klar sein, daß die eigentlich grundlegenden Aufschlüsse beim materialen Erweise liegen müssen, und zwar eben darum, weil er den Umweg über die konstitutive Seite der Realverhältnisse einschlägt. Es liegt nun einmal im Wesen der Seinsweisen und Seinsarten, daß man sie nur „mitlaufender Weise" an einem Inhaltlichen fassen kann, auch wenn man vom letzteren immer zugleich absehen muß, um das Modale zu erfassen. Der Umweg ist so der bessere Weg.

Aber man darf deswegen den formalen Erweis nicht für überflüssig halten. Er hat nur eine andere Funktion. Er ist die direkte Umschau unter den Modalverhältnissen des Realen, gleichsam die ontologische Orientierung auf fremdartigem, noch wenig betretenem Boden, den die traditionelle Sehweise immer nur aus der Ferne und durch die Brille der logischen — und zum Teil auch der gnoseologischen — Modi gesehen hat. Er bildet auf diese Weise ein rein konstatierendes Verfahren, das sich an den a priori einsichtigen Zusammenhängen von Punkt zu Punkt vortastet und in dieser seiner Funktion nicht durch die sehr andere Gangart des materialen Vorgehens ersetzt werden kann.

Und gerade weil auf dem letzteren die eigentliche „Beweislast" liegt, ist hier mit dem formalen Erweise zu beginnen. Die Orientierung eben muß der Besitzergreifung des Neulandes durch die philosophische Erkenntnis vorausgehen.

b. Der Sinn des Spaltungsgesetzes und seine Einsichtigkeit.

Der formale Erweis kann seinen Ausgangspunkt nur in einem Satz haben, der weder offen noch versteckt in den formal evidenten Intermodalgesetzen enthalten ist, der aber anderweitig einsichtig ist. Einen solchen Satz haben wir an der Spaltung der Realmöglichkeit in zwei verschiedene Modi gewonnen.

Die beiden Modi sind Möglichkeit des Seins (M +) und Möglichkeit des Nichtseins (M —). Im Schema (Fig. 7) steht die eine über, die andere unter dem Strich, der die positive und die negative Gruppe der Realmodi trennt. Gemäß dem modalen Grundgesetz handelt es sich bei diesem „Sein und Nichtsein" um Wirklichkeit und Unwirklichkeit. Die

Spaltung besagt also: Möglichkeit des Wirklichseins (M +) ist nicht zugleich Möglichkeit des Unwirklichseins (M —); und umgekehrt, diese ist nicht zugleich jene. Beide schließen sich gegenseitig aus. In aufgelöster Form bedeutet das:

1. Was real möglich ist, dessen Nichtsein ist real nicht möglich;
2. dasjenige, dessen Nichtsein real möglich ist, ist real nicht möglich.

Dieser Doppelsatz, der im folgenden kurz „Spaltungsgesetz der Möglichkeit" heißen soll, ist ein Seinsgesetz. Er gilt nicht von beliebiger Möglichkeit in beliebiger Sphäre, sondern zunächst nur von der realen Seinsmöglichkeit. Ob er darüber hinaus noch weitere Geltung hat, muß vor der Hand unausgemacht bleiben. Er ist auch in dieser Beschränkung schon gehaltvoller, als sich auf den ersten Blick erkennen läßt. Wenn er sich zur Einsichtigkeit bringen läßt, so ist er der natürliche Ausgangspunkt aller formalen Argumentation im Gebiet der Realmodi; für die ratio cognoscendi bildet er daher die Grenze, welche die Intermodalverhältnisse des Realen von denen der anderen Sphären scheidet.

Zur Einsichtigkeit aber läßt sich das Spaltungsgesetz — im Anschluß an das bereits früher Gesagte (Kap. 13 d) — in folgender Weise bringen. Reale Wirklichkeit setzt reale Möglichkeit voraus, und reale Unwirklichkeit setzt reale Möglichkeit des Nichtseins voraus (das sind zwei der evidenten Implikationsgesetze; vgl. Kap. 14 e, die Sätze 2 und 4). Nun bedeutet das Vorausgesetztsein eines Modus in einem anderen ein Hineingenommensein oder Enthaltensein in ihm. Enthalten sein aber kann im Wirklichsein von etwas nur die Möglichkeit seines Seins (Wirklichseins), nicht die seines Nichtseins (Unwirklichseins); desgleichen im Unwirklichsein von etwas nur die Möglichkeit seines Nichtseins (Unwirklichseins), nicht die seines Seins (Wirklichseins). Es kann also jedenfalls in beiden nicht die disjunktive Doppelmöglichkeit enthalten sein.

Man bedenke an dieser Stelle: wäre auch die Möglichkeit des Nichtseins in der Wirklichkeit enthalten, so müßte das, was bereits wirklich ist, auch noch nichtsein können, d. h. zugleich unwirklich sein können. Und wäre die Möglichkeit des Seins auch in der Unwirklichkeit enthalten, so müßte das, was unwirklich ist, auch noch sein können, d. h. zugleich wirklich sein können. Beides hat allenfalls Sinn, wenn man die Möglichkeit lose und unbestimmt als ein „Überhaupt-Möglichsein" faßt, so wie man sie im Alltag wohl als ein Denkbarsein versteht; was nicht zur Zeit wirklich ist, „kann" wohl „überhaupt sein", d. h. es kann wirklich werden oder gewesen sein; und was zur Zeit wirklich ist, „kann" wohl auch „überhaupt nichtsein", unwirklich werden oder gewesen sein. Daran ist nichts auszusetzen. Aber es handelt sich in der Realmöglichkeit nicht um ein so vages „Können". Reales Sein ist bestimmtes Hier-und-jetzt-Sein; seine Vergänglichkeit, sein zeitlich wechselndes Sein und Nichtsein, ist darin bereits eingeschlossen; das widerspricht nicht dem eindeutigen Sein im Hier und Jetzt, also auch nicht dem Ausgeschlossensein des Nichtseinkönnens im gleichen Hier und Jetzt. Realmöglichkeit ist ausschließlich das Hier-und-jetzt-Möglichsein, sie ist bestimmtes Möglichsein. Was formal „überhaupt möglich" ist, das ist real in der eindeutigen Zeitbestimmtheit (und bei physischem Sein auch in der Raumbestimmtheit) noch lange nicht möglich.

Das eben ist es, was sich in den modalen Bestimmungen so ausdrückt: die Möglichkeit des Nichtseins ist im Wirklichsein des Realen ausgeschlossen (nämlich gerade in seinem zeitweiligen, vergänglichen Wirklichsein, solange dieses eben dauert); was wirklich ist, in voller Realbestimmtheit, das „kann" nicht in gleicher Bestimmtheit zugleich unwirklich sein. Und ebenso: die Möglichkeit des Seins ist im Unwirklichsein eines Realen ausgeschlossen (nämlich gerade in seinem zeitweiligen Unwirklichsein); was unwirklich ist in der vollen Bestimmtheit eines bestehenden Realzusammenhanges, das kann nicht in gleicher Bestimmtheit zugleich wirklich sein. Anderenfalls müßte sich in beiden Modi ein Realwiderspruch ergeben.

c. Die Folgesätze des Spaltungsgesetzes.

Man kann ebenso wie von der Möglichkeit aus auch von der Wirklichkeit aus argumentieren. Realwirklichkeit ist nicht ein „Wirklichsein überhaupt", nicht unter beliebig denkbaren Umständen, sondern das bestimmte Wirklichsein von etwas (A) in bestimmtem Zusammenhang des Realen — und d. h. in bestimmter Zeit (und bei physischem Sein auch in bestimmtem Raume). Was zu anderer Zeit (an anderem Ort) und in anderem Realzusammenhange wirklich ist, das ist inhaltlich gar nicht mehr dasselbe; seine Wirklichkeit ist nicht die von A, sondern Wirklichkeit von B. Die Zusammenhänge, einschließlich der Raum-Zeitbestimmung, gehören eben alle mit zur Realbestimmtheit von A. Hebt man von ihnen einen Teil auf, oder wechselt man ihn gegen anderes aus, so hat man nicht mehr A, sondern B. Und B kann natürlich sehr wohl unwirklich sein, während A wirklich ist. Nur was mit A wirklich identisch ist, kann es nicht.

Ist nun A in solcher Bestimmungsfülle real wirklich, so bedeutet das unmittelbar nicht nur, daß es nicht unwirklich „ist", sondern auch daß es in eben dieser selben Bestimmungsfülle nicht mehr die „Möglichkeit" hat, unwirklich zu sein, d. h. daß sein Nichtsein unmöglich ist. Denn daß es früher oder später unwirklich sein kann — d. h. in veränderter Bestimmungsfülle, also nicht mehr als A, sondern als B —, das steht hier nicht in Frage. Das nämlich wird gar nicht bestritten. Es ändert aber auch nichts an dem Jetzt-Unmöglichsein seines Nichtseins.

Nicht anders ist es mit dem Unwirklichsein. Realunwirklichkeit bedeutet nicht ein „Unwirklichsein überhaupt", irgendwann und irgendwo, sondern das bestimmte Unwirklichsein eines Etwas (A) in bestimmtem Zusammenhange des Realen, zu bestimmter Zeit (und bei physischem Sein auch in bestimmtem Raume). Was zu anderer Zeit (an anderem Ort), in anderem Realzusammenhange unwirklich ist, das ist inhaltlich gar nicht mehr dasselbe A, und seine Unwirklichkeit ist nicht die von A, sondern Unwirklichkeit von B. Die Zusammenhänge gehören eben alle mit zur Realbestimmtheit eines A. Ist nun ein A in dieser Bestimmungsfülle unwirklich, so bedeutet das unmittelbar nicht nur, daß es nicht wirklich ist, sondern auch daß es nicht möglich ist — nämlich in eben dieser Bestimmungsfülle nicht möglich. Denn daß es früher und später sehr wohl möglich ist, in anderer Bestimmungsfülle (also nicht mehr als A, sondern als B), das steht hier nicht in Frage. Das wird auch vom Spaltungsgesetz nicht bestritten. Aber es ändert auch nichts daran, daß sein Sein hier und jetzt nicht möglich ist.

Man darf nach diesen Überlegungen das Spaltungsgesetz der Möglichkeit für die Realsphäre als erwiesen betrachten. Natürlich gilt dieser Erweis nur im Sinne einer Durchleuchtung der einschlägigen Realmodi. Und diese Durchleuchtung ist mit dem Gesagten nicht abgeschlossen. Sie hat vielmehr eben erst begonnen. Es ist also zu erwarten, daß der Erweis sich bei fortschreitender Modalanalyse noch weiter befestigen wird.

Zugleich mit der Argumentation hat sich aber auch der Inhalt des Spaltungsgesetzes von einer neuen Seite gezeigt: es bestimmt in sehr einschneidender Weise den modalen Bau der beiden Fundamentalmodi, Realwirklichkeit und Realunwirklichkeit. Das läßt sich in die beiden Sätze zusammenfassen:

1. Indem die Möglichkeit des Seins im realen Wirklichsein enthalten ist, ist die Möglichkeit des Nichtseins von ihm ausgeschlossen; und
2. indem die Möglichkeit des Nichtseins im realen Unwirklichsein enthalten ist, ist die Möglichkeit des Seins von ihm ausgeschlossen.

Dieses Doppelgesetz ist von allergrößter Folgenschwere für den Gesamtcharakter der Realsphäre und den ontologischen Sinn des Realseins überhaupt. Es ist der Schlüssel zu den Intermodalgesetzen der ganzen Sphäre; diese aber sind nichts anderes als die reine modale Exposition des Realseins als solchen. Schon die bloße Sinnanalyse dieses Gesetzes ist imstande, den Erweis der oben aufgestellten drei Grundsätze, insonderheit aber den der paradoxen Implikationsgesetze, zu tragen. Man kann seinen in sich selbst komplexen Gehalt gar nicht auseinanderlegen, ohne auf diese Gesetze zu stoßen.

Indessen werden diese Konsequenzen noch in aller Ordnung zu ziehen sein. Alles Vorgreifen kann die Sachlage nur verunklären. Gerade hier kommt es auf saubere Arbeit an.

d. Wirklichkeit und Zeitlichkeit. Die Härte des Realen.

Dagegen muß an dieser Stelle vor allem Weiteren noch eine andere Seite des Spaltungsgesetzes hervorgehoben werden, die dem Verständnis mehr entgegenkommt als alles, was sonst an ihm hängt. Denn sie bringt eine wohlbekannte Eigentümlichkeit des Realen adäquat zum Ausdruck.

Was heißt es denn eigentlich, daß in der Wirklichkeit keine Möglichkeit des Nichtseins besteht? Es heißt dieses, daß das einmal Wirklichgewordene auf keine Weise mehr unwirklich (rückgängig) gemacht werden kann. Und was heißt es, daß in der Unwirklichkeit keine Möglichkeit des Seins besteht? Es heißt dieses, daß das einmal in seiner Zeit Nicht-Wirklichgewordene auch auf keine Weise mehr wirklich gemacht werden kann (nämlich nicht als ebendasselbe, was es in seiner Zeit gewesen wäre). So gefaßt, erweist sich das Spaltungsgesetz der Möglichkeit als das Gesetz der „Härte des Realen" — ein Gesetz, das der Realität als Seinsweise den Radikalismus absoluter Entschiedenheit zuspricht, und zwar im Positiven wie im Negativen auch.

Es spricht also nichts Geringeres aus als die sprichwörtliche „Unerbittlichkeit" des einmal Gewordenen und die „Unwiederbringlichkeit" des einmal Unterbliebenen. Nicht als ob dieses nicht einmal später werden könnte, jenes nicht wieder vergehen und verschwinden könnte. Nur, als Vergangenes ist es nicht ungeschehen zu machen, als Künftiges nicht dasselbe, was es in seiner Zeit gewesen wäre. In der Praxis des Lebens macht das in der Tat die Härte des Realgeschehens aus, daß das einmal Geschehene durch keine Macht der Welt mehr ungeschehen gemacht werden kann, das einmal Unterlassene durch keine Macht der Welt mehr in die Lücke des Geschehens eingefügt werden kann, in die es gehört hätte.

Die Zeit geht wohl hinweg über das Gewordene und läßt es verschwinden in neues Werdendes. Aber das Werden ist nicht die Erweichung des Seins, sondern nur seine kategoriale Form, die allgemeine Form des Realseins. Der Strom des zeitlichen Kommens und Gehens löst das einmal Gewordene nur als das Gegenwärtige auf — in späterer Zeit ist es eben vergangen —, er hebt es aber nicht als das in seiner Zeit und seinem einmaligen Realzusammenhang Seiende auf. Das Gegenwärtige sinkt zum Vergangenen und ist dann nicht mehr gegenwärtig, aber die Vergangenheit hält es fest und gibt es nicht frei. Sie hebt es auf und macht es eben damit unaufhebbar.

Es ist ein ontologisch falscher Zeitbegriff, der das Vergangene (und Künftige) als Nichtseiendes, das Gegenwärtige allein als Seiendes, die Zeit selbst aber als ewige Auflösung des Wirklichen versteht. So mag es im Zeitbewußtsein des Menschen hergehen — auch das stimmt nur teilweise —, im realen Geschehen geht es anders her. Wohl vergeht alles Realwirkliche; aber das ist nur die Zeitlichkeit seiner Seinsform selbst, des Geschehens (Werdens, Fließens). Sein Vergehen im Fluß der Zeit ist kein Unwirklichwerden in der Zeitspanne seiner Dauer. Die Zeitlichkeit tastet das unverrückbare Stehen an seiner Zeitstelle und in seinen ebenso unverrückbar zeitgebundenen Realzusammenhängen überhaupt nicht an. Sie läßt ihm die Wirklichkeit in „seiner Zeit", läßt sie ihm im Vergehen selbst und im Vergangensein. Denn auch „seine Zeit" vergeht mit ihm. Das eben ist das Eigentliche des Zeitlichseins und die Bedingung selbst des Absinkens in die Vergangenheit. Wie sollte es anders sein? Absinken ins Vergangene kann ja überhaupt nur, was im Vollgehalt seiner Realwirklichkeit an seiner Zeitstelle festgehalten wird. Anders würde es nicht unaufhaltsam mit „seiner Zeit" zu versinken brauchen.

Das ist der konkrete Sinn des Spaltungsgesetzes. Es ist in der Tat ein Gesetz der absoluten Härte, und gleichsam der Sprödigkeit alles Realwirklichen: ein Gesetz der Unerschütterlichkeit des Flüchtigen und Ephemeren, der Erhaltung des Unaufhaltbaren, der Unverrückbarkeit des unablässig Abrückenden, oder auch — wenn das Wort mit der nötigen Vorsicht genommen wird — der Überzeitlichkeit des Zeitlichen als solchen. Und das alles nicht subjektiv in Gedanken, nicht im Gedächtnis der Epigonen, sondern diesseits alles Wissens und Bewußtseins, im Strome des in seine Zeitlichkeit auseinandergezogenen Realgeschehens.

Von der Zeit selbst aus, die eine Strukturkategorie des Realen ist, läßt sich das nicht sichtbar machen. Wohl aber ist es von den Modalkategorien des Realen aus sichtbar. Alle Kategorialanalyse der Zeit ist vergeblich ohne voraufgegangene Kategorialanalyse der Realmodi. Am Sinn des Möglichseins und Wirklichseins hängt das Verständnis des Zeitlichseins, nicht umgekehrt. Das spricht das Spaltungsgesetz der Realmöglichkeit aus: was wirklich ist, kann nicht mehr nichtsein, und was unwirklich ist, kann nicht mehr sein. Wollte man daraus eine Art Eleatismus herauslesen, man würde das Gesetz vollkommen verkennen. Mit Stillegung des Werdens — und überhaupt mit dem Irrtum der Alten, Sein und Werden seien Gegensätze, — hat das nichts zu schaffen. Das Werden ist vielmehr die durchgehende Form des Realseins; eine andere gibt es nicht, und selbst Dauer ist nur verlangsamtes Werden. Spricht man das Gesetz unter ausdrücklicher Hervorhebung der Zeitlichkeit aus, so besagt es einfach dieses: was einmal wirklich geworden ist in seiner Zeit, und sei es der flüchtigste Übergang, das bleibt für alle Ewigkeit ein Wirkliches in dieser seiner Zeit, auch wenn es in späterer Zeit längst nicht mehr wirklich ist; und ebenso, was einmal nicht wirklich geworden ist in bestimmter Zeit, das bleibt für alle Ewigkeit unwirklich in dieser bestimmten Zeit, auch wenn es in späterer Zeit längst wirklich geworden sein sollte. In Wahrheit ist es dann eben nicht inhaltlich dasselbe, sondern ein anderes in anderem Realzusammenhange.

Das ist der ontologische Sinn des „ewigen Stillstehens" der Vergangenheit. Das eigentlich Lehrreiche daran aber betrifft nicht so sehr die Zeitlichkeit als das ontische Wesen des Realseins überhaupt und als solchen. Es sind gleich die ersten Schritte der Modalanalyse des Realen, an denen das sonst undurchdringliche Rätsel seiner Seinsweise sich aufzuhellen beginnt.

16. Kapitel. Formaler Erweis des II. und III. Grundsatzes.

a. Die Ableitung der paradoxen Ausschlußgesetze.

Im Wesen eines Erweises liegt es, der ratio cognoscendi zu folgen. Er ist nicht gezwungen, beim Fundamentalen zu beginnen und zum Abhängigen fortzuschreiten. Er darf seinen Ausgangspunkt wählen, wo er ihn findet. Unter den Intermodalgesetzen des Realen sind zweifellos die positiven die fundamentalen. Das sind diejenigen, die als paradoxe Implikationsgesetze unter dem dritten Grundsatz aufgezählt wurden; und unter diesen wiederum insonderheit das erste und das zweite (Kap. 14 f). Sie wurden bereits vorgreifend im Hinblick auf ihre Zentralstellung und ihr einzigartiges ontologisches Gewicht als das „Realgesetz der Möglichkeit" und das „Realgesetz der Notwendigkeit" bezeichnet. Sie besagen: was real möglich ist, das ist auch real wirklich; und was real wirklich ist, das ist auch real notwendig.

Auf den Erweis dieser beiden Gesetze kommt nun alles an. Von ihnen aus sind die übrigen Intermodalverhältnisse alle durchsichtig, die Implikationen so gut wie die Ausschließungen. Selbst die Aufhebung der Indifferenzen hängt mittelbar an ihnen. Sie alle wurzeln in diesen beiden der ratio essendi nach. Und wenn sie erwiesen wären, so könnte der Erweis der übrigen einfach der ratio essendi (als der Abhängigkeit dem Sein nach) folgen.

Sie sind aber einstweilen nicht erwiesen. Und mehr noch, gerade sie zur Einsichtigkeit zu bringen ist die schwierigste der Aufgaben, vor denen wir stehen. Man muß also den umgekehrten Weg gehen und mit den leichter erweisbaren Gesetzen beginnen. Es ist der Weg der ratio cognoscendi „vom für uns Früheren zum an sich Früheren", vom Abhängigen zum Grundlegenden.

Gegeben ist einstweilen nur das Spaltungsgesetz der Realmöglichkeit, an dem aber die versteckte Inhaltsfülle bereits in seiner Exposition zutage kam. Es ist das einzige Gesetz, das aus dem Sinn der Realmöglichkeit und Realwirklichkeit unmittelbar zur Einsichtigkeit gebracht werden konnte. Es zeigte sich ferner, daß es bereits die Form eines Intermodalgesetzes hat, und zwar eines zugleich positiven und negativen, nämlich die einer doppelten Implikation und Ausschließung (vgl. die Formulierung von Kap. 15 c). Für den Bedarf der weiteren Ableitung kann man dieses Resultat bei unverändertem Inhalt folgendermaßen umformulieren:

a) im realen Wirklichsein von A ist die Möglichkeit von A eingeschlossen, die Möglichkeit von non-A ausgeschlossen;
b) im realen Unwirklichsein von A ist die Möglichkeit von non-A eingeschlossen, die Möglichkeit von A ausgeschlossen.

Unter Voraussetzung dieser Formulierung lassen sich nun zunächst die paradoxen Folgesätze des II. Grundsatzes erweisen, welcher besagte, daß alle positiven Realmodi alle negativen von sich ausschließen, und umgekehrt. Der Erweis dieses Grundsatzes selbst hängt einzig an den vier paradoxen Folgesätzen; denn die übrigen Ausschlußgesetze sind ohnehin evident.

Sieht man sich nun daraufhin die soeben gebrachte Umformulierung des Spaltungsgesetzes an, so fällt es ohne weiteres auf, daß in ihrer einen Hälfte (b) das erste paradoxe Ausschlußgesetz, in ihrer anderen Hälfte (a) aber das zweite bereits enthalten ist. Wenn im realen Unwirklichsein von A die Möglichkeit von non-A ausgeschlossen ist, und ebenso im realen Wirklichsein von A die Möglichkeit von non-A, so heißt das eben nichts anderes als:

1. was real unwirklich ist, dessen Sein ist real nicht möglich; und
2. was real wirklich ist, dessen Nichtsein ist real nicht möglich.

Das aber sind bereits die beiden ersten Folgesätze des II. Grundsatzes (vgl. Kap. 14 d). Zur Hälfte also ist auch der Grundsatz selbst damit erwiesen. Erwägt man nun aber, was mit diesen beiden Sätzen eigentlich gesagt ist, so findet man, daß sie umkehrbar sind, ihre Umkehrung aber die Folgesätze 3 und 4 ergibt.

Formallogisch liegt die Sache so: die beiden erwiesenen Sätze 1 und 2 sind negativ universale Urteile, haben die Form S e P; Urteile dieser Form sind rein — d. h. ohne Änderung der Quantität — konvertierbar (lassen die conversio simplex zu): aus S e P folgt P e S. Wenn also alle Unwirklichkeit von A die Möglichkeit von A ausschließt, so muß auch alle Möglichkeit von A die Unwirklichkeit von A ausschließen. Und ebenso: wenn alle Wirklichkeit von A die Möglichkeit von non-A ausschließt, so muß auch alle Möglichkeit von non-A die Wirklichkeit von A ausschließen.

Diese beiden Konversionen sind nicht nur formal folgerichtig, sondern auch inhaltlich korrekt. Könnte es nämlich im Realen eine Möglichkeit von A geben, in der — wie in der disjunktiven Möglichkeit — der Fall, daß A unwirklich wäre, offen bliebe, so würde dieser Fall eine solche Unwirklichkeit von A bilden, in welcher die positive Möglichkeit von A eingeschlossen wäre. Das Spaltungsgesetz aber (in seiner zweiten Hälfte, b) besagt, daß diese Möglichkeit in aller Unwirklichkeit von A vielmehr ausgeschlossen ist. So wenigstens, wenn es sich um Realunwirklichkeit handelt. Folglich muß auch in aller Möglichkeit von A die Unwirklichkeit von A ausgeschlossen sein.

Dasselbe gilt von der zweiten Konversion. Gäbe es im Realen eine Möglichkeit von non-A, in welcher der Fall, daß A wirklich wäre, offen bliebe, so würde dieser offen bleibende Fall eine solche Wirklichkeit von A bedeuten, in der die Möglichkeit von non-A eingeschlossen wäre. Das Spaltungsgesetz aber (in seiner ersten Hälfte, a) besagt, daß diese Möglichkeit in aller Wirklichkeit von A vielmehr ausgeschlossen ist. So wenigstens, wenn es sich um Realwirklichkeit handelt. Folglich muß auch in aller Möglichkeit von non-A die Wirklichkeit von A ausgeschlossen sein.

Was sich auf diese Weise ergibt, ist nichts anderes als die Gruppe der restlichen beiden Ausschlußgesetze: der 3. und 4. Folgesatz des II. Grundsatzes. In ihrer aufgelösten Fassung besagen sie:

3. dasjenige, dessen Sein real möglich ist, kann nicht real unwirklich sein; und
4. dasjenige, dessen Nichtsein real möglich ist, kann nicht real wirklich sein.

Mit diesen vier Gesetzen ist zugleich auch der II. Grundsatz der realen Intermodalverhältnisse überhaupt formal erwiesen. Denn die übrigen Ausschlußgesetze sind in sich selbst evident. Nur die vier paradoxen Ausschlußverhältnisse bedurften des Erweises. Es schließt somit jeder positive Realmodus jeden negativen, und jeder negative jeden positiven aus. Es gibt keinen, der davon eine Ausnahme machte.

b. Formaler Erweis der positiven Implikationsgesetze.

Darüber hinaus aber ist tatsächlich noch weit mehr geleistet. Denn auf Grund der gewonnenen Sätze lassen sich auch die paradoxen Implikationsgesetze, insonderheit das „Realgesetz der Möglichkeit" und das „Realgesetz der Notwendigkeit" erweisen (Kap. 14 f). Dieser Erweis ist jetzt viel einfacher, als sich angesichts des gewichtigen Inhalts der Gesetze vermuten ließ. Denn die Implikationsgesetze sind implicite in den Ausschlußgesetzen bereits enthalten. Man braucht die letzteren nur affirmativ zu lesen, so ergeben sie sich von selbst.

Das dritte der paradoxen Ausschlußgesetze besagt, daß Realmöglichkeit die Realunwirklichkeit ausschließt. Da nun Unwirklichkeit und Wirklichkeit zueinander kontradiktorisch stehen, also unter den Satz des ausgeschlossenen Dritten fallen, so muß das, dessen Unwirklichkeit ausgeschlossen ist, notwendigerweise wirklich sein. Der Satz: „was real möglich ist, kann nicht real unwirklich sein", bedeutet also, affirmativ gelesen, unmittelbar das, was das Realgesetz der Möglichkeit besagt; es ist das

1. paradoxe Implikationsgesetz: was real möglich ist, das ist auch real wirklich (Realmöglichkeit „impliziert" Realwirklichkeit).

Ferner: das zweite paradoxe Ausschlußgesetz besagt, daß Realwirklichkeit die Realmöglichkeit des Nichtseins ausschließt. Da nun Möglichkeit des Nichtseins (M von non-A) und Notwendigkeit des Seins (N von A) zueinander kontradiktorisch stehen, also unter den Satz des ausgeschlossenen Dritten fallen, so muß dasjenige, dessen Nichtsein ausgeschlossen ist, nicht nur wirklich, sondern auch notwendig sein. Unmöglichkeit des Nichtseins eben ist Notwendigkeit des Seins (vgl. Kap. 14 a, das 3. Äquivalenzgesetz). Der Satz: „was real wirklich ist, dessen Nichtsein ist real nicht möglich", bedeutet folglich, affirmativ gelesen, unmittelbar das, was das Realgesetz der Notwendigkeit ausspricht, also das

2. paradoxe Implikationsgesetz: was real wirklich ist, das ist auch real notwendig (Realwirklichkeit „impliziert" Realnotwendigkeit).

Nimmt man nun weiter diese beiden „Realgesetze" zusammen, so ergibt sich aus ihnen auf syllogistischem Wege das dritte paradoxe Implikationsgesetz. Das zweite Gesetz bildet den Obersatz, das erste den Untersatz, das Wirklichsein ist der Mittelbegriff, die Konklusion spricht die Verbundenheit von Möglichkeit mit Notwendigkeit aus. In einer Seinssphäre, in der Wirklichkeit die Notwendigkeit einschließt, und Möglichkeit die Wirklichkeit einschließt, muß offenbar auch Möglichkeit die Notwendigkeit einschließen. Wenn die Welt des Realen so beschaffen ist, daß ein in ihr wirkliches A auch in ihr notwendig, und ein in ihr mögliches A auch in ihr wirklich ist, so ist sie ebendamit so beschaffen, daß ein in ihr mögliches A auch in ihr notwendig ist. Das aber ist in aller Form das

3. paradoxe Implikationsgesetz: was real möglich ist, das ist auch real notwendig (Realmöglichkeit „impliziert" Realnotwendigkeit).

Hält man diese drei Gesetze mit den drei positiven evidenten Implikationsgesetzen (Kap. 14 e) zusammen, so ist damit die erste Hälfte des III. Grundsatzes erwiesen: „alle positiven Realmodi implizieren einander gegenseitig".

c. Zur Abwehr eines gefährlichen Mißverständnisses.

Das Vorgehen des formalen Erweises ist nichts anderes als die Explikation und innere Durchleuchtung der Intermodalverhältnisse von einem in sich einsichtigen Ausgangspunkte (dem Spaltungsgesetz) aus. Es ist also einerseits weniger, andererseits aber auch mehr als ein reiner Erweis: es ist zugleich die inhaltliche Klärung der Sachlage im modalen Bau der Realität. Das läßt sich nicht an jedem Punkte der Argumentation wiederholen, muß aber im Verlaufe des ganzen Gedankenganges gegenwärtig bleiben. Die Folge ist, daß es notwendig wird, die Resultate — und das sind die Gesetze selbst — auch gleichzeitig vor Mißverständnissen zu wahren, die sich bei einer formalen Behandlung einzuschleichen pflegen. Denn die Formulierungen, in die man solche Resultate faßt, können immer nur affirmativ aussprechen, was in ihnen gemeint ist; sie können nicht zugleich vorwegnehmen und abwehren, was in ihnen nicht gemeint ist, aber bei metaphysisch vorbelastetem Denken aus ihnen herausgehört werden kann.

Einem gefährlichen Mißverständnis solcher Art sind gerade die ersten drei paradoxen Implikationsgesetze, und mit ihnen der ganze II. Grundsatz, ausgesetzt. Es ist hier der Ort, diesem Mißverständnis zu begegnen, um ein Fehlgehen des Gedankens im folgenden gleich an der Schwelle größerer Zusammenhänge abzuschneiden.

Es gibt nach diesen Gesetzen im Realen kein Wirkliches, das nicht auch notwendig wäre, kein Mögliches, das nicht auch wirklich und notwendig wäre; genau so sehr wie es nach den entsprechenden evidenten Gesetzen kein Wirkliches gibt, das nicht auch möglich, kein Notwendiges, das nicht auch wirklich und möglich wäre.

Wenn man dieses Resultat nicht sehr genau in seinem Wortsinn versteht — d. h. im Sinne dessen, was eigentlich erwiesen wurde —, wenn man also die Bedeutungen nur leise verschiebt (was dem der Modalanalyse Ungewohnten unweigerlich zu Anfang passiert), so muß hier der Schein entstehen, als wären die drei positiven Realmodi einander gleichgesetzt. Das aber würde bedeuten, daß der Unterschied der drei Modi aufgehoben wäre. Ist aber ihr Unterschied aufgehoben, so sind sie vielmehr alle drei ein und derselbe Modus. Und dann kann man auch nicht mehr von Intermodalverhältnissen sprechen. Das ganze Gerüst des modalen Aufbaus der Realität würde also damit in sich zusammenbrechen. Die Gesetze wären nichtssagend, leere Tautologien. Alle Verhältnisse setzen eben Verschiedenheit der Elemente voraus, zwischen denen sie bestehen. Setzt man die Elemente identisch, so hebt man die Verhältnisse auf. Versteht man also die Implikationen der Realmodi als Identitäten, so setzt man sie zu einem nichtigen Begriffsspiel herab und vernichtet sie ontologisch.

Von Rechts wegen sollte nun ein solches Mißverständnis von vornherein lächerlich und keines Wortes wert sein. Die geschichtliche Erfahrung aber lehrt, daß wo und wann immer die Philosophie sich auch nur einen

Schritt weit in das Feld einer echten Modalanalyse vorgewagt hat, sich sofort und mit geradezu zwangsläufiger Regelmäßigkeit eben dieses Mißverständnis eingestellt und die weitere Auswirkung der fruchtbarsten Ansätze a limine abgeschnitten hat. Es gilt daher, das Mißverständnis nicht nur ein für allemal richtig zu stellen — das ist natürlich leicht geschehen —, sondern auch seine Wurzeln bloßzulegen und dem ontologischen Denken damit ein Instrument der Selbstkontrolle zu geben.

Vorweg sei das Sachliche klargestellt. Implikation ist nicht Identität, die Implikationsgesetze keine Gleichsetzungen. Daß Wirklichkeit von A das Möglichsein von A impliziert, heißt nicht, daß sie mit diesem seinem Möglichsein zusammenfällt, sondern daß sie es voraussetzt. Daß also die drei positiven Modi im Realen einander implizieren, heißt nicht, daß sie ineinander überfließen, sondern daß sie an einem realen A nicht ohne einander bestehen können — daß immer einer den anderen entweder voraussetzt oder nach sich zieht. Daß also ein wirkliches A zugleich notwendig ist, bedeutet nicht, daß sein Wirklichsein in seinem Notwendigsein bestände, sondern nur daß das wirkliche A außerdem noch notwendig ist. Daß ein real mögliches A zugleich wirklich ist, bedeutet nicht, daß seine Möglichkeit selbst schon seine Wirklichkeit ausmachte, sondern durchaus nur, daß das mögliche A außerdem noch wirklich ist. Das Wirklichsein von A ist und bleibt etwas ganz anderes als sein Möglichsein, und das Notwendigsein von A etwas ganz anderes als sein Wirklichsein und Möglichsein. Deswegen aber kann es doch sehr wohl im Realcharakter eines solchen A liegen, daß seine Möglichkeit nicht ohne seine Wirklichkeit, und diese nicht ohne seine Notwendigkeit bestehen kann.

Solcher Verhältnisse gibt es auch außerhalb der Modalität viele, und sie sind wohlbekannt. So kann das Materiellsein eines Realen nicht ohne Räumlichkeit bestehen, und diese (als Realräumlichkeit) nicht ohne Materialität (Masse, Schwere usw.); sie implizieren einander, aber das Materiellsein selbst ist und bleibt dabei etwas ganz anderes als das Räumlichsein, was deutlich daraus hervorgeht, daß es außerhalb der Realsphäre auch eine ideale Räumlichkeit (eine geometrische) gibt, die ohne Masse und Schwere zurecht besteht. Ein ähnliches Beispiel ist das Verhältnis von Realität überhaupt und Zeitlichkeit: alles Reale ist zeitlich (entstanden, vergänglich, prozeßhaft), und alles Zeitliche ist real; aber Zeitlichkeit und Realität sind und bleiben deswegen doch etwas sehr verschiedenes, können auch nicht einfach durcheinander charakterisiert werden.

Auf den Gebieten inhaltlicher (konstitutiver) Bestimmung ist es leicht, Implikationen solcher Art zu durchschauen. Da wird sie niemand mit Identitäten verwechseln. Die inhaltliche Verschiedenheit eben ist greifbar. Bei den Modalstufen aber handelt es sich nicht um Inhaltliches, sondern um Seinsarten, darum versagt die Unterscheidbarkeit so leicht. Und darum bedarf es sehr strenger ontologischer Besinnung, um die Verschiedenheit der Modi in der Unlöslichkeit ihrer Verbundenheit am gleichen inhaltlichen Gebilde festzuhalten.

Denn tatsächlich ist es in den Implikationen der Realmodi genau dasselbe Verhältnis. Man kann durchaus nicht sagen, daß Möglichkeit in jedem Sinne und in jeder Sphäre Wirklichkeit implizierte, oder Wirklichkeit in jedem Sinne Notwendigkeit. In der logischen Sphäre und in der Erkenntnissphäre tun sie das jedenfalls nicht. Nur die Seinsweise des Realen verlangt es so, weil die Eigenart des im Realen waltenden Zusammenhanges eine solche ist; und darum ist diese Seinsweise des Realen durch das Verhältnis der Realmodi charakterisierbar. Aber eben deswegen ist es vollkommen irrig, die Implikationsgesetze der Realmodi so zu verstehen, als fielen die Modalcharaktere des Realen selbst in eins zusammen. Sie bleiben vielmehr durchaus, was sie sind, grundverschiedene Modi. Die Realität nur ist so geartet, daß sie in ihr nicht ohne einander bestehen können. Es wird sich in einer späteren Untersuchung noch zeigen, daß es sich in der Modalstruktur des Realen um einen sehr eigenartigen Aufbau der Modi handelt, in dem die Möglichkeit und Notwendigkeit als die inneren Bedingungen des Wirklichseins fungieren. Verwischt man dagegen gleich bei den ersten Schritten ihre Unterschiede, ist man nicht imstande, sie in der Enge ihrer Verbundenheit fest im Auge zu behalten, so schneidet man sich von vornherein den Weg zu aller weiteren Erforschung der Realwelt im Aufbau ihrer Seinsweise ab [1]).

Der positive Sinn der Implikationsgesetze ist so weit entfernt von Identität, daß er vielmehr ein hoch synthetischer, am Wesen der Modi selbst gar nicht in vollem Umfange ablesbarer ist. Darum eben sind diese Gesetze paradox. Die „materiale" Erörterung wird hier noch eine andere Seite des Verhältnisses aufzuzeigen haben, die erst zutage kommt, wenn man von der „äußeren Relativität" der relationalen Modi aus-

[1]) Einen sprechenden Beleg für dieses Verhältnis bildet das Verfahren vieler Wissenschaften, die von Tatsachen ausgehen, sodann aber danach fragen, wie die Tatsachen möglich sind, oder gar warum sie notwendig sind. Auch Kants Verfahren in der Kritik d. r. V. ist so: erst wird das Faktum der synthetischen Urteile a priori aufgewiesen, und danach erst nach ihrer Möglichkeit gefragt. Das setzt deutlich voraus, daß ein und dasselbe zugleich möglich und wirklich (oder gar notwendig) ist, daß aber sein Möglichsein (resp. Notwendigsein) keineswegs dasselbe ist wie sein Wirklichsein. Anders wäre es ja gar nicht verständlich, wie man nach seiner Möglichkeit überhaupt noch fragen könnte, wenn man doch um seine Wirklichkeit schon weiß. Daß man das Wirklichsein einer Sache sehr bestimmt erfassen kann, ohne doch zu begreifen, wie sie möglich (oder gar notwendig) ist, macht den strikten Beweis für die gänzliche Verschiedenheit der an einem und demselben Realen sich überlagernden Modi aus.

geht. Es zeigt sich dann, daß das Wirklichsein im Sinn der Realwirklichkeit von einem Deckungsverhältnis der positiv relationalen Modi getragen ist, in welchem diese voneinander und von der Wirklichkeit selbst durchaus unterschieden bleiben, und jeder Modus am Aufbau der Realität seine besondere Funktion hat. Notwendigkeit und Möglichkeit erscheinen hier als tragende Bedingungen der Wirklichkeit. Da sie aber in der Realsphäre nicht getrennt auftreten (weil nämlich die Artung des Realen es so verlangt), so implizieren sie einander und verschwinden hinter ihrem Produkt, der Realwirklichkeit. Aber ihr modaler Gegensatz bleibt erhalten. Die Kategorialanalyse der Realmodi besteht wesentlich darin, sie aus ihrem Verschwundensein für das naive Bewußtsein wieder hervorzuholen und in ihrer Unterschiedenheit — von einander wie von der Wirklichkeit — sichtbar zu machen.

Das zu erweisen ist eine spätere Aufgabe, die weiteren Ausholens bedarf. Der Vorblick soll an dieser Stelle nur dem Mißverständnis vorbeugen. Denn in der Tat verführt jenes „Verschwinden" der relationalen Modi hinter der Realwirklichkeit immer wieder zum Verschwindenlassen der Modalunterschiede selbst.

Neben dieser Verführung aber gibt es noch ein anderes, rein äußerliches Motiv, das dem Mißverständnis Vorschub leistet. Es ist für ein philosophisch ungeschultes Denken vielleicht sogar das stärkere, obgleich es bloß in der gewohnheitsmäßigen Unschärfe des sprachlichen Ausdrucks besteht. Für das Interesse der Ontologie ist es absolut erforderlich, streng zu unterscheiden zwischen „der Möglichkeit" und „dem Möglichen", der „Wirklichkeit" und „dem Wirklichen" usf. bei den übrigen Modi. „Das Wirkliche" (= A) ist die inhaltlich bestimmte Sache (etwa das Ereignis, die Realsituation); „die Wirklichkeit" der Sache dagegen ist der eigentliche Seinsmodus selbst, ihr Wirklichsein als solches. Dieses Wirklichsein teilt sie mit allem anderen Wirklichen. Ein und dasselbe „Wirkliche" (A) ist nach den Implikationsgesetzen zugleich ein „Mögliches" und ein „Notwendiges"; aber seine „Wirklichkeit" ist nicht seine „Möglichkeit", und auch nicht seine „Notwendigkeit". Das letztere wäre vollkommen sinnlos, während das erstere zu Recht besteht.

Hier liegt ein Grund der Verwechselung, der sich nur durch äußerste Sauberkeit des sprachlichen Ausdrucks beheben läßt. „Möglichkeit" ist niemals dasselbe wie „Wirklichkeit" oder „Notwendigkeit", auch dann nicht wenn ein „Mögliches" (A) zugleich ein „Wirkliches" und ein „Notwendiges" ist. Dasselbe A ist dann eben zugleich Träger verschiedener Modi. Was sich an ihm nicht widerspricht. Es ist also richtig und dem Sinn der Gesetze entsprechend, wenn man sagt: „ein real mögliches A ist auch real wirklich", oder „ein real wirkliches A ist auch real notwendig"; aber es wäre ganz unsinnig und den Gesetzen widersprechend, wenn man sagen wollte, die „Realwirklichkeit" eines A sei schon seine „Realnotwendigkeit", oder die „Realmöglichkeit" eines A sei schon seine „Realwirklichkeit". Das würde Identität der positiven Realmodi bedeuten, in Wahrheit also ihre Aufhebung. Solche unbemerkte — und recht eigentlich unachtsame — Identifizierung der Modi ist nicht, was sie zu sein scheint, ist kein unschuldiges Versehen, das sich von selbst ausgleicht. Sie ist ein folgenschwerer und wahrhaft verhängnisvoller Fehler. Denn dieser Fehler leistet einem Mißverständnis Vorschub, dem das unkritische Modalbewußtsein ohnehin leicht verfällt. Begegnet man ihm nicht gleich bei seinen Ursprüngen, so vergrößert er sich ohne Widerstand im Fortschreiten des Gedankens und untergräbt den Aufbau der Ontologie.

d. Formaler Erweis der negativen Implikationsgesetze.

Einstweilen ist noch die zweite Hälfte des II. Grundsatzes zu erweisen. Es handelt sich dabei um die drei paradoxen Implikationsgesetze der negativen Realmodi. Sie sind die getreuen Spiegelbilder von denen der positiven Modi; ja, sie können nach deren Erweis aus ihnen abgeleitet werden. Doch läßt sich für sie, ebenso wie für jene, auch unmittelbar auf Grund der Ausschlußgesetze in aller Strenge der Nachweis führen, und zwar genau analog zu der Argumentation, mit der jene erwiesen wurden.

Das vierte der paradoxen Ausschlußgesetze (Kap. 14d) besagte, daß Realmöglichkeit des Nichtseins die Realwirklichkeit ausschließt. Da nun Wirklichkeit und Unwirklichkeit zueinander kontradiktorisch stehen, also unter den Satz vom ausgeschlossenen Dritten fallen, so muß das, dessen Wirklichkeit „ausgeschlossen" ist, notwendigerweise unwirklich sein. Der Satz: „dasjenige, dessen Nichtsein real möglich ist, kann nicht real wirklich sein", bedeutet also, affirmativ gelesen, unmittelbar das

4. paradoxe Implikationsgesetz: dasjenige, dessen Nichtsein real möglich ist, ist auch real unwirklich (negative Realmöglichkeit „impliziert" Realunwirklichkeit).

Ferner: das erste paradoxe Ausschlußgesetz besagte, daß Realunwirklichkeit die Realmöglichkeit des Seins ausschließt. Da nun Möglichkeit des Seins und Notwendigkeit des Nichtseins zueinander kontradiktorisch stehen, also unter den Satz vom ausgeschlossenen Dritten fallen, so muß dasjenige, dessen Möglichkeit (des Seins) ausgeschlossen ist, ebendamit auch unmöglich sein. Negation der Möglichkeit des Seins ist eben Notwendigkeit des Nichtseins; die letztere aber ist Unmöglichkeit des Seins (vgl. das 1. Äquivalenzgesetz, Kap. 14a). Der Satz also „was real unwirklich ist, dessen Sein ist auch real nicht möglich", bedeutet, affirmativ gelesen, unmittelbar das

5. paradoxe Implikationsgesetz: was real unwirklich ist, das ist auch real unmöglich (Realunwirklichkeit „impliziert" Realunmöglichkeit).

Nimmt man nun diese beiden Sätze, das 4. und das 5. paradoxe Implikationsgesetz, zusammen, so ergibt sich auf syllogistischem Wege das noch übrige 6. Implikationsgesetz. Das fünfte Gesetz bildet hierbei den Obersatz, das vierte den Untersatz, das Unwirklichsein ist der Mittelbegriff, die Konklusion spricht die Verbundenheit von negativer Möglichkeit mit Unmöglichkeit aus. In einer Seinssphäre, in der die Unwirklichkeit die Unmöglichkeit einschließt, und Möglichkeit des Nichtseins die Unwirklichkeit einschließt, muß offenbar auch die Möglichkeit des Nichtseins die Unmöglichkeit einschließen. Ist also die Welt des Realen so beschaffen, daß ein in ihr mögliches non-A in ihr auch wirklich non-A ist, und ein in ihr wirkliches non-A in ihr auch notwendig non-A ist, so ist sie ebendamit so beschaffen, daß ein in ihr mögliches non-A in ihr auch notwendig non-A ist. In einer solchen Realwelt bedeutet ein mögliches non-A zugleich ein unmögliches A. Das aber ist in aller Form das

6. paradoxe Implikationsgesetz: dasjenige, dessen Nichtsein real möglich ist, ist auch real unmöglich (negative Realmöglichkeit „impliziert" Realunmöglichkeit).

Hält man diese drei paradoxen Gesetze mit den drei negativen evidenten Implikationsgesetzen (Kap. 14e) zusammen, so ist damit auch die zweite Hälfte des III. Grundsatzes erwiesen: „alle negativen Realmodi implizieren einander gegenseitig". Das besagt also: es gibt im Realen kein Unwirkliches, das nicht auch unmöglich, kein negativ Mögliches, das nicht auch unwirklich und unmöglich wäre; genau so sehr wie es kein Unwirkliches gibt, das nicht auch negativ möglich wäre, und kein Unmögliches, das nicht auch unwirklich und negativ möglich wäre.

Im übrigen gilt hier natürlich dasselbe, was zur ersten Hälfte des Grundsatzes angemerkt wurde: die allseitige Implikation der negativen Realmodi bedeutet keine Identifizierung, keine Aufhebung ihrer Unterschiede. Was negativ möglich ist, ist wohl unwirklich, und was unwirklich ist, ist unmöglich; aber negative Möglichkeit ist deshalb doch nicht Unwirklichkeit, Unwirklichkeit nicht Unmöglichkeit. Der Sinn der Implikationsgesetze ist auch im Negativen ein synthetischer. Er hängt am Realcharakter der Modi, nicht an ihrem formal-generellen Wesen; wie denn das „Spaltungsgesetz der Möglichkeit", auf das der ganze formale Erweis zurückgeht, ein Realgesetz ist.

Darüber hinaus wird sich zeigen, daß es auch bei den negativen Realmodi ein eigenartiges Deckungsverhältnis der beiden relationalen Modi gibt, kraft dessen sie hinter dem absoluten Modus scheinbar verschwinden. Aber das ist eine spätere Aufgabe.

17. Kapitel. Formaler Erweis des I. Grundsatzes.

a. Aufhebung der 2. und 3. Indifferenz.

Unsere Argumentation ging vom Spaltungsgesetz der Realmöglichkeit aus, führte dann zu den paradoxen Ausschlußgesetzen und von diesen weiter zu den paradoxen Implikationsgesetzen. Sie hat damit inhaltlich das ganze Gebiet des II. und III. Grundsatzes der realen Intermodalität durchlaufen. Es bleibt ihr noch der I. Grundsatz übrig (Kap. 14 c). Dieser Grundsatz ist ein rein negativer, er besagt die Aufhebung aller modalen Indifferenz in der Realsphäre: „Von den Modi des Realen ist keiner gegen einen anderen indifferent".

Bei einem so negativen Grundsatz liegt die Aussicht, ihn zur Evidenz zu bringen, günstiger als bei den positiven Grundsätzen. Der Gang des Erweises hätte ihn also wohl an den Anfang stellen können, wenn er nicht eine Schwierigkeit anderer Art enthielte: er betrifft mittelbar die Ausschaltung der Zufälligkeit aus dem Bereich der Realsphäre. Dafür fehlte die Handhabe, solange die paradoxen Implikationsgesetze nicht formal klargestellt waren. Darum mußte der I. Grundsatz zurückgestellt werden.

Die drei formalen Indifferenzen, wie sie in Kap. 11 a zusammengestellt und im Schema von Fig. 5 (Kap. 11 d) verbildlicht wurden, sind: 1. die Indifferenz der Wirklichkeit gegen Notwendigkeit und Zufälligkeit, 2. die der Möglichkeit gegen Wirklichkeit und Unwirklichkeit, und 3. die der Unwirklichkeit gegen Möglichkeit und Unmöglichkeit.

Diese Indifferenzen nun wurden durch den I. Grundsatz für die Realsphäre aufgehoben. Der Grundsatz zerfällt also in drei Gesetze der aufgehobenen Indifferenz:

1. Realwirklichkeit ist nicht indifferent gegen Notwendigkeit und Zufälligkeit;
2. Realmöglichkeit ist nicht indifferent gegen Wirklichkeit und Unwirklichkeit;
3. Realunwirklichkeit ist nicht indifferent gegen Möglichkeit und Unmöglichkeit.

Man könnte diese Sätze einfach dadurch als erwiesen ansehen, daß die Ausschluß- und Implikationsgesetze des Realen alle nur möglichen Intermodalverhältnisse beherrschen und schlechterdings keinen Raum lassen für Indifferenzen. Aber man kann sie auch selbständig erweisen.

Das zweite dieser Gesetze folgt unmittelbar aus dem Spaltungsgesetz der Realmöglichkeit. Das letztere eben hebt die Doppelmöglichkeit auf, läßt sie in eine positive und eine negative Möglichkeit zerfallen, die nun als verschiedene Modi dastehen, und zwar als solche, die einander ausschließen. Von diesen beiden nun ist keiner indifferent gegen Wirklichkeit und Unwirklichkeit. Das geht aus den Folgesätzen des Spaltungsgesetzes hervor: die Möglichkeit des Nichtseins ist im realen Wirklichsein ausgeschlossen; und die Möglichkeit des Seins ist im realen Unwirklichsein ausgeschlossen (Kap. 15c).

Ausschlußgesetze sind umkehrbar. In der Möglichkeit des Nichtseins ist also auch das Wirklichsein ausgeschlossen, und in der Möglichkeit des Seins das Unwirklichsein. Da nun das Ausgeschlossensein selbst eine Negation der Möglichkeit bedeutet, so kann man die beiden Sätze so aussprechen:

a) In der negativen Möglichkeit ist das reale Wirklichsein nicht möglich;
b) in der positiven Möglichkeit ist das reale Unwirklichsein nicht möglich.

In beiden Möglichkeitsmodi ist also nur je eines möglich; in M— ist nur non-A, in M + nur A möglich. Was negativ möglich ist, „kann" im Realen nur unwirklich sein, es bleibt ihm nicht offen, auch wirklich sein zu können; und was positiv möglich ist, „kann" im Realen nur wirklich sein, es bleibt ihm nicht offen, auch unwirklich sein zu können. Negative wie positive Realmöglichkeit sind also nicht indifferent; beide zeigen ganz eindeutig Ausschließung nach der einen, Implikation nach der anderen Seite.

Ferner: das dritte Gesetz der aufgehobenen Indifferenz dürfte zugleich mit dem zweiten erwiesen sein. Die Realunwirklichkeit kann nicht indifferent gegen Möglichkeit und Unmöglichkeit sein, weil sie (nach dem Spaltungsgesetz) vielmehr die Möglichkeit des Seins ausschließt und nur die Möglichkeit des Nichtseins einschließt. Nun handelt es sich aber in der dritten Indifferenz gerade um die Möglichkeit als positiven Modus; denn die Alternative der Modi, gegen welche ein dritter indifferent steht, ist ja stets die eines positiven und eines negativen Modus (vgl. Fig. 5: die Klammern gehen alle über den horizontalen Grenzstrich). Folglich, dasjenige Glied der disjunktiven Möglichkeit, gegen welches die Unwirklichkeit indifferent dastehen müßte, ist gerade eindeutig von ihr ausgeschlossen.

Was real unwirklich ist, das ist nicht real möglich; es ist vielmehr durchaus unmöglich. Daß es zugleich nichtseinsmöglich ist, ändert hieran nichts. Denn negative Möglichkeit ist in der Unmöglichkeit ohnehin eingeschlossen. Hier besteht keine Alternative, sondern eindeutiges Negativ-Notwendigsein und zugleich Negativ-Möglichsein. — Die Indifferenz der Unwirklichkeit fällt somit ohne weiteres zugleich mit der disjunktiven Möglichkeit hin.

b. Sonderstellung der 1. Indifferenz in der Realsphäre. Realmöglichkeit und Realzufälligkeit.

Nur mit dem ersten Gesetz der aufgehobenen Indifferenz hat es seine besondere Bewandtnis. Hier handelt es sich nicht um die Gegenglieder Notwendigkeit und negative Möglichkeit — was eine strenge Parallele zum vorigen Fall (der 3. Indifferenz) ergeben würde —, sondern um die Alternative von Notwendigkeit und Zufälligkeit. Die formale Indifferenz der Wirklichkeit besteht eben darin, daß ein Wirkliches nicht notwendig zu sein braucht, sondern auch zufällig sein kann.

Nun ist aber die Zufälligkeit vom Spaltungsgesetz gar nicht mit betroffen; darum erstrecken sich auch die Ausschlußgesetze nicht auf sie. Das entspricht ihrer Stellung an der Grenze der absoluten und relationalen Modi, und zugleich an der Grenze der positiven und negativen Modi; wobei sich zeigte, daß diese Stellung eine in gewissen Grenzen schwankende ist, daß sie von positiv-absoluter nach negativ-relationaler Modalität herüber und hinüber wechselt, also im Schema um den Schnittpunkt der beiden Grenzstriche herum pendelt (vgl. Kap. 11c und d; Fig. 3 und 5). Darin besteht ihr Charakter als „irregulärer Modus", sowie die Unstetigkeit der Übergangskurve im Bereich der Zufälligkeit.

Bei der Zufälligkeit liegt der eigentümliche Fall eines Modus vor, der als kontradiktorisches Gegenteil der Notwendigkeit eine Parallele — und gleichsam eine Dublette — in einem anderen Modus hat, nämlich in der negativen Möglichkeit. Beide, Möglichkeit des Nichtseins und Zufälligkeit, stehen kontradiktorisch zur Notwendigkeit. Beide also sind nicht nur in der Notwendigkeit ausgeschlossen, sondern auch in ihrer Negation enthalten. Jeder dieser beiden Modi fällt mit der Notwendigkeit zusammen unter den Satz vom ausgeschlossenen Dritten: was nicht notwendig ist, das ist zufällig, und umgekehrt; aber auch was nicht notwendig ist, dessen Nichtsein ist möglich, und umgekehrt.

Man sollte hiernach meinen, die Zufälligkeit sei überhaupt nichts anderes als Möglichkeit des Nichtseins. Das ist aber keineswegs der Fall. Denn das Zufällige kann durchaus wirklich sein, das negativ Mögliche aber ist — wenigstens in der Realsphäre (nach dem 4. Ausschlußgesetz, Kap. 14d) — durchaus unwirklich. Zufälligkeit eben ist hinsichtlich ihrer Stellung in der Modaltafel ein schwankender Modus. Sie ist nur Negation des Notwendigseins, aber sonst nicht negativ, kann sich also mit einem rein negativen Modus (M—) nicht decken.

Realwirklichkeit kann somit nicht das gleiche Verhältnis zur Zufälligkeit haben wie zur negativen Realmöglichkeit, und vollends nicht wie zur positiven. Jene ist ausgeschlossen von allen positiven Realmodi, diese von allen negativen. Wohl aber könnte sie formal das gleiche Verhältnis zur Zufälligkeit wie zur „disjunktiven Möglichkeit" haben, wenn nämlich diese nicht in der Realsphäre aufgehoben wäre. Denn disjunktive Möglichkeit steht auch auf der Grenze der positiven und negativen Modi und ist nicht weniger unbestimmt als die Zufälligkeit, nur von anderer Unbestimmtheit.

Ganz ähnlich sieht das Verhältnis von der anderen Seite aus. Die Zufälligkeit ist in ihrer Weise auch indifferent, nämlich gegen Wirklichkeit und Unwirklichkeit: das Nicht-Notwendigsein kann genau so gut das eines Seienden wie das eines Nichtseienden sein. Darin gleicht sie der ungespaltenen Möglichkeit. Aber diese Indifferenz der Zufälligkeit koinzidiert keineswegs mit der der Möglichkeit. Der „Zufall", so sagt man, „entscheidet" über wirklich und unwirklich, wofern eben keine Notwendigkeit waltet. Das disjunktive „Bloß-Möglichsein" aber entscheidet nicht über wirklich und unwirklich, es läßt beides offen, wofern nicht der „Zufall" entscheidet oder die Notwendigkeit.

Beide Indifferenzen sind also durchaus verschieden. Aber es hindert sie nichts, miteinander zusammen zu bestehen. Ja, sieht man genauer zu, so zeigt sich, daß sie überhaupt nur miteinander bestehen können. Denn einerseits, wo der Zufall waltet, da ist das positiv Mögliche nicht notwendig, sein Nichtsein also auch möglich; und nur in solcher Unbestimmtheit kann der Zufall etwas entscheiden. Und andererseits, wo die Möglichkeit indifferent gegen Wirklichkeit und Unwirklichkeit steht, da waltet keine Notwendigkeit; und was dann wirklich ist, das ist durch Zufall wirklich. Wo also die Möglichkeit solche Indifferenz nicht hat, sondern nur als abgespaltene positive Möglichkeit einerseits, als negative andererseits vorkommt, da kann das Wirkliche nicht zufällig sein, da ist es notwendig.

c. Aufhebung der 1. Indifferenz und Begrenzung dieser Aufhebung.

Hieraus nun sind drei Konsequenzen zu ziehen.

1. Die Aufhebung der Indifferenz der Möglichkeit in der Realsphäre durch das Spaltungsgesetz bedeutet in der Tat zugleich die Aufhebung der Indifferenz der Wirklichkeit in der Realsphäre. Damit ist das 1. Gesetz der aufgehobenen Indifferenz erwiesen: Realwirklichkeit ist nicht indifferent gegen Notwendigkeit und Zufälligkeit.

2. Wo die Indifferenz der Möglichkeit, und mit ihr die Indifferenz der Wirklichkeit, aufgehoben ist, da ist auch der Zufall ausgeschaltet. Es gibt kein Zufälliges innerhalb der Realsphäre. Dieser Satz besagt dasselbe wie das zweite paradoxe Implikationsgesetz, das „Realgesetz der Notwendigkeit": was real wirklich ist, das ist auch real notwendig (Kap. 14f). Man kann aus diesem Gesetz, das ja anderweitig erwiesen ist, auch direkt die Aufhebung der Wirklichkeitsindifferenz folgern;

nur daß auf diesem Wege nicht klar wird, was eigentlich mit der Zufälligkeit geschieht. Dazu war es nötig, den Umweg über das Verhältnis von Möglichkeit und Zufälligkeit einzuschlagen. Die Zufälligkeit wird durch ihre eigene Indifferenz zusammen mit den übrigen Indifferenzen aufgehoben. Denn sie läßt sich von dieser ihrer Indifferenz nicht trennen wie die übrigen Modi von der ihrigen. Man kann sie nicht spalten wie die Möglichkeit, man kann ihre Unbestimmtheit auch nicht aufheben. Die Realsphäre aber ist der Boden der vollkommenen Bestimmtheit. Darum ist für Zufälligkeit kein Raum in ihr.

3. Diese Aufhebung der Indifferenz im Modalcharakter der Realwirklichkeit, sowie die Ausschaltung des Zufälligen, reicht nur so weit, als das Spaltungsgesetz der Möglichkeit reicht. Wo dieses Gesetz den Boden verliert, da gewinnt der Zufall Boden. Das Spaltungsgesetz nun gilt nur „innerhalb" der Realsphäre; es gilt nicht von ihren ersten Bedingungen und Prinzipien, gilt auch nicht von ihr als einem Ganzen. Es gilt nur, wo wirkliche Realbedingungen bestehen, „auf Grund" deren etwas möglich sein kann; solche aber bestehen nicht für die ersten Glieder der Bedingungsketten, auch nicht für die Ganzheit der Sphäre. An den Grenzen der Sphäre hebt sich nicht nur das Spaltungsgesetz, sondern auch der eigentliche Sinn des Realmöglichseins auf. Denn nach dem modalen Grundgesetz ist das Möglichsein von seiner „äußeren Relativität" auf die Wirklichkeit vorbestehender Bedingungen nicht zu trennen, „auf Grund" deren allererst etwas möglich sein kann.

Darum löst an eben diesen selben Grenzen der Realsphäre auch die Zufälligkeit das Notwendigsein des Wirklichen ab. Hier hebt sich das „Realgesetz der Notwendigkeit" auf — zusammen mit den übrigen paradoxen Implikations- und Ausschlußgesetzen, zusammen auch mit dem Spaltungsgesetz der Realmöglichkeit —, und die Indifferenzen treten in Kraft. Dadurch wird auch die Realwirklichkeit wieder indifferent und läßt der Zufälligkeit Spielraum.

d. Das Verschwinden der „indifferenten Möglichkeit".

Die letzte dieser Konsequenzen geht inhaltlich beträchtlich über die Reichweite einer formalen Argumentation hinaus. Sie wird bei der materialen Erörterung der Intermodalgesetze erst ihr wahres Gesicht zeigen können. Auch ohne solche Ergänzung dürfte es aber formal ersichtlich sein, daß die drei Indifferenzen etwas Wesentliches am Grenzverhältnis der Sphäre ausdrücken, und insofern keineswegs überhaupt ungültig sind, sondern nur vom Charakter des Realseins innerhalb seiner Grenzen ausgeschlossen sind.

Das wird um so auffallender, wenn man beachtet, daß die formale Indifferenz der Wirklichkeit gegen Zufälligkeit und Notwendigkeit auch bei den negativen Modi wiederkehrt, d. h. auch an der Unwirklichkeit besteht. Denn das eine Glied der Alternative, die Unmöglichkeit, ist negative Notwendigkeit; das andere aber ist dieselbe Zufälligkeit, die auch im positiven Verhältnis der Notwendigkeit entgegensteht. Läßt man die Indifferenz der Möglichkeit bestehen, so wird auch die Unwirklichkeit indifferent — nicht nur gegen Möglichkeit und Unmöglichkeit, sondern auch gegen Zufälligkeit (des Nichtseins) und Unmöglichkeit. Auch hier also setzt dann die Parallelität zweier nichtidentischer Indifferenzverhältnisse ein; und auch hier ist es dann leicht zu sehen, wie trotz ihrer Nichtidentität das zweite nicht ohne das erste bestehen kann, also jedenfalls nicht besteht, soweit das Spaltungsgesetz reicht, d. h. nicht innerhalb der Grenzen der Realsphäre.

Somit hängt der modale Bau des realen Seins ganz und gar an der Spaltung der Realmöglichkeit und der Aufhebung der indifferenten Möglichkeit.

An diesem Resultat ist noch ein weiterer Punkt von Interesse, der den Seinscharakter der Realität selbst betrifft. Es wurde schon zu Anfang bei den „Äquivokationen der Möglichkeit" gezeigt, warum Realmöglichkeit nicht disjunktive Möglichkeit ist; aber — so schien es dort — wenigstens „indifferente Möglichkeit" müßte sie sein. Denn sie darf das Wirklichsein nicht ausschließen, muß sich also im Wirklichsein der Sache erhalten. Das Realwirkliche eben muß zum mindesten möglich sein (vgl. Kap. 3a und c). Vorausgesetzt aber war dabei, daß etwas auch real möglich sein könne, ohne wirklich zu sein. Das hat sich aus den Konsequenzen des Spaltungsgesetzes als unhaltbar erwiesen; so etwas mag es in anderen Sphären geben, oder auch an den Grenzen der Realsphäre, nicht aber „in" ihr. So sprach es das „Realgesetz der Möglichkeit" aus: was real möglich ist, das ist auch real wirklich. Damit fällt aber der Indifferenzcharakter der Möglichkeit hin, der doch im Gegensatz zur Disjunktivität aufrecht erhalten werden und an ihre Stelle treten sollte. Es erweist sich jetzt, daß die beiden Modi der gespaltenen Möglichkeit auch nicht „indifferente Möglichkeit" bedeuten können. Das scheint dem zu widersprechen, was zuvor ausgemacht war.

Der Widerspruch ist ein scheinbarer. Es kommt hier nur alles darauf an, daß man diese Aufhebung der Indifferenz recht verstehe. Die Indifferenz wird nicht „zurück" aufgehoben in die Unbestimmtheit der disjunktiven Möglichkeit, sondern emporgehoben zur vollen Bestimmtheit der „nur positiven" und der „nur negativen" Möglichkeit. Oder, wie die Ausschlußgesetze es sagen: die positive Möglichkeit wird von den negativen Realmodi radikal abgeschnitten, und die negative wird von den positiven Realmodi radikal abgeschnitten. Jene kann jetzt nicht mehr ohne Wirklichkeit und Notwendigkeit, diese nicht ohne Unwirklichkeit und Unmöglichkeit bestehen.

Es war offenbar zu wenig, die disjunktive Möglichkeit durch Spaltung in zwei „indifferente Möglichkeiten" aufzulösen. Gerade so ließ sich die Indifferenz nicht halten. Es ist eine Halbheit, die positive Möglichkeit von der negativen nur abzulösen, um sie in die Wirklichkeit hineinnehmen zu können, desgleichen die negative von der positiven, um sie in die Unwirklichkeit hineinnehmen zu können; beide bleiben doch unbestimmt, solange sie auch für sich bestehen und nicht mit den bestimmteren Modi fest verknüpft sind, die positive Möglichkeit mit der Wirklichkeit, die negative mit der Unwirklichkeit. Sind sie aber in dieser Weise fest verknüpft — jede mit dem zugehörigen absoluten Modus —, dann sind sie beide auch nicht mehr „indifferente", sondern voll bestimmte und gleichsam fest gewordene, „entschiedene" Möglichkeit.

Die rein „indifferente" Möglichkeit läßt sich offenbar in keiner Sphäre halten, sie ist instabil. Alle Möglichkeit ist entweder gespalten oder ungespalten. Die ungespaltene ist zu unbestimmt für die indifferente, die gespaltene zu bestimmt. In der Realsphäre ist die indifferente Möglichkeit überboten durch die gespaltene, deren beide Glieder nicht nur eindeutig geworden, sondern auch mit den bestimmteren Modi ihrer Gruppe fest verkoppelt sind. Sie verschwindet in die Bestimmtheit dieser Glieder.

e. Die Spaltung der Modaltafel und die „Entschiedenheit" des Realen.

Die Kehrseite dieser Sachlage ist der Zusammenschluß der beiden Gruppen der Realmodi in sich, so wie der II. und III. Grundsatz ihn aussprechen: alle Glieder der positiven Gruppe implizieren einander und schließen die negativen aus; und alle Glieder der negativen Gruppe implizieren einander und schließen die positiven aus. Darum sind die Indifferenzen aufgehoben, denn sie sind alle der Form nach Unbestimmtheiten.

Von diesem Punkte aus kann man das Spaltungsgesetz noch einmal in anderem Licht sehen. Es bedeutet nicht nur die Spaltung der Möglichkeit, die es ausspricht, sondern auch die Spaltung der ganzen Modaltafel, gleichsam den Riß, der mitten durch sie hindurchgelegt ist. Denn gerade in dem einen Gliede der Möglichkeit hing sie zusammen. Und eben dieses Glied — das auf der Grenze stehende zugleich positive und negative Möglichsein — ist im Spaltungsgesetz aufgehoben. Es erfüllt sich damit der alte Grundsatz des Parmenides — nur in viel radikalerer Weise, als die Alten ihn verstanden —: „Die Krisis aber ist darin: es ist oder es ist nicht", oder auch: „Seiendes ist, Nichtseiendes ist nicht" [1]).

[1]) Diels, Fragmente der Vorsokratiker, Fr. 8, Vers 15 f.: ἡ δὲ κρίσις περὶ τούτων ἐν τῷδ' ἔστιν· ἔστιν ἢ οὐκ ἔστιν, Desgl. Fr. 6, Vers 1 u. 2.

Dieser Satz (nebst seinen Abwandlungen) war in der Antike gegen das Werden gerichtet, weil man es als eine Mischung von Sein und Nichtsein verstand. Das hat sich schon früh als ein Irrtum erwiesen, wie denn der Gegensatz von Sein und Werden von Anbeginn ein schiefer war; das Werden ist vielmehr eine besondere Art des Seins, nämlich die des Realen, und es schließt das Nichtsein genau so von sich aus wie das statische (etwa das ideale) Sein.

Für die Modalgesetzlichkeit des Realen — und das bedeutet gerade des Werdenden — nimmt der eleatische Satz einen viel präziseren und grundlegenderen Sinn an: er ist der summarische Ausdruck für die Aufhebung desjenigen Modus, in welchem Sein und Nichtsein zusammengespannt waren, in dem deswegen die „Krisis" von Sein und Nichtsein der Unentschiedenheit wich. Denn eben Unentschiedenheit bedeutet die disjunktive, und selbst noch die indifferente Möglichkeit. Daß es solche Unentschiedenheit im Realen nicht gibt, besagt die Aufhebung der einen wie der anderen im Spaltungsgesetz. Dieses Gesetz ist die echte Krisis von Sein und Nichtsein. Es ist das Gesetz der Entschiedenheit des Realen.

Das spricht sich negativ eindeutig in den paradoxen Ausschlußgesetzen, positiv eindeutig in den paradoxen Implikationsgesetzen aus. Es gibt im Realen kein „bloß Mögliches", weder positiv noch negativ; es gibt hier kein halbes Sein und kein halbes Nichtsein, keine Indifferenz, keine Unentschiedenheit. Sondern was auch nur seinsmöglich ist, das ist auch wirklich und notwendig; und was auch nur nichtseinsmöglich ist, das ist auch unwirklich und unmöglich. Die Möglichkeit ist und bleibt zwar ein anderer Modalcharakter an demselben Seienden als seine Wirklichkeit und seine Notwendigkeit; aber sie löst sich nicht von ihnen, tritt nur verbunden auf.

Das ist der neue und explizitere Sinn des Parmenideischen Satzes. Nicht auf das Werden mehr ist er bezogen, sondern auf die Seinsweise des Werdenden, d. h. auf das Realsein als solches. Realität ist die absolute Entschiedenheit von Sein und Nichtsein. Das Werden selbst, der Realprozeß, in dem alles entsteht und vergeht, ist ganz und gar „seiendes Werden", nicht erst ein Werden zum Sein — als läge alles Realgewicht auf den Resultaten der Prozesse und nicht vielmehr auf diesen selbst, als gäbe es im Strom des Werdens bleibende Resultate (ein Atomismus kindlich-dinglichen Denkens) — so wenig wie ein Werden zum Nichtsein. Die Entschiedenheit des Realen ist vielmehr die Bestimmtheit und Eindeutigkeit des einen, unaufhaltsamen Weltgeschehens. Die Welt des Realen ist die Sphäre des ontischen Radikalismus.

Das ist nichts anderes als die ins lebendige Realitätsgefühl des Menschen übersetzte Formel des Spaltungsgesetzes. Für sich genommen, könnte der Ausdruck „Entschiedenheit des Realen" mißverständlich klingen;

im Gegensatz zur Unbestimmtheit in der indifferenten Möglichkeit ist er schwerlich mißzuverstehen. Von hier aus kann man auch die paradoxen Intermodalgesetze auf eine einfachere Form bringen. Es genügt dazu, die beiden „Realgesetze" — das der Möglichkeit und das der Notwendigkeit —, in denen sich ohnehin alle Paradoxie zusammendrängt, im Sinne der Entschiedenheit zu verstehen. Diese Gesetze besagen dann:

Was sein „kann", in dem ist die Entscheidung zum Sein schon gefallen. Es kann nicht mehr nichtsein. So „muß" es also sein. Und darum „ist" es.

Desgleichen besagen die entsprechenden negativen Gesetze:

Was nichtsein „kann", in dem ist die Entscheidung zum Nichtsein schon gefallen. Es kann nicht mehr sein. So „muß" es nichtsein. Und darum „ist es nicht".

In diesen wenigen Sätzen läßt sich der ontologische Gehalt derjenigen Intermodalgesetze zusammenfassen, die der Seinsweise des Realen ihren eigentümlichen Charakter geben. Man hört es aus ihnen besser als aus den streng gefaßten Gesetzen selbst heraus, wie sehr sie alle an der Spaltung der Möglichkeit hängen, desgleichen wie eindeutig sie den Wesenszug der Entschiedenheit in der Seinsweise des Realen zum Ausdruck bringen. Es zeigt sich dabei auch sehr eindrucksvoll, wie die Ableitung der Gesetze aus dem Spaltungsgesetz, die der formale Erweis gebracht hat, diesen Gesetzen nicht äußerlich ist, sondern die legitime Aufdeckung ihrer wirklichen Wurzel bedeutet. Denn das eben ist das Eigentümliche in der Entschiedenheit des Realen, daß sie bereits an der Möglichkeit voll und ganz einsetzt und sich von ihr aus dem ganzen Gefüge der Realmodi mitteilt.

III. Abschnitt

Materialer Erweis der Intermodalgesetze des Realen

18. Kapitel. Die Grundlage des materialen Erweises.

a. Formale und materiale Erörterung.

Das Kriterium eines echten Erweises ist es, daß er mehr als ein Erweis ist. Läßt er den Sinn der Sätze, die er dartut, unberührt, so ist er nur eine äußere Verifikation, eine bloße Angelegenheit der Methode. Im Wesen der Sache wurzelt er nur, wenn er vom Sinn der Sätze unablösbar ist. Dann ist er, indem er erweist, auch die natürliche Exposition der Sache, und sein Gedankengang ist das Durchlaufen ihres inneren Gefüges.

Der formale Erweis der Intermodalgesetze des Realen hat sich in den Grenzen seiner Mittel als ein echter Erweis bewährt. Der volle Sinn der Gesetze hat sich in seinem Fortschreiten nach und nach aufgetan. Ja, er hat bereits ein Stück weit über sie hinausblicken lassen: er hat einen Schleier vom Wesen des realen Seins hinweggezogen. In der scharf umrissenen Plastik der Gesetze erscheint das, was sonst unerkennbar in tiefem Dunkel verharrt und nur dem rechenschaftslosen Realitäts-Gefühl gegeben ist, als ein sehr eigenartig geprägter und strukturierter Seinscharakter. Was sich zu Anfang nur ankündigen, aber nicht begründen ließ, daß die Intermodalgesetze einer Sphäre die Struktur ihrer Seinsweise ausmachen, so daß diese an ihnen greifbar werden muß, hat sich in gewissen Grenzen bestätigt, wiewohl es leicht zu sehen ist, daß mit dem Gesagten nur ein Anfang gemacht ist.

Die formale Erörterung der Gesetze hat einer anderen, tiefer greifenden vorgearbeitet, indem sie von einem Zentralpunkt aus das Verhältnis von Möglichkeit und Wirklichkeit in der Realsphäre, sowie das der übrigen Modi, allererst durchschauen lehrte. Ihre Arbeit mußte nur deswegen eine halbe bleiben, weil sie ganz in der modalen Betrachtung verweilte und die viel weitere Angriffsfläche des Seienden für das Erkennen, die im konstitutiv Inhaltlichen liegt, aus dem Spiele ließ. Der Vorzug der Eindeutigkeit und Strenge des Vorgehens ist durch den Nachteil der Abstraktheit erkauft, der durch ihn nur teilweise aufgewogen wird. Die erste Hälfte der Arbeit konnte freilich nur auf diese Weise geleistet werden. Um so mehr aber verlangt sie nun nach Ergänzung.

Es ist nämlich kein Grund, das Konstitutive im Aufbau des Realen, soweit es direkt mit den Modalverhältnissen zu tun hat, aus dem Spiel zu lassen. Seinsmodus und Seinsbestimmtheit gehören zusammen, kommen ohne einander nicht vor. Es kann also nicht anders sein, als daß in den konstitutiven Grundeigentümlichkeiten des Realen auch seine Modalverhältnisse sich spiegeln. Und wenn auch die Modalanalyse es mit den letzteren allein zu tun hat, so muß es ihr doch unbenommen sein, sie am Leitfaden der ersteren — als der weit leichter zugänglichen — aufzuspüren. Dieses Verhältnis macht sich die „materiale" Erörterung der Realmodi zunutze, indem sie aus der Konkretheit der strukturellen Realverhältnisse heraus auf analytischem Wege noch einmal einen Erweis von anderer und anschaulicherer Art gibt.

Auch für diesen Erweis kommt es darauf an, einen Ausgangspunkt zu gewinnen, von dem aus der modale Bau des realen Seins einsichtig wird. Dieser Punkt wird dort zu suchen sein, wo die Paradoxie in der formalen Erörterung unbehoben geblieben ist. Denn ein ungeklärter Rest ist übrig geblieben, und dort wo er wurzelt, muß der Schwerpunkt der Aufgabe liegen, vor der wir stehen. Man gelangt mit diesem Fingerzeig unfehlbar auf das Problemgebiet der Realmöglichkeit hinaus, auf dem auch der Ausgangspunkt der formalen Erörterung lag. Es kommt nun alles darauf an, die Realmöglichkeit konkret zu fassen. Das ist es, was auf dem Umwege über das Konstitutive gelingt.

b. Der zwiefache Widerstreit im populären Möglichkeitsbegriff.

Die Paradoxie der Intermodalgesetze selbst ist in der bisherigen Betrachtung ohne eigentliche Klärung hingenommen worden. Es ist nun an der Zeit, sich ihr zuzuwenden. Das kann nur geschehen, indem man die Aporien, die in ihr stecken, ans Licht zieht.

Was heißt es eigentlich, was das Realgesetz der Möglichkeit sagt: was real möglich ist, das ist auch real wirklich? Und was heißt der andere Satz, der sein getreues Spiegelbild im Negativen ist: das, dessen Nichtsein real möglich ist, ist auch real unwirklich? Man kann die Frage noch zuspitzen, wenn man die Kontrapositionen beider Sätze bildet: was nicht real „ist", „kann" auch nicht real sein; und was real „ist", „kann" auch nicht real nichtsein. Die Aporie ist hier so greifbar, daß man sich des Eindrucks der Unstimmigkeit gar nicht erwehren kann. Es scheint doch auf der Hand zu liegen, daß der Prozeß des Realgeschehens dem widerstreitet; und das Reale besteht nun einmal im Prozeß. Man erfährt es doch immer wieder im Leben: was nicht „ist", das „wird" mit der Zeit; d. h. es wird wirklich. Es muß also doch möglich gewesen sein! Wie kann das Gesetz behaupten, es sei nicht möglich gewesen? Und ebenso, was „ist", das vergeht mit der Zeit; d. h. es wird unwirklich. Sein Nichtsein muß also doch möglich gewesen sein! Das Gesetz aber sagt, sein Nichtsein war nicht möglich.

Dieser Einwand mag sehr naiv sein, er ist deswegen doch von Wichtigkeit. Denn er ist der Ausdruck einer noch durchaus ungelösten Aporie. Könnte der Mensch z. B. nichts, was „nicht ist", seiend machen, und nichts, was „ist", nichtseiend machen, so wäre er in seiner Aktivität gelähmt, und alles Handeln wäre ein Ding der Unmöglichkeit. Der ontische Sinn der Verwirklichung durch die Tat scheint doch gerade darauf zu beruhen, daß sehr vieles möglich ist, was nicht wirklich ist. Und da Verwirklichung ein Realprozeß ist, so muß es sich in solchem Möglichsein doch gerade um Realmöglichkeit handeln. Aber es ist eine sehr andere Realmöglichkeit als die oben geschilderte. Sie läuft darauf hinaus, daß in jedem jeweiligen Bestande des Wirklichen sehr vieles möglich sein muß, was in ihm selbst keineswegs wirklich ist. In diesem Sinne sagt man: alles gegenwärtige Sein trägt vielerlei „Möglichkeiten" künftigen Seins in sich, von denen sich dann im Lauf der Zeit immer nur eine verwirklicht; denn nicht alles kann zugleich wirklich werden, was in der „Möglichkeit" zusammen besteht. Unzählige Keime möglicher Entfaltung — und das heißt verschiedenen möglichen Seins — liegen in jedem Menschen. Erst der wirkliche Lebensweg, Einflüsse, Schicksale, Entschlüsse, bestimmen darüber, was von alledem sich in ihm verwirklicht.

Diese Überlegung macht den populären Möglichkeitsbegriff aus, der im Leben überall der herrschende ist und in seiner Weise ganz Recht hat. Recht nämlich mit dem, was er eigentlich meint. Er meint nur nicht die echte Realmöglichkeit, er fragt nicht danach, was Möglichsein in bestimmten gegebenen Realumständen eigentlich heißt. Man könnte hier gleich das oben vom falschen Zeitbegriff und von der Härte des Realen Gesagte (Kap. 15 d) heranziehen, um diesen Möglichkeitsbegriff zu kritisieren. Indessen ist es an dieser Stelle gerade lehrreich, dem letzteren näher nachzugehen. Auch gibt es für die materiale Erörterung einen anderen Weg, sich zu überzeugen, daß die schlichte Lebensweisheit des Alltags doch beim bloßen Phänomen stehen bleibt und nicht bis auf das Seinsverhältnis durchstößt. Die Unstimmigkeit nämlich liegt in diesem Möglichkeitsbegriff selbst.

Es ist nun umgekehrt zu fragen wie vorhin. Was eigentlich meint man, wenn man sagt „was nicht ist, das kann doch sein", oder „es ist vieles möglich, was nicht wirklich ist"? Meint man denn im Ernst, daß dieses „Mögliche" auch zur Zeit schon wirklich sein „könnte"? Oder auch nur, daß es unter beliebigen künftigen Umständen wirklich werden „könnte"? Man weiß ja doch sehr gut, daß dem nicht so ist. Man weiß, daß es nicht wirklich werden kann, ohne daß noch mancherlei Voraussetzungen dafür sich verwirklichten. Man weiß, daß eine ganze Kette von Bedingungen erfüllt sein muß, bevor es wirklich werden kann. Und wenn man sich die Sache zum Ziel macht und sie aus eigener Kraft verwirklichen will, so weiß man nur zu wohl, daß man die noch fehlenden Bedingungen erst beschaffen muß.

Was aber heißt denn dieses Wissen im praktischen Leben, wenn man es ontologisch ausdrückt? Es heißt dieses: man weiß in Wahrheit sehr wohl, daß jenes „Mögliche" weder zur Zeit schon „sein kann", noch auch in Zukunft unter beliebigen Umständen wirklich „werden kann". Weiß man aber, daß es zur Zeit nicht sein kann, so weiß man eben damit, daß es zur Zeit nicht „möglich ist". Nun aber hatte man es gerade als ein „Mögliches" bezeichnet. Man weiß also, daß eben das, was man als möglich bezeichnete, vielmehr „unmöglich" ist.

Freilich, nur zur Zeit unmöglich. Es bleibt das Wirklichwerden-„Können" übrig. Von diesem weiß man ja aber, daß noch ausstehende Bedingungen sich erfüllen müssen, bevor die Sache wirklich werden „kann"; wer sie als Ziel strebend verfolgt, der weiß, daß er die ausstehenden Bedingungen beschaffen muß. Früher eben „kann" sie nicht wirklich werden, als bis alle Bedingungen beisammen sind. Auch der Unerfahrene täuscht sich darüber im Leben nicht. Täuschen kann er sich in seinem Wissen um Einzelbedingungen, aber nicht grundsätzlich im Wissen darum, daß überhaupt „alle" Bedingungen beisammen sein müssen, wenn das Erstrebte wirklich werden „können" soll. Ja, praktisch täuscht sich wohl auch nach einem Fehlschlagen aller Bemühungen nicht leicht jemand darüber, daß das Erstrebte deshalb nicht wirklich werden „konnte", weil es nicht gelang, die erforderlichen Bedingungen alle zusammenzubringen. Darin aber liegt deutlich die Einsicht, daß auch für die Zukunft jenes „Mögliche" nicht wirklich werden „kann", solange nicht alle Bedingungen seiner Möglichkeit (d. h. seines Wirklichwerden-Könnens) erfüllt sind. Erst dann „kann" es wirklich werden. Man weiß also, daß es bis dahin vielmehr „unmöglich" ist.

Der innere Widerstreit im populären Möglichkeitsbegriff ist also ein zwiefacher. Indem man meint, es sei vieles „möglich", was nicht wirklich ist, weiß man zugleich, daß dieses „Mögliche" vielmehr einstweilen (nämlich bei gegebener Lage der Dinge) weder als jetziges noch als zukünftiges möglich ist; genauer, daß es als gegenwärtiges durchaus unmöglich, als zukünftiges aber wenigstens auf Grund des zur Zeit Gegebenen noch nicht möglich ist.

Man gibt sich keine Rechenschaft von diesem Wissen. Es würde einem sonst eindeutig sagen, daß im Zuge des Realgeschehens jederzeit, im Jetzt wie in der Zukunft, nur das möglich ist, was auch zur Wirklichkeit gelangt.

c. Insuffizienz der Teilmöglichkeit und Totalität der Bedingungen.

In der Aufrollung dieses zwiefachen Widerstreites liegt die Aporetik der Realmöglichkeit klar vor Augen. Meinte man nur ein formales Überhaupt-Möglichsein, so wäre der Widerstreit ein scheinbarer. Denn Realmöglichkeit ist nun einmal nicht formale Möglichkeit. Man meint aber durchaus die Realmöglichkeit. Denn gerade im Hinblick auf das Zukünftige erklärt man keineswegs „alles Mögliche" für möglich, sondern je nach den Umständen nur Bestimmtes — und zwar inhaltlich Bestimmtes —, anderes aber für nicht möglich. Man hält sich dabei stets an gewisse schon vorhandene Bedingungen, die in entscheidender Weise die Möglichkeit des einen offenlassen, die des anderen aber bereits ausschließen. Wobei das Offenlassen so verstanden wird, daß man noch nicht sehen kann, ob die weiteren erforderlichen Bedingungen noch hinzutreten werden oder nicht.

Der Widerstreit als solcher also ist keineswegs wegzubringen. Das Möglichkeitsbewußtsein des Alltags enthält ihn eben. Wohl aber läßt sich jetzt der Grund aufzeigen, warum es ihn enthält.

Das nämlich, was man im Auge hat, wenn man von einer „Vielheit der Möglichkeiten" spricht, oder auch nur vom „Möglichsein des Unwirklichen", ist offenkundig die Teilmöglichkeit. Teilmöglichkeit besteht in der unvollständigen Reihe der Bedingungen, bei der es noch dahinsteht, ob sie vollständig wird oder nicht. Was man meint, ist eben dieses: einige Bedingungen — diejenigen nämlich, die man grade vor Augen hat oder für besonders wichtig hält, — sind erfüllt; von ihnen aus ist die Sache „möglich". Wobei das „von ihnen aus" so verstanden wird: soweit es auf diese Bedingungen ankommt, ist die Sache möglich. Ob sie auch möglich ist, soweit es auf andere ankommt, ist damit nicht gesagt, aber auch nicht verneint; es ist einfach nicht die Rede davon. Man weiß eben nicht um alles Erforderliche. Man kann höchstens wissen, daß man nicht darum weiß. Aber auch soweit man darum weiß, tut man im Leben doch so, als hinge einstweilen alles nur an den gerade gegebenen Bedingungen.

Um Beispiele braucht man hier nicht zu sorgen. Wenn einer für den Ankauf eines Autos spart und sich sagt „es ist möglich, daß ich in einem Jahr mein Auto habe", so meint er etwa dieses: ich habe so und soviel beisammen; wenn alles gut geht, wird in einem Jahr die Kaufsumme erspart sein. Er rechnet mit der Teilmöglichkeit. Ob „alles gut gehen" wird, sieht er nicht voraus, behauptet es auch nicht. Er sieht also sehr wohl die noch fehlenden Bedingungen — vielleicht ist es eine lange Kette schwer durchzusetzender Ersparnisse von Monat zu Monat —, die bereits erfüllten aber genügen ihm, die Totalität der Bedingungen vorauszusehen. Er antizipiert die Totalmöglichkeit auf Grund der Teilmöglichkeit. Und eben diese Antizipation bedeutet ihm schon die Chance seines Gelingens.

Oder etwa: wenn Columbus sich sagt, daß es „möglich" ist, westwärts um die Erde nach Indien zu segeln, so meint er: die Hauptbedingung ist erfüllt, weil die Erde eine Kugel ist. Ob andere Bedingungen auch erfüllt sind, ob wirklich der Ozean ununterbrochen von Spanien bis Indien reicht, ob nicht ein unbekannter Kontinent ihn von Norden nach Süden durchschneidet u. a. m., weiß er nicht. Das alles sind naheliegende Erwägungen; da er aber nichts darüber ausmachen kann, bevor ihn die Erfahrung belehrt, so fordert er die Erfahrung mit der Tat heraus. Er rechnet mit der Chance auf Grund der einen Hauptbedingung, deren er gewiß ist. Er weiß dabei sehr wohl, daß erst der Versuch über das wahre Möglichsein oder Unmöglichsein entscheiden wird.

Damit wird das Verhältnis durchsichtig. Der Mensch rechnet überhaupt nur mit der Teilmöglichkeit. Totalität der Bedingungen ist ihm im Leben nie gegeben. Der Teilmöglichkeiten aber gibt es von jeder gegebenen Situation aus viele. In jedem Schritt des realen Gesamtgeschehens ist für vielerlei Zukünftiges eine unvollständige Reihe von Bedingungen gegeben. An diese, als an das allein Greifbare, hält sich das menschliche Möglichkeitsbewußtsein. Aber gerade diese Teilmöglichkeiten machen noch nichts von alledem (d. h. von diesem vielerlei Zukünftigen) „real möglich". Es fehlt der Rest der Bedingungen. Solange sie nicht wirklich sind, ist das „Mögliche" kein real Mögliches. Man erkennt das daran, daß solange auch das Nichtsein möglich bleibt. Die Teilmöglichkeit ist disjunktive Möglichkeit. Und selbst wenn man sie (im Absehen von ihrem negativen Gegengliede) als einseitig positive Möglichkeit verstehen wollte, so bliebe sie durch ihre Unvollständigkeit doch noch indifferente Möglichkeit. Sie bestünde gleichgültig dagegen, ob das „Mögliche" wirklich wird oder nicht.

Hiermit nähern wir uns dem Punkt, an welchem der materiale Erweis der Intermodalgesetze einzusetzen hat. Ging doch auch der formale Erweis von einer Umprägung des Möglichkeitsbegriffs aus, wie der Seinscharakter des Realen sie erforderte: an Stelle der disjunktiven trat die gespaltene Möglichkeit, welche eindeutig positiv oder negativ ist. Der materiale Erweis setzt streng analog hierzu mit der Aufhebung der Teilmöglichkeit ein. An ihre Stelle tritt die „Totalmöglichkeit".

Diese Aufhebung bedeutet nicht, daß es im Realen keine Teilmöglichkeit gäbe, wohl aber daß Teilmöglichkeit noch nicht Realmöglichkeit ist. Und auch dieses ist nicht so zu verstehen, als wären die Bedingungen, welche die Teilmöglichkeit ausmachen, nicht real; sie selbst sind freilich real, so gut wie die der Totalmöglichkeit, aber auf Grund ihrer allein ist die Sache, deren Bedingungen sie sind, noch nicht real möglich. Die Sache vielmehr ist real unmöglich, solange die Reihe der Bedingungen nicht zur Totalität aufgefüllt ist.

d. Das Totalitätsgesetz der Realmöglichkeit.

Hat man sich dieses Verhältnis — das an sich ganz einfach ist und nur durch die Trägheitskraft schiefer Begriffe so schwer zugänglich geworden ist — einmal wirklich klar gemacht, so kann man an seiner Artung auch ohne weitere Umschau einsehen, daß in ihm ein Fundamentalgesetz des realen Seins steckt. Man darf dieses Gesetz — zum Unterschied von anderen Möglichkeitsgesetzen — als das „Totalitätsgesetz der Realmöglichkeit" bezeichnen. Nach der negativen Seite kann es auch als Gesetz der „Insuffizienz der Teilmöglichkeit" gelten. Gemäß diesem Doppelcharakter erfordert es eine doppelte Formulierung, welche sich so aussprechen läßt:

> Real möglich ist nur das, dessen Bedingungen alle bis zur letzten wirklich sind. Was nur partial möglich ist — woran also auch nur eine Bedingung fehlt —, das ist real unmöglich.

So freilich gilt es nur für die positive Möglichkeit. Für die negative muß ein irgendwie paralleles Gesetz gelten. Doch würde man vollkommen fehlgehen, wenn man hier wie bei den formalen Modi das Gesetz einfach ins Negative wenden wollte. Die Spiegelbildlichkeit der negativen Modalanalyse versagt hier vollkommen.

Das Nichtsein von A ist nämlich keineswegs erst dann real möglich, wenn alle Bedingungen von A bis zur letzten real unwirklich sind. Es können vielmehr beliebig viele von ihnen wirklich sein, nur nicht „alle". Für die negative Möglichkeit also ist im Realen keine negative Totalität der Bedingungen erforderlich. Es genügt für sie, daß eine einzige Bedingung von A fehle. Genauer: für das Nichtsein von A ist es gleichgültig, ob viele oder wenige Bedingungen seines Seins fehlen, ob alle oder auch nur eine, und sei es die nichtigste. Jeder geringste Faktor, der an der Totalität fehlt, ermöglicht schon das Nichtsein von A.

Auch das ist etwas, was im praktischen Leben wohlbekannt ist. Wer etwas Bestimmtes, was im Werke ist, vereiteln will, der hat es leichter als der Gegenspieler, der es verwirklichen will. Er weiß, daß er nicht alle Faktoren zu vernichten braucht, sondern nur einen. Jeder Faktor der Sache, auch der nichtigste, wenn er nur wirklich zu ihren Realbedingungen zählt, ist in der Totalität der Bedingungen ausschlaggebend.

Als negative Realmöglichkeit also ist die Teilmöglichkeit nicht insuffizient. Das Totalitätsgesetz ist nur ein Gesetz der positiven, nicht der negativen Realmöglichkeit. So gerade entspricht es dem Gefüge des einheitlichen Realzusammenhanges: weil dieser Zusammenhang stets und in jedem Teil ein vollständiger ist, so ist stets und in jedem Teil nur weniges positiv möglich, aber sehr vieles negativ möglich; nur sehr Bestimmtes „kann" in ihm hier und jetzt „sein", unendlich vieles aber „kann" hier und jetzt „nichtsein". Man darf diese Eigentümlichkeit des Realen die „Enge der Seinsmöglichkeit" in ihm nennen; ihre Kehrseite ist die „Weite der Nichtseinsmöglichkeit". Das Gegengesetz der negativen Realmöglichkeit muß also im Unterschied zum Totalitätsgesetz der positiven so lauten:

> Negativ real möglich ist das, von dessen Bedingungen wenigstens eine unwirklich ist. Nur was total-möglich ist — dessen Bedingungskette real vollständig ist —, dessen Nichtsein ist real unmöglich.

Hieran ist vor allem eines lehrreich und der formalen Erörterung gegenüber neu: die negative Realmöglichkeit erweist sich ihrem inneren Bau nach als durchaus unähnlich der positiven. Formal sieht sie ihr gleich, material verstanden ist sie etwas ganz anderes. Sie sind zwar beide Kehrseiten eines und desselben Realverhältnisses, derselben Abhängigkeit des Bedingten von seinen Bedingungen. Aber das ganze

Gewicht dieses Verhältnisses fällt auf den positiven Modus; der negative ist nur sein Annex, er drückt nur das Fehlen des geschlossenen Bedingungsverhältnisses aus. Gerade die „Weite" der Nichtseinsmöglichkeit beleuchtet das sehr anschaulich. Sie ist die reine Freiheit der Negativität, gleichsam der von der „Enge" des positiv Realmöglichen übrig gelassene unbegrenzte Spielraum des Irrealen. Zum Irrealsein eben gehört nicht viel. Es braucht nichts positiv erfüllt zu sein. Nur das enge Feld des Realmöglichen — und das heißt dessen, was eine Totalität real wirklicher Bedingungen hinter sich hat, — ist ihm versperrt.

e. Totalitätsgesetz und Spaltungsgesetz.

Diese Unähnlichkeit der positiven und der negativen Realmöglichkeit — die gewichtige Inhaltsfülle und Bestimmtheit der einen, die nichtssagende Wesenlosigkeit der anderen — wirft nun weiter ein neues Licht auf den Gesamtcharakter des realen Seins. Denn, wenn von hier aus die übrigen Realmodi sich inhaltlich verstehen und ihre Intermodalgesetze sich material begründen lassen, so kann es nicht ausbleiben, daß alles Gewicht im Bereich des Realen auf die positiven Modi fällt, die negativen aber gegen sie in einer Art modaler Nichtigkeit verschwinden. Das wird sich in der Tat im weiteren Verlauf der materialen Erörterung bewahrheiten. Und schon äußerlich zeigt es sich darin, daß der Erweis der Intermodalgesetze diesmal ganz im Positiven verweilt.

Vom „Totalitätsgesetz der Realmöglichkeit" aus lassen sich direkt, ohne Umweg über die negativen Modi und über die Ausschlußgesetze, die beiden Hauptgesetze der realen Modaltafel erweisen: das „Realgesetz der Möglichkeit" und das „Realgesetz der Notwendigkeit". Aus ihnen folgen dann die übrigen Implikationsgesetze. Die Ausschlußgesetze aber, sowie die Aufhebung der Indifferenzen, erscheinen dann als bloß negative Annexe der beiden Realgesetze.

Übrigens gilt das Gleiche auch schon vom Spaltungsgesetz. Es gewinnt unter dem materialen Gesichtspunkt nicht nur einen neuen Sinn, sondern auch einen neuen unabhängigen Erweis. Die einfache (erste) Formel dieses Gesetzes lautete: was real möglich ist, dessen Nichtsein ist real nicht möglich; und das, dessen Nichtsein real möglich ist, ist real nicht möglich (Kap. 15 b). Diese Doppelformel läßt sich aus dem Totalitätsgesetz und seinem negativen Gegenstück unmittelbar ablesen.

Ist nämlich im Realen negativ möglich nur das, dessen Bedingungen nicht alle beisammen sind, positiv möglich aber nur das, dessen Bedingungen alle beisammen sind, so ist offenbar im Realen das positiv Mögliche niemals zugleich negativ möglich, und umgekehrt. Die materiale Voraussetzung des Seinsmöglichen schließt die des Nichtseinsmöglichen aus. Es können nur entweder alle Bedingungen von A beisammen sein, oder nicht alle Bedingungen beisammen sein, aber nicht beides zugleich. Folglich können auch nicht positive und negative Möglichkeit von A zusammenbestehen. Das ist in der Tat ein Erweis des Spaltungsgesetzes, und zwar ein weit konkreterer als der formale.

19. Kapitel. Die Identität der Realbedingungen.

a. Die „äußere Relativität" als Realdependenz.

Und mit dem neuen Erweis tut sich ein neuer Sinn des Gesetzes auf. Im Spaltungsgesetz wurde die „disjunktive Möglichkeit" (und mit ihr die „indifferente") aufgehoben. Im Totalitätsgesetz wird die „Teilmöglichkeit" aufgehoben, d. h. es erweist sich, daß sie nicht Realmöglichkeit der Sache ist. Ist nun mit der Teilmöglichkeit auch die disjunktive, aber nicht mit dieser auch jene aufgehoben, so ist es klar, daß das Totalitätsgesetz der Realmöglichkeit tiefer an die Wurzel des ganzen Verhältnisses greift als das Spaltungsgesetz.

Die Wurzel eben liegt im materialen Sinn der Realmöglichkeit. Dieser Sinn hat sich in der Totalität der Realbedingungen als ein sehr bestimmt greifbarer erwiesen. Die Totalität ist es, was die Möglichkeit des Nichtseins von der des Seins ausschließt. Ebenso ist es das Fehlen der Totalität — und sei es auch nur in der kleinsten Teilbedingung —, was die Möglichkeit des Seins von der des Nichtseins ausschließt. Die Spaltung der Realmöglichkeit hat also in der Tat einen anderen Sinn gewonnen. Die positive Möglichkeit ist nicht nur deswegen von der negativen abgespalten, weil sie Möglichkeit des Wirklichseins der Sache ist, also sich in der Realwirklichkeit „erhalten" muß, als in ihr sich erhaltende aber nicht die Möglichkeit des Nichtseins einschließen kann. Sondern sie ist deswegen abgespalten, weil sie nicht „auf Grund" desselben Realwirklichen bestehen kann, „auf Grund" dessen die negative Möglichkeit besteht, nämlich auf Grund einer nicht totalen Bedingungskette. Das Argument hängt hier nicht an der Folge, wie in der formalen Erörterung, sondern am Grunde.

Und ebenso die negative Realmöglichkeit: sie ist deswegen abgespalten, weil sie nicht „auf Grund" desselben Realwirklichen bestehen kann, „auf Grund" dessen die positive besteht, nämlich auf Grund einer totalen Bedingungskette. Durch diesen Zusammenhang ist nun das Spaltungsgesetz der Möglichkeit nicht im formalen Wesen der Realwirklichkeit verankert, sondern im eigenen materialen Wesen der Realmöglichkeit. Das Wesen der Realmöglichkeit eben hat sich aufgetan. Sein Ausdruck ist das Gesetz der Totalität.

Die Insuffizienz der disjunktiven Möglichkeit, und selbst noch die der indifferenten, hat ihren Grund in der Insuffizienz der Teilmöglichkeit. Die Eindeutigkeit und Entschiedenheit der gespaltenen Möglichkeit — und mit ihr die Härte und der ontische Radikalismus des Realen — wurzelt im Erfordertsein einer Totalität von Bedingungen für die Realmöglichkeit. —

An diesem Resultat ist außer seinem Inhalt auch seine weitere Verwurzelung zu beachten. Diese geht zurück — über die Modalverhältnisse des Realen hinweg — bis auf das „modale Grundgesetz" (Kap. 7 e). Dieses Gesetz besagt, daß die relationalen Modi in zwiefacher Weise relativ auf die absoluten sind. Von diesen beiden Relativitäten ist die „innere" bereits im formalen Erweise der selbstverständliche Ausgangspunkt der Überlegung gewesen. Die „äußere Relativität" aber blieb dort aus dem Spiel. Sie tritt mit der materialen Erörterung in ihre Rechte.

Die „äußere Relativität" nun bedeutete dieses: Möglichkeit und Notwendigkeit bestehen nur „auf Grund" von etwas, das seinerseits „wirklich" ist (in Teilmomenten eines Realzusammenhanges spielt auch das Unwirkliche mit, aber immer kommt es auf den absoluten Modus an). Auf Grund von „bloß Möglichem" ist nichts möglich, oder gar notwendig; auf Grund von Notwendigem aber ist es um nichts mehr möglich oder notwendig als auf Grund von Wirklichem. Notwendigkeit und Möglichkeit also sind bedingt durch ein schon vorbestehendes Wirkliches. Das aber ist das Verhältnis, das man voraussetzt, wenn man sich überzeugt, daß die Realmöglichkeit auf eine Totalität von Bedingungen zurückgeht, die in ihr erfüllt sein müssen. Denn eben das ist charakteristisch für eine solche Bedingungsreihe des Möglichseins, daß sie Stück für Stück real wirklich sein muß.

Was das Gesetz der „äußeren Relativität" besagte, erfüllt sich nun an den Intermodalverhältnissen des Realen. Dasjenige Wirkliche, „auf Grund" dessen etwas auch nur real möglich sein soll, hat sich in die geschlossene Reihe seiner Bedingungen aufgelöst. Da nun die Notwendigkeit erst recht Bedingungen voraussetzt, an denen sie hängt, die Reihe der Bedingungen aber schon in der Realmöglichkeit eine totale ist, so ist es klar, daß diese Bedingungsreihe überhaupt das Fundament ausmacht, auf dem die Intermodalgesetze des Realen beruhen. Die „Realdependenz", die im Verhältnis von Bedingung und Bedingtem besteht, ist identisch mit der „äußeren Relativität" des realen Möglichseins und Notwendigseins. Beide sind Modi des Abhängigseins, und darin besteht ihre relationale Struktur.

Die materiale Erörterung also fußt von vornherein auf der „äußeren Relativität" der Notwendigkeit und Möglichkeit. Und schon beim ersten Schritt hat es sich gezeigt, daß diese Relativität ergiebiger ist als die „innere".

b. Die Verkoppelung von Realmöglichkeit und Realnotwendigkeit durch die Identität ihrer Bedingungsketten.

Worauf es nun weiter ankommt, das ist der Erweis der drei positiven paradoxen Implikationsgesetze (vgl. Kap. 14 f) aus dem Totalitätsgesetz der Realmöglichkeit heraus. Es sei zu diesem Zweck mit dem Verhältnis von positiver Möglichkeit und Notwendigkeit — d. h. mit dem dritten der genannten Gesetze — begonnen.

Nach dem modalen Grundgesetz haben Möglichkeit und Notwendigkeit dieses gemeinsam, daß sie beide rückgebunden sind an etwas, wovon sie abhängen. In der Realsphäre muß dieses ein Realwirkliches sein. Ferner hat sich gezeigt, daß dieses Realwirkliche, sofern an ihm auch nur die Möglichkeit eines realen A hängen soll, schon in einer geschlossenen Kette von Bedingungen bestehen muß. Man überlege nun so: diese Bedingungskette, sofern sie selbst Stück für Stück real wirklich ist und den Realzusammenhang ausmacht, auf Grund dessen A möglich ist, kann natürlich nur „eine" sein. Für eine zweite neben ihr ist in demselben Realzusammenhang kein Raum. Setzt nun die Notwendigkeit von A seine Möglichkeit voraus (vgl. das 5. evidente Implikationsgesetz, Kap. 14 e), und besteht auch sie auf Grund einer Kette von Realbedingungen, so kann diese keine zweite Bedingungskette neben der ersten sein. Die erste ist ja bereits Totalität der Bedingungen und macht den Realzusammenhang aus, auf Grund dessen A bestehen kann. Wie weit im Weltzusammenhang sie auch reichen mag, es können keine Realbedingungen von A außer ihr liegen, weil sie sonst unvollständig wäre. Folglich können auch zur Bedingungskette der Realnotwendigkeit von A keine weiteren Bedingungen hinzutreten, die in jener nicht enthalten wären. Die Realnotwendigkeit muß auf derselben realen Bedingungskette beruhen, auf der auch die Realmöglichkeit beruht.

Die Folge dieses Verhältnisses ist eine überaus schwerwiegende: wenn die Kette der Realbedingungen einer Sache vollständig ist, so ist zugleich mit der Realmöglichkeit der Sache auch ihre Realnotwendigkeit gegeben. Das Resultat also ist nichts anderes als der materiale Sinn des 3. paradoxen Implikationsgesetzes: „was real möglich ist, das ist auch real notwendig". In konkreterer Form läßt es sich so aussprechen: mit den Realbedingungen der Möglichkeit sind auch die Realbedingungen der Notwendigkeit bereits erfüllt. Oder als einfache „Identitätsformel": die Bedingungen der Realmöglichkeit einer Sache sind zugleich die Bedingungen ihrer Realnotwendigkeit.

In den Grenzen der Realsphäre also ist etwas erst dann möglich, wenn es auch notwendig ist. Das ist ein paradoxer Satz, nach wie vor. Aber selten dürfte es einer Argumentation so schlagend wie hier gelingen, einen paradoxen Satz — der auch begriffen und eingesehen seine Befremdlichkeit nicht verliert — einleuchtend zu machen. Der springende Punkt ist die „Identität der Bedingungen". Es gibt eben an jedem realen A nur „einen" Realzusammenhang, in dem es steht, und nur eine Kette von Bedingungen, an denen es hängt. Mit dieser Kette aber steht es so: solange nicht alle Bedingungen bis zur letzten beisammen sind, ist A nicht real möglich, sondern gerade unmöglich; sind aber alle beisammen, so ist nicht nur A real möglich, sondern auch non-A real unmöglich. Das eben besagte das negative Gegenstück des Totalitätsgesetzes (Kap. 18 d). Nun ist aber die Unmöglichkeit von non-A äquivalent der Notwendigkeit von A (Kap. 14 a). Also: sind alle Realbedingungen bis zur letzten beisammen, so ist A nicht nur real möglich, sondern auch real notwendig. Es „kann" dann nicht nur eintreten, sondern es „muß" auch eintreten, kann nicht mehr ausbleiben.

Da es sich in dieser Überlegung um den entscheidenden Schritt der materialen Erörterung handelt, so sollen ihre Momente noch einmal in anderer Ordnung zusammengestellt werden. Möglichkeit und Notwendigkeit sind Modi der Dependenz, in der Realsphäre also der Realdependenz. Das besagt ihre „äußere Relativität". Ist nun ein und dasselbe A zugleich möglich und notwendig (und es kann nicht notwendig sein ohne möglich zu sein), so besteht an ihm zweierlei Dependenz. Nun kann ein und dasselbe A allerdings auch zugleich von zwei verschiedenen Bedingungsreihen abhängig sein; aber natürlich nur, wenn diese Reihen unvollständig sind. Ist eine von ihnen schon die vollständige Bedingungsreihe von A, so muß die andere in ihr enthalten sein. Ist also A nur dann real möglich, wenn alle Bedingungen beisammen sind, so müssen in dieser Totalität auch die Bedingungen seiner Notwendigkeit schon enthalten sein; denn weitere Bedingungen neben ihr können im selben Realzusammenhang nicht bestehen.

Das ist es, was die „Identität der Bedingungsketten" besagt. Es gibt für jedes A im Realzusammenhang nur eine einzige vollständige Bedingungskette; und diese ist zugleich die seiner Realmöglichkeit und seiner Realnotwendigkeit. Wären es ihrer zwei, so wäre damit der Realzusammenhang verdoppelt. Was einen baren Widersinn ergibt. Darum gelten in der Realsphäre die Sätze: solange A nicht notwendig ist, weil die Reihe seiner Bedingungen nicht vollständig ist, ist es auch nicht möglich; ist A aber möglich, weil die Reihe vollständig ist, so ist es auch notwendig.

Die Verkoppelung der Realmöglichkeit und Realnotwendigkeit ist die unmittelbare Folge der Totalität und Identität ihrer Bedingungsketten.

c. Diskussion eines Beispiels. Konsequenzen.

Diese Dinge sind in der Praxis des Lebens nicht so unbekannt, wie man meinen sollte. Man denke sich den Fall, daß ein Steinblock im Gebirge dicht am Abhang liegt, durch eine leise Erschütterung ins Rollen kommt und nun zu Tale rollt. Der Stein „kann nicht" ins Rollen kommen, bevor eine bewegende Kraft ihn aus dem noch vorhandenen Gleichgewicht bringt, obgleich alle übrigen Bedingungen des Hinabrollens längst vorhanden sind — und zwar weit fundamentalere Grundbedingungen, etwa die Höhe seiner Lage über der Talsohle (das Gefälle), die Schwerkraft der Erde, die schiefe Ebene des Abhanges usw.; so geringfügig der erste Anstoß sein mag, der ihn aus dem Gleichgewicht bringt, er ist doch die letzte noch fehlende Realbedingung seines Rollens, welche die Totalität der Bedingungen erst vollständig macht. Solange diese letzte Bedingung fehlt, ist sein Rollen durchaus „unmöglich". Es wird erst „möglich" in dem Augenblick, in dem sie hinzutritt. Sie macht das Maß voll. In eben diesem Augenblick aber wird das Hinabrollen des Steines auch „notwendig". Denn eben wenn sie hinzutritt und das Maß voll macht, kann sein Rollen nicht mehr ausbleiben. Es läuft unaufhaltsam ab und bewirkt weiter, was es bewirken muß. Dieselbe Totalität der Bedingungen, die das Hinabrollen erst real möglich macht, macht es auch schon real notwendig.

Es ist die Eigenart des Realen, daß es in ihm kein „bloß Mögliches" gibt. Wo und wie immer etwas real möglich wird, da wird es auch schon real notwendig. Was im Realzusammenhange sein „kann", das „muß" in ihm auch sein. Und, da das Gefüge des Realzusammenhanges die Form des zeitlichen Prozesses hat, in dem das scheinbar Bleibende nur relativ konstantes Prozeßstadium ist, so ist die adäquatere Form des Satzes die: was im Zusammenhang des Realgeschehens geschehen „kann", das „muß" in ihm auch geschehen und kann nicht ausbleiben.

Der Fluß der Realgeschehnisse ist komplex. Er enthält in jedem Augenblick die Totalität der Bedingungen für das, was geschieht. Oder umgekehrt ausgedrückt: es geschieht in jedem Augenblick des Gesamtgeschehens nur das, dessen Realbedingungen jeweilig vollständig beisammen sind. Denn nur das „kann" zur Zeit geschehen. Etwas anderes kann nicht geschehen. Und darum „muß" ebendieses auch zur Zeit geschehen und kann nicht ausbleiben. Denn der Prozeß steht so wenig still wie die Zeit. Geht er aber unaufhaltsam weiter, und „kann" ein anderes nicht geschehen als das, wofür das Maß an Bedingungen im Prozeß selbst sich zur Zeit erfüllt hat, so „muß" eben dieses geschehen.

Im Realprozeß besteht somit jederzeit Identität zwischen den Bedingungen der Möglichkeit und den Bedingungen der Notwendigkeit eines und desselben Teilgeschehens. Beide sind ein und dasselbe zeitweilige Gefüge von Umständen und Zusammenhängen, sie bilden eine einzige, einheitliche, einmalige Realsituation. In jedem Schritt des realen Gesamtgeschehens ist eine solche eindeutig bestimmte Realsituation gegeben. Aus ihr heraus ist jederzeit wieder nur ein einziges bestimmtes weiteres Geschehen „möglich", nicht aber verschiedenes. Darum ist das „eine" Geschehen, das aus „einer" Realsituation heraus möglich ist, auch stets aus ihr heraus notwendig.

Diese „Identität der Bedingungen" — Realbedingungen der Möglichkeit und Realbedingungen der Notwendigkeit — ist weit entfernt, eine Identität der Realmöglichkeit und Realnotwendigkeit selbst zu bedeuten. Es liegt dem naiven Denken stets nah, sie mit einer solchen zu verwechseln. Die Verwechselung ist jenes selbe gefährliche Mißverständnis, das schon oben abgewehrt wurde (Kap. 16 c). Auf dem Boden der materialen Erörterung läßt es sich aber noch gründlicher abwehren. Es ist ein anderes, ob etwas geschehen „kann" oder geschehen „muß". An sich könnte beides auch weit auseinanderklaffen und brauchte nicht aneinander gekettet zu sein. Nur die Totalität der Bedingungsreihe, die für beides gleich erfordert ist, kettet das Können an das Müssen. Sie ist es, die in der Einheit eines jeweiligen Realzusammenhanges nur „eine" sein kann. Auf Grund ihrer ist das „Realmögliche" zugleich ein „Realnotwendiges"; aber seine „Realmöglichkeit" ist deswegen nicht seine „Realnotwendigkeit". Mag der vulgäre Sprachgebrauch „Mögliches" und „Möglichkeit", „Notwendiges" und „Notwendigkeit" verwechseln — die Philosophie muß es auseinanderzuhalten wissen.

Jene Identität der Realbedingungen ist nicht in der Eigenart der Modi, sondern in der Eigenart des Realen verwurzelt. Es ist der Realzusammenhang in der jeweiligen Situation des Gesamtgeschehens, der stets nur für „eine" Bedingungskette Spielraum hat. Das Gesetz, welches das Notwendigsein des Realmöglichen ausspricht, ist kein in sich evidenter Satz. Es ist und bleibt ein synthetischer, ja ein paradoxer Satz. Und nur aus der Eigenart des Realen heraus ist es einsichtig zu machen. Daß Möglichkeit die Notwendigkeit impliziert, ist kein allgemeines Modalgesetz, es gilt nicht in allen Sphären. Es ist nur ein Realgesetz. Es folgt nicht aus dem formalen (generellen) Wesen der Modi, sondern nur aus der besonderen Form, die ihre „äußere Relativität" in der Realsphäre annimmt.

Diese Sachlage macht sich immer wieder im Möglichkeitsbewußtsein bemerkbar. Das Bewußtsein empfindet sie als paradox, es sträubt sich dawider. Es kann sich nicht losmachen von der Vorstellung: wenn der Stein nicht rollen „muß", so „kann" er doch rollen. Es vergißt die Hauptsache: daß er ja vielmehr nicht rollen kann, solange er nicht aus dem

Gleichgewicht gebracht wird, daß er aber rollen muß, sobald das geschieht; kurz, daß er nicht „kann", solange er nicht „muß", und daß er „muß", sobald er „kann". Man hat die Teilmöglichkeit im Sinne und hält sie für Realmöglichkeit; man bemerkt nicht, daß sie bloß indifferente Möglichkeit ist, an das eigentliche Möglichsein eines Geschehnisses im Realzusammenhang also noch gar nicht heranreicht.

Diese Diskrepanz ist unvermeidlich. Denn das Bewußtsein hat andere Modi und andere Intermodalgesetze als die Realvorgänge, die seinen Gegenstand ausmachen. Es hat seine vereinfachten Bewußtseinsmodi, die der „Härte des Realen" nicht angemessen sind. Bewußtseinsmöglichkeit ist in der Tat die erweichte, unbestimmte Möglichkeit; sie ist gemeinhin nicht nur indifferente, sondern sogar disjunktive Möglichkeit. Sie ist weit entfernt, ein Bewußtsein der Notwendigkeit zu implizieren. Aber die Frage, warum dem so ist, gehört in das Problemgebiet der Erkenntnismodalität und muß einer späteren Untersuchung vorbehalten bleiben.

20. Kapitel. Das Realgesetz der Notwendigkeit.

a. Verhältnis der Realwirklichkeit zur Bedingungskette.

Von hier aus kann man nun durch einen einfachen Schluß zeigen, daß im Realen auch das Wirklichsein einer Sache ihre Notwendigkeit impliziert (das 2. paradoxe Implikationsgesetz, Kap. 14 f).

Daß nämlich Wirklichkeit die Möglichkeit impliziert, ist ein allgemeines und evidentes Modalgesetz (das 2. evidente Gesetz, Kap. 14 e). Wenn nun, wie eben gezeigt, Realmöglichkeit ihrerseits Realnotwendigkeit impliziert, so folgt: Realwirklichkeit impliziert auch Realnotwendigkeit.

Oder in aufgelöster Form (und mit regulärer Stellung der Prämissen): wenn in der Realsphäre alles, was möglich ist, auch notwendig ist, generell aber alles Wirkliche zum mindesten möglich sein muß, so gilt auch der Satz, daß in der Realsphäre alles, was wirklich ist, zugleich notwendig ist[1]).

[1]) Da man im Fach immer wieder Beanstandungen solcher Gedankengänge begegnet — die meist jeder Begründung entbehren, aber verwirrend wirken, weil sie an das vulgäre Möglichkeitsbewußtsein appellieren —, so sei hier der Einwand angeführt, den Johannes Hessen („Das Kausalprinzip", Augsb. 1928, S. 259) gegen den oben stehenden Schluß, und speziell gegen eine frühere Fassung desselben von mir, vorgebracht hat. Der Einwand hat den Vorzug, daß er wenigstens klar ausspricht, was er voraussetzt. Hessen meint, die Konklusion selbst sei einwandfrei, aber der Obersatz sei falsch: „Ein Etwas befindet sich so lange, und nur so lange, im Stadium des Realmöglichen, als zwar Bedingungen für seinen Eintritt in die Wirklichkeit da sind, aber diese Bedingungen noch nicht vollständig sind. Sind alle Bedingungen da, dann ist

Dieser Satz ist nun das „Realgesetz der Notwendigkeit", dessen Bedeutung für das Determinationsproblem von unabsehbarer Tragweite ist. Will man ihn nicht nur formal, sondern auch material — aus der Struktur der Realverhältnisse heraus — verstehen, so ist der obige Syllogismus dafür kein bloßes Schema, sondern ein deutlicher Hinweis, wo seine Wurzel zu suchen ist. Der Syllogismus nämlich macht die Realmöglichkeit zum terminus medius. In ihr also wird der Aufschluß zu suchen sein.

Welches Moment der Realmöglichkeit kommt nun für diese Vermittlerrolle in Frage? Offenbar nur das eine, daß sie auf einer Kette von Bedingungen beruht, die alle bis zur letzten real wirklich sein müssen. Von diesen Bedingungen aber gilt der Satz, daß sie zugleich Bedingungen der Notwendigkeit sind. Wenn nun ein bestimmtes Etwas (A) real wirklich sein könnte, ohne real möglich zu sein, dann brauchte es freilich mit dieser ganzen Kette der Bedingungen nichts zu schaffen zu haben; es könnte in der Absolutheit seines Seinsmodus abgelöst dastehen. Und dann brauchte es auch nicht notwendig zu sein. Nun aber kann es durchaus nicht real wirklich sein, ohne real möglich zu sein; was real nicht möglich wäre, das wäre „unmöglich", das Unmögliche aber ist ja gerade das, was nicht wirklich sein kann.

Hieraus folgt nun: was real wirklich ist, das hat die ganze Kette der Bedingungen „hinter sich", die seine Realmöglichkeit ausmachen; und zwar bis zur letzten, denn solange noch eine fehlt, ist es nicht real möglich, sondern vielmehr unmöglich. Fehlt aber keine der Bedingungen

---

es ebendamit aus dem Stadium das real Möglichen in das des Notwendigen getreten; denn dann muß ja der Eintritt in die Wirklichkeit erfolgen. Mithin ist es falsch zu sagen: etwas ist im strengen Sinne real möglich, wenn alle Bedingungen vorhanden sind. Der Irrtum wird nicht beseitigt, wenn ich hinzufüge: es ist dann nicht nur real möglich, sondern auch notwendig. Denn beides schließt sich aus." — Soweit Hessen. Man sieht sofort, daß er den Begriff der Teilmöglichkeit zugrundelegt und meint, dieser genüge schon zur Realmöglichkeit. Wie sich das reimen soll mit der Tatsache, daß schon das Fehlen einer einzigen Bedingung die Sache unmöglich macht, ist mir nicht verständlich; unbekannt kann sie dem wohlbelesenen Autor schwerlich sein. So muß ich wohl annehmen, daß er sich von den traditionellen Modalbegriffen, die er ungeprüft übernommen, hat täuschen lassen. Aber das ist noch das Geringste. Nach Hessen sind die Modi überhaupt nicht Charaktere der Seinsart, sondern „Stadien" — offenbar in einem Entwicklungsgange der Sache, an der sie auftreten. Darum meint er, Notwendigkeit und Möglichkeit müßten sich ausschließen: sind alle Bedingungen vorhanden, so könne die Sache nicht mehr möglich sein, sondern nur noch notwendig. Aber er bedenkt nicht, daß was nicht mehr möglich ist, eben damit unmöglich ist (nach dem Satz vom ausgeschl. Dritten). Dann müßte man ja sagen, nur ein Unmögliches könne notwendig sein. Was sich offenbar widerspricht. — Das eben ist die Folge, wenn man Seinsmodi für „Stadien" eines Prozesses hält. Im übrigen liegt der Fehler beidemal in vollkommener Unkenntnis der Intermodalverhältnisse; und zwar nicht der paradoxen — das wäre verzeihlich — sondern der evidenten.

mehr, sind alle beisammen, so ist A nicht nur möglich, sondern auch notwendig. Es kann nicht mehr ausbleiben. Dieselbe Kette der Realbedingungen, welche A möglich macht, macht es auch notwendig. Oder vom Resultat aus gesehen: indem das real wirkliche A die Bedingungen seiner Möglichkeit vollzählig „hinter sich" hat, hat es auch ebenso vollzählig die Bedingungen seiner Notwendigkeit „hinter sich". Darum ist das Realwirkliche zugleich real notwendig.

Die Bedingungen eben sind identisch — darum weil sie nur in ihrer Totalität in Frage kommen, der Realzusammenhang aber stets nur für „eine" Totalität Spielraum hat, und nicht für zwei. Es gibt hinter jedem Realwirklichen nur eine einzige vollständige Bedingungskette, wie es ja auch in jedem Falle nur eine einzige Situation im Realgeschehen gibt, aus der seine Wirklichkeit hervorgeht, d. h. mit deren Eintreten es wirklich wird.

Darum kann es nicht wirklich sein, ohne notwendig zu sein. Denn es kann nicht wirklich sein, ohne möglich zu sein. Die Realmöglichkeit bindet das Realwirkliche an die Totalität der Bedingungen, und diese wiederum bindet es an die Realnotwendigkeit. Es ist in zwiefacher Bindung rückgebunden, aber beide Bindungen binden es an ein und dieselbe Gesamtheit von Realumständen.

Das ist der Grund, warum die eine Bindung nicht ohne die andere bestehen kann.

b. Überordnung der Realwirklichkeit über die Realnotwendigkeit.

Worauf es in diesem Argument ankommt, dürfte hiernach klar sein. Es kommt nicht auf das Verhältnis von Wirklichkeit und Notwendigkeit allein an (wie das Gesetz es ausspricht), sondern auf das ganze Verhältnis der drei positiven Realmodi. Und gerade die Stellung der Möglichkeit in diesem Zusammenhang ist das Entscheidende.

Damit zeigt sich auch die Realwirklichkeit von einer neuen Seite. Sie hat den Modus der Realnotwendigkeit nicht als höheren Modus „über sich", sondern als niederen „unter sich", nicht anders als sie auch die Realmöglichkeit „unter sich" hat. Beide relationalen Modi bilden Voraussetzungen der Realwirklichkeit. Es ist nicht mehr wie im formalgenerellen Verhältnis der Modi (diesseits aller Unterscheidung der Sphären), wo die Wirklichkeit der Höhe nach zwischen Möglichkeit und Notwendigkeit stand; im Aufbau der realen Seinsweise steht sie oberhalb beider. Die Notwendigkeit hat hier kein Plus an Bestimmtheit ihr gegenüber. Sie ist vielmehr nur die Hälfte eines einheitlichen Bedingungsverhältnisses, auf dem die Realwirklichkeit beruht. Die andere Hälfte dieses Verhältnisses fällt der Möglichkeit zu. Die Realwirklichkeit hat das ganze Verhältnis zur Voraussetzung, hat also Realmöglichkeit und Realnotwendigkeit in gleicher Weise zur Voraussetzung. Sie hat beide im Ordnungsverhältnis der modalen Höhe „unter sich". Sie ist der „höchste" Realmodus.

Das „Unter-sich-haben" besagt in diesem räumlichen Bilde etwas ähnliches wie in anderem (ebenso räumlichem) Bilde das „Hinter-sich-haben" besagte. Möglichkeit und Notwendigkeit sind es, die relationale Struktur haben. Sie machen zusammen das Verhältnis des Realwirklichen zur Totalität seiner Realbedingungen aus, sein „Hängen" an ihr, seine Realdependenz. Bedingungen aber gehen nun einmal voraus, das Bedingte folgt nach. Das Wirklichsein der Sache ist das Bedingte in diesem Verhältnis. Darum ist es an ihr der höhere Realmodus — nicht nur der Möglichkeit, sondern auch der Notwendigkeit gegenüber —, gleichsam die Erfüllung dessen, was in jenen beiden nur die Wurzeln seines Seins hat. In diesem Sinne hat es die Realnotwendigkeit ebenso wie die Realmöglichkeit „unter sich" — als seine Voraussetzung —, und zwar indem es die eine, einheitliche und vollständige Kette der Realbedingungen, zu der jene beiden die Verbindung ausmachen, „hinter sich" hat.

Hier ist also der Punkt, von dem aus sich die Umordnung der positiven Realmodi rechtfertigt, wie sie oben auf Grund formaler Erwägungen vorweggenommen wurde (Kap. 14 b, Fig. 7). Die Spitzenstellung des absoluten Modus hat nicht, wie es dort scheinen konnte, bloß den Sinn einer Betonung oder der Rücksicht auf den volleren Seinsgehalt; sie bedeutet vielmehr ein schlichtes, aber sehr bestimmtes und reelles Bedingungsverhältnis, so wie es in der Tat erst durch die materiale Erörterung der Modi sichtbar gemacht werden konnte. Wie ja auch die enge Verkoppelung von Möglichkeit und Notwendigkeit im Realzusammenhang erst durch die Totalität und Identität ihrer Bedingungen greifbar wurde.

Einen Punkt gibt es hierbei, an dem die Überordnung der Realwirklichkeit Schwierigkeit machen könnte. Hält man nämlich diese mit der „inneren Relativität" der Notwendigkeit auf Wirklichkeit zusammen, so kann es scheinen, als setzte sie eine Überordnung der Notwendigkeit voraus, und zwar auch gerade im Sinne einer Abhängigkeit. Alle positive Notwendigkeit ist Notwendigkeit des Wirklichseins von etwas, hat also dieses zur inneren Voraussetzung.

Daß hier ein Mißverständnis vorliegt, ist leicht zu sehen. Die „innere Relativität" bedeutet nicht eine Realdependenz des Notwendigseins vom Wirklichsein; das letztere ist nicht etwas, was schon im Realzusammenhang vorliegen müßte, wenn die Sache notwendig sein soll. Innere Relativität besagt nur, daß das Notwendigsein eine Richtung hat, und daß diese Richtung auf das Wirklichsein der Sache hinführt; ja in eben diesem Hinführen besteht das Notwendigsein. Erweist sich nun am Verhältnis der Realdependenz, daß eben dieses Notwendigsein in einer festen Verbundenheit zwischen dem Vollständigwerden einer Kette von Realbedingungen und dem Eintreten der Sache besteht, so liegt darin nicht das umgekehrte, sondern offenbar dasselbe Verhältnis wie in der „inneren Relativität" der Notwendigkeit. Ob ich nun sage, die Notwendigkeit führe auf Wirklichkeit hinaus, oder sage, sie sei das Bedingungsverhältnis, auf dem die Wirklichkeit beruht (in der Tat ist sie die Hälfte dieses Verhältnisses), das kommt offenbar auf eins heraus. Es sind nur zwei Aspekte desselben Verhältnisses. Sie ergänzen einander ohne Widerstreit. Was übrig bleibt von der scheinbaren Schwierigkeit, ist nichts als die Ungenauigkeit des sprachlichen Ausdrucks.

c. Der Realzusammenhang als Bindung der Modi aneinander.

Noch deutlicher als an der Verkoppelung von Möglichkeit und Notwendigkeit läßt sich am „Realgesetz der Notwendigkeit" der eigentliche Sinn der Implikation aufzeigen. Nicht die Modi selbst fallen zusammen, nicht ihre Besonderheit oder ihr Unterschied wird angetastet; was zusammenfällt, ist nur ihr Auftreten an ein und demselben Realen.

Das Wirklichsein als solches ist und bleibt nicht nur etwas ganz anderes als Notwendigsein; es zeigt vielmehr gerade in der Realsphäre erst sein vollkommenes Anderssein. Denn hier kann man dieses Anderssein auch an der Struktur des Realen, dem Dependenzverhältnis, greifen. Das Notwendigsein ist die eine Seite der Abhängigkeit des Realen von seinen Bedingungen (die andere ist das Möglichsein); das Wirklichsein dagegen ist sein auf Grund dieser Abhängigkeit bestehendes Sein selbst. So verschieden in aller Beziehung das relatum von der relatio, in aller Abhängigkeit das Abhängige von der Form des Abhängens selbst ist, so verschieden ist in der Verkoppelung der Realmodi die Wirklichkeit von der Notwendigkeit. Es ist nur die Struktur des Realzusammenhanges, die Einheit des Realgeschehens, die Einzigkeit der jedesmaligen Realsituation, was die Wirklichkeit einer Sache an ihr Notwendigsein kettet. Die Notwendigkeit des Realwirklichen ist kein evidentes Intermodalverhältnis. Das Gesetz, das sie ausspricht, ist und bleibt ein paradoxer Satz; sie kann nicht am formalen Wesen der Modi als solcher, sondern nur am kategorialen Bau des Realen einleuchten. Sie ist eben nur ein „Realgesetz" der Modi, kein allgemeines Modalgesetz, das sich auf alle Sphären erstreckte.

Es liegt alles am Realcharakter. Ein „wirkliches A", rein als solches, ohne Realcharakter seines Wirklichseins, brauchte überhaupt nicht „bedingt" zu sein. Es könnte als „unbedingtes" dastehen und würde dann zufällig sein. Darin wäre kein Widerspruch; Wirklichkeit ist ja kein relationaler Modus. Möglich sein müßte ein solches A dann immer noch in irgendeinem Sinne, wenn auch in einem ganz negativen, oder im Sinne der Widerspruchslosigkeit. Aber das impliziert keine Notwendigkeit; nur die Realmöglichkeit tut es. Wo es keinen Realprozeß und keinen Realzusammenhang gibt, da ist für Zufälliges Raum; so schon an den Grenzen der Realsphäre, an ihr als Ganzem, sowie bei den absolut ersten Gliedern der Bedingungsketten. Anders innerhalb ihrer Grenzen an allem besonderen Realen. Wo es Realgeschehen und Realzusammenhang gibt, wo in jedem Schnitt eines Gesamtprozesses eine bestimmte Realsituation vorliegt, aus der heraus nicht Beliebiges, sondern nur „Bestimmtes" wirklich werden „kann" (d. h. real möglich ist), anderes aber nicht wirklich werden kann (real unmöglich ist), da ist alles Wirklichwerden an die Totalität der Realbedingungen gebunden; und das besagt: da kann nur wirklich werden, was notwendig ist. Denn ist diese Totalität nicht vorhanden (fehlt auch nur eine Bedingung), so ist das Wirklichwerden der Sache unmöglich; ist sie aber vorhanden, so ist es auch schon notwendig, und nicht „nur" möglich.

Wäre das Realwirkliche nicht in dieser Weise an den Realzusammenhang gebunden, in dem es auftritt, so brauchte es nicht erst real möglich zu sein; es genügte dann eine viel losere und negativere Form des Möglichseins. Und dann brauchte es freilich auch nicht real notwendig zu sein. Da könnte dann der Stein auch ins Rollen kommen, ohne daß er rollen „müßte". Man erwäge, was das heißt: ins Rollen kommen ohne Realbedingungen, also ohne Berg, ohne Abhang, ohne Schwerkraft, ohne Anstoß. Daß das einen Nonsens ergibt, liegt auf der Hand. Aber es ist ein Nonsens nicht auf Grund der formal verstandenen Modi, sondern nur auf Grund der eigentümlichen Verkoppelung der Realmodi. Das Realgesetz der Notwendigkeit ist ein Gesetz des Realprozesses und der Realsituation.

d. Widerstand des Wirklichkeitsbewußtseins gegen das Realgesetz der Notwendigkeit.

Diese Sachlage spiegelt sich deutlich im menschlichen Wirklichkeitsbewußtsein. Das Bewußtsein blickt gemeinhin nicht auf die Ganzheit der Realsituation. Es faßt sie nicht. Es beschränkt sich, wo überhaupt es die Realdependenz sieht, auf einen Teil der Bedingungen. Dafür erscheint ihm die Realwirklichkeit von A als unmittelbar empirisch gegeben. Es setzt wohl stillschweigend voraus, daß A auch irgendwie möglich sein muß. Aber es versteht dieses Möglichsein nicht aus der Totalität der Bedingungen heraus, sondern nur aus einer subjektiv bedingten

Auslese von Faktoren. Es faßt also nur eine Teilmöglichkeit, und diese hat die Form der disjunktiven Möglichkeit, der Unbestimmtheit und Unentschiedenheit. Darum ist es nicht zugleich ein Bewußtsein der Notwendigkeit. Denn nur Totalmöglichkeit, die auf der geschlossenen Bedingungskette beruht, impliziert Notwendigkeit.

Wäre das Realgesetz der Notwendigkeit ein evidentes Gesetz, wäre es am formalen Wesen der Modi selbst ohne ein tiefer greifendes Wissen um den Realzusammenhang einsichtig, das Bewußtsein würde sich im Leben ganz anders verhalten. Es würde ebenso stillschweigend und selbstverständlich, wie es an einem real wirklichen A seine Möglichkeit voraussetzt, auch seine Notwendigkeit voraussetzen; es würde von ihr überzeugt sein, auch ohne sie zu durchschauen, d. h. ohne die Totalität der Bedingungen, an denen sie hängt, zu erfassen. Nun aber ist das Realgesetz der Notwendigkeit nur auf dem Umwege über ein wenigstens prinzipielles Verstehen des Realzusammenhanges einsichtig zu machen. Und dem naiven Realitätsbewußtsein ist gerade ein solches Verstehen von Grund aus fremd. So ist es denn ein Wirklichkeitsbewußtsein, mit einem Ansatz von begleitendem Möglichkeitsbewußtsein, aber ohne Notwendigkeitsbewußtsein.

Das bedeutet nun modal, daß es das real wirkliche A mit der größten Skrupellosigkeit als ein zufälliges gelten läßt. Es kann sich nicht losmachen von der Vorstellung, der Stein könne doch „faktisch" rollen, auch wenn er nicht rollen „muß"; er könne ja zufällig losrollen. Dieses Wirklichkeitsbewußtsein ignoriert die Wichtigkeit der Teilbedingung, die das Maß voll macht, ja es verachtet sie. Es kennt sie nicht, und es lehnt sie für den Alltagsbedarf seines Verstehens ab. Es sträubt sich gegen die Notwendigkeit des Realwirklichen, und zwar keineswegs nur dort, wo es praktisch oder weltanschaulich interessiert ist — wie im Falle seiner eigenen Realinitiative (seiner moralischen Freiheit) —, sondern grundsätzlich und zwangsläufig.

So muß ihm das Realgesetz der Notwendigkeit paradox erscheinen, muß ihm verdächtig sein, seinen Widerstand herausfordern, auch gegen das Aufdämmern besserer Einsicht. Es widerstreitet seinem Realempfinden; und das nicht ohne Grund, wennschon der Grund bei ihm, dem Bewußtsein, liegt, und nicht bei seinem Gegenstande. Das Realitätsbewußtsein eben hat andere Modi und steht unter anderen Intermodalgesetzen als das Reale, das es zu erfassen sucht. Sein Gegenstand fügt sich seiner Vorstellungsweise nicht. Im Realverhältnis impliziert Wirklichkeit die Notwendigkeit; das Wirklichkeitsbewußtsein aber impliziert nicht das Notwendigkeitsbewußtsein. Der Grund der Paradoxie liegt in der Inadäquatheit der Bewußtseinsmodi.

Bis tief in das philosophische Denken hinein macht sich dieser Widerstand des naiven Bewußtseins geltend. Auch die Modalanalyse hat es auf Schritt und Tritt mit ihm zu tun, muß ihn immer wieder neu überwinden. Denn auch das philosophische Bewußtsein hat Mühe, seine Kategorien zu revidieren und mit den revidierten arbeiten zu lernen.

Das Untersuchen und Begreifen allein tut es nicht. Das Begriffene muß auf das ganze Feld der Realerkenntnis übertragen und in der dauernden Anstrengung fortschreitenden Begreifens lebendig erhalten werden. Denn um eine Krisis des ganzen Weltaspektes handelt es sich hier.

Diese unscheinbaren Intermodalgesetze, die so abstrakt anmuten und so weit ab von allen Lebensfragen zu liegen scheinen, haben doch die Kraft, einen Durchblick durch den Aufbau der Welt zu geben, wie ihn die erhabenen spekulativen Prinzipien nicht zu geben vermögen, und wie er ohne ihre Erarbeitung dem Menschen verwehrt sein dürfte. Ob sich die Mühsal des Umlernens verlohnt, beurteile man am Ende.

21. Kapitel. Das Realgesetz der Möglichkeit.

a. Ontologischer Sinn des Gesetzes. Gespensteraustreibung.

Vielleicht noch um eine Note mehr paradox als das Realgesetz der Notwendigkeit ist das „Realgesetz der Möglichkeit" (das 1. parad. Implikationsgesetz, Kap. 14 f). Es besagt, daß im Realen alles, was möglich ist, auch wirklich ist. Das schlägt dem naiven Empfinden weit mehr ins Gesicht als das Notwendigsein alles Wirklichen. Wie eng es damit zusammenhängt, macht sich freilich im Leben niemand klar; und selbst dem philosophischen Denken ist es fast zu allen Zeiten entgangen — auch dort, wo die durchgehend alles Realgeschehen begleitende Notwendigkeit ihm keineswegs entging. So inkonsequent war bei aller äußeren logischen Schärfe das Denken der traditionellen Metaphysik.

Damit, daß alles so sein „muß", wie es ist, und alles was geschieht so geschehen „muß", wie es geschieht, findet sich auch der gemeine Verstand in gewissen Grenzen ab. Er macht zwar nicht ganz Ernst damit, läßt gerne Ausnahmen zu, aber er rechnet doch im Hinblick auf das Ganze des Lebens im Stillen damit; er tut das zwar in unzureichenden und einseitigen Bildern, er ist geneigt, dann auch gleich an Schicksal und Vorbestimmung zu glauben, aber der Gedanke ist ihm doch nicht ganz fremd.

Ganz fremd dagegen ist ihm der Gedanke, daß nur das sein „kann", was „ist", oder daß alles, was sein „kann", auch wirklich ist; desgleichen daß nichts geschehen „kann", was nicht geschieht, oder daß alles, was geschehen „kann", auch wirklich geschieht. Es ist dem menschlichen Realitätsempfinden zutiefst eingewurzelt, vorauszusetzen, daß unausdenkbar vieles und Mannigfaltiges sein „kann", was nicht „ist", und geschehen „kann", was nicht geschieht. Das Reich des Möglichen — und zwar nicht als das des bloß Denkbaren, sondern als das des im Leben selbst und in der realen Welt überhaupt Möglichen — erscheint ihm unermeßlich größer als das des Wirklichen. Das Reich der Wirklichkeit gilt ihm für eng, endlich, in der Härte der Tatsachen und ihrer Folgen festgebannt, das des Möglichen dagegen für unendlich, grenzenlos. Von Augenblick zu Augenblick scheint das Leben eine unübersehbare Fülle von „Möglichkeiten" mitzuführen, und nur an der Enge des Wirklichen scheint es zu liegen, daß stets nur eine sich realisieren kann, die anderen aber alle ins Nichts versinken.

Aber woher will der Mensch denn eigentlich wissen, daß so unübersehbar vieles möglich ist, was nicht wirklich wird? Da real möglich nur das ist, wofür die Totalität der Bedingungen in der jeweiligen Realsituation beisammen ist, der Mensch aber eben diese Totalität im Leben so gut wie niemals faßt, und aus nachfolgender Erfahrung stets nur die Möglichkeit des „einen" ersieht, das zur Wirklichkeit gelangt, — mit welchem Recht redet er sich da ein, daß gleichzeitig noch so viel anderes real möglich war? Daß es in seinen Gedanken — oder soll man sagen, in seiner den Ereignissen vorauseilenden Phantasie — ein weites Reich des „bloß Möglichen" gibt, das nicht wirklich ist und niemals wirklich wird, ist doch kein Grund, es auch als in der Realwelt bestehend anzunehmen. Daß der Mensch diese Annahme naiverweise macht, ist begreiflich. Aber daß er sie in der philosophischen Besinnung festzuhalten sucht, mit keinem anderen Grunde als dem der vertrauten Denkgewohnheit, ist durchaus nicht ebenso begreiflich. Denn bedächte er, daß er damit eine Spaltung durch die reale Welt legt, gemäß der alles Wirkliche von einem unabsehbaren Gefolge des „bloß Möglichen" wie von einem Gespensterschwarm umlagert ist, er würde sich wohl hüten, Annahmen zu machen, für die es in aller Welt keinen Anhalt gibt (vgl. Einleitung, 3).

Demgegenüber sagt nun das „Realgesetz der Möglichkeit": es gibt im Realen keine „Weite" des Möglichen, keine Vielheit parallel geschalteter „Möglichkeiten", wenigstens nicht im Sinne der Realmöglichkeit; es gibt hier auch nicht das „bloß Mögliche" neben dem Wirklichen, keine frei herumlaufende, schwebende, gespensternde Möglichkeit, keine Spaltung des Realen in zweierlei Seiendes, kein zweites Reich neben dem des Wirklichen. Vielmehr: die Enge des Wirklichen ist auch die Enge des Möglichen; es ist im Gefüge des Realgeschehens nichts möglich, was nicht wirklich ist; es „wird" in ihm auch nichts möglich, was nicht ebendamit wirklich wird; ja, es war auch nie etwas möglich, was nicht wirklich war, und es wird nie etwas möglich werden, was nicht wirklich werden wird. Kurz, es „kann" in jeder Zeit nur das real sein, was in ihr real „ist"; und es „kann" stets nur geschehen, was wirklich geschieht.

Das „Realgesetz der Möglichkeit" ist die kurze Formel für einen umständlichen Revolutionsprozeß im philosophischen Denken. Man kann diesen Prozeß als die Austreibung der Gespenster aus dem Weltbilde des Menschen bezeichnen. Er kann nicht ohne Widerstand vonstatten gehen; er ist nicht eine Frage der Einsicht allein. Denn so ist der Mensch: er liebt seine Gespenster.

b. Vermittelte Rückbindung der Realwirklichkeit an die Bedingungen der Realmöglichkeit.

Und trotz aller Paradoxie ist dieses Gesetz aus dem materialen Sinn der Realmöglichkeit nicht schwer zu erweisen. Man kann auch hier dem Erweise die Form eines Syllogismus geben. Als Obersatz dient das allgemeine und evidente Modalgesetz: Notwendigkeit impliziert Wirklichkeit (Kap. 14 e, das 1. evid. Implikationsgesetz). Den Untersatz bildet der oben bereits material erwiesene Satz: Realmöglichkeit impliziert Realnotwendigkeit (Kap. 19 b, das 3. parad. Implikationsgesetz). Gelten diese beiden Prämissen, so folgt: Realmöglichkeit impliziert auch Realwirklichkeit.

Oder in aufgelöster Form: wenn in jeder Sphäre das, was in ihr notwendig ist, auch wirklich sein muß, in der Realsphäre aber das, was möglich ist, auch notwendig ist, so muß in der Realsphäre alles, was möglich ist, auch wirklich sein. Das ist das „Realgesetz der Möglichkeit" in seiner positiven Form. Die schroffere, negative Form besagt: es ist im Realprozeß zu jeder Zeit nichts anderes möglich, als was zu eben dieser Zeit wirklich ist.

Dieser Syllogismus ist, ebenso wie der vorige (Kap. 20 a), kein bloß äußerliches Schema. Er läßt sich vielmehr als die materiale Exposition des einheitlichen Grundverhältnisses verstehen, auf dem der ganze Zusammenhang der Implikationsgesetze in der Realsphäre beruht. Das sieht man am deutlichsten vom terminus medius aus. Als solcher funktioniert hier die Realnotwendigkeit. Sie erscheint als Verbindungsglied zwischen der Realmöglichkeit als niederstem und der Realwirklichkeit als höchstem positiven Modus. Von der Realnotwendigkeit aber haben wir gesehen, daß sie auf derselben realen Bedingungskette beruht, auf der auch die Realmöglichkeit beruht (Kap. 19 b). Es zeigte sich, daß, wenn die Kette der Realbedingungen eines A vollständig beisammen ist, A nicht nur real möglich, sondern auch real notwendig ist. Die „Identität der Bedingungen" ist es, die im Gebiet des Realen Möglichkeit und Notwendigkeit aneinander fesselt. Diese Identität aber wurzelt im Totalitätsgesetz der Realmöglichkeit (Kap. 18 d).

Der springende Punkt liegt also auch hier im Wesen der Realmöglichkeit. Das Totalitätsgesetz eben besagte, daß Teilmöglichkeit überhaupt nicht Realmöglichkeit ist. Disjunktive Möglichkeit aber ist nur die Teilmöglichkeit. Wäre im Realen unter bestimmten gegebenen Bedingungen Verschiedenes möglich, also nicht nur A, sondern auch mannigfache positive Fälle von non-A, so könnte es sich nur um Teilmöglichkeit handeln. Das Totalitätsgesetz aber besagt: „real" möglich ist nur das, dessen Bedingungen alle bis zur letzten real wirklich sind; was nur partial möglich ist — woran also auch nur eine Bedingung fehlt —, das ist vielmehr „real" unmöglich. Damit ist die Vielheit der „Möglichkeiten" ausgeschlossen. Es ist nur A möglich. Und alles, was non-A ist, es mag bestehen worin es wolle, ist unmöglich. Jedes inhaltlich anders beschaffene Reale (jedes non-A) würde eine wenigstens teilweise andere Bedingungskette erfordern.

Andererseits aber besagt die „Identität der Realbedingungen", daß auf Grund ihrer A nicht nur möglich, sondern auch notwendig ist. Sind alle Bedingungen bis zur letzten beisammen, so kann A nicht mehr ausbleiben, es „muß" wirklich werden. Das ist das „Realgesetz der Notwendigkeit". Nun ist Notwendigkeit als relationaler Modus der „inneren Relativität" unterworfen, sie ist Notwendigkeit des Wirklichseins von etwas. Das bedeutet: dasjenige A, dessen Bedingungen bis zur letzten beisammen sind, ist notwendigerweise „wirklich".

Hieran wird es sichtbar, daß auch der Obersatz des Syllogismus kein bloßes Schema ist, sondern ein Realverhältnis von Notwendigkeit und Wirklichkeit zum Ausdruck bringt, das in derselben Totalität der Bedingungen wurzelt. A ist auf Grund der Realbedingungen seiner Möglichkeit nicht nur zugleich notwendig, sondern auch zugleich wirklich. Die „Identität der Bedingungen" erweist sich hiermit als noch weiter reichend, sie umspannt noch ein drittes Glied. Man kann das im Anschluß an die früher gegebenen Formulierungen (Kap. 19 b) so zusammenfassen: die Bedingungen der Realmöglichkeit von A sind nicht nur zugleich Bedingungen der Realnotwendigkeit von A, sondern auch zugleich Bedingungen der Realwirklichkeit von A.

Man darf hierbei nicht Anstoß nehmen an der Abhängigkeit des absoluten Modus von der Bedingungskette. Das widerspricht seiner Absolutheit nicht. Denn es liegt nicht im modalen Wesen der Wirklichkeit, überhaupt rückbezogen (äußerlich relativ) auf Bedingungen zu sein; sondern die strukturelle Eigenart des Realen erst macht sie rückbezogen. Durch sie ist alles, was real ist, verwurzelt in einer Realsituation. Oder modal ausgedrückt: durch die „hinter ihr" stehende Realmöglichkeit und Realnotwendigkeit ist die Realwirklichkeit auf die eine und vollständige Kette der Realbedingungen rückbezogen, die jenen beiden gemeinsam ist. Die Bedingungen sind so mittelbar auch die der Realwirklichkeit. Die Abhängigkeit alles Realwirklichen von der Bedingungskette — die in allem Werden waltende Realdependenz — ist identisch damit, daß Wirklichkeit der „höchste" Realmodus ist, d. h. daß sie nicht nur die Möglichkeit, sondern auch die Notwendigkeit zur Voraussetzung hat.

Es ist also eine einzige Bedingungskette, mit deren Vollständigkeit in einem gegebenen Stadium des Realgeschehens A allererst real möglich, zugleich aber auch schon real notwendig, und dadurch real wirklich wird. Daraus folgt, daß in den Grenzen der Realsphäre das Gesetz gilt: A wird erst dann möglich, wenn es auch wirklich wird. Die Realermöglichung einer Sache ist zugleich ihre Realverwirklichung. Die Totalität der Bedingungen, welche sie real möglich macht, macht sie auch schon mit Notwendigkeit real wirklich.

c. Realmöglichkeit und Möglichkeitsbewußtsein.

In der letzten Formulierung tritt wiederum deutlich die Rolle der Notwendigkeit als vermittelnder Instanz (formal als terminus medius) hervor. Die Realnotwendigkeit „bindet" die Realwirklichkeit an die Realmöglichkeit. Weil die Bedingungen der echten Realmöglichkeit zugleich zureichender Grund der Realnotwendigkeit sind, darum — und nur darum — sind sie auch zureichender Grund der Realwirklichkeit. Darum — und nur darum — ist in den Grenzen der realen Welt nichts möglich, was nicht wirklich ist. Darum allein gibt es im Realen keine „Weite" des Möglichen im Gegensatz zur „Enge" des Wirklichen, keine Vielheit frei schwebender „Möglichkeiten". Oder auch: darum ist hier die Enge des Wirklichen zugleich die Enge des Möglichen.

Nur eines muß man im Auge behalten: die Paradoxie im „Realgesetz der Möglichkeit" ist damit wohl durchsichtig gemacht und grundsätzlich behoben, aber nicht aus der Welt geschafft. Sie läßt sich für das alltägliche Realitätsbewußtsein nicht aufheben, denn dieses steht unter anderen Modalgesetzen. Sein Möglichkeitsbewußtsein ist an die Teilmöglichkeit gebunden und darum von vornherein abgelöst vom Wirklichkeitsbewußtsein. Der Mensch denkt mit einer gewissen Zwangsläufigkeit immer wieder: was nicht ist, das „kann" doch sein; was nicht geschieht, „kann" doch geschehen.

Diese subjektive Zwangsläufigkeit können wir nicht aus der Welt schaffen. Wir können sie nur durchschauen. Geschehen „kann" freilich auch in der Realwelt vieles, was zur Zeit und unter gegebenen Umständen nicht geschieht, aber zu anderer Zeit und unter anderen Umständen; nämlich stets dann und dort, wo für ein bestimmtes anderes Geschehen die Bedingungen erfüllt sind. Dann und dort aber geschieht es auch wirklich. Es wird im Realgeschehen nirgends etwas möglich, was in ihm nicht zugleich wirklich wird. Und man muß hinzufügen: es wurde in ihm auch nie etwas möglich, was nicht wirklich wurde; und es wird in ihm nie etwas möglich werden, was nicht eben damit wirklich werden wird.

Es ist nicht überflüssig, diese Temporalunterschiede im Wortlaut hervorzuheben. Denn gerade auf sie beruft sich mit Vorliebe das naive Möglichkeitsbewußtsein. Es meint immer, was jetzt nicht wirklich ist, das ist doch jetzt „möglich", weil es ja noch in Zukunft wirklich werden „kann". Es entgeht ihm, daß eben dieses „Jetzt-Möglichsein" eines Zukünftigen vielmehr ein Jetzt-Unmöglichsein ist, daß etwas, was jetzt nicht zur Wirklichkeit gelangt, bestenfalls erst in Zukunft möglich werden kann, aber nicht jetzt, und zwar nicht früher, als bis die Kette seiner Realbedingungen voll wird, daß es dann aber zugleich wirklich werden muß. Das Realgesetz der Möglichkeit ist indifferent gegen die Zeitunterschiede. Es gilt von jedem Zeitpunkt, einerlei ob er gegenwärtig oder nicht gegenwärtig ist. In jedem Zeitpunkt „kann" nur sein, was in ihm „ist"; und es „kann" stets nur geschehen, was wirklich geschieht.

d. Die „Enge des Möglichen" als Signum der höheren Seinsweise.

Aber, ähnlich wie bei den anderen Implikationen, muß man auch beim Realgesetz der Möglichkeit vor dem umgekehrten Extrem auf der Hut sein. Dieses Gesetz besagt nicht „Identität" von Möglichkeit und Wirklichkeit. Beide bleiben im Realen genau so verschiedene Modi wie etwa im Logischen. Nur die eigenartige Struktur der Realzusammenhänge kettet das Wirklichsein an das Möglichsein. Es ist kein analytischer Satz, der diese Verkettung ausspricht, sondern ein hochsynthetischer, ein paradoxer Satz. Es ist auch kein allgemeines Modalgesetz, sondern nur ein Realgesetz — einsichtig weder am Wesen der Möglichkeit noch an dem der Wirklichkeit, sondern einzig an dem, was hinter beiden steht, am Verhältnis zu den Realbedingungen.

Es hängt hier alles am Realcharakter als solchem, am Realprozeß, an der Realsituation. Hätte im Realen das Mögliche nicht dieselbe totale Bedingungskette „hinter sich", die durch Vermittlung der Notwendigkeit auch das Wirkliche hat, so könnte sehr wohl vieles real möglich sein, was nicht real wirklich ist. Die „Enge des Möglichen" ist ein spezifisches Realphänomen; die anderen Sphären teilen sie nicht. Nur in der Realsphäre ist das Mögliche auf das Wirkliche eingeschränkt. Wo Möglichkeit keine Bedingungskette bedeutet, sondern nur Widerspruchslosigkeit, wie im Logischen, da gibt es solche Einschränkung nicht. Da ist das Feld des Möglichen unbegrenzt, oder richtiger, begrenzt nur durch den Widerspruch inhaltlicher Momente.

In der Philosophie aber hat man sich unter dem Einfluß der älteren Metaphysik daran gewöhnt, unter Möglichkeit fast nur noch die Widerspruchslosigkeit zu verstehen. Da der endliche Verstand die volle Realmöglichkeit selten einmal durchschaut, so ist das wohl verständlich. Darum ist man auch heute noch philosophischerseits geneigt, eine Fülle von „Möglichkeiten" gegen die Enge des Wirklichen auszuspielen. Die rationalistischen und idealistischen Systeme haben dem durch ihre Entwertung des Realwirklichen in weitestem Maße Vorschub geleistet. Das Reich der Wesenheiten erschien als das höhere Sein; dieses Reich verstand man als das der Möglichkeit. Denn im Gegensatz zur Bestimmtheit und Enge der wirklichen Welt erschien es als die unendliche Fülle dessen, was sein „kann". Und da es ein Reich des Allgemeinen ist, so erschien das Allgemeine als das Vollkommene, das Einzelne in der Härte seiner Realität als das Unvollkommene.

So ist es, wenn man auf den „Umfang" allein sieht, die Unbestimmtheit des Allgemeinen für Weite und Erhabenheit hält, nach einer Erfüllung seiner Leere aber nicht fragt. Das kehrt sich sehr schnell um, sobald man mit dem dünnen Netz der Wesenheiten etwas einzufangen sucht, was die Maschen füllt. Da wird es überzeugend, daß jene allgemeinen Wesenheiten (essentiae) für sich genommen ein Reich des unvollständigen Seins ausmachen. Die erhabene „Weite des Möglichen" in diesem Reich ist nichts als die Kehrseite dieser Unvollständigkeit. Gerade das Reale in seiner Individualität, Besonderheit, Zeitlichkeit und Vergänglichkeit ist das im höheren und volleren Sinne Seiende. An ihm ist vollständige Bestimmtheit, überall und zu jeder Zeit. Darum verschwindet in ihm die „Weite des Möglichen". An ihre Stelle tritt die auf die Grenzen des Wirklichen reduzierte Enge des Möglichen. Auch Leibnizens „mögliche Welten" sind unvollständige, nur in der Leere der Allgemeinheit bestehende, keineswegs real mögliche Welten; es fehlt ihnen eben die Fülle der Realbedingungen. Und so sind sie zwar wesensmögliche, d. h. in sich widerspruchslose, aber dennoch real durchaus unmögliche Welten.

Die Enge des Möglichen ist kein Wesensgesetz, sie ist nur ein Realgesetz. Aber dieses Gesetz ist das Siegel der höheren Seinsweise, nämlich der allein vollständigen Seinsweise. Es drückt die innere, dem materialen Verhältnis eigentümliche Struktur dessen aus, was sich in der formalen Erörterung als die „Härte des Realen" ergab. Die letztere folgte aus dem Spaltungsgesetz der Realmöglichkeit und der Aufhebung der disjunktiven Möglichkeit. Der eigentliche Sinn des Spaltungsgesetzes aber kam erst in der Totalität der Realbedingungen zutage (Kap. 18 e).

Hält man diese Momente zusammen, so fällt auch ein neues Licht auf jene absolute Entschiedenheit von Sein und Nichtsein, die dem Realen eigen ist (Kap. 17 e). Sie besteht darin, daß es im Realen das „bloß Mögliche" nicht gibt. Ein „bloß Mögliches" ist eben unbestimmtes, unvollständiges und insofern unentschiedenes Sein. Das Reale aber ist das in jeder Hinsicht und in jedem zeitlichen Querschnitt vollständige Sein. Damit ist ein weiterer Wesenszug der realen Seinsweise gewonnen. Es bewahrheitet sich, was im Anfang nur angekündigt werden konnte: daß die Modalanalyse der Weg ist, das Geheimnis der Seinsweisen aufzudecken.

22. Kapitel. Der Megarische Möglichkeitsgedanke.

a. Der Bericht und die Polemik des Aristoteles.

Das Realgesetz der Möglichkeit ist zwar paradox, aber nur für die Denkgewohnheit des naiven Bewußtseins. Es ist am Zusammenhang des Realgeschehens, für den allein es gilt, sehr wohl einsehbar. Ein konsequent ontologisches Denken wird unabhängig von weltanschaulichen Aspekten unabweisbar auf sein Bestehen hingedrängt, sobald es erfaßt hat, was eigentlich Realmöglichkeit ist. Davon legt die Geschichte der Philosophie beredtes Zeugnis ab.

Bevor Aristoteles seinen Begriff der δύναμις prägte, der teleologisch verbogen und weit entfernt ist, ein reiner Möglichkeitsbegriff zu sein (er ist vielmehr ein bloßer „Anlage"-Begriff), gab es das rein ontologische Begriffspaar des δυνατόν und ἀδύνατον, das in den späten Ausläufern der Eleatik bereits eine gewisse Spruchreife erlangt hatte. Wir kennen diese voraristotelische Entwicklung des Möglichkeitsgedankens fast nur in ihrem Resultat, und zwar in der Form, welche er in der Megarischen Schule erlangte [1]). Es ist schon oben in der historischen Überschau (Einleitung, 3) dieses Gedankens Erwähnung geschehen; doch ist es erst an dieser Stelle möglich, ihn inhaltlich auszuwerten. Denn der Sache nach handelt es sich in ihm um nichts Geringeres als das Realgesetz der Möglichkeit.

Aristoteles berichtet darüber so: „Es gibt einige, wie die Megariker, die da behaupten, etwas sei nur dann möglich, wenn es wirklich ist; ist

---

[1]) Der Gedanke wird gewöhnlich dem Diodoros Kronos zugeschrieben. Doch fällt dessen Wirken wohl erst in die Spätzeit des Aristoteles. Aristoteles selbst aber polemisiert schon ausführlich gegen diesen Gedanken und schreibt ihn „den Megarikern" überhaupt zu. Er war also wohl schon vor Diodor Gemeingut der Schule. Vgl. Ed. Zeller, Über den κυριεύων des Megarikers Diodorus, Sitzungsber. d. Akad. d. Wissensch. zu Berlin 1882, S. 151 ff.

es aber nicht wirklich, so sei es auch nicht möglich ..." [1]). Dem Wortsinne nach, wenn man von aller weiteren Deutung absieht, ist nun die hier referierte Behauptung in aller Form das Realgesetz der Möglichkeit. Ob den Megarischen Denkern so etwas wie eine Bedingungsreihe vorgeschwebt hat, oder ob sie sich bloß formal an der Unbestimmtheit der Doppelmöglichkeit gestoßen haben — eines von beiden kann es ja wohl nur gewesen sein —, läßt sich nicht mehr entscheiden; dafür fehlt jegliche Unterlage. Aus der späteren Argumentation des Diodoros Kronos möchte man eher auf das letztere, aus der Polemik des Aristoteles eher auf das erstere schließen. Wie aber dem auch sei, daran wird man nicht zweifeln können, daß hier in größter Bestimmtheit der realontologische Möglichkeitsbegriff vorliegt, wie er im ersten paradoxen Implikationsgesetz entwickelt wurde.

Das leuchtet ganz eindeutig aus der Darstellung des Aristoteles ein. Aristoteles erläutert die Sache am Beispiel des Baumeisters: wenn er nicht gerade wirklich baut, so „kann" er auch nicht bauen; er „kann" vielmehr bauen nur als wirklich Bauender, d. h. solange er wirklich baut. Das Beispiel ist so gewählt, daß die Paradoxie schroff hervortritt. Und Aristoteles meint denn auch mit der Widerlegung leichtes Spiel zu haben: „Es ist ja klar, daß er dann auch nicht Baumeister sein könnte, wenn er nicht gerade am Bauen ist; denn Baumeister sein heißt imstande sein zu bauen". Und ebenso müßte es mit jeder τέχνη (Fertigkeit) sein: sobald einer aufhörte sie auszuüben, müßte er sie auch schon verloren haben. Ja, nicht anders wäre es mit der Wahrnehmbarkeit der Sinnesgegenstände, des Kalten, des Warmen, des Süßen: nichts könnte wahrnehmbar sein, wenn es nicht wirklich wahrgenommen wird. Desgleichen mit der Wahrnehmungsfähigkeit des Wahrnehmenden: der Sehende und Hörende müßte „des öfteren am Tage" blind und taub sein, nämlich so oft er nicht gerade etwas sieht oder hört.

Mit diesen Zuspitzungen meint Aristoteles das Realgesetz der Möglichkeit widerlegen zu können. In der Tat erscheinen sie als die Höhe des Widersinnes, wenn man seinen Dynamisbegriff zugrunde legt. Dieser ist, soweit er überhaupt als Modalbegriff gelten kann — denn er meint mehr die Anlage zu etwas als die Möglichkeit von etwas —,

---

[1]) Aristoteles, Metaph. Θ, 1046 b, 29 ff.: εἰσὶ δέ τινες οἵ φασιν οἷον οἱ Μεγαρικοὶ ὅταν ἐνεργῇ μόνον δύνασθαι, ὅταν δὲ μὴ ἐνεργῇ οὐ δύνασθαι ... Aristoteles berichtet hier in seinen Termini δύνασθαι und ἐνεργεῖν, wodurch der Sinn des Satzes bereits entstellt erscheint. In der Megarischen Terminologie dürfte es sich um den Gegensatz von δυνατόν und ἀληθές gehandelt haben, wie aus späteren Zeugnissen ersichtlich ist. Das ἀληθές hat hier noch die ursprüngliche, objektive Bedeutung „unverborgen" — vom Gegenstande gesagt, nicht von der Erkenntnis —, darf also in diesem Zusammenhange als „tatsächlich" oder „wirklich" verstanden werden.

auf der Teilmöglichkeit aufgebaut; er nimmt deshalb unbesehen die offene Alternative von Sein und Nichtsein (Wirklichkeit und Unwirklichkeit) hin. Danach ist „möglich" gerade nur das, dem die Verwirklichung noch fehlt; tritt sie hinzu, so fällt die Möglichkeit des Nichtseins fort, mit ihr aber auch die des Seins: die Potenz verschwindet im Aktus (ἐνέργεια, ἐντελέχεια).

Unter dieser Voraussetzung ist es verständlich, daß Aristoteles das „Baumeister-Sein" dem „Bauen-Können" unbedenklich gleichsetzt, desgleichen die Fertigkeit überhaupt dem Ausüben-Können, Gesicht und Gehör (die seelischen Vermögen) dem Sehenkönnen und Hörenkönnen.

b. Realontologischer Sinn der Megarischen These.

Aber die Voraussetzung ist falsch. Natürlich gibt es Fähigkeiten und Fertigkeiten, die nicht mit ihrem jeweiligen Funktionieren (ἐνεργεῖν) stehen und fallen. Aber diese sind nicht die ontologisch vollständige Realmöglichkeit, sondern bloß Teilmöglichkeit. Sie bedürfen immer noch der Ergänzung, bedürfen stets eines Faktors, der außerhalb ihrer liegt, nämlich in der jedesmaligen Gesamtsituation; ja, meist bedarf es noch vieler solcher „anderer" Faktoren, damit sie funktionieren „können".

Der Baumeister bleibt wohl Baumeister, auch wenn er nicht baut. Damit ist nur gesagt, daß er die einmal erlangte „Fähigkeit" als solche behält, nicht daß er mit ihr allein auch schon realiter bauen „könnte". Er „kann" vielmehr trotz aller Meisterschaft nicht bauen, solange nicht die anderen Realbedingungen dafür wirklich vorhanden sind — und zwar vollständig beisammen sind —, begonnen mit dem Grundstück, dem Baumaterial, den Arbeitskräften, dem Bauauftrag, bis hinauf zum besonderen Plan des Hauses (dem εἶδος ἐν ψυχῇ), ja bis zu seiner eigenen Willensinitiative (z. B. seinem Entschluß für ein bestimmtes Risiko). Sind aber diese Bedingungen alle bis zur letzten beisammen, dann kommt das Bauen auch schon wirklich in Gang. Er „kann" also, realontologisch gesprochen, in der Tat erst dann bauen, wenn er wirklich baut, unbeschadet seines auch sonst bestehenden Baumeisterseins. Er „kann" eben nicht unter beliebigen Umständen bauen, sondern nur unter bestimmten. Darum — und nicht aus Laune — baut er nicht immerfort, solange er Baumeister ist, sondern nur zu Zeiten [1]).

Ebenso ist es mit dem Wahrnehmbarsein und mit dem Wahrnehmenkönnen. Bezeichnet man das Warme, Kalte oder Süße als „Wahrnehm-

[1]) Dem heutigen Menschen liegt es nah, das Beispiel zu variieren. Nach Aristotelischer Auffassung nämlich müßte auch der Arbeitslose sehr wohl arbeiten „können", auch wenn er „keine Arbeit hat". Die Tragik seines Nichtkönnens widerlegt am drastischsten einen so nichtssagenden „Könnens"-Begriff.

bares", so meint man damit nicht, daß es unter allen Umständen wahrgenommen werden kann, sondern nur unter bestimmten, nämlich wenn das Wahrnehmende (die Hand, die Zunge) es berührt. Die Wahrnehmbarkeit überhaupt ist noch nicht das reale Wahrgenommenwerden-Können. Und ebenso umgekehrt vom Wahrnehmenden aus: der Sehende und Hörende braucht nicht „des öfteren am Tage" blind oder taub zu sein, weil er nicht unausgesetzt sieht und hört; er bleibt sehr wohl im Besitze des Gesichts und Gehörs als seiner Fähigkeiten. Aber Fähigkeit eben ist nur Potenz, und Potenz ist noch nicht Realmöglichkeit des Sehens und Hörens. Niemand kann sehen, wenn nicht im Bereich seines Gesichtsfeldes Licht auf räumliche Dinge fällt, auch bei intaktem Gesicht; und niemand kann hören, wenn kein Schall sein Ohr trifft, auch bei intaktem Gehör. Die bloße Fähigkeit ist eben nur Teilmöglichkeit. Sie wird zur Realmöglichkeit durchaus erst, wenn die Kette der inneren und äußeren Bedingungen vollständig wird. Dann aber wird das Sehen und Hören auch schon wirklich (dieses bekanntlich auch nach Aristotelischer Auffassung). Das aber heißt nichts anderes als: der Sehende „kann" nur sehen, wenn er wirklich sieht, und der Hörende „kann" nur hören, wenn er wirklich hört.

So einfach und unabweisbar diese Konsequenz ist, sie ist geschichtlich doch nicht durchgedrungen; sie hat im Kampf der philosophischen Schulen der gewaltigen Autorität des Aristoteles weichen müssen, der seinerseits in diesem Punkte das Wesen der Sache verfehlte. Das bedeutet zugleich, daß die rein ontologische Einstellung der Vorsokratik, deren letzte, reife Frucht das klar herausformulierte Realgesetz der Möglichkeit bei den Megarikern ist, dem metaphysisch spekulativen Interesse weichen mußte und gleichsam unter der Wucht seines leidenschaftlichen Ansturmes begraben wurde.

Nicht nur die Klarstellung der Realmodi, sondern auch der ganze schlicht ontologische Realitätsbegriff ist damit auf lange Zeit verschüttet worden. Er hat zwar noch im Stillen fortgelebt, war aber und blieb vom Schauplatz alles stärkeren philosophischen Interesses verdrängt — nicht nur in der Antike und im Mittelalter, sondern bis in unsere Zeit hinein. Die Befremdlichkeit der Megarischen These, wenn man sie heute ausspricht, besteht für uns noch ebenso wie für den gesamten Aristotelismus des Abendlandes. Das alte Vorurteil ist noch nicht gefallen.

Und man muß hinzufügen: selbst die emsig nach originären Gedanken suchende Geschichtschreibung der Philosophie ist bisher an diesem tiefsinnigen Stück antiken Denkens achtlos vorübergegangen. Sie weiß wohl um die Tatsache, aber sie erkennt weder ihren Sinn noch ihr Gewicht. Sie erwähnt den merkwürdigen Satz, wie man ein Kuriosum erwähnt. Sie steht dem ontologischen Denken fremd gegenüber. Sie kennt das Problem nicht, um das es hier ging, und ist darum nicht imstande es wiederzuerkennen. Auch die vollkommen eindeutige und ausgereifte Formulierung, wie Aristoteles sie uns aufbewahrt hat, vermochte diese Geschichtsschreibung kaum zu einigem Herumraten über den ontologischen Sinn der Megarischen These anzuregen [1]).

c. Recht und Unrecht auf beiden Seiten im Streit um das „Mögliche".

Geschichtlich darf indessen nicht verkannt werden, daß auch die Megarische Schule selbst dem Mißverstehen Vorschub geleistet hat; insonderheit in ihren späteren Vertretern. Von vornherein spielte hier eine der Sache des Möglichkeitsproblems gänzlich fremde Metaphysik hinein, die das Hauptlehrstück der Schule ausmachte. Das ist die Metaphysik des Parmenideischen Seinsbegriffs, der Bewegung und Werden aus der realen Welt verbannte.

Diese Metaphysik war geschichtlich bereits überlebt und durch die neue Problemlage überholt, als sie durch Euklid von Megara erneuert und durch eine Eidoslehre auf Sokratischer Basis ergänzt wurde. Man bestritt denn auch die Möglichkeit des Unwirklichen nicht einfach um ihrer selbst willen, sondern um die Möglichkeit des Werdens und der Bewegung zu widerlegen. Diese Verbindung zweier durchaus heterogener Sachen ist der Entfaltung des ontologischen Problems zum Schaden geworden. Mit ihr setzte sich die Megarikerschule selbst ins Unrecht. Sie konnte sich nicht frei machen von dem alten — in Wahrheit schon durch Heraklit erledigten — Begriff des Werdens als eines Entstehens aus Nichts und Vergehens in Nichts. So erschienen Sein und Nichtsein „gemischt" im Werden, und das widersprach dem Seinsbegriff, den man zugrunde legte.

Zog man nun in diese von Hause aus schief angelegte Seinsproblematik den Gegensatz des Möglichen und Wirklichen hinein, so mußte das Mögliche als eine Art Nichtseiendes, das Wirkliche als allein Seiendes erscheinen. Das Entstehen aber stellte sich auf diese Weise als Übergang vom Möglichsein zum Wirklichsein dar. Bekämpfte man nun das Ent-

[1]) Auch das große, sonst lehrreiche Werk von August Faust „der Möglichkeitsgedanke", I. 1931, S. 29 ff. geht an der Megarischen Lehre ahnungslos vorbei, ohne einen ernsthaften Versuch zu wirklicher Deutung. Auch die tiefsinnige Auseinandersetzung des Chrysipp mit dieser Lehre, die der Verf. eindrucksvoll referiert (S. 270 ff.) macht ihn in seiner Voreingenommenheit nicht irre. Sein Geschichtsbild des Möglichkeitsproblems in der Antike bleibt auf diese Weise ein einseitiges. Gerade die ontologisch wichtigere Seite — es ist freilich auch die schwierigere — fehlt.

stehen, so mußte man dieses Übergehen als Schein erweisen, mußte also zu beweisen suchen, daß es ein „bloß Mögliches“, das nicht auch schon wirklich wäre, nicht geben könne.

Gegen diese starre Seinsmetaphysik behielt die Aristotelische Polemik Recht. Die neue Lehre von Dynamis und Energeia war ein Versuch, das Entstehen neu zu fassen, und stand im bewußten Gegensatz zur eleatischen Ausschaltung des Werdens. So kann man sich nicht wundern, daß ihr auch gegen den Megarischen Möglichkeitsbegriff Recht gegeben wurde. Das geschichtliche Unrecht, das hiermit geschah, lag um eine Problemschicht tiefer; es konnte auf der Ebene, auf der man die Angelegenheit diskutierte, nicht eingesehen werden. Denn auch der Werdensbegriff des Aristoteles war einseitig, er genügte wohl für organisches Reifen und Wachstum, das von einem Anlagesystem dirigiert wird, nicht aber für den Naturprozeß (κίνησις) im allgemeineren Sinne. Der Naturprozeß läuft nicht vom Möglichsein zum Wirklichsein, sondern vom Wirklichsein des einen zum Wirklichsein des anderen; eine Auffassung, wie sie in damaliger Zeit bereits durch die Atomistik in weitgehendem Maße ausgebildet, wennschon nicht in Modalbegriffe gefaßt vorlag.

In dem Streit um Möglichkeit und Wirklichkeit, der damals begonnen wurde — und der niemals zu Ende ausgefochten worden ist —, war also Recht und Unrecht auf beiden Seiten. Von beiden Seiten wurde ein falscher Begriff des Werdens zugrunde gelegt. Die Megariker glaubten mit Unrecht, indem sie ihn bestritten, auch schon das Werden des Realen widerlegt zu haben. Aristoteles aber irrte sich, wenn er mit der Rechtfertigung eines Werdensbegriffs, den er als Übergang von der Dynamis zur Energeia verstand, das Werden des Realen zu erfassen meinte. Die Megariker mißbrauchten zur Rechtfertigung einer überlebten Seinsmetaphysik eine ontologische Einsicht, die einer besseren Anwendung wert gewesen wäre. Aristoteles aber sah nicht, daß der Fehler in der Anwendung lag. Er bekämpfte gerade die eben gewonnene neue Einsicht.

In der Tat, das Werden ist die durchgehende Seinsform des Realen. Es bedarf zu seiner Bewegtheit nicht des „bloß Möglichen“. Das Möglichsein ist nicht ein Zustand oder Prozeßstadium. Jedes Prozeßstadium ist ein wirkliches, einerlei ob es ein frühes oder ein spätes ist. Sein Möglichsein aber bedeutet an ihm etwas ganz anderes als sein Wirklichsein; es ist seine Verwurzelung in Bedingungen, die ihrerseits schon wirklich sein müssen. Das Möglichsein im Realprozeß ist nur ein Modus der Realdependenz. Darum ist es kein Zustand oder Stadium und tritt überhaupt im Realverhältnis nicht isoliert für sich auf, sondern nur als untergeordnetes modales Moment an einem Wirklichen.

d. Diodoros Kronos und sein κυριεύων λόγος.

Nicht nur durch ihre Seinsmetaphysik, auch durch die Art ihrer Argumentation haben die Megariker ihrer Sache geschadet. Das gilt insonderheit von den späteren Vertretern der Schule, Eubulides und Diodoros Kronos. Beide waren Meister der Eristik und zogen das Gedankengut der Schule ins Reich der Fangschlüsse. Diodor glaubte dem Megarischen Möglichkeitsgedanken durch seine Dialektik eine neue durchschlagende Form geben zu können; er nannte sie anspruchsvoll den κυριεύων λόγος (das alles beherrschende Argument). Er schlug damit insofern wirklich durch, als nun erst der neue Modalgedanke Staub aufzuwirbeln begann. Der Sache selbst freilich hat er damit nichts weniger als genützt.

Die These sprach er scharf und zutreffend so aus: „möglich ist nichts, was nicht entweder wirklich ist oder wirklich sein wird" [1]). Diodor nahm also von vornherein das künftige Sein mit hinein. Er schnitt damit den naheliegenden Einwand ab, was nicht „sei", könne doch „werden". Es läßt sich nicht leugnen, daß dieser Anfang gut ist; man erwartet von ihm aus einen ebenso sauberen Gang der Überlegung. Dagegen fällt nun die eigentliche Argumentation des Diodor sehr ab; sie ist sonderbar und in der Tat sophistisch. Sie geht aus von den Sätzen: „das Vergangene ist notwendigerweise wirklich", und „aus Möglichem kann nicht Unmögliches werden" [2]). Geschlossen wurde ungefähr in folgender Weise. Was vergangen ist, das ist unabänderlich, sein Anderssein ist „unmöglich". Nun sagt man aber, bevor es wirklich wurde, also als es noch ein Zukünftiges war, sei sein Anderssein doch „möglich" gewesen. Nimmt man das einmal an, so räumt man ein, daß aus einem Möglichen mit der Zeit ein Unmögliches geworden sei. Was dem zweiten Satz widerspricht. Sein Anderssein kann also auch früher nicht möglich gewesen sein. Es ist vielmehr zu jeder Zeit nur möglich, was von jeher möglich war; und das ist stets nur dasjenige, was zu irgendeiner Zeit wirklich wird. Möglich ist also nur, was auch wirklich ist, sei es nun gegenwärtig oder nicht gegenwärtig, vergangen oder zukünftig.

In diesem Argument läuft nicht alles auf Spitzfindigkeit hinaus. Die Unabänderlichkeit des Vergangenen ist in zutreffender Weise geltend

---

[1]) Überliefert in den dissertationes Epicteti des Arrian, II. 19, 1. Daselbst die weiteren angeführten Sätze. Was hier mit „wirklich" übersetzt ist, heißt im Text ἀληθές. Vgl. dazu oben S. 182, Anm. 1.

[2]) Der zweite Satz lautet im Text (a. a. O.): δυνατῷ ἀδύνατον μὴ ἀκολουθεῖν. Wenn damit nur gemeint wäre, es könne aus der Möglichkeit von etwas nicht die Unmöglichkeit von etwas Beliebigem folgen, so wäre der Satz höchst belanglos, paßte auch schlecht in das Argument. Er muß schon bedeutet haben, daß aus der Möglichkeit von A nicht die Unmöglichkeit von A selbst „folgen" kann. Dann aber kann man ihn einfacher, wie oben, übersetzen.

gemacht; und in der Tat hängt sie aufs engste mit dem Realgesetz der Möglichkeit zusammen (vgl. Kap. 15 d). Nur dürfte sie eher dessen Folge sein, nicht sein Grund. Die Spitzfindigkeit beginnt erst mit dem zweiten Satz, und zwar liegt sie hier im Doppelsinn des δυνατόν. Ist nämlich die Aristotelische (disjunktive) Möglichkeit gemeint, so ist der Satz falsch; denn dann ist auch non-A möglich, und wenn nun A wirklich wird, so wird dieses mögliche non-A unmöglich. Ist aber die eindeutige Totalmöglichkeit gemeint, so ist der Satz zwar haltbar, aber doch unbewiesen; denn er besagt im Grunde eben das, was das Argument erweisen sollte.

Der Schluß ist ein verkappter Zirkelschluß. In dem Streit, den er hervorrief, konnte das nicht verborgen bleiben. Die Folge aber war, daß man sehr bald glaubte, man hätte mit der Entkräftung des Beweises auch die These widerlegt, die er erweisen sollte. Man vergaß die einfache logische Regel, daß der Wahrheitswert einer These nicht am Beweise hängt, daß es viel schiefe und falsche Beweise für durchaus wahre Sätze gibt. Aber so fest war und blieb für lange Zeit die Verkoppelung des schlechten Arguments mit der guten Sache, daß hernach zusammen mit dem Geschmack für eristische Künste auch das Interesse an der Sache einschlief. —

Dennoch ist der Gedanke, daß nur das Wirkliche real möglich ist, geschichtlich nicht ganz verschwunden. Chrysipp bekämpfte ihn mit Argumenten, die seine Kraft noch erkennen lassen. Cicero verwandte ihn popularisiert in seiner Lehre vom Schicksal. Auf der Höhe der Scholastik taucht er neu und — wie es scheint — vollkommen selbständig wieder auf. Abaelard wandte ihn auf das schöpferische Tun der Gottheit an (Gott „kann" nur schaffen, was er wirklich schafft); Averroes vertrat eine Entwicklungslehre, nach der alles, was möglich ist, auch wirklich wird. Noch fast in der gleichen Form, nur auf das geschichtliche Werden bezogen, finden wir diesen Gedanken in Herders Geschichtsphilosophie. In allgemeinerer Form und in strengerer modaler Fassung hat ihn Hobbes in seiner Lehre de corpore vertreten; hier liegt der Nachdruck nicht auf der Erweiterung des Wirklichen, sondern auf der Einschränkung des Möglichen.

Noch im 19. Jahrhundert haben einige der weniger bekannten Denker etwas ähnliches vertreten, so Johann Jakob Wagner und Christian Friedrich Krause; auch bei A. Trendelenburg und F. A. Lange kann man noch Anklänge daran finden. Freilich kaum einer von diesen dringt bis auf den modalen Kern der Sache durch (vielleicht mit Ausnahme Wagners). Das ontologische Denken ist in dieser Zeit fast eine Unmöglichkeit geworden. Man denkt erkenntnistheoretisch, oder auch psychologisch. Wer die Verbundenheit von Möglichkeit und Wirklichkeit sieht, ist gleich geneigt, die erstere ganz aus der Realwelt verschwinden zu lassen und sie dem Reich des Gedankens vorzubehalten. Das ist der Boden nicht mehr, auf dem ein grundlegender Modalgedanke sich durchsetzen kann.

23. Kapitel. Materialer Erweis der übrigen Intermodalgesetze.

a. Die negativen Implikationsgesetze.

Die materiale Erörterung hat bis hierher nur die drei positiven paradoxen Implikationsgesetze behandelt. Damit ist dem Gewicht dieser Gesetze nach freilich die Hauptarbeit getan. Aber immerhin steht der entsprechende Erweis der übrigen paradoxen Intermodalgesetze noch aus. Diese Gesetze lassen sich zwar alle ohne Schwierigkeit aus den drei erwiesenen ableiten — die beiden Realgesetze (das der Notwendigkeit und das der Möglichkeit) machen eben das eigentlich Positive und Wesentliche im Gesamtverhältnis der Realmodi aus, an dem alles übrige nur als Beiwerk erscheint —, aber solch ein bloßes Ableiten würde in die formale Erörterung zurückfallen und auf den Vorzug der materialen, zugleich die strukturelle Durchleuchtung zu geben, verzichten. Es ist außerdem, wie sich schon zeigte, die Eigenart der materialen Erörterung, daß sie der Ableitung aus dem einmal Erwiesenen auch nicht bedarf. Sie legt vielmehr ein aufweisbares inhaltlich-konstitutives Verhältnis zugrunde und ist dann in der Lage, aus diesem heraus jedes Intermodalgesetz direkt inhaltlich zu erweisen.

Der weitere Gang des Erweises sei daher wenigstens in einigen Grundlinien angedeutet. Das supponierte Grundverhältnis ist im Totalitätsgesetz der Realmöglichkeit ausgesprochen (Kap. 18 d). Wie sich aus ihm die Implikationsgesetze der positiven Realmodi ergaben, so ergeben sich nun auch aus ihm die negativen (das 4.—6. paradoxe Implikationsgesetz, Kap. 14 f).

Ein A, dessen Nichtsein real möglich ist, hat jedenfalls keine vollständige Bedingungskette hinter sich. Es fehlt wenigstens ein Glied. Solange aber noch ein Glied fehlt, ist A vielmehr real unmöglich; es wird ja erst real möglich, wenn keines mehr fehlt. A kann also nicht „wirklich" sein, solange sein Nichtsein möglich ist. Sein Wirklichsein ist „unmöglich". — Das ist der Inhalt der beiden Gesetze: „dessen Nichtsein real möglich ist, das ist auch real unwirklich"; und: „dessen Nichtsein real möglich ist, das ist auch real unmöglich" (das 4. und 6. parad. Implikationsgesetz).

Ferner, wenn A real unwirklich ist, so kann gleichfalls seine Bedingungskette nicht vollständig beisammen sein; es wäre sonst schon notwendig, zugleich mit seiner Möglichkeit, und dadurch wirklich. Wenigstens ein Glied muß an der Kette fehlen. Fehlt aber eines, so ist

A vielmehr real unmöglich. — Darin liegt der Erweis des 5. paradoxen Implikationsgesetzes: „was real unwirklich ist, das ist auch real unmöglich".

Nimmt man nun die sechs paradoxen Implikationsgesetze zusammen und ergänzt sie durch die sechs evidenten (Kap. 14 e), so resultiert ohne weiteres der ganze III. Grundsatz: „alle positiven Realmodi implizieren einander, und alle negativen Realmodi implizieren einander".

b. Die paradoxen Ausschlußgesetze.

Noch einfacher ist es mit dem II. Grundsatz: „alle positiven Realmodi schließen alle negativen von sich aus, und alle negativen Realmodi schließen alle positiven von sich aus" (Kap. 14 d).

Man kann in der materialen Erörterung den Erweis dieses Grundsatzes einheitlich führen; man hat nicht nötig, wie beim formalen Erweise, jeden seiner Folgesätze — d. h. die vier paradoxen Ausschlußgesetze — gesondert zu erweisen. Man kann statt dessen das einheitliche Grundverhältnis aufzeigen, aus dem sie alle direkt ablesbar sind. Dieses Grundverhältnis ist, ebenso wie beim III. Grundsatz, das Totalitätsgesetz der Realmöglichkeit. Es hat sich oben (Kap. 18 e) gezeigt, wie das Totalitätsgesetz den Hintergrund des Spaltungsgesetzes der Realmöglichkeit bildet, wie sich aus ihm ein erstaunlich eindeutiger und schlagender Erweis des letzteren ergab. Nun aber ist die Spaltung der Möglichkeit das eigentliche punctum saliens der Ausschlußgesetze. Ja, sie ist selbst ein Ausschlußverhältnis, und zwar das den übrigen zugrunde liegende. Ihr Gesetz ist eben dieses, daß die Möglichkeit des Seins in der Realsphäre die Möglichkeit des Nichtseins ausschließt, und diese ebenso jene ausschließt.

Nachdem der vollständige Sinn des Totalitätsgesetzes sich in den voraufgegangenen Untersuchungen schrittweise aufgetan hat, dürfen wir ihn zugrundelegen und folgendermaßen argumentieren. Real möglich ist A nur, wenn alle seine Realbedingungen wirklich beisammen sind; dann aber ist A zugleich auch real notwendig und real wirklich. Die Bedingungen seiner Möglichkeit sind identisch mit denen seiner Notwendigkeit, indem sie mittelbar zugleich Bedingungen seiner Wirklichkeit sind.

Andererseits: das Nichtsein von A ist real nur möglich, wenn nicht alle seine Realbedingungen als wirkliche beisammen sind; zugleich aber ist dann A auch schon real unmöglich und unwirklich. Die Bedingung der Möglichkeit seines Nichtseins ist also identisch mit der Bedingung der Unmöglichkeit und Unwirklichkeit seines Seins. Da nun das Beisammensein aller Realbedingungen von A und das Nichtbeisammensein aller Realbedingungen von A sich gegenseitig ausschließen (als Glieder eines kontradiktorischen Gegensatzes), so muß auch alles, was durch ihr Beisammensein bedingt ist, alles das ausschließen, was durch ihr Nichtbeisammensein bedingt ist. Und umgekehrt.

Mit dieser summarischen Ausschlußformel ist der II. Grundsatz bereits erwiesen. Denn sind nun, wie sich zeigte, die drei positiven Modi durch das Beisammensein, die drei negativen aber durch das Nichtbeisammensein (jener Kette von Realfaktoren) bedingt, so sind eben dadurch alle negativen Realmodi von den positiven und alle positiven Realmodi von den negativen ausgeschlossen. Was der genaue Inhalt des Grundsatzes ist. —

Will man aus diesem summarischen Resultat noch die vier paradoxen Ausschlußgesetze gesondert herausheben, so bedarf es dazu nur der Explikation desselben Grundverhältnisses auf die besonderen Teilverhältnisse hin. Es kann sich dabei aber nichts anderes ergeben als die negativen Kehrseiten der Implikationsverhältnisse. Um der Stichprobe willen, die sich ein genau nachprüfendes Denken auch hierbei nicht wird versagen wollen, sei die Explikation wenigstens kurz angedeutet.

1. Was real unwirklich ist, dessen Realbedingungen sind nicht beisammen; für seine Realmöglichkeit aber müßten sie beisammen sein. Was real unwirklich ist, ist also auch nicht real möglich (1. Ausschlußgesetz: UW schließt M+ aus).

2. Was real wirklich ist, dessen Realbedingungen sind vollzählig beisammen. Für die Realmöglichkeit seines Nichtseins aber dürften sie nicht vollzählig beisammen sein. Was real wirklich ist, dessen Nichtsein ist also nicht real möglich (2. Ausschlußgesetz: W schließt M— aus).

3. Was real möglich ist, dessen Realbedingungen müssen auch schon vollzählig beisammen sein. Für sein Unwirklichsein aber dürften sie nicht vollzählig beisammen sein. Was real möglich ist, kann also nicht real unwirklich sein (3. Ausschlußgesetz: M+ schließt UW aus).

4. Dasjenige, dessen Nichtsein real möglich ist, hat nicht die vollzählige Kette seiner Realbedingungen „hinter sich". Für sein Wirklichsein aber müßte die Kette vollzählig sein. Das, dessen Nichtsein real möglich ist, kann also nicht real wirklich sein (4. Ausschlußgesetz: M— schließt W aus).

c. Die Aufhebung der Indifferenzen.

Was schließlich den I. Grundsatz anlangt, so ist er rein negativ, besagt nur die Aufhebung der drei Indifferenzen, die im formalen Verhältnis der Modi gegeben sind: von den Modi des Realen ist keiner gegen einen der anderen indifferent (Kap. 14 c). Die Kehrseite dieses Grundsatzes ist, daß es unter den Modi des Realen nur zwei Arten des Verhältnisses gibt, Ausschließung und Implikation. Das ist nun mit dem materialen Erweise des II. und III. Grundsatzes aus der Einheit eines einzigen Grundverhältnisses heraus erwiesen. Damit sind die möglichen Beziehungen zwischen sämtlichen Realmodi in den Ausschluß- und Implikationsgesetzen bereits erschöpft, und es bleibt schlechterdings kein Raum für intermodale Indifferenz. Auch das aber läßt sich für jede der Indifferenzen noch gesondert zeigen.

Für die Indifferenz der Möglichkeit ist der materiale Erweis bereits direkt durch das Totalitätsgesetz erbracht: sie ist zugleich mit der Teilmöglichkeit aufgehoben (vgl. Kap. 18 d).

Für die beiden anderen Indifferenzen (Kap. 11 a und d) ist aber der materiale Erweis noch in besonderer Weise lehrreich. Die Wirklichkeit müßte indifferent gegen Notwendigkeit und Zufälligkeit sein. Nun aber ist innerhalb des Realzusammenhanges kein Wirkliches „möglich", das nicht die Totalität seiner Realbedingungen „hinter sich" hat. Hat es sie aber hinter sich, so ist es auch real notwendig. Es kann also nicht zufällig sein, ist somit nicht indifferent gegen Notwendigkeit und Zufälligkeit.

Da nun nur das Wirkliche — das Unwirkliche zwar auch, aber nur im Zusammenhang des Wirklichen — zufällig sein kann, so bedeutet die Aufhebung dieser Indifferenz die Ausschaltung des Zufälligen aus dem Realzusammenhang. Was gleichbedeutend mit dem Realgesetz der Notwendigkeit ist. An den Grenzen des Realzusammenhanges aber ändert sich das. Hier gibt es keine Kette von Realbedingungen, die das Wirkliche „hinter sich" haben könnte. Damit setzt die aufgehobene Indifferenz wieder ein, und der „Zufall" löst die Notwendigkeit ab. Zugleich aber ändert sich dann auch der Sinn der Möglichkeit; auch sie wird wieder indifferent — gegen Wirklichkeit und Unwirklichkeit —, und so fallen denn an den Grenzen des Realen auch der II. und III. Grundsatz, d. h. die ganze Reihe der paradoxen Intermodalgesetze.

Beim Unwirklichen schließlich handelt es sich um Indifferenz gegen Möglichkeit (des Seins) und Unmöglichkeit. Nun aber ist unter allen Umständen — innerhalb wie außerhalb des Realzusammenhanges — nur das unwirklich, was keine geschlossene Totalität von Realbedingungen „hinter sich" hat. Steht es nun innerhalb eines Realzusammenhanges da (ist es ein „in ihm" Unwirkliches), so ist es in ihm auch real unmöglich; denn zu seiner Realmöglichkeit müßte es die Bedingungskette geschlossen hinter sich haben. Es ist also nicht real möglich und steht auch nicht indifferent gegen Möglichkeit und Unmöglichkeit.

Steht es aber außerhalb des Realzusammenhanges, resp. an seiner Grenze, so ändert sich die Sachlage. Hier ist kein Spielraum für Bedingungsketten, also auch keine Spaltung von Möglichkeit des Seins und des Nichtseins. Dann aber muß das Unwirkliche, indem es nicht ist, doch zugleich sein „können"; und dieses Sein-Können ist dann ein Zufälligsein-Können. Im Grenzverhältnis des Realen behält also das Unwirklichsein seine Indifferenz.

IV. Abschnitt.

Das ontologische Gesetz der Determination

24. Kapitel. Das Realgesetz der Wirklichkeit.

a. Modalität und Determination.

Es kann keinem Zweifel unterliegen, daß die Intermodalgesetzlichkeit des Realen auf ein allgemeines Determinationsprinzip hinausgeführt hat. Ein solches spiegelt sich bereits deutlich im Realgesetz der Notwendigkeit, indirekt auch im Realgesetz der Möglichkeit, sowie in deren negativen Gegenstücken (dem 4. und 5. parad. Implikationsgesetz). Ja, es kündigt sich schon in der Aufhebung der Teilmöglichkeit an, und nicht weniger im Spaltungsgesetz. Man kann von diesen Gesetzlichkeiten gar nicht handeln, ohne auf Schritt und Tritt dem dahinter hervorblickenden Determinationsgesetz zu begegnen.

In der bisherigen Untersuchung wurde bewußt alles ausgeschaltet, was das Problem der Determination betraf, auch dort wo es sich direkt aufdrängte. Das geschah im Interesse einer reinen Durchführung der Modalanalyse, welche die konstitutiven Seinskategorien nur insoweit heranziehen durfte, als sie zur Erfassung der Intermodalverhältnisse beitrugen. Das Determinationsproblem ist kein Modalproblem, und die Kategorie der Determination — ebenso wie ihr kategoriales Gegenglied, die Dependenz — ist keine Modalkategorie. Sie wurde auch in der materialen Erörterung nicht vorausgesetzt. Sondern die materiale Erörterung der Intermodalgesetze hat ihrerseits auf diese Kategorie hinausgeführt, und zwar dadurch, daß die Realmöglichkeit auf ein Dependenzverhältnis zurückwies, auf dem sie beruht. Wohlverstanden: nur die Realmöglichkeit, nicht die Realnotwendigkeit; diese hätte ja auch illusorisch sein können. Erst nachdem sich herausgestellt, daß die Bedingungen der Möglichkeit zugleich solche der Notwendigkeit sind, überträgt sich das einmal aufgedeckte Abhängigkeitsverhältnis auf die Notwendigkeit. Und von dieser aus zeigte sich schließlich das andere Gesicht der Dependenz, die Realdetermination.

Man kann in der Modalanalyse nicht genug auf der Hut sein, das Determinationsproblem zu früh hineinzuziehen. Dieses Problem ist ein metaphysisch schwer belastetes, und wo immer es ungerufen hineinspielt, da trübt es die Reinheit der Untersuchung, fordert die weltanschauliche Parteinahme heraus und verfälscht die Resultate. Im Problem der Realmodi hat seit den Zeiten des Aristoteles solche Trübung und Verfälschung sich breit gemacht. Und das Determinationsproblem selbst hat den Schaden davon gehabt. Es konnte in ihm nicht zur Klarheit kommen, weil das Problemgebiet, von dem her es hätte erleuchtet werden können — das der Realmodalität — von ihm selbst überlastet und gleichsam erdrückt wurde [1]).

Es galt daher, die Modalanalyse des Realen vorerst rein in sich selbst bis zu Ende durchzuführen. Hat sie einmal zu bestimmten Resultaten geführt, so lassen sich daraus die Konsequenzen für das Determinationsproblem ohne Schaden für sie — und für es selbst — ziehen. Damit aber tritt man in eine Untersuchung ganz anderer Art. Man tritt aus der Modalanalyse heraus und in die kategoriale Analyse der Determination als solcher hinein. Diese ist und bleibt im Modalproblem ein Fremdkörper; sie kann im Gange der Modalanalyse nur ein Intermezzo sein.

Nichtsdestoweniger ist es unvermeidlich, sie hier hineinzunehmen. Der Grund liegt nicht darin allein, daß sie sich von selbst aufdrängt, Er liegt vielmehr noch in dem Umstande, daß das Determinationsproblem nur auf Grund der Modalanalyse ontologisch streng behandelt und zum Austrag gebracht werden kann. Gegen die Gewichtigkeit der Seinsargumente, die sich hier und nur hier darbieten, sind anderweitige Erwägungen für und wider den sog. Determinismus ein bloßes Herumtappen im Dunklen.

Hier ist ein Punkt, an dem die Modalanalyse sich in einem metaphysischen Fundamentalproblem als ausschlaggebend erweist. Für sie selbst ergibt sich daraus ein sehr beachtenswerter Maßstab ihres philosophischen Wertes. Dieser eben ist an ihr selbst durchaus nicht ohne weiteres sichtbar. Er wird erst ermeßbar an dem Gewicht der Konsequenzen. Das Determinationsproblem ist die Probe auf das Exempel der Fundamentalstellung, welche die Modalkategorien beanspruchen.

b. Die innere Inkonsequenz des Wirklichkeitsbewußtseins.

Daß alles, was wirklich ist, auch möglich sein muß, gibt jedermann zu. Man gibt es auch für das Reale zu, obgleich man weiß, daß hier das Möglichsein eine lange Kette von Bedingungen voraussetzt, die alle

[1]) Dafür gibt es die erstaunlichsten Belege. Die besten Modaluntersuchungen, die wenigstens in der Tendenz ontologisch waren, wie die von Leibniz und Wolf, sind auf halbem Wege abgebrochen. Sie schlugen zwangsläufig in das konstitutive Determinationsproblem um (in die Lehre vom Satz des Grundes); und zwar deswegen, weil sie von vornherein von ihm her dirigiert waren.

real erfüllt sein müssen; man gibt es zu, obgleich die Erfahrung lehrt, daß wir selten einmal über diese Bedingungen recht Bescheid wissen, und vielleicht niemals ihre Totalität kennen. Man stößt sich nicht daran, daß wir nur um die Wirklichkeit wissen, ohne um die Möglichkeit zu wissen. Man läßt das Vorhandensein der Bedingungskette gelten, auch ohne sie zu kennen, ja man rechnet mit ihrer Totalität (denn auf sie kommt es an), wohl wissend, daß man sie nicht fassen kann.

So ist es gemeinhin mit dem Bewußtsein der Realmöglichkeit. Anders aber ist es mit dem Bewußtsein der Realnotwendigkeit. Daß alles, was wirklich ist, auch notwendig sei, gibt man nicht so leicht zu. Man läßt es vielleicht noch am ehesten für das Reich des idealen Seins gelten, wenn man zu diesem einmal die Zugänge gefunden hat, macht sich indessen nicht klar, was es hier bedeuten würde. Für das reale Sein jedenfalls, d. h. für die Welt, in der wir leben, gibt man es nicht zu. Hier begnügt man sich nicht, wie bei der Möglichkeit, mit der naheliegenden Überlegung, daß eine Notwendigkeit, um die man nicht weiß, doch ebensogut bestehen könne wie eine Möglichkeit, um die man nicht weiß. Man stößt sich am Wissen um das Wirklichsein ohne Wissen um das Notwendigsein, obgleich die nachträgliche Erfahrung unausgesetzt lehrt, daß das scheinbar Zufällige in Wahrheit doch keineswegs zufällig war.

Das Wirklichkeitsbewußtsein also ist inkonsequent. Es weiß nicht nur sehr wohl um die stets vorhandene und in allem Wirklichen bereits vollendete Bedingungskette, wennschon es sie mangelhaft kennt; sondern es stellt bei einiger Überlegung auch nicht in Abrede, daß deren Vollständigwerden das Mögliche zugleich notwendig macht. Dennoch aber läßt es die Notwendigkeit eben desselben Wirklichen nicht gelten, dessen Möglichkeit es anerkennt und dessen vollständige Bedingungskette es hierbei voraussetzt. Das hat seinen Grund darin, daß sich ihm im praktischen Leben immer wieder die Teilmöglichkeit unterschiebt. Diese aber ist disjunktiv und impliziert keine Notwendigkeit. So rechnet das Wirklichkeitsbewußtsein unentwegt mit einem „bloß Möglichen", das nicht wirklich ist, und eben darum auch mit einem „bloß Wirklichen", das nicht notwendig ist.

c. Realgesetz der Möglichkeit und Realgesetz der Notwendigkeit.

Dem gegenüber besagt das Realgesetz der Möglichkeit: es gibt im Realen kein „bloß Mögliches", sondern möglich ist hier nur, was auch wirklich ist; und das Realgesetz der Notwendigkeit: es gibt im Realen kein „bloß Wirkliches", sondern was hier wirklich ist, das ist auch notwendig (Kap. 14 f). Beide Gesetze stützen sich auf dieselbe Aufhebung der Teilmöglichkeit und auf dieselbe Totalität der Realbedingungen; denn diese, wo immer sie vorhanden ist, bedeutet, daß alles was möglich wird, auch wirklich wird, und zwar mit Notwendigkeit wirklich wird (Kap. 19 b, 20 a, 21 b).

Es gibt im Realen keine freischwebende, abgelöste Möglichkeit, die nicht die eines Wirklichen wäre; genau so wie es ja im Realen auch keine freischwebende, abgelöste Notwendigkeit gibt, die nicht Notwendigkeit eines Wirklichen wäre. Im Realen gehen Möglichkeit und Notwendigkeit untrennbar zusammen, sowohl miteinander als mit der Wirklichkeit. Sie resultieren nie anders als gemeinsam: aus der Totalität einer und derselben Kette von Realbedingungen. Sie sind nicht identisch, wohl aber sind ihre Bedingungen identisch. Darum können sie ohne einander nicht auftreten.

Die beiden Realgesetze wurzeln nicht nur in einem und demselben Grundverhältnis, sie sprechen auch ein und dasselbe Realverhältnis aus. In der rein modalen Betrachtung ist diese Konsequenz nicht ziehbar. Sie tritt aber unabweisbar hervor, sobald man hinter der Verschiedenheit der ineinandersteckenden Modi das Verhältnis der Bedingungskette selbst zu ihrem Resultat ins Auge faßt.

Das „Realgesetz der Möglichkeit" läßt sich dann so aussprechen: aus einer vollständigen Kollokation von Realumständen kann nur ein einziges allseitig bestimmtes Reales resultieren; und dieses kann nicht anders ausfallen, als es wirklich ausfällt. Oder allgemein: im Realzusammenhang kann nichts anders sein, als es ist, und nichts anders geschehen, als es geschieht. Es kann wohl etwas anders werden, als es ist. Aber es kann nicht anders werden, als es „wird". Zu anderer Zeit eben ist anderes real möglich, aber aus einer anderen Kollokation von Realumständen heraus; und auch dieses andere kann zu seiner Zeit nicht anders ausfallen, als es ausfällt.

Man achte nun darauf: diese Formulierung besagt durchaus dasselbe, wie das „Realgesetz der Notwendigkeit". Sie zeigt dasselbe Verhältnis, nur von der anderen Seite. Daß etwas nicht anders sein „kann", als es ist, heißt eben, daß es „notwendig" so ist, wie es ist. Daß aber die Formel sich an das Sosein des Realen hält, und nicht an das Dasein (wie die rein modalen Formulierungen), macht durchaus keinen Unterschied in der Sache aus. Gerade die Unterscheidung von Sosein und Dasein hat sich als eine höchst relative und für die ontologischen Grundprobleme unwesentliche erwiesen [1]).

[1]) Vgl. hierzu Grundlegung der Ontologie, Kap. 18 und 19; insonderheit das über die „fortlaufend verschobene Identität von Dasein und Sosein im Ganzen des Seinszusammenhanges" Gesagte.

d. Das Aufgehen beider Gesetze im Realgesetz der Wirklichkeit.

So gehen denn das Realgesetz der Möglichkeit und das der Notwendigkeit in ein einziges Seinsgesetz zusammen, welches man als das „Realgesetz der Wirklichkeit" bezeichnen kann. Dieses Gesetz spricht ein komplexes Verhältnis aus, das sich von mehr als einer Seite her fassen läßt. Im Zusammenhang der Modalanalyse ist es am einfachsten so zu formulieren:

> Möglichkeit und Notwendigkeit sind in der Realsphäre unselbständig. Es gibt hier weder ein „bloß Mögliches" noch ein „bloß Notwendiges", sondern nur das Wirkliche. Das Wirklichsein dieses Wirklichen aber besteht in seinem Zugleich-Möglichsein und -Notwendigsein.

Die Realwirklichkeit ist so die vollständige Durchdringung von Realmöglichkeit und Realnotwendigkeit. Sie ist nichts anderes als deren Deckungsverhältnis. Es ist das Eigentümliche des realen Seins, daß in ihm das Möglichsein und das Notwendigsein einer Sache nicht nur nie auseinanderklaffen, nie ohne einander bestehen, sondern auch nie außerhalb des Wirklichen vorkommen — nämlich ebendesselben Wirklichen, dessen Möglichsein und Notwendigsein sie sind. Und es ist ebensosehr das Eigentümliche des realen Seins, daß in ihm das Wirkliche nicht nur nie ohne Totalmöglichkeit und Notwendigkeit, sondern auch nie ohne die vollständige gegenseitige Durchdringung beider vorkommt. Wobei man freilich wieder hinzufügen muß: innerhalb der Grenzen des Realen; denn an seinen Grenzen, sowie an der realen Welt als einem Ganzen ändert sich das.

Das „Realgesetz der Wirklichkeit" spricht somit die in eins geschaute Gesamtheit aller Intermodalgesetze des Realen aus. Und es gibt eben damit die ontologische Bestimmung der Seinsweise des Realen, soweit sie in diesen Gesetzen sich fassen läßt. Das Reale — innerhalb seiner Grenzen, und aus dem Gefüge seiner Zusammenhänge heraus verstanden — ist die Sphäre der vollständigen Durchdringung von Möglichkeit und Notwendigkeit. Ihr Deckungsverhältnis ist der Seinscharakter der Realwirklichkeit.

Daß dem so ist, dafür ist das Verschwinden der Möglichkeit und Notwendigkeit in der Realwirklichkeit der beste Beleg — ein Verschwinden, das freilich nicht ihre Aufhebung, sondern nur ihr Zurücktreten, oder ihr Verdecktwerden für das Realitätsbewußtsein bedeutet. Beide nämlich treten selbständig nur hervor, wo sie isoliert auftreten, d. h. wo sie nicht zur Deckung gebracht sind. Im Realen gibt es das nicht, wohl aber in der Erkenntnis, oder überhaupt im Bewußtsein des Realen, im alltäglichen Leben so gut wie in den Wissenschaften. Daß es ein Bewußtsein der Möglichkeit gibt ohne Bewußtsein der Notwendigkeit, ist eine wohlbekannte Tatsache; alles menschliche Erwägen des Künftigen hat diese Form. In ihr handelt es sich um Teilmöglichkeit, darum bleibt in diesem Möglichkeitsbewußtsein die Notwendigkeit hinter der Möglichkeit zurück. Man sagt dann: der Stein „kann" rollen, auch wenn er nicht rollen „muß". Die Möglichkeit ist im Übergewicht, das Gleichgewicht der relationalen Modi ist gestört. Aber es ist nicht die Realmöglichkeit, die man meint. Und so bleiben beide, Realmöglichkeit wie Realnotwendigkeit, verdeckt. Das Realitätsbewußtsein ist unvollständig.

Weniger bekannt ist es, daß es auch ein Notwendigkeitsbewußtsein ohne Möglichkeitsbewußtsein gibt. Doch braucht man auch danach nicht weit zu suchen. In den Wissenschaften ist die Gesetzeserkenntnis ein Grundpfeiler alles Begreifens. Gesetzlichkeit nun drückt immer eine Art Notwendigkeit aus. Man kann sie meist in die Form eines „wenn — so" fassen. Der Sinn dieser Form ist die Unausbleiblichkeit der Folge, wenn die Bedingung erfüllt ist. Ob es aber einen Fall gibt, in dem sie erfüllt ist, ja ob überhaupt unter gegebenen Realverhältnissen einer möglich ist, davon ist in der Gesetzeserkenntnis als solcher nichts enthalten. Hier also bleibt in der Erkenntnissituation die Möglichkeit hinter der Notwendigkeit zurück. Die Notwendigkeit ist im Übergewicht, das Gleichgewicht beider ist gestört. Eben darum ist diese Notwendigkeit auch nicht Realnotwendigkeit; sie beruht nicht auf Totalität der Realbedingungen. Das Realitätsbewußtsein ist auch als exaktes Gesetzesbewußtsein ein unvollständiges. Im Bewußtsein eben ist das Realgesetz der Wirklichkeit nicht in Kraft. In ihm sind die relationalen Modi nicht zur Deckung gebracht. Darum treten sie in der Erkenntnis gesondert hervor. Sie verschwinden nicht in ihrem Resultat. Sie sind eben nicht die Realmodi. Und eben darum sind im Wirklichkeitsbewußtsein die echte Realmöglichkeit und Realnotwendigkeit von ihrem Resultat verdeckt.

Sehr anschaulich wird dieses Verhältnis in der Tatsache, daß unser Wirklichkeitsbewußtsein im Leben durchaus unabhängig von allem Möglichkeits- und Notwendigkeitsbewußtsein, ja in gewissen Grenzen sogar abgelöst von ihm dasteht. Die Gegebenheitsweise von Tatsachen (Realwirklichem) ist eine unmittelbare; sie nimmt nicht den Umweg über die Realbedingungen der Tatsache, d. h. nicht den über die modalen Komponenten der Wirklichkeit, die Möglichkeit und Notwendigkeit. Sie überspringt die letzteren und steht direkt beim Resultat. Dem entspricht die eigene Erkenntnisquelle, aus der sie schöpft, die aposteriorische, die am Einzelfall gemachte Erfahrung; wogegen Möglichkeit und Notwendigkeit derselben Sache nur mit Hilfe der anderen, apriorischen Erkenntnisart eingesehen werden können.

Für das Bewußtsein also erscheint das Realwirkliche weitgehend abgelöst von der Reihe seiner Bedingungen; die Realmöglichkeit und

Realnotwendigkeit sind in seiner Gegebenheit nicht mitgegeben. Daß aber ein solches abgelöstes Erscheinen möglich ist, hat seinen ontologischen Grund darin, daß in der Realwirklichkeit selbst die Möglichkeit und Notwendigkeit „verschwunden" sind. Dieses Verschwundensein bedeutet nicht ein Vernichtetsein — denn mit ihrer Vernichtung fiele auch die Wirklichkeit hin —, sondern durchaus nur ein „Aufgehobensein" in das Resultat, also in der Tat gerade ihr Enthaltensein und „Erhaltensein" im Resultat.

Das Realwirkliche eben hat im Zusammenhang der Geschehnisse stets seine Bedingungskette vollzählig „hinter sich". Und das bedeutet, daß es seine Realmöglichkeit und Realnotwendigkeit — als seine Modalkomponenten — „hinter sich" hat. Diese beiden sind in ihm zum Gleichgewicht gebracht, sind in ihm gleichsam indifferenziert und gegenseitig paralysiert. Sie treten darum aus ihm nicht hervor.

Aus diesem Grunde kann das Realwirkliche als Wirkliches erscheinen, ohne daß die in ihm vorausgesetzte und sich erhaltende Möglichkeit und Notwendigkeit mit erschienen. Es kann gegeben sein, ohne daß sie mit gegeben wären. Und weil es in der Regel so abgelöst gegeben ist, darum erscheint es dem empirischen Bewußtsein als Zufälliges.

e. Der modale Bau des Realprozesses.

Das Realgesetz der Wirklichkeit also widerstreitet dem unreflektierten Wirklichkeitsbewußtsein. Dieses weiß nichts von ihm, und gerade sein Nichtwissen beruht auf dem Verhältnis der Indifferenzierung, welches das Gesetz ausspricht; denn das „Verschwinden" der relationalen Modi hinter dem absoluten Modus beruht auf ihm. Die Indifferenzierung selbst ist die Verschleierung der Bedingungskette für das Bewußtsein.

So ist das Realgesetz der Wirklichkeit zugleich seine eigene Verschleierung für das Bewußtsein. Das Bewußtsein kennt nur die bei aller Flüchtigkeit des Flusses doch stets stabile Geschlossenheit des Realen, die ausgeglichene Ruhe des sich selbst tragenden Gleichgewichts, auch im ephemeren Prozeßstadium; und es empfindet sie als die absolute Härte und Entschiedenheit des Realen. Diese Ruhe hat nichts mit Stillstand zu tun; das Realwirkliche besteht ganz und gar im Prozeß. Seine Seinsweise ist die ruhige Entschiedenheit des Geschehens selbst, die in jedem Zeitpunkt ganz und vollständig ist. Die Unentschiedenheit des „bloß Möglichen", sein Fluktuieren und Schwanken steht weit unterhalb des realen Werdens; das unstete Drängen unerfüllter Notwendigkeit (wie wir es im Seinsollen kennen) steht weit oberhalb seiner. Was das Realwirkliche „hinter sich" hat, ist stets eindeutig bestimmte Möglichkeit und zugleich erfüllte Notwendigkeit. Wie es im Gleichschritt des Realgeschehens keine Unbestimmtheit gibt, so auch kein aus ihm selbst kommendes Sollen. Beides setzt erst ein, wo auf den höchsten Stufen des Realen (im geistigen Sein) außerreale Mächte in den Realprozeß hineinspielen; aber das gehört in eine viel speziellere Problemgruppe und betrifft nicht mehr das allgemeine Wesen der Realwirklichkeit.

Wie die beiden ersten Realgesetze, so ist auch das Realgesetz der Wirklichkeit nicht in sich selbst evident, sondern nur mittelbar zur Einsichtigkeit zu bringen. In sich ist und bleibt es paradox. Seine Formel ist ein hochsynthetischer Satz, der nicht am generellen Wesen der Modi, sondern nur am Wesen des Realen eingesehen werden kann. Wie an sich weder das Mögliche wirklich, nach das Wirkliche notwendig ist, so ist auch die gegenseitige Durchdringung und Deckung von Möglichkeit und Notwendigkeit nicht an sich schon Wirklichkeit. Jenes wie dieses resultiert erst aus der Identität der Realbedingungen. Es war deswegen wichtig, sich klarzumachen, daß es auch Gebiete gibt, wo sie sich nicht decken und nicht durchdringen (wie das im Realitätsbewußtsein der Fall ist). An sich nämlich brauchte das Wirkliche überhaupt nicht bedingt zu sein. Wohl aber das Realwirkliche in seiner Seinssphäre und seiner Seinsweise. In einer geschlossenen Sphäre, in der alles durchweg Werden ist, in der überdies zu jeder Zeit eine bestimmte Kollokation von Umständen beisammen ist, von denen das weitere Geschehen abhängt —, in einer solchen Sphäre ist das Wirkliche jederzeit bedingt. Denn „möglich" muß es zum mindesten sein. Und möglich eben ist es in einer solchen Sphäre nur, wenn in der jeweiligen Kollokation die Bedingungen seiner Möglichkeit vollzählig beisammen sind. Sind diese aber beisammen, so ist es auch notwendig.

Bedingt also ist das Realwirkliche nur, sofern es seine Realmöglichkeit zur Voraussetzung hat. Diese eben hängt an der Bedingungskette. Und weil die Bedingungskette identisch für Möglichkeit und Notwendigkeit ist, so ist es zugleich auch insofern bedingt, als es seine Realnotwendigkeit zur Voraussetzung hat. Die Wirklichkeit eines Realen ist also nicht aus sich selbst heraus, sondern aus ihrer Gebundenheit an die relationalen Modi heraus eine bedingte. Und da nun nach dem modalen Grundgesetz (Kap. 7) die Relationalität dieser Modi in einer doppelten Relativität auf Wirklichkeit als den Fundamentalmodus besteht, so ist das Realwirkliche innerhalb seiner Sphäre stets an anderes Realwirkliches, als an seine Bedingung, gebunden.

Der Modus dieser Gebundenheit ist die gemeinsame Relationalität der Möglichkeit und Notwendigkeit. Die vollständige Durchdringung von Realmöglichkeit und Realnotwendigkeit im Realwirklichen ist nichts anderes als die der ganzen Realsphäre eigentümliche Gebundenheit des Wirklichen an Wirkliches. Die „äußere Relativität" der Möglichkeit und Notwendigkeit bindet das Wirkliche rückwärts an anderes Wirkliches — an dasjenige, „auf Grund“ dessen es zugleich möglich und notwendig ist —, und die „innere Relativität“ bindet es vorwärts — an dasjenige, „dessen“ Wirklichkeit durch sein Bestehen als Bedingung zugleich real möglich und real notwendig wird.

In diesem modalen Bau des Realprozesses ist alles, was wirklich wird, Stück für Stück ermöglicht durch voraufgehendes Wirkliches und kann aus ihm heraus nicht anders werden, als es wird. Von Schritt zu Schritt geht die Realbindung den Weg über die Totalmöglichkeit und Notwendigkeit. Und von Schritt zu Schritt sind diese beiden indifferenziert in ihrer totalen Durchdringung und haben keine Selbständigkeit. Sie verschwinden stets im neu auftretenden Wirklichen.

25. Kapitel. Realwirklichkeit und Realdetermination.

a. Schiefe und einseitige Determinationsbegriffe.

Mit diesen Erörterungen ist das ontologische Realproblem der Determination spruchreif geworden. Ja, es sind schon die ersten Entscheidungen in ihm gefallen; und zwar — was das eigentlich Wertvolle daran ist — ohne Rücksicht, ja ohne alle Bezugnahme auf metaphysisch-weltanschauliche Konsequenzen. Das ontologisch allgemeine Gesetz der Realdetermination ist nichts anderes als die konstitutive Kehrseite desjenigen Modalgesetzes, in welchem die verschlungenen Intermodalverhältnisse des Realen alle zusammenlaufen: des Realgesetzes der Wirklichkeit.

Der Inhalt dieses Determinationsgesetzes ist durch das angegebene Verhältnis eindeutig bestimmt und begrenzt. Das festzustellen ist von größter Wichtigkeit. Denn die alte Streitfrage von Determinismus und Indeterminismus — mit ihrem unvermeidlichen Problemannex der Freiheit — hat es mit sich gebracht, daß unter der Determiniertheit des Realen, je nach den spekulativen Vorurteilen, sehr verschiedenes verstanden wird, und zwar zwangsläufig, aus der Trägheit traditioneller Denkgewohnheit heraus. Meist ist unter ihr viel zu viel und viel zu Spezielles verstanden worden. Der Fehler aber entsteht dadurch, daß man hinterher wieder das Spezielle verallgemeinert. Doch finden sich daneben auch Bedeutungen, die von Hause aus zu allgemein sind und das Problem verwässern.

Hierzu sind zunächst die folgenden Punkte zu beachten.

1. Es handelt sich nicht um den populären Determinismus der „Vorsehung“ und Vorherbestimmung (Prädestination), der das Realgeschehen von außen her dirigiert sein läßt, nämlich von einer Macht, die außer

oder über ihm steht und mit den in ihm waltenden Mächten keine Ähnlichkeit hat. Gegen solchen Determinismus steht das Determinationsgesetz des Realen vollkommen indifferent.

2. Es handelt sich auch nicht um irgend eine andere Form von Determination der Welt „aus einem Weltgrunde", wie immer dieser auch vorgestellt sein mag (ob vernünftig oder unvernünftig, göttlich oder brutal). Ein Weltgrund steht außer der Welt. Das Determinationsgesetz des Realen dagegen betrifft lediglich die Verbundenheit der Welt in sich. Es läßt die Frage nach dem Weltgrunde grundsätzlich offen.

3. Es handelt sich überhaupt nicht um Determination aus „einer" Quelle, oder aus der Einheit eines „ersten Grundes" (Einheitsdetermination), einerlei ob der Grund innerhalb oder außerhalb der Welt liegt; also auch nicht um „mathematische Folge" aus der Einheit einer „Substanz", und wenn diese noch so sehr dem Ganzen der Welt gleichgesetzt ist. Die Realdetermination besteht vollkommen gleichgültig gegen Einheit oder Vielheit ihrer Ursprünge. Sie berührt gar nicht die Frage ihres Ursprunges. Diese transzendiert die Kompetenz des Gesetzes. Aller Ursprung der Determination ist vielmehr Grenze der Determination. An ihrer Grenze aber geht alle Determination in das Determinationslose über.

4. Es handelt sich nicht um Finaldeterminismus — einerlei ob aus einem Endzweck oder aus einer Vielheit besonderer Zwecke heraus. Die Determination des Realen mag in gewissen Seinsschichten (den höchsten) tatsächlich die Form der Zwecktätigkeit haben; sie hat diese Form dann jedenfalls nur aus der besonderen Artung der Seinsschicht heraus (z. B. des geistigen Seins), nicht aus ihrem eigenen Wesen. Sie hat diese Form darum auch nicht im Ganzen der Welt. Determination als solche ist nicht Zwecktätigkeit. Diese ist nur eine Spezialform an ihr. Teleologisches Denken in der Metaphysik ist — von anderen Fehlern abgesehen — zum mindesten Verfehlung des eigentlich ontologischen Determinationsproblems.

5. Es handelt sich auch nicht um Kausaldeterminismus, einerlei ob aus einer oder aus vielen Ursachen. Ursächlichkeit ist der Determinationstypus des physisch-materiellen Seins; sie ist zwar derjenige der niedersten Schicht des Realen und deshalb eine elementare Determinationsform, die auch in den höheren Schichten wiederkehrt, aber nicht ohne Abwandlung und nicht ohne Überformung durch höhere Determinationstypen. Wäre Realität nur „Dinglichkeit", so wäre Alleinherrschaft der Kausalität im Realen wohl denkbar; nun aber ist Realität die gemeinsame Seinsweise, die auch dem organischen, seelischen und geistigen Sein zukommt; ihre Determination kann also in der der physischen Prozesse nicht aufgehen. Die höheren Schichten des Realen haben ihre höheren

Determinationsformen. Das Determinationsgesetz ist ein allgemeines, das Kausalgesetz ist ein Spezialfall unter ihm. Es ist auch mit ihm nicht erwiesen, und aus ihm allein nicht zu erweisen. Ein metaphysischer Kausaldeterminismus ist ebensosehr Verfehlung des ontologischen Determinationsproblems, wie ein metaphysischer Finaldeterminismus.

b. Genauere Eingrenzung des ontologischen Determinationsproblems.

Nach Abwehr der gröblichsten Mißverständnisse ist es nunmehr möglich, das Problem genauer einzugrenzen. Dazu sind folgende Gesichtspunkte maßgebend.

1. Es handelt sich nicht um einen Einheitsdeterminismus der ganzen Welt (die soeben angeführten beiden Formen eines solchen sind nur Spezialfälle, denkbar sind noch andere). Es darf nicht vorausgesetzt werden, daß alle Realdetermination ein und denselben Formtypus hätte. Im Gegenteil, es ist leicht vorauszusehen, daß jede Schicht des Realen ihren besonderen Determinationstypus hat. Von der Mannigfaltigkeit dieser Typen aber handelt das Determinationsgesetz nicht. Es ist indifferent gegen sie. Es spricht nur das Allgemeine aus, daß überhaupt alles Reale, einerlei welcher Schicht, ein determiniertes ist. Es ist also gleichgültig auch gegen Einheit und Vielheit der Typen des Nexus. Die Vielheit der Typen stammt nicht aus ihm, sondern aus der kategorialen Schichtung des Realen.

2. Es handelt sich auch überhaupt nicht um eigentlichen Determinismus. Ob ein allgemeines Determinationsgesetz, das keinen bestimmten Typus der Dependenz vorschreibt, sich zu einem Determinismus auswachsen kann, steht vielmehr durchaus noch in Frage. Die Entscheidung der Frage aber hängt gar nicht am allgemeinen Gesetz als solchem, sondern am besonderen Verhältnis der Determinationstypen, und letztlich an dem der Seinsschichten, deren relative Selbständigkeit aller Abhängigkeit eine Grenze setzt. Das Determinationsgesetz tangiert also einstweilen gar nicht das Problem der Freiheit.

3. Andererseits darf man das Prinzip der Realdetermination auch nicht zu weit fassen. Nicht jede Determination ist Realdetermination. So geht z. B. von Prinzipien jeder Art Bestimmung aus — Prinzipsein eben heißt ein Concretum determinieren —, aber nicht solche Determination ist hier gemeint. Realdetermination spielt in anderer Dimension, sie bewegt sich ganz in der Ebene des Concretums. Sie verbindet homogene Glieder, Reales mit Realem, nicht Reales mit seinen Prinzipien (oder Gesetzen). Sie hat in allen Schichten die Form des Nexus.

4. Es handelt sich auch nicht um logische Determination oder um irgendeine ihr vergleichbare; also auch nicht um bloße Wesensdeter-

mination, wie sie die Gebilde der idealen Seinssphäre verbindet. Die eine wie die andere gibt es durchaus — ebensosehr wie es Realdetermination gibt. Aber sie gehören anderen Sphären an und sind von anderem strukturellen Typus. Sie hängen an den Intermodalverhältnissen ihrer Sphären, die anders sind als die der Realmodi.

5. Es handelt sich darum im Gesetz der Realdetermination auch nicht um den „Satz vom Grunde". Dieser ist nicht allein der Realsphäre eigen, sondern allen Sphären gemeinsam. Er ist ein noch generelleres, aber auch dünneres und ärmeres Gesetz. Mit ihm würde sich dem Umfang nach erst ein Determinationsgesetz decken, welches nicht aus dem Verhältnis der Realmodi allein, sondern aus dem der Modi aller Sphären abgelesen wäre. Ob aber die Modi der anderen Sphären analoge Intermodalverhältnisse zeigen, steht vor der Hand noch in Frage. Dagegen deckt sich der besondere Satz vom „Realgrunde" sehr wohl mit dem Gesetz der Realdetermination. Der Realgrund aber ist vom Wesensgrunde, vom logischen und vom Erkenntnisgrunde nicht weniger verschieden als die Realdetermination von den entsprechenden Determinationstypen [1]).

c. Das Zureichendsein des Realgrundes als Vollzähligkeit der Bedingungen.

An den letzten dieser Punkte ist nun anzuknüpfen. Grund und Determination sind nicht ein und dasselbe. Sie sind komplementäre Momente ein und desselben Verhältnisses. „Determination" ist die Beziehung von Grund und Folge, und zwar vom Grunde aus charakterisiert; von der Folge aus ist die Beziehung „Dependenz". Der „Grund" selbst ist in dieser Beziehung das Determinierende, die „Folge" das Determinierte (Dependente).

Für die Realsphäre also besagt das „Gesetz" der Realdetermination dasselbe wie der „Satz" vom Realgrunde; es greift das Verhältnis nur von anderer Seite — von seinem anderen Momente aus — an. Das wird sehr deutlich sichtbar, wenn man beide Gesetze unter Wahrung der obigen Einschränkungen schlicht als Urteile ausspricht. Sie lauten dann so: alles Reale ist durch Reales determiniert; und: alles Reale hat in Realem seinen Grund. Beide Sätze sind ein und dasselbe Gesetz. Einen Grund haben ist dasselbe wie determiniert sein. Und Grund sein ist dasselbe wie determinierend sein.

[1]) Schopenhauer in seiner Schrift von der „Vierfachen Wurzel des Satzes vom Grunde" hat diesen Sphärenunterschied sehr genau gesehen. Nur ist seine Bezeichnung „Grund des Werdens" für den Realgrund wohl zu eng. Die Realdetermination betrifft nicht das Werden allein, zumal in den höheren Schichten des Realen. Sch. hatte als Realgrund nur die „Ursache" im Auge. Das war sein Fehler. Kausalität ist nur der niederste Typus der Realdetermination. Die höheren Schichten des Realen haben andere Typen. Und ihnen entsprechen andere Formen des Realgrundes.

Leibniz, der das Gesetz zuerst aussprach, gab ihm die genauere Bezeichnung „principium rationis sufficientis“, „Satz vom zureichenden Grunde“. Das „Zureichendsein“ nun ist zwar in der Formulierung pleonastisch, denn echter Grund ist natürlich nur der zureichende. Ein unzureichender Grund würde eben die Folge nicht hervorbringen. Aber eben daran ist es doch auch greifbar, daß das „Zureichendsein“ dem Grunde wesentlich ist. In ihm gerade liegt die Determinationskraft. Und, was an dieser Stelle weit mehr interessiert, an ihm auch wird der Zusammenhang des Realgrundes mit dem Realgesetz der Wirklichkeit — und mit der ganzen Modalgesetzlichkeit des Realen — einleuchtend.

Das „Realgesetz der Wirklichkeit“ besagt, daß innerhalb der Realsphäre in allem Wirklichen Möglichkeit und Notwendigkeit „sich decken“. Sie sind in der Realwirklichkeit der Sache als „indifferenzierte“ Modalmomente enthalten, und deswegen hinter ihr „verschwunden“. Das Wirklichsein hat sie „hinter sich“, denn es hat die totale Kette der Realbedingungen „hinter sich“. Diese als vollständige erst macht es real möglich, zugleich aber auch schon real notwendig. Die „Identität“ der Bedingungen seiner Notwendigkeit mit denen seiner Möglichkeit macht das Eigentümliche in ihm aus, daß das Realwirkliche zu jeder Zeit nicht anders sein „kann“, als es „ist“, — daß es wohl anders „werden“ kann, als es „ist“, aber nicht anders „werden“, als es „wird“.

Durch Christian Wolf befestigte sich für den Realgrund die Formel „ratio sufficiens, cur potius sit quam non sit“. Auch Leibniz hatte den Komparativ potius schon gelegentlich gebraucht. Aber dieser Komparativ bleibt ontologisch anstößig. Nicht um „eher sein als nichtsein“ handelt es sich, sondern um „sein und nicht nichtsein“. Ersetzt man diesen Rest von Unbestimmtheit durch die für das Reale charakteristische Entschiedenheit, so bedeutet das Grundsein eines Realen für ein anderes Reales unmittelbar sein „Zureichendsein“ dafür, daß das letztere „ist“, und nicht „nicht ist“; oder auf das Sosein bezogen, das „Zureichendsein“ dafür, daß es so ist, wie es ist, und nicht anders. Das aber ist ebendasselbe, was sich am Realgesetz der Wirklichkeit ergab: die Bedingungskette eines Realen macht es aus, daß es nicht anders sein kann, als es ist.

Man ersieht hieraus ohne weiteres, daß das „Zureichendsein“ des Realgrundes ebendasselbe ist wie die Vollzähligkeit, oder die „Totalität“ der Realbedingungen. Das Realwirkliche ist deswegen real notwendig, weil es im vollen Sinne real möglich sein muß; es ist ein durchgehend determiniertes, weil die Kette der Bedingungen, wenn sie für seine Möglichkeit „zureicht“ — also wenn sie vollzählig beisammen ist —, auch für seine Notwendigkeit „zureicht“. So ist sie zugleich sein „zureichender Realgrund“, der weder sein Nichtsein noch sein Anderssein mehr zuläßt.

Diese Formulierung spricht nun in aller Klarheit das „Gesetz der Realdetermination" — resp. das des „Realgrundes" — aus. Aber das merkwürdige ist, daß sie dasselbe ausspricht, was auch das „Realgesetz der Wirklichkeit" aussprach. Es ist kein Zufall, daß der modale Wortlaut und der ihm parallel laufende konstitutive ein und dasselbe Realverhältnis vollständiger Dependenz aussprechen. Beide Gesetze drücken den durchgehenden Realzusammenhang aus: in jedem Schritt des Realprozesses ist „auf Grund" der in ihm vorliegenden Realsituation nur „ein" bestimmtes Reales möglich, nämlich eben dasjenige, das in ihm auch wirklich wird. Der Spielraum der „vielen Möglichkeiten" ist aufgehoben. Es ist in Wahrheit immer nur das möglich, was auch notwendig ist; und das ist jedesmal das, was wirklich ist.

Der Unterschied der beiden Gesetze ist nur ein kategorialer. Das Realgesetz der Wirklichkeit ist die modale Seite desselben durchgehenden Abhängigkeitsverhältnisses, dessen konstitutive Seite das Gesetz der Realdetermination ist. Und da nun einmal alles Strukturell-Konstitutive auch seinen Seinsmodus hat, und alle Modalität nur die eines konstitutiv Geformten und Geprägten ist, so besteht die Identität der Realgesetzlichkeit selbst in beiden Gesetzen vollkommen zu Recht, obgleich ihre kategoriale Form eine verschiedene ist.

d. Zum Deckungsverhältnis der beiden Gesetze.

Für das Moment des Zureichendseins, das in diesem Verhältnis der springende Punkt ist, spielt der Zusammenhang von Bedingung und Grund die entscheidende Rolle. Ja, man kann geradezu an ihm das Verhältnis beider Gesetze durchsichtig machen.

Bedingung nämlich ist als solche keineswegs Grund, wohl aber eine Totalität von Bedingungen. Die Einzelbedingung ist bloßes Teilmoment des Grundes, wie sie ja auch modal nur eine Teilmöglichkeit bedeutet, die aber nicht Realmöglichkeit ist. Die Einzelbedingung ist wohl auch eine Determinante, ein Realfaktor am Wirklichwerden der Sache, aber nicht selbständig für sich, sondern nur im Verbande aller Teilbedingungen. Es hängt an ihr wohl ein bestimmtes inhaltliches Moment des Bedingten, aber nur sofern durch das Ganze der vollständigen Bedingungskette das Bedingte überhaupt zustande kommt. Sie determiniert also nur in der Totalität der Bedingungen. Und das besagt, sie determiniert nur im Verbande des zureichenden Grundes.

Man kann das auch so ausdrücken: der Grund als das Ganze der Bedingungen ist seinerseits die Bedingung ihres Bedingungseins. Bedingung eben ist etwas nur, sofern es etwas gibt, das sie bedingt; das Etwas aber kommt nicht zustande ohne die Totalität der Bedingungen.

So stehen im Verhältnis der Realdetermination Bedingung und Grund in gegenseitiger Abhängigkeit und kommen ohne einander nicht vor. Was sie verbindet ist genau das, was die Bedingung zur Determinante (zum Faktor, also recht eigentlich erst zur Bedingung), den Grund aber zum zureichenden Grunde macht: die Vollzähligkeit der Momente in der jeweiligen Realsituation. Die Determinationskraft des Realgrundes aber ist sein Zureichendsein, und die der Bedingung ist ihr Eingefügtsein in die Totalität der Bedingungen. Daß dem so ist, besagt das materiale Verhältnis, das dem Realgesetz der Wirklichkeit zugrunde liegt: solange an der Bedingungskette auch nur ein Glied fehlt, ist A nicht einmal real möglich; ist die Kette aber vollständig, so ist A auch schon real notwendig, und deswegen real wirklich. Die Notwendigkeit liegt im Zureichendsein der Totalität.

Verbindet man also die modale Formel mit der konstitutiven, so besagt das Gesetz: die Kette der Bedingungen, durch die etwas real möglich wird, ist zugleich der „zureichende Grund" seiner Realwirklichkeit. Es ist also im Realen nichts möglich, was nicht im Realzusammenhang selbst seinen zureichenden Grund hätte. Das ist das Prinzip des Realgrundes. Und da die Bedingungen — entsprechend der „äußeren Relativität" der relationalen Modi — ihrerseits Realwirklichkeit haben müssen, so läßt das Prinzip sich vollständiger so geben: es ist im Realen nichts möglich, was seinen zureichenden Grund nicht wiederum in anderem Realwirklichen hätte. Oder als Determinationsgesetz gefaßt: alles Reale ist durch Reales vollständig determiniert. Was nicht vollständig durch Reales determiniert ist, das ist real nicht möglich; es ist also real unmöglich, bleibt notwendig irreal.

Der letzte Zusatz ist nicht überflüssig, obgleich er dasselbe sagt. Im Realprozeß gibt es jederzeit zahllose Einzelmomente, die, wenn sie in einen anderen Verband von Realumständen gebracht würden, anderes Reales ermöglichen würden als das, was unter den gegebenen Umständen wirklich wird. In diesem Sinne besteht stets eine Mannigfaltigkeit von Teilmöglichkeiten. Aber da keine Macht der Welt die einmal gewordenen Realumstände anders machen kann, als sie sind, so schweben alle diese Teilmöglichkeiten in der Luft. Das Wenn und das Aber scheidet sie von der Realität. Es fehlt die Totalität, in der die Einzelbedingung erst determinierend wird.

Die Rückführung des Determinationsgesetzes auf das Realgesetz der Wirklichkeit hat über das letztere hinaus bis auf die „Totalität der Bedingungen" zurückgeführt. Diese besagte, daß die Realbedingungen der Möglichkeit zugleich Realbedingungen der Notwendigkeit sind. Faßt man das als Grundlage der ganzen Überlegung auf, so kann man dem

Gesetz der Realdetermination eine noch einfachere Formel geben: an allem bestehenden Realen ist die Totalität seiner Bedingungen zugleich sein zureichender Realgrund.

In dieser Formel sind die Modalmomente vollständig in konstitutive Momente aufgelöst. Freilich ist ebendadurch auch das Synthetische und Paradoxe des Gesetzes verdeckt, das im Realgesetz der Wirklichkeit noch plastisch hervortrat. Das ist kein Vorzug. Man muß sich erst wieder erinnern, daß die Bedingungen lediglich darin ihre Unerläßlichkeit haben, daß sie Bedingungen der „Möglichkeit" sind. Als Bedingungen der Notwendigkeit — resp. als Momente des Grundes — wären sie keineswegs unerläßlich. Denn denkbar ist sehr wohl ein Wirkliches, das nicht notwendig wäre, resp. keinen Grund hätte. Undenkbar aber ist ein Wirkliches, das nicht möglich wäre. Nun besteht aber Realmöglichkeit nur „auf Grund" einer Kette von Realbedingungen, die bis zur letzten vollzählig ist. Und nur weil diese wiederum das Mögliche zugleich notwendig macht, hat das Reale einen zureichenden Grund, aus dem heraus es vollständig determiniert ist und nicht anders sein kann, als es ist.

Man kann diesen Zusammenhang gleichfalls ohne Modalbegriffe durchsichtig machen, wenn man die „äußere Relativität" der Möglichkeit mit hineinnimmt und sie mit ins Konstitutive transponiert. Die Formel des Gesetzes der Realdetermination läßt sich dann so geben: alles Reale ist durch ebendasjenige andere Reale, durch das es „bedingt" ist, auch eindeutig „bestimmt"; es kann als das Bedingte dieser Bedingungen nicht anders sein, als es ist. Hier ist die Möglichkeit in Bedingtheit, die Notwendigkeit in Bestimmtheit übersetzt; die äußere Relativität beider aber auf Wirklichkeit ist in eine solche auf die besondere Realsituation aufgelöst.

e. Die Erweisbarkeit des Determinationsgesetzes aus der Intermodalgesetzlichkeit des Realen.

Der zuletzt gebrachte Gedankengang zeigt, daß die Rückführung des Determinationsgesetzes auf das Realgesetz der Wirklichkeit zugleich einen Erweis des ersteren aus der Intermodalgesetzlichkeit des Realen bedeutet. Um Mißverständnisse zu vermeiden, sei der Gang des Erweises hier noch einmal in kürzester Form zusammengefaßt.

Was real wirklich ist, muß zum mindesten real möglich sein. Real möglich ist es nur auf Grund der vollständigen Kette seiner Realbedingungen. Auf Grund eben dieser Kette aber ist es auch schon real notwendig, „kann" also nicht anders sein, als es ist. Es ist aus ihr heraus eindeutig determiniert. Die Bedingungskette ist sein zureichender Grund.

Man mag diesen Erweis nun als stark oder schwach erachten — seine Bewährung wird natürlich in ganz anderen Problemzusammenhängen zu suchen sein —, aber jedenfalls ist er der einzig mögliche Erweis, der sich für das Gesetz der Realdetermination erbringen läßt. Er beruht ganz und gar auf den Intermodalverhältnissen des Realen, und zwar speziell auf den drei positiven paradoxen Implikationsgesetzen. Und da diese alle auf das „Totalitätsgesetz der Realmöglichkeit" — sowie auf dessen Komplementärprinzip, die „Identität der Bedingungen" — zurückgehen, so ruht das ganze Gewicht des Erweises auf diesen beiden Stücken (vgl. Kap. 18 d und 19 b).

Daß die Metaphysik trotz brennender Interessiertheit am Determinationsproblem auf diesen Erweis nicht verfallen ist — es sei denn daß die älteren Megariker ihn gehabt hätten —, liegt einzig daran, daß es an eigentlicher Modalanalyse des Realen gefehlt hat. In ihr liegt der Schlüssel zum Problem der Determination und des Grundes [1]).

In der Tat, es gibt sonst eigentlich nur noch den Versuch Christian Wolfs, das principium rationis sufficientis aus dem Satz des Widerspruchs zu beweisen. Die Verfehltheit dieses Beginnens — es handelt sich um die groteske Anmaßung des Rationalismus, aus einem logisch formalen Gesetz ein Realgesetz zu beweisen — ist schon in ihrer Zeit von Crusius und anderen bloßgestellt worden und dürfte heute keines Wortes weiter wert sein.

Was sich aber hinter dem mißlungenen Argument barg, und was die Zeitgenossen und Nachfahren nicht gesehen haben, ist doch etwas viel Ernsteres. Es steht nur in der Wolfschen Ontologie nicht dort, wo man es suchen würde, nicht im Abschnitt von der ratio sufficiens, sondern in den Kapiteln de determinato et indeterminato und de necessario et contingente. Der wirklichen Überlegung Wolfs nämlich liegt ein Schluß zugrunde, dessen Mittelbegriff die determinatio ist. Aber gerade in diesem Begriff steckt der Doppelsinn von Bestimmtheit (in sich) und Bestimmtsein (durch etwas anderes). Da alles Seiende ein bestimmtes ist, alle Bestimmung aber Bestimmung durch etwas ist, so muß alles Seiende sein Bestimmendes hinter sich haben, muß also seinen zureichenden Grund haben. Das ist eine offenkundige quaternio terminorum, das Resultat ist erschlichen.

Aber auch dieser Fehlschluß gehört noch mehr der Oberfläche an. Das wahre Motiv des Verfehlens ist so nicht zu greifen. Wolf nämlich ging —

[1]) Einen Ansatz zum modalen Erweise kann man allenfalls bei Alexius Meinong finden, „Zum Erweise des allgemeinen Kausalgesetzes", Wien 1918 (Sitzungsber. d. Akad. d. Wissensch. in Wien). Die Untersuchung ist in großer Schärfe geführt, aber doch falsch angelegt. 1. Sie unterscheidet nicht logische Modi und Realmodi, wodurch ein amphibolischer Möglichkeitsbegriff hineinkommt; und 2. sie beweist zuviel, nämlich nicht das allgemeine Determinationsgesetz, sondern das Kausalgesetz (was modal nicht möglich ist). Sie beweist daher in Wahrheit gar nichts.

nach Leibniz' Vorgang — von Modalbegriffen aus, und damit war er durchaus auf dem rechten Wege. Sein Determinationsbegriff führte ihn geradeswegs auf die necessitas hinaus, und diese war keineswegs auf Wesensnotwendigkeit beschränkt. Sie gerade bezog bei ihm die Reihe der Realumstände in sich ein. Dennoch durchschaute er das Realverhältnis nicht, welches den Grund einer Sache suffizient macht. Einerseits mündete seine Realnotwendigkeit viel zu schnell in Kausalität ein, und die Reihe der Realumstände nahm unversehens die Form der Ursachenkette an. Andererseits aber blieb sein Begriff der necessitas in der traditionellen Halbheit stecken: er war nicht rückbezogen auf einen ebenbürtigen Begriff der Realmöglichkeit. Das possibile verstand Wolf logisch wie ontologisch nur im Sinne der disjunktiven Möglichkeit und der Teilmöglichkeit.

So kam in seiner Ontologie das sonderbare System einer halb verstandenen, halb mißverstandenen Modalgesetzlichkeit des Realen zustande. Er kannte das Realgesetz der Notwendigkeit und sprach es eindeutig aus [1]), aber er kannte nicht das Realgesetz der Möglichkeit; und er bemerkte nicht, daß das erstere so für sich gar nicht bestehen konnte. Er ließ alles Wirkliche notwendig sein, aber er ließ zugleich möglich sein (und zwar real möglich), was nicht wirklich ist. So kam der Widersinn heraus, daß ein und dasselbe Wirkliche die Möglichkeit seines Andersseins nicht ausschloß, und dennoch die Notwendigkeit seines So-und-nicht-anders-Seins einschließen sollte.

Ein dunkles Bewußtsein dieser Unstimmigkeit ist noch in der Unentschiedenheit der komparativischen Formel „cur potius sit quam non sit" zu spüren. Ein auf bloße Teilmöglichkeit rückbezogener Realgrund war eben in der Tat nur für ein „Eher-Sein" zureichend, nicht für ein striktes Seinmüssen.

26. Kapitel. Allgemeine Realdetermination und besondere Typen des Realnexus.

a. Realschichten und Typen der Realdetermination.

Das Determinationsproblem ist natürlich mit dem Gesetz der Realdetermination nicht erschöpft. Weder ist damit über die anderen Sphären etwas vorentschieden, noch ist innerhalb des Realen die besondere Form der Determination berührt. In ersterer Hinsicht werden die Intermodalgesetze der anderen Sphären zu entscheiden haben; in letzterer aber ist die Modalanalyse überhaupt inkompetent, hier kann erst die besondere Kategorienlehre der einzelnen Seinsschichten entscheiden. Jede Schicht hat ihre besondere Determinationskategorie, d. h. ihre besondere in ihr

[1]) Chr. Wolf, Philosophia prima, § 288: „Quodlibet, dum est, necessario est".

waltende Form durchgehender Verbundenheit und Abhängigkeit, und diese ist in jeder Schicht erst auf analytischem Wege der Eigenart der Realgebilde und Realprozesse abzugewinnen. Das aber ist eine ganz andere Aufgabe als der Erweis des allgemeinen Gesetzes der Realdetermination.

Dieses Gesetz besagt nur, daß überhaupt alles Reale durch Reales determiniert ist. Wenn also die Realwelt geschichtet ist, so bedeutet es nur, daß überhaupt in jeder Schicht der Realwelt irgendeine durchgehende Determination besteht, daß also in jeder Schicht jedes besondere Geschehen und jedes Gebilde wiederum durch Realverhältnisse determiniert ist, mögen diese nun derselben oder einer anderen Schicht angehören. Es folgt also aus ihm weder, daß jede Schicht ihren besonderen Determinationstypus habe, noch daß alle denselben haben.

Das Gesetz der Realdetermination ist indifferent gegen Einheit oder Mannigfaltigkeit der Determinationsform. Es ist lediglich eine Fundamentalkategorie — oder Elementarkategorie — des Realen. Daß tatsächlich die einzelnen Seinsschichten determinativ differenziert und relativ selbständig sind, folgt nicht aus ihm, sondern aus der kategorialen Schichtungsgesetzlichkeit [1]). Aber auch aus ihr ist die besondere Art der Determinationstypen nicht zu entnehmen; diese ist allein der kategorialen Eigenart der Schichten selbst zu entnehmen. Denn tatsächlich ist sie in jeder Schicht eine autonome.

Das ist der Grund, warum man sich so sehr hüten muß, das Gesetz der Realdetermination vorschnell mit dem Kausalitätsgesetz zusammenzubringen. Kausalität ist die am besten bekannte Form der Realdetermination, und zwar darum, weil sie die niederste und einfachste ist: die Form durchgängiger Verbundenheit in der niedersten Realschicht, der Schicht des Physisch-Materiellen. Setzt man das Determinationsgesetz dem Kausalitätsgesetz gleich, so überträgt man das letztere auf alle höheren Schichten des Realen, auf das organische, seelische, personal-geistige, soziale, geschichtliche Sein; und damit schleicht sich die Tendenz ein, alle diese Seinsgebiete mechanistisch zu verstehen. Man vergewaltigt sie damit von vornherein.

In Wahrheit hat jede dieser Seinsschichten ihr eigenes spezielles Determinationsgesetz. Wir nur kennen die höheren Typen der Determination zumeist nicht, oder haben doch nur unscharfe Vorstellungen von ihnen. Nur auf dem Gebiet des Geistes — speziell im praktischen Handeln — kennen wir noch einen zweiten Determinationstypus genauer, den

[1]) Von dieser Gesetzlichkeit wird in einem späteren Bande ausführlich zu handeln sein. Sie gehört in die allgemeine Kategorienlehre und betrifft den Aufbau der realen Welt. Vgl. hierzu „Kategoriale Gesetze" (Philos. Anzeiger I. 2, Bonn 1926), S. 233 ff.

finalen. Und auch bei ihm besteht die gleiche Gefahr der Grenzüberschreitung. Man ist z. B. leicht geneigt, das organische Leben teleologisch zu verstehen, oder etwa auch den Geschichtsprozeß. Zahlreiche Theorien haben diesen Weg beschritten, beschreiten ihn noch heute. Es sind totgeborene Theorien, sie werden weder durch die Tatsachen noch durch die Kategorialanalyse bestätigt. Der Nexus des geschichtlichen Geschehens ist offenbar ein viel komplizierterer, in dem die Zwecktätigkeit des Menschen nur ein Moment ausmacht. Und der Nexus des Organischen ist offenbar ein anderer, wennschon seine Resultate denen des Finalnexus ähneln und schwer von ihnen zu unterscheiden sind. Hier ist alles Forschen noch in den Anfängen.

Jedenfalls ist es irrig, wenn man hier oder auf dem Gebiet einer höheren Schicht an eine Alternative von Kausalität oder Finalität glaubt, als gäbe es nur diese beiden. Der Glaube beruht lediglich darauf, daß diese beiden die einzigen wohlbekannten Typen des Realnexus sind. Man müßte vielmehr, auch wenn nicht viel Tatsächliches dafür spräche, a priori erwarten, daß jede Seinsschicht ihre besondere Determinationskategorie hat, wie ja auch jede ihre besonderen Form- und Gesetzeskategorien hat.

b. Gegenseitiges Verhältnis verschiedener Determinationstypen.

Für die Überlagerung verschiedener Determinationstypen in der geschichteten Realwelt gelten bestimmte Regeln. Diese sind für das Verständnis gewisser Konsequenzen wichtig und müssen deshalb hier angefügt werden, obgleich es nicht möglich ist, sie an dieser Stelle mit der nötigen Begründung zu versehen. Die Begründung liegt bei den kategorialen Gesetzen.

1. In allen Schichten des Realen hat die Determination die Form des „Nexus", d. h. einer Verflechtung des Realen mit Realem, welche die Seinsschicht durchzieht und nichts in ihr unberührt läßt. Diese Grundform ist durch das allgemeine Gesetz der Realdetermination gewährleistet. Denn das eben ist der Ertrag seiner Verwurzelung in den Intermodalgesetzen, daß die „äußere Relativität" der relationalen Modi eine solche auf Realwirkliches ist, und nicht auf etwas dem Realen Äußeres oder Heterogenes (nicht auf bloße Wesenheiten und Prinzipien). Im Realen ist Wirkliches nur auf Grund von Wirklichem möglich und notwendig; oder: alles Reale ist „aus" Realem determiniert, denn es ist „durch" Reales bedingt. Durchgehende Determination des Realen aus Realem führt aber auch notwendig weiter zu fernerem Realen; d. h. sie hat, rückwärts wie vorwärts gesehen, die Form des Nexus. Welche Grenzen dem Nexus gesetzt sind, ist eine Frage seiner besonderen Form. Nicht jede Art Nexus ist grundsätzlich unendlich (und deswegen in den Anfangsgliedern antinomisch) wie der Kausalnexus.

2. Nun gibt es keine Schichtung des Seienden, die nicht mit Dependenz der ganzen Schichten verbunden wäre. Die kategoriale Dependenz aber waltet nur aufwärts von der niederen zur höheren Schicht, nicht umgekehrt. Das bedeutet für die Schichtung der Determinationstypen, daß auch sie nicht indifferent nebeneinander bestehen, daß vielmehr die höheren Typen durch die niederen bedingt sind, resp. sie als untergeordnete Momente in sich enthalten. Aber die Eigenart, oder die Selbständigkeit des höheren Typus wird hierdurch nicht betroffen. Sie ist sein Novum, ist Überformung des niederen. Das Genauere des determinativen Gefüges, das auf diese Weise entsteht, ist freilich schwer anzugeben, da gerade die mittleren Glieder der Typenschichtung dem direkten Zugriff der Erkenntnis entrückt sind.

3. Die einzelnen Schichten sind determinativ geschlossen. Jede ist durch den Realnexus, der sie beherrscht, auch saturiert. Sie wird von ihm durchdeterminiert. Da aber die höheren Typen des Realnexus die niederen als ihre Momente in sich enthalten und so von innen heraus durch sie bedingt sind, so bedeutet diese determinative Geschlossenheit der Seinsschichten innerhalb des Ganzen der Realwelt nur eine Geschlossenheit „nach oben", nicht „nach unten"; also nur gegen die höhere, nicht gegen die niedere Schicht. Die höhere Schicht „beruht" eben allemal auf der niederen, diese aber nicht auf ihr. In den höheren Realnexus spielt demnach stets mannigfach der niedere hinein, ja die ganze Reihe der niederen. Er selbst ist strukturell gegen den niederen offen, obgleich er seine Autonomie gegen ihn bewahrt.

4. Das bedeutet weiter, daß das Ganze der realen Welt, trotz ihrer Aufgespaltenheit in die Vielheit der Schichten mit je besonderen Formen des Realnexus, dennoch determinativ nicht auseinanderfällt, sondern ein geschlossenes Ganzes bleibt. Diese determinative Ganzheit der Welt entspricht genau dem, was das allgemeine Gesetz der Realdetermination verlangt. Sie stellt die durchgehende Verknüpftheit alles Realen miteinander in der Vielheit der Determinationsformen dar.

c. Das Durchgehen des Realnexus überhaupt durch seine Besonderungen.

Zu diesen allgemeinen Gesichtspunkten, die alle Schichtung betreffen, kommen noch zwei besondere Momente, die nur das Ineinandergreifen verschiedener Determination angehen.

1. Die einzelne Seinsschicht ist von ihrem besonderen Realnexus (und den in ihm vorausgesetzten niederen Typen des Nexus) wohl saturiert, aber sie schließt deswegen ein Plus an Determination — wenn es ein solches gibt — doch nicht aus. Sie ist also wohl in dem Sinne gegen die höhere Schicht und ihren Nexus geschlossen, daß sie seiner nicht bedarf und ohne ihn vollkommen zurecht besteht, aber sie schließt deswegen doch sein

Hineinspielen in ihren Bereich nicht aus. So greift der organische Prozeß abwärts in den Bestand der anorganischen Natur ein (z. B. der Pflanzenwuchs in die Gestaltung von Land und Klima); so erstreckt sich das geistige Sein in Form zwecktätigen Wollens und Handelns abwärts auf das naturhaft Zwecklose überhaupt (überall wo der Mensch gegebene Naturmächte für seine Zwecke auswertet). Der Geist kann das überall, wo die von ihm unabhängigen Realbedingungen dafür gegeben sind; und nimmt man zu diesen auch die aus ihm selbst kommenden Bedingungen (die Einsicht, die Zwecksetzung, die Wahl der Mittel usw.) hinzu, so wird auch hier die Bedingungskette vollzählig, und das durch sie Ermöglichte zugleich notwendig.

Das allgemeine Determinationsgesetz geht also nicht nur innerhalb einer Seinsschicht, sondern auch in der Überlagerung der Schichten vollständig durch; und zwar nicht nur aufwärts in den Grenzen der kategorialen Dependenz, sondern unter gegebenen Bedingungen auch ungehemmt abwärts. Das Hineinspielen des höheren Nexus in den niederen ist durch die kategoriale Abhängigkeit des höheren vom niederen nicht vereitelt, sondern nur eingeschränkt.

2. Die Realwelt ist trotz ihrer Aufgeteiltheit an Schichten mit je eigenem Nexus doch auch determinativ homogen. Das will besagen: sie ist nicht nur die Einheit eines durchdeterminierten Ganzen, sondern auch qualitativ ein in jeder Richtung heiler Zusammenhalt durchgehender Verkettung, über die Sprünge der Schichtendistanzen hinweg. Für die Realmöglichkeit eines Wirklichen, das einer bestimmten Schicht angehört, ist es gleichgültig, über welche und wieviele Schichten sich die Bedingungskette erstreckt, auf der sie beruht. Es ist bei aller Verteilung der Komponenten immer dieselbe Vollständigkeit der Kette, die das Realmögliche auch real notwendig macht. Oder, konstitutiv ausgedrückt, es ist immer dieselbe allseitige Bedingtheit durch die ganze Breite einer bestehenden Realsituation, die auch zugleich den zureichenden Grund dessen, was wird, ausmacht.

Der Realzusammenhang ist, ungeachtet der regionalen Besonderung des Nexus, doch im Grunde ein einziger, stets vollständiger Bestimmungszusammenhang, in dem alles, was zusammenbesteht und zusammengerät, so zusammenkommt, wie allein es zusammenkommen „kann". Alle Besonderungen des Realnexus bleiben doch innerhalb der Grundform. Der nexus realis überhaupt geht durch. Und das eben besagt das Gesetz der Realdetermination.

d. Realdetermination und reale Freiheit.

Mit dem Determinationsproblem hängt das Freiheitsproblem metaphysisch so eng zusammen, daß man es nicht willkürlich von ihm abtrennen kann. Daß es seinem Inhalt nach — es geht in ihm um den Menschen, um Willen, Entscheidung und Verantwortung — in einen ganz anderen Problemzusammenhang gehört, ändert hieran nichts. Die Ethik, wenn sie Willensfreiheit rechtfertigen will, kann es auch nicht anders tun, als indem sie bis auf die Grundlagen der allgemeinen Realdetermination zurückgreift. Sie hat es meist in der Weise getan, daß sie die letztere zu durchbrechen suchte, und sie ist dabei von jeher in die größte Verlegenheit geraten, weil sie von der Voraussetzung ausging, nur in einer indeterministischen Realwelt könne ein freier Wille bestehen.

Es ist darum notwendig, gleich an dieser Stelle zu zeigen, wie eigentlich das Verhältnis von durchgehender Realdetermination und Freiheit ontologisch aussieht. Es läßt sich auf Grund des Gesagten immerhin soviel klarstellen, daß die Furcht vor dem „Determinismus" unbegründet ist, und daß es nur eines kritisch geklärten Freiheitsbegriffs bedarf, um die Autonomie menschlicher Willensentscheidung mit dem allgemeinen Gesetz der Realdetermination zu vereinigen. Es hängt hier alles daran, daß man die Freiheit nicht im Sinne der Unbestimmtheit (der negativen Freiheit), sondern im Sinne der Eigendetermination des menschlichen Willens — nach Kant als „Freiheit im positiven Verstande" — fasse; wie denn „freier Wille" nicht der unbestimmte oder unentschiedene, sondern gerade der selbständig sich entscheidende Wille ist.

Ist Freiheit Selbstbestimmung, so steht sie von vornherein nicht im Gegensatz zur Determination überhaupt, sondern ist vielmehr selbst eine Art Determination. Sie rückt damit in die Reihe der einander überhöhenden Formen der Realdetermination ein. Gibt es nun eine Schichtung der Determinationsformen in der Einheit der Realwelt, so müssen sie in einem durchgehenden Überformungsverhältnis stehen, wobei die höhere Form stets durch die niedere mitbedingt, aber nicht in ihrer Eigenart bestimmt ist. Jene ist stets nur Teilbedingung ihrer Struktur und ihres Waltens in der höheren Schicht, nicht aber ihr zureichender Grund. Das ist kein Widerspruch gegen das Gesetz der Realdetermination, auch nicht gegen das Realgesetz der Wirklichkeit. Diese eben sind nur Realgesetze; sie betreffen nur das Verhältnis von Realem zu Realem, nicht das der kategorial verschiedenen Determinationsformen.

Der höhere Nexus also ist zwar in manchen seiner Strukturelemente vom niederen abhängig, aber in seiner Eigenart (seinem kategorialen Novum) ihm gegenüber autonom. Die Kette der Bedingungen eines Realen der höheren Schicht enthält hiernach wohl eine Fülle von Realkomponenten der niederen Schichten; aber sie sind in ihm nur Teilmomente, machen also seine Realmöglichkeit nicht voll, machen es realiter weder notwendig noch wirklich. Vollständig wird die Kette erst durch das Hinzutreten von Realkomponenten seiner eigenen Schicht. Diese aber stehen unter einer Determination von kategorial anderer Art. Sie gehören strukturell dem höheren Realnexus selbst an und kommen außerhalb seiner nicht vor.

So kommt organische Determination (etwa in der Vererbung von Arteigenschaften) nur durch organische Realkomponenten, psychische Determination (etwa im seelischen Stimmungswechsel) nur durch spezifisch psychische Reaktionsweise zustande, wie sehr auch immer organische Faktoren in die letztere, kausale in die erstere mit hineinspielen mögen. So auch ist es mit der Determination des menschlichen Willens. Es spielt stets eine lange Reihe niederer Realfaktoren in sie hinein, sei es nun physischer, organischer oder psychischer Art, und sie determinieren ein jeder nach der Determinationsweise seiner Schicht. Aber der Wille tut noch aus eigener Determination das seinige dazu; die Bedingungskette ist nicht vollständig ohne seine Eigenbestimmung. Sie wird erst vollständig durch ihn selbst als Determinante. Mit seiner Entscheidung ist dann auch über die Folge entschieden, sie resultiert als notwendige aus ihm, ihr Grund wird durch ihn zureichend.

Er selbst aber wird zum bestimmten — und das heißt zum wirklichen — Willen erst in seiner Entscheidung und durch sie. Ja er wird erst in ihr überhaupt zum Willen. Denn unbestimmter Wille ist noch gar nicht Wille, also auch nicht freier Wille. So ist seine Bestimmung zwar notwendig, aber nicht kausal notwendig, auch nicht organisch oder psychologisch notwendig, sondern lediglich aus der Eigendetermination seiner besonderen und um vieles höheren Realschicht heraus notwendig.

Damit geschieht dem Realgesetz der Wirklichkeit an ihm Genüge. Eine andere Notwendigkeit fordert es auch in den anderen Schichten nicht. Das aber heißt: der Wille ist auf Grund seiner kategorialen Eigenart autonom. Er ist somit jenen niederen Determinanten gegenüber — gerade indem er durch sie bedingt ist — nichtsdestoweniger frei.

e. Determination und Determinismus.

So wenigstens stellt sich seine Freiheit im Verhältnis zur Realdetermination der niederen Schichten dar, also vor allem zur Kausaldetermination; aber nicht weniger auch zur biologischen, psychologischen oder zur geschichtlich-sozialen Determination. Was damit noch nicht entschieden ist, das ist die Frage der eigenen Willensdetermination selbst. Denn diese geschieht immer unter Werten, Werte aber sind nicht Produkte des Willens, sondern allgemeine Wesenheiten. Auch ihnen gegenüber muß der Wille Freiheit haben, sich für oder wider sie zu entscheiden. Diese Seite der Freiheitsfrage aber geht das Problem der Realdetermination nichts mehr an. Denn das, wogegen diese Freiheit besteht, ist kein Reales mehr. —

Das Gesetz der Realdetermination also, obgleich es ein allgemeines und durchgehendes ist, bedeutet keinen eigentlichen Determinismus. Nicht wenigstens wenn man unter Determinismus eine Weltordnung versteht, die keinen Spielraum für autonome Bestimmung läßt. Es würde freilich Determinismus bedeuten, wenn für das Ganze der realen Welt nur ein einziger Determinationstypus in Frage käme, also wenn die Welt nicht geschichtet wäre und die einzelnen Schichten nicht ihre eigenen Formen des Nexus hätten. Unfrei ist alles Reale, auch das höchste, wenn der Kausalnexus allein alles beherrscht, oder auch der Finalnexus allein. Dann ist eine Schichtung verschieden gearteter Determination nicht möglich. Freiheit kann es an einem realen Wesen nur geben, wenn eine Vielheit von Determinationen sich überlagert. Frei ist dann bei jeder Schichtendistanz das Höhere gegen das Niedere. Wo aber nur ein einziger Nexus herrscht, da gibt es keine höhere und keine niedere Determination, und darum keine Freiheit.

Eigentlicher „Determinismus" ist nur der Einheitsdeterminismus. Er eben schlägt alles Reale über einen Leisten. Solche Einheit aber behauptet das Gesetz der Realdetermination nicht. Es läßt der Mannigfaltigkeit geschichteter Determinationstypen Raum, also auch der autonomen Determination des Willens und der Person. Ja, es läßt von Schicht zu Schicht der Freiheit Raum. Das ist offenbar das Gegenteil von Determinismus. Man könnte es mit gleichem Recht Indeterminismus nennen — wenn nicht vielmehr beide Ismen unzutreffend wären. In Wahrheit ist das Gesamtverhältnis, das unter dem Gesetz der Realdetermination zustandekommt, ein solches, das jenseits von Determinismus und Indeterminismus steht. Es macht einen dritten, und zwar einen weit komplexeren Typus des determinativen Aufbaus der Realwelt aus.

27. Kapitel. Der Realmodus der Zufälligkeit.

a. Die äußere Grenze der Realdetermination.

Die Freiheit ist die innere Grenze der Realdetermination und der Notwendigkeit des Realwirklichen. Sie beschränkt nicht die Geltung des Determinationsgesetzes, wohl aber seinen inhaltlichen Sinn. Sie ist deswegen keine Schranke des Gesetzes als solchen, sondern nur der Ausdruck seiner Kreuzung und Verflechtung mit anderweitiger ontologischer Gesetzlichkeit.

Es gibt aber auch eine äußere Grenze der Realdetermination. Und diese ist in der Tat eine Schranke des Determinationsgesetzes; sie schränkt gerade seine Geltung ein. Was jenseits dieser Grenze liegt, davon sich eine Vorstellung zu machen, ist ganz unmöglich. Diese äußere Grenze ist nicht der Ausdruck seiner Kreuzung mit anderer Gesetzlichkeit, sondern liegt im eigenen Wesen des Determinationsgesetzes selbst und ist darum von ihm gar nicht abzutrennen. Diese äußere Grenze ist der Zufall.

Es ist eine verräterische Schwäche der indeterministischen Freiheitstheorien, daß sie alle — offen oder verkappt — die Freiheit als Zufälligkeit (Undeterminiertheit) verstehen: das Gefüge der Realdetermination, das man im allgemeinen wohl gelten läßt, wird sporadisch als unterbrochen angesehen; in den Lücken des Realnexus, die so entstehen, soll dann „Freiheit" auftreten. Wobei man sich die Freiheit so denkt, daß hier eine eigene Determination des Willens einsetzt.

Darin sind zwei Unstimmigkeiten. Erstens ist eine Lücke, in der wiederum Determination auftritt, keine Lücke. Und zweitens ist diese eigene Determination, da sie von höherer Art sein muß, nur auf Grund der niederen möglich, wenn auch aus dieser allein heraus nicht vollständig. In Wahrheit ist mit einer Lücke der Realdetermination etwas ganz anderes als Freiheit gesetzt, nämlich Undeterminiertheit, oder mit dem modalen Ausdruck: Zufälligkeit. Die Zufälligkeit nun hat mit der Freiheit wenig Ähnlichkeit. Zufällig kann auch das Unfreie sein, frei auch das Nichtzufällige. Zufälligkeit ist nicht einmal der Spielraum möglicher Freiheit, denn in einem solchen müßte Unentschiedenheit sein; der Zufall aber ist bereits Entscheidung. Er gleicht darin vielmehr der Notwendigkeit und ist deswegen im Leben von ihr auch nicht zu unterscheiden — nicht wenigstens, solange die Bedingungskette, die hinter dem Wirklichen verborgen ist, nicht mit erfaßt wird. Am Resultat ist die Entschiedenheit dieselbe, ob sie nun die der Zufälligkeit oder die der Notwendigkeit ist.

Es dürfte also in einer „Lücke" der Determination, sofern sie der Freiheit Spielraum geben sollte, auch nicht der Zufall herrschen. Was in ihr wäre, dürfte also weder notwendig noch zufällig sein; was nach dem Satz vom ausgeschlossenen Dritten unmöglich ist. Alles Seiende ist nun einmal entweder notwendig oder zufällig. Außerdem dürfte es in der „Lücke" nur Seiendes im Modus der unvollständigen Möglichkeit geben, der zugleich disjunktiv ist und an allem die Alternative von Sein und Nichtsein offen läßt. Gerade das aber ist im Realen nicht möglich.

Ganz so meint es natürlich auch der Indeterminismus nicht. Denn er meint nicht, daß in der Lücke nichts Realwirkliches wäre. Er meint sie real erfüllt, aber dennoch auf Grund unvollständiger Bedingungsketten erfüllt. Was ihm entgeht, ist vielmehr, daß unvollständige Bedingungsketten gar keine Realmöglichkeit hergeben, und also auch keine Realwirklichkeit. An dieser Ungereimtheit scheitert sein Unterfangen.

b. Die Antinomie im Wesen der Realzufälligkeit.

Nur in zweierlei Hinsicht gleicht der Zufall der Freiheit: er ist Grenze der Determination, als des Seins „auf Grund" eines anderen (also des Nexus); und er ist nicht Unentschiedenheit, nicht offene Alternative (wie die Teilmöglichkeit), sondern durchaus Entscheidung. Auch die Freiheit ist Entscheidung, und auch sie ist es nicht aus dem Realnexus heraus, sondern gegen ihn, obgleich sie mitten in ihm auftritt. Das ist der Grund, warum beide immer wieder fälschlich zusammengebracht werden. Auch Kant hat das nicht ganz zu vermeiden gewußt, indem er seine Kausalantinomie „kosmologisch" faßte und auf das „erste Anheben" des Weltprozesses bezog. Die „erste Ursache" nämlich wäre wohl zufällig, aber deswegen doch nicht, wie Kant annahm, „frei".

Demgegenüber ist in aller Strenge festzuhalten: das Realzufällige ist ein solches Realwirkliches, das nicht real notwendig ist, also nicht auf dem zureichenden Grunde einer totalen Bedingungskette beruht. Es kann also auch nicht real möglich sein im Sinne des Bedingtseins durch eine solche Kette. Und da es doch als ein real wirkliches auch irgendwie real möglich sein muß, so bedeutet es eben diesen Widerspruch, zugleich real möglich und nicht real möglich, zugleich determiniert in voller Bestimmtheit und doch undeterminiert, zugleich bedingt und unbedingt zu sein. Man kann den Widerspruch auch anders zuspitzen: zugleich ein Mögliches, und doch durch nichts ermöglicht, zugleich determiniert, aber „durch nichts" determiniert. Dabei ist das Eigentümliche, daß es in dieser widerstreitenden Seinsbestimmtheit nicht etwa ein Erdachtes, ein Phantasiegebilde ist, sondern etwas, was vom Gesetz der Realdetermination selbst unabweislich gefordert ist. Dieses Gesetz besagt, daß alle Determination den Charakter der Reihe hat und einen fortlaufenden Nexus bildet. Es involviert also einen regressus, der immer weiter geht, und führt dadurch auf „erste Glieder" hinaus, in ihnen aber hebt es sich selbst auf.

Der Sinn des „ersten Gliedes" eben ist der, daß hinter ihm keine weiteren Glieder stehen, „auf Grund" deren etwas real notwendig, oder auch nur real möglich sein könnte. Und da am ersten Gliede immer das Ganze der Reihe, und damit der Nexus selbst als ein realer hängt, so ist mit der Zufälligkeit des ersten Gliedes zugleich die Zufälligkeit des Ganzen verbunden.

In diesem Sinne ist und bleibt das Ganze der Realsphäre als solches ein zufälliges. Und alles, was in ihr ist, sei es an Einzelgliedern oder an Verbundenheit, teilt diese Gesamtzufälligkeit. Darum ist auch die das Ganze durchwaltende Notwendigkeit des Realnexus im letzten Grunde zufällige Notwendigkeit. Und darum ist der Realmodus der

Zufälligkeit ein paradoxer Modus. Er ist nicht in dem Sinne paradox wie die Intermodalgesetze des Realen; diese widerstreiten nur der gewohnten und scheinbar selbstverständlichen Anschauungsweise, sie sind nicht in sich selbst widersprechend, enthalten keine Antinomien. Der Realmodus der Zufälligkeit dagegen, als die „äußere Grenze" aller Relationalität und Determination, ist paradox im Sinne des inneren Widerspruchs. Er teilt darin die Eigenart der Grenzbegriffe aller kosmologischen Reihen — wie Kant sie entwickelt hat —, er führt unabweisbar auf eine Antinomie hinaus.

Im Hinblick auf das Ganze des determinativen Weltzusammenhanges läuft somit alles auf den schon früher entwickelten ontologischen Grundsatz der Zufälligkeit hinaus: es gibt keine Notwendigkeit ohne Zufälligkeit, wohl aber kann es Zufälligkeit ohne Notwendigkeit geben (Kap. 10 a und b). Alle Notwendigkeit ist in den ersten Gliedern ihrer Bedingtheit grundlos, und deswegen als Ganzes zufällig. Ihr Erstes, auf dem als zureichendem Grunde sie beruht, ist kein „absolut notwendiges" Etwas, sondern gerade ein „absolut zufälliges". Es hilft nichts, den zureichenden Grund der Welt in Gott zu suchen. Gott selbst wird eben damit, daß er erster Grund sein soll, zu einem Zufälligen.

Im formal-dialektischen Begriffsspiel läßt sich mit diesen biegsamen Grenzbegriffen natürlich machen, was man will; da kann man „höhere" Synthesen von Notwendigkeit und Zufälligkeit nach Belieben konstruieren. Und da läßt sich denn jede spekulativ erwünschte Umkehrung des Verhältnisses mit der verblüffendsten logischen Schärfe „beweisen". Die Wertlosigkeit solchen Konstruierens und Beweisens kündigt sich indessen eindeutig darin an, daß Synthesen dieser Art von aufweisbaren Realverhältnissen aus in keiner Weise mit Inhalt zu erfüllen sind. Es liegt nun einmal im Wesen des Determinationsgesetzes selbst — und zwar gerade so, wie es sich aus seinen modalen Hintergründen ergab, die alle im Realgesetz der Wirklichkeit zusammenliefen —, daß es die Aufhebung seiner selbst an den Grenzen der realen Welt involviert, die es beherrscht. Es ist ein Gesetz, das sich seine Begrenzung selbst vorschreibt.

Ob die reale Welt überhaupt Grenzen ihrer zeitlichen Ausdehnung und ihres Gesamtprozesses habe, ob folglich das hier entwickelte Verhältnis irgendwo in Kraft trete, läßt sich natürlich weder aus modalen Gründen noch aus irgend einem anderen greifbaren Grunde heraus entscheiden. Darin gerade besteht der realantinomische Charakter aller Grenzfragen solcher Art, daß sie in das Dunkel unaufhebbarer Unerkennbarkeit führen. Dem Unerkennbaren gegenüber bleibt der Erkenntnis kein anderes legitimes Verhalten als die Klarstellung und inhaltliche Eingrenzung der Irrationalität. Darum muß die Ontologie an diesem

Punkte halt machen und sich mit der eindeutigen Klarstellung des Grenzverhältnisses als solchen begnügen.

c. Wiederkehr der Indifferenzen und Aufhebung der paradoxen Intermodalgesetze.

Mit einiger Vorsicht kann man an diesem Punkte freilich noch einen Schritt weiter gehen. Und auch dafür hat die Modalanalyse den Anhalt geliefert. Der realontologisch positive Sinn des Zufälligen ist der, daß es an den Grenzen der Realsphäre die Notwendigkeit und den zureichenden Grund „ablöst". Das ergab sich aus der Stellung der Zufälligkeit zur Modaltafel des Realen und wies ihr im modalen Bau der realen Seinsweise die Rolle eines „irregulären Modus" zu.

Damit löst sich wenigstens ein Teil des inneren Widerspruchs in ihr. Es ist eben doch ontologisch nur halb zutreffend, wenn man das Realzufällige als ein unmögliches Realmögliches, oder als ein determiniertes Undeterminiertes hinstellt; es ist viel eher zutreffend, wenn man es von der anderen Seite her als ein Realwirkliches auffaßt, in dem das Realgesetz der Wirklichkeit, und damit auch das der Notwendigkeit und das der Möglichkeit, aufgehoben ist. In ihm als einem Realwirklichen decken sich Notwendigkeit und Möglichkeit nicht; sie klaffen weit auseinander. Wo das Wirkliche keine Bedingungskette „hinter sich" hat, da ist es möglich, ohne notwendig zu sein. Da ist auch die Realmöglichkeit nicht Totalmöglichkeit, sondern disjunktive Möglichkeit. Da ist sie eben eine solche, in der alles Beliebige — wenn es nur sich selbst nicht widerstreitet — möglich ist. Und was dann ein bestimmtes Mögliches wirklich macht, was also über Sein und Nichtsein entscheidet, das ist der Realzufall.

Das aber bedeutet, daß an den Grenzen der Sphäre die ganze Eigentümlichkeit der Intermodalgesetze des Realen sich aufhebt. Es fällt damit vor allem das Spaltungsgesetz der Möglichkeit. An seine Stelle tritt die disjunktive Möglichkeit. Dann aber werden auch die drei Grundsätze unhaltbar: indem die paradoxen Ausschluß- und Implikationsgesetze fallen, setzen die drei Indifferenzen wieder ein.

Nicht die Möglichkeit allein ist dann wieder indifferent gegen Wirklichkeit und Unwirklichkeit, sondern auch die Unwirklichkeit ist indifferent gegen Möglichkeit und Unmöglichkeit, und — was hier die Hauptsache ist — die Wirklichkeit ist indifferent gegen Notwendigkeit und Zufälligkeit. In der letzteren Indifferenz ist nun tatsächlich Spielraum für das Realzufällige. Es ist der Spielraum, der innerhalb der Realsphäre nicht vorhanden ist; die Enge des Realmöglichen ist der genaue Ausdruck für das Nichtvorhandensein des Spielraums. Hier also schließt die Realwirklichkeit nicht die Möglichkeit des Nichtseins aus, und die Realunwirklichkeit nicht die Möglichkeit des Seins. Desgleichen umgekehrt. Die Möglichkeit des Nichtseins impliziert weder die Unwirklichkeit noch die Unmöglichkeit, und die Unwirklichkeit nicht die Unmöglichkeit. Die Möglichkeit des Seins aber impliziert weder Wirklichkeit noch Notwendigkeit, und darum impliziert auch Wirklichkeit nicht die Notwendigkeit.

Mit der Wiederkehr der Indifferenzen ist nicht nur dem Realzufall die Tür geöffnet, sondern die ganze Modaltafel ist verändert. Der Schnitt, der sie in zwei einander ausschließende Gruppen aufteilte, ist zusammen mit dem Spaltungsgesetz gefallen. Die Möglichkeit sinkt wieder zur Unbestimmtheit eines Doppelmodus herab. Als solche ist sie dann so gut wie nichtssagend. In dieser Unbestimmtheit eben ist der Zufall zu Hause. Die Notwendigkeit und die Möglichkeit sind ihm beide gewichen. Alle Entscheidung steht allein bei ihm. Nur Wirklichkeit und Unwirklichkeit stehen noch an ihren alten Plätzen. Sie erweisen sich auch hier als die „absoluten" Modi, die durch die Verflüchtigung der relationalen nicht betroffen werden.

Man kann also die Reduktion der Modaltafel an der Grenze der Realsphäre auch so verstehen, daß in ihr nur Wirklichkeit und Unwirklichkeit übrig bleiben. Notwendigkeit und Unmöglichkeit sind verdrängt, die Möglichkeit ist nichtssagend geworden. Mit der Bedingungskette ist überhaupt die Relationalität verschwunden; es gibt hier keine Verhältnismodalität, die in der Wirklichkeit aufgehen und sich indifferenzieren könnte. Die Zufälligkeit aber ist dann nicht ein Modus unter anderen, sondern nur der vage Gesamtausdruck für das Verschwinden der relationalen Modi und die Abgelöstheit der absoluten. Insofern freilich muß man sagen, daß mit ihrem Einsetzen der Absolutheitscharakter der Fundamentalmodi am schärfsten ausgeprägt erscheint.

So scheidet sich an der Grenze der Realsphäre die Modalgesetzlichkeit — und mit ihr die Seinsweise — radikal in eine solche, die innerhalb des Ganzen gilt, und eine solche, die vom Ganzen gilt. Wo die modale Indifferenz ausgeschaltet ist, da ist auch der Zufall ausgeschaltet; und wo sie wiederkehrt, da ist das Realgesetz der Wirklichkeit und mit ihm das Determinationsgesetz ausgeschaltet, d. h. da ist das Reich des Zufalls.

V. Abschnitt.

Der modale Bau des Werdens

28. Kapitel. Teilmöglichkeit und Zeitverhältnis.

a. Die Realmodi und das Werden.

Daß man sich mit der Einführung der streng gefaßten Realmodi in einen gewissen Gegensatz zur herkömmlichen Vorstellungsweise setzt, ist im Obigen mehrfach berücksichtigt worden. Aber es handelt sich nicht allein um den Gegensatz zum ganz naiven Aspekt der Dinglichkeit, der das Geschehen als etwas Akzidentelles auffaßt, sondern auch um den Gegensatz zum Aspekt des Werdens selbst, der die statische Vorstellungsweise bereits hinter sich gelassen hat. Dieser Aspekt hängt an der Zeitlichkeit des Realen, er bedeutet das Auseinandergezogensein aller Gebilde in das Nacheinander der Prozeßstadien, so daß keines zu irgendeiner Zeit als Ganzes beisammen ist. Das gilt von einem Menschenleben so gut wie vom Werdegang eines Weltkörpers im kosmischen Raum. Die Verschiedenheit der Seinsschicht macht hierbei keinen Unterschied aus.

Das Auseinandergezogensein nun besteht darin, daß die vergangenen Stadien „nicht mehr" sind, die zukünftigen „noch nicht", das gegenwärtige Stadium aber als das allein „seiende" von ihnen getrennt dasteht, obgleich der Prozeß es nach beiden Seiten hin kontinuierlich verbindet. In jedem Augenblick rückt das Vergangene weiter ab, das künftige näher heran; der Jetztpunkt bewegt sich auf das Künftige zu, dieses rückt ein in das Jetzt, ist einen Augenblick gegenwärtig, um dann in die Vergangenheit zu versinken. Hierbei ist die Stellung des Gegenwärtigen zum Künftigen eine sehr andere als die zum Vergangenen: es weist stets voraus auf das Künftige, als auf ein noch unbestimmtes, während es das Vergangene als unverrückbar bestimmtes hinter sich hat. Dieser Unterschied ist unaufhebbar, er wurzelt in der Irreversibilität des Zeitlaufs.

Bezieht man hierauf den Gegensatz des Möglichen und Wirklichen, so ergibt sich: die Bedingungsketten, an denen das Eintreten der Prozeßstadien hängt, sind stets nur bis zum jeweiligen Jetzt heran geschlossen; für das Zukünftige sind sie noch offen, d. h. unvollständig. Dem entspricht es, daß alles Vergangene und Gegenwärtige seine volle Bestimmtheit hat, das Zukünftige aber nicht; oder modal ausgedrückt, daß alles Vergangene und Gegenwärtige zur Wirklichkeit gelangt ist, das Zukünftige aber noch unwirklich ist. In den weiteren Prozeßstadien wird es dann fortlaufend wirklich, so wie auch das Gegenwärtige zu seiner Zeit wirklich wurde, und gleich ihm alle früheren Stadien zu ihrer Zeit.

Wie aber steht es mit dem Offenstehen des Zukünftigen in seiner „Unbestimmtheit"? Auch das Zukünftige kann erst wirklich werden, wenn die Kette seiner Realbedingungen vollzählig wird; denn erst dann wird es real möglich. Das bedeutet, daß es zur Zeit noch real unmöglich ist, und daß im Fortschreiten des Prozesses fortlaufend das Unmögliche wirklich wird.

Dem steht jener natürliche Aspekt des Werdens entgegen, der da sagt, daß stets nur das Mögliche wirklich wird, nicht aber das Unmögliche. Für diesen Aspekt ist die Sachlage eine ganz andere: in jedem Zeitpunkt des Prozesses liegt eine „Vielzahl von Möglichkeiten" vor, die zusammen den offenen Zukunftshorizont ausmachen; es kann „so" kommen, es kann auch anders kommen, je nachdem welche Teilbedingungen im weiteren Verlauf zu den vorhandenen hinzutreten. Auf dieser „Vielzahl der Möglichkeiten" beruht jene charakteristische Unbestimmtheit, gleichsam jene Vielstrahligkeit des Zukünftigen — auch schon des allernächsten —, die in allem wirklichen, jeweilig laufenden Geschehen angelegt zu sein scheint [1]).

In diesem vielstrahligen Vorausweisen in die Zukunft steckt nun unverkennbar der Begriff der disjunktiven Möglichkeit, und zwar in der für ihn stets charakteristischen Verknüpfung mit dem der Teilmöglichkeit. Und es läßt sich nicht bestreiten, daß dieser Möglichkeitsbegriff sehr genau auf den Aspekt der Zukunft paßt, den wir im Leben bei allem Vorausschauen vor Augen haben. So eben stellt sich uns, den im Jetzt Stehenden, das Zukünftige dar: als eine Vielheit von Eventualitäten, Chancen und Perspektiven. Wir wissen zwar zum voraus, daß nur eine von ihnen wirklich werden kann. Da wir aber nicht wissen, welche es ist, so besteht, bevor sie es wird, für uns die Vielheit paralleler „Möglichkeiten" — und zwar gerade von ein und derselben gegebenen Realsituation aus, in der für keine von ihnen die Kette der Realbedingungen vollständig ist.

b. Aporien der Teilmöglichkeit im Realprozeß.

Es fragt sich nun doch sehr ernst: um was für „Möglichkeiten" handelt es sich hier? Eigentliche Realmöglichkeit kommt nicht in Frage, die gibt

---

[1]) Man vergleiche hierzu die ausgezeichnete Analyse dieses Aspektes bei W. Sesemann, Die logischen Gesetze und das Sein, Kowno 1932, S. 160 f., 166 ff., 180 ff., 186 ff. und viele weitere Stellen. S. hält diesen modalen Aspekt des Werdens für den eigentlich realontologischen. Darin kann ich ihm nicht zustimmen; wie mir denn auch die eigentliche Modalanalyse des Realen zu fehlen scheint. Aber das Problem hat er klar erfaßt.

es nicht im Plural, gibt es auch nicht von einer unvollständigen Bedingungskette aus. Aber auch um bloße Vorspiegelung des endlichen Verstandes handelt es sich nicht; dazu ist das Verhältnis ein zu „reelles". Ein gewisser Bestand an Realbedingungen liegt ja wirklich vor, und von diesem aus ist keineswegs alles Beliebige möglich, sondern stets nur einiges, anderes aber nicht — je nachdem, was die schon vorhandenen Bedingungen zulassen oder nicht zulassen. Was durch sie schon ausgeschlossen ist, ist auch im disjunktiven Sinne nicht mehr möglich.

Der Bedingungskomplex, der vorliegt, ist eben bei aller Unvollständigkeit doch ein durchaus realer. Er macht zwar nur Teilmöglichkeit aus, und nicht Realmöglichkeit; aber es ist doch eine im Realverhältnis selbst bestehende Teilmöglichkeit, die er ausmacht. Und da er für alle gleichzeitigen Eventualitäten derselbe ist, so läßt sich hinzufügen: er macht im Realverhältnis die gemeinsame Teilmöglichkeit aller einschlägigen Eventualitäten aus. Und die Vielzahl der „Möglichkeiten", die von einem solchen unvollständigen Bedingungskomplex ausgeht, ist nichts anderes als die Vieldeutigkeit der Unbestimmtheit in ihm, oder die Vielheit der Richtungen, in denen er ergänzbar ist.

Soweit liegt kein Widerspruch zum Totalitätsgesetz der Realmöglichkeit vor. Die Aporie liegt nur in der Frage: was für eine Möglichkeit — im Gegensatz zur Realmöglichkeit — ist es denn, die so im Realverhältnis selbst auftaucht? Da sie nicht Realmöglichkeit ist, aber doch gleich dieser auf einer durchaus realen Bedingungskette (nur einer unvollständigen) beruht, so ist sie keiner Sphäre recht zugehörig, kann weder als logische noch als ideale, noch etwa als Erkenntnismöglichkeit verstanden werden. Sie gehört offenbar irgendwie dem Realverhältnis der Prozeßstadien an, ist aus dem Werden nicht wegzudenken; ja sie bedeutet an ihm etwas sehr Bestimmtes, nämlich dieses, daß von bestimmten einmal gewordenen Bedingungen aus stets nur ein begrenzter Inbegriff von Eventualitäten offensteht, und nicht ein unbegrenzter. Die schon vorhandenen Bedingungen, die ja nicht aufgehoben werden können, schränken ihn ein. Und dieses Einschränken ist ein durchaus reales. Rollt ein Stein den Hang hinunter und hat er im Rollen einmal einen Weg eingeschlagen, so „kann" er nicht mehr auf einen anderen zurück; er „kann" nur noch weiter abwärts „so oder so" laufen. Worum es sich handelt, ist der modale Sinn dieses Könnens und Nichtkönnens. Gelingt es diesen Sinn zu fassen, so muß daran der Seinscharakter der im Realprozeß auftretenden disjunktiven Möglichkeit klar werden.

Und neben diese erste Aporie tritt eine zweite. Gesetzt, es ließe sich ein Realcharakter dieser Möglichkeit angeben, so würde damit doch das Gespenst der neben dem Wirklichen frei schwebenden Möglichkeit wieder seinen Einzug in die Realwelt halten. Denn eben damit würde in jedem

Stadium des Geschehens ein ganzer „Horizont von verschiedenem Möglichen" gesetzt sein, aus dem sich das Realwirkliche erst im Fortgange des Prozesses als bevorzugter Fall herausheben könnte. Die Realsphäre also würde damit wieder uneinheitlich. Sie müßte sich aus zweierlei Seiendem zusammensetzen, Möglichem und Wirklichem —, wobei freilich auf dem letzteren allein das Gewicht des Realen liegen bliebe, aber umwuchert von einem wogenden Schwarm auftauchender und wieder ins Nichts zurücksinkender „Möglichkeiten". Und vor dem Wirklichen herschwankend müßte dieser Schwarm eine Art Wegbereitung des Wirklichwerdens ausmachen.

c. Der zeitlich sich verengernde Kreis des Möglichen.

Es liegt vielleicht nah, sich die Lösung dieser Aporien so zu denken, daß hier ein neuer, „dynamischer" Aspekt im Gegensatz zum „statischen" der Realgesetze aufkommt, der diesen zu verdrängen habe. Der entscheidende Schritt müßte dann bei der Einführung der Zeitlichkeit liegen; der Realprozeß würde eine andere Realmöglichkeit verlangen als die, welche auf dem Spaltungsgesetz und dem Totalitätsgesetz beruhte.

Dagegen ließe sich freilich leicht zeigen, daß gerade diese Realmöglichkeit eine solche des Realgeschehens, also des zeitlichen Prozesses war. Damit aber würde der Anspruch des Aspektes nicht aufgehoben. Man muß also vielmehr auf diesen Aspekt selbst näher eingehen, um ihn folgerichtig durchzuprüfen. Denn dieser Aspekt ist mit dem Gesagten noch nicht erschöpft.

Für das Verhältnis von Bedingung und Bedingtem bedeutet die Zeitlichkeit dieses, daß die Bedingungen des Gegenwärtigen im Vergangenen, die des Künftigen im Gegenwärtigen (und Vergangenen) liegen. Allgemein, in jedem Prozeß liegen die Bedingungen zeitlich vor dem Bedingten. Da nun Realmöglichkeit auf den Bedingungen beruht, so muß auch das Möglichsein eines Geschehnisses seinem Wirklichsein vorhergehen. In jedem Jetzt also enthält das in ihm Wirklichgewordene auch schon gewisse Bedingungen des Zukünftigen; dieses ist auf Grund solcher Bedingungen ein „bloß mögliches". Denn die Bedingungen sind nicht vollzählig, die Möglichkeit ist bloße Teilmöglichkeit, und daher in die Vielheit verschiedener „Möglichkeiten" aufgelöst, die einen Horizont des jeweilig Möglichen bilden.

Nun aber schreitet die Zeit fort, und mit ihr der Prozeß. Das Gegenwärtige rückt in die Vergangenheit ab, das Zukünftige rückt in die Gegenwart ein. Das bedeutet, daß aus dem „bloß Möglichen" ein Wirkliches wird. Und da das Wirklichsein keine Unbestimmtheit mehr zuläßt, so bedeutet das Einrücken in die Gegenwart zugleich die Entscheidung darüber, welche von den „vielen Möglichkeiten" wirklich wird. Mit der Entscheidung sinken zugleich die übrigen „Möglichkeiten" ins Nichts zurück; sie werden zu Unmöglichkeiten und scheiden damit aus.

Dieser Vorgang vollzieht sich nicht einmalig und nicht plötzlich, sondern fortlaufend. Im Fortgange des Prozesses scheiden also ständig „Möglichkeiten" aus. Der „Kreis des Möglichen" wird immer enger — im Maße der von Augenblick zu Augenblick neu hinzutretenden Bedingungen; die Bedingungskette füllt sich auf, wird zuletzt vollständig, und dann ist nur noch das Eine „möglich", das wirklich wird. Das ist das Stadium, in dem die Teilmöglichkeit in vollständige Realmöglichkeit übergeht. Und indem der Prozeß weitergeht, wird wiederum das soeben Wirklichgewordene zur Teilbedingung weiterer „Möglichkeiten". Der Prozeß steht nicht still. Er geht über das Gewordene hinweg, läßt es in die Vergangenheit sinken, und eröffnet von jedem Jetzt aus einen neuen „Kreis des Möglichen", der dann derselben Auslese unterliegt.

Was ergibt sich nun aus diesem Aspekt? Eine belangvolle Konsequenz ist nur dann zu ziehen, wenn sich nachweisen läßt, daß die Entscheidung über das „Schicksal" der jeweilig vielen „Möglichkeiten" — die Instanz also, die eine von ihnen in die Wirklichkeit erhebt, die übrigen aber ausscheidet —, nicht mit unter den Bedingungen enthalten ist, die der Realprozeß heraufführt, sondern neben ihnen eine selbständige (freie) Macht ist. Dann nämlich löst sich der gefürchtete Determinismus. Dann bedeutet der offene „Horizont der Möglichkeiten" ein Reich der Freiheit. Kurz, dann ist das erfüllt, was man eigentlich mit diesem ganzen Aspekt erweisen will: daß nämlich im Weltprozeß keine Notwendigkeit herrsche, sondern Spielraum für menschliche Freiheit sei.

Es ist nun bereits oben (Kap. 26c—e) gezeigt worden, daß diese Sorge um die Belange des Ethos und der geistigen Autonomie überflüssig ist, daß für Freiheit auf ganz andere und weit vollkommenere Weise gesorgt ist, daß es für sie in aller Welt keines Indeterminismus und keiner Vergewaltigung der Intermodalgesetze bedarf. Aber ganz abgesehen von diesen Dingen, gilt es nun erst recht klarzustellen, wie es mit jener Instanz der „Entscheidung" im schlichten Gange des Realprozesses steht.

29. Kapitel. Die Unentschiedenheit und das Rätsel der Entscheidung.

a. Neue Aporien und Ratlosigkeit der Theorie.

Und hier beginnt nun das große Rätselraten der Theorien. Denn was eigentlich den Verfechtern des „Möglichkeitenhorizontes" vorschwebt, eine Entscheidungsinstanz nach Art des menschlichen Willens, das gerade dürfen sie hier nicht einsetzen —, wenn anders das Falschspiel mit anthropomorphen Modalbegriffen nicht auf der Stelle durchsichtig werden soll. Sie müssen also nach anderer Auskunft suchen.

Die aber ist schwer zu haben. Die nächstliegende bietet sich im alten Potenzbegriff des Aristoteles dar. Potenz ist das Angelegtsein auf etwas, dessen Verwirklichung noch an einem bewegenden Prinzip hängt; je nachdem ob dieses einsetzt oder nicht, wird das Angelegte verwirklicht oder nicht. Das setzt nun aber Finalstruktur der Prozesse voraus, und die kann man allgemein für alle Realprozesse nicht in Anspruch nehmen. Und noch weit schwerer fällt ins Gewicht, daß sich ein beliebiges Durchgangsstadium eines Prozesses in keiner Weise als Anlage künftiger Stadien verstehen läßt. Dies würde allenfalls angehen, wenn es Anlage zu etwas Bestimmtem sein dürfte, so daß im Fortgange dann entweder dieses Bestimmte oder gar nichts herauskäme. So aber ist die Mehrzahl der Naturprozesse nicht, und so ist ja auch die „Vielheit der Möglichkeiten" nicht gemeint. Eine „Potenz" im Sinne solcher Vielheit würde ein ganz unaristotelisches Gesicht gewinnen. Sie müßte zugleich Anlage zu unübersehbar Vielem sein, in ihr wäre also der eigentliche Sinn des Angelegtseins geradezu aufgehoben. Denn eben das Angelegtsein hat nur Sinn in einer festen Bestimmtheit der Richtung, nicht aber in uferloser Unbestimmtheit. Gegen die Unbestimmtheit war der Potenzbegriff erdacht.

Nun sollte freilich der „Horizont der Möglichkeiten" ein begrenzter sein. Aber das genügt keineswegs, denn eine gewisse Unbestimmtheit bleibt hier — entsprechend der Unvollständigkeit der Bedingungskette — gerade wesentlich. Und man braucht ja nur weiter auseinanderliegende Prozeßstadien zu wählen, um zu sehen, daß dabei die Begrenzung immer loser wird und schließlich in unabsehbare Vielspältigkeit übergeht. Was z. B. soll es heißen, wenn man von einem neugebauten Hause sagt, es könne einstürzen? Das heißt sinnvoller Weise etwa: es kann irgendwann im Laufe der Zeit durch Erschütterung oder lokale Senkung des Bodens Risse bekommen, was dann Folgen nach sich zieht; es kann hunderterlei ähnliches passieren, mit ähnlichen Folgen. Aber hat es einen Sinn zu meinen, das Haus sei daraufhin angelegt? Offenbar nicht. Gerade die Vielspältigkeit der Eventualitäten schließt den Potenzcharakter aus.

Ein solcher Potenzbegriff wird vollkommen vage. Er verschwimmt in Unbestimmtheit und nähert sich damit dem Sinn des bloß „Allgemeinen". Logisch verhält sich eben das Allgemeine zu den Fällen wie ein „bloß Mögliches" zum Wirklichen. Es hat mit der Teilmöglichkeit die Unbestimmtheit und die Disjunktivität gemeinsam. Auch in der Realsphäre gibt es das Allgemeine als Strukturelement, und zwar sowohl an Gebilden als auch an den Prozessen. Es ist, genau besehen, nichts anderes als die Gleichartigkeit oder das Typenhafte in den Prozessen und Gefügen der Realwelt. Insofern nun scheint das Real-Allgemeine jener „Pluralität der Möglichkeiten" verwandt, als es seine „Fälle" in disjunktiver Parallelität und Unentschiedenheit umspannt und „unter" sich hat.

Versucht man nun aber, das Allgemeine hier einzusetzen, um den Charakter der Teilmöglichkeit zu bestimmen, so erweist es sich erst recht als unfähig dazu. Nicht nur, daß bei ihm noch weniger als bei der Potenz eine Entscheidung zu suchen ist — erst der Spezialfall bringt sie, der aber bleibt ja gerade vom Allgemeinen aus unbestimmt —, das Allgemeine kommt vielmehr im Realen gar nicht selbständig vor. Es besteht nur in den Realfällen selbst, ist nichts als deren Gleichartigkeit in bestimmter Hinsicht (bei stets ebenso wesentlicher Ungleichartigkeit in anderer Hinsicht). Wir kennen es etwa als Gesetzlichkeit der Abläufe; aber diese Gesetzlichkeit besteht nur in den realen Abläufen selbst, nicht neben oder außer ihnen, auch nicht irgendwie zeitlich vor ihnen. Herausgelöst kommt sie nur in der Abstraktion des Denkens vor.

Die Wissenschaft hebt sie für ihre Zwecke der Einsicht (Übersicht) heraus; aber auch sie meint nicht, daß die Gesetze etwas neben dem Ablauf der Naturprozesse wären. Die Wissenschaft ist nicht identisch mit ihrem Gegenstande. Ihr Herausheben des Gemeinsamen an einer Vielheit von Fällen hat Berechtigung, solange sie das Herausgehobene nicht für ein gesondert Existierendes hält. Will man nun aber die Bedingungsbasis einer „Vielheit von Möglichkeiten" im realen Stadium eines Prozesses als ein Allgemeines verstehen, so begeht man gerade den Fehler, das Allgemeine als ein real für sich Bestehendes zu nehmen; denn man meint ja gerade, daß es „vor" den Fällen besteht, ehe noch einer von ihnen wirklich wird. Das ist ein Ding der Unmöglichkeit.

In Wahrheit hat man etwas ganz anderes gemacht. Man hat die im Logischen berechtigte Selbständigkeit des Allgemeinen in Anspruch genommen und unbesehen auf das Realverhältnis übertragen. Dieses Abgleiten ins Logische, und mittelbar ins Reich der Wesenheiten, ist verräterisch. Man sieht daran, daß es hier gar nicht mehr ernstlich um das Reale geht. Die Möglichkeit, die ein Allgemeines von Fällen darstellt, ist bestenfalls Wesensmöglichkeit. Eine solche aber ist nicht einmal Teilmöglichkeit des Realen; sie beruht überhaupt nicht auf Realbedingungen, besteht nicht nur ohne Totalität, sondern auch ohne eine einzige von ihnen. Und vollends, warum gerade „ein" Fall unter diesem Allgemeinen wirklich wird, erklärt sich aus einer solchen Möglichkeit am allerwenigsten. Denn sie liegt in einer anderen Seinssphäre, die für Realität auf keine Weise aufkommen kann. Vom idealen Sein aus ist vielmehr alles Reale zufällig.

Es ist ein alter Irrtum, das Reich des Idealen und der Wesenheiten für ein Reich des Möglichen zu halten. Die berühmtesten Denker der Neuzeit sind ihm verfallen, Leibniz mit seinen „möglichen Welten", Kant mit seinen „möglichen Talern". Solange diese Verirrung herrscht, ist auf eine Klärung der Seinsweisen nicht zu hoffen: da ist Realmöglichkeit von Wesensmöglichkeit nicht zu unterscheiden, und Realnotwendigkeit wird ein überflüssiger Begriff, denn eben das Reale ist dann zufällig. Am schroffsten sind Konsequenzen dieser Art in jüngster Zeit bei den Phänomenologen gezogen worden; so stellt man sich das Verhältnis von Realfall und Wesen vor: der Fall ist zufällig, das Wesen notwendig. Darum klammert man den Fall, und mit ihm die ganze Realwelt, ein. Mit solchen Machenschaften verläßt man endgültig den Boden der Ontologie. Man vertauscht das Sein gegen das Phänomen; am Phänomen aber sind Seinsweisen und Seinsmodi vermischt. Man meint das Wesen zu fassen, und — man läßt das Reale fahren. Man hat es zur unwesentlichen Welt gestempelt.

b. Das Experimentieren der Theorie mit dem Zufall. Neue Ungereimtheiten.

Das Herumraten der Theorien führt keinen Schritt weiter. Es scheint, eine eigentlich „entscheidende Instanz" läßt sich nicht angeben. Demgegenüber bleibt die Tatsache bestehen, daß in jedem laufenden Realprozeß von Augenblick zu Augenblick Entscheidung fällt, und zwar immer so, daß von vielem Möglichen — wofern solches besteht — nur eines wirklich wird.

Könnte man die Zeit selbst für diese Auslese verantwortlich machen, so wäre das allerdings eine Art Auskunft. Aber gerade das geht am allerwenigsten. Die Zeit selbst ist gleichförmig, inhaltslos, ein bloß dimensionales Etwas, und darüber hinaus ein unaufhaltsames Fließen, sowie das Schema einer Ordnung im Fluß; aber sie ist nicht das, „was" da fließt und der Ordnung unterliegt. Die Zeit selbst bestimmt nichts, sie bringt nichts und sie verschlingt nichts. Sie „zeitigt" nicht. Wohl aber zeitigen die Ereignisse in ihr. Sie sind es, die einander in der Zeit heraufführen, sich in ihr drängen und verdrängen. Bei ihnen liegt das Bestimmen und das Entscheiden. Die Zeit ist nur die neutrale Realform des Flusses. Sie entscheidet nicht.

So scheint denn als entscheidende Instanz nichts als der Zufall übrig zu bleiben. Das aber ist das ontologische Fiasko der ganzen Frage. Denn die Einführung des Zufalls ist gleichbedeutend mit der Erklärung, daß es eine entscheidende Instanz nicht gibt. Das ist keine Auskunft, sondern der Verzicht auf alle Auskunft. Überdies gerät man mit der „zufälligen Entscheidung" in noch ganz andere Schwierigkeiten.

Daß der Zufall einsetzt, wo das Bedingungsverhältnis aussetzt, macht keine Schwierigkeit, wennschon sein Einsetzen selbst unbegreiflich bleibt. Im Aspekt der Teilmöglichkeit aber setzt das Bedingungsverhältnis nicht aus. Die Teilmöglichkeit beruht ja vielmehr auf einem gewissen Komplex von Realbedingungen, nur eben einem unvollständigen; dadurch allein hat sie den Charakter eines Realverhältnisses, und dadurch allein ist die „Vielheit der Möglichkeiten", die sie eröffnet, eine begrenzte. Wie aber steht es mit der Modalität dieser Bedingungen? Sollten sie etwa auch zufällig sein, was sie sind? Das verneint jener Aspekt aufs bestimmteste: sie gelten ihm als sehr eindeutig in den vergangenen Stadien des Prozesses verwurzelt, sie konnten durchaus nicht anders ausfallen, als sie ausfielen. Für sie also ist Realnotwendigkeit bis in ihr besonderes Sosein hinein vorausgesetzt.

Nun aber waren auch sie nicht von jeher da, sondern sind erst im Laufe des Prozesses aufgetreten. Sie sind also zu ihrer Zeit als bestimmende Faktoren in den sich fortlaufend auffüllenden Bedingungskomplex eingerückt und haben dadurch, jede an ihrem Teil, den „Kreis der Möglichkeiten" eingeschränkt. Gilt nun vollwertige Realdetermination für alle „bisherigen" Faktoren — d. h. für die bis zu einem bestimmten Jetzt eingetretenen —, wie ist es denn da möglich, die gleiche Realdetermination für die „später" eintretenden zu verneinen, die doch im gleichmäßigen Fortlaufen des Prozesses mit ihnen gleichgestellt sind und in gleicher Weise das Kommende determinieren? Es geht offenbar nicht an, hier ein doppeltes Spiel zu treiben. Das hieße, den Prozeß in zwei Arten des Ablaufs aufspalten, von denen die eine bis zum „Jetzt", die andere vom „Jetzt" ab in die Zukunft hinein sich erstrecken müßte, jene in determinierter, diese in determinationsloser Folge der Stadien. Was auf einen baren Widersinn hinausläuft, weil ja die Grenze von Vergangenheit und Zukunft sich im Fortschreiten des „Jetzt" mit verschiebt. Es müßte hiernach ein und dasselbe Teilgeschehen zuerst ein zufälliges, hernach aber ein notwendiges sein. Solch eine Überlegung verwechselt offenbar das Zukünftige mit dem Zufälligen, das Vergangene aber mit dem Notwendigen. Die Einheit des Prozesses kann sie nicht mehr sehen, weil sie ihn in die Zweiheit der Zeitaspekte vom „Jetzt" aus zerrissen hat.

So gerade verfehlt man die eigentliche Dynamik des Werdens. Man will es mit ihr besonders schön machen, indem man sich selbst mitten in den Prozeß hineinstellt. Man nimmt zugleich den Gesichtspunkt der Überlegung in das „Jetzt" hinein. Aber es nützt alles nichts, denn die Überlegung behandelt nun das „Jetzt" wie eine feste Basis, als stünde es still. Und so trennt man durch den Doppelaspekt des Vor- und Rückschauens den zeitlichen Ablauf in jene zwei heterogenen Hälften, wobei in der einen alles bestimmt, in der anderen alles unbestimmt erscheint. Nur ein im Grunde statischer Aspekt des Werdens kann auf solche Konsequenzen hinausführen. Offenbar aber liegt in eben dieser Stillegung des Werdens der Grundfehler, der alle jene ungereimten Folgen nach sich zieht. Es ist das Denken mit seiner Abstraktion, zugleich aber auch mit allzu naiven Konkretheitsansprüchen seiner Zeitperspektive, was die Stillegung — und gleichsam die Denaturierung — des Werdens vollzieht. Den realen Fluß des Werdens hebt dies Denken damit freilich nicht auf. Es hat keine Macht über ihn. Wo und wie immer die Abstraktion sich in Gegensatz zu ihm setzt, da setzt sie sich selbst ins Unrecht. Sie greift am Geheimnis des Werdens vorbei.

c. Anthropomorpher Begriff der Zeit und des Werdens.

Die abstrakte Zeitvorstellung, die hier zugrunde liegt, ist dem Nichtwissen des Menschen um das Zukünftige, im Gegensatz zu seinem sehr bestimmten Wissen um das Vergangene, entnommen. Sie ist so in der Tat eine recht naive. Dem Ich in seiner praktischen Überlegung erscheint die Zeit selbst in zwei Aspekte geteilt. Es bemerkt in seiner Gebundenheit an das „Jetzt" nicht den Fluß, in dem es selbst mitsamt seiner Überlegung steht; die Statik des Gedachten täuscht ihm das Stillstehen des Jetzt vor. Die Folge ist eine ganze Reihe von Irrtümern. Von diesen verdienen in erster Linie zwei an dieser Stelle Berücksichtigung.

Der erste Irrtum ist die Auffassung der Zukunft als eines „Reiches der Möglichkeiten". Dieses Reich hebt sich zeitlich ab gegen das des Gegenwärtigen und Vergangenen, als gegen ein Reich der Wirklichkeit. Hier wird also ein zeitlicher Unterschied zwischen Möglichem und Wirklichem gemacht, so daß die eine Realwelt in zwei Seinsbereiche verschiedener Modalität aufgeteilt erscheint. Natürlich beschwört man damit die frei schwebende Möglichkeit wieder herauf. Aber selbst gesetzt, man könnte diese rechtfertigen, es bleibt doch noch eine größere Schwierigkeit übrig. Man verbindet nämlich mit solcher Aufteilung weiter die Vorstellung, daß die Zukunft stets schon irgendwie in der Gegenwart vertreten sei, nämlich eben als das Mögliche. Und dieses Zusammenbestehen des Möglichen mit dem Wirklichen versteht man als eine Art Verbundenheit des Zukünftigen mit dem Gegenwärtigen, gleichsam als Zukunftsgeladenheit der Gegenwart.

Daß es solche Zukunftsgeladenheit gibt, wird nun niemand bestreiten. Es ist nur die Frage, wie man sie versteht. Für sie nämlich bedarf es nicht so künstlicher Zurüstungen des Gedankens, nicht der Abtrennung des Möglichen vom Wirklichen in der Zeitperspektive, und erst recht nicht der nachträglichen Vermengung des Möglichen unter das Wirkliche. Der einfache zeitliche Ablauf des Werdens genügt dafür, sofern in ihm ohnehin die Bedingungsketten sich ständig auffüllen, wodurch zu jeder Zeit wieder anderes real möglich wird. Das zeitliche Nacheinander im Entstehen der Bedingungsketten selbst bindet das Nachfolgende schon fest genug an das Voraufgehende. Denn an jeder Bedingung hängt die Realdependenz des Bedingten in fortlaufender Folge. Das Rätsel der Zukunftsgeladenheit löst sich einfach durch das Gesetz der Realdetermination.

Darin birgt sich aber noch ein zweiter Irrtum: die fälschliche Zurückführung der Modalunterschiede auf die Zeitlichkeit selbst. Diese Rückführung ist ebenso verräterisch wie die auf den Gegensatz der Seinsweisen (ideal — real). Wie dort das Mögliche als das Allgemeine — und zwar als das im Sinne des idealen Seins verselbständigte Allgemeine — mißverstanden wurde, so hier als das Zukünftige, d. h. als ein der Zeitordnung nach vom Wirklichen Abgetrenntes. Die eine wie die andere Auffassung entspringt dem Bedürfnis, das Mögliche als Unbestimmtes zu fassen; die eine wie die andere ist eine offenkundige Metabasis. Beide verlassen den Boden der Modalität. Die Verschiebung auf das Zeitverhältnis ist außerdem noch eine Verunglimpfung der Zeitvorstellung. Denn das Zukünftige ist ja in Wahrheit zu seiner Zeit um nichts weniger real wirklich als das Gegenwärtige in der Gegenwart. Es ist zwar nicht „jetzt" wirklich, und eben darum ist es Zukünftiges, aber es ist ja auch nicht „jetzt" möglich. Es ist genau so real möglich in seiner Zeit, wie das Gegenwärtige in der seinen. Der abstrakte, am „Jetzt" klebende Zeitbegriff müht sich vergeblich, ihm eine weniger gewichtige, eine unbestimmtere oder erweichte Seinsweise zu geben. Darin gerade, daß das Zukünftige die gleiche Härte des Realen hat wie das Gegenwärtige, besteht die Gewichtigkeit seines unaufhaltsamen Heranrückens, das was der Mensch naiverweise als seine Schicksalhaftigkeit empfindet. Um ein „bloß Mögliches", wenn es heranrückte, würde sich kein Mensch Kopfzerbrechen machen; es würde ihn nicht mehr angehen als ein „bloß Allgemeines".

Was die Vorstellung vom Zukünftigen als dem „bloß Möglichen" so verführerisch macht, ist also die vermeintliche Unentschiedenheit in ihm. Aber man löst das Problem auf diese Weise nicht. Ganz im Gegenteil, man hat sich jede Möglichkeit abgeschnitten, eine Instanz der Entscheidung aufzuzeigen. Außerdem, schon die Unentschiedenheit selbst ist höchst fraglich. Da man die Teilmöglichkeit voraussetzt, also ohnehin ein Bedingungs- und Dependenzverhältnis supponiert, so ist nicht einzusehen, warum es nur für einige und nicht für alle Realfaktoren gelten sollte. Der ganze Gegensatz von Unentschiedenheit und Entscheidung wird an diesem Punkte fragwürdig. Es ist ein im letzten Grunde anthropomorpher Gegensatz. So eben sieht es aus der Gegenwartsperspektive des Menschen aus, wenn er im Hinblick auf das Künftige als Wollender und Handelnder seine Entscheidungen fällt. Er glaubt der Unbestimmtheit „vieler Möglichkeiten" gegenüber zu stehen, und darin erblickt er den Spielraum seiner Aktivität. In Wahrheit ist seine Freiheit etwas ganz anderes; sie ist dieses, daß er seine Initiative als Realfaktor in den schon bestehenden Komplex der Faktoren einschaltet. Das steht ihm in der Tat offen, solange das Geschehen, das er beeinflussen will, noch ein zukünftiges ist; und deshalb steht die Zukunft allein seiner Initiative offen. Aber das liegt nicht an einer Unbestimmtheit des Zukünftigen, sondern an der Gleichgültigkeit des Kausalnexus gegen hinzutretende Faktoren höherer Determination; dieser Nexus eben ist nicht an Ziele gebunden, er nimmt jede ihm fremdartige Determinante in sich auf, wenn sie sich ihm einzufügen weiß, und läßt ihr die Auswirkung in der Gesamtdetermination. Aber die Bestimmtheit des Künftigen ist auch ohne Einmischung menschlicher Initiative eine vollständige — aus der jeweilig wirklich gewordenen Realsituation heraus —, nur eben eine andere, als die sie „mit ihr" wird.

Man sieht, die Schiefheit der Konsequenzen erstreckt sich geradlinig bis in das gefährliche Problemgebiet der Freiheit hinein. Und es ist unverkennbar, daß gerade die Sorge um die Freiheit die Spekulation auf den Irrweg eines anthropomorphen Zeitbegriffs und ebenso anthropomorpher Modalkategorien gelockt hat. Denn das Möglichsein im Sinne der Unentschiedenheit ist nun einmal dem Realen fremd. In Wahrheit wird der modale Bau des Werdens damit ebenso verfehlt wie die Realstruktur der Willensfreiheit. Es ist ein gefährlicher Irrweg, auf den sich die Theorie hier verlocken läßt. Nur die Rückkehr zur strengen Modalanalyse kann sie wieder auf ebene Bahn zurückführen. —

Unter den weiteren Irrtümern, die an den ersten beiden hängen, sei hier nur noch die Vorstellung erwähnt, daß keine eigentliche Determination und keine Notwendigkeit das Zukünftige mit dem Gegenwärtigen verbinde. Nach der Sichtweise also, die das Zukünftige als „bloß Mögliches" sieht, muß die fortschreitende Entscheidung unter den „Möglichkeiten", durch die je eine von ihnen wirklich wird, Sache des Zufalls sein. Damit wird der determinative Zusammenhang im Ablauf des Werdens, den man für Vergangenheit und Gegenwart voraussetzt, für die Zukunft aufgehoben. Da nun alles Realgeschehen aus der Zukunft anrückt und in die Vergangenheit abrückt, so müßte es hiernach im Heranrücken ein zufälliges sein, hinterher aber, wenn es vorübergezogen, ein notwendiges gewesen sein. Das ist ein offenkundiger Widerspruch. Tatsächlich hat man damit keineswegs mehr das reale Werden im Auge, sondern nur einen Modalunterschied im „Bewußtsein" des Werdens. Man hat sich mit der anthropomorphen Zweiheit der zeitlichen Aspekte die Einheit des Realprozesses ungreifbar gemacht.

30. Kapitel. Realbedingungen und Realentscheidung.

a. Die allein greifbare Realinstanz der Entscheidung.

Man muß also anders vorgehen, muß gegen all diese negativen Momente ein positives zu stellen suchen. Und wenn sich die gesuchte „Instanz der Entscheidung" auch nicht gleich aufzeigen läßt, so ist doch erst einmal klarzustellen, in welcher Richtung überhaupt sie zu suchen ist.

Denn offenbar ist sie bisher in grundsätzlich falscher Richtung gesucht worden. Kein Wunder, daß sie sich nicht finden ließ. Im Gegensatz zum Möglichen als Potenz, als Allgemeinem, als Zukünftigem, ja überhaupt als Unbestimmtem und Unentschiedenem, ließ sie sich nicht finden. Aber vielleicht ist sie umgekehrt beim individuell Einmaligen der Realsituation im Prozeß selbst zu finden? Vielleicht gerade beim jeweilig Gegenwärtigen, oder beim Vergangenen? Vielleicht ist die ganze, in unseren Tagen so populär wie verwaschen gewordene Überbetonung des Zukünftigen ontologisch ein Fehlgriff, etwa auch nur ein Anthropomorphismus? Ja, es ist doch auch noch sehr fraglich, ob wirklich im jeweilig Gegenwärtigen jene Unbestimmtheit vorliegt, die unbesehen auf Grund eines traditionellen Möglichkeitsbegriffs in ihm angenommen wurde. Dann aber wird auch die Unentschiedenheit fraglich. Das bedeutet: es könnte sich erweisen, daß die „Entscheidung" gerade dort liegt, wo man sie am wenigsten vermutete, weil man entsprechend der selbstgemachten Voraussetzung über sie wegsah.

So dürfte ein scheinbar Negatives das allein positive Resultat der Diskussion jener Auffassungen sein: die Fragwürdigkeit der im Prozeß angenommenen Unbestimmtheit. Zwar daran wird nicht zu rütteln sein: eine unvollständige Bedingungskette läßt in der Tat vielerlei Verschiedenes als möglich offen. Da aber im weiteren Ablauf das Vielerlei sich verengert und stets in irgendeinem Stadium bis auf Eines zusammenschrumpft, so fragt es sich doch, ob denn nicht die Verengerung und das Zusammenschrumpfen selbst auch gewisse Bedingungen im Gegenwärtigen hat, denen es sein Zustandekommen verdankt. Sollte dem so sein, so müßte die Entscheidung darüber, welche der „vielen Möglichkeiten" zur vollen Realmöglichkeit — und damit zur Wirklichkeit — aufrückt, aller vorausgesetzten Unvollständigkeit zum Trotz doch in derselben Bedingungskette ihren Grund haben, die auch den „Horizont der Möglichkeiten" eingrenzen sollte.

In der Tat, was bleibt denn übrig für ein Residuum der Entscheidung als die Bedingungskette selbst? Wenn man nicht den Zufall bemühen und auf jedes Verständnis der Sachlage verzichten will, muß man sich schon nach einer greifbaren Realinstanz umsehen. An sich könnte eine solche freilich auch in einem göttlichen Willen liegen; oder wenn man diese alte Vorstellung säkularisiert: im Walten kosmischer Zwecke, in bewegenden Formsubstanzen, in vorhandenen Anlagesystemen. Doch kommen Auskünfte solcher Art an dieser Stelle der Untersuchung zu spät. Es handelt sich nun nicht mehr wie einst in der spekulativen Metaphysik um ein Ausprobieren und Verfechten von Annahmen, sondern um schlichte Kategorialanalyse des Gegebenen. Zwecksetzungen freilich gibt es in der realen Welt, desgleichen ihre zwecktätige Realisierung, aber beides nachweisbar nur im engen Felde menschlichen Wollens und Handelns. Anlagesysteme gibt es auch, aber nur in gewissen Formen des organischen Prozesses. Das eine wie das andere läßt sich nur auf eng begrenztem Seinsgebiet aufweisen und ist auf die breite Mannigfaltigkeit des Werdens in der Welt nicht übertragbar, kann also auch nicht allgemein vom Charakter des Realprozesses überhaupt gelten.

Der Realprozeß vielmehr muß in genere so gefaßt werden, daß er zwar Spielraum auch für diese Besonderungen aufweist, aber in seinem Grundcharakter eine viel einfachere Form der Determination beansprucht. Nur eine solche ist so weitgehender Überformung fähig, wie die Besonderung der höheren Seinsschichten sie verlangt.

b. Fortschreitende Auffüllung der Bedingungskette und fortlaufende „Entscheidung".

Die Stadien eines Realprozesses treten in der Ordnungsfolge ihres „Nacheinander" auf, wobei nach dem Gesetz der Zeit der Richtungssinn der Folge ein irreversibler ist. Setzen wir in dieses Schema die Modalbegriffe der pluralistischen Möglichkeitstheorie ein, so besagt die Ordnungsfolge, daß von vielem Möglichen in jedem Zeitpunkte selektiv nur eines wirklich wird. Da nun nach dem modalen Grundgesetz (Kap. 7 e) alles, was „möglich" ist, nur auf Grund von „wirklichen" Bedingungen möglich ist, und nicht von bloß möglichen, so müssen im Prozeß von Stadium zu Stadium die Bedingungen des jeweiligen „Möglichkeitshorizontes" bereits Wirklichkeit haben. D. h. sie müssen ihrerseits zur Zeit auf Grund solcher Faktoren wirklich geworden sein, die in den vorausgegangenen Zeitstadien wirklich geworden sind. Dieses Verhältnis ist es, das fortlaufend in der Folge der Prozeßstadien aufrecht erhalten bleibt, und sich nie umkehrt. Sonst müßte entweder das spätere Stadium vor dem früheren „wirklich" geworden sein, oder das „vielerlei Mögliche", das den Zukunftshorizont ausmachen soll, müßte auf Grund von „bloß Möglichem" möglich sein. Das erstere geht gegen das Gesetz der Zeit, das letztere gegen das modale Grundgesetz. Im einen Falle wäre der Prozeß, im anderen das Möglichsein der „Möglichkeiten" aufgehoben.

Es besteht also unbestreitbar eine Dependenz der Prozeßstadien, die mit der Zeitrichtung vom Früheren zum Späteren fortläuft. So gerade setzt es der angenommene pluralistische Möglichkeitsbegriff voraus. Denn bei aller Unbestimmtheit des Künftigen beansprucht er doch die volle Bestimmtheit des Gegenwärtigen. Und selbst jene Unbestimmtheit meint er als eine begrenzte, also wiederum als eine durch die jeweilig wirklich gewordenen Faktoren eingeschränkte, und also bestimmte. Es besteht somit Abhängigkeit des Gegenwärtigen vom Vergangenen, des Künftigen vom Gegenwärtigen, und zwar eben in dem Sinne, daß die jeweilige Begrenzung des „Kreises der Möglichkeiten" durch das Vorhergehende voll und ganz bestimmt ist.

Nun aber ist diese Begrenzung selbst eine fortschreitende, immer enger werdende. Es fragt sich also, worauf der Fortgang der Beschränkung selbst beruht. Die Theorie sagt: auf der fortschreitenden Vervollständigung der Bedingungskette; je mehr Bedingungen jeweilig als „wirklich gewordene" beisammen sind, um so enger ist der „Kreis der Möglichkeiten". Es treten also fortlaufend neue Bedingungen hinzu; und da es „wirkliche" Bedingungen sein müssen, und keineswegs bloß mögliche, so fragt es sich nun weiter: woher kommt fortlaufend all dieses „Wirkliche", das die Bedingungskette auffüllt und den Kreis des Möglichen einschränkt?

Diese Frage aber ist gleichbedeutend mit der Frage nach der gesuchten Entscheidungsinstanz. Denn eben die Entscheidung fällt im Prozeß nicht plötzlich, sondern allmählich: sie ist identisch mit der fortschreitenden Einschränkung der „Möglichkeiten". Oder genauer, es handelt sich gar nicht um eine einzige Entscheidung, mit der dann alles bis zum Wirklichwerden „einer" Möglichkeit erledigt wäre, sondern um eine Reihe fortlaufend sich ergänzender Entscheidungen. In ihnen schreitet die Bestimmung fort, bis sie auf die Einzahl einer einzigen vollen Realmöglichkeit hinausläuft. Das Vollzähligwerden der Bedingungen ist dann die endgültige Entscheidung zugunsten der „einen" Möglichkeit und die Ausschaltung aller übrigen. Und der ganze Prozeß ist so die fortschreitende Realermöglichung dieser „einen Möglichkeit", und eben damit zugleich ihre Realverwirklichung.

c. Das Enthaltensein der „Entscheidung" im jeweiligen Komplex der Realbedingungen.

In diesen Erwägungen nun beginnt das Dunkel sich zu lichten. Gelingt es jetzt anzugeben, woher die stetig neu auftretenden, den „Kreis der Möglichkeiten" einschränkenden Bedingungen kommen, so ist damit die Frage nach der entscheidenden Instanz beantwortet. Am determinativen Bau des Werdens muß sich sein modaler Bau klären.

Dazu braucht man sich jetzt nur noch auf die grundsätzliche Gleichartigkeit der Prozeßstadien zu besinnen. Es geht offenbar nicht an, daß man hier zweierlei Gesetz walten läßt, für die vergangenen Stadien (einschließlich des gegenwärtigen) das eine, für die zukünftigen das andere. Rückt doch jedes zukünftige Stadium unaufhaltsam zum gegenwärtigen auf, und wieder zum vergangenen ab. Alle Betrachtung von einem stillgestellten „Jetzt" aus muß vor solcher Stetigkeit des Fortschreitens versagen. Man muß sie also preisgeben; ihr Versuch, die Zeitlichkeit und das Werden „konkret" zu sehen, hat sich als Abstraktion erwiesen, als Verfehlung eben dessen, was sie fassen wollte, der Dynamik des Werdens. Man muß statt dessen, den zeitlichen Prozeß gleichsam von der Seite sehend, von der Gleichstellung der Prozeßstadien ausgehen.

Und nun bedenke man: die Betrachtung ging von dem zur Zeit gegebenen, d. h. schon „wirklich gewordenen" Komplex der Realbedingungen in einem willkürlich gewählten „gegenwärtigen" Prozeßstadium aus; diese Bedingungen sollten ihre Vorbedingungen in der Vergangenheit, d. h. in einem früheren Stadium des Prozesses haben. Ihre Wirklichkeit soll also in streng realontologischem Sinne „auf Grund" von früherem Wirklichen real möglich geworden sein. Dann muß dasselbe auch für das nächstfolgende Prozeßstadium gelten, das einen Zuwachs an Bedingungen zeigt: es muß mitsamt den hinzugekommenen Bedingungen auf der Wirklichkeit des gegenwärtigen Stadiums beruhen. Die hinzutretenden Faktoren dieses späteren Stadiums müssen also ebenso „auf Grund" der Faktoren des früheren real möglich geworden sein, wie dessen Faktoren „auf Grund" derjenigen des ihm vorausgegangenen Stadiums.

Mit anderen Worten, wenn überhaupt stets ein Teil der Realfaktoren des Kommenden zeitlich voraus liegt und im jeweilig Gegenwärtigen enthalten ist, wie sollte es da angehen, einen anderen Teil der ihnen gleichgeordneten Realfaktoren davon auszuschließen? Diese anderen Faktoren sind zwar „gegenwärtig" noch nicht „wirklich geworden", aber sie können doch ihrerseits nur „auf Grund" von Wirklichem real möglich, und damit „wirklich" werden. Und dieses andere Wirkliche, auf Grund dessen sie es werden, muß nach dem Gesetz der Zeit ihnen zeitlich vorausgehen. Da weder Potenz noch Anlage noch Zwecksetzung, noch auch die Grundlosigkeit des Zufalls für sie in Frage kommt, so bleibt offenbar gar keine andere Möglichkeit als diese übrig. Von jedem Gegenwartspunkt aus, wie willkürlich er auch gewählt sei, läßt sich also sagen: jede weiter hinzutretende, den Kreis des Möglichen einschränkende und so zur „Entscheidung" beitragende Realbedingung muß, weil sie „wirkliche" Bedingung sein muß, notwendig in der gleichen Weise durch vorausgehende Realbedingungen (also die gegenwärtigen) real ermöglicht sein, wie diese selbst durch die in der Vergangenheit liegenden.

Die Entscheidung darüber, welche der jeweilig offenstehenden „vielen Möglichkeiten" zur Wirklichkeit aufrückt, kann also nur bei dem liegen, was schon „wirklich geworden" ist, beim Gegenwärtigen und Vergangenen, also ebendort, wo auch die schon gegebenen und gegenwärtigen Bedingungen liegen, die den „Kreis der Möglichkeiten" eingrenzen. Das aber heißt: sie muß im jeweilig gegebenen Komplex der Realbedingungen schon irgendwie enthalten sein. Und nun ergibt sich die Konsequenz: wenn dieser Bedingungskomplex außer der Eingrenzung der „Möglichkeiten" zugleich auch die Entscheidung darüber hergibt, welche von ihnen allein wirklich werden kann, so ist es in Wahrheit von vornherein gar kein „Kreis von Möglichkeiten", den er offen läßt; die „Vielheit der Möglichkeiten" sinkt in sich zusammen, und es besteht überhaupt nur die eine Realmöglichkeit. Das aber ist die Möglichkeit eben dessen, was im Fortgange des Prozesses wirklich wird.

Damit gewinnt der modale Bau des Werdens ein ganz anderes Gesicht. Der Aspekt der pluralistischen Möglichkeitstheorien schaltet aus. Die disjunktive Möglichkeit verschwindet, das Realgesetz der Möglichkeit bewährt sich am Realprozeß, und mit ihm die ganze Intermodalgesetzlichkeit des Realen. Die Teilmöglichkeit aber sinkt zu einem untergeordneten Moment innerhalb der Bedingungsverhältnisse herab, deren Totalität in jedem Prozeßstadium die Realmöglichkeit der folgenden Stadien ausmacht.

31. Kapitel. Determinativer und modaler Bau des Werdens.

a. Die Verbundenheit der Prozesse und der Gesamtprozeß.

Was eigentlich ist der Grund, daß diese Sachlage im modalen Bau des Realprozesses, obgleich oft gesehen und grundsätzlich ausgesprochen, immer wieder verdunkelt wird? Sehr bedeutende philosophische Köpfe haben sich in diesem Punkte täuschen lassen. Zum Teil mag der Grund im Fehlen geeigneter Modalanalyse liegen. Für die Realwelt, und speziell für das Werden, dürfte sie überhaupt noch nie durchgeführt worden sein; und es mußte auch aussichtslos sein, sie mit den hergebrachten Modalbegriffen in Angriff zu nehmen. Aber dieser Grund ist nicht der einzige.

Es liegt hier vielmehr noch eine andere, sehr menschliche Täuschungsquelle zugrunde, die geradezu zwangsläufig das Verhältnis von Realprozeß und Realmöglichkeit verdunkelt. Das ist die Tendenz, die Einzelprozesse durch die Auffassungsweise zu isolieren. Es ist nicht die Abstraktion des Denkens allein, die das tut; auch die unreflektierte Anschauung im Alltag tut es. Beide sehen die Einzelprozesse so an, als liefen sie jeder für sich ab, unbeeinflußt, ohne Bezogenheit aufeinander. Oder sie fassen doch wenigstens nur vereinzelte Bezogenheit, nicht die durchgehende, die sie alle verbindet.

Inwiefern das hier entscheidend hineinspielt, ist leicht zu sehen. Das Wesentliche im „Horizont der Möglichkeiten" ist die Unbestimmtheit; diese sollte auf Grund jeweiliger Unvollständigkeit der Bedingungskette bestehen. So allein konnte das weitere „Schicksal" der einzelnen „Möglichkeit" unentschieden dastehen. Wie aber, wenn der Einzelprozeß, dessen „gegenwärtiges" Stadium betrachtet wurde, nur einer von vielen parallel laufenden ist, und die vielen Prozesse einander sehr wesentlich beeinflussen? Da ist dann das „gegenwärtige" Stadium nicht mehr ein eng begrenzter Komplex gegebener Faktoren; es spielen dann unübersehbar viele Faktoren bestimmend mit hinein, der Bedingungskomplex erweist sich als ein weit reicherer, die Bestimmtheit des Nachfolgenden aus dem Gegenwärtigen als eine weit größere. Wählt man in der Betrachtung den Umfang des laufenden Geschehens in einem bestimmten Zeitpunkte genügend weit, so wird in ihm die Bestimmtheit eine durchaus geschlossene. Und dann sind von dieser breit angelegten Mannigfaltigkeit gegenwärtiger Bedingungen aus durchaus nicht mehr „viele Möglichkeiten" offen, sondern nur eine.

Das ist es, was man bei der Isolierung der Prozesse nicht sehen kann. Ein aus der Breite des Realzusammenhanges künstlich ausgegrenztes Prozeßstadium kann natürlich nur einen kleinen Ausschnitt aus der wirklichen Mannigfaltigkeit gleichzeitiger Faktoren zeigen. Und von solchem Ausschnitt aus muß natürlich Unbestimmtheit, Vielspältigkeit des Möglichen, Unentschiedenheit bestehen bleiben. Aber gerade das ist nun höchst fraglich geworden, ob es jemals im Realzusammenhang des Weltgeschehens derartig isolierte Einzelprozesse, sowie entsprechend isolierte herausgeschnittene Bedingungskomplexe gibt. Es drängt sich unwiderstehlich die Einsicht auf, daß alle Isolierung solcher Art subjektiv ist und nur in der Abstraktion, resp. in der anschaulichen Auffassungsweise besteht, daß aber in der realen Welt alle Einzelprozesse unlösbar in die Einheit des einen Gesamtprozesses eingefügt ablaufen, der das Weltgeschehen ausmacht, daß also auch jeder Querschnitt die Verbundenheit alles Gleichzeitigen in der Einheit einer Gesamtsituation aufweist.

Von der so verstandenen Gesamtsituation aus, wie sie jeden Augenblick eine andere, aber stets als geschlossene und ganze da ist, wird die jeweilige „Vielheit der Möglichkeiten" mitsamt ihrem engeren oder weiteren „Horizont" illusorisch. Ja, es wird sehr fraglich, ob überhaupt ein Künftiges vom Gegenwärtigen aus „bloß möglich" sein kann, ob es nicht stets ebenso notwendig sein muß, als es möglich ist. So entspricht es auch den streng gefaßten Modalkategorien des Realen. Daß alles was real möglich wird, eben damit zugleich real notwendig wird, war der Inhalt jenes paradoxen Implikationsgesetzes, das sich unmittelbar aus der „Identität der Bedingungsketten" material erweisen ließ (vgl. Kap.

19 b). Dieses Gesetz bewahrheitet sich nun am determinativen Bau des Werdens. Es erweist sich damit als das, was zu sein es von Anfang an den Anspruch erhob: ein Modalgesetz des Werdens.

Und, was vielleicht schwerer ins Gewicht fällt: so entspricht es auch dem Gange der menschlichen Erfahrung — nicht freilich dem schnell fertigen, nach vager Analogie verallgemeinernden, wohl aber dem langsam schreitenden und sorgfältig prüfenden der Wissenschaft. Zwar ist auch Wissenschaft nicht imstande, alle Abhängigkeit im Prozeß aufzuzeigen und alles Realmögliche als das Alleinmögliche, d. h. als Notwendiges, nachzuweisen. Aber sie lehrt, daß überall, wo das Gefüge der Realfaktoren sich aufdecken läßt, auch Notwendigkeit mit aufgedeckt wird, niemals aber Unbestimmtheit oder Unentschiedenheit, geschweige denn Zufälligkeit der Entscheidung. Eine Sachlage der Erfahrung, die uns in aller Eindeutigkeit darauf hinweist, daß auch gar keine „Vielheit der Möglichkeiten" bestanden haben dürfte, und daß folglich auch beim Wirklichwerden der einen von ihnen es gar nicht mehr einer entscheidenden Instanz neben den vorhandenen Bedingungen bedurfte.

Die „Entscheidung" vielmehr — wenn man es nun noch so nennen will — war im Ganzen des früheren Stadiums, als eines solchen des „einen" Gesamtprozesses, schon enthalten. An Stelle des „vielen Möglichen" war überhaupt nur „eines" real möglich. Und dieses eine war zugleich real notwendig. Ein anderes eben konnte nicht geschehen.

Es bestätigt sich hiermit weiter der Satz: Totalität der Bedingungen ist zugleich zureichender Grund. Das Zureichendsein des Grundes aber ist nichts anderes als vollgültige Entschiedenheit.

b. Die „Vielzahl der Möglichkeiten" und die Realmöglichkeit.

Die letzten Sätze haben es freilich etwas eilig gehabt, den „Horizont der Möglichkeiten" verschwinden zu lassen. Es steht dagegen noch unbewältigt die Tatsache, daß im Prozeß die Kette der Realbedingungen sich erst allmählich auffüllt, daß also in einem bestimmten Stadium diese Auffüllung eben doch nicht vollendet ist, weil die später eintretenden Bedingungen noch fehlen. Diese Tatsache besteht unabhängig von der inhaltlichen Breite, in der man das Bündel zusammenhängender Prozesse betrachtet; auch die größte Breite vermag das noch Ungewordene nicht zu ersetzen. So scheint es also, als müßte trotz aller Querverbundenheit des Realgeschehens doch im gegebenen Stadium stets eine gewisse Unbestimmtheit des Künftigen, und folglich auch eine gewisse Mehrheit von „Möglichkeiten" bestehen.

Oder soll man etwa sagen, die unvollständigen Bedingungsketten bestünden nur subjektiv in der unvollständigen Erkenntnis? Ist es etwa nur die Isolierung der Einzelprozesse in unserer Auffassungsweise, was uns die Vollzähligkeit der Bedingungen im gegebenen Gegenwartsstadium verbirgt, selbst wo wir das Ineinandergreifen der Prozesse grundsätzlich einsehen? Damit würde die Vielzahl der Möglichkeiten nicht nur ganz auf die Seite des Bewußtseins verschoben, sondern es dürfte ihr dann auch in den Realverhältnissen nichts entsprechen, was dem Bewußtsein zu seiner Auffassung den Anlaß gäbe.

Das nun geht nicht an, weil die noch ausstehenden Bedingungen, die die Kette erst voll machen, tatsächlich im früheren Stadium noch nicht wirklich sind. Daß auch für sie die Vorbedingungen schon in der Breite des Gesamtprozesses enthalten sind, ändert hieran nichts; denn diese sind mit jenen nicht identisch. Wären sie mit ihnen identisch, so müßte ja das Gesamtresultat schon jetzt wirklich werden („eintreten"). Das würde das Nacheinander der Prozeßstadien aufheben. Darum aber handelt es sich nicht. Es handelt sich vielmehr um das Möglichsein des Späteren vom Früheren aus.

Handelt es sich z. B. um das Fallen eines morschen Baumes, so ist die Morschheit zusammen mit mancherlei anderen Faktoren lange vor dem Fallen real vorhanden, der Windstoß aber, der das Fallen auslöst, nicht. Für diesen möge ein weitverzweigtes Ursachennetz meteorologischer Art zur Zeit schon bestehen, auf Grund dessen er gar nicht ausbleiben kann; nichtsdestoweniger ist er selbst eine letzte Bedingung des Fallens, die noch nicht wirklich geworden ist, denn jenes Ursachennetz ist mit ihm nicht identisch. Bevor er entsteht, kann der Baum nicht fallen. Aus jenem Ursachennetz heraus — zusammen mit den an ihm selbst vorbestehenden Bedingungen — ist also freilich sein Fallen schon jetzt notwendig (die einzige Möglichkeit), aber noch nicht wirklich; von der noch unvollständigen Kette aus aber ist es nicht notwendig, von ihr aus ist noch Fallen oder Nichtfallen „möglich".

Sagt man nun, eine solche „Doppelmöglichkeit" ist doch ontologisch wesenlos, wo doch die letzte Bedingung des Fallens nicht mehr ausbleiben kann, so ist das zwar praktisch zutreffend, aber es verfehlt die Frage, um die es hier geht. Denn nun tut man so, als wäre diese letzte Bedingung identisch mit dem Geflecht von Ursachen, das schon vorhanden ist und auf Grund dessen sie nicht ausbleiben kann. Solche Identifizierung aber ist ganz abwegig, denn sie setzt ein Jetziges mit einem Zukünftigen gleich, läßt also die Prozeßstadien zusammenfallen. Was gegen das Gesetz der Zeit geht. Und auch vom Kausalverhältnis aus ist sie falsch, denn die Wirkung ist niemals in der Ursache enthalten, sondern wird stets von ihr erst als ein Novum hervorgebracht. Kausalität ist nicht Evolution (nicht bloßes Auswickeln eines eingewickelt schon Vorhandenen), sondern durchaus produktives Hervortreiben des noch nicht Dagewesenen.

Es bleibt also ein bestimmter Sinn der Unvollständigkeit übrig, der auch im Realverhältnis zurecht besteht. Und damit behält das Angewiesensein auf eine „Entscheidung" seinen Sinn; denn auch wenn der entscheidende Faktor bereits aus der erweiterten Gesamtsituation heraus notwendig ist, so ist er doch noch nicht wirklich, und steht also noch aus. Die Notwendigkeit seines Eintretens hebt die Tatsache nicht auf, daß vor seinem Eintreten eben doch noch etwas fehlte. Und solange dieses Etwas fehlte, war Fallen wie Nichtfallen gleich „möglich". Nur darf man dieses „Möglichsein" jetzt nicht mehr als reale Unbestimmtheit im Weltzusammenhang verstehen, sondern als eine bloß relativ auf jenes fehlende Etwas bestehende. „Möglich" in diesem Sinne ist, was durch die bis zur Zeit wirklich gewordenen Bedingungen noch nicht ausgeschaltet ist.

So läßt sich denn immerhin sagen, daß durch dieses „Möglichsein" — unbeschadet seiner Disjunktivität — ein bestimmtes, im Fortschreiten des Prozesses sich änderndes, aber stets eindeutiges Verhältnis im Realzusammenhang selbst ausgedrückt ist. Der Fehler der herkömmlichen Auffassung ist nur, daß man es für das Grundverhältnis hielt. Ein solches ist es nicht. Es ist nur ein adhärierendes Teilverhältnis in einem zugrundeliegenden durchgehenden Abhängigkeitsverhältnis. Und sieht man es recht an, so beansprucht es auch gar keine Selbständigkeit: es drückt selbst nur eine partiale Abhängigkeit aus, d. h. nur einen Teil der bestehenden totalen Abhängigkeit.

Der Prozeßcharakter des Realen bringt es mit sich, daß die Bedingungen, unter denen etwas möglich wird, sich erst allmählich nacheinander zusammenfinden. Die unvollständigen Bedingungskomplexe sind also jederzeit real wirkliche, und keineswegs illusorische, nur eben sind sie nicht das Ganze. Und ebenso ist das Abhängigkeitsverhältnis zwischen ihnen und dem Künftigen ein im Ganzen der Realdependenz mitbestehendes. Das ist das Reelle an der populären Vorstellung der Teilmöglichkeit mitsamt ihrer Disjunktivität. Unreell dagegen wird diese Vorstellung sofort, wenn man sie aus dem großen Aspekt des Realzusammenhanges herausreißt, — wie das freilich zumeist geschehen ist, denn eben um solcher Vereinfachung willen bevorzugt man sie. Damit erst verlegt man das Gewicht auf die Unbestimmtheit, die Unentschiedenheit, das Offenstehen von Vielem, was weiter geschehen „kann"; und so ignoriert man dann die breite Basis bestimmender Faktoren, die in der weit verstandenen Gleichzeitigkeit stets mit enthalten ist und nur deswegen nicht zur Bedingungskette zählt, weil sie nicht in ihrer Linie liegt.

Es zeigt sich: nur das Affirmative an jener Vorstellung der Teilmöglichkeit ist „reell" (trifft etwas am Realverhältnis), das Negative an ihr ist unreell (illusorisch). Das Affirmative ist die Begrenztheit des

Möglichen durch die vorhandenen Bedingungen, sowie die weiter fortschreitende Eingrenzung im Maße der Auffüllung der Bedingungskette. Dieses Eingrenzen ist zugleich das Anwachsen der Bestimmtheit. Das Negative ist das Unbestimmtsein als solches und die Unentschiedenheit; illusorisch ist beides, weil es auf Ignorierung der weiteren Bestände des Realwirklichen beruht.

c. Vollständigkeit und Unvollständigkeit der Bedingungen.

Es hat sich gezeigt, daß die Vorstellung der Teilmöglichkeit nicht in jeder Hinsicht unzutreffend ist. Es fällt damit das Widersprechende von ihr ab, und auch jene Aporien, die ihre Seinsweise, sowie das Gespenst des „bloß Möglichen" betrafen (Kap. 28 b), dürften damit erledigt sein. Als etwas Selbständiges wäre die Teilmöglichkeit gerade etwas Unmögliches. Da eben wäre sie ein „bloß Mögliches", und da ließe sich dann auch keine Seinsweise für sie finden. Als Teilstück eines größeren Realzusammenhanges von Bedingungen und Bedingtem im Ablauf der Prozesse steht sie ganz anders da. Da ist sie nichts als ein Teilverhältnis, das isoliert für sich nicht vorkommt. Da aber das Gesamtverhältnis, dessen Teil sie ist, ein Realverhältnis ist, so handelt es sich auch bei ihr selbst um keine andere Seinsweise als Realität. Nur darf man daraus nicht den Schluß ziehen, daß sie schon „Realmöglichkeit" sei. Dieser Terminus hat einen ganz anderen Sinn.

Mehr Gewicht freilich darf man ihr nicht beilegen. Alle Konfusion in den Modalbegriffen hat ihren Grund im Herausgreifen und Isolieren dieses untergeordneten Teilverhältnisses. Über seiner Verselbständigung vergaß man das Grundverhältnis. Hier liegt die Quelle vieler eingewurzelter Fehler in der Fassung von Prozeß, Werden, Zeitlichkeit. Das Grundverhältnis eben ist jenes andere, das die drei Realgesetze umschreiben: nur das Wirkliche ist möglich, nur das Notwendige ist wirklich, nur das zugleich Mögliche und Notwendige ist wirklich. Diese Gesetze sind der modale Ausdruck durchgehender Determination. Und da die Grundform des Realseins die des zeitlich ablaufenden Werdens ist, so ist auch die Determination eine zeitlich fortlaufende, wobei die Bedingungsketten stets zeitlich voraus liegen, sich fortschreitend auffüllen und nur in ihren Schlußgliedern direkt an das Bedingte angrenzen.

Was geschieht nun in diesem erweiterten Aspekt des Werdens mit dem „Horizont der Möglichkeiten", sofern jede neu hinzutretende Bedingung ihn weiter einschränken sollte? Zunächst ist es doch so, daß er zwar nicht aufgehoben, wohl aber von einem anderen Prinzip beherrscht erscheint: dieser selbe Horizont wird nämlich um so enger, je weiter man innerhalb eines gegenwärtigen Prozeßstadiums den Umfang (resp. die

Breite) des Gesamtprozesses faßt. Faßt man ihn eng als den des Teilprozesses allein, als liefe dieser für sich ab, so herrscht Unbestimmtheit, und der „Horizont der Möglichkeiten" ist ein weiter; faßt man aber den Umfang des Prozesses universal als den des einen Weltprozesses, so bleibt stets nur eine von jenen „vielen Möglichkeiten" übrig, und diese ist dann die allein bestehende Realmöglichkeit. Hier ist also die Einschränkung Sache der „Fassung", nicht des Realprozesses; im Prozeß selbst vielmehr ist stets nur eine Realmöglichkeit vorhanden.

Bleibt also das Schema der fortschreitenden Einschränkung nur für die künstliche Isolierung des Einzelprozesses bestehen? Im streng ontologischen Sinne muß das bejaht werden. Und das stimmt mit der früheren Feststellung überein, daß dieses Schema nur einem Teilaspekt vom realen Dependenzverhältnis entspricht. In Wahrheit ist das „vielerlei Mögliche" keineswegs real möglich; die halben Bedingungskomplexe ermöglichen eben noch nichts. Vielmehr „wird" hier stets erst etwas möglich, und zwar immer nur eines.

Aber eben, wenn dieses Eine erst möglich „wird", so „ist" es doch noch nicht möglich. Und folglich behält auch die Unvollständigkeit in einem bestimmten Sinne ontologisch Recht. Dieses Dilemma, obgleich seine Lösung im Obigen schon durchblickte, bedarf doch noch einer mehr grundsätzlichen Bereinigung. Das Gesetz der Realmöglichkeit besagt nicht, daß ein Ereignis schon in einem zeitlich früheren Stadium A real möglich sei; es besagt vielmehr, daß X zur Zeit, wo A ist, noch unmöglich ist, und zwar eben weil die Realbedingungen von X in A noch nicht vollzählig beisammen sind. Demgegenüber jedoch besagt die Verflochtenheit aller gleichzeitigen Prozesse in der Einheit des einen Weltgeschehens, daß gerade die weiteren Bedingungen von X auch im Stadium A schon enthalten sind; und eben darauf beruht es dann, daß auch schon vom Stadium A aus nur „eines" möglich ist, nämlich X, und nicht vielerlei.

Das ist nun die explizite Form der Aporie im determinativen Bau des Werdens. Sie zeigt das Schema eines offenen Widerspruchs. In ein und demselben Prozeßstadium A sind die Bedingungen von X dem einen Aspekt nach vollständig beisammen, dem anderen nach aber nicht vollständig beisammen. Es scheint, nur eines von beiden kann wahr sein.

d. Bedingungskette und jeweiliger Bedingungskomplex.

Indessen diese Aporie ist nicht so schwer zu lösen, wie es scheint. Der Widerspruch ist ein uneigentlicher. Denn die Vollständigkeit im einen Aspekt ist nicht dieselbe wie im anderen. Die „Bedingungskette", die sich langsam aufhäuft und erst im Endstadium vollständig ist, ist nicht identisch mit dem „Bedingungskomplex", der schon im Stadium A eine geschlossene Ganzheit bildet, wenn man das Stadium nur genügend breit versteht. Also ist jedenfalls auch die Totalität der Bedingungen, die schon in A vorliegt, nicht identisch mit derjenigen, die erst in X selbst zustande kommt.

Wird die Sachlage dadurch nun ungeheuer kompliziert? Sind es nun zwei verschiedene Systeme von Bedingungen, die sich begegnen und gleichsam kreuzen? So ist es keineswegs. Es ist dieselbe Dependenz im Realprozeß und dieselbe ontische Verknüpfung der Bedingungen, um die es sich handelt; aber weil der zeitliche Prozeß eine „Breite" hat, so läßt er zwei Aspekte zu, den der Sukzession und den der Simultaneität. Der eine ist im Bilde der „Bedingungskette" veranschaulicht, in der die „Breite" das Prozesses unbeachtet bleibt, weil das Bild ein lineares ist; der andere liegt der Vorstellung des „Bedingungskomplexes" zugrunde, in dem nur die „Breite" des Prozesses im momentanen Schnitt berücksichtigt ist, während die lineare Struktur des Fortschreitens und Sichanhäufens zu kurz kommt.

Diese Einseitigkeit der Bilder oder Vorstellungsweisen läßt sich nicht ganz wegschaffen; wohl aber kann man sich über sie klar werden und sich dadurch dem ontischen Gesamtverhältnis nähern. Gesetzt, es handelte sich um eine „Bedingungskette" von a bis n, so ist im Stadium A etwa nur die Reihe a bis k vorhanden (wirklich geworden), l bis n aber noch nicht. Dann ist aber an Stelle der letzteren in demselben Stadium A (breit verstanden) eine Mannigfaltigkeit solcher Faktoren enthalten, auf Grund deren diese fehlenden Bedingungen (l, m und n) in den nächstfolgenden Prozeßstadien eintreten (wirklichwerden) müssen. So ist es in dem obigen Beispiel vom Fallen des Baumes: der Windstoß ist noch nicht da, aber auf Grund der bereits heraufziehenden Wetterlage kann er nicht mehr ausbleiben. Es sind also im Stadium A die Vorbedingungen der noch fehlenden Bedingungen vorhanden. Und insofern ist der „Bedingungskomplex" im Hinblick auf X (das Fallen des Baumes) auch in A schon vollständig. Die „Bedingungskette" aber ist unvollständig. Und das eine widerstreitet dem anderen nicht. Es sind Kehrseiten ein und derselben determinativen Sachlage im gegebenen Augenblicksstadium des Gesamtprozesses.

Diese einfache Überlegung zeigt, daß hier in der Tat kein Widerspruch vorliegt. Die Notwendigkeit des zukünftigen X, wie sie schon in A besteht, ist eine vermittelte, nämlich durch Bedingungsglieder vermittelt, die ihrerseits erst Vorbedingungen der noch unwirklichen Glieder (l, m und n) sind, aber deswegen doch sehr wohl zureichen, um diese zu ihrer Zeit unausweichlich „wirklich werden" zu lassen. Nicht also die geradlinig gesehene Kette der Bedingungen (a bis n) ist beisammen, sondern nur ein Teil von ihr (a bis k); für die übrigen sind aber schon die maßgebenden Vorbedingungen beisammen. Wie denn dieses Beisammensein auch keineswegs bedeutet, daß das Geschehnis X schon im Stadium A möglich ist, sondern nur daß es von A aus als das zu seiner Zeit mögliche — und zwar allein mögliche — dasteht.

e. Realmöglichkeit, Prozeß und Kausalität.

Es bleibt hiernach ein durchaus reeller Sinn der Teilmöglichkeit übrig, der keineswegs bloß in der Betrachtung besteht. Er besagt, daß in jenem Stadium A ein Teil der notwendigen Bedingungen von X noch nicht eingetreten (real wirklich geworden) ist. Daß auch dieser Teil auf Grund der in A vorliegenden Faktoren gar nicht mehr ausbleiben kann, ändert hieran nichts. Denn dieses Nichtausbleibenkönnen hängt an der besonderen konstitutiven Struktur des Realprozesses: einer durchgehenden mit dem Zeitlauf fortschreitenden Dependenz des Späteren vom Früheren, die wir „Kausalität" nennen. Es ist also falsch, die Unvollständigkeit der „Bedingungskette" im Stadium A als Unbestimmtheit zu verstehen, oder gar aus ihr eine „Vielzahl von Möglichkeiten" herzuleiten. Denn ihr steht die „Vollständigkeit" des in der Breite des Gesamtprozesses verwurzelten „Bedingungskomplexes" entgegen, aus der heraus X schon vor seinem Auftreten ebenso möglich wie notwendig ist. Das aber bedeutet dasselbe, was auch die Unselbständigkeit der Teilmöglichkeit besagte: Teilmöglichkeit gibt es im Realprozeß nur als untergeordnetes Teilverhältnis. Sie tritt nie aus dem Gesamtverhältnis der vollständigen Bedingungskomplexe heraus, bedeutet also kein real disjunktives Möglichsein, sondern nur dieses, daß gewisse Bedingungen von X in A noch nicht wirklich geworden sind. Sie bedeutet deswegen nicht, daß an Stelle dieser Bedingungen auch andere eintreten könnten. Sobald man sie isoliert betrachtet, macht man aus ihr einen anthropomorphen Realmodus und verfälscht damit den modalen Bau des Werdens.

Selbstverständlich kann man in diese Betrachtung ebensogut wie die Kausalität auch die höheren Typen der Realdetermination einsetzen (vgl. Kap. 26a und b), den Typus der organischen, seelischen oder bewußt zwecktätigen Determination. Das ändert an der Sachlage nichts. Keiner von ihnen deckt sich mit dem allgemeinen Gesetz der Realdetermination; nur dieses selbst ließ sich aus der Intermodalgesetzlichkeit des Realen ableiten, gegen die besonderen Formen des Nexus, wie sie den Schichten des Realen entsprechen, steht es indifferent da. Die Kausalität ist hier nur insofern prototypisch, als sie die niederste und allgemeinste Determinationsform des Realen ist, die deswegen auch in den höheren Formen abgewandelt wiederkehrt.

Die scheinbar verwickelte Sachlage im Realprozeß erweist sich nunmehr als eine durchaus nicht sonderlich komplizierte. Verwickelt erschien sie nur, solange man ihr unzutreffende, dem Bewußtsein entlehnte Modalkategorien unterschob. Wenn man an dieser Stelle einiges vorwegnimmt, was sich erst in einer spezielleren Kategorialanalyse des Naturprozesses ganz begründen läßt, so kann man auf das Gesamtverhältnis noch von anderer Seite Licht fallen lassen.

Wenn die Zeit als Realkategorie das Auseinandergezogensein alles Realen in die Aufeinanderfolge von Stadien bedeutet, so ist das Werden — resp. der Realprozeß — die sukzessive Folge der Stadien selbst, ihr Übergehen ineinander in bestimmter Reihenfolge und Ordnung, und freilich auch in einer gewissen Verbundenheit, die sich als Dependenz auswirkt, aber keineswegs in durchgehender Determination. Daß es auch durchgehende Determination gibt, liegt nicht am Prozeß als solchem, sondern an der Kausalität, sowie den anderen Formen des Realnexus. Der Prozeß als solcher könnte auch mit fortwährenden „Zufälligkeiten" laufen; er brauchte deswegen noch nicht zerrissen, diskontinuierlich zu sein. So denkt sich ja auch tatsächlich das naive Bewußtsein den Realprozeß. Dann aber gilt der Aspekt der Teilmöglichkeit. Dann muß es von jedem Stadium aus die „Vielheit der Möglichkeiten" geben, die sich im Fortschreiten verengert und zuletzt bis auf eine zusammenschrumpft. Ohne Kausalität also, oder einen anderen Realnexus, würde zwischen den Prozeßstadien eine gewisse Unbestimmtheit bestehen bleiben; und dann bliebe die oben entwickelte Aporie der „Entscheidung" ein offenes Rätsel.

Die durchgehende Determination erst, für die einfacheren Formen des Prozesses also die Kausalität, schiebt der Unbestimmtheit einen Riegel vor. Sie besagt, daß alles, was im späteren Stadium auftritt, die Folge von etwas ist, was im früheren enthalten war. Was natürlich nur stimmen kann, wenn man die Prozeßstadien als Querschnitte durch die Ganzheit der gleichzeitig laufenden Prozesse versteht.

Damit aber ist bereits ein weiteres kategoriales Grundmoment hineingenommen, das der Wechselwirkung. Diese besagt nichts anderes als die durchgehende determinative Querverbundenheit alles Gleichzeitigen. Erst zusammen mit solcher Querverbundenheit macht die Kausalität jene umfassende Verknüpftheit alles im Prozeß Auftretenden aus, die wir als zeitlich durchgehende Dependenz kennen.

Man sieht: das Moment der Kausalität entspricht der sich sukzessiv auffüllenden „Bedingungskette", das der Wechselwirkung aber dem simultanen „Bedingungskomplex". Jene ist ein reihenhafter, diese ein ganzheitlicher Zusammenhang. Darum kann die Bedingungskette unvollständig sein, wo der simultane Komplex vollständig ist. Modal ausgedrückt aber ist die doppelte Verbundenheit genau das, was im Prozeßcharakter als solchem nicht zu liegen brauchte: daß von einem beliebigen Prozeßstadium aus nicht vielerlei Verschiedenes in den nachfolgenden Stadien „möglich" ist, sondern stets nur eines, nämlich das, was hernach wirklich wird.

32. Kapitel. Das positive Verhältnis der Modi im Realgeschehen.

a. Die höheren Determinationsformen.

Die letzten Überlegungen haben um der Einfachheit willen an die Stelle von Determination überhaupt die Kausalität gesetzt. Das hatte seinen guten Grund, sofern Kausalität die einfachste und elementarste Form der Realdetermination ist. Aber sie ist nicht die einzige. Und darum muß das Bild ergänzt werden. Denn die reale Welt, um deren Intermodalverhältnisse es sich handelt, ist nun einmal eine geschichtete, und gerade die Determinationsverhältnisse der höheren Schichten liegen in mancher Hinsicht anders als die der niederen.

Es genügt dafür nicht der Hinweis, daß der Kausalnexus in den höheren Determinationsformen auch enthalten ist; er ist dort eben doch nur ein untergeordnetes Moment, und nicht an ihm allein hängt auf der Höhe dieser Seinsschichten der determinative Bau des Werdens. Der letztere aber in seiner Ganzheit ist das reale Gefüge von Bedingungen und Bedingtem, an dem die Realmodi und ihre Intermodalverhältnisse bestehen. Darauf also kommt es sehr wesentlich an, ob der generell entwickelte modale Bau des Werdens auch auf den sehr speziellen und komplizierten determinativen Bau der höheren Prozeßformen zutrifft.

Das läßt sich nun in der Tat zeigen, und es soll hier wenigstens grundsätzlich an zwei höheren Formen der Determination gezeigt werden: an der Entwicklung von einem Anlagesystem aus, wie sie gewissen organischen Prozessen eigen ist, und an der zwecktätigen Handlung des Menschen. An beiden läßt sich zeigen, daß sie 1. den Kausalnexus voraussetzen und 2. nur die Einheit eines einzigen Realmöglichen zulassen. Daß hierbei manches Spezielle vorweggenommen werden muß, das sich erst in einer viel späteren Untersuchung begründen läßt, ist selbstverständlich. Aber das ist nicht zu vermeiden.

Was ein Anlagesystem sei, mag hier auf sich beruhen. Seine Funktion im werdenden Organismus aber ist wohlbekannt. Sie besteht in einer Art Steuerung des Prozesses auf ein Reifestadium hin, das als Formsystem und als Funktionssystem ein Ganzes ist. Das Anlagesystem selbst ist dabei ein vorbestehendes, durchaus reales Gebilde. Seine Auswirkungen im Prozeß sind deshalb durchweg rechtläufige, kausale

Wirkungen. Es enthält aber keineswegs alle Realbedingungen für das Zustandekommen des ausgereiften Organismus. Der Werdeprozeß bleibt vielmehr in jedem Stadium auf gewisse äußere Faktoren angewiesen (etwa auf das Vorhandensein von Wärme, Feuchtigkeit, Nährstoff, oft auch bestimmter Strahlung u. s. f.). Das bedeutet, in jedem Stadium besteht außer dem Faktorenbündel, das die Keimanlage umschließt, durchaus dasselbe Verhältnis wie in anderen Realprozessen auch. Die eng verstandenen Prozeßstadien lassen stets eine Mehrzahl von Möglichkeiten offen (z. B. stets auch die des Zugrundegehens des Individuums), die weit gefaßten aber enthalten in jedem Augenblick eine Totalität des Bedingungskomplexes, die als solche nur eine Möglichkeit übrig läßt.

Dasselbe ist, viele Seinsstufen höher, im aktiven Realisieren von Zwecken auf Grund menschlicher Voraussicht der Fall. Das Realisieren selbst nämlich ist nicht nur ein Realprozeß, sondern auch ein kausaler. Daraufhin eben sind ja die „Mittel" vom handelnden Bewußtsein ausgewählt, ob sie das gewünschte Resultat (den Zweck) „bewirken" oder nicht. Der große Unterschied von anderen Kausalprozessen ist nur der, daß hier eine Zwecksetzung und eine von dieser aus geleitete Selektion der „Mittel" vorausgegangen ist. Und auch hier können in jedem Stadium des Prozesses Faktoren auftauchen, die dem Geschehen eine andere als die vorgesehene Richtung geben; Faktoren also, die nicht vorausgesehen und nicht einkalkuliert waren. Pariert nun das steuernde Bewußtsein diese „Hindernisse", so setzt damit eine neue Selektion von Mitteln ein. In jedem Stadium also, eng verstanden, ist wiederum vieles „möglich", weit verstanden nur eines. So wenigstens ist es, wenn man auf den Realprozeß hinblickt, den faktischen Prozeß der Verwirklichung, der seinem modalen Bau nach ganz und gar in Realermöglichung aufgeht. Nur im Vorsetzen der Zwecke selbst, sowie im Auswählen der Mittel besteht eine andere Ordnung; aber beides ist Sache des Bewußtseins und geht dem Realisierungsprozeß voraus. Die Überlegenheit des bewußten, wollenden und handelnden Wesens über das blinde Geschehen ist eben seine Macht des Zwecksetzens und Mittelfindens; wobei das letztere an die Grenzen des jeweilig Gegebenen gebunden ist.

b. Die Zukunftsgeladenheit des Gegenwärtigen.

Die Vorstellung einer „Vielheit der Möglichkeiten" beruht wesentlich auf dem Bedürfnis, das aktuell Gegenwärtige in möglichst enger Verbundenheit mit dem Zukünftigen zu sehen, es gleichsam als ein schicksalhaftes Schwangergehen des „Jetzt" mit dem noch ungeborenen Geschehen zu verstehen. Diesem Bedürfnis, obgleich das Bild ein anthropomorphes ist, liegt eine Auffassung zugrunde, die etwas Unabweisbares hat. Man kann das, was sie meint, als die Zukunftsgeladenheit der Gegenwart bezeichnen.

Aber sieht man genauer zu, so befriedigt gerade der Aspekt eines Horizontes von offenen „Möglichkeiten" dieses Bedürfnis nur schlecht. Die Entscheidung über das Kommende ist hier gerade der Gegenwart entrückt, ist letzten Endes der Zukunft selbst, d. h. dem „Zufall" überlassen. Die Zukunftsgeladenheit ist auf diese Weise nur eine sehr halbe, schwächliche, vermenschlicht gesehene. Auf weitere Sicht wird sie eine ganz unbestimmte, nicht nur ungreifbare, sondern auch illusorische.

Nach rückwärts gesehen führt dieser Aspekt sehr schnell ins Absurde. Das fortlaufende „Ausscheiden der Möglichkeiten", das ständige Engerwerden ihres Horizonts, setzt offenbar nach rückwärts einen immer weiter werdenden Horizont voraus; ja es hat einen ursprünglich ganz unbegrenzten und recht eigentlich unendlichen zur Voraussetzung. Was aber soll man sich unter einem solchen denken? In ihm müßte schlechterdings alles gleich möglich sein. Und damit würde aller Unterschied zwischen Möglichem und Unmöglichem hinfallen. In Wahrheit also dürfte hier vielmehr nichts eigentlich möglich sein. Nicht nur mit der echten Realmöglichkeit hat eine solche Allesmöglichkeit keine Ähnlichkeit mehr, sondern auch nicht mit der Teilmöglichkeit, von der ihr Schema hergenommen ist. Sie ist eben gar kein Möglichsein „auf Grund" von etwas, sondern „auf Grund" von nichts. Hier hört alles „Beruhen auf Bedingungen" auf. Ein solcher Begriff der absolut leeren Möglichkeit widerstreitet also schon dem modalen Grundgesetz, sofern dieses die Bedingtheit alles Möglichen durch Wirkliches verlangt. Er könnte allenfalls noch die bloße Widerspruchslosigkeit bedeuten (und auch nur die „innere"), die aber kommt nicht in Frage, da sie im Felde des Realen noch kein Möglichsein ist. Diese absurde Perspektive ist somit eine rein negative und dementsprechend nichtssagende. Sie würde, klar formuliert, bedeuten: im Anfang ist das Nichts, von dem aus alles gleich möglich ist.

Und vielleicht läßt sich sagen, daß dieselbe Perspektive, nach vorwärts gesehen, wenn schon nicht ebenso utopisch, so doch ebenso katastrophal ist. Verengert sich nämlich im Fortschreiten des Prozesses der „Horizont des Möglichen" immer mehr, so ist nicht einzusehen, woher denn nach dem Übrigbleiben nur einer Möglichkeit wieder ein neuer Horizont von „Möglichkeiten" sich öffnen sollte. Das aber ist doch gemeint mit dem Fortlaufen weiterer Prozesse. Freilich pflegt man hier einfach anzunehmen, daß parallel mit der Einschränkung stets auch eine „Eröffnung neuer Möglichkeiten" gehe, also eine Erweiterung des Horizontes; und zwar müßte diese mit jeder neu hinzutretenden (d. h. einschränkenden)

Bedingung verbunden sein. Aber das ist einfach dem populären Aspekt des Werdens entnommen, von dem man ausging; man weiß ja von vornherein, daß das Werden nicht stillsteht. Wie es aber zugehen sollte, davon hat man nicht die mindeste Vorstellung. Eröffnet sich nämlich nichts Neues, so müßte vielmehr alles Werden zum Stillstand kommen, wenn die einmal gegebenen Möglichkeiten alle bis auf eine ausgeschaltet sind; es könnte dann nichts weiter „möglich sein".

Natürlich nimmt man dann zur „Breite" des Werdens seine Zuflucht, die ja noch viele weitere Prozesse gebündelt enthalten muß. Man bemerkt aber nicht, daß es gemäß der gemachten Voraussetzung mit diesen anderen Prozessen genau ebenso ergehen müßte. Ja, man bemerkt nicht, daß man durch Einbeziehung der „Breite" auch die Gegenwartssituation schon im Sinne eines durchaus vollständigen Bedingungskomplexes voraussetzt, und daß der letztere die „Vielheit der Möglichkeiten" von vornherein aufhebt, resp. sie auf ein bloßes Teilverhältnis reduziert, das isoliert für sich nicht vorkommt.

Das Schiefe in dieser Perspektive, vorwärts wie rückwärts gesehen, ist offenbar die falsche Vorstellung, die man von der im Realprozeß waltenden Determination mitgebracht hat. Diese hat nicht die Form einer in völliger Unbestimmtheit beginnenden und mit endgültiger Festlegung endenden Verflechtung der Faktoren. Sie fängt nicht mit der Leere der „unendlichen Möglichkeiten" an, die dann nach und nach ausgefüllt wird, indem die einzelnen Bestimmungsstücke sich allmählich zusammenfinden (und zwar alle gleich „zufällig"); sie läuft auch nicht in die einmalige vollständige Erfüllung der Leere aus, die dann in der Tat kein weiteres Auftreten bestimmender Faktoren mehr zuließe. Sie besteht vielmehr, bildlich gesprochen, in einem Strom von durchaus gleichbleibender Breite — oder wenigstens grundsätzlich gleichbleibender —, in welchem jederzeit die totale Determination des späteren Stadiums im früheren enthalten ist.

Das kommt einfach durch die Verbundenheit der Einzelprozesse im Gesamtprozeß zustande. Was in der inhaltlichen Breite eines gleichzeitigen Gesamtstadiums (im Simultanschnitt durch das Ganze des Weltgeschehens) zur Hervorbringung eines besonderen Teilgeschehens zusammenwirkt, das wirkt sich zugleich in unzähligen anderen Richtungen an den Abläufen anderer Teilprozesse aus. Und die weiteren Stadien dieser Teilprozesse bilden im Fortgange des Gesamtprozesses fortlaufend eben solche Simultanschnitte, von deren Teilmomenten dann dasselbe gilt.

Hier liegt der eigentliche Grund, warum die determinative Gestalt des Realprozesses mit dem Schema der sich ständig verengernden „Möglichkeitshorizonte", und wohl überhaupt mit der Teilmöglichkeit, nicht zu fassen ist. Der Teilaspekt im Einzelgeschehen läßt sich eben nicht auf das Ganze des Werdens übertragen. Und das bedeutet: er läßt sich nicht als das Prinzipielle im Weltgeschehen verstehen.

c. Realermöglichung und Realverwirklichung.

Setzt man nun hier die oben getroffenen Bestimmungen ein, so kann man dieses Verhältnis auch modal fassen. Man kommt damit auf das positive Verhältnis der Modi im Realprozeß hinaus.

In einem Teilprozeß sind zwar in jedem Stadium gewisse Bedingungen dessen, was in ihm „wirklich wird", noch nicht wirklich; aber ein weit ausladendes Geflecht von Faktoren ist bereits wirklich, auf Grund dessen auch sie wirklich werden müssen. Es liegt stets in der Breite des Gesamtprozesses schon vor; aber es sind nur Vorbedingungen, die dieses Geflecht ausmachen, sie können nur durch Vermittlung von Zwischengliedern weiterer Prozeßstadien sich zu einer Gesamtwirkung vereinigen. Jene noch ausstehenden Bedingungen sind also deswegen noch nicht wirklich, weil sie zur Zeit noch nicht „real möglich" sind. Auch zu ihrer Möglichkeit fehlen noch Bedingungen. Erst der fortlaufende Prozeß „ermöglicht" sie nach und nach — zwar stets auf Grund von schon vorhandenen Faktoren, aber doch stets so, daß diese erst allmählich zu ihrer Auswirkung kommen —, genau so wie er auch das Weitere erst nach und nach ermöglicht, obgleich es mittelbar ebenso auf ihnen beruht. Der Realprozeß ist auf diese Weise überhaupt die fortlaufende Realermöglichung dessen, was nacheinander in ihm real wirklich wird. Und eben indem er fortlaufende Ermöglichung ist, ist er fortlaufende Verwirklichung. Die Ermöglichung aber hat diese Form, daß in jedem Stadium die noch unvollständige Bedingungskette aus dem stets vollständigen Bedingungskomplex des Gesamtprozesses neue Glieder erhält. Ermöglichung besteht in dieser fortlaufenden Vervollständigung. Aber real möglich ist deswegen doch in keinem Stadium eine Vielheit von Eventualitäten, sondern stets nur das, worauf die bereits laufende Realermöglichung hinführt; und das ist dasjenige, wofür in den weit verstandenen Bedingungskomplexen des Gesamtprozesses bereits die Vorbedingungen gegeben sind.

Das positive Verhältnis der Modi im Realprozeß ist nun an diesem Verhältnis von Realermöglichung und Realverwirklichung greifbar geworden. Diese beiden Momente des Realprozesses sind nichts anderes als die in die Dynamik des zeitlichen Ablaufes übertragene Realmöglichkeit und Realwirklichkeit. Und man sieht leicht, wie das „Realgesetz der Möglichkeit" an ihnen unverändert wiederkehrt. Genau so wie es allgemein galt: was real möglich ist, das ist auch real wirklich, so gilt es nun auch für den Prozeß: was real möglich wird, das wird eben damit real wirklich. Die Realermöglichung ist zwar damit nicht identisch gesetzt der Realverwirklichung; wohl aber hängen beide unlösbar zusammen, indem die letztere auf der ersteren beruht, und diese wiederum ohne sie gar nicht ist, was sie ist. Denn Realermöglichung läuft auf Totalität der Bedingungen hinaus — d. h. auf Realmöglichkeit —, und ist diese erreicht, so ist auch die Realverwirklichung mit geleistet.

Und erwägt man nun ferner, daß dieses Zugleich-Wirklichwerden des Möglichwerdenden ein notwendiges ist, so wird damit auch die Realnotwendigkeit in das Deckungsverhältnis eingeschaltet. Das bedeutet, daß im modalen Bau des Werdens auch die ganze Reihe der übrigen paradoxen Intermodalgesetze wiederkehrt. Oder, konkret gesprochen: mit der Realermöglichung Hand in Hand geht im Prozeß das ebenso fortlaufende Notwendigwerden dessen, was möglich wird. Von Stadium zu Stadium kann das, was im Vorhergehenden ermöglicht wurde, nun auch nicht mehr ausbleiben. Und dieses im Prozeß fortlaufende Deckungsverhältnis der immer auf das Nächstfolgende vorgreifenden Realmöglichkeit und Realnotwendigkeit macht den stetigen Gang der Realverwirklichung aus. Das ist der dynamisierte Aspekt dessen, was das „Realgesetz der Wirklichkeit" aussprach: daß Realwirklichkeit im Deckungsverhältnis von Realmöglichkeit und Realnotwendigkeit besteht.

Nun aber ist die Realverwirklichung — verstanden als das fortlaufende Wirklichwerden von immer anderem und anderem — nichts anderes als das Werden selbst. Die Intermodalgesetzlichkeit also, die im Realgesetz der Wirklichkeit zusammenging und sich jetzt als eine solche der Verwirklichung erweist, macht somit den eigentlichen modalen Bau des Werdens aus. Damit schließt sich der Kreis der Modalanalyse des Realen. Denn das Werden ist die allgemeine Grundform dessen, was den Bestand der realen Welt ausmacht.

d. Die besondere Rolle der relationalen Modi im Werden.

So läßt sich auch die oben angegebene Aporie bewältigen, die im teilweisen Vorausgehen der Möglichkeit und Notwendigkeit vor der Wirklichkeit liegt. Sie ist deutlicher an der Notwendigkeit faßbar. Da im Stadium A noch Bedingungen von X fehlen, so ist X hier noch nicht notwendig; da aber die Vorbedingungen zu ihnen in A enthalten sind, so ist es sehr wohl schon notwendig. Die mittelbare, oder vorgreifende Notwendigkeit besteht also schon, wo die unmittelbare noch nicht besteht. Die letztere kann auch gar nicht bestehen, weil X ja erst zu späterer Zeit wirklich wird. Und dasselbe gilt von der Möglichkeit. X ist noch nicht zur Zeit möglich, aber daß X zu seiner Zeit möglich wird, dafür sind schon in A die weiteren Bedingungen beisammen. Möglichkeit und Notwendigkeit eben sind relationale Modi; sie greifen vor, sie verbinden — auseinandergezogen in die zeitlich sukzessiv sich auffüllenden Bedingungsketten — das Spätere mit dem Früheren. Durch sein Möglichsein und sein Notwendigsein ist das hier und jetzt Geschehende mit dem vergangenen Geschehen, das künftige mit dem jetzigen verknüpft. Diese die Zeitstadien überbrückende und verbindende Relationalität der Realmöglichkeit und Realnotwendigkeit ist das eigentliche Grundwesen des Prozesses — als eines determinativ zusammengehaltenen Ganzen.

Man kann von hier aus noch einmal radikaler jenem Mißverständnis begegnen, das da meint, Möglichkeit, Notwendigkeit und Wirklichkeit, wenn sie sich durchweg deckten, müßten auch identisch sein. Ganz umgekehrt sieht das Verhältnis im laufenden Prozeß aus: die Verbundenheit der zeitlich getrennten Stadien ist etwas ganz anderes als diese selbst; sie könnte auch fehlen, dann wären die Stadien unverbunden und bildeten keinen Prozeß. Daß X zu seiner Zeit wirklich ist, ist und bleibt eben etwas ganz anderes als sein Bedingtsein durch Vorhergehendes. Wäre sein Wirklichsein nicht mit seiner sukzessiven Realermöglichung und seinem gleichzeitig fortschreitenden Notwendigwerden verbunden, so stünde es eben isoliert und zufällig da und wäre nicht rückgebunden an zeitlich vorangehendes Wirkliches. Der modale Aufbau der Realwirklichkeit auf dem Gleichgewicht von Realmöglichkeit und Realnotwendigkeit — basierend auf der Identität ihrer selbst schon real wirklichen Bedingungen — ist somit das eigentliche ontische Gerüst des Realprozesses. Ohne diesen modalen Bau wäre das Werden kein Werden, sondern ein atomistisches Nebeneinander von verschiedenem Wirklichen in der Zeit.

Der Prozeß selbst aber ist auf diese Weise nicht nur das Auseinandergezogensein seines eigenen Seins in die Zeit, sondern auch das Auseinandergezogensein der Bedingungsketten in die Zeit, als der selbst im steten Werden begriffenen und sich auffüllenden. Indem die Bedingungsketten dann ihr Bedingtes ermöglichen, verwirklichen sie zugleich die Bedingungen von weiterem Realen, das durch sie möglich wird. Denn der Modus der Bedingungen ist derselbe wie der Modus des Bedingten, dieselbe Realwirklichkeit. Wie denn nur „wirkliche" Bedingungen etwas Reales ermöglichen können.

Es gibt im Realzusammenhang nicht zweierlei Seinsweise — etwa eine solche der Bedingungen und eine solche des Bedingten —, genau so wie es in ihm kein „bloß Mögliches" und kein „bloß Notwendiges" neben dem Wirklichen gibt. Bedingungen und Bedingtes, Grund und Folge, Früheres und Späteres haben dasselbe Realsein mit demselben inneren Modalgerüst; wie sie ja auch inhaltlich homogen nebeneinander auftreten, indem jedes Bedingte sofort wieder Bedingung von anderem wird. Sie liegen nur zeitlich auseinander. Dieses Auseinander aber ist identisch mit der allgemeinen zeitlichen Seinsform des Realen, dem Werden. Eine andere grundsätzliche Verschiedenheit als diejenige, die in der Unumkehrbarkeit des Zeitlaufs, des Prozesses und der Realdependenz liegt, darf man ihm nicht unterschieben.

e. Das zeitliche Vorangehen der Realmöglichkeit und Realnotwendigkeit.

Hält man diese Dinge zusammen, so kann man nunmehr weiter sagen: der Prozeß — oder auch überhaupt das Werden — ist dieses, daß im Realzusammenhang Möglichkeit und Notwendigkeit der Wirklichkeit vorangehen, die Wirklichkeit aber ihnen nachfolgt.

Versteht man das Vorangehen und Nachfolgen zeitlos, so ist beides ohnehin evident. Denn der Sinn des Bedingungseins ist es eben, dem Bedingten voranzugehen; und die beiden relationalen Modi sind nun einmal die Verwurzelung des Realwirklichen in seinen Bedingungen. Der Prozeß aber bedeutet, daß eben dieses Verhältnis auch ein zeitliches ist. Im Prozeß geht die Bedingung dem Bedingten auch zeitlich voraus.

Dieses Verhältnis wird offenbar dadurch nicht entkräftet, daß die paradoxen Implikationsgesetze dem Wortlaut nach etwas anderes zu verlangen scheinen. Sie besagen: etwas wird erst dann real möglich, wenn es auch real wirklich wird; und etwas wird erst dann real wirklich, wenn es auch real notwendig wird. Das ist nur der präzise modale Ausdruck des Grundverhältnisses. Es besagt nichts, als daß volle und unmittelbare Realmöglichkeit erst besteht, wenn die Bedingungskette bis zum letzten Gliede aufgefüllt ist, daß aber die Sache dann auch schon notwendig und folglich wirklich ist. Das also ist im Hinblick auf das zeitliche Nacheinander im Sichauffüllen der Bedingungskette nur der Ausdruck des Grenzpunktes; von diesem aufwärts in die früheren Prozeßstadien hinein besteht dagegen durchaus das zeitliche Vorhergehen der noch unvollständigen und erst sich vervollständigenden Bedingungskette.

Nun ist freilich von der im Stadium A unvollständigen Bedingungskette aus X weder real möglich noch real notwendig. Insofern also läßt sich auch nicht sagen, daß Möglichkeit und Notwendigkeit von X im Prozeß seiner Wirklichkeit vorangehen. Aber die Sache gewinnt ein anderes Ansehen, wenn man von der „Bedingungskette" zum jeweiligen „Bedingungskomplex" übergeht, oder modal ausgedrückt, von der unmittelbaren zur mittelbaren Möglichkeit und Notwendigkeit. Es handelt sich dann nicht darum allein, daß im Stadium A die Bedingungen von

X nicht vollzählig sind, sondern zugleich darum, daß auch hier schon die hervorbringenden Faktoren der noch ausstehenden Bedingungen in der „Breite" der Simultaneität mit enthalten sind. Dann aber ist das Eintreten der restlichen Bedingungen von X auch hier schon ein solches, das nicht mehr ausbleiben kann. Und da nach ihrem Eintreten auch X selbst zu seiner Zeit nicht mehr ausbleiben kann, so läßt sich sagen, daß die Realmöglichkeit und Realnotwendigkeit von X schon im Stadium A vorliegt, und somit der Realwirklichkeit von X auch zeitlich vorangeht.

Im Sinne der mittelbaren Realmöglichkeit also muß man das „Realgesetz der Möglichkeit" erweitern. Es trifft da nicht zu, daß nur das möglich ist, was auch wirklich „ist"; sondern es muß heißen: „möglich ist nur das, was wirklich ist oder wirklich sein wird" (resp. im Begriff ist, wirklich zu werden). Es ist interessant, daß es diese Form des Gesetzes ist, die schon Diodoros Kronos verfocht. Sie trifft genau den Aspekt des Werdens.

Dieses Verhältnis nun genügt auch dem Gedanken der „Zukunftsgeladenheit des Gegenwärtigen" weit besser als die an der Teilmöglichkeit hängende Anschauungsweise. Ja, man muß wohl sagen, erst hier kommt dieser dynamisch schöne Gedanke ganz zu seinem Recht. Die „Vielheit der Möglichkeiten" gerade traute dem Gegenwärtigen zu wenig zu, sie beließ es in Halbheit und Unentschiedenheit. Ein Gegenwartsbestand, der die Entscheidung darüber, was weiter wird, anderswoher erwartet, weil er selbst sie nicht hergeben kann, ist ein unfruchtbarer Zeitenschoß, der von sich aus nichts gebiert. Erst ein solcher, der die Entscheidung in sich trägt, ist produktiv. Der modale Bau des Werdens zeigt deutlich den Charakter des unaufhaltsamen Weiterdrängens und der unerschöpflichen Produktivität im Gange des Realprozesses. In diesem Sinne verstanden, ist das jeweilig Gegenwärtige in der Tat ein unerschöpflicher Born kommender Dinge.

VI. Abschnitt

Gebiete unvollständiger Realität

33. Kapitel. Der modale Bau des Sollens.

a. Die Auflösung des Deckungsverhältnisses.

Das durchgehende Gleichgewicht von Möglichkeit und Notwendigkeit, wie das „Realgesetz der Wirklichkeit" es aussprach (Kap. 24 a—c), hat sich am modalen Bau des Werdens bewährt. Indessen zeigte die

Untersuchung der Realdetermination und ihrer natürlichen Grenze (Kap. 27 c), daß auch dieses Gleichgewicht ein begrenztes ist, daß es an den Grenzen der Sphäre, wo die Notwendigkeit der Zufälligkeit weicht, in etwas ganz anderes übergeht. Die vollständige gegenseitige Durchdringung von Möglichkeit und Notwendigkeit besteht zwar innerhalb der Sphäre zurecht, ist aber kein an sich unlösbares Verhältnis. Wo die Bedingungsketten selbst aufhören, da löst es sich, und zwar auf Grund seiner eigenen Gesetzlichkeit.

Es zeigte sich hierbei auch, daß die Auflösung nicht nur die paradoxen Intermodalgesetze betraf, sondern sogar einige der evidenten, so z. B. das 1. evidente Implikationsgesetz (daß alles, was notwendig ist, auch wirklich ist). Versteht man etwa die Notwendigkeit als die eines Gesetzeszusammenhanges in der Form des „Wenn — So", so kann sie zurechtbestehen, auch ohne daß es Realfälle gibt, die ihr entsprächen. In den Realwissenschaften spielt das eine breite Rolle, denn es gibt ein sehr exaktes Wissen um solche Gesetzlichkeit, ohne Wissen um den real vorkommenden Fall.

Solche Notwendigkeit ist dann eben nicht die volle Realnotwendigkeit, sondern die einer nicht gegebenen, und jedenfalls nicht vollständigen Realität. Mit diesem Fall wird sich noch die Modalanalyse der Erkenntnis zu beschäftigen haben. Es gibt aber auch andere Gebiete unvollständiger Realität, die mit Erkenntnis nichts zu schaffen haben, die also der Sphäre nach dem vollständigen Realen viel näher stehen und an ihm ähnliche Grenzgebiete bilden, wie die ontisch ersten Reihenglieder und das Ganze der Sphäre. Sie liegen nur in anderer Richtung. Sie liegen im Schichtenreich der realen Welt weit aufwärts, dort wo die höchsten Seinsstufen aus der Komplexheit ihrer Eigenstruktur heraus die geschlossene Sphäre des Realwirklichen überschreiten. Es sind die Gebiete des Wollens und Handelns einerseits, des künstlerischen Schaffens und seiner Gegenstände andererseits.

Diese beiden Gebiete sind durchaus Gegenstandsgebiete. Gerade ihre Gegenständlichkeit aber ist ein Kreuzungspunkt mannigfaltiger ontologischer Schwierigkeiten, die in den traditionellen Richtungen der Philosophie um so weniger zum Austrag kommen konnten, als man sie vorwiegend von der Seite der zugehörigen Akte zu fassen suchte. Gegenständlichkeit als solche nämlich ist nicht Sein; wohl aber kann Seiendes zum Gegenstande werden, und zwar nicht nur der Erkenntnis. Will man diese Fragen, die grundlegend für die Ethik und Ästhetik sind, zur Klarheit bringen, so muß man die Seinsweise der Gegenstände analysieren, um die es sich auf diesen Gebieten handelt.

Seinsweisen können immer nur aus ihrer Modalität heraus charakterisiert werden. Hier nun erweisen sich die gewonnenen Modalkategorien und ihre Gesetzlichkeit als fruchtbar. Mit der Wiedergewinnung der ontologischen Bedeutung im Gegensatz zu der bloß logisch formalen werden die alten Modalbegriffe flüssig und leistungsfähig. Die Gebiete der unvollständigen Realität dürfen geradezu als eine Probe auf das Exempel der entwickelten Intermodalgesetze des Realen angesehen werden —, und zwar nicht sofern diese sich nun etwa starr durchsetzen müßten, sondern gerade umgekehrt, indem sie sich entsprechend der veränderten Seinsweise wesentlich verschieben. Wo die Seinsweise des Gegenstandes eine vom schlichten Realsein abweichende ist, da muß ihr auch ein abweichendes Verhältnis der Modi entsprechen, und zwar gerade aus ihrer Eigengesetzlichkeit heraus. Sind also die Modi des Realen zutreffend bestimmt, so muß sich an ihnen bei verschobener Seinsweise zwanglos die entsprechende Verschiebung der Intermodalverhältnisse ergeben. Sind sie falsch bestimmt, so muß die Verschiebung an ihnen eine gewaltsame sein. So gewinnt man in der Abwandlung der formulierten Intermodalgesetze eine Art Kriterium ihrer ontologischen Tragkraft.

Das Deckungsverhältnis von Möglichkeit und Notwendigkeit in der Realwirklichkeit ist, wie gezeigt wurde, ein bloßes Realverhältnis. Bei unvollständiger Realität muß es sich auflösen. Aus seiner formalen Struktur heraus sind zwei Richtungen der Auflösung möglich: entweder wird es ein Übergewicht der Notwendigkeit über die Möglichkeit oder ein Übergewicht der Möglichkeit über die Notwendigkeit. Im ersten Falle gibt es ein Zurückbleiben der Möglichkeit hinter der Notwendigkeit, im zweiten ein Zurückbleiben der Notwendigkeit hinter der Möglichkeit. In beiden Fällen ist das Deckungsverhältnis, und mit ihm das Gleichgewicht, gestört. In beiden Fällen also kann das, was von dem verschobenen Verhältnis getragen wird, kein Realwirkliches sein.

Es läßt sich zeigen, daß wir den ersten Fall im Gegenstand von Wille und Handlung, und überhaupt im „Seinsollenden" als einem solchen haben, den zweiten Fall aber im Gegenstande des ästhetischen Schauens und Schaffens.

b. Anforderung, Nötigung, Tendenz, Wille und Handlung.

In den verschiedenen Theorien des Sollens, vor allem in der Kantischen, an der die späteren alle mehr oder weniger orientiert sind, hat es an einer kategorial eindeutigen Fassung des Sollensbegriffs immer gefehlt. Man sah im Sollen wohl den Gegensatz zum Sein, fand aber auch wiederum, daß es ein Sein des Sollens gibt. Was hierbei unter Sein zu verstehen sei, blieb unklar; am ehesten meinte man so etwas wie Tatsächlichkeit oder Aufweisbarkeit. Aber die ist am Seienden dieselbe.

Der Gegensatz, den man empfand, aber nicht zu fassen wußte, ist auch nicht direkt am Sollen als solchem, sondern nur an seinem Inhalt, dem Seinsollenden, zu fassen. Das Seinsollende nämlich ist seinem Wesen nach nicht ein Wirkliches, und sofern das Sollen in ihm ein Realsein-Sollen bedeutet, ein nicht Realwirkliches. Aber man identifizierte fälschlich das Seiende mit dem Realwirklichen und mußte so die besondere Seinsweise des Seinsollenden verkennen. Man hatte überhaupt keine Vorstellung davon, was es mit dem modalen Bau einer so eigenartigen Seinsweise auf sich habe.

Vollends begab man sich auf Irrwege, indem man das Sollen als unverwirklichte Möglichkeit (ein „bloß Mögliches") verstand. Gerade das Seinsollende ist keineswegs ein Realmögliches; sonst wäre es nicht zu verstehen, warum es bei seiner Verwirklichung erst mühevoll Schritt um Schritt „ermöglicht" werden müßte. Es ist also vielmehr das noch nicht Ermöglichte; und das bedeutet, es ist gerade dasjenige, dessen Bedingungen der Möglichkeit noch nicht beisammen sind, sondern erst beschafft werden müssen. Nur so kann es für den Menschen eine Aufgabe oder Anforderung bedeuten. Im Sinne der Realmodi also ist es das noch durchaus Unmögliche. Und darum ist es das Realunwirkliche.

So wenigstens ist es in allem Seinsollen, das für ein Wollen und Handeln Aktualität hat. Es gibt wohl auch ein reines, oder ideales Seinsollen, welches nichts anderes als ein Wertvollsein besagt. Dieses bleibt auch in der Verwirklichung bestehen; anders müßte ja das Verwirklichte als solches wertlos sein, und der Wertcharakter müßte mit der Verwirklichung sich aufheben. Aber die Aktualität, und mit ihr die spezifische Seinsweise des Sollens, ist etwas anderes. Eine eigene Seinsweise kommt dem Seinsollenden überhaupt nur in seiner Aktualität, in seinem Spannungsverhältnis zum Wirklichen, also vor seiner Verwirklichung zu; d. h. nur solange, als es in Gegensatz zum Realwirklichen steht. Nur solange eben geht eigentliche Anforderung von ihm aus. Um diese sehr eigenartige Seinsweise des „aktual Seinsollenden" allein handelt es sich hier.

Das Reich des Sollens und der Akte, die ihm nachstreben, ist nicht ein Reich der „Möglichkeiten", wie man so oft gemeint hat. Das Seinsollende gerade ist zunächst ganz gleichgültig gegen sein Realmöglichsein; es ist ohne Rücksicht auf Ermöglichung und Verwirklichung rein aus sich heraus in Kraft. Aber gerade dieses In-Kraft-Sein macht zugleich die andere Seite an ihm aus. Das Seinsollende ist eben auch nicht ein schlechthin Unmögliches; es ist ungeachtet seines Noch-nicht-Möglichseins doch ein irgendwie Aktuelles. Es ist gefordert. Und die Akte, die von diesem Gefordertsein ausgehen, erschöpfen sich nicht in machtlosem

Sehnen, sondern haben die Tendenz zur Verwirklichung. Für sie ist die Forderung ein Hindrängen auf das Geforderte, eine Art Nötigung — wiewohl eine solche ohne Zwang.

Die Tendenz ist dem Seinsollen als solchem eigen. Der Wille, der die Forderung des Sollens in seine Initiative aufnimmt, setzt das Seinsollende sich zum Ziel. Damit setzt er es als ein Notwendiges, und zwar als notwendig noch vor seiner Ermöglichung, also unabhängig von ihr, ja geradezu über die noch fehlende Totalität der Realbedingungen hinweg. Er fügt damit zum Sollen inhaltlich nichts hinzu. Was er hergibt, ist nur der Krafteinsatz seiner Realinitiative, die allein das aus sich nicht real Mögliche real „ermöglichen" kann.

Er macht also die im Sollen ideal bestehende Tendenz zu seiner Realtendenz. Und damit macht er den entscheidenden Schritt zur Verwirklichung des Seinsollenden. Die Tendenz als solche ist freilich schon dem Sollen selbst eigen. Das aber heißt: in ihm selbst bereits ist das noch Unwirkliche als ein Notwendiges gesetzt, und zwar mit Überspringung der noch ausstehenden Realmöglichkeit, ja ohne Rücksicht auf sie. Die Rücksicht auf Möglichkeit setzt in der Tat erst im Wollen ein. Dem Wollen, und nicht dem Sollen, fällt die Verwirklichung zu. Sein Werk ist die Ermöglichung des noch nicht Realmöglichen.

Das Gesetztsein der Notwendigkeit aber ist kein logisches, auch kein irgendwie subjektbedingtes (vom Subjekt wird sie erst im Willen gesetzt), sondern ein objektives Vorgreifen, echte Vorbestimmung, die der Realdetermination vorausgeht. Daher die Form der Teleologie an allen Akten des Menschenwesens, die ein Seinsollendes zu erfassen und zu realisieren vermögen. Es sind durchweg zwecksetzende und zwecktätige Akte.

c. Das Übergewicht der Notwendigkeit im aktualen Seinsollen.

Damit haben wir den Fall des einseitigen Ungleichgewichts von Möglichkeit und Notwendigkeit. Das Seinsollen ist ein Übergewicht der Notwendigkeit über die Möglichkeit, oder was dasselbe ist, ein Zurückbleiben der Möglichkeit hinter der Notwendigkeit. Darum ist das Seinsollende als aktuales ein Unwirkliches.

Das Gleichgewicht der relationalen Modi, wie das Realgesetz der Wirklichkeit es für das Realwirkliche verlangt, ist aufgehoben. Das Ungleichgewicht aber bedeutet unmittelbar die Unwirklichkeit. Die Verwirklichung des Seinsollenden also kann in nichts anderem als in der Wiederherstellung des Gleichgewichts bestehen, d. h. in einem Heranbilden der Realmöglichkeit an die gleichsam vorausgeschossene Notwendigkeit.

Aktuales Seinsollen und Verwirklichung haben die gleiche Seinsweise ihres Gegenstandes. Solange etwas in der Verwirklichung begriffen ist, ist es auch noch ein bloß Seinsollendes. Ist die Verwirklichung abgeschlossen, so ist das Seinsollende wirklich geworden. Damit erst hört das Sollen auf, ein aktuales zu sein. Der Einschlag des Nichtseins und des Nichtmöglichseins bleibt also an ihm solange bestehen, als das Seinsollende unwirklich ist. Andererseits aber ist dieser Einschlag ein sehr relativer und in weiten Grenzen abgestufter. Möglichkeit und Notwendigkeit klaffen hier zwar auseinander, stehen aber keineswegs beziehungslos da. Sonst fiele auch jede Wirklichkeitsbezogenheit hin, und mit ihr alle Verwirklichung in einer bestehenden realen Welt. Es könnte sich dann auch nicht um die Realtendenz eines lebendigen (real wirklichen) Willens handeln, auch nicht um Grade der Verwirklichung. Also muß bei allem Auseinanderklaffen doch schon partiale Deckung der Bedingungen vorhanden sein, und nur die totale ausstehen.

Tatsächlich nun ist in allem aktual Seinsollenden ein Teil der Bedingungskette real gegeben. Es sind zum mindesten die allgemeinen Bedingungen vorhanden, und gerade auf Grund dieser vorhandenen Bedingungen erst empfindet das wollende und strebende Bewußtsein das Seinsollende als „möglich", nämlich als „ihm möglich", sofern es das objektive Seinsollen als „sein" Tunsollen empfindet, sich also von der Forderung als von einer ihm geltenden moralischen Notwendigkeit getroffen fühlt. Niemand kann „das Unmögliche wollen"; wer bei gesundem Verstande ist, lehnt das als Wahnsinn ab, oder wenigstens als Torheit. Dennoch will der Wollende ein real nicht Mögliches, nämlich ein einstweilen nicht Mögliches und von selbst auch nicht Möglichwerdendes. Und das gerade ist seinem Wollen wesentlich. Denn er will vielmehr ein solches, das erst durch seinen Einsatz und seine Aktivität möglich werden kann, — genauer, ein solches, das je nachdem, ob er sich dafür einsetzt oder nicht, real ermöglicht oder nicht ermöglicht wird.

Der Wollende also, indem er sich bewußt ist, nur das „Mögliche" wollen zu können, meint keineswegs ein schon Realmögliches zu wollen, sondern ein nur Teilmögliches, dessen Realbedingungen jedenfalls noch nicht vollzählig beisammen sind. Worauf es ankommt, ist vielmehr dieses: es müssen diejenigen Realbedingungen, die nicht in seiner Macht stehen, schon real erfüllt sein. Dazu gehören sowohl die in ihm selbst als auch die in der Realsituation liegenden. Ist das der Fall, so gilt ihm das ontisch noch keineswegs Realmögliche doch als ein „ihm Mögliches". Und zwar, praktisch genommen, mit Recht. Denn eben damit ist in der Tat schon etwas real möglich, wenn auch nicht das Seinsollende selbst: sein Wollen des Seinsollenden ist damit real möglich. Und dann ist es auch zugleich ein real wirkliches Wollen. Dieses real wirkliche Wollen des Seinsollenden aber ist der Anfang der Verwirklichung des Seinsollenden selbst. Mit ihm setzt die aktive Ermöglichung ein.

d. Die abgelöste Notwendigkeit und ihre Freiheit.

Der modale Bau des Sollens ist hiernach durchsichtig. Das Sollen greift dem Prozeß vor. In ihm ist als notwendig gesetzt, was nicht real notwendig ist. Wäre es real notwendig, so wäre es auch real möglich, und dann könnte sein Wirklichwerden nicht ausbleiben. Im aktualen Sollen ist das Seinsollende durchaus unwirklich. Das Sollen ist die über das Wirkliche hinausschießende, gleichsam schwebende und ihm gegenüber „freie" Notwendigkeit. Und insofern es in diesem Verhältnis zum Wirklichsein des Seinsollenden an Realmöglichkeit fehlt, so kann man ebensogut sagen: es ist die über das Realmögliche hinausschießende, von seiner jeweiligen Enge in der Realsituation nicht festgehaltene, also auch ihm gegenüber freie Notwendigkeit.

Diese „freie Notwendigkeit" ist nicht Realnotwendigkeit. Letztere müßte in einer Totalität von Realbedingungen wurzeln und würde dadurch die Wirklichkeit implizieren. Ihre „Freiheit" gerade ist die Abgelöstheit ihres Bestehens von der Erfülltheit der Bedingungen; und sofern diese alle real wirklich sein müßten, ist sie auch Abgelöstheit von der Wirklichkeit. Da nun das Realwirkliche stets seinen determinierten Gang geht, in welchem alles, was zur Wirklichkeit gelangt, seinen zureichenden Grund hat, so tritt die freie Notwendigkeit, wie sie in der Form der Forderung liegt, aus dem Gesetz der Determination und des Grundes heraus. Sie steht unter einem Gesetz des unzureichenden Grundes. In ihr eben ist das gefordert, was seinen zureichenden Grund nicht hat.

Im Realprozeß kann solche Forderung sinnvoller Weise nur die eines Zukünftigen sein. Denn nur das Zukünftige hat noch keinen zureichenden Realgrund. Und das ist tief charakteristisch für den Willen, der es mit der vorhandenen Realsituation aufnimmt. Dem Willen gehört überhaupt nur die Zukunft. Er kann nicht wollen und schaffen, wo alles schon seine feste Geformtheit hat, wo über alles Sein und Nichtsein schon entschieden ist, wie im Vergangenen und im Gegenwärtigen. Er hat nur Spielraum, wo noch Entscheidung zu fällen ist. Sein Wesen eben ist das Entscheiden über Sein und Nichtsein des noch nicht Seienden. Er kann nur einsetzen, wo die Bedingungsketten noch unvollständig sind, wo Realmöglichkeit und Realnotwendigkeit noch nicht erfüllt sind, d. h. wo sie sich nicht decken. Hier allein kann er der Realnotwendigkeit eine andere — auch inhaltlich andere — Notwendigkeit entgegensetzen. Darum ist der Mensch mit der ganzen Aktivität, deren er fähig ist, auf das Zukünftige angewiesen.

Darum besteht sein tätiges Leben in ständiger Antizipation, im Vorsehen, Vorsorgen, Vorbestimmen, im stetigen Vorausleben vor der eigenen jeweiligen Realität her.

Die kategoriale Form dieses Sich-selbst-Vorauslebens ist die Teleologie: die Fähigkeit des Zwecksetzens und Zweckverwirklichens. Teleologie ist die Form der Aktivität des Menschen. An ihr hängt sein begrenztes Freisein mitten im Prozeß des Realgeschehens, seine Kraft, zu ermöglichen und zu verwirklichen, was ohne ihn weder real möglich noch real wirklich wird. Wie diese Freiheit in ihm selbst als einem realen Wesen zurechtbesteht, das ist eine Frage der kategorialen Schichtung und darf hier aus dem Spiel bleiben (in welcher Weise die Frage sich löst, wurde Kap. 26 d angedeutet). Wie aber die Freiheit aus dem Wesen des Sollens und seiner Stellung zum Realprozeß heraus zurechtbesteht, das ergibt sich erst am modalen Bau des Sollens selbst.

e. Die Gleichheit des modalen Baus im Sollen und in der Freiheit.

Man hat die Freiheit des Menschen immer unbedachterweise als die „Möglichkeit, so oder so zu handeln" verstanden, ohne daß ihn eine Notwendigkeit zum einen oder zum anderen hindrängte. Das würde bedeuten, daß in einem schon vorhandenen Wirklichen, nämlich seiner eigenen Realwirklichkeit, die Alternative des So-oder-anders-Seins noch offenstünde. Es würde also die disjunktive Möglichkeit in einem Realwirklichen bedeuten. Das ist der indeterministische Freiheitsbegriff, die „Freiheit im negativen Verstande", die Kant mit Recht ablehnte; denn weder trifft sie auf den Willen zu — freier Wille ist nicht unentschiedener Wille —, noch kann sie an einem Realwirklichen bestehen. Sie gerät mit dem Realgesetz der Möglichkeit, und außerdem noch mit dem modalen Bau des Sollens in Konflikt. Denn besteht Freiheit im Übergewicht der Möglichkeit über die Notwendigkeit, Sollen aber im Übergewicht der Notwendigkeit über die Möglichkeit, so ist es ein barer Widersinn, daß der vom Sollen bestimmte Wille sollte frei sein können. Er kann vielmehr nur frei sein, sofern das Verhältnis der Modi im Sollen und in der Freiheit dasselbe ist.

Es ist das einzigartige Verdienst Kants, die „Freiheit im negativen Verstande" durchschaut und für den Problembereich von Willen und Ethos verworfen zu haben. An ihre Stelle setzte er die „Freiheit im positiven Verstande", die nicht ein Minus, sondern ein Plus an Determination bedeutet. Sie hat ihre Bestimmtheit aus dem Seinsollen, sofern dieses zu aller jeweiligen Realdetermination noch seine bestimmte Determinante in Form der Forderung — also einer Notwendigkeit — hinzufügt. Sie ist dann nicht Freiheit „vom" Gesetz, sondern „Freiheit unter dem Gesetz".

In ihr ist also nicht weniger Bestimmtheit als im passiven Naturgeschehen, sondern noch eine Bestimmung mehr, eben die der praktischen Nötigung zum Seinsollenden — ohne Rücksicht auf dessen jeweiliges Seinkönnen oder Nichtseinkönnen. Von der Naturnotwendigkeit ist hier nichts abgezogen, es ist vielmehr etwas hinzugefügt; eine spezifisch andere Notwendigkeit ist hinzugetreten und greift in das Gesamtgefüge ein. Ihr Unterschied von der Realnotwendigkeit ist der, daß sie nicht aus dem Zusammenhang der Realumstände stammt, sondern aus einer anderen Welt, aus der des reinen Sollens (die zur idealen Seinssphäre gehört). Diese Notwendigkeit ist deswegen auch für den Willen kein Zwang, sondern nur die Anforderung an ihn. Er hingegen ist die Realinstanz, die dieser idealen Forderung das Gewicht ihres Einsatzes für sie in der Realsphäre verleiht und sie so in eine reale Macht umsetzt. Erst durch den realen Willen, der sich für sie entscheidet, wird die ideale Forderung zur Realdeterminante im Gefüge der gegebenen Situation. Mit ihr ist die Situation selbst eine veränderte. So geht denn aus ihr ein anderes Wirkliches hervor, als ohne Sollen aus ihr hervorginge. Denn so ist aus ihr heraus ein anderes real möglich geworden.

Das Reich des Sollens ist nicht ein Reich der offenen „Möglichkeiten". Seine Freiheit ist nicht eine Freiheit der Möglichkeit, nicht das Befreitsein von einer Notwendigkeit. Sie steht auch in keinem Gegensatz zu irgendetwas, was notwendig wäre, wohl aber zu dem, was zur Zeit real möglich ist. Frei ist das Sollen, wenn überhaupt „von" etwas, so gerade von der Enge des Realmöglichen. Und ebenso muß der Wille sowohl dieser Enge als auch jener idealen Forderung gegenüber Freiheit haben. Aber eben das beweist, daß es sich um Freiheit der Notwendigkeit handelt. Denn in diesen Gegensatz zum Möglichen kann nie ein Mögliches und nie ein Wirkliches treten, sondern nur ein Notwendiges.

34. Kapitel. Der Realmodus der Verwirklichung.

a. Die Ermöglichung des Unmöglichen.

Diese Losbindung von den ermöglichenden Realbedingungen ist am Prinzip — also etwa am reinen Sollen oder am reinen Wert — eine absolute. Werte haben die Kraft ihrer Forderung rein aus sich selbst. Wo die Forderung aber für einen Willen aktuell wird, der es mit der Verwirklichung aufnimmt, da ändert sich die Sachlage. Die Bedingungen der Verwirklichung sind Realbedingungen; und soweit sie schon vorhanden sind, bietet die Realsituation sie dar. Sie gerade wurden im Prinzip (im Sollen) übersprungen. Aber auch nur im Prinzip. In der Verwirklichung können sie nicht übersprungen werden.

Die Verwirklichung ist die eigentliche Handlung. In ihr sind die Realbedingungen gerade das Wesentliche. Sie müssen geschaffen werden, soweit sie nicht vorhanden sind; und in ihrer Schaffung besteht die Ermöglichung des noch Unmöglichen. Denn eben real unmöglich ist das, dessen Bedingungen nicht vollzählig beisammen sind.

Eine totale Bedingungskette von unten auf erschaffen, wo noch keine Bedingungen vorgegeben sind, kann kein Wille. Er muß am Vorhandenen ansetzen können. Wo er nichts vorfindet, was er als Mittel für seine Zwecke verwerten kann, da kann er nicht verwirklichen, was er will. Ja, er kann da eigentlich gar nicht wollen. Denn eben wollen kann er nur, was in seiner Macht steht. So ist er bedingt durch die Realsituation, in der er steht. Er ist stets nur relativ frei, nicht absolut frei. Und da ein Sollen für ihn nur Aktualität hat, sofern die Verwirklichung in seiner Macht steht, so ist auch die Freiheit der Notwendigkeit im aktualen Seinsollen eine bedingte, und keineswegs eine absolute.

Die ideale Forderung nur ist als solche eine absolute. Für den Willen aber und für die Verwirklichung ist sie durch die schon im Realen gegebenen Bedingungen eingeschränkt. Die Verwirklichung ist ein Realmodus eigener Art, sie hängt sehr wesentlich am gegebenen Realzusammenhang. Sofern sie aber andererseits an der idealen Forderung, d. h. an der freien Notwendigkeit hängt, ist sie ein Prozeß von komplexer Struktur, und ihr Seinsmodus muß selbst ein komplexer sein.

Mit dem bloßen Vorausschießen der Notwendigkeit ist es hier nicht getan, und zwar eben weil sie nur vorausschießt. Sie läßt die Realmöglichkeit hinter sich zurück. Der Verwirklichung fällt es zu, die Möglichkeit erst an sie heranzubilden. Sie muß das Gewicht des Realen nachschleppen hinter der Forderung her. Darin besteht die Realermöglichung. Hier ist kein spekulierendes Spiel mit dem Möglichen, aber auch kein Resignieren vor dem Unmöglichen, sondern schaffende Ermöglichung des Unmöglichen. Die Verwirklichung selbst muß zwar real möglich sein; aber ihr Gegenstand soll erst real möglich werden. Sie muß den Widerstand des stets schon determinierten Realen, also gleichsam seine Trägheit, überwinden; sie muß den Realprozeß umlenken aus seiner Richtung in die des Seinsollenden. Sie kann das nur, indem sie aus ihm selbst die Mittel seligiert und für ihren Zweck arbeiten läßt. So ist sie stets an das rückgebunden, was sie im laufenden Geschehen vorfindet. Die in der Verwirklichung schöpferisch gewordene freie Notwendigkeit bleibt auf diese Weise gefesselt an die schwerfällig nachhinkende Realmöglichkeit. Darin besteht die Beschränkung ihrer Freiheit.

Der Realmodus der Verwirklichung ist offenbar ein Mittleres zwischen Wirklichkeit und Unwirklichkeit. Er ist nicht wie diese beiden ein absoluter, sondern ein relationaler Modus. Das kommt schon beim Sollen im Hinausschießen der Notwendigkeit über die Realmöglichkeit zum Ausdruck; und das unstete Ungleichgewicht beider entspricht gut dem dynamischen Charakter des Tendierens. Aber es ist damit noch nicht getan. Die Verwirklichung vielmehr ist schon die Wiederherstellung des Gleichgewichts; darin unterscheidet sie sich vom Sollen. Sie ist nicht das Zurückbleiben der Möglichkeit hinter der Notwendigkeit, sondern die Tendenz, sie wieder einzuholen. Sie ist nicht wie das Sollen das „bloß Notwendigsein" eines nicht Möglichen, sondern umgekehrt: die Realermöglichung des „bloß Notwendigen". Und da Realmöglichkeit Realnotwendigkeit impliziert, so ist sie eben damit, daß sie Realermöglichung ist, auch zugleich die Realnotwendigmachung des bislang „bloß Notwendigen". Denn das „bloß Notwendige" ist so wenig ein Realnotwendiges wie das „bloß Mögliche" ein Realmögliches.

Darin besteht die Realisation. Sie ist Realverwirklichung des Unwirklichen durch Realermöglichung des Unmöglichen, sofern die letztere zugleich das Realnotwendigwerden bewirkt. So erhält sich in ihr das Realgesetz der Wirklichkeit, das in ihr aufgehoben schien. Vielmehr, es stellt sich in ihr wieder her, nachdem es im aktualen Seinsollen aufgehoben war. Denn wenn die Ermöglichung zu Ende kommt, so wird ihr Gegenstand auch real notwendig. In dieser Wiederkehr des Deckungsverhältnisses besteht sein Wirklichwerden.

b. Die Aporie der freien Notwendigkeit.

Man sieht an diesem Verhältnis deutlich, wie die komplexen Modalitäten des Sollens und der Verwirklichung beide dieselbe Auflösung des Gleichgewichtes von Möglichkeit und Notwendigkeit zur Basis haben, im übrigen aber durchaus entgegengesetzte Modalstruktur haben. Sie stehen komplementär zueinander.

Das Sollen durchbricht die Realwirklichkeit, setzt ihr das Unwirkliche als ein Notwendiges entgegen, hebt die Bindung der Notwendigkeit an die Realmöglichkeit auf und macht sie zur freien, aber bloß idealen Notwendigkeit. Und eben damit entfernt sich das Sollen von der Wirklichkeit. Es hat die Realmöglichkeit hinter sich gelassen und muß sich im Unmöglichen verlieren als in einem Nichts, muß also selber zunichte werden, wenn es nicht wieder rückgebunden wird. Denn das ohnmächtige Sollen ist in der Tat nichtig. Die Rückbindung aber geschieht in der Verwirklichung.

Die Wucht des Vorstoßes, der sonst ins Nichts ginge, wird gleichsam eingespannt, wird als treibende Kraft vor das schwerfällige Gefährt der Realwirklichkeit gespannt. Sie wird so gehemmt, indem das Wirkliche dadurch fortbewegt wird. In dieser Rückbindung wird die freie Notwendigkeit gehindert, sich im Unmöglichen zu verlieren; sie wird auf das Mögliche reduziert, indem die Realmöglichkeit selbst ihr angenähert wird. Das „bloß Notwendige" wird ermöglicht. In seiner Ermöglichung erst wird es dann real notwendig, und dadurch real wirklich. Das Gleichgewicht stellt sich wieder her, der Durchbruch schließt sich. Der schwerfällige Gang des Realen folgt im Maße der Realermöglichung dem Vorstoß der Notwendigkeit nach. So wird im ständigen Vorstoßen — gleichsam im stets neuen Vorwegsein des Sollens — und in der ständigen Rückbindung an das Reale durch den tätigen Willen immer neues Unmögliches ermöglicht, und dadurch Seinsollendes verwirklicht.

Der mißverständliche Punkt in diesem komplexen Modalverhältnis ist nicht seine unstete Dynamik — die teilt es vielmehr mit dem einfachen Werden —, sondern der ihm zugrundeliegende Modalbegriff der „freien Notwendigkeit". Es liegt ja auf der Hand, daß diese Notwendigkeit etwas ganz anderes ist als die Realnotwendigkeit, die sich, wie wir sahen, nie von der Realmöglichkeit entfernt und nie anders als auf Grund einer Totalität von Realbedingungen zustande kommt, — indem nämlich diese letztere zugleich zureichender Realgrund ist. Ist es nun nicht doch abwegig, im Sollen eine „freie", vom zureichenden Grunde abgelöste Notwendigkeit zu suchen? Liegt hier am Ende eine unbemerkte Begriffsverschiebung zugrunde? Geht es überhaupt an, den modalen Bau des Sollens auf einen Notwendigkeitstypus zu gründen?

Konkreter läßt sich diese Aporie so fassen: wäre das Seinsollende notwendig, so müßte es doch auch wirklich sein; nun aber ist es gerade als Unwirkliches ein aktual Seinsollendes; wie also kann es da notwendig sein? Ist eine von der Möglichkeit abgelöste Notwendigkeit im Realen denkbar? Und ist es nicht andererseits auch gerade der Sinn des Sollens, daß das Seinsollende nicht von sich aus schon notwendig ist? Sonst bedürfte es ja keines Willenseinsatzes für seine Forderung, um es zu verwirklichen.

Darauf ist zu antworten: „freie Notwendigkeit" gibt es in der Tat im Realen nicht; im Realen ist durchaus nur das notwendig, was auch möglich ist, und das ist immer das, was auch wirklich wird. Weil dem so ist, so kennen wir im Zuge des Realgeschehens nur die Notwendigkeit des Wirklichen. Nun aber ist das Seinsollende gar kein Realwirkliches. Darum sind wir geneigt, es als nicht notwendig gelten zu lassen. Wir kennen eben im Leben keine andere als die zwingende Realnotwendigkeit. Im Sollen aber ist nicht Zwang, sondern Forderung. Das Sollen „verlangt" wohl, aber es determiniert den Willen nicht so, wie Realumstände den Naturprozeß determinieren.

Der Fehler also liegt darin, daß man das modale Grundverhältnis, auf dem das Realsein sich aufbaut, unbesehen auf die Seinsweise des

Sollens überträgt. Dieses Verhältnis aber ist hier gar nicht vorhanden. Das Seinsollende ist als solches kein Reales. Hier ist keine reale Bedingungskette, deren Vollzähligkeit das Wirklichsein involvieren könnte. Es ist eben irrig, zu meinen, daß Notwendigkeit überhaupt nur in solcher Involution bestehen könnte. Wir haben bereits an der Gesetzlichkeit ein Beispiel gehabt, daß Notwendigkeit auch ohne Realbedingungen bestehen und dann etwas ganz anderes bedeuten kann; in diesem Falle bedeutete sie die strenge Allgemeinheit eines „Wenn—So". Auch das Sollen aber steht ja diesseits aller Realität und Realisation. Man darf also nichts anderes erwarten, als daß in ihm eine Notwendigkeit anderer Art stecken muß als die Realnotwendigkeit.

Nun ist Notwendigkeit der Form nach ein relationaler Modus. Dazu gehört die „äußere" und die „innere" Relativität. Diese besagt, daß sie Notwendigkeit „von etwas" ist, jene daß sie Notwendigkeit „auf Grund von etwas" ist. Ersteres ist im Inhalt des Seinsollenden erfüllt; letzteres aber ist auch erfüllt, sofern das Seinsollen, wie es sich durch den Willen hindurch bis ins Reale hinein erstreckt, keineswegs grundlos ist. Es hat den ihm eigentümlichen zureichenden Grund in einem Prinzip, einem Wert, der in seiner Seinsweise an sich besteht, also in seiner Sphäre (der idealen Seinssphäre) Wirklichkeit hat, nur eben nicht Realwirklichkeit.

Auch das Sollen also ist Notwendigkeit „auf Grund" eines in seiner Weise Wirklichen. Der Unterschied zur Realnotwendigkeit ist nur der, daß dieses Wirkliche kein Reales ist. Und eben darum ist sie nicht Realnotwendigkeit, hat auch von sich aus keine determinierende Macht über das Reale. Sie kann solche Macht erst durch den Einsatz eines realen Willens erlangen. Dieser aber geht dann notgedrungen den Weg der Realermöglichung, d. h. den Umweg über die Herstellung der totalen Bedingungskette.

c. Zweierlei Notwendigkeit und zweierlei Möglichkeit.

So steckt denn im Sollen eine echte Notwendigkeit. Aber weil sie Notwendigkeit „auf Grund" eines nicht realen, sondern bloß idealen Seienden ist, so ist sie als solche in ihrem Bestehen frei von Bedingungen der Realnotwendigkeit; also auch von denen der Realmöglichkeit, denn beide Bedingungsketten sind identisch. Darum kann sie unbehindert „hinausschießen" über das Realmögliche. Darum aber auch ist sie innerhalb des Realen — als die von einem realen Willen befolgte — nur „gesetzte Notwendigkeit", und keineswegs eine den Realprozeß unmittelbar determinierende.

Das kommt deutlich zum Ausdruck in der kategorialen Form der Zwecktätigkeit, welche dem Willen und der Handlung eigentümlich ist. Im Willen eben ist das Seinsollende als Zweck „gesetzt"; es ist damit „gesetzt" vor der Realisation und über sie hinweg, ihr vorweg. Indem aber die Zwecksetzung in Zweckhandlung übergeht, setzt die Realermöglichung ein, und mit ihr der Umsatz der freien Notwendigkeit in die volle Realnotwendigkeit. Dieser Umsatz aber gehört nicht mehr dem Seinsollen als solchem an, sondern der Verwirklichung, in der das Seinsollende kraft des realen Willenseinsatzes zur Realkomponente geworden ist.

Realnotwendigkeit ist schließlich nur ein Spezialfall von Notwendigkeit überhaupt. Sie ist Notwendigkeit eines Realen auf Grund realer Bedingungstotalität. Freie Notwendigkeit ist ein anderer Spezialfall. Sie ist Notwendigkeit auf Grund eines idealen Wertes. Wie jene im Einklang mit der Realmöglichkeit steht, so diese mit der idealen Wesensmöglichkeit. Denn natürlich ist sie in der Seinssphäre, aus der sie stammt, die Notwendigkeit eines Möglichen; insofern sind auch die evidenten Implikationsgesetze an ihr durchaus erfüllt (vgl. Kap. 14 e). Anders wäre sie in sich widersinnig. Der Gegensatz zum Möglichsein tritt erst in ihrem Verhältnis zur Realsphäre auf: was auf Grund einer Wesenheit notwendig ist, das muß wohl zum mindesten auch wesensmöglich sein, es braucht aber nicht real möglich zu sein. Trägt also ein realer Wille ein solches Notwendiges in die Realsphäre hinein, so ist es in dieser Sphäre die Notwendigkeit eines Nichtmöglichen; und wenn es „in ihr" verwirklicht werden soll, so muß es „in ihr" erst ermöglicht werden.

Hält man diese beiden grundverschiedenen Typen der Notwendigkeit nebeneinander, so sieht man ohne weiteres, daß in ihnen auch ein Gemeinsames enthalten ist. Man sieht dieses nur nicht, solange man einseitig an der Bedeutung des „Seinmüssens" festhält, die den Verhältnissen im Realprozeß entspricht. Das Gemeinsame ist das Hindrängen auf etwas, als auf ein Wirkliches. Erfolgt das Hindrängen auf Grund einer geschlossenen Bedingungskette, so wird es zum unwiderstehlichen, aber gänzlich ziellosen Zwang, zum einfachen Seinmüssen, oder Nicht-anders-ausfallen-Können. In dieser Form kennen wir es als Realnotwendigkeit. Erfolgt es aber auf Grund einer Wertwesenheit, so wird es nur zur Forderung, und sofern sich ein Wille findet, der sich für die Forderung einsetzt, zur realen Tendenz. Als Forderung kennen wir das Hindrängen im aktualen Seinsollen, als reale Tendenz in der Verwirklichung.

Diese Form der realen, den Prozeß bewegenden Tendenz ist nun diejenige Seite der freien Notwendigkeit, von der wir sie im Leben am besten kennen. Denn eben das Tendieren ist die besondere Seinsform von Wille, Streben und Handlung. Sie spiegelt sich am deutlichsten in der kategorialen Struktur dieser Akte, der Zwecktätigkeit.

Wo die totale Durchdringung von Möglichkeit und Notwendigkeit im Realen aufgelöst ist, da verschwindet die Realnotwendigkeit. So war es an den Grenzen der Realsphäre, so ist es am Seinsollenden. Dort trat der Zufall an ihre Stelle, hier die freie Notwendigkeit. Daß Forderung und Tendenz beide wieder zur totalen Durchdringung und zum Realnotwendigwerden zurückdrängen, ändert hieran nichts. Denn das Ungleichgewicht der relationalen Modi ist instabil, es kann sich nicht halten. Es versinkt entweder ins Nichts des Unmöglichen, oder es gleicht sich wieder zur ruhigen Einheit der totalen Durchdringung aus. Ersteres geschieht mit dem ewig Unerfüllbaren, letzteres mit dem, was realisiert wird.

35. Kapitel. Die Welt des Schönen und ihre Modalstruktur.

a. Das Übergewicht der Möglichkeit über die Notwendigkeit.

Daß es noch eine zweite Form des Ungleichgewichts gibt, daß auch die Möglichkeit über die Notwendigkeit hinausschießen, und diese hinter ihr zurückbleiben kann, ist aus dem Gesamtverhältnis der Modi leicht einzusehen. Ob es aber auch ein Gebiet von Gegenständen oder Akten gibt, deren Seinsweise diese Verschiebung zeigt, ist eine andere Frage.

Es läßt sich zeigen, daß die Welt der ästhetischen Gegenstände, sowie die der ihnen zugehörigen Akte, des künstlerischen Schaffens sowohl als auch des Schauens und Aufnehmens, ein solches Gebiet ist. Doch sei hier vor dem Nachweis, daß dem so ist, das Verhältnis der Modi, wie es beim Übergewicht der Möglichkeit ausfallen muß, rein aus sich selbst heraus diskutiert.

Wo ein Mögliches nicht notwendig ist, da ist es jedenfalls kein Realmögliches. Nur an den Grenzen der Realsphäre ändert sich das; aber davon darf man hier absehen, denn dort handelt es sich um das Erste und das Ganze, nicht um bestimmte und begrenzte Gebilde. Steht nun ein solches wohl mögliches, aber nicht notwendiges Gebilde irgendwie im Zusammenhang der realen Welt drin, so muß es durch irgendeine Realitätsbasis in ihr verwurzelt sein, und dennoch aus dem Realzusammenhang und seiner durchgehenden Realdetermination herausfallen, ihn gleichsam überflügeln und hinter sich lassen. Sein Inhalt muß einer Welt des Möglichen von größerer Weite und Freiheit angehören, die sich über die Enge des Realmöglichen hinaus eröffnet. Und diese inhaltliche Welt muß doch irgendwie dem Realwirklichen verwandt und auf seinen Bestand, wie auf einen festen Boden, rückbezogen sein, darf aber ihrer Seinsweise nach nicht Realwirklichkeit beanspruchen, oder auch nur vortäuschen. Sie muß in aller Wirklichkeitsnähe doch ein Wirklichkeitsenthobenes und ewig Wirklichkeitsfernes sein, das die Erdschwere des Realen und seiner groblichen Realnotwendigkeit abgeworfen hat. Ihre Möglichkeit kann also nicht Realmöglichkeit sein.

Der komplexe Gesamtmodus, in welchem die inhaltlichen Gebilde einer solchen Sphäre auftreten, kann offenbar nicht in Verwirklichung bestehen — wie denn auch keine ideale Forderung besteht, die ihr Wirklichwerden verlangte —, er muß vielmehr auch zur Verwirklichung in Gegensatz treten. In der Verwirklichung waltet das Hindrängen des Seinsollens, als der überwiegenden Notwendigkeit. Sie ist Realprozeß und endigt in der Realwirklichkeit. Sie stellt das Gleichgewicht wieder her. Im Modus der überwiegenden Möglichkeit kann es kein Sollen und kein Hindrängen geben. Gerade der Drang der Notwendigkeit ist hier zurückgelassen. Die Modalität solcher Gebilde ist keine dynamische, sie führt das Ungleichgewicht nicht zum Ausgleich zurück. Sie läßt es in seiner Entfernung vom Realwirklichen stehen, läßt es gleichsam im abgelösten Schweben über dem Realen verharren und zur Ruhe kommen. Sie enthebt es damit zugleich dem Werden und der Vergänglichkeit, der unmittelbar nur das Reale unterworfen ist. Sie steht insofern noch weit mehr im Gegensatz zur Verwirklichung als selbst die Realwirklichkeit. Sie ist die reine Ablösung ohne Rückkehr. Sie ist Entwirklichung.

b. Der künstlerische Gegenstand und seine Modalität.

Wäre der Gegenstand des Schauens und des Schaffens in den Künsten so einfach ein Ding unter Dingen, so träfe das alles auf ihn nicht zu. Nun aber ist das Dingliche an ihm nur seine Außenseite, sein Uneigentliches, seine Vordergrundsschicht. Hinter ihr erscheint ein anderes, ein Undingliches und Irreales, seine Hintergrundsschicht. Und diese ist das Eigentliche an ihm; dasjenige, was das Ding über die Dinglichkeit erhebt, ein Etwas, das von anderer Seinsweise ist als das Reale und von anderem modalem Bau, das aber doch an den realen Vordergrund gebunden bleibt. Der Marmor kann als reale Materie nicht leben noch sich bewegen; die Gestalt aber, die er in seiner Geformtheit darstellt, ist lebendige, bewegte Gestalt. Das Leben „erscheint" im Leblosen. Dieses ist nur realer Vordergrund, und niemand, der künstlerisch schaut und genießt, begnügt sich mit ihm. Durch seine steinerne Ruhe hindurch sieht der Schauende das Leben. Dieses Leben ist kein real wirkliches und wird auch nicht als wirkliches vorgetäuscht. Es ist entwirklichtes Leben, das in seiner Unwirklichkeit verharrt. Weder der schaffende Künstler noch der schauend in das Werk Versenkte erweckt es zur Wirklichkeit. Dennoch ist es beiden wirklichkeitsnah gegeben durch sein Gebanntsein in den Stein und sein Anschaulichsein in ihm [1]).

[1]) Es ist natürlich nicht möglich, im Rahmen der Modaluntersuchung eine genügende Darlegung dieses Verhältnisses zu geben. Ich muß daher hier (und zum Folgenden) verweisen auf „Das Problem des geistigen Seins", Berlin 1933, Kap. 47—49.

Die Leinwand mit der Farbe ist reale Fläche; aber die Landschaft, die sie zeigt, ist Raumtiefe, Perspektive, konkrete Naturfülle. Ihr Raum ist nicht der Raum, in dem das Bild hängt, ihr Licht nicht das Licht, das auf das Bild fällt. Es ist dasselbe Verhältnis: ein dinglicher Vordergrund ist transparent für ein ihm heterogenes, reicheres Gebilde, das in ihm erscheint, aber nicht real ist, und auch nicht als real aufgefaßt wird.

Der Schauspieler auf der Bühne spricht und agiert in Wirklichkeit; aber in diesem seinem wirklichen Sprechen und Agieren erscheint etwas anderes: der Held, der König, der Narr, jeder mit seinem Charakter, seinen Leidenschaften, seinem Schicksal. Aber alles das ist nicht real, wird auch nicht als real vorgetäuscht. Der Zuschauer schaut es in der gespielten Aktion, wissend daß es gespielt ist, und dennoch gepackt von seiner lebensvollen Nähe und Größe. Das Spiel ist transparent, es stellt dar und läßt unmittelbar miterleben; aber es verwirklicht nicht, was es darstellt.

Selbst in der Musik ist es nicht viel anders, obgleich hier nichts dargestellt wird. Der musikalisch Hörende hört weit mehr als die jeweilig verklingenden Takte. Er hört ein Ganzes zusammen, einen „Satz", eine Sonate, eine Fuge. In seinem Hören fügt sich zusammen, was sinnlich überhaupt nicht hörbar ist, und was, real gleichzeitig gehört, Mißklang wäre. Hinter dem zeitlich verklingenden sinnlich Gehörten erscheint ein anderes, eine größere Einheit, ein Aufbau mit anderen Inhaltsdimensionen als das real Hörbare. Dieses Andere ist das musikalisch Eigentliche, der wahre Gegenstand des musikalischen Hörens; ein Hintergrundsgebilde, das sich nicht verwirklicht, wohl aber sich „im" wirklichen Vordergrunde darstellt.

In der ästhetischen Gegenständlichkeit ist das Schöne nicht das Realwirkliche, sondern seine Transparenz für ein Unwirkliches, das in ihm erscheint — wirklichkeitsenthoben und doch wirklichkeitsnah, gebannt in ein Wirkliches. Oder umgekehrt: es ist die Erscheinung des Hintergrundes mit seiner außerwirklichen Fülle in einem begrenzten Realwirklichen, welches an ihm eben diese Funktion erfüllt, sein realer Träger, seine Darstellung, oder auch seine Seinsbasis in der Enge des Realen zu sein.

c. Der Modus der Entwirklichung und die freie Möglichkeit.

Substituiert man nun die obigen Modalbestimmungen in diese kategoriale Struktur, so sieht man leicht, daß sie auf diese sehr genau zupassen. Der Vordergrund des ästhetischen Gegenstandes ist real, durch ihn ist er im Realzusammenhang verwurzelt. Sein Hintergrund aber ist und bleibt irreal. Durch ihn ist er gleichzeitig herausgehoben aus dem Realzusammenhang, losgelöst von den Realbedingungen und aus der

Enge des jeweilig Realmöglichen. Indem er weder auf Realwirklichkeit noch auf Verwirklichung, ja nicht einmal auf Vortäuschung (Schein) von Wirklichkeit prätendiert, hat er tatsächlich einen Spielraum seiner Entfaltung, der die determinative Gebundenheit der Realwelt weit hinter sich läßt. Es tut sich in ihm ein Reich des Möglichen von ganz anderer Weite und Freiheit auf.

Denn die „Enge des Möglichen" besteht nur im Realen. Die Möglichkeit eben ist nur dort eindeutig bestimmt und eingegrenzt, wo sie an das Vorhandensein einer vollständigen Kette von Realbedingungen gebunden ist. Wo sie nicht Möglichkeit eines Realen ist, da ist sie an diese Kette auch nicht gebunden, da ist sie entfesselt, schwebt abgelöst über dem Realen, ist freigewordene Möglichkeit. Da folgt sie denn auch einem anderen Gesetz als dem „Realgesetz der Möglichkeit": sie ist, vom Realen aus gesehen, die eines „bloß Möglichen", das nicht zugleich notwendig, und darum auch nicht zugleich wirklich ist. So ist sie eine vom Deckungsverhältnis und von der Notwendigkeit „freie" Möglichkeit.

Die Ablösung vom Realwirklichen ist hier in der Tat eine weit radikalere als bei der freien Notwendigkeit. Diese drängt im Seinsollen bereits auf Realwirklichkeit hin, und in der Verwirklichung wird der Drang zur aktiven Realtendenz. In der Entwirklichung ist kein Drängen und keine Tendenz. Sie ist nicht teleologisch, hat kein Ziel, das sie verwirklichen müßte. Sie verharrt im Unwirklichen, ihre Rückbindung an das Wirkliche (den Vordergrund des ästhetischen Gegenstandes) ist nur Ansatz. Das Reale ist ihr nur Mittel, nicht Zweck. Es liegt für sie nicht in der Zielrichtung, ist auch nicht Resultat. Der künstlerisch Schaffende braucht sein Geschautes nicht zu verwirklichen, braucht das Reale mit seiner Erdschwere nicht zur Idee hinaufzubilden; er braucht keine Realbedingungen zu beschaffen. Er stellt das Konzipierte nur dar, läßt es erscheinen. In der Erscheinung aber ist möglich, was real durchaus unmöglich ist. Zu realisieren braucht er nur den Vordergrund, den Ansatz der Erscheinung. Für diesen besteht die Enge der Realmöglichkeit. Daher die Härte seines Ringens mit der spröden Materie. Aber es ist kein Ringen um das „Sein" des Hintergrundes. Für diesen besteht die Enge nicht. Er braucht nur im Vordergrunde zu „erscheinen".

Verwirklichung ist Hindrängen auf Realwirklichkeit. Entwirklichung ist Entfernung von ihr, Entfernung ohne Rückkehr. Sie kennt das Erfordernis der Realermöglichung nicht, sie besteht ohne Ausgleich des Ungleichgewichts. Die Möglichkeit ist und bleibt hier im Übergewicht. Ihre Freiheit in der Entwirklichung ist weit größer als die der Notwendigkeit in der Verwirklichung. Diese kehrt zurück zur Gebundenheit, sie muß sich aufheben im Erreichen ihres Zieles. Die „Freiheit der Möglichkeit" ist die reinere Freiheit. Sie läuft nicht in Bindung zurück, sie verharrt bei sich. Das Ungleichgewicht der Modi ist zwar instabil, aber nur innerhalb des Realen, nicht jenseits des Realen und der Realisation. Am bloß erscheinenden Idealen ist es ein ruhiges Bestehen des Gegenstandes, enthoben der Zeit und dem Geschehen.

Das künstlerische Schauen und Schaffen hat ein unbeirrbares Bewußtsein dieser Enthobenheit und Freiheit. Es erhebt sich zu ihr und empfindet in seiner Erhebung die Enthobenheit seines Gegenstandes. Ihr gibt es sich hin im Anschauen des Schönen.

d. Künstlerische Freiheit und disjunktive Möglichkeit.

Dieses Verhältnis wäre zuinnerst unverständlich, wenn es sich in der freien Möglichkeit um Realmöglichkeit handelte. Alles Rätselhafte aber schwindet, wenn man erwägt, daß dem keineswegs so ist. Wie denn auch jene Enthobenheit und Freiheit durchaus nicht einen höheren Seinsmodus zeigen als das Wirkliche und die Verwirklichung, sondern einen niederen. Das ist die Kehrseite der Sachlage. Der ästhetische Gegenstand bringt es nicht zur Verwirklichung, er braucht das auch nicht. Aber der Seinsweise nach ist er damit nicht über die Realität hinaus, sondern bleibt hinter ihr zurück. Er bezahlt seine höhere Formfülle und den Glanz des Überirdischen mit der niederen Seinsweise. Nur in dieser Seinsweise hat das künstlerische Schaffen seine gerühmte Freiheit, „aufzubrechen, wohin es will". Es ist die Freiheit der gelösten Seinsbande, des ekstatischen Seins — d. h. des aus dem Realwirklichen hinausgestellten —, die Freiheit des wachend und wissend Geträumten, des Gedichteten und des Gespielten.

Freiheit der Möglichkeit ist eine ganz andere Freiheit als die der Notwendigkeit. Sie ist „Freiheit im negativen Verstande", also gerade das, was es am Willen nicht geben kann. Hier ist kein Plus an Determination, hier steht nur alles offen. Diese Möglichkeit ist disjunktiv, und zwar unübersehbar mannigfaltig disjunktiv, ein vielstrahliges Möglichsein. Sie ist eben nicht Realmöglichkeit. Dennoch ist sie keine bloß negative. Sie hat die „äußere Relativität" noch an sich, ist auch Möglichkeit „auf Grund" von etwas. Aber ihr Grund ist ein Grund sui generis, kein Realgrund; darum ist er zur Realwirklichkeit nicht zureichend.

Ja, man darf sagen, daß diese Möglichkeit nur relativ zum Realen eine „freie" ist. In ihrer Sphäre selbst ist sie sehr streng gebunden, hat ihre sehr bestimmte Notwendigkeit hinter sich, mit der sie durchaus im Einklang steht. Aber es ist keine Realnotwendigkeit. Wir kennen sie als die künstlerische Notwendigkeit, die innere Eigenbestimmtheit und Formgesetzlichkeit des Schönen, die man wohl mit erfaßt, oder der man gar als Schaffender folgt, die man aber nie angeben oder aussprechen kann. Sie ist tief verwandt der Wesensnotwendigkeit und teilt deren Verhältnis zur Wesensmöglichkeit (vgl. darüber unten Kap. 41 d und e). Sie ist darum in der Tat von einer anderen Welt, wiewohl sie im „Ansatz" durch die Darstellung und das Transparenzverhältnis an das Reale rückgebunden bleibt.

Die Darstellung eben ist Darstellung „in" einem Realen und deswegen durch die Enge der Realmöglichkeit eingeschränkt. Aber Darstellung ist nicht Realverwirklichung. Ihr Inhalt bleibt jenseits des Wirklichen. Und in dieser seiner „jenseitigen" Sphäre ist er nur an seine eigenen Gesetze gebunden, nicht an die des Realen. Es ist bei ihm nicht wie beim Seinsollenden: er stößt nirgends auf den Widerstand des Realen, braucht dessen Trägheit nicht zu überwinden. In seiner Sphäre ist das, was auf Grund seiner Eigengesetzlichkeit möglich ist, unmittelbar ein vollendet Seiendes, und d. h. ein in seiner Weise Wirkliches, ein ästhetisch Wirkliches.

Die ungeheure Freiheit des künstlerisch Möglichen ist nur Freiheit gegenüber der Beschränktheit des Realmöglichen. Sie bedarf eben der Realbedingungen nicht für die Seinsweise dessen, was sie hervorzaubert. Aber sie hat ihre Eigendetermination in sich, und was in ihrem Reiche „ist", das hat dort auch seinen durchaus zureichenden Grund und kann nicht anders sein, als es ist.

Dritter Teil

Die Modalität des Irrealen

I. Abschnitt

Der modale Bau der logischen Sphäre

36. Kapitel. Die Eigenart der Urteilsmodi.

a. Stellung und Gesetzlichkeit der logischen Gebilde.

Unter der Modalität des Irrealen sollen hier die Modalverhältnisse der übrigen Sphären im Gegensatz zu denen der Realsphäre behandelt werden, obgleich diese Sphären nichts weniger als homogen sind. Eine eigentliche Seinssphäre mit selbständiger Seinsweise ist neben der Realsphäre nur noch die ideale Sphäre. Die logische und die Erkenntnissphäre sind von sekundärer Art, ihre Modi sind Sekundärmodi und können insofern den Primärmodi der beiden Seinssphären nicht an die Seite gestellt werden (vgl. Kap. 5 b und c). Daß hier trotzdem die Wesensmodi mit den Modi des Logischen und der Erkenntnis zusammengefaßt behandelt werden, ist durch ihre strukturelle Verwandtschaft, sowie durch ihren gemeinsamen Gegensatz zum Radikalismus der Realmodi gerechtfertigt. Die Untersuchung muß sich an solche Gemeinsamkeit halten; den Unterschied im ontischen Gewicht festzuhalten, ist auch bei solcher Anordnung ohne Schwierigkeit.

Die letzten Ausblicke, die sich von der Modalität des Realen aus ergaben, greifen diesen Dingen ohnehin weit vor. Da ist vieles übersprungen, was in der Schichtenlagerung davor liegt; wie denn auch die Modi des idealen Seins bereits tief hineinspielen. Übersprungen ist vor allem die Welt des Erkennens und die des Gedankens. Die Modalität der ersteren ist komplex und nicht ohne Schwierigkeiten. Die des Gedankens ist weit einfacher. Es ist die bestbekannte Modalsphäre, die des Logischen. Sie ist außerdem eng mit der des idealen Seins verknüpft. Und da die ideale Seinssphäre nun zur Diskussion steht, so liegt es am nächsten, mit der logischen Sphäre zu beginnen. Beim Bekannten anzusetzen ist alle Kategorialanalyse gezwungen.

Die logische Sphäre ist die der Begriffe, Urteile und Schlüsse. Aber nur die Urteile haben eigentliche Modalität, die Begriffe und Schlüsse haben keine, oder doch keine selbständige. Im übrigen ist die Sphäre eine durchaus gegenständliche, nur keine Seinssphäre. Ihre Gebilde sind keine Akte, sondern objektive Strukturen mit eigener Gesetzlichkeit; aber sie bestehen nicht an sich, sondern nur als Gegenstände möglichen Denkens. Sie sind Gedankengebilde. Ihre Sphäre ist eine projizierte, und doch zugleich von der Projektion abgelöste. Darin hat sie ihre schwebende Objektivität, die beliebig vom Sein abweichen kann und doch ihre innere Richtigkeit bewahrt. Diese „Richtigkeit" ist nichts als die Einstimmigkeit in sich selbst — sei es nun einzelner Begriffe und Urteile oder größerer Zusammenhänge —, sie hat daher mit „Wahrheit" nichts zu schaffen, obgleich sie meist mit ihr verwechselt worden ist. Denn Wahrheit ist das Zutreffen auf den Gegenstand (den realen oder idealen), also die Beziehung zu einem Gebilde anderer Sphäre. Der Erkenntniswert der Urteile hängt an diesem ihrem Zutreffen; aber ihr Erkenntniswert ist nicht ihr logischer Charakter. Ein Urteil muß zwar notwendig entweder wahr oder unwahr sein, aber das geht seine logische Struktur nichts an, ist auch aus bloß logischen Zusammenhängen nicht zu ersehen. Die Zusammenhänge, auch wo sie durchgehend „richtig" sind, können auf unwahren Voraussetzungen beruhen und in ihren Folgesätzen unwahr sein. Aus Unwahrem folgt Unwahres ebenso folgerichtig wie Wahres aus Wahrem. Die Logik des Urteils ist gnoseologisch indifferent. Sie betrifft nur die Richtigkeit des Zusammenhanges in sich selbst.

Das ist insofern wichtig, als darin die Ablösung der logischen Gegenstandssphäre vom außerlogischen Sein oder Nichtsein des Gedachten sichtbar wird. Auf dieser Abgelöstheit beruht die Andersheit der logischen Modi und ihrer Intermodalverhältnisse.

Ferner ist hier daran zu erinnern, daß es im Logischen Gesetzlichkeit von dreierlei Art gibt — entsprechend dem doppelten Grenzverhältnis der Sphäre gegen das Ansichsein der Gegenstände einerseits (der realen wie der idealen) und gegen das der Akte andererseits (des Denkens, Urteilens, Behauptens).

Das Logische steht erstens in weitem Ausmaße unter idealer Seinsgesetzlichkeit. Seinsgesetze sind z. B. die bekannten drei „logischen Gesetze", das der Identität, das des Widerspruchs und das des ausgeschlossenen Dritten; desgleichen die besonderen Gesetze des deduktiven Schlusses, der Klassifikation u. a. m. Aber es gibt zweitens auch ein Hineinspielen der Aktgesetze, die sehr anderer Art sind und mit jenen in Konflikt geraten. Der Beleg dafür liegt in den sog. „logischen Fehlern" des Denkens. Das Reich des Gedankens ist eben nicht eindeutig von einer, sondern von zwei Seiten her determiniert; es ist so der Kampfplatz zweier Determinationen. Und es gibt drittens noch eine Eigengesetzlichkeit des Logischen selbst, die sich nicht auf ideale Seinsgesetze zurückführen läßt. Sie setzt überall da ein, wo die Schlußstrukturen ins Methodologische übergehen, also sich inhaltlich dem Verfahren der Erkenntnis anpassen; so z. B. schon in der einfachen Induktion, die eine der ratio essendi zuwiderlaufende Richtung der logischen Dependenz zeigt, also aus dieser jedenfalls nicht herstammen kann.

Diese Unterscheidung wird für die Modalität des Urteils von entscheidender Bedeutung. Wäre alle logische Gesetzlichkeit transponierte Idealgesetzlichkeit, so könnten die Intermodalgesetze des Urteils von denen des idealen Seins schwerlich abweichen. Gibt es aber auch eine vom idealen Sein abweichende Eigengesetzlichkeit des Logischen, so ist die Besonderheit der Urteilsmodalität grundsätzlich sehr wohl verständlich.

b. Die Tafel der Urteilsmodi.

Man darf die Modi des Urteils ohne Bedenken in der traditionellen Form übernehmen. Diese fällt annähernd mit der zu Anfang angegebenen Tafel der neutralen Modi zusammen (Kap. 1a; vgl. auch Kap. 11b, Fig. 1). Man unterscheidet das apodiktische, assertorische und problematische Urteil. Das erste drückt die logische Notwendigkeit, das zweite die logische Wirklichkeit, das dritte die logische Möglichkeit aus. Alle drei kommen auch im negativen Urteil vor, sie ergeben dort die entsprechenden negativ-logischen Modi. Dabei ist zu beachten, daß das negativ apodiktische Urteil ein Urteil der Unmöglichkeit ist (nicht der Zufälligkeit), das negativ problematische aber ein solches der negativen Möglichkeit.

In dieser Anordnung gilt die Abstufung: das apodiktische Urteil ist das bestimmteste, es ist mehr als das assertorische; das problematische ist weniger als dieses, ist das unbestimmteste. „S muß P sein" besagt mehr als „S ist P"; „S kann P sein" besagt weniger. Ebenso im Negativen. Nur ist hier das negativste das bestimmteste, nämlich das negativ apodiktische („S kann nicht P sein"), während das am wenigsten negative das unbestimmteste ist („S kann non-P sein").

Vergleicht man das letztere mit dem affirmativ problematischen Urteil „S kann P sein", und nimmt man beide streng formal, so sieht man, daß die Unbestimmtheit in beiden eine und dieselbe ist. Die Möglichkeit des Seins ist hier zugleich Möglichkeit des Nichtseins, und umgekehrt. Sie implizieren einander; logische Möglichkeit ist ungespalten, sie ist disjunktive Möglichkeit.

Das verträgt sich gut mit ihrer in der Logik von jeher erkannten Bedeutung der Widerspruchslosigkeit. „S kann P sein" bedeutet: den Merkmalen von S widerspricht es nicht, daß P als weiteres Merkmal hinzutrete; aber es widerspricht ihnen auch nicht, daß P nicht hinzutrete. Beides ist gleich „möglich", und eines von beiden „muß" zutreffen. So ist denn das Spaltungsgesetz der Realmöglichkeit (vgl. Kap. 15 b) an der logischen Möglichkeit aufgehoben: „möglich" sind an ein und demselben S immer P und non-P zugleich. Anders, wenn eines von beiden S wirklich zukommt; dann ist das andere ausgeschlossen. In der logischen Möglichkeit verträgt sich, was in der logischen Wirklichkeit sich ausschließt.

Dieser Sachlage läßt sich in der Tafel der Urteilsmodi (Fig. 8) dadurch Rechnung tragen, daß man die Möglichkeit als einheitlichen, zugleich affirmativen und negativen Modus auf den Grenzstrich setzt. Die Absolutheit des Trennungsstriches, wie er als Riß durch die Tafel der Realmodi hindurchging (Kap. 17 e), ist damit im Logischen gleichfalls aufgehoben. Und es ist leicht vorauszusehen, daß mit der nun einsetzenden Indifferenz der Möglichkeit auch die anderen Indifferenzen (Kap. 11 a) sich wieder werden einstellen müssen. Ebenso kommt es am Schema zum Ausdruck, wie die logische Notwendigkeit als höchster, die Unmöglichkeit als niederster Modus dasteht, während die assertorische Wirklichkeit ihre Stellung zwischen Möglichkeit und Notwendigkeit, die assertorische Unwirklichkeit die ihrige zwischen Möglichkeit und Unmöglichkeit hat.

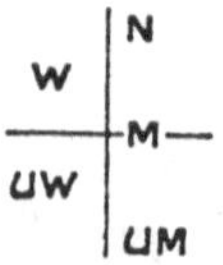

Fig. 8

c. Die Stellung der Zufälligkeit im Urteil.

Endlich aber fällt auch der Ausfall der Zufälligkeit in die Augen. Es ist unter den Urteilsmodi kein angebbarer Platz für sie, wie denn die formale Logik auch keinen Urteilstypus für sie vorsieht. Aber dem Sinne nach ist die Zufälligkeit damit nicht verbannt. Es ist hier nicht wie im Realen, wo das Zufällige innerhalb der Sphäre nicht vorkommt. Sonst müßte alles assertorisch Gültige auch apodiktische Gültigkeit haben. Was logisch keineswegs zutrifft. Denn zwischen der These und ihrer „Bewiesenheit" (Apodeixis) besteht ein unaufhebbarer logischer Unterschied.

Es ist dem Geltungssinn der Urteile nach vielmehr so: was bloß assertorisch gilt, das ist eo ipso ein logisch bloß Zufälliges, und zwar einerlei ob es ein Affirmatives oder ein Negatives ist. Die bloß thetische Urteilsform „S ist P" und „S ist nicht P" hat den Sinn bloßer Konstatierung, d. h. einer abgelösten und gegen den Urteilszusammenhang indifferenten Gültigkeit. Und das eben ist die Form der logischen Zufälligkeit: die Zusammenhangslosigkeit, das Nicht-Folgen aus anderweitig Gültigem.

So steckt die logische Zufälligkeit verkappt in den beiden absoluten Modi, der logischen Wirklichkeit und Unwirklichkeit; oder richtiger vielleicht, in ihrem gemeinsamen assertorischen Urteilscharakter, der bloß thetischen Gültigkeit.

Es ist nicht ohne Wichtigkeit, sich dieses klar zu machen. Anders würde die Modaltafel des Urteils in sich widersprechend werden. Es zeigte sich bereits am Spaltungsgesetz der Realmöglichkeit, daß überall wo dieses gilt, der Zufall ausgeschaltet bleibt, wo es aber aufgehoben ist, der Zufall wiederkehrt (Kap. 17c). Ist also die logische Möglichkeit ungespaltene, disjunktive Möglichkeit, so muß dem Zufall Spielraum bleiben. Und es bleibt ihm offenbar der denkbar breiteste Spielraum im Urteil. Denn alles, was bloß assertorisch gilt, ist logisch zufällig.

So gilt es schon bei den ersten Schritten umzulernen. Das ist die verbreitete Ansicht vom Logischen, daß es ein Gebiet durchgehender Gesetzlichkeit und Notwendigkeit sei; und als ein solches spielt man es wohl gar gegen das Reale aus, das allenthalben dem Zufall ausgesetzt erscheint. Gerade das Umgekehrte trifft zu. Die reale Welt hat ihre durchgehende Notwendigkeit; das Reich des Urteils dagegen steht dem Zufälligen ohne Grenze offen. Daß es das Logische in unserem Denken ist, was unentwegt auf Zusammenhang und Notwendigkeit hindrängt, wird dadurch nicht entkräftet. Im Gegenteil, das Hindrängen ist ja nur sinnvoll, wenn es im tatsächlichen Bestand der Urteile an Notwendigkeit fehlt.

d. Relationale und absolute Modi des Urteils.

Eine weitere Eigentümlichkeit der Urteilsmodi ist das Zurücktreten des Gegensatzes von relationalen und absoluten Modi. Das kommt schon in der Abstufung zum Ausdruck. Das assertorische Urteil hat eine Art mittlerer „Gültigkeit" zwischen dem apodiktischen und problematischen. Jenes hat die stärkste, dieses die schwächste Gültigkeit. Man könnte sich hiernach versucht sehen, die Modaltafel weiter zu vereinfachen, den Unterschied fundamentaler und relationaler Modalität ganz zu streichen und die fünf Modi einfach linear anzuordnen.

Die Vereinfachung ist verführerisch. Aber es widerstreitet ihr doch mancherlei; so schon das Wiederauftauchen der Indifferenzen. Modale Indifferenz, wo sie besteht, geht stets „über den Strich" (Kap. 11a), nämlich über den Grenzstrich der absoluten und relationalen Modi. Nimmt man den Grenzstrich weg, so fällt auch die Dimension hin, in der die Indifferenzen spielen. So bleibt für sie kein Spielraum übrig.

Aber man kann auch direkt zeigen, daß die Heterogeneität der Modi keineswegs verschwindet, sondern nur zurücktritt. Das Zurücktreten ist die Begleiterscheinung der Gültigkeitsabstufung; aber aus dieser läßt sich nichts folgern. Es ist vielmehr umgekehrt sehr fraglich, ob sie am Urteil das modal Wesentliche ist.

Ist es eigentlich wahr, daß das Urteil „S ist P" stärkere Geltung hat als „S kann P sein", und schwächere als „S muß P sein"? Es ist doch vielmehr so, daß die drei Urteile verschiedenes behaupten, aber durchaus den gleichen Behauptungscharakter zeigen. Das problematische spricht ein Seinkönnen aus, das apodiktische ein Seinmüssen. Beides ist nicht dasselbe wie das einfache Sein (P-Sein von S). Aber die Geltung aller drei Urteile ist die gleiche. Ihr Modalunterschied ist also im Grunde gar kein Unterschied der „Gültigkeit".

Dagegen, was die Urteile aussprechen — ihr Inhalt — zeigt deutlich den Unterschied des absoluten und relationalen Modus. Das Urteil „S ist P" gilt offenbar relationslos, unabhängig, abgelöst. Daß es selbst eine Relation ist — es spricht nun einmal aus, daß P dem S „zukommt" —, ändert hieran nichts. Gerade die Absolutheit des Zukommens ist ja im assertorischen Urteil gemeint; und darin besteht die logische Wirklichkeit. Erst von hier aus überträgt sich die Absolutheit auf die Geltung — mit Recht zwar, aber eben doch nur sekundär.

Ganz anders im problematischen Urteil. „S kann P sein" setzt etwas anderes voraus, auf Grund dessen es gilt. In der Regel wird der Fall so liegen: S ist in einer Reihe von Merkmalen a b c d bestimmt; dann besagt das Urteil, daß P sich mit a b c d verträgt. Es besagt aber auch, daß non-P sich mit ihnen verträgt. Das „Seinkönnen" im Urteil ist ein disjunktives, es geht in der Widerspruchslosigkeit auf. Darin ist deutlich der relationale Charakter des problematischen Urteils gegeben. Es besagt ein Zukommenkönnen auf Grund der bestehenden Merkmale von S; oder auch einfach die Vereinbarkeit von P mit a b c d. Das Zukommenkönnen ist ein bedingtes, ein auf den schon vorausgesetzten Merkmalbestand von S relatives. Das entspricht genau der „äußeren Relativität" der Möglichkeit auf ein vorbestehendes Wirkliches.

Vollends in die Augen springend ist die Relationalität am apodiktischen Urteil. „Apodiktisch" heißt bewiesen. Der Beweis aber stützt sich auf etwas, was er voraussetzt. Er hat die Form des Schlusses; und im Schluß sind die Prämissen das Vorausgesetzte. Notwendigkeit im logischen Sinne ist überhaupt nur die des Schlusses, auch wenn sie nicht in expliziter Schlußform vorliegt. Sie besagt nichts als die unvermeidliche Konsequenz; ja, diese Konsequenz ist das im engeren Sinne Logische, wie denn die Syllogistik von jeher das Kernstück der Logik gewesen ist. Das wiederum ist der Grund, warum im Felde des Logischen die Notwendigkeit unter den Modi die dominierende Rolle spielt. Und zugleich ist das auch der Grund, warum die logische Notwendigkeit stets an Voraussetzungen hängt, also relativ bleibt, und regressiv auf Nichtnotwendiges — bloß Assertorisches — zurückgeht. Es bewahrheitet sich an ihr das allgemeine Grenzgesetz aller Notwendigkeit, daß sie, in der Ganzheit ihrer Zusammenhänge genommen, zufällige Notwendigkeit ist.

e. Die logischen Modi als Modi des prädikativen Seins.

So bleibt der Gegensatz der absoluten und relationalen Modi, ungeachtet seines Zurücktretens, am Urteil doch in aller Bestimmtheit bestehen. Nur wenn man die Modi als Stufen der Gültigkeit versteht, wird er verschleiert. Aber diese Abstufung ist logisch sekundär.

Die wahre Abstufung, um die es sich hier handelt, ist eine primäre, im Wesen des Urteils selbst liegende. Sie steht diesseits aller Geltungsunterschiede und bezieht sich auf die Prädikation, resp. auf das „Zukommen" (oder Nichtzukommen), so wie die Copula es ausspricht. Der Modalunterschied liegt dann darin, „was" das Urteil besagt. Es besagt eben ein inhaltlich anderes, je nachdem ob P dem S schlechthin zukommt (assertorisch) oder nicht schlechthin. Im ersteren Falle ist das Zukommen ein abgelöstes, im letzteren ein relational gebundenes. Und wiederum bei relational gebundenem Zukommen besagt das Urteil ein anderes, je nachdem P dem S auf Grund eines Vorbestehenden bloß ohne Widerspruch zukommen kann (problematisch), oder auf Grund seiner zukommen muß (apodiktisch).

Es handelt sich also stets um das Grundelement des Urteils, um das Zukommen selbst, nicht um die Behauptung oder die Geltung, auch nicht um S oder P, die an der Urteilsrelation ja nur relata sind. In der Urteilsform spricht sich dieses Grundelement nur in der Copula aus. Darum erscheinen auch die Urteilsmodi schon äußerlich an der Copula, und zwar schon im sprachlichen Ausdruck („kann sein", „ist", „muß sein"). Die Copula eben ist der Ausdruck des prädikativen Seins. Die Urteilsmodi aber sind Modi des prädikativen Seins. Darin liegt der genaue logische Sinn ihrer Stufenfolge. Und nur wenn man diesen Sinn streng festhält, läßt sich die Eigenart logischer Modalgesetzlichkeit eindeutig verstehen.

Selbstverständlich gilt dasselbe auch von den Modi des negativen Urteils, der logischen Unwirklichkeit und Unmöglichkeit. Sie besagen nichts als das Nichtzukommen und Nichtzukommenkönnen. Sie sind darin die getreuen Spiegelbilder der affirmativen Modi. Die logisch negative Möglichkeit aber ist in der disjunktiven Doppelmöglichkeit enthalten (die deswegen im Schema auf den Trennungsstrich zu stehen kam, vgl. Fig. 8); die Möglichkeit des Nichtzukommens ist hier fest verkoppelt mit der des Zukommens.

Es sei hier in Parenthese bemerkt, daß die Urteilsmodalität mit diesem ihrem Hängen an der Copula einem allgemeinen logischen Gesetz folgt, nach welchem alle Differenzierung des Urteils eine solche des Zukommens selbst ist, also an der Copula hängt. Bei der Qualität (dem „ist" und „ist nicht") fällt das direkt in die Augen und ist kaum je verkannt worden; bei der Relation ist es wenigstens leicht zu sehen, aber nicht immer gesehen worden. Verkennt man z. B., daß das hypothetische Urteil ein „Wenn — So" aussagt, so kann man den copulativen Sinn des Bedingungsverhältnisses nicht fassen (das Zukommen liegt hier nicht im „ist" des Folgesatzes, sondern verbirgt sich im „Wenn — So" selbst). Stets verkannt worden ist die Sachlage in der Quantität des Urteils. Man meinte immer, dem sprachlichen Ausdruck folgend, der Unterschied des universalen und partikulären Urteils liege im Umfang des Subjekts; der Gegensatz sei der von „alle S" und „einige S", die Aussage „sind P" sei die gleiche. Weit gefehlt! Der Unterschied ist vielmehr, daß einmal P allen S „zukommt", das andere Mal aber nur einigen S „zukommt". Der Umfang von S ändert sich keineswegs — das würde ja inhaltliche Änderung des Begriffs bedeuten —, es ändert sich allein der Umfang des Zukommens; also formal gesprochen, der der Copula.

37. Kapitel. Die Intermodalgesetze der logischen Sphäre.

a. Modalität der Behauptung und Modalität der Aussage.

Für die Logik ist es bis in die letzten Konsequenzen entscheidend, ob man in den Urteilstypen die Wurzel der Differenzierung erfaßt oder nicht. Dringt man nicht bis auf den Seinssinn der Aussage (das Zukommen), bleibt man bei der Geltung oder der Behauptung stehen, so wandelt sich das unvermeidlich Formale des Schlusses in äußerliche Schematik, die dem lebendigen Gedanken fremd ist. Verfehlung dieser Art im Gebiet der Urteilsquantität ist es, was die Veräußerlichung der Syllogistik verschuldet hat. Man konnte durch das Verhältnis der Begriffsumfänge nicht mehr hindurchschauen auf die synthetische Leistung des terminus medius und den Sinn der logischen Folge. Damit aber geht das Wesen der Schlußgesetze verloren. Was übrig bleibt, ist das leere Formensystem der Figuren und Schlußweisen.

In der Modalität des Urteils ist die Verkennung selten so weit gegangen. Man hat im allgemeinen richtig den Unterschied des prädikativen Seinkönnens und Seinmüssens vom bloßen Sein (dem „ist" des assertorischen Urteils) erfaßt und dementsprechend Gesetze der consequentia modalis aufgestellt, die einen rein logischen Charakter zeigen. Doch fehlt es auch nicht an Theorien, die hier Verwirrung geschaffen haben. Die zeitlich letzte dieser Art ist die von A. Pfänder, die um so unheilvoller wirkt, als sie auf „phänomenologischer" Argumentation beruht. Sie weist etwas auf, was es wohl gibt, was aber nicht die Modalität der Prädikation selbst betrifft, sondern nur die der Behauptung [1]).

Behaupten nämlich läßt sich ein und dasselbe mit sehr verschiedenem Nachdruck. Man kann dasselbe „S ist P" als Vermutung oder als Gewißheit hinstellen, kann es auch einfach als gegebene Tatsache hinstellen. Dieser Unterschied braucht nicht im „Akt" des Behauptens zu liegen; er kann auch objektiv als ein solcher der Geltung verstanden werden. Das kommt an den Urteilsformen zum Vorschein, wenn man ihnen die entsprechende Fassung gibt. Das problematische Urteil besagt dann nicht „S kann P sein", sondern „S ist möglicherweise (vielleicht) P"; das apodiktische besagt nicht „S muß P sein", sondern „S ist notwendigerweise P". Im einen Fall ist der „Behauptungsschlag" herabgemindert oder gedämpft, im anderen ist er verstärkt, gesteigert. Zwischen beiden steht das assertorische „S ist P" als Behauptung mittleren logischen Gewichts. Behauptet aber wird in allen drei Fällen ein und dasselbe; nur die Behauptung selbst ist abgestuft.

Die Folge dieser Auffassung ist schlagend. Es ergeben sich Gesetze der consequentia modalis, nach denen alle positiven Modi einander implizieren. Gilt nämlich das Urteil „S ist vielleicht P", so ist damit der Sachverhalt „S ist P" behauptet. Derselbe Sachverhalt ist aber auch im assertorischen und apodiktischen Urteil behauptet. Es folgt also das einfache „S ist P" und zugleich das „S ist notwendigerweise P". Ebenso muß dann natürlich auch das apodiktische Urteil aus dem assertorischen folgen; woraus sich dann weiter ergibt, daß ein Beweis der These überhaupt überflüssig ist. Denn er fügt ja nichts zur These hinzu als die Notwendigkeit, und diese gerade folgt ohnehin aus ihr [2]).

Was Pfänder hier ableitet, ist also eine Implikationsgesetzlichkeit, die auf die Modi des Realen sehr genau zutreffen würde (wiewohl aus anderen Gründen). Nach ihm aber ist es umgekehrt. Diese durchgehende Implikation soll eine logische der Urteilsmodi sein, während für die „ontologischen" Modi eine andere, viel beschränktere gelten soll, nach der wohl Notwendigkeit die Wirklichkeit und Möglichkeit, und Wirklichkeit die Möglichkeit impliziert, aber nicht umgekehrt. Er kennt weder

---

[1]) Vgl. zum Folgenden Alexander Pfänder, Logik, Halle 1921 (im Jahrbuch für Philosophie und phänomenologische Forschung, Bd. IV), S. 233ff.

[2]) A. a. O. S. 410ff.

das Spaltungsgesetz der Realmöglichkeit, noch dessen Aufhebung in der Urteilsmöglichkeit. Darum sind hier in beiden Sphären die Intermodalgesetze falsch bestimmt. Das wahre Verhältnis ist genau das umgekehrte.

Die Verkennung der Realmodalität kann hierbei nicht wunder nehmen. Sie ist fast allen Theorien gemeinsam, ist überdies auch von der Logik aus nicht durchschaubar. Pfänder argumentiert phänomenologisch, nicht ontologisch; es kommt ihm nicht in den Sinn, daß Sein und Phänomen des Seins nicht ein und dasselbe ist.

Wohl aber ist die Verkennung der logischen Modi verwunderlich. Sie gerade sind direkt am Phänomen zugänglich. Es kommt nur darauf an, daß man überhaupt das Phänomen ihrer Unterschiede erfaßt. Es liegt in der Differenzierung der Aussage, des „Zukommens", resp. des prädikativen Seins.

Die „Behauptung" steht dem Aktcharakter noch zu nah; das wird an Pfänders Abstufung des „Schlages" sehr spürbar. Dieser ungewollt stehengebliebene Rest des Aktcharakters ist die Wurzel des Fehlers. Urteilsmöglichkeit und Urteilsnotwendigkeit hat mit der Stärke der Behauptung nichts zu schaffen. Man kann ein problematisches Urteil genau so nachdrücklich behaupten wie ein apodiktisches. Es gibt also zwar sehr wohl die Abstufung der Behauptung, aber ihr Sinn erschöpft sich im Grade des Geltens. Sie ist keine Modalabstufung des Urteils. Am Urteil selbst gibt es nur die verschiedenen Modi des „Zukommens", oder des prädikativen Seins.

b. Verhältnis der logischen Möglichkeit und Notwendigkeit zur realen.

Dieser Modi sind drei: das Zukommen schlechthin, das Zukommen-Können und das Zukommen-Müssen. Das erstere ist abgelöstes, relationsloses Zukommen; die beiden letzteren haben relationale Struktur, sie bestehen „auf Grund" von etwas. Assertorische Aussage kann ganz zusammenhangslos dastehen; um die Art der Gegebenheit des Inhalts kümmert sich die Logik nicht, der Inhalt kann auch ein fingierter sein (wie oft in den Beispielen der Logikbücher). Problematische und apodiktische Aussage sind an vorbestehende Urteile gebunden; wobei wiederum deren Gegebenheit gleichgültig ist, auch sie können fiktiv sein. Beide sagen ein Zusammenhängen aus, die eine bloßes Vereinbarsein, die andere striktes Folgen.

In allen drei Fällen aber handelt es sich nicht um Seinszusammenhang und Seinsabgelöstheit, sondern nur um den Begriffs- und Urteilszusammenhang selbst. Logische Notwendigkeit „S muß P sein" besagt noch nicht, daß ein reales S notwendig P sein müßte. Das würde sie erst besagen, wenn es feststünde, daß die Urteile, aus denen sie folgt, wahr sind. Sie können aber auch unwahr sein. In der Konklusion „S muß P sein" besteht das „Müssen" einfach auf Grund der Prämissen — etwa „M ist P" und „S ist M" — zu Recht. Es ist eben nur logisches Müssen. Reales Seinmüssen wäre etwas ganz anderes; dafür bedarf es jener Totalität von Realbedingungen, die zugleich zureichender Realgrund ist. Die logischen Prämissen brauchen mit dieser Totalität gar keine Ähnlichkeit zu haben, können sie auch inhaltlich auf keine Weise fassen. Das ist der Grund, warum alles „Beweisen" fragwürdig bleibt, solange kein Wissen um Realzusammenhänge hinzukommt. Daß der Beweis, und mit ihm die logische Apodiktizität, auch ontologisches Gewicht gewinnen kann, ist nicht eine Funktion der logischen Konsequenz allein, sondern eine solche ihrer methodischen Einspannung in den Erkenntniszusammenhang. Das aber ist nicht mehr Sache der logischen Modalität.

Noch deutlicher ist das an der logischen Möglichkeit. Das Urteil „S kann P sein" besagt noch nicht, daß ein reales S realiter P sein könne. Es würde das selbst dann nicht besagen, wenn feststünde, daß das reale S wirklich nur solche Soseinszüge hat, mit denen P ohne Widerspruch zusammenbestehen kann. Denn zur Realmöglichkeit genügt die Widerspruchslosigkeit nicht; für sie bedarf es der Totalität der Realbedingungen. Von der aber ist in den logischen „Merkmalen" von S, mit denen P sich verträgt, gar nicht die Rede. Trotzdem besteht das prädikative „Seinkönnen" in der Aussage zu Recht, wenn nur P sich mit jenen Merkmalen verträgt. Es prätendiert gar nicht darauf, Realmöglichkeit auszusprechen (die ja auch die Möglichkeit des Nicht-P-Seins ausschließen würde). Es spricht nichts aus als jene Widerspruchslosigkeit. Diese besteht zu Recht, auch wenn in der Realsituation von S sich solche Bestimmungen finden, die P unmöglich machen. So kommt es, daß das Urteil „S kann P sein" ein „S kann non-P sein" nicht ausschließt, während das reale P-sein-Können von S das reale non-P-sein-Können von S ausschließen würde.

Logische Möglichkeit bleibt in ihrer Unbestimmtheit weit hinter der Realmöglichkeit zurück; nicht nur darum, weil das Urteil zwar folgerichtig, aber doch unwahr sein könnte, sondern weil auch bei wahrem Urteil dasjenige, „auf Grund" dessen sie besteht, nicht entfernt heranreicht an die lange Reihe der Bedingungen, „auf Grund" deren erst die Realmöglichkeit bestehen würde.

Logische Möglichkeit und Notwendigkeit beruhen wohl auf Zusammenhang, aber auf logischem, nicht auf Seinszusammenhang. Dasselbe ist negativ an der logischen Wirklichkeit zu sehen. Sie ist das abgelöste Zukommen, aber abgelöst nicht vom Realzusammenhang, sondern vom logischen. Vom Realzusammenhang kann sie natürlich auch abgelöst sein (wie in den fingierten Beispielen der Logik). Sie braucht aber von ihm nicht abgelöst zu sein. Das abgelöste Zukommen kann einen empirisch gegebenen Realverhalt aussprechen; das ändert nichts am Fehlen des logischen Zusammenhanges. Auch die logische Wirklichkeit also ist in derselben Weise wesensverschieden von der Realwirklichkeit; und zwar gerade wenn man sie als Modus des prädikativen Seins (des Zukommens) versteht, und nicht als bloßen Behauptungsmodus.

Diese Wesensverschiedenheit der logischen von den Realmodi ist die Grundlage für das Verständnis ihrer Intermodalgesetzlichkeit. Diese eben weicht von der des Realen weit ab. Die Abweichung ist so groß, daß sie die Anwendung des Denkens auf Realverhältnisse — im Leben wie in der Wissenschaft — illusorisch machen müßte, wenn nicht die Modi selbst andere wären als die Realmodi. Da sie aber durchaus andere sind — nämlich Modi des prädikativen Seins —, so besteht diese Anwendung trotzdem zu Recht; ohne sie wäre der Mensch, einmal mit einer solchen Denkgesetzlichkeit ausgerüstet, in der realen Welt verloren, könnte sich nicht in ihr orientieren, wäre gleichsam der Tücke des Cartesischen deus malignus ausgeliefert. Die Andersheit der logischen Modi, sowie der logischen Gesetze überhaupt, gegenüber denen des Realen, stellt vielmehr einen durchaus lebenswichtigen Apparat der Abkürzung und der Übersicht dar, ohne den der Mensch sich in der uferlosen Mannigfaltigkeit des Realen nicht zurechtfinden würde. Aber eben deswegen kann der Apparat nicht identisch sein mit Realstruktur und Realmodalität.

c. Die Implikationsgesetze der positiven Urteilsmodi.

Legt man den hier entwickelten Sinn der Urteilsmodalität zugrunde, so folgt, daß die Pfänderschen Implikationsgesetze unzutreffend sind — sie könnten ja auch nur auf Grund gespaltener Möglichkeit bestehen, die aber gibt es im Logischen nicht — und daß an ihre Stelle die der klassischen Logik zu treten haben, wie sie als Gesetze der consequentia modalis bekannt sind. Man kann diese Gesetze, soweit sie die positiven Modi betreffen, in zwei Grundsätze zusammenfassen, an denen der radikale Gegensatz zur Intermodalgesetzlichkeit des Realen sofort in die Augen springt.

I. Grundsatz: jeder höhere positive Urteilsmodus impliziert den niederen, kein niederer aber impliziert den höheren.

II. Grundsatz: die Aufhebung eines niederen Urteilsmodus impliziert die Aufhebung des höheren, keine Aufhebung eines höheren aber impliziert die des niederen.

In diesen Grundsätzen stecken je drei Implikationsgesetze. Die aus dem zweiten folgenden sind die getreuen Spiegelbilder der aus dem ersten folgenden. Der I. Grundsatz also besagt:

1. Urteilsnotwendigkeit impliziert Urteilswirklichkeit;
2. Urteilswirklichkeit impliziert Urteilsmöglichkeit;
3. Urteilsnotwendigkeit impliziert Urteilsmöglichkeit.

Der negative Nachsatz des Grundsatzes besagt, daß dieses die einzigen affirmativen Implikationen sind, ihre Umkehrungen aber logisch falsch sind. Damit fallen die drei paradoxen Implikationsgesetze, die im Realen zu Recht bestanden, am Urteil hin. Man kann also den I. Grundsatz nach seiner affirmativen und negativen Seite zugleich auch in folgende Sätze zusammenfassen:

Aus dem problematischen Urteil („S kann P sein") folgt weder das assertorische noch das apodiktische (weder „S ist P" noch „S muß P sein");

Aus dem assertorischen Urteil („S ist P") folgt nicht das apodiktische („S muß P sein"), wohl aber das problematische („S kann P sein");

Aus dem apodiktischen Urteil („S muß P sein") folgt sowohl das assertorische als auch das problematische (sowohl „S ist P" als auch „S kann P sein").

Ähnlich kann man den II. Grundsatz in Gesetze negativer Implikation auseinanderlegen:

4. Negation der Urteilsmöglichkeit impliziert Negation der Urteilswirklichkeit;
5. Negation der Urteilswirklichkeit impliziert Negation der Urteilsnotwendigkeit;
6. Negation der Urteilsmöglichkeit impliziert Negation der Urteilsnotwendigkeit.

Der negative Nachsatz des II. Grundsatzes besagt ferner, daß dieses die einzigen negativen Implikationen sind, ihre Umkehrungen aber logisch falsch sind. Damit fallen auch die drei paradoxen Implikationsgesetze der negativen Modi, die im Realen galten, am Urteil hin. Man kann also den Inhalt des II. Grundsatzes auch so zusammenfassen:

Aus der Aufhebung des apodiktischen Urteils — also aus „S ist nicht notwendig P" — folgt weder die Aufhebung des assertorischen noch die des problematischen Urteils (es folgt weder „S ist nicht P" noch „S kann nicht P sein");

Aus der Aufhebung des assertorischen Urteils — also aus „S ist nicht P" — folgt nicht die Aufhebung des problematischen, wohl aber die des apodiktischen Urteils (es folgt nicht „S kann nicht P sein", wohl aber „S braucht nicht notwendig P zu sein");

Aus der Aufhebung des problematischen Urteils — also aus „S kann nicht P sein“ — folgt sowohl die Aufhebung des assertorischen als auch die des apodiktischen Urteils (es folgt sowohl „S ist nicht P“ als auch „S braucht nicht notwendig P zu sein“).

d. Die Implikationsgesetze der negativen Urteilsmodi.

Zugleich sieht man, wie in diesen Gesetzen die Implikationen der negativen Modi bereits enthalten sind. Sie sind, logisch genommen, einfach die Modalimplikationen des negativen Urteils, bilden also keine neuen Gesetze. Logische Unmöglichkeit setzt logische Unwirklichkeit voraus, und diese wiederum die logische Möglichkeit des Nichtseins. Diese Reihe aber läßt sich nicht umkehren. Im negativen Urteil also impliziert die assertorische Aussage die problematische, und die apodiktische sie beide, ebensosehr wie im affirmativen. Setzt man also hier mit Rücksicht auf die sich steigernde Negativität das negativ apodiktische Urteil als das modal niederste an, so läßt sich der II. Grundsatz auch so aussprechen:

Jeder niedere negative Urteilsmodus impliziert den höheren negativen, kein höherer aber impliziert den niederen.

Dieser Fassung entsprechend müssen dann die Gesetze 4—6 so lauten:

4. Urteilsunmöglichkeit impliziert Urteilsunwirklichkeit;
5. Urteilsunwirklichkeit impliziert negative Urteilsmöglichkeit;
6. Urteilsunmöglichkeit impliziert negative Urteilsmöglichkeit.

Daß in diesen Sätzen die negative Möglichkeit abgespalten erscheint, während anderweitig gezeigt werden konnte, daß die logische Möglichkeit disjunktiv (ungespalten) ist, bildet hierbei noch einen besonderen Problempunkt, der einstweilen zurückgestellt werden muß. Der negative Nachsatz des Grundsatzes aber enthält die Gesetze: Urteilsunwirklichkeit impliziert nicht Urteilsunmöglichkeit; und negative Urteilsmöglichkeit impliziert weder Urteilsunwirklichkeit noch Urteilsunmöglichkeit.

Diese Intermodalgesetze des negativen Urteils lassen sich nun ohne weiteres als Spezialfälle derjenigen des affirmativen Urteils wiedererkennen. Man braucht dazu nur die drei zusammenfassenden Folgesätze des I. Grundsatzes vorzunehmen und überall das negative Vorzeichen einzusetzen. Die Sätze lauten dann so:

Aus dem negativ problematischen Urteil („S kann non-P sein“) folgt weder das negativ assertorische noch das negativ apodiktische (weder „S ist nicht P“ noch „S kann nicht P sein“);

Aus dem negativ assertorischen Urteil („S ist nicht P“) folgt nicht das negativ apodiktische („S kann nicht P sein“), wohl aber das negativ problematische („S kann non-P sein“);

Aus dem negativ apodiktischen Urteil („S kann nicht P sein") folgt sowohl das negativ assertorische als auch das negativ problematische (sowohl „S ist nicht P" als „S kann non-P sein").

Dieser Gleichlaut der Intermodalgesetze am affirmativen und am negativen Urteil beweist, daß die Urteilsmodalität überhaupt indifferent ist gegen die Urteilsqualität. Ob das Urteil affirmativ oder negativ ist, immer ist die Möglichkeit das Minimum an modaler Bestimmtheit, das in den bestimmteren Modi mindestens vorausgesetzt ist, aus dem aber durchaus keine höhere modale Bestimmtheit folgt. Ebenso ist die logische Wirklichkeit (bzw. Unwirklichkeit) eine mittlere Bestimmtheit, die in der höchsten, der logischen Notwendigkeit (bzw. Unmöglichkeit) vorausgesetzt ist. Das Zukommenkönnen ist im Zukommen die Voraussetzung, das Zukommen im Zukommenmüssen. Und ebenso negativ: das Können des Nichtzukommens ist im Nichtzukommen, und dieses im Nicht-Zukommenkönnen vorausgesetzt.

Die Richtung des Vorausgesetzt- und Impliziertseins läßt sich hierbei in keinem Punkte umkehren. Implikation waltet im affirmativen Verhältnis nur vom höheren zum niederen, im negativen nur vom niederen zum höheren Urteilsmodus.

Das aber bedeutet: es gibt im Logischen keine Intermodalgesetze, die dem Realgesetz der Möglichkeit und dem Realgesetz der Notwendigkeit entsprächen. Was logisch möglich ist, das ist noch nicht logisch wirklich; und was logisch wirklich ist, das ist noch nicht logisch notwendig. Folglich gibt es in der Ebene des Logischen ein „bloß Mögliches", das nicht wirklich ist; ebenso wie es hier ein „bloß Wirkliches" gibt, das nicht notwendig ist. Das ist der fundamentale Unterschied des prädikativen Seins vom realen Sein. Und das stimmt gut zu der Indifferenz des Urteils gegen wahr und unwahr. Der logische Zusammenhang eben ist an sich indifferent gegen die Gesetze des Realzusammenhanges und seiner Seinsweise. Er hat seine eigene Gesetzlichkeit, die der Richtigkeit und Unrichtigkeit; und die ist von anderer Art.

e. Die modalen Indifferenz- und Ausschlußgesetze des Urteils.

Die logisch-modalen Implikationsgesetze haben formale Evidenz. Sie verstehen und sie erweisen ist durchaus ein und dasselbe. Wie sie sich denn auch Punkt für Punkt mit jenen allgemeinen (neutralen) Implikationsgesetzen decken, deren Evidenz noch vor der Differenzierung der Modi nach Sphären dargetan wurde (vgl. Kap. 14 e).

Andererseits aber sind mittelbar durch sie auch die zugehörigen Ausschluß- und Indifferenzgesetze gegeben. Von den letzteren ist die Indifferenz der Möglichkeit gegen logische Wirklichkeit und Unwirklichkeit direkt am Sinn der Widerspruchslosigkeit einsichtig (Kap. 36 b). Mit ihr aber wird auch die logische Wirklichkeit und Unwirklichkeit indifferent; das kommt darin zum Ausdruck, daß jene nicht logische Notwendigkeit, diese nicht logische Unmöglichkeit impliziert. Ist das Urteil „S ist P" an kein logisches Seinmüssen gebunden, so ist es indifferent gegen Notwendigkeit und Zufälligkeit, d. h. gegen logisches Folgen oder Nichtfolgen; und ist das Urteil „S ist nicht P" an kein logisches Nicht-Seinkönnen gebunden, so ist es indifferent gegen Unmöglichkeit und Zufälligkeit (des Nichtseins, resp. gegen Möglichkeit des Seins), d. h. wiederum gegen logisches Folgen oder Nichtfolgen.

Für das Ausschlußverhältnis, das ja notwendig ein gegenseitiges ist, bleibt unter solchen Umständen wenig Raum. Wo die Möglichkeit ungespalten disjunktiv ist, da schließen nicht nur ihre beiden Glieder, die positive und die negative Möglichkeit, sich nicht aus (beide bedeuten ja nur Widerspruchslosigkeit), sondern auch die Wirklichkeit schließt die Möglichkeit des Nichtseins nicht eindeutig aus, und die Unwirklichkeit schließt die Möglichkeit des Seins nicht eindeutig aus. Desgleichen umgekehrt in beiden Fällen.

Das klingt erstaunlich. Aber schon eine einfache Überlegung vermag es zu erweisen. „S kann auch P sein" widerspricht nicht einem „S ist nicht P". Nur „S ist P" würde ihm widersprechen. Das assertorische Gesetztsein im Urteil impliziert eben keine Notwendigkeit (kein Nicht-anders-sein-Können). Ebenso widerspricht „S kann auch non-P sein" einem „S ist P" nicht. Nur „S ist nicht P" würde ihm widersprechen. Das assertorische Aufgehobensein im Urteil impliziert eben keine Unmöglichkeit (kein Nicht-Seinkönnen). Die logische Möglichkeit des Nichtseins bleibt neben dem bloß assertorischen Gesetztsein bestehen, die logische Möglichkeit des Seins neben dem assertorischen Aufgehobensein. Eine wie die andere ist nicht ausgeschlossen, weil nur ein fester Zusammenhang sie ausschließen könnte. Aber assertorische Setzung und Aufhebung sind zusammenhangslos, abgelöst. Beide bestehen im Urteil so, wie Wirklichkeit und Unwirklichkeit im Realen nie bestehen könnten, für sich. Die Möglichkeit des Nichtseins würde der assertorischen Setzung freilich widersprechen, wenn sie Totalmöglichkeit wäre. Da sie aber nur Teilmöglichkeit ist und nach wie vor dem Gesetztsein (von „S ist P") nichts anderes besagt, als daß mit den vorgegebenen Merkmalen von S auch non-P sich widerspruchslos vertragen würde, so ist sie durch jenes Gesetztsein nicht aufgehoben. Denn eben diese Widerspruchslosigkeit bleibt ja bestehen; sie steht indifferent zum assertorischen Urteil.

Das ändert sich in der Tat erst beim apodiktischen Urteil. „S muß P sein" ist nicht bloße Setzung, sondern ein unabweisbares Mitgesetztsein mit anderem Vor-Gesetztem. Dieses andere schließt das non-P-sein-

Können von S aus; S wäre „auf Grund" des Vor-Gesetzten widersprechend (nämlich diesem widersprechend), wenn es nicht P wäre. So z. B. „auf Grund" der Prämissen „M ist P" und „S ist M". Der logische Zusammenhang ist es, der die Möglichkeit des Nichtseins ausschließt. Dasselbe gilt negativ für das apodiktische „S kann nicht P sein"; wobei hier schon an der sprachlichen Form der Aussage das Ausgeschlossensein des P-sein-Könnens unmittelbar sichtbar ist.

Hiernach bleibt von den modalen Ausschlußgesetzen, die im Realen alle positiven Modi von den negativen radikal abtrennten, in der Sphäre des Urteils nur ein bescheidener Rest übrig, nämlich das, was die drei Indifferenzen übrig gelassen haben. Man kann es in drei Sätzen zusammenfassen:

Das apodiktische Urteil — einerlei ob affirmativ oder negativ — schließt alle drei Urteilsmodi entgegengesetzter Qualität aus;

Das assertorische Urteil schließt von den Urteilen entgegengesetzter Qualität nur das assertorische und das apodiktische, nicht aber das problematische aus;

(Das problematische Urteil schließt nur das apodiktische Urteil entgegengesetzter Qualität aus).

Der dritte Satz ist in Klammern zu setzen, weil das problematische Urteil als Disjunktion von P und non-P von vornherein keine entschiedene Qualität hat. Der Satz stimmt also nur, wenn man die logische Möglichkeit als einseitige (gespaltene) nimmt. In welchem Sinne das aber zulässig ist, bleibt bei der Eigenart der Urteilsmöglichkeit gerade fraglich. Hier liegt der Grund aller weiteren Aporien der logischen Intermodalverhältnisse.

Sieht man von dieser Schwierigkeit ab, läßt man also die Möglichkeit als gespaltene gelten, so kann man unter Berücksichtigung der Qualität die Ausschlußgesetze auch so formulieren:

1. Logische Notwendigkeit schließt logische Unmöglichkeit, Unwirklichkeit und Nichtseinsmöglichkeit aus;
2. Logische Wirklichkeit schließt nur logische Unmöglichkeit und Unwirklichkeit aus;
3. Logische Seinsmöglichkeit schließt nur logische Unmöglichkeit aus;
4. Logische Unmöglichkeit schließt logische Notwendigkeit, Wirklichkeit und Seinsmöglichkeit aus;
5. Logische Unwirklichkeit schließt nur logische Notwendigkeit und Wirklichkeit aus;
6. Logische Nichtseinsmöglichkeit schließt nur logische Notwendigkeit aus.

38. Kapitel. Unstimmigkeiten und Unbestimmtheiten.

a. Das Verschwinden des Satzes vom Grunde.

Man hat die Sphäre des Logischen immer als eine Domäne eindeutig durchgehender Ordnung, Einstimmigkeit und Gesetzlichkeit angesehen. Man stellte sie aus diesem Grunde neben das Mathematische. Im Realen mochte Unklarheit, Verwirrung, Irrationalität bestehen, die Logik blieb durchsichtig in klassischer Klarheit, ein Feld reiner Rationalität.

Indessen, wie man in diesem Punkte über die Mathematik hat umlernen müssen, so muß man es nun auch über die Logik. Und zwar von Grund aus, vom prädikativen Sein aus, von seinen Modi und Intermodalverhältnissen aus. Es ist damit gerade umgekehrt, als die logische Tradition es lehrt: die Modalität des Realen ist eindeutig und in sich einstimmig in den Grenzen ihrer Sphäre, die des Logischen ist es nicht. Sie ist voller Schwierigkeiten und Unstimmigkeiten, ungeachtet aller Evidenz ihrer Gesetzlichkeit. Zwar eigentliche Paradoxien gibt es hier nicht; paradox gerade waren die wichtigsten Intermodalgesetze der Realsphäre. Aber sie waren es nur für die vom Logischen herkommende Denkgewohnheit. In sich und in ihrem Zusammenhang waren sie ohne wesentliche Aporien. In der logischen Modalität tritt umgekehrt die Paradoxie ganz zurück; dafür häufen sich die Unstimmigkeiten.

Von dieser Sachlage zeugen die soeben entwickelten Intermodalgesetze des Urteils, sobald man sie näher ins Auge faßt. Schon die Wiederkehr der Indifferenzen bringt eine gewisse Unbestimmtheit hinein. Die logische Möglichkeit ist als disjunktive die offenkundige Unentschiedenheit; ja selbst logische Wirklichkeit und Unwirklichkeit zeigen trotz ihrer Abgelöstheit noch ein gewisses Offenbleiben. Die Unbestimmtheit greift von der Möglichkeit her auf sie über. Nur Notwendigkeit und Unmöglichkeit sind hier wirklich bestimmte Modi. Aber nicht alles Logische zeigt diese Bestimmtheit. Was assertorisch gesetzt ist, muß wohl widerspruchsfrei sein, aber es braucht nicht als Konsequenz aus etwas zu „folgen", was sein zureichender Grund wäre.

Man ist gewöhnt, den Satz vom zureichenden Grunde vor allem im Urteils- und Schlußzusammenhang erfüllt zu sehen. Das mag wohl gelten, soweit dieser Zusammenhang reicht; aber er reicht nicht allzuweit. Er durchzieht die Sphäre des Logischen nicht vollständig. Es gibt kein durchgehendes Gesetz logischer Determination, wie es ein durchgehendes Gesetz der Realdetermination gibt. Nicht jedes Urteil hat seinen zureichenden Grund. Nur vom apodiktischen Urteil kann das gelten; vom assertorischen gilt es nicht. Der Satz vom Grunde in der logischen Sphäre kann nur lauten: was logisch notwendig ist, hat seinen zureichenden Grund. Was ein tautologischer Satz ist, nicht wert, ihn auszusprechen. Aber es ist nicht alles logisch notwendig, was logisch wirklich und assertorisch gesetzt ist, sondern nur was aus Prämissen folgt.

Das „bloß Assertorische" also hat keinen zureichenden Grund. Ein solcher Satz vom Grunde, der nur für eine Auslese von Urteilen gilt, ist kein durchgehendes logisches Gesetz. Er ist es höchstens als Schlußgesetz, nicht als allgemeines Urteilsgesetz. Aber gerade in dieser Einschränkung ist er ein überflüssiger Satz; denn logisch notwendig sein heißt eben seinen zureichenden Grund in Prämissen haben. Besagte der Satz vom Grunde, daß jedes Urteil einen zureichenden Grund habe, so wäre er ein gewichtiges logisches Gesetz; das aber entspricht der Sachlage im Reich des Urteils nicht. Sagt er also nur, daß das apodiktische Urteil einen zureichenden Grund hat, so sagt er vielmehr gar nichts. Als durchgehendes Determinationsgesetz verschwindet er damit aus der logischen Sphäre.

b. Das prädikative Sein als erweichtes Sein.

Das Logische ist nicht die Sphäre durchgehender Bestimmtheit, die der Rationalismus in ihm erblickt hat. Es entbehrt der alles beherrschenden „Entschiedenheit", es besitzt kein Analogon zur „Härte des Realen" (vgl. Kap. 15 d und 17 e). Es ist eine Sphäre erweichten Seins. Seine Möglichkeit ist unentschieden, seine Wirklichkeit zufällig, seine Notwendigkeit sporadisch, seine Determination defekt. Das prädikative Sein läßt sich nicht zur Einheit einer Welt zusammenschließen; es hat nicht die durchgehende Konsequenz, die man ihm nachgerühmt hat. Wohl zeigen die Wissenschaften die Tendenz, die logische Konsequenz durchgehend zu machen, alles assertorisch Geurteilte zum Apodiktischen zu erheben. Aber die Tendenz ist keine logische, sie dringt auch nicht durch. Sie wäre also, auch wenn sie der Logik entstammte, noch kein „Gesetz" des Logischen.

Von wirklich strenger Konsequenz ist innerhalb des Logischen nur das Gebiet des Schlusses. Soweit Schlüsse sich aneinanderreihen, herrscht zureichender Grund und durchgehende Determination. Alle Konklusionen sind apodiktisch. Unwillkürlich denkt jedermann an die Syllogistik, wenn von „logischer Konsequenz" die Rede ist; und wenn man meint, etwas sei konsequent gefolgert, so sagt man: „das ist logisch". Man vergißt, daß es Urteile auch ohne Schlußkette gibt, daß syllogistische Konsequenz nicht entfernt überall hin reicht, wo es Urteile gibt. Diese Konsequenz findet ihre Schranke nicht wie die Realdetermination erst an den Grenzen der ganzen Sphäre; sie ist mitten „in" der Sphäre unterbrochen, ein Schlußzusammenhang steht neben einem anderen unverbunden da — z. B. in nur leise verschieden gerichteten Wissenschaftszweigen —, obgleich die Gegenstandsgebiete im Realen keineswegs unverbunden dastehen. Allenthalben schiebt sich das „bloß Assertorische“ zwischen das Apodiktische. Das Reich des Logischen ist, so widersinnig es klingen mag, ebensosehr ein Reich der Inkonsequenz als der Konsequenz.

Das prädikative Sein eben ist kein eigentliches Sein, kein Ansichsein, sondern nur ein Gesetztsein im Urteil. Ja, es steht diesseits der Wahrheitsrelation, die es wenigstens straff auf ein Ansichseiendes beziehen würde. Es hat Bewegungsfreiheit gegen reales Sein und Nichtsein, wie gegen Wahr und Unwahr. In der Unbestimmtheit seiner Allgemeinbegriffe besteht widerspruchslos zu Recht, was real durchaus unmöglich ist. Darum ist das prädikative Sein ein erweichtes Sein mit unaufhebbarem Einschlag der Unbestimmtheit. Seine Modi sind amphibolisch, seine Intermodalgesetze geraten in Widerstreit.

c. Aporien der logischen Möglichkeit und Wirklichkeit.

Die Hauptschwierigkeit liegt offenbar in der logischen Möglichkeit. Sie ist die Wurzel der modalen Unstimmigkeit, gleichsam die reine Form der Seinsunbestimmtheit. Sie besagt geradezu das Zusammenbestehen prädikativen Seins und Nichtseins im Modus des „Könnens“. Von ihr aus erstreckt sich die logische Unbestimmtheit auf die Wirklichkeit. Wo, wie im Realen, alles was möglich ist, auch wirklich ist (Realgesetz der Möglichkeit), da ist auch alles, was wirklich ist, notwendig (Realgesetz der Notwendigkeit). Wo aber, wie im Urteil, auch anderes möglich ist, als was wirklich ist, da ist das Wirkliche als solches nicht notwendig. Die Notwendigkeit eben ist das Ausgeschlossensein des Andersseinkönnens.

Man muß in den weiteren Überlegungen diesen Zusammenhang klar vor Augen haben: weil es im Logischen das „bloß Mögliche“ gibt, das nicht wirklich ist (jene selben gespenstischen Möglichkeiten, die sich im Reich des Realen nicht halten konnten), darum — und nur darum — gibt es im Logischen auch das „bloß Wirkliche“, das nicht notwendig ist.

Wie aber ist das zu verstehen, wenn doch andererseits alles, was logisch wirklich ist, zum mindesten logisch möglich sein muß? Denn logische Wirklichkeit setzt logische Möglichkeit voraus. Wie kann das Mögliche denn ein „bloß Mögliches“ sein, wenn es im Wirklichen vorausgesetzt ist? Das problematische Urteil läßt auch non-P sein können, indem P sein kann. Nun aber muß ein S zum mindesten P sein „können“, wenn es P „ist“. Wo also bleibt das „non-P-sein-Können“, das doch mit zum problematischen Urteil gehörte? Ist es im Wirklichsein verschwunden? Dann wäre ja nur die Hälfte der logischen Möglichkeit in die logische

Wirklichkeit aufgegangen! Die Möglichkeit müßte als der in der Wirklichkeit vorausgesetzte und implizierte Modus in ihr gespalten sein. Nun aber ist logische Möglichkeit ungespaltene, disjunktive Möglichkeit. Wie reimt sich das?

Oder anders ausgedrückt: die Möglichkeit müßte, sofern sie als Voraussetzung in die Wirklichkeit eingeht, „indifferente Möglichkeit" sein (Kap. 3 a). Darunter ist eine solche zu verstehen, die gleichgültig dagegen besteht, ob das Mögliche (also hier das P-Sein von S) wirklich ist oder nicht. Ist aber im problematischen Urteil das Seinkönnen ein disjunktives, so enthält es das Gegenglied („S kann auch non-P sein") in sich. Und dieses ist nicht indifferent gegen das assertorische „S ist P"; denn eben „S ist P" kann nicht gelten, wenn S auch non-P sein kann. Die ungespaltene Möglichkeit also kann nicht in die logische Wirklichkeit eingehen; denn als disjunktive ist sie nicht indifferent.

Das spitzt sich noch weiter zu im Verhältnis von Notwendigkeit und Möglichkeit. Was logisch notwendig ist, muß zum mindesten logisch möglich sein. Was logisch nicht möglich wäre, das wäre widerspruchsvoll; logisch notwendig aber ist das, dessen Gegenteil widerspruchsvoll wäre. Wie aber sollte disjunktive Möglichkeit als Voraussetzung in die Notwendigkeit eingehen? Sie besagt: S kann P sein, kann aber auch non-P sein. Die Notwendigkeit aber besagt: S kann nicht non-P sein. Hier ist der Widerspruch ganz offenkundig. Die Möglichkeit müßte indifferent dagegen sein, ob das Mögliche notwendig ist oder nicht. Dann könnte sie als Voraussetzung in die Notwendigkeit eingehen. Als disjunktive aber ist sie nicht indifferent dagegen. Es bleibt an ihr das andere Glied hängen, die Möglichkeit des non-P-Seins von S. Dieses andere Glied widerstreitet kontradiktorisch — also gerade logisch — der Notwendigkeit. Soll man etwa die Konsequenz ziehen, das logisch Notwendige brauche gar nicht möglich zu sein? Das wäre „unlogisch": das Unmögliche (Widerspruchsvolle) kann gerade logisch in keiner Weise notwendig sein.

Schließlich wiederholt sich dieselbe Ungereimtheit, wiewohl verdeckter, im Verhältnis von Wirklichkeit und Notwendigkeit. Das apodiktische Urteil impliziert auch das assertorische; was logisch notwendig ist, ist eben damit auch logisch wirklich. Gesetztsein ist weniger als Folgen; der niedere Modus ist im höheren enthalten. Ist aber das Wirkliche im Urteil ein „bloß Wirkliches", so ist es ein Zufälliges. Wie kann es da als Voraussetzung in die Notwendigkeit eingehen? Als Zufälliges schließt es sie vielmehr aus. Notwendigkeit ist nach dem modalen Grundgesetz Notwendigkeit eines Wirklichen; ist das Wirkliche aber zufällig, so ist sie Notwendigkeit eines Nichtnotwendigen. Was ein offener Widerspruch ist.

Auch dieser Aporie kann man noch eine andere Form geben. Wie in der Möglichkeit die Disjunktion von P und non-P steckt, so in der Wirklichkeit die von zufälligem und notwendigem P-Sein. Diese Disjunktion kann in die Notwendigkeit nicht eingehen. Das andere Glied der Disjunktion läßt es nicht zu. Auch die Wirklichkeit müßte vielmehr streng indifferent sein, um in die Notwendigkeit eingehen zu können. Als disjunktive aber ist sie nicht indifferent. Es scheint, Wirklichkeit und Notwendigkeit schließen sich im Urteil aus. Was erst recht „unlogisch" ist. Das Unwirkliche kann logisch durchaus nicht notwendig sein.

d. Die Amphibolie in der Indifferenz der logischen Möglichkeit.

In der Entwicklung dieser Aporien ist durchweg die Möglichkeit als ungespaltene festgehalten. Und man sieht leicht, wie darin der eigentliche Brennpunkt der Schwierigkeiten liegt. Denn nur als ungespaltene ist die Möglichkeit disjunktiv. Andererseits aber besagt das erste Indifferenzgesetz, daß logische Möglichkeit vielmehr „indifferent" ist. Nun ist indifferente Möglichkeit nicht disjunktiv; sie ist vielmehr schon gespalten, muß also in zwei Modi zerfallen. Mit solchem Zerfall rechnen ganz offenkundig die Ausschlußgesetze des Urteils (Kap. 37 e, die Gesetze 1, 3, 4, 6). Hier ist überall Seinsmöglichkeit und Nichtseinsmöglichkeit im Urteil geschieden: logische Notwendigkeit und Nichtseinsmöglichkeit schließen sich gegenseitig aus; desgleichen logische Unmöglichkeit und Seinsmöglichkeit. Läßt man hier die Möglichkeit ungespalten, nimmt man also beidemale das Gegenglied der Alternative mit hinein, so werden die Ausschlußgesetze widersprechend, denn Notwendigkeit kann die Seinsmöglichkeit nicht ausschließen. Unmöglichkeit nicht die Nichtseinsmöglichkeit. Und zwar nicht nur nicht im Bereich des prädikativen Seins, sondern überhaupt nicht, in keiner Sphäre.

Soll man nun den Gordischen Knoten mit einem Schlage zerhauen und sagen, logische Möglichkeit sei gar nicht ungespaltene Möglichkeit? Und also auch nicht disjunktiv?

Das geht erst recht nicht an. Logische Möglichkeit beruht auf bloßer Widerspruchslosigkeit. Das ergibt eine sehr dünne Teilmöglichkeit: an S bestehen einige Merkmale, und mit diesen verträgt sich P — ohne aber im geringsten aus ihnen zu folgen —, non-P ist also nicht ausgeschlossen. Ausgeschlossen wäre es nur bei totaler Bedingungskette. Dann aber wäre auch, wie bei der Realmöglichkeit, die Notwendigkeit von P impliziert. Die Widerspruchslosigkeit als solche ist ein schwacher Boden, sie kann nur einen höchst unbestimmten Modus tragen. Sie gibt gleichsam nur das Negative einer echten Seinsmöglichkeit, nur die Vorbedingung, darum ergibt sie Unentschiedenheit von P und non-P. Und diese Unentschiedenheit ist es, die nicht in die höheren Modi mit eingehen kann. Aber sie kann auch nicht weggedeutet werden aus der logischen Möglichkeit.

Dieselbe Schwierigkeit kehrt verschoben an der logischen Wirklichkeit wieder, sofern zu dieser die Unentschiedenheit von Notwendigsein und Zufälligsein gehört. Die Unentschiedenheit kann nicht in die Notwendigkeit eingehen, da diese vielmehr ihre Aufhebung ist. Aber sie kann auch aus der Wirklichkeit im prädikativen Sein nicht weggedeutet werden. Sonst müßte alle assertorische Setzung zugleich apodiktisches Folgen bedeuten. Was keineswegs der Fall ist.

Man kommt hiermit auf eine weitere Phase der Aporie. Sie liegt im Verhältnis des disjunktiven und indifferenten Charakters der logischen Möglichkeit. Diese beiden Charaktere müssen in ihr zusammenbestehen. Aber sie können vielmehr nicht zusammenbestehen. In der Realmöglichkeit waren sie beide aufgehoben, darum gibt es an ihr diese Aporie nicht. Sie ist gespalten. Die ungespaltene Möglichkeit aber ist notwendig disjunktiv; zugleich aber soll sie hier indifferent gegen den höheren Modus sein, muß sich in ihm erhalten. Ihr disjunktiver Charakter aber kann sich in ihm nicht erhalten. Also kann das disjunktiv Mögliche nicht indifferent sein, weder gegen das Wirklichsein noch gegen das Notwendigsein.

Nun bedeutet freilich gerade das disjunktive Verhältnis von P und non-P auch eine gewisse Indifferenz: nämlich die Doppelseitigkeit der bloßen Widerspruchslosigkeit. Diese besagt ja nicht ein Zugleichsein-Können von P und non-P, sondern gerade das „Entweder — Oder" zwischen ihnen, die Auseinandergebundenheit (disjunctio). Nur das unentschiedene Seinkönnen beider steht in Konjunktion. Insofern ist die disjunktive Möglichkeit indifferent gegen beide. Sofern sie aber in die höheren Modi eingehen muß, nimmt die Indifferenz eine andere Bedeutung an. Das Mögliche muß möglich bleiben, indem es wirklich und notwendig wird, es muß also indifferent dagegen sein, ob es ein „bloß Mögliches" oder ein „nicht bloß Mögliches" ist.

In dieser zweiten und eigentlichen Bedeutung der modalen Indifferenz ist aber die erste aufgehoben. Das will besagen: die logisch modale Indifferenz ist in sich selbst amphibolisch. Sie ist von Grund aus zweideutig, und ist deswegen auch nicht eindeutig faßbar, geschweige denn in den Intermodalverhältnissen eindeutig auf die anderen Modi beziehbar. Ist nun die logische Möglichkeit mit diesem Doppelsinn behaftet, so ist es nicht zu verwundern, daß sie in der Tafel der Modi uneinheitlich erscheint: einerseits ungespalten disjunktiv, andererseits gespalten und einseitig.

39. Kapitel. Zur Lösung der Aporien.

a. Innere und äußere Indifferenz.

Hat man den Brennpunkt der Schwierigkeiten einmal aufgedeckt, so ist es möglich ihnen beizukommen. Das heißt nicht, daß man sie gleich lösen könnte. Das Reich des Urteils ist eben kein Reich der Einstimmigkeit. Die Theorie würde es verkennen, wenn sie es einstimmig machen wollte.

Können wir den Doppelsinn der Indifferenz in der Urteilsmöglichkeit nicht heben, so können wir doch tun, was die Logik selbst unterläßt, nämlich beide Bedeutungen als solche eindeutig unterscheiden. Es ist demnach ein Unterschied zu machen zwischen Indifferenz der Möglichkeit gegen ihre beiden Glieder und Indifferenz der Möglichkeit gegen die höheren Modi, resp. gegen ihr Eingehen oder Nichteingehen in sie. Die erstere darf man dementsprechend als „innere Indifferenz", die letztere als „äußere Indifferenz" bezeichnen.

Der Gegensatz der beiden Indifferenzen ist eindeutig daran faßbar, daß die innere die des „bloß Möglichen" als solchen ist, die äußere aber gerade in der Gleichgültigkeit dagegen besteht, ob dieses Mögliche ein „bloß Mögliches" oder „nicht bloß Mögliches" ist. Die zweite ist diejenige, welche in die Intermodalgesetze des Urteils eingegangen ist; die erste diejenige, die den disjunktiven Charakter im problematischen Urteil ausmacht.

Ein gleiches gilt abgeschwächt auch von der logischen Wirklichkeit. In ihr zeigt die Disjunktion von notwendig und zufällig (Folgen oder Nicht-Folgen) den Typus der „inneren Indifferenz"; es ist die Indifferenz des „bloß Wirklichen". Daneben besteht die äußere Indifferenz des „Bloß-wirklich-Seins" oder „Nicht-bloß-wirklich-Seins", die ihres Eingehenkönnens oder Nichteingehenkönnens in die Notwendigkeit.

Besteht nun innere und äußere Indifferenz an ein und demselben Modus zusammen, so stehen sie in Konflikt miteinander und reißen den Modus auseinander, machen ihn amphibolisch. Ist diese Amphibolie nicht zu beheben, so wird der Modus „erweicht", um seine Eindeutigkeit gebracht. Er ist in sich ein anderer als in den Intermodalverhältnissen, die er eingeht. Das „bloß Problematische" hat keine äußere, das „nicht bloß Problematische" keine innere Indifferenz.

So wird es unvermeidlich, die Erweichung der logischen Möglichkeit hinzunehmen. Diese hält in ihren Beziehungen zu den höheren Modi ihren inneren Charakter nicht fest. Ein streng disjunktiver Modus könnte überhaupt in höherer Modalität nicht impliziert sein. Da nun weder im Modus selbst noch in den Implikationen direkt ein logischer Widerspruch liegen kann, so muß man die Erweichung so verstehen, daß die

Möglichkeit in der Tat nur mit dem einen Gliede der Disjunktion in die höheren Modi eingeht, mit dem anderen aber ausgeschlossen bleibt, d. h. daß sie sich in diesem ihrem Eingehen in sie dennoch spaltet. Das aber bedeutet, daß sie ihre „innere Indifferenz" nicht festhält, sondern preisgibt, indem sie die „äußere" gewinnt.

Sie ist wohl „an sich" ungespalten und disjunktiv (P ist an S nur möglich, indem auch non-P möglich ist), ist also prädikative Unentschiedenheit. Aber sie trägt diese Unentschiedenheit nicht in die höheren Modi hinein, indem sie in sie eingeht. Die höheren Modi eben haben Bestimmtheit (Gesetztsein und unvermeidliches Folgen), haben modale Entschiedenheit. Die logische Möglichkeit also hält ihre Unentschiedenheit nicht fest. Und so allein, gleichsam indem sie sich selbst untreu wird, können die Intermodalgesetze des Urteils eindeutig zu Recht bestehen.

b. Widerspruchslosigkeit und Unbestimmtheit.

Man wird dementsprechend den Begriff der logischen Möglichkeit zu fassen haben. Der Sinn der Widerspruchslosigkeit in ihr ist unbedingt festzuhalten. Er an sich ist es auch nicht, der die Disjunktivität und die innere Unentschiedenheit heraufbeschwört. Vielmehr die Begrenzung derjenigen Relationalität, in der die Widerspruchslosigkeit sich bewegt, ist Schuld daran. Der „Satz des Widerspruchs" ist kein logisches Eigengesetz, sondern ein ideales Seinsgesetz, dem es an sich äußerlich ist, daß Begriffe, Urteile und Schlüsse sich nach ihm richten. In der Sphäre des idealen Seins ist dieses Gesetz ein allseitig erfülltes; die Widerspruchslosigkeit geht als ein einziger ununterbrochener Zusammenhang durch die ganze Sphäre. Daher, wenn dort etwas widerspruchslos ist, so besteht es nicht nur im Einklang mit sich selbst, sondern auch mit allem anderen idealen Sein, also mit der ganzen Sphäre; und damit ist es zugleich ein ideal Wirkliches. Das Prinzip der Widerspruchslosigkeit, sofern es die Basis eines Möglichkeitstypus ausmacht, ist also keineswegs ein Prinzip der Unbestimmtheit.

Im Reich des Urteils aber kommt Unbestimmtheit in dieses Prinzip, weil es hier inhaltlich begrenzt auftritt. Das Reich des Urteils ist kein Reich durchgehender Zusammenhänge. Hier ist die Widerspruchslosigkeit stets auf einen Ausschnitt des Vorgegebenen oder Vorausgesetzten eingeschränkt, ist auf bestimmte „Merkmale" von S bezogen. Verträgt sich P mit diesen, so ist es ein logisch „mögliches" Prädikat von S. So erst wird die Möglichkeit disjunktiv, ein ungespaltenes „Bloß-Möglich-Sein". Wo das P-Sein von S in dieser Weise „möglich" ist, da bleibt natürlich sehr viel anderes auch möglich. Der summarische Ausdruck dieses vielen anderen ist das non-P-sein-Können von S.

Soweit diese Beschränkung reicht, geht die positive mit der negativen Möglichkeit im Urteil notwendig zusammen. Aber nicht das Logische selbst setzt die Beschränkung, es nimmt sie nur neutral hin. Es ist ja keine selbständige Seinssphäre. Nur die Gesetzlichkeit ist die seinige, der Inhalt wird ihm gegeben. Nun aber wird der Inhalt ihm nur sporadisch gegeben. Dadurch ist der Zusammenhang, und mit ihm die Widerspruchslosigkeit, begrenzt. Die Unentschiedenheit der Möglichkeit also ist im Logischen eine Funktion des Außerlogischen, dessen was vorgegeben ist. Wird die Vorgegebenheit durch einen sich herstellenden größeren Zusammenhang überschritten, so schrumpft der Spielraum des „bloß Möglichen" sofort ein.

Der Grenzfall dieses Einschrumpfens ist das apodiktische Urteil. In ihm ist alles non-P-sein-Können von S verschwunden, und das P-Sein von S ist notwendig. Womit die Widerspruchslosigkeit, die im problematischen Urteil war, nicht aufgehoben, sondern aufgenommen und vollständig geworden ist. Die Möglichkeit hat ihre Unentschiedenheit verloren, nicht aber ihre Grundstruktur des Vereinbarseins.

Das Reich des Schlusses ist das Reich der logischen Notwendigkeit. Aber es deckt sich nicht mit dem des Urteils, durchdringt es nicht. Darum bleibt in der Gesamtsphäre des Logischen stets viel „bloß Assertorisches" und „bloß Problematisches" bestehen. Hier ist die Grenze, über die hinaus man die Aporien der Urteilsmodalität nicht lösen kann. Es sind Aporien der Diskrepanz zwischen der idealen Seinsgesetzlichkeit durchgehenden logischen Zusammenhanges (Determination) und der Zusammenhangslosigkeit „zufälliger" Gegebenheit; wobei die Zufälligkeit der letzteren gerade relativ auf den Idealzusammenhang besteht. An sich — im Realzusammenhang — ist das Empirische mitsamt seiner sporadischen Gegebenheit keineswegs zufällig. Aber der ganze Realzusammenhang als solcher ist, von der Idealgesetzlichkeit aus gesehen, und für sie ein zufälliger.

c. Die Neutralität der Widerspruchslosigkeit gegen innere und äußere Indifferenz.

Die letzten Überlegungen zeigen auch, wie das Auftreten des „bloß Assertorischen" am Urteil zu verstehen ist. Hier gerade wird die Zufälligkeit des Empirischen spürbar. Ihre Form ist die Abgelöstheit; sie besteht lediglich im Gegensatz zum logischen Zusammenhang. Zwar setzt die logische Möglichkeit schon Zusammenhang voraus, aber nur begrenzten; so läßt das assertorische Urteil „S ist P" das non-P-sein-Können unaufgehoben, solange es nicht in ein apodiktisches übergeht. Das negative Gegenglied besteht neben dem affirmativ assertorischen P-Sein fort, weil dieses ja kein Nicht-anders-sein-Können besagt.

Es bestätigt sich: wo das Realgesetz der Notwendigkeit aufgehoben ist, da ist auch das der Möglichkeit aufgehoben; wo das Wirkliche nicht notwendig ist, da ist auch anderes möglich, als was wirklich ist. Auch die logische Wirklichkeit ist ein „erweichter" Modus, auch sie hat einen Einschlag von Unbestimmtheit, und ihre Amphibolie ist dieselbe wie die der logischen Möglichkeit. Erst wenn das Folgen aus Prämissen einsetzt, das Gesetzte also nicht mehr anders sein „kann", fällt die Unbestimmtheit hin. Erst „in" der Notwendigkeit findet das Assertorische Entschiedenheit, und zwar nicht aus sich, sondern aus ihr heraus. Erst im Schluß wird das Urteil logisch perfekt.

Der Konflikt der inneren und der äußeren Indifferenz bleibt somit an der logischen Möglichkeit und Wirklichkeit bestehen. Er ist aber nicht von der Art, daß er das prädikative „Seinkönnen", resp. das „Sein", selbst zerrisse. Er betrifft nur ein Moment an ihm. Und dieses ist nicht das zentrale.

Auch das läßt sich am besten an der logischen Möglichkeit zeigen. Sofern sie Widerspruchslosigkeit in begrenzter Bezogenheit auf vorgegebene Merkmale ist, besteht sie ungespalten. Da „verträgt sich" die positive Möglichkeit mit der negativen. Aber dieses „Vertragen" ist nicht Implikation; es besteht nur solange, als die vorgegebenen Merkmale von S neutral zu P stehen, was nur bei geringer Bestimmtheit von S zutreffen kann. Es braucht aber nur ein Merkmal X hinzuzutreten, das nicht neutral zu P steht, so ändert sich das Verhältnis. Dann ist nur P möglich als Prädikat von S, nicht aber non-P; oder auch umgekehrt.

Es folgt daraus, daß die Möglichkeit des P-Seins sich auch von vornherein mit der des non-P-Seins nur eben „vertrug", nicht aber an sie gebunden war. Die Disjunktivität ist also von Hause aus nicht das Wesen der logischen Möglichkeit, genau so wenig wie ihr Eingehen in die logische Wirklichkeit und Notwendigkeit ihr Wesen ist. Wäre das letztere ihr Wesen, so müßte alles logisch Mögliche auch logisch wirklich und notwendig sein; was ja offenbar nicht der Fall ist. Wäre aber die Disjunktivität ihr Wesen, so könnte ein logisch Mögliches überhaupt nicht wirklich (gesetzt) oder notwendig (folgend) sein; was in sich selbst widersinnig ist, denn ein logisch Wirkliches oder Notwendiges wäre dann ein logisch „nicht Mögliches".

Man kann das nun auch so ausdrücken: weder die innere noch die äußere Indifferenz gehört zum Wesen der logischen Möglichkeit. Beide können an ihr nur bestehen, indem sie einander ausweichen. Denn zusammenbestehen können sie an ihr nicht. Nun aber muß jede von beiden ihr in bestimmter Rücksicht zukommen. Sie muß als „bloß Mögliches" die innere Indifferenz an sich haben, als zugleich Wirkliches oder Notwendiges aber die äußere. Also muß ihr eigenes Wesen neutral gegen beide sein.

Dieses ihr Wesen muß beweglich sein, muß je nach der Reichweite des logischen Zusammenhanges (resp. der vorgegebenen Merkmale von S) äußere oder innere Indifferenz haben können. Die logische Möglichkeit ist also zwar an sich nicht gespalten, aber sie kann sich spalten und zerfällt dann in zwei verschiedene Modi, deren jeder ungehemmt durch den anderen in das assertorische und apodiktische Urteil eingeht. Diese Beweglichkeit ist das Amphibolische in ihr, die Zweideutigkeit, der erweichte Modalcharakter.

Betrachtet man die Widerspruchslosigkeit als den Wesenskern der logischen Möglichkeit, so läßt sich dieses Verhältnis auch ohne Schwierigkeit an ihr nachweisen. Sie gerade verträgt sich anstandslos sowohl mit der inneren als mit der äußeren Indifferenz. Sie verträgt sich nur nicht mit beiden zugleich. Sie steht durchaus neutral zu beiden. Es ist die Widerspruchslosigkeit selbst in „S kann P sein", die sich mit der in „S kann non-P sein" nur eben verträgt, nicht aber deckt. Es sind zwei verschiedene Widerspruchslosigkeiten. Darum kann die eine fortbestehen, wenn die andere fällt; desgleichen kann die eine in logische Wirklichkeit und Notwendigkeit eingehen, die andere in Unwirklichkeit und Unmöglichkeit. Nämlich dann, wenn die Unentschiedenheit des disjunktiven Verhältnisses in Entschiedenheit übergeht, sei es nun durch logisch zufällige Setzung wie im assertorischen Urteil, sei es durch striktes Folgen, wie im apodiktischen. In beiden Fällen löst sich das eine Glied der Disjunktion vom anderen. Die Entscheidung eben ist das Hinfallen des anderen Gliedes. Die Widerspruchslosigkeit gerade wird dadurch nicht beeinträchtigt. Sie wird nur relational erweitert, vervollständigt. Sie an sich ist neutral gegen das Mitbestehen des anderen Gliedes. Das Prinzipielle in ihr ist dasselbe, ob die Möglichkeit nun gespalten ist oder nicht. Insofern also darf man auch sagen: das Wesen der logischen Möglichkeit ist gerade ihre Neutralität, ihre Beweglichkeit gegenüber den sich ausschließenden unsteten Momenten der inneren und der äußeren Indifferenz. Sie ist zwar ein erweichter Modus, aber sie bleibt diesem ihrem Modalcharakter treu.

Dasselbe läßt sich auch von der logischen Wirklichkeit zeigen. Betrachtet man das Gesetztsein als ihren Wesenskern, so bleibt dieser unverletzt identisch, einerlei ob es sich um „bloß Wirkliches" oder „auch Notwendiges" handelt. Das „bloß Wirkliche" ist zufällig, aber das Gesetztsein als solches ist mit ihm nicht identisch. Es ist vielmehr neutral gegen sein Zufällig- oder Notwendigsein. Diese beiden stehen zwar an ihm in Disjunktion, aber ihr Zusammenbestehen bedeutet nur, daß beide sich mit dem Gesetztsein vertragen, nicht daß sie unlösbar verknüpft wären. Auch an der logischen Wirklichkeit müssen innere und äußere Indifferenz einander ausweichen. Bei ihrem Eingehen in die Notwendigkeit (also wenn das Gesetzte zur Folge von Prämissen wird), weicht die innere Indifferenz der äußeren. Das zufällige Gesetztsein hebt sich in ein notwendiges Mitgesetztsein mit dem Vor-Gesetzten auf. Aber das Gesetztsein als solches bleibt dasselbe.

d. Die Aporien der logischen Zufälligkeit.

Orientiert man die Tafel der logischen Modalität nach den Modi des Urteils (wie in Fig. 8, Kap. 36 b geschah), so ist in ihr für das Zufällige kein Raum. Es gibt keinen besonderen Urteilstypus der Zufälligkeit, wie es einen solchen der Notwendigkeit gibt. Das apodiktische Urteil steht hinsichtlich seines Modalsinnes (des unvermeidlichen Folgens) gegensatzlos da. Auch die negative Möglichkeit bedeutet keineswegs ein Nicht-Folgen. Sie ist etwas ganz anderes als die Zufälligkeit. Sie steht freilich in streng kontradiktorischem Gegensatz zum affirmativ-apodiktischen Urteil, aber nur hinsichtlich eines anderen Momentes. Die Urteile „S muß P sein" und „S kann auch non-P sein" schließen einander wohl aus, aber nur auf dem Umwege über das andere Prädikat (non-P), das ja mit dem Folgen oder Nicht-Folgen gar nichts zu tun hat. Im Gegensatz zur negativen Möglichkeit ist in der logischen Notwendigkeit nur die Möglichkeit von non-P ausgeschlossen; im Gegensatz zur Zufälligkeit aber ist in ihr das Nicht-Folgen ausgeschlossen.

Die Eigenart des Verhältnisses ist also dieses: die logische Notwendigkeit steht gleichzeitig in zweierlei kontradiktorischem Gegensatz, zur Zufälligkeit und zur negativen Möglichkeit. Da aber die beiden Gegenglieder durchaus verschiedene Modi sind, so ist offenbar die Notwendigkeit im Gegensatz zur Zufälligkeit nicht dasselbe wie im Gegensatz zur negativen Möglichkeit. Da sie nun in der oben gegebenen Modaltafel des Urteils nur der negativen Möglichkeit gegenübersteht (denn diese ist immerhin in der ungespaltenen Möglichkeit enthalten), so ist sie in dieser Tafel auch nur mit einem ihrer Momente vertreten; und dieses gerade ist nicht das Zentrale und Eigentliche in ihr. Ihr Eigentliches liegt im „Folgen", dafür aber fehlt der Gegenmodus.

Es könnte nun freilich sein, daß er mit Recht fehlte, weil er am Urteil gar nicht vorkäme (so wie er unter den Realmodi fehlte, weil er innerhalb der Realsphäre nicht vorkommt). Aber dann müßte alles assertorisch Gesetzte auch apodiktisch aus Prämissen folgen. Was offenbar nicht der Fall ist. Das logisch Wirkliche kann durchaus logisch zufällig sein. Außerdem haben auch die Intermodalgesetze des Urteils gezeigt, daß das Zufällige in ihnen doch eine erhebliche Rolle spielt und keineswegs aus ihnen zu entfernen ist. Alle äußere Indifferenz eines Modus ist eben doppelseitig, sie spielt stets zwischen zwei kontradiktorischen Gegenmodi. Ist also logische Wirklichkeit indifferent gegen logische Notwendigkeit, so ist sie eben damit vielmehr indifferent gegen logische Notwendigkeit und Zufälligkeit. Und ist die logische Unwirklichkeit indifferent gegen logische Unmöglichkeit, so ist sie vielmehr indifferent gegen Unmöglichkeit und Zufälligkeit (des Nichtseins). Das wären somit schon zwei Gründe, warum die Zufälligkeit doch unter die Modi des Urteils gehört. Eine Tafel, in der sie keinen Platz findet, kann nicht vollständig sein. Die Frage ist nur: wie ist sie einzufügen?

Ein dritter Grund ergibt sich am Verhältnis von genus und species, sowie am Bau der logischen Begriffspyramide. So oft unter einem genus eine Reihe von species auftaucht, sind diese vom genus aus zufällig. Sie müssen „unter ihm" möglich sein, brauchen aber nicht aus ihm notwendig zu sein. Sie folgen nicht aus dem genus. Die Merkmale des genus kommen für die differentia specifica nicht auf; sie schließen nur jede differentia aus, die ihnen widerspricht. Ist also eine Reihe von „Arten" unter der Gattung gegeben, so bilden diese ein logisch Wirkliches, welches vom genus aus wohl möglich, aber nicht notwendig ist. Hier also ist die Zufälligkeit schon im Subsumptionsverhältnis selbst enthalten. Dieses schreibt im Abstieg zur species stets nur die gemeinsamen Merkmale des genus vor, läßt aber die besonderen offen. Das ändert sich erst, wo ein lückenloser inhaltlicher Zusammenhang sich herstellt. Der aber läßt sich logisch nicht antizipieren. Logik ist nur formale Gesetzlichkeit.

Nur im Reich des Schlusses ist der Zufall ausgeschaltet. Aber der Schluß beherrscht nicht das ganze Reich des Urteils und des Begriffs. Er ist selbst ein nur sporadischer Zusammenhang. Und insofern kann man das logisch Zufällige gerade vom Schluß aus am besten sehen. Es steht hier nicht (wie im Realen) nur an den Grenzen der Sphäre, sondern auch mitten in ihr. Es steht überall da, wo eine Schlußkette beginnt, und überall da, wo sie aufhört. Die Notwendigkeit ist relational, sie reicht nur so weit, als die Relationen der Dependenz sich logisch herstellen. Die aber stellen sich nicht überall her, wo die Gegebenheit hintrifft. So stimmt es mit dem ersten Grundsatz der Modalimplikation überein: der höhere positive Urteilsmodus impliziert den niederen, aber kein niederer den höheren (Kap. 37 c). Was „gesetzt" ist, muß wohl widerspruchsfrei sein, in sich wie im Verhältnis zu Vor-Gesetztem, aber es braucht nicht zu „folgen".

e. Urteilszufälligkeit und Urteilsnotwendigkeit.

Die Tafel der Urteilsmodi hat also einerseits keinen Raum für Zufälligkeit, muß aber andererseits Raum für sie haben. Wie ist diese Aporie zu lösen?

Man kann das Zufällige im „bloß Assertorischen" suchen. Es steht dann verdeckt durch einen anderen Modus da. Das ist aber insofern unbefriedigend, als die abgelöste logische Wirklichkeit vielmehr indifferent ist gegen Notwendigkeit und Zufälligkeit, desgleichen abgelöste Unwirklichkeit indifferent gegen Unmöglichkeit und negative Zufälligkeit. Die Zufälligkeit als solche kann sich mit dem nicht decken, was gegen sie neutral dasteht. Da überdies das logisch Wirkliche auch indifferent gegen Notwendigkeit und Möglichkeit des Nichtseins ist, Unwirklichkeit gegen Unmöglichkeit und Möglichkeit des Seins, so käme man damit wieder auf die zwiefach kontradiktorische Gegensatzstellung der Notwendigkeit, sowie auf die zweideutige Stellung der Zufälligkeit zur Möglichkeit heraus.

Man müßte, wenn man rein formal die Konsequenz daraus ziehen wollte, die Zufälligkeit als eigenen Doppelmodus — nämlich als solche des Seins und des Nichtseins — „neben" die Möglichkeit setzen, also auf denselben Grenzstrich wie sie (den „horizontalen"). Aber damit würde man die Tafel der logischen Modi zerreißen; denn von Rechts wegen müßte dann die Zufälligkeit an die Stelle der Möglichkeit treten. Auf die andere Seite des „vertikalen" Striches kann man sie nicht setzen (vgl. Fig. 8); sie fiele dann unter die absoluten Modi, zu denen sie ja gerade nicht gehört. Sie bedeutet nicht neutrale Abgelöstheit von der Relationalität, sondern deren Verneinung, resp. die Außenstellung zu ihr. Was selbst wiederum eine Form der Negation ist. Überdies verlangt die Indifferenz der Wirklichkeit ihre Stellung „rechts" vom Strich; denn alle Indifferenzen gehen „über den Strich". Andererseits kann man sie auch nicht „unter" den horizontalen Grenzstrich setzen (wie in Fig. 5), denn sie ist kein rein negativer Modus. Sie ist nur Negation der Notwendigkeit (des Folgens, nicht des Gesetztseins). Sie ist zugleich Zufälligkeit des Seins und des Nichtseins, wenn auch nicht ein und desselben. Sie steht darin gerade richtig „neben" der ungespaltenen Möglichkeit.

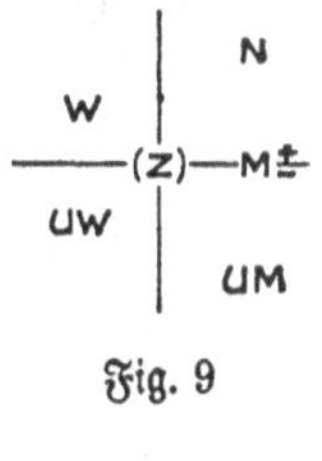

Fig. 9

Dieser Sachlage kann man höchstens in der Weise Rechnung tragen, daß man die Zufälligkeit „gleichsam" (was die Klammer andeutet) in den Schnittpunkt der beiden Grenzstriche setzt (so wie oben Kap. 11c, Fig. 3). Damit kommt wenigstens die Unstetigkeit ihres Modalcharakters zum Ausdruck: dieses nämlich, daß sie nicht nur wie die disjunktive Möglichkeit ein zugleich positiver und negativer, sondern auch ein zugleich absoluter und relationaler Modus ist, also zwischen den Gegensätzen schwankt, und zwar in beiden Dimensionen. Sie steht so parallel mit der negativen Möglichkeit (M—) in kontradiktorischem Gegensatz zur Notwendigkeit, und parallel zur positiven Möglichkeit in kontradiktorischem Gegensatz zur Unmöglichkeit. Im Hinblick auf die innere Indifferenz der Wirklichkeit, sowie auf die der Unwirklichkeit, ist sie hiermit richtig gestellt. Andererseits aber steht sie auch zu den drei relationalen Modi in Gegensatz, nämlich als absoluter Modus, der nur die Abgelöstheit von aller Beziehung bedeutet und sich affirmativ hinter dem „bloß Wirklichen", negativ hinter dem „bloß Unwirklichen" verbirgt.

Damit kann man allenfalls formal den logischen Intermodalgesetzen gerecht werden. Die Eindeutigkeit der Verhältnisse kann man so nicht wiederherstellen. Sie leidet genau so viel, als die Zufälligkeit von ihrer Unstetigkeit und Vieldeutigkeit hineinträgt. Die Zufälligkeit infiziert damit alle Modi, zu denen sie in ein Verhältnis tritt; am wenigsten noch die Möglichkeit, am meisten die Wirklichkeit und Unwirklichkeit. Die Möglichkeit ist selbst schon von ähnlicher Unbestimmtheit. Ihr ungespaltenes Auftreten als bloße Widerspruchslosigkeit (und zwar als inhaltlich begrenzte) ist es ja, was der Zufälligkeit Einlaß gewährt in die logische Sphäre. Wo die Möglichkeit, wie im Realen, gespalten ist (und zwar „nur" gespalten), da ist der Zufall ausgeschaltet; denn da ist nichts möglich, was nicht notwendig wäre. Und darin eben wurzelte die Eindeutigkeit und Entschiedenheit des Realen.

f. Das Alogische im Logischen.

Die Notwendigkeit (und mit ihr die Unmöglichkeit) wird zwar, soweit sie reicht, nicht beeinträchtigt, denn eben so weit schaltet sie den Zufall aus. Aber sie wird im Umfange begrenzt, sie wird sporadisch. Die Idealgesetzlichkeit des Logischen hat die Tendenz, das ganze Reich des Begriffs und des Urteils zu durchdringen. Dieses Durchdringen wäre durchgehendes Folgen aus Prämissen, das nur an den Grenzen der Sphäre sich aufzuheben brauchte. Dem setzt das Eindringen des Zufälligen ganz andere und viel engere Grenzen, die mit den natürlichen Grenzen der Sphäre nicht im mindesten zusammenfallen. So bleibt die Gesetzlichkeit des Logischen in einer Art Halbheit stecken, sie behält einen Einschlag des Alogischen in sich. Der strenge Schlußzusammenhang ist zwar da, aber er beherrscht die Sphäre nicht, bleibt an Ausschnitte gebunden. Und alles Vordringen macht ihn nicht vollständig.

Immerhin bleibt die logische Notwendigkeit, wenigstens soweit sie reicht, intakt. In sie selbst kann der Zufall nicht eindringen. Anders die logische Wirklichkeit und Unwirklichkeit. Sie ist der eigentliche Spielraum des logisch Zufälligen. Sie ist gleichsam von der Notwendigkeit im Stich gelassen, ist außerhalb von deren Reichweite einer alogischen Regellosigkeit überlassen. Die Widerspruchslosigkeit allein, die ihr freilich überallhin folgt, vermag sie nicht in feste Zusammenhänge einzuspannen; sie ist durch ihre Begrenztheit selbst der Unbestimmtheit verfallen.

So erscheint das assertorische Urteil, als die Aussage des „bloßen Wirklichseins" (und Unwirklichseins), in ihrer Abgelöstheit von logischer Folge, dem Satz vom Grunde enthoben, wie ein Fremdkörper in der logischen Sphäre. Und dennoch liegt gerade bei ihm fast das ganze Gewicht des material Inhaltlichen, das sich der logischen Durchformung darbietet. Es ist nicht an sich ein Zufälliges, sondern vielmehr an sich indifferent gegen Zufälligkeit und Notwendigkeit. Wohl aber ist es tatsächlich in weitem Umfange logisch zufällig. Insofern ist es das Alogische im Logischen.

Das entspricht sehr genau der oben angedeuteten Sachlage in der logischen Sphäre. Es begegnen sich hier ideale Seinsgesetzlichkeit und empirisch-sporadische Gegebenheit. Das Reich der Urteile ist der Kampfplatz dieser heterogenen Mächte (Kap. 36 a). Es folgt formal der Idealgesetzlichkeit, bewältigt aber mit ihr den Fremdkörper nicht. Und die unbewältigte Masse bleibt so im „bloß assertorischen" Urteil als das logisch Zufällige stehen.

Das Reich des Logischen ist ein Zwischenreich. Es ist mit seinen absoluten Modi an das Reale und seinen stetigen Prozeß gebunden — der vom Idealen aus stets ein zufälliger ist —, mit seinen relationalen Modi aber an das ideale Sein. Es ist der unvollkommene Ausgleich beider Seinsreiche in der Ebene des Gedankens. Die Unausgeglichenheit ist die innere, nicht wegzubringende Unstimmigkeit in seinen Modi und Intermodalverhältnissen.

Die Aporie des logisch Zufälligen ist innerhalb der Urteilssphäre nicht lösbar. Sie ist wohl ontologisch lösbar, aber nur vom Grenzverhältnis des Logischen zu den beiden Seinssphären aus, sowie von deren modalem Gegensatz aus. Das prädikative Sein aber, um dessen Modalität es sich handelt, ist und bleibt ein erweichtes Sein, auch wo sich von höherer Warte aus die Unstimmigkeiten in ihm lösen. Sie lösen sich eben nicht „in" seinem Bereich. Seine Modaltafel bleibt uneinheitlich, sein Geltungsbereich bleibt ein Reich unbewältigter Unbestimmtheit. Der Zufall ist in die Sphäre eingelassen und verurteilt sie zur Halbheit. Er ist das Alogische im Logischen.

II. Abschnitt

Die Modalität des idealen Seins

40. Kapitel. Die Eigenart der Wesensmodi.

a. Prädikatives und ideales Sein.

Überall im Reich des Logischen, wo immer der Gedanke sich zu ihm erhebt, steht man schon dicht beim idealen Sein. Der Kern der logischen Struktur ist Wesensgesetzlichkeit. Am strengsten waltet sie im Schluß. Das logische „Folgen" ist deswegen so unabweisbar, weil es die Wesensnotwendigkeit ist, die aus ihm spricht. Diese Wesensnotwendigkeit ist der bekannteste und am zwingendsten einleuchtende Modus, den wir kennen. Über ihn ist die Sphäre des idealen Seins vom Logischen aus unmittelbar zugänglich. Man steht immer schon bei ihr, wenn man logischer Konsequenz folgt.

Von jeher ist man darum geneigt gewesen, das Reich des Logischen mit dem der Wesenheiten zu identifizieren. Hat doch der Rationalismus hierauf eine Metaphysik des Begriffs gebaut, die alle Gebiete zu beherrschen schien und nur am realen Dasein (Existenz) eine unübersteigliche Grenze fand. Die Verführung, die von dieser Gleichsetzung ausgeht, hat geschichtlich noch nicht ausgespielt; sie ist in der Phänomenologie und Gegenstandstheorie noch fast ebenso lebendig wie einst bei den alten Meistern.

Demgegenüber ist die aporetische Erfahrung des vorigen Kapitels von hohem kritischem Wert. Das Reich des Begriffs und des Urteils deckt sich nicht mit dem des Schlusses; die logische Sphäre ist schon in sich nicht homogen. Sie ist nur einseitig vom idealen Sein her bestimmt; von anderer Seite her dringt das Nichtwesenhafte, das vom Wesen aus Zufällige ein. Die ideale Notwendigkeit dringt nicht durch. Die anderen Modi des Logischen entsprechen denn auch keineswegs den Wesensmodi. So etwas wie logische Wirklichkeit und Unwirklichkeit, die aus empirischer Realitätsgegebenheit stammt und der Notwendigkeit gegenüber ein Fremdkörper bleibt, gibt es im idealen Sein nicht. Es reicht nicht bis in dieses hinein, weil der Einzelfall mit seinem Existenzcharakter nicht hineinreicht. Das ideale Sein umfaßt nur Wesenheiten und Wesenszusammenhänge; diese sind notwendig allgemein, gleichgültig gegen Realität und Realisierung, gleichgültig also auch gegen Einzahl oder Mehrzahl der Fälle, gegen Realindividualität und Realallgemeinheit. Der Sinn des „Wirklichseins" ist hier ein vollkommen anderer. Und dementsprechend ist auch seine Stellung zur Notwendigkeit eine andere.

Noch deutlicher wird das an der idealen Möglichkeit. Wohl teilt sie mit der logischen die Form der Widerspruchslosigkeit. Aber diese selbst ist eine sehr verschiedenartige, je nachdem wie weit ihr Zusammenhang reicht. Im Logischen ist es nur eine begrenzte Reihe von „Merkmalen", die sie umfaßt; im Reich der Wesenheiten ist es das Ganze dessen, was überhaupt ideal besteht. Dieses Ganze hat durchgehende Verbundenheit, und zu ihm muß dasjenige widerspruchslos dastehen, was wesensmöglich sein soll. Im idealen Sein eben ist die Begrenzung aufgehoben, die das Logische uneinheitlich machte. Sein Reich ist nicht ein Reich des Gedankens. Hier gibt es keine Rückbindung an empirische Zugänge — nicht weil das Verhältnis zum Realen fehlte, sondern weil es sich gar nicht um ein Zugänglichsein, Gegebensein oder Gesetztsein handelt. Das Wesensreich ist der Zufälligkeit des Denkens und des Wissens ebenso enthoben wie der Zeitlichkeit und Individualität des Realen. Es besteht gleichgültig dagegen, ob und wieweit der Gedanke ihm folgen und es in seinen Formen darstellen kann. Es ist kein Reich der Begriffe und Urteile, so wenig als der Schlüsse; es ist kein prädikatives Sein.

Ideales Sein hat an sich mit Setzung und Geltung nichts zu schaffen. Die Aussage mit ihren Modi kann es wohl annähernd fassen und darstellen. Aber auch wo die Darstellung adäquat ist, fällt sie mit dem Dargestellten nicht zusammen. Ideales Sein eben ist Ansichsein, in sich unabhängig von allem Erfaßtsein. Darum ist es auch kein erweichtes Sein, und man sollte nun erwarten, daß es keine modale Amphibolie, keine Unbestimmtheit und — innerhalb seiner Grenzen — auch keine Zufälligkeit kenne. Gilt es doch vielmehr seit altersher als dasjenige, demgegenüber alles andere, selbst das Reale, sich zufällig ausnimmt [1]).

Es ist nicht ohne Berechtigung, daß der Begriff der Notwendigkeit sich geschichtlich fest mit dem der Wesentlichkeit verknüpft hat. An dieser Verknüpfung ist nicht zu rütteln. Und es wären aus ihr auch niemals schiefe Konsequenzen entsprungen, wenn man darüber nicht vergessen hätte, daß es auch eine Notwendigkeit anderer Art gibt.

b. Ideales und reales Sein. Verwandtschaft und Gegensatz ihrer Modalität.

Diese Vorerwägung macht der Erwartung, wir könnten die logischen Modi und Intermodalverhältnisse im idealen Sein wiederfinden, gleich beim ersten Schritt ein Ende. Eher schon rückt sie das ideale Sein dem

[1]) Hier wie im folgenden überall ist vorausgesetzt, was in dem Bande „Zur Grundlegung der Ontologie" (1935) über Stellung und Gegebenheit des idealen Seins ausgemacht ist; man vergleiche dort den IV. Teil, insonderheit die Kapitel 41 bis 45.

realen nah. Beide Seinsreiche haben das Gemeinsame, daß ihr Sein ein echtes, eigentliches und unerweichtes Sein ist.

Danach steht nun ganz das Gegenteil zu erwarten. Es muß sich im Wesensreich ein Analogon zur Härte und Entschiedenheit des Realen finden. Und da ein solches sich in den Intermodalverhältnissen aussprechen muß, so ist zu gewärtigen, daß diese ähnlich denen des Realen ausfallen werden. Vor allem müßte das Spaltungsgesetz der Möglichkeit wieder in Kraft treten. Mit ihm aber würde schon aus formalen Gründen alle Indifferenz verschwinden. Woraus weiter folgen müßte, daß 1. alle positiven Modi die negativen ausschließen, und 2. alle positiven Modi einander implizieren müßten, desgleichen alle negativen einander. Mit einem Wort, die drei Grundsätze der realen Intermodalverhältnisse müßten wiederkehren (vgl. Kap. 14c, d und e). So würde es dem selbständigen Seinscharakter des Wesensreiches sehr wohl entsprechen. Und die Tatsache, daß Wesensverhältnisse sich bestimmend tief hinein ins Reale erstrecken, würde sich damit reimen.

Dennoch kann dem nicht so sein. Schon eine sehr einfache Überlegung beweist das schlagend. Der Seinscharakter einer Sphäre besteht in der Eigenart seiner Modi und Intermodalverhältnisse. Diese sind seine ontologische Exposition. Sind nun Modi und Intermodalverhältnisse zweier Sphären vollkommen identisch, so sind auch ihre Seinsweisen identisch. Und das bedeutet, daß auch die Sphären selbst identisch sind; sie bilden dann zusammen vielmehr eine Sphäre und können sich innerhalb ihrer nur noch wie Spezialgebiete unterscheiden. So kann man allenfalls am Realen Gebiete unvollständiger Realität von der vollen Realwirklichkeit unterscheiden; desgleichen innerhalb des Logischen das Gebiet des Schlusses und der Folge von dem des „bloß Assertorischen". Aber in beiden Fällen bleibt der Unterschied dicht am Grundcharakter der Sphäre. Dagegen ideales und reales Sein unterscheiden sich radikal, bis zur greifbarsten Gegensätzlichkeit. Zahlen, Dreiecke, Aktwesenheiten, Werte sind nicht nur etwas anderes als Dinge, Geschehnisse, Personen, Situationen; sondern sie „sind" das, was sie sind, auch in grundlegend anderer Weise. Diese „sind" einmalig, zeitlich, entstehend, vergehend, individuell, sind entweder selbst materiell oder doch an Materielles gebunden; jene „sind" zeitlos, ewig, der Vergänglichkeit überhoben, allgemein, immateriell. Diese tiefe Unähnlichkeit hat dazu geführt, daß man nur das Reale als „seiend" anerkennen wollte, dem Idealen aber eigenes Sein absprach. Man rückte das letztere damit in bedenkliche Nähe des Logischen und fand dann keine Handhabe mehr, es von ihm zu unterscheiden.

Das ist wenigstens ein begreiflicher Irrtum. Die Unterschiede liegen hier verborgen. Zwischen idealem und realem Sein aber liegen sie offen zutage, sind wohl auch seit Platons Zeit nicht mehr verkannt worden. Man konnte wohl das Reich des Idealen selbst verkennen oder bestreiten, es mit dem Reich der Dinge und Geschehnisse verwechseln konnte man nicht.

Steht aber so der Unterschied der Seinsweisen fest, so muß notwendig auch in den Modi und Intermodalverhältnissen der beiden Seinssphären ein Unterschied sein; und zwar ein Unterschied, der kategorial zureicht, den Gegensatz der Seinsweisen zu tragen. Worin er zu suchen ist, kann sich erst in der weiteren Analyse herausstellen.

c. Das Zurücktreten der absoluten Modi und die Alleinherrschaft der relationalen.

Hier drängt sich nun gleich ein wohlbekanntes Unterschiedsmoment auf, das den Charakter der Wesensmodi selbst betrifft und für die ideale Seinsweise offenbar tief charakteristisch ist: das Verblassen des Gegensatzes von „wirklich“ und „unwirklich“, d. h. das Zurücktreten der absoluten Modi auf den zweiten Plan. Das bedeutet, daß die Möglichkeit und Notwendigkeit, sowie ihre negativen Gegenstücke, im Reich der Wesenheiten so gut wie allein das Feld behaupten.

Da aber diese beiden als relationale Modi die Relativität auf Wirklichkeit an sich haben (nach dem modalen Grundgesetz, Kap. 7), so muß das Zurücktreten der Wirklichkeit zugleich sie selbst modifizieren. Auch Möglichkeit und Notwendigkeit selbst müssen hier einen veränderten Modalcharakter zeigen, und zwar sowohl im Positiven wie im Negativen. Das aber bedeutet, daß die Modi alle einen von Grund aus anderen Sinn gewinnen. Es müssen deshalb sogar die formal gleichen Intermodalverhältnisse an ihnen in Wahrheit andere Verhältnisse sein als die der Realmodi.

Das Phänomen, das hier zugrunde liegt, ist nun zwar ein wohlbekanntes; aber es auch nur genau zu beschreiben ist nicht einfach. Man denkt dabei zunächst unwillkürlich an die Gleichgültigkeit der Wesenheiten gegen den Einzelfall, an dem sie realisiert auftreten, und von dem als einem empirisch „Zufälligen“ sie ablösbar sind. Die Realfälle eben stehen „unter“ mannigfacher Wesensgesetzlichkeit.

Die Phänomenologie hat dieses Verhältnis ihrer Methode zugrunde gelegt: sie setzt am Realwirklichen an, klammert seine Realwirklichkeit als „zufällige“ ein und hebt vor die Klammer, was vom Artcharakter des Gegenstandes unablösbar ist, d. h. was ihm „wesensnotwendig“ zugehört.

Hier wird also Wirklichkeit eingeklammert, ein Notwendiges herausgehoben. Das war seit Platons Suchen nach dem Eidos das Vorgehen aller derer, denen es um die reine essentia zu tun war, und zwar unabhängig davon, wie sie die gefundene essentia metaphysisch verwerteten. Hier wird das ideale Sein vom realen aus und im Gegensatz zu ihm gesehen. Das ist die Art, wie man es immer gesehen hat. Aber der Unterschied der Seinsweise wird hier schon als bekannt vorausgesetzt. In Wahrheit ist er nicht bekannt. Die Gewißheit, mit der man „deiktisch" Wesenszüge am Realen „aufweist", hat mit ontologischem Verstehen des Verhältnisses nichts zu tun. Das Verhältnis ist zwar gegeben, aber gerade als unverstandenes. Aus den beiderseitigen Seinsweisen könnte man es verstehen; aber die Seinsweisen eben sind das Rätselhafte. Erst die Modalanalyse kann in sie hineinleuchten. Dafür aber fehlt in dem Verfahren jeglicher Ansatz.

Welche „Wirklichkeit" nun wird hier eingeklammert? Doch nicht die der Wesenheiten selbst? Nicht die ideale Wirklichkeit also, die nur das „Bestehen" im Reich der Wesenheiten besagen darf. Sie gerade bleibt wesentlich, wird mit vor die Klammer gehoben, was auch immer sie bedeuten mag. Ausgeschaltet wird durchaus nur die Realwirklichkeit. Das aber ist eine Selbstverständlichkeit, wenn es sich um Wesensforschung handelt. So kann die phänomenologische Einklammerung und alles, was ihr im Verfahren ähnlich ist, nicht als Beleg für das Zurücktreten der Wirklichkeit im idealen Sein geltend gemacht werden. Denn dieses Zurücktreten ist ein solches der idealen Seinswirklichkeit selbst.

Viel eher noch kann man das Herausheben für das Gegenteil in Anspruch nehmen. Denn was in ihm aufgezeigt wird, bietet sich stets in einer gewissen idealen Tatsächlichkeit dar; es wird zur Gegebenheit, zur Konstatierbarkeit gebracht, muß also den Charakter idealen Vorhandenseins haben. Man erfaßt, was am Wesen der Sache „so ist". Das Aufgewiesene tritt im Modus der Wesenswirklichkeit auf.

Dennoch ist auch das nicht die ultima ratio des vorausgesetzten Verhältnisses. Hier liegt vielmehr eine Art Selbstverkennung des Verfahrens vor. Der Phänomenologe isoliert das Einzelphänomen, schaut gebannt auf dieses hin und meint es zu beschreiben, wie er es „findet". Er arbeitet mit isolierender, „stigmatischer" Intuition. Aber dieses Arbeiten ist schon bedingt. Es ist nur konzentrisch auf einen Punkt gerichtet, kommt aber aus einem Strukturzusammenhang der Wesenheiten her, den es schon voraussetzt und um den es schon weiß. Hinter der stigmatischen Intuition steht schon eine konspektive, sie wird nur nicht mehr in Rechnung gezogen, weil sie als selbstverständlich hingenommen wird. Wo sie aber versagt oder in unzureichendem Maße vorausgegangen ist, da fällt auch das stigmatisch Geschaute dürftig aus; es hat keinen Gegenhalt am Zusammenhang. Man verzeichnet wohl das Resultat als nacktes „es ist so", aber man vergißt darüber, daß alles, was man als geschaut gelten ließ, die Probe des Zusammenbestehenkönnens mit anderweitig

Bekanntem — also die der Widerspruchslosigkeit — schon bestanden hat. Ja, mehr noch, man vergißt, daß man nur gelten ließ, was unablösbar mit vorerfaßten Wesenszügen zusammenhing, was also von diesen aus als wesensnotwendig einleuchtete.

Man hält sich also in Wahrheit auch hier durchaus an ideale Möglichkeit und Notwendigkeit. Und nur die Form des Konstatierens, wie sie am Resultat auftritt, täuscht dem Suchenden den Modus eines bloß ideal Wirklichen vor. Auf diesem Erkenntniswege also dürfte der Zugang zur Wesensmodalität gründlich verbaut sein. Man muß sich nach einem anderen umsehen.

d. Wesenswirklichkeit als mitlaufendes Modalmoment.

Hierfür ist es weit instruktiver, sich an solchen Wissensgebieten zu orientieren, die ihren Gegenstand von altersher mit allseitig erprobten Methoden behandeln. Das große Beispiel dafür liefern die mathematischen Wissenschaften. Auch hier gibt es die konstatierbaren Resultate. Der Satz von der Winkelsumme im Dreieck spricht schlicht ein „es ist so" aus; daß es Logarithmen aller positiven reellen Zahlen gibt, daß es keinen Logarithmus einer negativen Zahl gibt, dieses „es gibt" und „es gibt nicht" drückt deutlich mathematisches Sein und Nichtsein aus. Wenn irgendwo ideale Wirklichkeit greifbar wird, so hier — in dem Begriff der mathematischen Existenz.

Daran ist zweierlei zu sehen. Einmal: es gibt wohl ideale Wirklichkeit und Unwirklichkeit rein als solche. Sie liegt im bloßen Bestehen der Wesenheiten, an ihrer Stelle und in ihrem Wesenszusammenhange. Mathematische Existenz ist da nur ein Spezialfall. An sich hat alles ideal Seiende auch „ideale Existenz", d. h. ein Bestehen in seiner Sphäre; und zwar ganz unabhängig davon, ob es in irgendeiner anderen Sphäre auch noch besteht, etwa in der des Bewußtseins, im Logischen, oder im Realen. Das alles spielt für ideale Wirklichkeit keine Rolle.

Sodann aber: eben daran ist es auch sichtbar, daß diese ideale Wirklichkeit, oder ideale Existenz, in ihrer eigenen Sphäre eine untergeordnete Rolle spielt. Sie spielt am ideal Seienden die Rolle eines selbstverständlich mitlaufenden, aber weder am Inhalt noch an der Seinsweise irgendwie relevanten Modalmomentes.

Sieht man nämlich näher zu, so findet man, daß es sich bei aller Konstatierung mathematischer Existenz um Aufzeigung von idealer Möglichkeit und Notwendigkeit handelt. Das wird sehr einleuchtend, wenn man sich einen negativen Fall ansieht. Daß es keinen Logarithmus einer negativen Zahl gibt, ist aus den inhaltlichen Zusammenhängen heraus (und nur aus ihnen heraus ist es überhaupt einleuchtend) dahin zu verstehen, daß es keinen geben „kann". Dafür sind Gründe aufweisbar. Sie liegen in der Gestalt der Logarithmenfunktion. Hinter dem „es gibt nicht" steckt eine Unmöglichkeit.

Genau ebenso steckt hinter dem „es gibt" eine Möglichkeit und eine Notwendigkeit. Daß es Logarithmen aller positiven reellen Zahlen gibt, besagt: 1. für jede positive reelle Zahl ist ein Logarithmus möglich, und 2. für jede ist er notwendig. Die Funktion hat Spielraum dafür, und sie muß ihn enthalten. Um beides kann man sehr bestimmt wissen, auch wenn man den bestimmten Logarithmus einer Zahl nicht hat, oder nicht mit zureichender Genauigkeit errechnen kann. Das Gesetz hat es nicht mit dem Spezialfall zu tun; es kann nichts anderes besagen als diese mathematisch generelle Möglichkeit und Notwendigkeit. Auf die Zusammenhänge und Zusammenhangsmodi kommt hier alles an. Die ideale Wirklichkeit ist dann eine Selbstverständlichkeit.

Bei den gewöhnlichen (nicht existentialen) Sätzen der Mathematik ist das noch viel selbstverständlicher. Beim Satz der Winkelsumme im Dreieck ist es nicht darum zu tun, daß es eine Winkelsumme gibt, oder daß sie bloß = 2 Rechten „ist", sondern darum, wie die Konstanz dieser Größe bei mannigfaltig wechselnder Größe der Winkel selbst möglich ist, und warum sie notwendig ist. Nichts anderes als das hat der Beweis darzutun.

41. Kapitel. Vorläufige Fassung der Wesensmodalität.

a. Übertragung der paradoxen Implikationsgesetze.

So kommt es in der Tat auf eine Art Alleinherrschaft der relationalen Modi in der idealen Seinssphäre heraus. Es genügt, daß etwas ideal möglich ist, es besteht eben damit auch schon als ein „ideal Existierendes". Eine andere Art Wirklichkeit gibt es hier nicht. Das ist schon das volle „ideale Sein". Darüber hinaus gibt es nur die Realwirklichkeit, aber die kommt hier nicht in Frage. Gegen sie ist nicht nur die Wesensmöglichkeit, sondern auch die Wesenswirklichkeit gleichgültig. Sie eben gehört einer anderen Seinssphäre an, und mit ihr setzt auch andere Möglichkeit und Notwendigkeit ein.

Die Alleinherrschaft der relationalen Modi bedeutet die allgemeine Relationalität des idealen Seins. Dieses Sein besteht wesentlich in Relationen; es bildet ein Reich von reinen Zusammenhängen, Verhältnissen, Zugehörigkeiten und Gesetzlichkeiten; oder auch, wie man es oft genannt hat, ein Reich reiner Form und Formgesetzlichkeit. Wie denn von altersher die essentia als reine Form verstanden worden ist.

Das eben besagt die Gleichgültigkeit gegen Realität, Zeitlichkeit, Individualität (den Einzelfall) und Materialität. Es ist eine verdünnte

Atmosphäre, der die Wesenheiten angehören. Ihr Sein selbst ist verdünntes und gleichsam depotenziertes Sein. Es ist nicht erweichtes Sein, wie das logisch-prädikative. Es ist echtes Ansichsein; es hat durchaus seine eigenartige Strenge und Entschiedenheit, der nichts abzuhandeln ist. Es besteht auch in ihm eine Seinshärte. Aber eine andere als die des Realen. Es ist gewichtsloses, „leichtes", schwebendes, formales Sein.

Diese Sachlage, die freilich immer nur in Gleichnissen zu fassen ist, wird durch den Terminus „ideales Sein" gut veranschaulicht. Man muß sich nur hüten, ihn subjektiv zu verstehen, oder auch nur logisch. Hält man hier die Abgrenzung genau fest — sie hängt allein an der reinen Relationalität —, so läßt sich nun im Sinne des oben Ausgemachten sagen: alles was ideal möglich ist, ist ebendamit auch ideal wirklich (hat sein „Bestehen" im Reich der Wesenheiten).

Dieser Satz ist nun offenkundig ein formales Analogon zum „Realgesetz der Möglichkeit" (Kap. 14 f). Dennoch bedeutet er etwas ganz anderes als dieses. Es sind strukturell ganz andere Modi, die er verbindet. Im Realen hat der Satz keine formale Evidenz, er ist dort ein paradoxer Satz, von dessen Geltung man sich erst auf Umwegen überzeugen kann. Im idealen Sein — bei depotenziertem Sinn des Wirklichseins — ist er vollkommen evident. Hier handelt es sich in der Möglichkeit um keine Totalität von Bedingungen, sondern um bloße Widerspruchslosigkeit; freilich um Widerspruchslosigkeit in weitverzweigtem Zusammenhange, und keineswegs bloß um die logische, beschränkte. Aber es ist eben doch so, daß diese verzweigte Relation des widerspruchslosen Sicheinfügens genügt, um an sich schon ideales „Bestehen" auszumachen.

Damit scheint nun die Basis für die ganze Intermodalgesetzlichkeit des idealen Seins gefunden zu sein. Denn nun darf man erwarten, daß dasjenige, was in dieser Weise ideal möglich ist, auch ideal notwendig sein muß; denn es hat ja schon als ein solches notwendig seine Stelle unter den Wesenheiten. Es gibt keine Instanz, die sie ihm wehren könnte. Damit wären dann auch die paradoxen Implikationsgesetze, wie wir sie vom Realen her kennen, mutatis mutandis (d. h. mit ähnlicher Bedeutungsänderung der Modi selbst) auf das ideale Sein übertragbar. Alles ideal Wirkliche wäre auch ideal notwendig, alles ideal Unwirkliche auch unmöglich, das negativ Mögliche auch ideal unwirklich und unmöglich.

Und weiter müßte von hier aus rückgeschlossen werden, daß auch das Spaltungsgesetz der Möglichkeit wiederkehrte. Denn eben diese Implikationen können nur zurecht bestehen, wo die Möglichkeit in zwei verschiedene Modi zerfällt. Ob das sich mit dem Sinn der idealen Möglichkeit als Widerspruchslosigkeit vereinigen läßt, möge einstweilen noch unerörtert bleiben. Das erfordert eine andere Untersuchung. Man lasse die Übertragung der paradoxen Implikationsgesetze auf das ideale Sein vor der Hand gelten. Die Konsequenzen werden am besten über ihre Haltbarkeit belehren.

b. Der Spielraum der Wesensmöglichkeit und seine Begrenzung.

Will man diesen Intermodalverhältnissen entsprechend eine Tafel der Modi aufstellen, so muß man dem veränderten Sinn von Wirklichkeit und Unwirklichkeit Rechnung tragen. Beide spielen keine eigene Rolle im idealen Sein neben der Möglichkeit des Seins und des Nichtseins. Sie sind mit ihr gesetzt, sind ein Selbstverständliches, besagen nicht „mehr" als das Seinkönnen und Nichtseinkönnen. So muß man sie in der Tafel einklammern und neben die beiden Glieder der gespaltenen Möglichkeit setzen (Fig. 10). Sie stehen weder über noch unter ihnen, sind nicht mehr und nicht weniger als sie. Sie sind rein mitlaufende Modi. Andererseits aber bleiben sie auf der Gegenseite des vertikalen Trennungsstriches stehen, denn sie besagen trotzdem etwas anderes, das Bestehen und Nichtbestehen.

Die Möglichkeit und Notwendigkeit sind zwar auch hier relativ auf Wirkliches, im Sinne der äußeren wie der inneren Relativität. Aber gerade die innere hat ihr Gewicht verloren: daß Notwendigkeit und Möglichkeit die eines idealen Bestehens sind, besagt nichts als die Relation selbst. Beide sind zwar alleinherrschend geworden im Reiche dieses Seins, aber die Alleinherrschaft ist gewichtslos; und damit sind auch sie selbst gewichtslos. Denn was sie beherrschen, ist nichts als ihr eigenes Gefüge. Sie haben keinen anderen Gehalt als den der Relationalität selbst, in der sie bestehen. Das Reich der Wesenheiten ist eben ein Reich leerlaufender Relationen, ohne anderes Substrat als ihren eigenen Relationsbestand. Rein in sich betrachtet, kann man es ebensogut ein Reich des Wesenlosen nennen. Ein Wesensreich wird es erst im Hinblick auf das Reale, „dessen" Wesen es ausmacht.

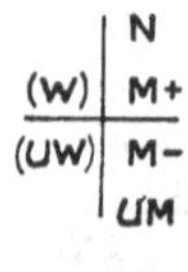

Fig. 10

Das reimt sich gut mit der alten Vorstellung vom Reich der „reinen Formen". Diese Formen waren und blieben in allen noch so metaphysischen Fassungen depotenziertes Sein; auch dort wo man sie als das „wahrhaft Seiende" oder als Seinssubstanzen zu fassen suchte. Denn eben diese Substantialität war und blieb bloße „Formsubstanz".

Das ideale Sein stellt sich so als ein einziges ungeheures Reich der reinen Möglichkeit dar; als ein Reich schwebender Relationalität, in dem alles das „zurecht besteht", und somit Wesenswirklichkeit hat, was in ihm widerspruchslos dasteht. Dieses Reich der Möglichkeit ist keineswegs unbegrenzt. Gerade die Widerspruchslosigkeit, sofern sie eine allseitige und durchgehende ist, setzt ihm von innen heraus Grenzen. Das Widersprechende ist das, was in ihm nicht möglich ist, und also auch in ihm nicht besteht. Es hat so seine Begrenzung in sich selbst, in seinem Prinzip. Aber eben, es hat nur diese, hat keine andere, keine äußere Grenze. So trägt es sich selbst auf seiner eigenen Gesetzlichkeit. Freilich, es hat nicht viel zu tragen. Es besteht in nichts als dieser schwebenden Möglichkeit.

Als ein solches Reich reiner Möglichkeit schwebte es Leibniz vor, dessen „mögliche Welten" zwar strenge, absolut „harte" Gesetzlichkeit haben, aber doch in ihrer luftigen Schwebe verharren. Man könnte meinen, daß hier die Eigenart dieser Möglichkeit ontologisch zutreffend erfaßt sei. Nur der eine Umstand hindert daran, daß Leibniz sie lediglich im Gegensatz zur Realwirklichkeit sah, nicht aber zur Realmöglichkeit. Das Prinzip der Konvenienz, das er an die Schwelle der Verwirklichung der „besten Welt" setzte, ist nicht als Ermöglichung eines real noch nicht Möglichen verstanden. Leibniz kannte nur das Gegenüber der heterogenen Modi: Wesensmöglichkeit und Realwirklichkeit. Daß jene mit Wesenswirklichkeit, diese mit Realmöglichkeit fest verbunden ist, war ihm so wenig wie den Späteren bekannt. Darum mußte ihnen allen die Seinsmöglichkeit ungespalten und disjunktiv erscheinen. Sie ist es aber weder als ideale noch als reale; beide sind nicht indifferent gegen Wirklichkeit der gleichen Sphäre. Indifferent ist nur die Wesensmöglichkeit gegen Realwirklichkeit. Aber nur deswegen, weil sie zugleich indifferent gegen die Realmöglichkeit (Totalität der Realbedingungen) ist; oder, so darf man sagen, weil überhaupt ideales Sein indifferent gegen Realität ist.

e. Der Sinn des Deckungsverhältnisses der relationalen Modi im idealen Sein.

Läßt man nun die Modi des idealen Seins vor der Hand in dieser Anordnung und Intermodalgesetzlichkeit gelten, so kann man sich ungeachtet des formalen Gleichlauts der Gesetze sehr wohl den Gegensatz zur Modalität des Realen anschaulich machen. Ist nämlich in diesem Reich der reinen Möglichkeit alles Mögliche auch notwendig ideal wirklich, so ist die Konsequenz nicht zu vermeiden, daß es auch hier eine gegenseitige Durchdringung von Möglichkeit und Notwendigkeit geben müsse. Ob dem so ist, sei zur Zeit noch dahingestellt. Aber wieweit sie nun gelten oder nicht gelten mag, was eigentlich bedeutet sie hier?

Im Realen bedeutet sie das Verschwinden der beiden relationalen Modi hinter der Wirklichkeit. Das war die Konsequenz aus dem Realgesetz der Wirklichkeit (Kap. 24 d). Das nun gibt es offenbar im idealen Sein nicht. Dafür ist die Wesenswirklichkeit viel zu sehr zurückgedrängt, ein Beiläufiges. Sie nämlich ist hier gerade selbst ein Verschwundenes, ein gleichsam nur noch in der Theorie aufzeigbares Modalmoment. Sie ist gewichtslos gegenüber der Alleinherrschaft der relationalen Modi. Mit einem Wort, hier findet gerade das Umgekehrte statt wie im Realen: hier verschwindet die Wirklichkeit hinter dem Relationsgeflecht der Möglichkeit und Notwendigkeit.

Diese beiden durchdringen sich zwar in ihr, aber sie indifferenzieren sich nicht. Sie machen wohl gemeinsam einen einzigen Zusammenhang aus, in dem dann ihre äußere Relativität besteht; aber sie konstituieren nichts über ihn hinaus, worein sie verschwinden könnten. So bleiben sie selbst im Vordergrunde als das Wesentliche des Idealzusammenhanges stehen. Und die ideale Wirklichkeit, die nichts als das „Bestehen" des Gebildes in ihnen besagt, verschwindet vielmehr selbst hinter ihnen. Sie ist zwar noch da und kann jederzeit aufgezeigt werden; aber nicht in ihr liegt die eigentliche Seinsweise der Wesenheit. Sie spielt im Gefüge der Relationen nur die untergeordnete Rolle eines mitlaufenden Modalmomentes.

Die formal identischen Intermodalverhältnisse, sofern sie an wesensverschiedenen und ontologisch heterogenen Modi bestehen, sind also in Wahrheit auch durchaus andere Verhältnisse. In einem Reich von reinen Relationen müssen die relationalen Modi die absoluten vollkommen zudecken; genau so sehr wie in einem Reich von substratgesättigtem und gleichsam erdschwerem Sein die absoluten Modi die relationalen zudecken müssen. Und zwar in beiden Fällen ohne daß das Getragensein der einen von den anderen dadurch berührt würde.

Daß überhaupt es im idealen Sein ein Deckungsverhältnis von Möglichkeit und Notwendigkeit gibt, ist auch vom formalen Charakter der Modi aus keineswegs ohne weiteres einzusehen. Man ist vom Logischen her zu sehr gewöhnt, das Reich des ideal Möglichen als ein nahezu unbegrenztes anzusehen, das des ideal Notwendigen aber als ein eng begrenztes. Und so viel Richtiges ist daran, daß Wesensmöglichkeit auch hier durchaus Widerspruchslosigkeit, Notwendigkeit aber auch hier ein Folgen ist; daher sind bei genügender Wesenserkenntnis beide im Schema der logischen Modi faßbar. Der Unterschied wird aber im Verhältnis zur Wirklichkeit greifbar. Das Wesensmögliche eben ist auch wesenswirklich. Es gibt im idealen Sein nicht den „Fremdkörper" einer aus anderer Sphäre hereinragenden Tatsachenwirklichkeit. Die Sphäre ist in sich durchaus homogen. Gegebenheiten gehen sie nichts an, weil sie eine Seinssphäre ist. Vielmehr ist sie selbst eine nur teilweise gegebene.

So kann sich die Reichweite des Widerspruchslosen mit der des „Bestehenden" wohl decken. Ja, diese Deckung ist ein analytischer Satz, der aus dem Sinn des idealen Bestehens folgt. Insofern ist das Implikationsgesetz, daß alles Wesensmögliche auch wesenswirklich ist, dem Realgesetz der Möglichkeit sehr unähnlich, wie sehr es auch formal gleichlautet. Und dieselbe Unähnlichkeit gilt von den übrigen paradoxen Implikationsgesetzen. Denn auch die Notwendigkeit ist hier eine andere. Sie bedeutet ein anderes „Folgen" als das zeitlich reale. Dem logischen „Folgen" ist sie verwandt. Sie hat nur eine viel breitere Basis als diese; sie ist nicht auf die zufällige Reichweite des Erfaßten beschränkt, sondern besteht ideal an sich in stetiger Vollzähligkeit.

d. Die Umfänge von Möglichkeit und Notwendigkeit. Das Gesetz der Verdichtung.

Die formale Übereinstimmung der relationalen Wesensmodi mit denen des Urteils ist der einfache Ausdruck der ins Logische hineinreichenden Wesensgesetzlichkeit. Und ebenso ist die Verschiedenheit der zugehörigen Intermodalgesetze der einfache Ausdruck der Grenze dieses Hineinreichens. Das logisch Zufällige im „bloß Wirklichen" (Gesetzten) treibt einen Keil in die durchgehende Eindeutigkeit des logischen Zusammenhanges. Diese Grenze ist im Wesensreich aufgehoben; in seine inneren Beziehungen dringt kein heterogener Keil ein. Der Zusammenhang wird durchgehend, und damit gleichsam heil.

Stellt man nun die homologen Modi des Logischen, des idealen Seins und des realen Seins nebeneinander, so ergibt sich ein einfaches quantitatives Verhältnis, in dem die Sphärencharaktere sich deutlich spiegeln. Es läßt sich in zwei Sätze zusammenfassen: 1. die Wesensmöglichkeit ist viel enger als die logische und viel weiter als die reale Möglichkeit; denn sie ist inhaltlich vollständiger (bestimmter) als jene, und zugleich unvollständiger als diese. Und 2. die Wesensnotwendigkeit ist viel weiter als die logische und viel enger als die Realnotwendigkeit; denn auch sie ist inhaltlich vollständiger (bestimmter) als jene, zugleich aber unvollständiger als diese.

Das sieht auf den ersten Blick paradox aus. Gegen das Logische wird im idealen Sein die Möglichkeit enger, die Notwendigkeit weiter; gegen das Reale wird umgekehrt die Möglichkeit weiter, die Notwendigkeit enger. Dennoch ist es gerade so durchaus durchsichtig. Das Verhältnis von Umfang und Inhalt ist eben im Modus der Möglichkeit ein anderes als im Modus der Notwendigkeit. Mit zunehmendem Inhalt wächst die Bestimmtheit; und wo die Bestimmtheit größer ist, da ist der Umfang des Möglichen ein engerer (es ist „weniger" möglich). Zugleich aber ist eben dort, wo die Bestimmtheit größer ist, der Umfang des Notwendigen ein weiterer (es ist „mehr" notwendig). Denn Notwendigkeit hat den Sinn des „Folgens" aus anderem; das „andere" aber muß Bestimmtheit haben. Je weiter die Bestimmtheit reicht, um so mehr muß aus ihr folgen. Von einer ganzen Sphäre also muß gelten: je bestimmter das Inhaltliche in ihr ist, um so mehr ist in ihr notwendig; und je unbestimmter es ist, umso mehr ist in ihr möglich.

Hieraus ergibt sich die einfache Konsequenz: in einer Sphäre von durchgehender Bestimmtheit muß der Umfang des Möglichen so weit zusammenschrumpfen, der des Notwendigen aber sich so weit ausdehnen, daß beide zur Deckung kommen. Beide Umfänge nähern sich einander im Maße der sich verdichtenden Bestimmtheit. Das Gesetz, das sich in dieser Konsequenz ausspricht, darf man deswegen kurzweg das Gesetz der Verdichtung der relationalen Modi nennen.

Ohne weiteres durchsichtig ist dieses Gesetz freilich nur, wo in verschiedenen Sphären die Möglichkeit gleichartig ist, z. B. in Widerspruchslosigkeit besteht; was in vollem Maße für die logische und die ideale Sphäre zutrifft. Für das Reale ist dieser Möglichkeitstypus zu wenig, nur ein Minimum, eine Vorbedingung in den realen Bedingungsketten. Aber es ist leicht zu sehen, daß sich bei geeigneter Fassung der inhaltlichen „Bestimmtheit" auch die Realsphäre dem Gesetz der Verdichtung einordnet, ja daß das Gesetz gerade bei ihr den extremen Fall der vollständigen Deckung erfährt. Denn diese Sphäre ist es, die jene charakteristische „Enge des Möglichen" aufweist, die sich aus dem Realgesetz der Möglichkeit ergab (Kap. 21 d).

e. Die Abstufung der Bestimmtheitsdichte in der logischen, idealen und realen Sphäre.

Das bekannte Gesetz der indirekten Proportionalität von „Umfang und Inhalt", welches die logischen Begriffsverhältnisse beherrscht, ist nicht ein spezifisch logisches Gesetz. Es erstreckt sich auch auf andere Sphären, ja sogar auf das Verhältnis zwischen ihnen. Wohl aber ist es begrenzt dadurch, daß es ein spezifisches Gesetz der Möglichkeit ist (im idealen Sein also auch der Wirklichkeit, weil diese hier ein bloß mitlaufendes Modalmoment ist). Auf die Notwendigkeit trifft es nicht zu. Die Notwendigkeit folgt vielmehr dem umgekehrten Gesetz: für sie wächst der Umfang mit dem Inhalt und nimmt auch mit ihm ab. Das logische Begriffsverhältnis ist in erster Linie ein Verhältnis der Möglichkeit; es läßt die gegensätzlichen species disjunktiv unter identischem genus stehen. Darum folgt es dem Gesetz der Möglichkeit. Vom genus zur species waltet Notwendigkeit nur hinsichtlich des Generellen; das Spezielle bleibt in diesem Verhältnis undeterminiert. Die Notwendigkeit ist eingeschränkt. Ihr Gesetz kommt hier nicht in Frage.

Das Logische ist ein reines Reich des Formalen. Der Inhalt ist ihm äußerlich. Logisch möglich ist alles, was sich schon mit einem Minimum an Bestimmtheit (einigen „Merkmalen") verträgt. In diesem Minimum an Bestimmtheit ist der Umfang des Möglichen der größte. Notwendig kann bei solcher Inhaltsebbe immer nur weniges sein. An diesem Wenigen aber muß die Notwendigkeit leicht durchschaubar sein. Daher die vielbewunderte Rationalität des Syllogismus. Hier klaffen Möglichkeit und Notwendigkeit weit auseinander. Es ist immer unübersehbar vieles möglich, was nicht notwendig ist. Im Realen ist es umgekehrt. Hier ist höchste Inhalts- und Bestimmtheitsfülle. Möglich ist nur, was volle Bestimmtheit aus einer Totalität von Realfaktoren heraus hat. In diesem Maximum an Bestimmtheit ist der Umfang des Möglichen am kleinsten: es ist stets nur „eines" möglich. Zugleich aber ist der des Notwendigen der größte. So ist hier möglich nur, was notwendig ist. Die Umfänge koinzidieren.

Das Reich der Wesenheiten ist eine Sphäre mittlerer Bestimmtheit. Der Inhalt ist hier weit ärmer als im Realen, aber weit reicher als im Logischen. So ist sehr vieles wesensmöglich, was nicht real möglich ist; aber auch sehr vieles ist logisch möglich, was nicht wesensmöglich ist. Die Logik muß mit „unmöglichen Gegenständen" rechnen, d. h. mit wesensunmöglichen (viereckiger Kreis); je nachdem, was sie an vorgegebenen Merkmalen (etwa des Kreises) anerkennt, sind solche Gegenstände für sie möglich oder nicht. Die „Unmöglichkeit" solcher Gegenstände ist eben eine Seinsunmöglichkeit (etwa eine geometrische), nicht eine logische. Und ebendarum, weil im Logischen vieles möglich ist, was ideal nicht möglich ist, muß in der idealen Sphäre vieles notwendig sein, was logisch durchaus nicht notwendig ist (z. B. daß im Quadrat die Seite zur Diagonale inkommensurabel ist). Zugleich aber auch ist in der Realsphäre sehr vieles notwendig, was in der idealen Sphäre nicht notwendig ist. Von der Wesenheit aus ist eben das Realsein selbst zufällig, und mit ihr die Zeitlichkeit, das Werden, die Individuation.

So sind denn auch Möglichkeit und Notwendigkeit beide im Reich der Wesenheiten von mittlerem Umfang. Vom Logischen her versteht man es ohne weiteres, daß die Umfänge beider sich hier einander nähern müssen; ihr weites Auseinanderklaffen ist durch die relativ hohe und durchgehende Bestimmtheit überwunden. Sie kommen zusammen, sie können sich also sehr wohl decken.

Aber vom Realen aus gesehen, klaffen sie in diesem ihrem idealen Deckungsverhältnis immer noch weit auseinander. Denn gemessen an der Komplexheit der Realbestimmtheit ist die Wesensbestimmtheit unbestimmt. Wenn selbst alles, was wesensmöglich ist, auch wesensnotwendig wäre, so wäre es deswegen doch noch lange nicht real notwendig, also auch nicht real möglich.

Das Reale ist, vom Idealen aus gesehen, das Überbestimmte. Für den Überschuß der Realbestimmtheit hat das Wesensreich überhaupt keinen Raum; es läßt nur außerhalb seiner Seinsweise Raum dafür. Bleibt aber der Überschuß an Inhalt ganz heraus, so bildet er auch im idealen Sein keine Zone der Unbestimmtheit. So weit es also hierauf ankommt, könnten immer noch Wesensmöglichkeit und Wesensnotwendigkeit sich in ihrer Sphäre decken und durchdringen, wie Realmöglichkeit und Realnotwendigkeit in der ihrigen. Das Zurückstehen der Bestimmtheit ist kompensiert durch die schwebende Gewichtslosigkeit der Sphäre. Die Notwendigkeit ist selbst nur Wesensfolge, nicht Realfolge. Als solche kann sie in ihrer Weise vollständig sein, ohne doch an diese heranzureichen.

42. Kapitel. Aporien der Wesensmodi. Die Kompossibilität.

a. Die Unstimmigkeit der Voraussetzungen in der Fassung der Modi.

So könnte man den Eindruck gewinnen, daß die Modaltafel des idealen Seins in sich einfach und ohne Schwierigkeiten sei. Aber die Voraussetzung war, daß 1. Möglichkeit und Notwendigkeit hier zur Deckung gelangen, 2. das Spaltungsgesetz Geltung hat, 3. der Sinn der Wesensmöglichkeit in Widerspruchslosigkeit aufgeht, und 4. die Wesensnotwendigkeit die Form der logischen Folge hat.

Sieht man sich diese Voraussetzungen näher an, so zeigen sie schon unter sich eine gewisse Unverträglichkeit. Wie kann die Möglichkeit gespalten sein, wenn sie in Widerspruchslosigkeit besteht? Muß nicht vom Gesichtspunkte bloßer Verträglichkeit aus — der Verträglichkeit von A mit einem Komplex vorbestehender Bestimmtheiten — stets wenigstens grundsätzlich auch non-A möglich bleiben? Das aber würde die Möglichkeit disjunktiv machen; und zugleich würde es ihr jene Unbestimmtheit lassen, die sich mit Notwendigkeit nicht verträgt. Wo non-A möglich bleibt, da ist A auf Grund des Vorbestehenden, von dem aus es möglich ist, jedenfalls nicht notwendig. Wie also können Möglichkeit und Notwendigkeit sich durchdringen, wenn die Möglichkeit in der Widerspruchslosigkeit aufgeht?

Das wäre allenfalls denkbar, wenn die Notwendigkeit einen anderen Sinn hätte als den der logischen Folge, etwa einen loseren, depotenzierten Sinn; wenn sie ein bloßes Auch-Bestehen-Müssen bedeutete, das ebenso selbstverständlich mit der Möglichkeit mitliefe, wie die depotenzierte Wesenswirklichkeit. Auf dieser Basis aber wäre durchgehende Determination des idealen Seins ausgeschlossen. Nun aber gilt gerade diese als Grundzug des Wesensreiches. Das meiste, was wir an klar einsichtiger Notwendigkeit erfassen, ist Wesensnotwendigkeit; so im Gebiet des Mathematischen und alles desjenigen Realen, das mathematische Wesensstruktur enthält. Und nicht anders scheint es mit allen sonstigen Wesensgesetzen zu sein. Ist doch der Ausdruck Wesentlichkeit fast gleichbedeutend mit Notwendigkeit geworden. Solcher Notwendigkeit gegenüber gilt der Realfall als zufällig.

Diese Aporien sind durch Kompromisse nicht zu beheben. Das ideale Sein ist kein Feld der Kompromisse. Wenn irgendwo, so darf man hier durchsichtige Eindeutigkeit erwarten. Hier wenigstens ist die Rationalität, soweit sie besteht, kein leerer Schein. Darüber darf auch die Nachbarschaft des Logischen mit seiner modalen Zwiespältigkeit nicht täuschen; dort entsteht das Kompromißhafte durch die Unselbständigkeit der Sphäre. In einer Sphäre idealen Seins kann es das nicht geben.

Man muß also umgekehrt jene Voraussetzungen revidieren. Es kann kein Zufall sein, daß bereits zwischen ihnen selbst die Unstimmigkeit beginnt. Allem Anschein nach drängen sich die Aporien im Modus der Wesensmöglichkeit zusammen. Das entspricht den Erfahrungen, welche die Analyse in den bisher erörterten Sphären gemacht hat. Immer lag der kritische Punkt, an dem alles weitere hing, bei der Möglichkeit.

Entweder es ist noch etwas besonderes mit der idealen Widerspruchslosigkeit, was sich vom Logischen her nicht sehen ließ, oder das Spaltungsgesetz muß eine Einschränkung erfahren. In beiden Fällen muß die Veränderung auf die Notwendigkeit übergreifen. Und das wiederum darf nicht in der Weise geschehen, daß etwa die Bestimmtheit des Folgens ihre Eindeutigkeit einbüßte. Der Sinn der Wesensmöglichkeit steht in Frage, der der Wesensnotwendigkeit steht relativ fest, und zwar auf Grund einer langen Reihe eindeutiger Phänomene des idealen Seins. Die Revision hat folglich mit der Frage nach der Spaltung oder Ungespaltenheit der Wesensmöglichkeit einzusetzen.

b. Prüfung des Spaltungsgesetzes in der idealen Sphäre. Genus und species.

Was eigentlich war der Grund, die Geltung des Spaltungsgesetzes im idealen Sein vorauszusetzen?

1. Es zeigte sich, daß mit der bloßen Wesensmöglichkeit auch Wesenswirklichkeit besteht. Spricht man dieses Mitbestehen generell aus, so nimmt es die Form eines Implikationsgesetzes an, welches formal dem Realgesetz der Möglichkeit genau entspricht; freilich auch nur formal, denn material bedeutet es, wie gezeigt wurde, etwas ganz anderes.

Immerhin folgt aus seiner Geltung, daß es ein „bloß Mögliches" im idealen Sein nicht geben dürfte. Nun kann aber ungespaltene Möglichkeit nur an einem „bloß Möglichen" bestehen. So wenigstens kennen wir es vom Realen her. Also kann es im idealen Sein keine ungespaltene Möglichkeit geben.

2. Es zeigte sich ferner, daß die Unbestimmtheit der logischen Möglichkeit nicht der Widerspruchslosigkeit als solcher eigen ist, sondern nur der begrenzten Relationsbasis. Bezieht man sie auf ein umfassendes, allseitig fest bestimmtes System, so wird sie selbst bestimmt, wird „eng" und läßt keineswegs vielerlei disjungierte Glieder nebeneinander bestehen. Sie nähert sich dann der durchgehenden Bestimmtheit aus dem Zusammenhang her. Daß sie sich im Grenzfall mit der Notwendigkeit deckt, folgt daraus freilich noch nicht; aber die Konvergenz ist nicht zu bestreiten. Und sie müßte zur Deckung führen, wenn die Basis der Bestimmtheit sich zum System schließt.

3. Hierzu kommt noch, daß das Wesensnotwendige, wo es auftritt, doch auch wesensmöglich sein muß. Eine Möglichkeit aber, die in Notwendigkeit eingeht, kann nur abgespaltene positive Möglichkeit sein. Ihre äußere Indifferenz gegen das Notwendigsein, die hierzu erforderlich ist, schließt aber die innere aus (Kap. 39 a). Woraus folgt, daß sie nicht disjunktive (ungespaltene) Möglichkeit sein kann. Sie müßte denn schon ebenso amphibolisch sein wie die logische Möglichkeit. Dann aber wäre das ideale Sein ebenso wie das prädikative ein erweichtes Sein. —

Alledem gegenüber bleibt aber eine andere Gruppe von Wesensphänomenen bestehen, die eine Spaltung der Möglichkeit im idealen Sein nicht zuläßt. Was man im Logischen als das Subsumptionsverhältnis bezeichnet, und was im Gesamtschema auf die sog. Begriffspyramide hinausläuft, das ist im idealen Sein offenbar ein allgemein durchgehendes Verhältnis der Vertikalordnung; der Begriff ahmt es in seiner Sphäre nur in engeren Grenzen nach. Genus und species sind Verhältniskategorien der Wesenheiten, nicht der Begriffe.

Was aber heißt es, daß „unter" jedem genus eine Mehrzahl von species koordiniert besteht? Die species sind alle vom genus aus gleich „möglich". Sofern sie aber einander ausschließen, ist ihr Verhältnis zueinander ein disjunktives. Daran ist also nicht zu zweifeln, daß im Subordinationsverhältnis der Wesenheiten stets disjunktive, d. h. ungespaltene Möglichkeit der koordinierten species vom genus aus besteht. Daß ein Dreieck entweder rechtwinkelig oder spitzwinkelig oder stumpfwinkelig ist, bedeutet offenbar, daß vom genus „Dreieck" aus die entgegengesetzten Winkelverhältnisse alle gleich „möglich" sind; aber es bedeutet natürlich nicht, daß sie an einem und demselben Dreieck zusammen möglich sind. Die möglichen Spezialfälle sind eben disjungiert. Man kann also auch nicht sagen, daß die Möglichkeit der species vom genus aus nicht bestimmt sei; sie ist vielmehr von ihm aus genau soweit bestimmt, als das genus selbst bestimmt ist. Letzteres aber ist stets und notwendigerweise unbestimmter als die species, weil es das Allgemeinere ist. Die Wesensdetermination ist eben mit dem genus nicht abgeschlossen. Auf der Ebene der species ist sie voller; dort ist nicht „zusammen möglich“, was unter dem genus koordiniert möglich war.

Zieht man hieraus die Konsequenz, so wird es unvermeidlich, die „Zusammenmöglichkeit“ — von Leibniz Kompossibilität genannt — von der sich abstufenden, mit jedem Schritt abwärts vom genus zur species enger werdenden Möglichkeit überhaupt zu unterscheiden. Damit aber wird in Wahrheit ein neuer Modus in die Modaltafel des idealen Seins eingeführt, von dem sich allererst zeigen muß, wie seine Stellung zu den übrigen Wesensmodi beschaffen ist. Soviel aber ist leicht zu sehen, daß sein Unterschied zur disjunktiven Möglichkeit gerade das Spaltungsgesetz betrifft. Denn die Kompossibilität dürfte in der Tat gespaltene Möglichkeit bedeuten. Wenigstens ist, wenn A mit einem System X kompossibel ist, noch lange nicht gesagt, daß auch non-A mit ihm kompossibel wäre.

Ihr gegenüber aber behält die ungespaltene Doppelmöglichkeit — oder richtiger die unbestimmt disjunktive, oder vielgliedrige Möglichkeit — in den übergeordneten genera unbegrenzten Spielraum. Denn je höher hinauf ins Allgemeine, um so unbestimmter werden die Wesenheiten.

c. Der Spielraum der disjunktiven Möglichkeit im Stufenbau des Wesensreiches.

Hier liegt nun ein formal vollkommen durchsichtiges Verhältnis vor, an das man sich unbedingt halten kann. Und dieses spricht gegen das Spaltungsgesetz im Bereich der Wesenssphäre. Es läßt der disjunktiven Möglichkeit im Stufenreich der Wesenheiten den breitesten Spielraum: disjunktive Möglichkeit tritt hier als durchgehender Modus der species unter dem genus auf, und zwar unabhängig von der absoluten Höhe der Allgemeinheit. Und in jeder Höhenlage gilt der Gegensatz zur Kompossibilität: was disjunktiv nebeneinander möglich ist (unter einem genus), das ist niemals kompossibel; und was kompossibel ist, das ist nicht disjunktiv nebeneinander möglich. Dagegen „unter ihm“ in der weiteren Spezialisierung gibt es immer wieder das disjunktiv nebeneinander Mögliche.

Von hier aus also muß man die obigen drei Gründe revidieren, die für das Spaltungsgesetz im Wesensreich zu sprechen schienen.

1. Was heißt es eigentlich, daß mit der bloßen Wesensmöglichkeit auch Wesenswirklichkeit besteht? Doch nur dieses, daß es kein anderes

ideales „Bestehen“ gibt. Es ist ein rein analytischer Satz, der aus der Artung des idealen Seins ohne weiteres folgt. Man kann diesen Satz nur uneigentlich ein Implikationsgesetz nennen; dazu verführt nichts als die formale Analogie zum Realgesetz der Möglichkeit. Der Sinn beider Modi ist aber gegen die Realmodi derart geändert, daß die Analogie eine bloß äußere ist. Wesenswirklichkeit erwies sich als ein depotenzierter Modus. Wesensmöglichkeit geht in Widerspruchslosigkeit auf. Selbst soweit man in ihr eine Bedingungsreihe erblicken kann, ist diese total doch stets nur im Sinne des genus, nicht der species. Und auf die species gerade käme es an.

So ist es zwar formal zutreffend, daß es ein „bloß Mögliches“ im idealen Sein nicht gibt. Aber bei so abgeändertem Sinne kann man daraus nicht folgern, daß damit auch schon die disjunktive Möglichkeit verdrängt sei. Das wäre nur dann der Fall, wenn die ideale Wirklichkeit ein selbständiger Modus wäre, der allenfalls auch abgelöst auftreten könnte — so wie im Logischen das assertorische Gesetztsein, oder an den Grenzen der Realsphäre das Realzufällige. Das kommt innerhalb der Wesenssphäre nicht in Betracht. Es ergibt sich, daß eben dasjenige Mögliche, das stets zugleich ideale Wirklichkeit hat, nichtsdestoweniger ein „bloß Mögliches“ ist. Es braucht eben, um wirklich zu bestehen, nicht mehr als ein bloß Mögliches zu sein. Und insofern ist und bleibt es denn auch ein disjunktiv Mögliches. Es schließt unter dem gemeinsamen genus die widerstreitenden species nicht aus. Das Generelle kommt überhaupt für deren Besonderheit nicht auf. Die species sind vom genus aus nur im Generellen notwendig, im Speziellen aber zufällig.

2. Ferner, was heißt es, daß die Widerspruchslosigkeit selbst „eng“ und bestimmt wird, wenn sie auf ein allseitig bestimmtes System bezogen ist? Es heißt zunächst, daß dann die disjungierten Glieder verschwinden. Aber heißt es auch, daß ein solches umfassendes, allseitig bestimmtes System im idealen Sein gegeben ist? Doch offenbar nicht. Freilich ist die Bestimmtheit auf jeder Stufe der Allgemeinheit eine totale, und insofern ist die ideale Möglichkeit im Gegensatz zur logischen auf ein Höchstmaß der „Enge“ gebracht. Aber dieses Maß ist ein absolutes stets nur für ein bestimmtes Höhenniveau der Ordnungsfolge, für das also, was auf dieser Höhe genus ist, nicht aber für die species, die darunter stehen. Jede niedere Ebene von Wesenheiten ist von der höheren aus partial unbestimmt. Darum ist die Widerspruchslosigkeit des Spezielleren gegen das Allgemeinere auf jeder Stufe eine inhaltlich unvollständige. Von einer Totalität der Bedingungen läßt sich hier nirgends sprechen. Denn was für die allgemeinere und ärmere Wesenheit Totalität wäre, das ist für die niedere und reichere keineswegs Totalität. Und so kann denn im Subordinationsverhältnis der Wesenheiten der Grenz-

fall, daß sich die Widerspruchslosigkeit der Basis nach mit der Wesensnotwendigkeit deckte, überhaupt nicht eintreten.

Es ergibt sich das eigenartige Verhältnis, daß das „bloß Mögliche" zwar an sich schon wirklich, aber nicht notwendig ist. Woraus folgt, daß auch das ideal Wirkliche als solches nicht ideal notwendig ist. Möglichkeit und Notwendigkeit also durchdringen sich jedenfalls im idealen Sein nicht total. Sie kommen nicht zur Deckung. Es gibt hier wohl das Analogon zum Realgesetz der Möglichkeit, aber nicht zu den Realgesetzen der Notwendigkeit und der Wirklichkeit.

Scheinbar ist das ein Widerspruch in sich. Denn wo nur das Wirkliche möglich ist, da ist anderes als das Wirkliche unmöglich; also muß das Wirkliche auch notwendig sein. So zu schließen hat guten Sinn, wo das Wirklichsein als solches etwas anderes bedeutet als Möglichsein; so dürfte man in der Realsphäre schließen. Wo aber das Wirklichsein depotenziert ist, liegt die Sache anders. Hat alles, was widerspruchslos besteht, eo ipso ideale Wirklichkeit, so besagt eine Notwendigkeit dieses Wirklichen nur, daß sein Möglichsein notwendig ist. In diesem Sinne decken sich denn auch ideale Möglichkeit und Notwendigkeit. Aber hierbei ist das modale Grundgesetz (die innere Relativität auf Wirklichkeit) nicht erfüllt; solche Notwendigkeit ist also nicht die eigentliche Wesensnotwendigkeit, deren voller Sinn das strikte Folgen ist, das unlösbare Verknüpftsein mit Vorbestehendem. Ein Folgen dieser Art begleitet offenbar nicht das Möglichsein, welches disjunktiv vom genus zur species waltet.

3. Was schließlich das Eingehen der Möglichkeit in die Notwendigkeit anlangt, so muß sie dafür freilich äußere Indifferenz haben, und diese kann nicht mit der inneren zusammenbestehen. Aber auch der Sinn der inneren Indifferenz ändert sich im Stufenbau des Wesensreiches. Das Eigentümliche ist hier gerade, daß „unter" jedem genus die nicht kompossiblen species friedlich nebeneinander bestehen bleiben. Sie schließen einander zwar gegenseitig aus; ihre Sonderbestimmtheiten eben stehen in Gegensatz. Aber das gegenseitig voneinander Ausschlossene ist keineswegs im Gesamtbestande des idealen Seins ausgeschlossen. Die Sphäre hat Spielraum für das Nebeneinander des sich gegenseitig Ausschließenden. Besteht also A ideal zu Recht, so ist non-A deswegen nicht aufgehoben, sondern nur von A ausgeschlossen. In dieser Weite des idealen Spielraums kann sich die Wesensnotwendigkeit immer nur auf einzelne Linien des Zusammenhanges erstrecken. Oder, um es kurz zu sagen, sie kann das Mögliche nur in den Grenzen des Kompossiblen durchsetzen.

Das Kompossible aber hat viel engere Grenzen als das überhaupt ideal Mögliche, das nur in sich und gegen das Allgemeine höherer Ordnungen widerspruchslos zu sein braucht. Im Kompossiblen ist die Möglichkeit nicht mehr disjunktiv. Hier ist sie für jede Stufe oder Höhenlage vollkommen determiniert, hat Eindeutigkeit, Bestimmtheit. Im Modus der Kompossibilität ist non-A durchaus unmöglich, wenn A möglich ist. Sie sind eben nicht „zusammenmöglich".

Das aber ist nun in aller Form die gespaltene Möglichkeit, die ohne Widerspruch in die Notwendigkeit eingeht.

d. Die Mehrstrahligkeit des Möglichen und die Parallelität des Inkompossiblen.

Diese Erwägungen führen nicht ohne Grund immer wieder auf das Verhältnis von genus und species zurück, und damit auf den Stufenbau des idealen Seins. Das ist der Punkt, aus dem heraus allein sich die Aporien lösen können. Denn hier auch liegt der Gegensatz zum Realen, aus dem heraus die Andersheit der Intermodalverhältnisse verständlich wird.

Das Reale ist zwar auch ein Stufenreich, aber ein ganz anderes. Dort sind es Seinsschichten, die sich überlagern, indem sie sich überformen oder überbauen; eine Schicht ist nicht Spezialisierung der anderen: der Geist ist nicht species des Seelenlebens, das Seelische nicht species des Organischen u. s. f.; in jeder Schicht setzt vielmehr etwas Neues ein, dem das Niedere nur zur Grundlage dient. Hinsichtlich der Höhenabstufung von genus und species dagegen liegt alles Reale vielmehr in einer einzigen Ebene. Denn alles Reale ist bis zum Letzten durchspezialisiert, alles ist individuell (einmalig und einzig) und hat „unter" sich überhaupt keine Besonderungen mehr. „Über sich" dagegen hat das Reale das ganze Stufenreich der species und genera, bis hinauf zum ens absolute indeterminatum.

Von den Wesenheiten aus gesehen, bewegt sich also das Reale nur in einer Grenzschicht, gleichsam „auf dem Boden" des Wesensreiches, in seiner absolut untersten Schicht, die in der Tat dem idealen Sein nur noch formal angehängt werden kann (sofern die „Wesenheit eines Individuellen" noch ein durchaus sinngemäß postulierter Grenzfall ist). Das Reale ist fest an Individualität gebunden, ebenso wie an Zeitlichkeit und an das Werden. Das Allgemeine seiner Arten, Gattungen, Ordnungen u. s. f. hat außerhalb der Einzelfälle keinerlei Realität. Es ist nur „in" ihnen real. Wohl aber hat es abgelöst von ihnen und von der Realität noch ein ideales Sein.

Diese Einheit der Ebene gibt dem Realen die eindeutig durchgehende Bestimmtheit. Wären auch „Arten" als solche abgelöst real — also nicht in der Gesamtheit ihrer Vertreter, sondern nur als deren frei schwebendes Allgemeines —, so müßte es auch im Realen die disjunktive Möglichkeit geben. Aber es gibt nun einmal im Realen nicht „das Tier", das nicht das besonders geartete wäre, Pferd, Schaf, Hund u. s. f.; und es gibt auch nicht „das Pferd" und nicht „den Menschen", sondern nur das bestimmte Pferd und den bestimmten Menschen. Das eben ist im idealen Sein anders, da gibt es den „Menschen als solchen", das „Tier als solches", das „Lebendige als solches". Diese Allgemeinheiten bilden eine abgestufte Höhenordnung. Ihre Abgelöstheit besteht hier nicht erst in der Betrachtung — etwa in der Abstraktion —, sondern an den Wesenheiten selbst.

Das ideale Sein ist durchgehend nach dem Prinzip der Subordination abgestuft. Dieses Prinzip macht es, daß vom Höheren (Allgemeineren) aus stets das Niedere disjungiert dasteht. Der ideale Seinsmodus des so disjungierten Speziellen unter dem gemeinsamen genus ist die ungespaltene Möglichkeit. Sie ist nicht Kompossibilität, denn das Disjungierte schließt sich aus; sie ist vielmehr die Parallelmöglichkeit des Inkompossiblen. Aber sie bereits ist durchgehend von idealer Wirklichkeit begleitet; nicht nur das Kompossible, sondern durchaus schon das disjunktiv Wesensmögliche hat ohne weiteres ein „ideales Bestehen". Dieses ideale Bestehen eben bedeutet nichts anderes als „daß es idealiter das alles gibt", was zwar nicht miteinander am selben Wesen, wohl aber parallel zu einander möglich ist. Woraus sich der scheinbar paradoxe Satz ergibt: das ideal Wirkliche ist in sich durchaus nicht durchgehend kompossibel, es hat Spielraum für die Parallelität des Inkompossiblen, d.h. des nur disjunktiv Möglichen.

Will man die Merkwürdigkeit dieses Gesetzes noch fühlbarer zuspitzen, so kann man dafür auch so sagen: das Wesensreich als Ganzes ist auf der idealen Koexistenz des Inkompossiblen aufgebaut. Es ist eben in seinem Stufenbau mehrstrahlig angelegt: die verschiedenen, weit divergierenden und einander ausschließenden Reihen oder Systeme des Kompossiblen bestehen in ihm unbehelligt nebeneinander. Das ideale Sein hat gleichsam die unerschöpfliche Breitendimension für dieses Nebeneinander.

Die Widerspruchslosigkeit ist also durchaus kein durchgehendes Gesetz des idealen Bestehens überhaupt. Sie ist nur das Gesetz des Zusammenbestehens am selben Gebilde, resp. im selben System zusammenhängender Gebilde. Und so darf man denn auch die allgemeine Wesensmöglichkeit nicht einfach durch Widerspruchslosigkeit charakterisieren; und desgleichen auch nicht die ideale Wirklichkeit, sofern sie wahllos alles Wesensmögliche begleitet. Ideale Wirklichkeit ist vielmehr auch die Koexistenz des Widersprechenden (Inkompossiblen) in der mehrstrahligen Parallelität von in sich widerspruchslosen Wesenszusammenhängen. Die von jedem genus aus disjunktiv gestellten Systeme des Kompossiblen stehen zueinander ausschließend, widerstreitend, inkompossibel. Und es ist das Eigentümliche des idealen Seins, daß es diesen Widerstreit nicht von sich ausschließt, sondern in sich einschließt. Es hat die Weite dafür, hat die Dimension, in der aller Widerstreit des Parallelmöglichen sich unbegrenzt ausweichen kann.

So ist es in einem noch viel größeren Sinne, als sich zu Anfang sehen ließ, ein Reich der reinen und gleichsam allmächtigen Möglichkeit.

e. Das Idealgesetz der Möglichkeit. Erweiterte Modaltafel des idealen Seins.

Hier haben wir nun den äußersten Gegensatz zum Realen. Dort besteht Wirklichkeit nicht anders als auf Grund durchgehender Deckung von Möglichkeit und Notwendigkeit; wobei die Möglichkeit nicht nur nicht disjunktiv ist, sondern auch im Zusammenbestehenkönnen nicht aufgeht, vielmehr eine lückenlose Kette positiver Bedingungen zur Voraussetzung hat. Im idealen Sein dagegen hat alles Wirklichkeit, was auch nur in disjunktiver Parallelmöglichkeit steht. Kompossibilität ist dafür nicht erforderlich. Darum spielt die affirmative Bedingungskette hier keine Rolle.

Das nun ändert die Intermodalgesetze von Grund aus. Will man das entwickelte Verhältnis in die Formel eines „Idealgesetzes der Möglichkeit" fassen, so muß man die beiden Wesensmodi, Möglichkeit überhaupt und Kompossibilität, trennen und dem Gesetz die entsprechende Doppelfassung geben:

> Wesensmöglichkeit überhaupt impliziert wohl Wesenswirklichkeit; aber sie impliziert noch keine Kompossibilität, sondern nur diese ihrerseits impliziert Wesensmöglichkeit. Die Kompossibilität ist der bestimmtere und höhere Modus.

Folglich: sowohl Wesensmöglichkeit als Kompossibilität implizieren Wesenswirklichkeit. Diese dagegen impliziert nur die Wesensmöglichkeit überhaupt, nicht aber die Kompossibilität mit den Gebilden der ganzen Sphäre. Die beiden Hauptpunkte, auf die es in diesem Verhältnis ankommt, lassen sich daher in aufgelöster Form so aussprechen: was überhaupt ideal möglich ist, das hat auch ideale Koexistenz in der Sphäre; aber was ideale Koexistenz in der Sphäre hat, das ist deswegen noch nicht kompossibel.

Die Kompossibilität ist offenbar der höhere Modus des idealen Seins, nicht nur der Möglichkeit überhaupt gegenüber, sondern auch der idealen Wirklichkeit gegenüber. Diese verlangt eben kein „Zusammenmöglichsein" des nur parallel Koexistierenden. Dem gilt es bei der Einordnung der Kompossibilität (C) und ihres negativen Gegenstückes, der Inkompossibilität (IC) in die Modaltafel des idealen Seins Ausdruck zu geben. So muß man die Kompossibilität als einen Modus mittlerer Bestimmtheit zwischen die ideale Möglichkeit und Notwendigkeit einschalten, und desgleichen die Inkompossibilität zwischen die negative Möglichkeit und Unmöglichkeit (Fig. 11). Auf diese Weise wird die vorläufige Modaltafel des idealen Seins (vgl. Kap. 41 b, Fig. 10) zu einem achtgliedrigen System erweitert. Die Disjunktivität der Möglichkeit ist darin durch die Klammer angedeutet, welche M + und M — verbindet. Das Zurücktreten der absoluten Modi ist durch ihre Einklammerung ausgedrückt. Das ganze Gewicht der Stufenordnung liegt „rechts vom Strich", bei den relationalen Modi. Und zugleich sieht man, wie die vier Möglichkeitsmodi (von C abwärts bis IC) eine geschlossene Zentralgruppe bilden, während die Notwendigkeit und Unmöglichkeit bloße Grenzmodi sind. Das entspricht dem Charakter des idealen Seins als einer Sphäre überwiegender Möglichkeit.

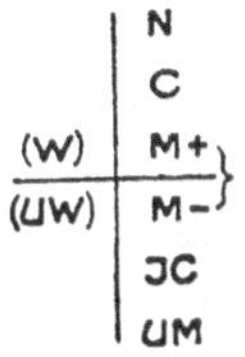

Fig. 11

Diese erweiterte Modaltafel hat nun Raum für die genauere Entfaltung der hier waltenden eigenartigen Intermodalverhältnisse. Es ist von hier aus leicht vorauszusehen, daß sie nicht nur anders, sondern auch komplizierter liegen als die des Realen.

43. Kapitel. Metaphysische Probleme der Wesensmöglichkeit.

a. Leibniz' „mögliche Welten" und die Realermöglichung der wirklichen Welt.

In einer Seinssphäre, deren Möglichkeit disjunktiv ist, muß notwendig Raum sein für mehrstrahlige Entfaltung des Kompossiblen, also für unbeschränkte Parallelität des Seienden. Das Reich der Wesenheiten kann in seiner Art volle Bestimmtheit haben — nämlich auf jeder Ebene seines Stufenbaus kann die ihr entsprechende und für sie zureichende Bestimmtheit bestehen —, ohne daß die Modi deshalb amphibolisch würden, die Seinsweise erweicht würde. Dieser „Weite" gegenüber hat das Reale seine charakteristische „Enge des Möglichen". Denn es hat nur eine Ebene, und in dieser ist kein Spielraum für Parallelität des Seienden. Hier stehen alle Gebilde der Sphäre in ein und demselben System; man könnte auch sagen, hier ist alles von einer einzigen durchgehenden Kompossibilität umfaßt. Wie denn das Reale sowohl als Welt und Ganzes wie auch als Einzelgebilde absolute Einzigkeit hat.

Dieser Gegensatz ist es, welcher der Leibnizischen Idee der vielen „möglichen Welten" und der einen realen Welt zugrunde liegt. Sieht man nun bei dieser Idee von allem ab, was Metaphysik ist, von aller Rechtfertigung Gottes, ja vom Weltschöpfungsgedanken — also auch von der Auffassung der Wesensgesetze in ihrem Inbegriff als göttlicher Verstand —, so kann man in ihr das Verhältnis der Sphären und ihres einschneidenden Modalgegensatzes ohne Schwierigkeiten wie an einem großen Beispiel illustrieren.

Leibniz' „mögliche Welten" nämlich sind in ihrer Pluralität nicht kompossibel. Kompossibel ist durchaus nur jede einzelne in sich selbst. Ihr gemeinsames Möglichsein ist nur ein disjunktives. Darum kann denn auch real sein nur eine einzige von ihnen. Das Reale eben hat keine Mehrstrahligkeit, Disjunktivität, Parallelität, und zwar nicht nur in seinem Wirklichkeitsmodus, sondern schon in seinem Möglichkeitsmodus. Das Realmögliche hat dieselbe „Enge" wie das Realwirkliche; im idealen Sein dagegen hat das Wirkliche dieselbe „Weite" wie das Mögliche. Spielraum über jene Enge hinaus hat nur das Idealmögliche. Der Spielraum ist die Parallelität der inkompossiblen Welten.

Diese an sich mustergültig schlichte und durchsichtige Sachlage wird in den üblichen Darstellungen dadurch verdunkelt, daß man die „möglichen Welten" als mögliche Realwelten versteht. Um aber mögliche Realwelten zu sein, müßten sie vielmehr real mögliche Welten sein. Und gerade das sind sie von sich aus keineswegs. Wären sie schon real möglich, so müßten sie dazu auch noch real wirklich sein, oder im Begriff sein es zu werden. Das aber sind sie ja vielmehr nicht. Denn eben darum handelt es sich in ihrer Pluralität, daß nur eine von ihnen real wirklich werden kann. Zunächst fehlt ihnen allen noch etwas zur Realwirklichkeit; und folglich auch zur Realmöglichkeit.

Nach Leibniz ist dieses, was ihnen fehlt, der „zureichende Grund". Denn die Kompossibilität der einzelnen in sich ist als Grund unzureichend. Hier setzt denn auch nach Leibniz das Prinzip der convenientia ein (das, modal interpretiert, das Realzufällige ist, das notwendig am Ursprung der ganzen Realsphäre stehen muß). Dieses Prinzip seligiert und realisiert zugleich. Denn beides ist eins: sobald eine der „möglichen Welten" in die Realsphäre aufrückt, fällt sie unter ganz andere Seinsgesetze, also vor allem unter andere Intermodalgesetze. In dieser Sphäre gibt es keine Parallelmöglichkeiten. Möglich ist hier nur das eine, das wirklich ist; und alles andere ist ebendamit real unmöglich.

In ontologisch strenger Begriffssprache muß man also sagen: die vielen „möglichen Welten" sind als solche durchaus nur ideal mögliche Welten — und wenn man den Schein des Widerspruchs nicht scheut, so muß man sagen: ideal mögliche Realwelten. Mit dem principium convenientiae aber, das den Grund „zureichend" macht (nämlich zum zureichenden Realgrunde) setzt erst die Realermöglichung ein. Und ebendamit werden gemäß dem Spaltungsgesetz der Realmöglichkeit die übrigen ideal möglichen Welten real unmöglich.

Es ist also im Grunde schon irreführend, wenn man sagt, die „eine" Welt würde „verwirklicht". Sie wird vielmehr „realisiert". Denn sie ist ja als „mögliche Welt" noch gar nicht real möglich. Ideal wirklich dagegen war sie schon. Sie wird also gar nicht aus einer bloß möglichen zu einer wirklichen gemacht; sondern sie wird aus einer bloß ideal möglichen zu einer real möglichen Welt gemacht, denn eben dadurch wird sie aus einer bloß ideal existierenden zu einer real existierenden Welt.

Realisation ist nicht dasselbe wie Verwirklichung. Wenn auch das praktische Leben keinen Grund findet, hier zu unterscheiden, so ist doch ontologisch die Verschiedenheit vorhanden. Die Modalverschiebung in der „Verwirklichung" geht von Möglichkeit zu Wirklichkeit, und zwar innerhalb einer Seinssphäre; in der Realisation dagegen geht sie von Möglichkeit zu Möglichkeit, und gleichzeitig von Wirklichkeit zu Wirklichkeit, nämlich beides in eins, und beides vom Idealmodus zum Realmodus. Denn Realermöglichung ist bereits Realverwirklichung (vgl. hierzu Kap. 32 c und 34 a).

Es ist ontologisch von hohem didaktischem Wert, den Leibnizischen Gedanken auf durchsichtige und präzise umrissene Begriffe zu bringen, gerade weil er sich einer gewissen Klassizität erfreut. Substituiert man nun das Gesagte, so ist das Wesentliche nicht, daß eine Vielzahl von Welten „möglich" ist, sondern daß sie „ideal besteht" — nämlich als Parallelität inkompossibler Systeme im Reich der Wesenheiten koexistiert. Es sind also streng genommen gar nicht mögliche Welten, sondern ideal seiende Welten. Darum ist die „Erschaffung" der einen von ihnen nicht Verwirklichung, sondern Realisierung.

b. Kants „100 mögliche Taler".

Für die Revision der traditionell ontologischen Begriffe ist die Modalanalyse des idealen Seins das eigentlich kritische Gebiet. Die Terminologie, die soeben als irreführend erkannt wurde, ist nicht die Leibnizische allein. Sie ist die von der Scholastik herausgearbeitete, in deren Konsequenzen es lag, daß mit dem Erstarken des Nominalismus das Reich der essentiae zu einem Reich der bloßen Möglichkeit herabgesetzt wurde.

Das Resultat ist aus der Kantischen Argumentation mit den „100 möglichen Talern" wohlbekannt, ja geradezu populär geworden. Diese Argumentation ist bei den späteren Verteidigern des „ontologischen Gottesbeweises", z. B. bei Hegel, von jeher auf einen nicht unberechtigten Widerstand gestoßen. Zwar sind die Gegenargumente selbst alle angreifbar; sie sind nicht weniger metaphysische Theorien als die alte des Anselmus, die Kant kritisierte, sie stehen und fallen mit ihren unerwiesenen Voraussetzungen. Aber sie haben doch das Verdienst, die Blöße aufgedeckt zu haben, die sich die Kantische Widerlegung gab, wennschon sie deren Wurzel verfehlten.

Diese Blöße nämlich liegt keineswegs im sachlichen Gehalt der Argumentation, sondern in der Terminologie. Und hinter der Schiefheit der Terminologie steckt die Vermengung zweier Gegensatzdimensionen: der Dimension von Möglichkeit und Wirklichkeit mit der von essentia und existentia, d. h. von idealem und realem Sein.

Das ontologische Argument schließt aus der Wesenheit auf die Realexistenz. Kant aber widerlegt, so scheint es, einen ganz anderen Schluß, den aus der Möglichkeit auf die Wirklichkeit. In dieser Form ist die Widerlegung in der Tat falsch. Das Realmögliche ist ja gerade auch real wirklich; und ebenso ist das Wesensmögliche auch wesenswirklich. Welche von beiden Möglichkeiten er nun auch meinte (und eine dritte kommt ja hier nicht in Frage), in jedem Falle ist der Schluß auf die Wirklichkeit derselben Sphäre berechtigt. Unberechtigt ist nur ein Schluß aus der Wesensmöglichkeit auf Realwirklichkeit; denn er setzt den Schluß von der Wesensmöglichkeit auf die Realmöglichkeit voraus; oder vielmehr einfach den Schluß von der Wesenheit auf die Realität. Was auch in Wahrheit der Schluß des „ontologischen Arguments" ist.

Der Sache nach verfehlt Kants Widerlegung den Sinn dieses Arguments keineswegs. Bringt man die terminologische Seite in Ordnung, so wird das unmittelbar einsichtig. Nicht der Schluß von 100 „möglichen" auf 100 wirkliche Taler ist zu beanstanden, sondern der vom bloßen „Wesen" der 100 Taler auf das reale Vorhandensein von 100 Talern. Genau so wie im ontologischen Argument nicht ein Schluß von der Möglichkeit Gottes auf seine Wirklichkeit in Frage steht, sondern einer von der Idee Gottes auf seine Realität.

Wäre Gott real möglich im vollen Sinne dieses Modus — was freilich dann der Mensch nicht wissen könnte —, so wäre er notwendigerweise auch real wirklich. Genau so wie ja auch die volle Realmöglichkeit von 100 Talern, um die man genähert sehr wohl wissen kann, ihre Realwirklichkeit gewährleisten würde. In beiden Fällen aber ist tatsächlich nicht Realmöglichkeit die Voraussetzung, sondern nur Wesensmöglichkeit. Substituiert man den „100 möglichen Talern" diesen Sinn, so besteht das Kantische Gegenargument zu Recht.

c. Die Verwirrung der ontologischen Terminologie.

Die terminologische Verwirrung, die den Grund der Hilflosigkeit gegenüber der Hintergründigkeit des ontologischen Arguments ausmachte, ist nicht erst Kants Verfehlung. Sie wurzelt in der Krisis des ontologischen Denkens im ausgehenden Mittelalter. Ihr zugrunde liegt die vollkommen zutreffende und wertvolle Einsicht, daß alles ideal Seiende (essentia) ein bloßes Schema möglichen realen Seins ist. Gemessen an der Fülle der Realkomponenten ist eben der Inbegriff der Bestimmtheiten einer Wesenheit nur ein Bruchstück. Das Wesensreich ist abgestuft, und wie speziell man die essentia einer Sache auch verstehen mochte, man blieb mit ihr doch stets weit „oberhalb" der individuellen Realdetermination. So ist unter dem Maßstabe der Realmöglichkeit die Wesensmöglichkeit stets nur Teilmöglichkeit. Sie braucht es in ihrer Sphäre nicht zu sein, wohl aber ist sie es notwendig in der Realsphäre. Und da sich Wesensverhältnisse nun einmal tief in die reale Welt hinein erstrecken, so ist es begreiflich, daß man diese Teilmöglichkeit für Realmöglichkeit nahm.

So kam es, daß in der späteren Ontologie die „Möglichkeit" überhaupt als bloße Wesensmöglichkeit verstanden wurde, im Gegensatz zu ihr aber die „Wirklichkeit" überhaupt als Realwirklichkeit. Dem leistete der alte Irrtum Vorschub, daß eigentliche Möglichkeit nur die disjunktive sei. Eine solche aber hatte man an der Wesensmöglichkeit der species unter dem genus, der „Fälle" unter der species. Zugleich verschwand die besondere Artung der Realmöglichkeit hinter dem Tatsachengewicht der Realwirklichkeit; ein Verschwinden, über das man sich nicht wundern kann, da der Unterschied beider ja kein inhaltlicher ist. Den rein modalen Unterschied vermochte man nicht zu sehen, solange man es nicht zu einer Modalanalyse des Realen gebracht hatte.

Ja, der Fehler, der hier begangen wurde, blieb nicht auf Möglichkeit und Wirklichkeit beschränkt. Er griff auch auf die Notwendigkeit über. Man wußte um die Relationalität der Notwendigkeit, wußte auch um die des Wesensreiches, aber nicht im gleichen Maße um die des Realen. So konnte das Reale als zufällig, gleichsam als atomisiert in seinen Einzelfällen, erscheinen, während man alle Notwendigkeit dem Wesensreich vorbehielt. Auch dieser Irrtum ist die Hälfte einer Wahrheit; darum allein konnte er sich so lange halten. Denn vom Allgemeinen der Wesenheit aus ist in der Tat der Realfall allemal zufällig. Er ist nur nicht real zufällig, sondern bloß wesenszufällig. Die andere Hälfte der Wahrheit ist, daß das Wesenszufällige nichtsdestoweniger ein Realnotwendiges ist.

In alledem handelt es sich bereits um Intermodalverhältnisse zweiter Ordnung, d. h. um solche zwischen den Modi verschiedener Sphären.

Insofern gehört die Fortführung dieser Erörterung in einen anderen Zusammenhang (s. unten Kap. 55 und 56). Hier gehen uns diese Verhältnisse nur insoweit an, als sie alten Vorurteilen begegnen, die dem Verständnis des idealen Seins und seiner Modi vorgelagert sind. Diesen Vorurteilen muß man mit allen Mitteln zu begegnen suchen. Sie sind es, die den jahrhundertelangen Stillstand der Ontologie und ihre heutige Rückständigkeit gegen andere philosophische Disziplinen verschuldet haben. Es ist ein verschlungenes Knäuel traditioneller Fehler, das sich in der scheinbaren Einfachheit der doppelten Gleichsetzung von Idealität und Möglichkeit, Realität und Wirklichkeit verbirgt. Seine Entwirrung liegt in den Sätzen: 1. Es gibt eine Realmöglichkeit, die nicht entfernt in Wesensmöglichkeit (und auch nicht in Kompossibilität) aufgeht; 2. es gibt eine Realnotwendigkeit, die ebensowenig in Wesensnotwendigkeit aufgeht; 3. es gibt eine Wesenswirklichkeit, die nichts mit Realwirklichkeit zu schaffen hat, sondern schon mit bloßer Wesensmöglichkeit besteht.

Nachdem die Modalanalyse diese Sätze erwiesen hat, dürfte es eine Selbstverständlichkeit sein, daß etwas, was bloß wesensmöglich ist, noch nicht real wirklich ist. Denn es ist damit noch gar nicht real möglich.

Die traditionelle Ontologie hat den Sphärenunterschied mit einem Unterschied der Modi gleichgesetzt. Darum bleiben ihre Sätze ontologisch zweideutig, selbst wo sie unbestreitbar wahr sind —, so sehr, daß sogar sachlich stichhaltige Gegenargumente durch das bloße Eingehen auf ihre Begriffssprache sich ins Unrecht setzen mußten. Richtet man den Unterschied der beiden Gegensatzdimensionen wieder auf, läßt man den Gegensatz von möglich und wirklich sich mit dem von ideal und real überschneiden, so stehen beide Sphären in dem vollen Reichtum ihrer modalen Mannigfaltigkeit da, und die Verwirrung der ontologischen Begriffe löst sich mit einem Schlage.

d. Der Mensch und „seine" Möglichkeiten.

Um plastische Beispiele für die Mehrstrahligkeit der Wesensmöglichkeit und die Parallelität inkompossibler Systeme — also für den Hauptgegensatz des idealen Seins zum realen — braucht man auch ohne Leibniz nicht verlegen zu sein. Ist es doch so, daß bei allem, was real besteht oder geschieht, ein Auch-anders-sein-Können von Wesens wegen offen bleibt. Freilich eben nur von Wesens wegen, nicht von Realitäts wegen. Es fehlt denn auch im Leben keineswegs an Phantasie, eine gewisse Mannigfaltigkeit von Wesensmöglichkeiten zu überschauen.

So liegt es z. B. dem persönlichen Selbstbewußtsein des Einzelmenschen stets nah, aus seinem Wesen heraus — wie er es versteht —

perspektivisch seine „Möglichkeiten" zu sehen; und zwar ganz folgerichtig als mehrstrahlig disjungierte Entfaltungslinien, in idealer Parallele zueinander. Es sind eben bloße Wesensmöglichkeiten; daß es keine Realmöglichkeiten sind, erfährt er im Leben mit unwiderleglicher Gewißheit. Aber das entwertet dieses lockere Wesensverhältnis keineswegs. Denn das Hinleben auf die eine oder die andere dieser Möglichkeiten ist deswegen keineswegs illusorisch. Nur eben geht es dann auch nicht um Verwirklichung eines schon Möglichen — und zwar aus denselben Gründen wie bei der Leibnizischen Erschaffung der Welt —, sondern um Realisierung eines bloß ideal Bestehenden.

In welchen Grenzen zielbewußte Arbeit eines Menschen an sich selbst die Realisation einer solchen „Möglichkeit" durchzuführen vermag, wenn er sie erfaßt und zur Lebensaufgabe macht, braucht hier nicht entschieden zu werden. Daß es das gibt, wird grundsätzlich niemand bestreiten, wennschon viel menschliche Selbsttäuschung dem nachträglich rückschauenden Blick das Bild trüben mag. Es gibt Menschen, die früh in voller Gewißheit den Weg einer solchen eigenen „Möglichkeit" finden und beschreiten, um ihn dann unbeirrbar bis zu Ende zu gehen. Und es gibt solche, die ihrer Wesensmöglichkeiten erst dann ansichtig werden, wenn sie im Leben den Augenblick verpaßt haben, sich für eine von ihnen zu entscheiden.

Aber wie dem auch sei, von aller Realisierung, die hier in Frage kommt, wird notwendig dasselbe gelten müssen, was bei der Leibnizischen Pluralität „möglicher Welten" von der Realisation der einen Welt galt: sie kann immer nur in der Realermöglichung dessen bestehen, was real noch nicht möglich ist.

Denn das bloß Wesensmögliche ist als solches nicht real möglich. Damit es real möglich werde, muß die ganze Kette der einschlägigen Realbedingungen hergestellt werden. Im übrigen aber zeigt der Prozeß der Realermöglichung, wo er wirklich einsetzt, genau die teleologische Struktur, die wir im Gebiet des Sollens und der Verwirklichung an ihm gefunden haben: er nimmt den Umweg über die „freie Notwendigkeit". Und hier ist der Punkt, an dem sich diese ganze Perspektive der „Möglichkeiten eines Menschen" noch einmal als etwas ganz anderes erweist: das allein Positive darin, die treibende Kraft der Idee im realen Menschenleben, hat nicht den Modus der Möglichkeit — auch nicht den einer Wesensmöglichkeit, denn damit wäre wenig gewonnen —, sondern den der Notwendigkeit, und zwar in der besonderen Form, welche dieser Modus als „freie", der Möglichkeit vorausschießende Notwendigkeit in allem Seinsollenden und allem Wertvollen gewinnt (vgl. Kap. 33 c und d, 34 a und c). Erst hinter dieser dem Prozeß vorauseilenden Notwendigkeit her folgt die Schaffung der an einer Totalität der Bedingungen hängenden Realmöglichkeit. Dieser Prozeß der Realermöglichung, der nur schrittweise in der Zeit vorwärtsschreiten kann, ist identisch mit der Realisierung.

e. Mathematische Möglichkeiten.

Auch die mathematischen Gegenstandsgebiete liefern instruktive Beispiele für die Parallelität des Inkompossiblen in der Wesensmöglichkeit. An ihnen wird die andere Seite des Phänomens in den Vordergrund gerückt, die auf praktischem Gebiet zu kurz kommt: das Mitlaufen des „idealen Bestehens" (der Wesenswirklichkeit), sofern es auch durch das Sichausschließen der parallelen Systeme nicht begrenzt wird.

Das heute bekannteste Beispiel dieser Art ist die Pluralität der nichteuklidischen Räume. Der Realraum ist ein absolut einziger, er kann nicht zugleich euklidisch uud elliptisch, oder zugleich euklidisch und hyperbolisch sein. Er kann nur entweder so oder so sein. Aber auch dieses „Können" ist nur Wesensmöglichkeit, nicht Realmöglichkeit; vielmehr hat der reale Raum seinen dimensionalen Charakter und seine Gesetzlichkeit eindeutig an sich, und in dieser Entschiedenheit gibt es kein Entweder — Oder mehr. Ebensowenig ist in ihm Spielraum für die Parallele heterogener Räumlichkeit. Der elliptische Raum kann sich wohl im Grenzverhältnis (im Maßstabe kleiner Strecken) dem euklidischen nähern; aber er bleibt dann doch auch im Grenzfall elliptischer Raum, und geht nicht in einen anders gearteten über.

Ganz anders der geometrische Raum. Er ist nicht einzig. Hier besteht parallel zu einander eine Mehrzahl verschiedener „Räume", die einander ausschließen, also nicht kompossibel sind, aber doch alle gleich mathematisch möglich sind und deswegen auch die gleiche mathematische Existenz haben. In sich bildet jeder ein durchgehend kompossibles System; d. h. alles was einer dieser Räume an Gesetzlichkeit und Gestaltenmannigfaltigkeit umfaßt, steht in durchgehender Übereinstimmung mit seinen Grundeigenschaften. Von diesen geht eine Notwendigkeit aus, die abwärts alles Speziellere beherrscht. Da aber die Grundeigenschaften verschiedener Räume disjunktiv zueinander stehen, so schließen nicht nur die Räume selbst einander aus, sondern auch alle besonderen Gebilde des einen die des anderen. Daran ändert auch die weitgehende inhaltliche Parallelität der Figuren und ihrer Gesetze nichts. Die Parallelität ist nicht Übertragbarkeit.

Hieran erkennt man unschwer das Ordnungsverhältnis von genus und species wieder. Räumlichkeit ist im idealen Sein ein genus, und diesem als solchem sind schon gewisse Grundzüge eigen (Dimensionalität, Kontinuität u. s. f.), die allen besonderen Räumen gemeinsam sind. Die Besonderungen „unter" ihnen (etwa die Gestalt der Dimensionen oder auch ihre Zahl) sind notwendig disjungiert; und von jeder geht absteigend zu weiterer Besonderung der Figuren eine Mannigfaltigkeit der Bestimmungen aus, die in sich geschlossen, widerspruchsfrei und notwendig ist, aber der der anderen Räume widerstreitet.

Was von den geometrischen Räumen gilt, trifft auf anderen Gebieten des Mathematischen auf die divergierenden Axiomsysteme zu. Ein jedes zieht unentrinnbare Folgen für das ganze Gegenstandsgebiet nach sich. Der Streit um die Axiomatik, der heute die mathematischen Disziplinen ergriffen hat, ist — auch ohne daß wir seinen Ausgang absehen können — der sprechende Beweis dafür, daß wir es hier mit einem allgemeinen Gesetz des idealen Seins zu tun haben. Daß wir die entsprechende Situation auf Wesensgebieten von höherer Konkretheit nicht empfinden, liegt an der Komplexheit der Wesenheiten und an der Unschärfe, mit der wir sie erfassen. Es ist zwar zu erwarten, daß wir mit ihnen auch nie soweit kommen werden, ihre Grundlagen in axiomatischer Schärfe zu erkennen; aber das ist nur ein Unterschied der Erkenntnis und nicht des Seins.

Das Gesetz, um das es hier geht, ist das der Parallelität der Systeme selbst. Die gebrachten Beispiele sind nur Spezialfälle, an denen es für uns besonders greifbar wird. In Wahrheit ist das Gesetz viel allgemeiner. Es spaltet, am Verhältnis von genus und species fortschreitend, das Wesensreich von Stufe zu Stufe in parallele Systeme auf. Der Inhalt wird, je weiter abwärts ins Besondere, immer mannigfaltiger. Die Möglichkeit wächst an Umfang, und mit ihr wächst der Reichtum des ideal Bestehenden. Aber zugleich wächst auch die Disjungiertheit und die Inkompossibilität.

Wo sich die Wesenheit dem Individuellen — der Seinsebene des Realen — nähert, da steht alles ausschließend zu einander. Das Reale selbst aber hat andere Dimensionen, in denen es das sich Ausschließende zwanglos vereinigt. Gerade darum aber ist das Reale, vom Wesensreich aus gesehen, auch wiederum nur eine Auslese. Und darum besteht auf allen Realgebieten der Schein fort, als wäre hier noch sehr viel anderes „möglich", als was wirklich ist. Es ist eben in der Tat immer sehr viel anderes wesensmöglich. Aber es ist nicht real möglich.

44. Kapitel. Die Entschleierung des idealen Seins.

a. Die Begrenzung der Wesensnotwendigkeit.

Ist man sich so über das Prinzipielle klar geworden, so hat man eine Basis, von der aus die Intermodalverhältnisse des idealen Seins sich allererst diskutieren lassen. Ihre Gesetze selbst aber sind damit noch keineswegs gegeben, die Aporien nicht alle gelöst; ja selbst in der Tafel der Modi sind noch Unstimmigkeiten zurückgeblieben.

Der Grund der Unübersichtlichkeit liegt gerade in dem Faktor, durch den die erste Gruppe der Aporien sich beheben ließ, im Einrücken der Kompossibilität in den Stamm der traditionellen Modi. Das Wesensreich wird aufgespalten in parallele Systeme, es wird also uneinheitlich. Denn zwischen dem, was nur Parallelität hat, gibt es keine anderen Zusammenhänge als die über das gemeinsame genus führenden. Eine durchgehende Notwendigkeit kann es also bestenfalls nur innerhalb des Kompossiblen geben, niemals aber darüber hinaus, nicht also die ganze Sphäre zusammenschließend. Notwendigkeit kann auf jeder Höhe dieses Stufenbaues nur vom genus zur species walten, und auch da nur hinsichtlich des Generellen, nicht des Speziellen; niemals aber von species zu species. D. h. die Richtung der Notwendigkeit ist im Wesensreich auf die „Vertikale" der Stufenordnung beschränkt; und sie läuft in ihr nur „abwärts". Die Horizontaldimension dagegen ist ihr entzogen. Es gibt keine Wesensfolge des Koordinierten auseinander.

Es ist also nicht so, wie Leibniz und viele der alten Rationalisten sich das Wesensreich dachten: es folgt nicht absteigend eine Mannigfaltigkeit spezieller Gebilde aus wenigen „ersten" und relativ einfachen Wesenheiten oder Gesetzen (den simplices), der Stufenbau schreitet abwärts nicht nach einem Prinzip logischer „Folge" oder gar Kombinatorik fort; es „folgt" vielmehr am Speziellen immer nur weniges aus dem Generellen, nämlich eben das Generelle im Speziellen selbst, und zwar als ein in ihm sich erhaltendes und fortwaltendes. Das Spezielle als solches also bleibt wesenszufällig. Es kann grundsätzlich niemals größere Mannigfaltigkeit „folgen", als in dem war, woraus es folgt.

Dieses Zurückweichen der Wesensnotwendigkeit auf eine allemal schmale Linie abwärts gehender Folge bedeutet keineswegs ihre Erweichung. Im Gegenteil, gerade so ist sie der strengste und eindeutigste Notwendigkeitstypus, der sich denken läßt. Sie verdient mit Recht den Vorzug, als durchsichtiges Musterbild unausweichlicher Folge zu gelten. Sie bezahlt aber den Vorzug mit ihrer Enge; es mangelt ihr das Umsichgreifen, um das Reich des Seienden, das sie betrifft, ganz zu durchsetzen. Sie schweißt dieses Reich nicht zur Einheit einer Folge zusammen, es zerfällt in Parallelsysteme, die sich abwärts weiter und weiter spalten.

Die Begrenzung der Wesensnotwendigkeit ist die Kehrseite der Parallelität oder der Mehrstrahligkeit des idealen Seins. Und da diese in der Divergenz des Möglichen und des Kompossiblen wurzelt, so kann man auch sagen: die Begrenzung der Wesensnotwendigkeit ist die Kehrseite der Inkompossibilität des disjunktiv Möglichen.

Mit dieser Einsicht beginnen die Schwierigkeiten sich zu lichten. Hier sieht man, wie die ungespaltene Möglichkeit Spielraum gegen die Notwendigkeit gewinnt. Es ist offenbar so: sie kann sich spalten, und als gespaltene geht sie dann in die Notwendigkeit ein (denn die Möglichkeit des Nichtseins ist in der Notwendigkeit negiert, die des Seins ist in ihr vorausgesetzt). Das Kompossible steht hier mitten inne. In ihm ist die Möglichkeit gespalten; denn wenn A mit einem System X kompossibel ist, so ist non-A deswegen noch keineswegs kompossibel mit ihm. Andererseits aber kann Notwendigkeit nur innerhalb des Kompossiblen walten. So bildet offenbar der Gegensatz des Kompossiblen und Inkompossiblen im Wesensreich die Grenzscheide von Notwendigkeit und disjunktiver Möglichkeit. Denn soweit die Möglichkeit disjunktiv bleibt, kann keine Notwendigkeit bestehen.

Zugleich wird hiermit klar, warum es im Wesensreich keine Totaldurchdringung von Möglichkeit und Notwendigkeit gibt. Und damit wiederum steht in Einklang das Zurücktreten der Wirklichkeit, als des bloß idealen Bestehens. Denn für diese genügt das Möglichsein überhaupt. Woraus sich wiederum die Indifferenz der Wesenswirklichkeit gegen Wesensnotwendigkeit und Zufälligkeit ergibt.

Mit dieser Indifferenz aber setzt erst die wichtigste Folge ein: das Eindringen der Zufälligkeit selbst in das ideale Sein. Diese Folge mutet außerordentlich paradox an — im Hinblick auf die hergebrachte Geltung des Wesensreiches als des allein zufallsfreien Seinsgebietes. Aber gerade hier gilt es mit den alten Vorurteilen zu brechen.

b. Der falsche Nimbus des idealen Seins und die Wesenszufälligkeit.

Über diesen Punkt muß man genau ebenso umlernen wie über das Auftreten des Widersprechenden in der Parallelkoexistenz. Das Wesensreich hat auch immer für widerspruchsfrei gegolten. Es erwies sich aber vielmehr, daß nur das Kompossible widerspruchsfrei ist. Und nicht entfernt alles im Wesensreich ist kompossibel. Das „Idealgesetz der Möglichkeit" hat also schon mit einem geheiligten Vorurteil gebrochen (vgl. Kap. 42 e).

Dasselbe tut nun nach anderer Richtung ein weiteres Gesetz, das die Begrenzung der Wesensnotwendigkeit durch die ungespaltene Möglichkeit und das Auftreten der Zufälligkeit im idealen Sein ausspricht; ein Gesetz, das man in Analogie zu jenem ersten das „Idealgesetz der Notwendigkeit" nennen kann:

> Die Wesensnotwendigkeit wird von keinem anderen Modus impliziert. Die negativen stehen ausschließend, die niederen positiven indifferent zu ihr. Sie selbst impliziert die letzteren. Ihr Spielraum

ist auf das Kompossible beschränkt; sie betrifft innerhalb seiner nur das Generelle im Speziellen.

Diese schmale Linie der Wesensnotwendigkeit läßt dem Zufälligen im Wesensbereich einen breiten Spielraum. Damit ändert sich der Aspekt des idealen Seins in der Tat von Grund aus.

Das traditionelle Pathos des philosophischen Denkens im Hinblick auf das Reich der Wesenheiten ist das des Aufschauens, der Verehrung, ja der Andacht; die Wesenheiten erscheinen als göttlich, oder doch dem Göttlichen verwandt, ein Reich des Unwandelbaren und der Vollkommenheit. Dieser Nimbus ist so alt wie der Platonismus, seine dunklen Anfänge gehen bis auf mythisches Denken zurück. Darum ist er so scheinbar selbstverständlich. Aber die Vollkommenheit ist mit Unvollständigkeit bezahlt; ideales Sein ist ein unvollständiges Sein, ein im bloß Allgemeinen verharrendes, im Verhältnis zum Realen nicht das höhere, sondern das niedere Sein. Der Gedanke muß mit diesem Nimbus brechen, wenn er „erkennen" will. Erkenntnis und Anbetung fügen sich nicht leicht ineinander. Die Platonische Philosophie war zur guten Hälfte Anbetung, nicht weniger die fromm-spekulative Einstellung des Mittelalters zur essentia. Die Ontologie aber hat keine Wahl, sie darf nur erkennen. Sie muß den Nimbus herabreißen, muß das ideale Sein entschleiern, es anschauen, wie es ohne menschliche Idealisierung an sich ist.

Das Umlernen ist gerade in diesem Punkte ein ganz radikales. Immer galt das Reale als das Feld des Zufalls, das Wesensreich als das der Notwendigkeit. Beides hat sich als Irrtum erwiesen. Das Verhältnis ist umgekehrt: das Reale kennt innerhalb seiner Grenzen den Zufall nicht, es ist ein einziger geschlossener Zusammenhang durchgehender Determination; das ideale Sein aber ist kein geschlossener Zusammenhang, kein einheitliches System, seine Determination läuft mehrstrahlig in parallelen Reihen, die einander ausschließen, und darum hat es Raum für das Zufällige.

Freilich gibt es einen naheliegenden Grund, warum auch einer nüchterneren Überlegung das ideale Sein zufallsfrei erscheint. Man ist gewöhnt, den Realfall von der Wesenheit aus, unter die er fällt, als „zufällig" anzusehen, wobei die Wesenheit dann gegen ihn als das Notwendige dasteht. In dieser Sichtweise ist Wahrheit und Irrtum unheilvoll gemischt. Was eigentlich besagt das wohlbekannte Verhältnis, das hier gemeint ist? Doch nicht, daß der Realfall real zufällig sei? Denn das ist er keineswegs. Er ist vielmehr nur wesenszufällig. Er ist zwar notwendig so, wie das Wesen, unter das er fällt, es verlangt; aber wie er darüber hinaus ist, in seiner Individualität als „dieser" Fall, dafür schreibt das Wesen nichts vor, das ist von ihm aus zufällig. Das ist dieselbe Wesenszufälligkeit, die auch der Besonderheit der species unter dem genus eignet.

Gäbe es nun keine andere Notwendigkeit als die Wesensnotwendigkeit — und das war der Glaube der alten Wesenstheorien —, so wäre in der Tat das Individuelle am Realfall überhaupt zufällig. Da es aber noch eine Totalität der Realbedingungen gibt, auf Grund deren dieses Individuelle zugleich real möglich und real notwendig ist (Kap. 19 b), so kehrt sich die Sachlage um. Denn diese Notwendigkeit kommt nur dem Realen, und nicht dem Wesen zu. Der Realfall ist wesenszufällig, indem er real notwendig ist.

Die Wesensnotwendigkeit also ist es, die hier nicht zureicht. Sie versagt an allem, was „unterhalb" der allgemeinen Wesenszüge noch eine individuelle Determination hat. Sie betrifft an allem durchaus nur das Generelle, das Spezielle überläßt sie dem Zufall — oder einer anderen Notwendigkeit. Aber auch diese ist von ihr aus zufällig. Die Realnotwendigkeit in ihrer Ebene geht durch, die Wesensnotwendigkeit ist begrenzt.

Zugleich sieht man hier, wie dieses Verhältnis keineswegs die Grenzscheide zum Realen allein betrifft, sondern ein viel allgemeineres ist. Es ist dasselbe Versagen der Wesensnotwendigkeit, das auch innerhalb des idealen Seins selbst von Stufe zu Stufe die Zufälligkeit des Spezifischen an der species ausmacht. Denn durch keinen Kunstgriff kann aus der ärmeren Bestimmtheit des genus die reichere der species hervorgehen. Es gibt im Wesensreich keinen „zureichenden Grund" des Speziellen als solchen. Denn er könnte nur im Generellen liegen (die Determination geht nur „abwärts"); und gerade da kann er vielmehr nicht liegen. Das gilt von jeder Höhenlage des Stufenbaus.

Das bedeutet keineswegs, daß „alles" im Wesensreich zufällig wäre. Notwendig ist und bleibt das Generelle in der Spezies auf Grund des genus, und zwar gleichfalls auf jeder Höhenlage des Stufenbaus. Aber eben in solcher Begrenztheit ist das Gewicht dieser Notwendigkeit bei aller Strenge ihrer Geltung ein geringes.

c. Die Zufälligkeit der Parallelsysteme.

Noch von einer anderen Seite kann man sich das Eindringen der Zufälligkeit einsichtig machen. Es liegt im Wesen aller Notwendigkeit, durch Zufälligkeit begrenzt zu sein; ihre äußere Relativität auf Wirkliches bringt das mit sich. Dem modalen Grundgesetz eben bleiben alle Sphären unterworfen. Im Realen zeigte sich diese Begrenzung nur an den Grenzen der Sphäre; nur das „Erste" des Zusammenhanges und das Ganze ist hier zufällig. So aber kann es lediglich in einer Sphäre sein, die keine disjunktive Möglichkeit kennt, die also nicht Raum hat für eine Mehrheit paralleler Systeme.

Anders ist es in einer Sphäre, die in disjungierte Parallelsysteme aufgeteilt ist. Hier kann durchgehender Determinationszusammenhang nur innerhalb der Systeme walten. In jedem System rekurriert die Notwendigkeit aufwärts auf Allgemeineres — aber weder in infinitum noch bis an die Grenze der Sphäre, sondern eben nur bis an die Grenze des Systems, d. h. bis dorthin, wo ein System sich von anderen, ihm parallelen Systemen abspaltet.

So in der Geometrie. Die Notwendigkeit der Theoreme des elliptischen Raumes — d. h. der besonderen Eigenschaften seiner Figuren — wurzelt in den Grundeigenschaften dieses besonderen Raumes, also der elliptischen Form seiner Dimensionen, oder was dasselbe ist, in dem System seiner Axiome. Daß diese Grundeigenschaften gerade so sind, wie sie sind, dafür gibt es geometrisch keine Notwendigkeit. Das also bleibt wesenszufällig. Und eben darum bleibt daneben Spielraum für Räumlichkeit mit anderen Grundeigenschaften, z. B. für solche mit hyperbolischer oder auch euklidischer Form der Dimensionen. Diese disjungierten Typen wesensmöglicher Räume stehen zwar als Besonderungen (species) der Räumlichkeit überhaupt da und haben die Notwendigkeit dieses ihres genus gemeinsam an sich. Aber ihre Besonderheit ist auf Grund der letzteren nicht notwendig. Das relativ „Erste" der parallelen geometrischen Systeme ist also wesenszufällig. Und damit sind auch die Ganzheiten dieser Systeme zufällig. Denn wäre eines von ihnen als Ganzes auch wesensnotwendig, so wären die anderen — da sie ausschließend zu ihm stehen — wesensunmöglich. Was offenkundig der Sachlage in der reinen Geometrie widerspricht. Genau ebenso ist es mit Leibniz' möglichen Welten, genau so mit den persönlichen Wesensmöglichkeiten eines Menschen.

Dasselbe innere Gesetz der Notwendigkeit also, welches im Realen das Zufällige an die Grenzen der Sphäre verbannt, zieht im idealen Sein das Zufällige mitten in die Sphäre hinein. Die Ungespaltenheit der Wesensmöglichkeit (ihre Disjunktivität) spaltet das Wesensreich in kleine Ganzheiten auf. Sie zerschneidet damit die Einheit der Determination, spaltet den Bereich des notwendig Zusammenhängenden, läßt einen zureichenden Grund der disjungierten Systeme nicht aufkommen.

Die Folge ist, daß die Parallelbereiche des in sich Notwendigen als Ganzheiten wesenszufällig dastehen. Das Zufällige steht auch hier folgerichtig nur am „Anfang" der Systeme. Weil aber die Systeme als Plural koexistieren, so koexistiert auch eine Pluralität von „Anfängen" und entsprechenden Ganzheiten. Und diese sind das innerhalb der Sphäre stehenbleibende Wesenszufällige.

Erwägt man nun, daß dieses Verhältnis nicht eine einzelne Höhenlage des Allgemeinen auszeichnet, sondern den ganzen Stufenbau des Wesensreiches vom genus zur species abwärts durchzieht, so ist es klar, daß auch der Einschlag des Zufälligen das ganze Wesensreich durchzieht und abwärts noch mit der Besonderung zunimmt. So bleibt in der Ordnungsfolge der Wesenheiten nur ein dünner Faden des Notwendigen übrig.

d. Wesensunwirklichkeit und Inkompossibilität.

Nach dieser Klärung der Sachlage könnte man an die Ableitung der Intermodalgesetze herantreten, wenn nicht die Modaltafel noch defekt und die negativen Modi ungeklärt wären.

In der Aufstellung von Fig. 11 (Kap. 42 e) fehlt noch die Zufälligkeit, die sich nun doch als ein wichtiger Faktor im idealen Sein erwiesen hat. Erinnert man sich der früher erörterten Unstetigkeit dieses Modus, d. h. seiner teils positiven, teils negativen, zugleich aber auch teils absoluten, teils relationalen Natur, so kann man nicht im Zweifel sein, wohin er zu setzen ist: er gehört in den Kreuzungspunkt der Grenzstriche, wo diese Gegensätze sich berühren. Er steht damit in Parallele zur ungespaltenen Möglichkeit, aber nicht zu deren Gliedern. So kann dann die Wesenswirklichkeit, die in Parallelstellung zu der positiven Möglichkeit steht, immer noch indifferent gegen Notwendigkeit und Zufälligkeit sein; nicht anders als sie auch indifferent gegen Notwendigkeit und negative Möglichkeit ist.

Vergleicht man aber damit ihren negativen Gegenmodus, die Wesensunwirklichkeit, so kann man sich leicht überzeugen, daß er in dem Schema (Fig. 11) nicht an der rechten Stelle steht. Es scheint doch so einfach zu sein: wenn das bloße positive Möglichsein von A auch schon seine ideale Existenz bedeutet, so müßte doch das Möglichsein des Nichtseins seine ideale Nichtexistenz bedeuten. Wesensunwirklichkeit also müßte ebenso der Begleitmodus der negativen Wesensmöglichkeit sein, wie Wesenswirklichkeit ein solcher der positiven ist. Gerade das aber erweist sich nun als falsch.

Es würde zutreffen, wenn die Wesensmöglichkeit gespalten wäre. Koexistiert aber die Nichtseinsmöglichkeit disjunktiv mit der Seinsmöglichkeit, und impliziert diese schon von sich aus Wirklichkeit, so kann die Nichtseinsmöglichkeit nicht Unwirklichkeit implizieren. Sonst müßte ja ein und dasselbe A im Wesensreich zugleich bestehen und nicht bestehen. Was in sich widersprechend wäre. Denn es handelt sich hier nicht um Bestehen und Nichtbestehen in verschiedenen Systemen, sondern im idealen Sein überhaupt. Hier spielen die Grenzen der Kompossibilität noch gar nicht hinein. Möglichkeit des idealen Nichtseins ist eine solche des Überhaupt-nicht-Bestehens. Sie könnte also nur im gleichen Umfange Wesensunwirklichkeit implizieren. Und eben das kann sie vielmehr nicht, denn die positive Möglichkeit schließt es aus.

Die negative Möglichkeit also ist im idealen Sein nicht von gleicher Tragkraft wie die positive. Sie reicht nicht aus zur Unwirklichkeit. Dasjenige, dessen Sein wesensmöglich ist, hat damit schon ideales Bestehen; dasjenige aber, dessen Nichtsein wesensmöglich ist, ist deswegen noch nicht von allem idealen Bestehen ausgeschlossen. Man kann also auch so sagen: die ideale Nichtexistenz ist ein Modus von größerer Bestimmtheit als die ideale Existenz. Sie bedeutet den Ausschluß vom ganzen Wesensreich, während jene nur das Bestehen überhaupt „irgendwo" in ihm bedeutet. Für einen solchen Ausschluß genügt keine Möglichkeit. Dazu gehört mehr.

Danach liegt es am nächsten, statt der negativen Möglichkeit die Inkompossibilität als Träger der idealen Nichtexistenz anzusehen. Sie gerade besagt ja ein Ausgeschlossensein; und sie würde auch in der Tat dafür genügen, wenn nicht das ideale Sein die Parallelität der inkompossiblen Systeme umfaßte. Kompossibel ist nur, was zu „einem" System gehört, nicht die ganze Sphäre. Die Systeme selbst sind keineswegs kompossibel; dennoch koexistieren sie nebeneinander in einer Sphäre. Inkompossibilität also ist nur Ausschluß aus „einem" System, nicht aus der ganzen Sphäre. Das, was bloß inkompossibel ist, kann also sehr wohl ideales Bestehen in der Sphäre haben. Inkompossibilität kann ebensowenig wie die Nichtseinsmöglichkeit für ideales Nichtbestehen aufkommen. Auch sie impliziert offenbar nicht die Wesensunwirklichkeit. Man kann also die letztere in der Modaltafel nicht neben sie setzen als ihren mitlaufenden Modus; sie erfordert noch viel größere Bestimmtheit.

Man muß also mit ihr weiter abwärts rücken, zum extrem negativen Modus, zur Unmöglichkeit. Erst diese genügt ihr. Denn sie bedeutet in der Tat das Ausgeschlossensein von der ganzen Sphäre. Und das eben ist der Sinn des idealen Nichtbestehens. Wesensunwirklichkeit bedeutet ein Nichtsein auf Grund eines Nicht-Seinkönnens. In einer Sphäre, in der das Seinkönnen zum Sein zureicht, bedarf es zum Nichtsein des Nicht-Seinkönnens. Das Reich des Idealen ist ein Reich der Möglichkeit, in ihm gehört zum Wirklichsein nicht viel; eben darum aber gehört in ihm zum Unwirklichsein weit mehr. Nicht einmal der Widerspruch gegen anderweitig Bestehendes genügt dafür. Der schließt nur von einem System aus, nicht von den Parallelsystemen. Nur das Überhaupt-nicht-Seinkönnen genügt zur idealen Unwirklichkeit; d. h. nur was entweder in sich selbst oder gegen das genus widersprechend ist, ist ideal unwirklich.

Auch rein formal ist diese Konsequenz einsichtig. Wenn alles, was wesensmöglich ist, auch schon wesenswirklich ist, so kann offenbar nur noch das Wesensunmögliche wesensunwirklich sein. Alles andere ist ideal wirklich, weil es möglich ist. Wirklichkeit und Unwirklichkeit stehen im kontradiktorischen Gegensatz; ist also jene der positiven Möglichkeit fest zugeordnet, so muß notwendig die Unwirklichkeit dem kontradiktorischen Gegensatz der positiven Möglichkeit zugeordnet sein. Das aber ist nicht die Möglichkeit des Nichtseins, sondern die Unmöglichkeit.

e. Die endgültige Tafel der Wesensmodi.

Rückt nun auf der Seite der absoluten Modi die Wesensunwirklichkeit aus der Parallele zur negativen Möglichkeit (vgl. Fig. 11, Kap. 42 e) in die weit größere Bestimmtheit einer Parallelstellung zur Unmöglichkeit, so bekommen wir in der Modaltafel eine eigentümlich exzentrische Stellung des Gegensatzes von Wirklichkeit und Unwirklichkeit.

Für die Wesenswirklichkeit genügt schon der unbestimmteste positive Wesensmodus, für die Wesensunwirklichkeit erst der bestimmteste negative. Dieser Gegensatz ist wiederum tief charakteristisch für das ideale Sein. Er drückt, indem er schon rein formal am Schema der Anordnung in die Augen springt (Fig. 12), aufs beste jenes Zurücktreten der absoluten Modi im idealen Sein aus, das mit der Alleinherrschaft der relationalen gegeben ist (Kap. 40 c). Das bloße „ideale Bestehen" ist ein modales Minimum in der relationalen Weite und Mehrstrahligkeit des Wesensreiches — im äußersten Gegensatz zur Realwirklichkeit, die in ihrer Sphäre ein modales Maximum bedeutet —, und von einem solchen Minimum eben ist nicht leicht etwas ausgeschlossen. Nur das in sich Widersprechende und das dem genus Widersprechende ist ausgeschlossen. Alles andere, auch das einem anderen Bestehenden Widersprechende, hat doch ideales Bestehen. Wesenswirklichkeit eben besagt sehr wenig. Sie hat Raum für alles, was nicht direkt unmöglich ist. So ist im Negativen die strikteste Notwendigkeit nur eben ausreichend, im Positiven aber die blasseste Möglichkeit bereits genügend, um über ideales Wirklich- und Unwirklichsein zu entscheiden. Auch das ist in der Realsphäre umgekehrt: da genügt zur Unwirklichkeit schon das Fehlen einer einzigen Realbedingung, zum Wirklichsein aber ist das volle Deckungsverhältnis von Möglichkeit und Notwendigkeit auf Grund der totalen Bedingungskette nur eben zureichend. Im Realen ist stets nur weniges möglich, im idealen Sein ist nur weniges unmöglich. Dort besteht nichts, hier das bei weitem meiste ohne zureichenden Grund. Daher das Fehlen der

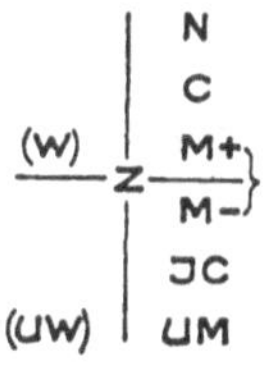

Fig. 12

Zufälligkeit in der Modaltafel des realen Seins, sowie ihre Zentralstellung in der des idealen.

Damit hängt manches Weitere zusammen. Wirklichkeit und Unwirklichkeit sind im idealen Sein ungleichwertig. Es ist ein durchgehendes Phänomen der Modalität, daß Indifferenzen nur an relativ unbestimmten Modi auftreten. Notwendigkeit und Unmöglichkeit sind in allen Sphären indifferenzfrei. Im Realen sind die Indifferenzen überhaupt verschwunden, dort ist kein einziger Modus unbestimmt. In der idealen Sphäre zeigt nicht nur die Möglichkeit, sondern selbst die Kompossibilität und Inkompossibilität eine gewisse Unentschiedenheit. Die Folge ist, daß hier alle mittleren Modi indifferent sind, und nur die extremen indifferenzfrei. Das aber bedeutet für die absoluten Modi eine auffallende Asymmetrie: die Wesenswirklichkeit ist indifferent gegen Notwendigkeit und Zufälligkeit, die Wesensunwirklichkeit aber ist nicht indifferent gegen Unmöglichkeit und Zufälligkeit (des Nichtseins), sondern impliziert Unmöglichkeit. Jene schließt nur die Unmöglichkeit aus; diese dagegen schließt alle positiven Modi aus und impliziert die beiden anderen negativen.

Diese Asymmetrie macht sich nun in der ganzen Modaltafel und ihren Gesetzen geltend. Die negativen Modi sind hier keine getreuen Spiegelbilder der positiven; auch die relationalen nicht. Darüber könnte die Anordnung in der Modaltafel täuschen; man darf aber nicht vergessen, daß alle Anordnung überhaupt nur ein Hilfsmittel ist, an dem unmöglich alles Wesentliche mit zum Ausdruck kommen kann. Alles nähere können erst die Intermodalgesetze erfassen. An ihnen erst zeigen sich die Konsequenzen der Asymmetrie für den modalen Bau der idealen Sphäre.

45. Kapitel. Die Intermodalgesetze des idealen Seins.

a. Die Ausschlußgesetze der Wesensmodalität.

Unter den drei möglichen Typen von Intermodalverhältnissen — Indifferenz, Ausschließung und Implikation — herrscht eine gegenseitige Abhängigkeit ihrer Ausbreitung in einer gegebenen Modaltafel, die man kurz so bestimmen kann: Ausschließung und Implikation weichen der Indifferenz aus. Die Indifferenz ist der gemeinsame Gegensatz zu beiden, das unbestimmte Verhältnis, das überall da zurückbleibt, wo weder ein negativ noch ein positiv bestimmtes Verhältnis (Ausschluß und Implikation) Platz greift. Im Realen ist die Indifferenz verschwunden, weil alle Modi gegeneinander ein bestimmtes Verhältnis zeigen. Im idealen Sein dringt durch die disjunktive Möglichkeit und die Begrenzung der Notwendigkeit Unbestimmtheit ein. Sie tritt als Koexistenz des Inkompossiblen, sowie als ideale Zufälligkeit in die Erscheinung. Die Indifferenz kann sich so über die mittleren Modi ausbreiten. Ausschließung und Implikation werden zurückgedrängt.

Die Ausschlußverhältnisse drängen sich um die extremen Modi zusammen. Dazu gehört außer der Notwendigkeit und Unmöglichkeit auch die Unwirklichkeit. Sonst stehen nur noch die kontradiktorisch entgegengesetzten Modi der Kompossibilität und Inkompossibilität im Ausschlußverhältnis. Die übrigen vier Modi schließen nur diejenigen Modi aus, von denen sie ihrerseits ausgeschlossen sind; denn alle Ausschlußverhältnisse sind gegenseitig. Die beiden Möglichkeitsmodi (M + und M —) treten in diesen Verhältnissen getrennt auf. Im übrigen dürfen die nachstehenden vier Ausschlußgesetze auf Grund der oben entwickelten Eigenart der idealen Seinsmodi als unmittelbar einleuchtend gelten.

1. Die Notwendigkeit schließt im idealen Sein die Unmöglichkeit, Unwirklichkeit, Inkompossibilität und negative Möglichkeit aus; desgleichen die Zufälligkeit. Und ebenso umgekehrt.
2. Die Unmöglichkeit schließt im idealen Sein die Notwendigkeit, Kompossibilität, Wirklichkeit und positive Möglichkeit aus; desgleichen die Zufälligkeit (des Nichtseins). Und ebenso umgekehrt.
3. Die Unwirklichkeit schließt im idealen Sein dieselben Modi aus wie die Unmöglichkeit (deren Parallelmodus sie ist), und wird umgekehrt von ihnen ausgeschlossen.
4. Die Kompossibilität schließt die Inkompossibilität aus, und umgekehrt.

Von diesen vier Gesetzen ist das dritte das wichtigste. Denn da die Wesensunmöglichkeit die Zufälligkeit ausschließt — sie ist ja selbst negative Notwendigkeit —, so schließt auch Wesensunwirklichkeit die Zufälligkeit aus. Sie steht damit in sehr auffallendem Gegensatz zur Wesenswirklichkeit, die sehr wohl zufällig sein kann und es meist ist. Sie impliziert die Unmöglichkeit, während jene nur die Möglichkeit und nicht die Notwendigkeit impliziert. Es gibt in der idealen Sphäre kein zufälliges Nichtsein, wohl aber viel zufälliges Sein. Nichtseiend eben ist hier nur das in sich Widersprechende; seiend aber ist hier alles in sich Widerspruchslose.

Man könnte vielleicht erwarten, daß auch die Inkompossibilität die positive Möglichkeit ausschließen müßte, und ebenso die Kompossibilität die negative. Das aber ist keineswegs der Fall. Denn positiv wesensmöglich ist ja gerade auch das Inkompossible (in disjungierter Systemparallele); und das Kompossible schließt die negative Wesensmöglichkeit nicht aus, weil diese sehr wohl parallel zu ihm bestehen kann.

b. Die Indifferenzgesetze der Wesensmodi.

Der Raum, den die Indifferenzen einnehmen, ist im idealen Sein nicht nur überhaupt ein breiter, sondern auch ein durch die mehrfache Indifferenz ein und desselben Modus verbreiterter. Das bringt die größere Mannigfaltigkeit der Modi mit sich. Und damit hängt die weitere Eigentümlichkeit zusammen, daß nicht alle diese Indifferenzen „über den Strich" gehen; sie ist die Folge des Zurücktretens der absoluten Modi. Der Grenzstrich zwischen diesen und den relationalen Modi wird eben durch die Alleinherrschaft der letzteren verwischt. Die Idealmodi sind überhaupt in sich homogener als die Realmodi.

Was hier vor allem fehlt, das ist die sonst charakteristische und zentrale Indifferenz der Möglichkeit gegen Wirklichkeit und Unwirklichkeit. Sie fehlt deswegen, weil das positive Glied der Wesensmöglichkeit (M +) schon genügt, um Wesenswirklichkeit zu implizieren und Wesensunwirklichkeit auszuschließen; denn hinter dieser steht die Unmöglichkeit (vgl. oben das 3. Ausschlußgesetz). Statt dessen gibt es eine besondere Indifferenz der negativen Möglichkeit (M —), und zwar eine zwiefache. Woraus hervorgeht, daß trotz der Ungespaltenheit der Wesensmöglichkeit doch ihr negatives Glied anders gestellt ist als ihr positives. Die Asymmetrie der Modaltafel wirkt zurück auf den Möglichkeitsmodus. Im übrigen sind die Indifferenzen die folgenden.

1. Die positive Möglichkeit — und mit ihr die Wirklichkeit — ist im idealen Sein indifferent: a) gegen Kompossibilität und Inkompossibilität, b) gegen Notwendigkeit und negative Möglichkeit, c) gegen Notwendigkeit und Zufälligkeit (wobei in b und c die beiden Seiten der Notwendigkeit getrennt erscheinen).
2. Die negative Möglichkeit ist im idealen Sein indifferent: a) gegen positive Möglichkeit und Unmöglichkeit, b) gegen Wirklichkeit und Unwirklichkeit.
3. Die Kompossibilität ist im idealen Sein indifferent: a) gegen Notwendigkeit und negative Möglichkeit, b) gegen Notwendigkeit und Zufälligkeit, (nicht aber gegen Wirklichkeit und Unwirklichkeit).
4. Die Inkompossibilität ist im idealen Sein indifferent: a) gegen positive Möglichkeit und Unmöglichkeit, b) gegen Wirklichkeit und Unwirklichkeit.

Schließlich könnte man hier noch an fünfter Stelle von einer Indifferenz der Zufälligkeit sprechen. Da Zufälligkeit direkt nur an den absoluten Modi auftritt, die Unwirklichkeit aber im idealen Sein an Unmöglichkeit gebunden ist, also die Zufälligkeit ausschließt, so kann diese nur an der Wirklichkeit haften. Und von deren Indifferenzen kommt für sie nur die gegen Kompossibilität und Inkompossibilität in Frage. Was aber hier nur eine untergeordnete Rolle spielt.

An diesen Indifferenzen der Wesensmodi macht sich die Asymmetrie nun in der Tat sehr auffallend geltend. Die positive Möglichkeit verhält sich sehr anders als die negative, die Kompossibilität anders als die Inkompossibilität. Die Unwirklichkeit hat überhaupt keine Indifferenz, während die Wirklichkeit dreierlei Indifferenz zeigt. Weder die positive Möglichkeit noch die Kompossibilität ist indifferent gegen Wirklichkeit und Unwirklichkeit. Das geht alles letzten Endes auf die exzentrische Stellung der Unwirklichkeit zurück. Denn weder das Mögliche noch das Kompossible kann unmöglich sein; aber nur das Unmögliche ist wesensunwirklich. Dagegen kann wohl das Inkompossible unmöglich sein, desgleichen das negativ Mögliche; beide jedoch können auch möglich sein, und ebendamit wirklich sein. Denn das Inkompossible ist nicht an sich unmöglich, das ideale Sein hat in der Parallelität seiner Systeme Spielraum dafür.

Deutlich tritt auch an diesen Gesetzen die Gelöstheit der positiven und negativen Möglichkeit voneinander hervor. Sie treten zwar disjungiert auf, aber in den Intermodalverhältnissen erscheinen sie getrennt, mit verschiedener Indifferenz und verschiedener Ausschließung. Sie halten also einander nicht fest. Die innere Indifferenz weicht der äußeren. Sie ist von vornherein unterhöhlt durch die Stellung der Wesenswicklichkeit, die als Parallelmodus zur positiven Möglichkeit dieser ein ungeheures Übergewicht über die negative gibt. Denn die negative hat keinen entsprechenden Parallelmodus; die Unwirklichkeit folgt nicht ihr, sondern erst der Unmöglichkeit.

Die Kehrseite dieses Verhältnisses ist die Enthobenheit der Unwirklichkeit aus aller Indifferenz. Man sollte erwarten, daß sie doppelt indifferent sei: 1. gegen positive Möglichkeit und Unmöglichkeit, 2. gegen Zufälligkeit und Unmöglichkeit. Keines von beidem ist der Fall. Sie steht vielmehr in gegenseitigem Implikationsverhältnis mit der Unmöglichkeit und schließt folglich sowohl die positive Möglichkeit wie die Zufälligkeit (des Nichtseins) aus. Es gibt im idealen Sein kein negativ Zufälliges. Die Zufälligkeit ist auf das Wesenswirkliche beschränkt. Die Wesensnotwendigkeit also ist nur im Positiven beschränkt, nur hier gibt es die ungeheure Weite des Möglichen.

Von besonderem Interesse ist noch, daß auch die Kompossibilität indifferent gegen Notwendigkeit und Nichtseinsmöglichkeit ist. Wäre sie allseitige Widerspruchslosigkeit, so müßte sie sich der totalen Determination nähern und Notwendigkeit implizieren. Diese Bedingung ist auf Gebieten einfacher Wesensstruktur — auf gewissen Gebieten mathematischen Seins — annähernd erfüllt. Aber sie ist nicht entfernt überall erfüllt, gehört nicht zum Wesen der Kompossibilität. Die Parallelsysteme bleiben anderer Möglichkeit offen.

Das Kompossible hat nur innerhalb eines begrenzten Systems Widerspruchslosigkeit, nicht darüber hinaus. Daher kann es sich mit dem Notwendigen nicht grundsätzlich decken. Bloße Kompossibilität eines A mit einem wie immer festgefügten Bestimmungskomplex X schließt die Kompossibilität von non-A mit X nicht aus. X kann mit non-A jederzeit ein Parallelsystem ausmachen. Wenn A aus X „folgte", so wäre non-A von X ausgeschlossen; aber die bloße Verträglichkeit von A mit X bedeutet noch kein Folgen. Daher die Indifferenz des Kompossiblen gegen die Notwendigkeit. Die Kompossibilität als solche ist deswegen nicht zufällig, denn sie drückt ein inhaltliches Wesensverhältnis aus. Zufällig bleibt in ihr nur, daß überhaupt ein A auftritt. A ist die Besonderheit der species gegen X als genus. Notwendigkeit aber waltet im idealen Sein zwar vom genus zur species, aber nur hinsichtlich des Generellen in der species.

c. Die Implikationsgesetze der Wesensmodi.

Durch die Indifferenz- und Ausschlußgesetze ist der Kreis der Implikation im idealen Sein von vornherein sehr eingegrenzt. In dieser Eingrenzung tritt noch einmal der Gegensatz der Seinsweisen klar zutage. Im realen Sein implizierten alle positiven Modi einander, und ebenso alle negativen (Kap. 14 e). Im idealen Sein drängt sich die Indifferenz um die mittleren Modi zusammen, und damit wird die Implikation auf die extremen abgedrängt. Das ideale Sein folgt dem Gesetz, daß nur der bestimmtere Modus den weniger bestimmten impliziert, nicht aber umgekehrt. Im Schema ausgedrückt (Fig. 12) bedeutet das, daß die Implikationen alle die Tendenz zur Mitte haben. Denn um den horizontalen Grenzstrich, der die positiven Modi von den negativen scheidet, ist die Unbestimmtheit am größten. Je weiter von ihm fort, um so mehr nimmt sie ab.

Eine besondere Stellung nehmen nur die beiden gegenseitigen Implikationen ein, welche die absoluten Modi in ihrer Parallelstellung zu je einem relationalen aufweisen. Hier aber ist der Implikationscharakter selbst modifiziert. Er nähert sich der Äquivalenz und drückt ein vollständiges Deckungsverhältnis aus.

Vorwegzunehmen ist, daß die beiden Glieder der disjunktiven Möglichkeit einander im idealen Sein nicht implizieren; was gleichbedeutend ist mit der Einschränkung ihrer Disjunktivität. Die Möglichkeit des Seins läßt zwar rein als solche die des Nichtseins offen, und umgekehrt, aber sie kommen auch abgespalten vor. Und nur in der Gespaltenheit können sie den übrigen Implikationen genügen. Wie denn die beiden ersten Indifferenzgesetze der Wesensmodi besagen, daß beide prinzipiell gleichgültig gegeneinander dastehen.

Die Implikationsgesetze der positiven Wesensmodi lassen sich hiernach so zusammenfassen:

1. Wesensnotwendigkeit impliziert Kompossibilität und positive Wesensmöglichkeit;
2. Kompossibilität impliziert positive Wesensmöglichkeit;
3. positive Wesensmöglichkeit und Wesenswirklichkeit implizieren sich gegenseitig;
4. Wesensnotwendigkeit und Kompossibilität implizieren also auch Wesenswirklichkeit.

Das letzte Gesetz ist ein bloßer Folgesatz, deswegen aber nicht weniger wichtig. Man könnte hier als ein 5. Gesetz noch anfügen, daß die Zufälligkeit Wesenswirklichkeit (und damit auch Wesensmöglichkeit) „impliziert"; denn im idealen Sein ist das Zufälligsein, wie gezeigt wurde, auf das Positive beschränkt. Aber man kann das nicht als eigentliche Implikation bezeichnen, da Zufälligkeit eben nur als anhängender Modus des idealen Bestehens auftritt.

Die Zusammenfassung der vier Gesetze kann man auch anders gestalten. Sie lassen sich in aufgelöster Form auch so aussprechen:

Was wesensmöglich ist, das ist auch wesenswirklich, und umgekehrt;

was kompossibel ist, das ist auch wesensmöglich und wesenswirklich, aber nicht umgekehrt;

was wesensnotwendig ist, das ist auch kompossibel, wesensmöglich und wesenswirklich, aber nicht umgekehrt;

(dazu kommt: was wesenszufällig ist, das ist auch wesensmöglich und wesenswirklich).

Zu dem zweiten und dritten dieser Sätze ist zu bemerken: die Wesenswirklichkeit läßt ebensowohl das Inkompossible wie das Kompossible zu, ebensowohl das Notwendige wie das Zufällige. Darum leiden diese Implikationen keine Umkehrung. Die Indifferenz der Wesenswirklichkeit drängt sich dazwischen. Wobei wiederum die beiden charakteristischen Grundzüge des Wesensreiches zum Vorschein kommen: die ideale Koexistenz des Inkompossiblen und die Wesenszufälligkeit des Speziellen.

Im Gegensatz dazu lauten die Implikationsgesetze der negativen Wesensmodi folgendermaßen:

1. Wesensunmöglichkeit impliziert Inkompossibilität und negative Wesensmöglichkeit;
2. Inkompossibilität impliziert negative Wesensmöglichkeit;

3. Wesensunmöglichkeit und Wesensunwirklichkeit implizieren sich gegenseitig;
4. Wesensunwirklichkeit impliziert also auch Inkompossibilität und negative Wesensmöglichkeit.

Der letzte Satz ist ein bloßer Folgesatz. So wenigstens, wenn man von den ersten drei Sätzen ausgeht. Dieser Ausgang aber ist keineswegs geboten. Die Gesetze sind vielmehr alle in sich selbst einsichtig; was gerade bei den negativen Modi in die Augen springt. Gruppiert man sie nun in analoger Weise um wie die der positiven Modi, so tritt der Gegensatz ihrer Implikationsgesetze zu denen der letzteren noch greifbarer hervor:

Was wesensunwirklich ist, das ist auch wesensunmöglich, und umgekehrt;

was wesensunmöglich ist, das ist auch inkompossibel und negativ wesensmöglich; aber nicht umgekehrt;

was wesensunwirklich ist, das ist also auch inkompossibel und negativ wesensmöglich; aber nicht umgekehrt;

was inkompossibel ist, das ist auch negativ wesensmöglich; aber nicht umgekehrt.

Das Inkompossible also ist nicht wesensunwirklich, weil es nicht wesensunmöglich ist. Die Parallelität der in sich kompossiblen Systeme ist gerade die Möglichkeit des Inkompossiblen. Darum ist das Inkompossible auch nicht ideal unwirklich. Unwirklich ist überhaupt nur das in sich Widersprechende, keineswegs aber das bloß anderem ideal Bestehendem Widersprechende; also nur das Unmögliche. Und da Unmöglichkeit negative Notwendigkeit ist, so ist damit gesagt, daß die Zufälligkeit von der Wesensunwirklichkeit ausgeschlossen ist.

Der Satz vom Widerspruch, der hier, im Negativen, allein alles beherrscht, ist eben das Grundprinzip der striktesten negativen Notwendigkeit. Ideale Existenz ist durch nichts als Widerspruchslosigkeit bedingt; so impliziert sie kein „Folgen" und keine Notwendigkeit. Ideale Nichtexistenz dagegen ist durch den Widerspruch selbst bedingt. Der aber hat die strikte „Folge" an sich, nämlich die Vernichtung des Widersprechenden. Darum hat an dem, was ideal besteht, der Zufall weiten Spielraum, an dem aber, was nicht besteht, keinen Spielraum.

d. Die Unvollständigkeit des idealen Seins.

Nicht alle Unstimmigkeit verschwindet in diesen Intermodalgesetzen. Um die Möglichkeit herum bleibt eine gewisse Amphibolie zurück: sie tritt bald disjunktiv, bald gespalten auf — ersteres in ihrem Sinn als Widerspruchslosigkeit, sowie in der Koexistenz der species unter dem genus, letzteres in den Intermodalgesetzen. Diese Amphibolie müßte den Modus erweichen, wenn hinter ihr nicht etwas anderes steckte.

Dieses andere ist die Unvollständigkeit des idealen Seins. Unvollständigkeit ist etwas ganz anderes als das „erweichte" Sein im Urteil, das ja überhaupt kein eigentliches Sein war, sondern nur Gesetztsein; was so viel heißt wie Vermitteltsein durch Bedingungen, die stets in einer anderen Sphäre liegen (Gegebenheit). Das ideale Sein dagegen ist echtes Sein, nur ist es kein bis zuende determiniertes Sein. An ihm bleibt eine gewisse Unbestimmtheit. Daher die Einschränkung der Notwendigkeit, das Übergewicht der Möglichkeit und ihre Disjunktivität, die Parallelität des Inkompossiblen und die Gewichtslosigkeit der Wesenswirklichkeit.

Alle diese Grundzüge gehen auf die Struktur des Stufenbaus zurück, auf die Undeterminiertheit des Speziellen in der species vom genus aus. Jede Ebene in diesem Stufenbau ist zwar in sich vollständig determiniert, aber stets disjungiert in parallelen species, und das Spezielle in ihr bleibt zufällig. Das hat zur Folge, daß vom Ganzen des Wesensreiches aus gesehen die einzelnen Ebenen unvollständig determiniert bleiben. Wo nur eine Ebene ist, wie im Realen, da ist solche Unvollständigkeit ausgeschlossen. Diese eine Ebene, die des Individuellen, wird im idealen Sein gar nicht erreicht. Alle Wesenheiten bleiben „über ihr" schweben, bleiben in Allgemeinheit stecken. Und im Wesen des Allgemeinen liegt es eben, weitere Besonderung offen zu lassen. Selbst die Wesenheit eines Individuellen als solchen ist nicht individuelle Wesenheit. Darum erscheint das ideale Sein, vom Realen aus gesehen, als Reich „möglichen Seins". Der Schein ließ sich zwar durchschauen, aber nicht aufheben.

Im Stufenbau also ist die Sachlage die: innerhalb eines Systems ist alles kompossibel, also nicht disjunktiv möglich. Die Kompossibilität eines A mit einem System X schließt zwar die von non-A mit ihm nicht aus; aber sie fordert sie auch nicht. Das besagte das dritte Indifferenzgesetz: die Kompossibilität ist indifferent gegen Notwendigkeit und negative Möglichkeit. Wäre non-A ausgeschlossen, so müßte sie die Notwendigkeit implizieren. Außerhalb des Systems aber hört auch die Kompossibilität auf. Hier herrscht die Parallelität. Und die hat die Form disjunktiver Möglichkeit.

An der Kompossibilität also spaltet sich die Wesensmöglichkeit, um dann, schon gespalten, in sie einzugehen. Denn zur Gespaltenheit ist es nicht nötig, daß die disjungierten Glieder einander abstoßen; es genügt, daß sie nicht unlösbar aneinander hängen, einander nicht nach sich ziehen. Das ist in der Kompossibilität erfüllt. Darum kann die Wesensnotwendigkeit sie implizieren und mit ihr zugleich die positive Möglichkeit implizieren, ohne die negative mit einzubeziehen.

So überhaupt wird es verständlich, wie Wesensmöglichkeit in der Wesensnotwendigkeit enthalten sein kann. In einer Sphäre vollständigen Seins, wie im Realen, wäre das ohne radikale Abstoßung der beiden Möglichkeiten voneinander nicht angängig. Ist aber die Determination der Gebilde einer Sphäre nur relativ vollständig — d. h. nur für eine bestimmte Ebene, nach „unten" zu aber durchaus unvollständig, so liegt die Sache ganz anders. Die Möglichkeit ist dann als ungespaltene nur ein Modus des Speziellen in der species; das Generelle in der species dagegen hat nur einseitige Möglichkeit. Darum hängt am Generellen allein und durchgehend die Notwendigkeit. Denn in keiner noch so weit spezialisierten species kann das Generelle anders sein, als es aus dem genus folgt.

III. Abschnitt.

Das Modalproblem der Erkenntnis

46. Kapitel. Äußere und innere Erkenntnismodalität.

a. Realmodi und Realdetermination der Erkenntnis.

Die Seinsweise der Erkenntnis als solcher ist keine eigene, sie zählt ganz und gar zur Realität. Erkenntnis ist eine Form des geistigen Seins. Der Geist aber ist ein Reales im vollen Sinne des Wortes. Paradox ist das nur dann, wenn man unter Realität Dinghaftigkeit versteht, oder gar Materialität, kurz wenn man dem Terminus, der nur eine Seinsweise bedeutet, eine der landläufigen Populärtheorien unterschiebt, Materialismus, Naturalismus oder etwas ähnliches.

Von alledem hat man sich in der Ontologie freizumachen. Die charakteristischen Merkmale des Realen sind durchaus keine anderen als: 1. die Zeitlichkeit mit ihren Prozeßkategorien, Entstehen und Vergehen, 2. die Individualität, Einzigkeit, Einmaligkeit, und 3. die Vollständigkeit der Determination im Realzusammenhang (Realgesetz der Wirklichkeit). Alles übrige, was man gewohnt ist der Realität anzuhängen, trifft in Wahrheit nur auf einzelne Schichten des Realen zu, und zwar vorwiegend nur auf die niederen.

Die genannten Merkmale treffen voll und ganz auf das geistige Sein in allen seinen Besonderungen zu. Dieses Sein ist immer und überall, wo es auftritt, ein zeitlich begrenztes, zeigt spezifischen Werdegang, hat sein Entwicklungsgesetz, seine Geschichtlichkeit, ist in allen Stadien unwiederholbar, einzig und einmalig, ein Individuelles; und zwar letzteres ebensosehr an Völkern und Zeitaltern wie an den Individuen. Damit hat es auch die Determination alles Prozeßhaften an sich; der Geist ist in jeder Gestalt, die er annimmt, Produkt einer verschlungenen und selbst geschichtlichen Bedingungskette. Er kann nie anders sein, als er ist, noch anders werden, als er wird. Kurz, er folgt dem allgemeinen „Realgesetz der Wirklichkeit", nicht anders als das Seiende der niederen Realschichten auch.

Dieser Realcharakter haftet aller Erkenntnis an. Er spricht sich schon in ihrer Grundstruktur, dem Subjekt-Objekt-Verhältnis aus. Beide, Subjekt wie Objekt, haben Realcharakter; die Relation zwischen ihnen ist also auch letzten Endes eine Realrelation. Sie ist sogar nur eine unter sehr vielen, die im Lebenszusammenhang dasselbe Subjekt mit derselben Objektwelt verbinden; Besitzen, Gebrauchen, Bearbeiten, Gestalten sind solche Relationen. Mit all diesen teilt die Erkenntnis den Prozeß- und Entwicklungscharakter. Wir kennen Erkenntnis überhaupt nicht anders als in Form des Erkenntnisprozesses. In jedem Stadium ist sie einzig und einmalig und in dieser Individualität auch vergänglich. Denn der Prozeß steht nicht still, das Stadium geht in andere ebenso einzigartige Stadien über. Eine Erkenntnistheorie kann von alledem nicht absehen; sie kann nicht abstrakt vom Inhalt als bloßem „Sinngehalt" handeln. Sie erfaßt sonst nur die Sinnstrukturen des Inhalts und geht am Eigentlichen des Gegenstand-Erfassens vorbei. Sie muß sich vielmehr an eben dieses halten.

So erfüllt sich denn auch an der Erkenntnis das „Realgesetz der Wirklichkeit", und zugleich mit ihm die ganze Modal- und Determinationsgesetzlichkeit des Realen. Erkenntnis wird, wenn sie möglich ist, auch wirklich; und sie ist, wenn sie wirklich ist, auch notwendig und kann nicht ausbleiben oder anders ausfallen. Wo sie aber ausbleibt, da ist sie auch nicht möglich. Diese Möglichkeit und diese Notwendigkeit sind Modi des Erkenntnisprozesses, oder Realmodi der Erkenntnis. Sie betreffen das Erkennen als das, was es real „ist", als Akt, als Relation, als Seinsverhältnis eigener Art. An der Rechtmäßigkeit dieser Modi und Modalbeziehungen ist in keiner Weise zu zweifeln.

Auch die Determiniertheit des Erkenntnisprozesses „von unten her" (durch äußere Situationen, Umstände, Gegebenheitsverhältnisse, oder auch durch innere physische Disposition) ist deswegen keineswegs abzulehnen. Das ist einfach die kategoriale Dependenz des Höheren vom Niederen und darf mit naturalistischen Deutungen nicht verwechselt werden. Wäre das Reale nicht geschichtet, so müßte freilich ein einziger Determinationstypus das Ganze beherrschen; in einer geschichteten Realwelt überschichten sich auch die Determinationsformen. Das Höhere kommt aus der niederen Determination heraus überhaupt nicht zustande, es ist auf Grund ihrer allein überhaupt nicht real möglich, die Totalität seiner besonderen Bedingungen fehlt. Erkenntnis ist stets erst „möglich", wenn zu aller anderen ihre Eigendetermination hinzutritt. Diese ist ein Novum gegen die des Seelischen, und vollends gegen die des Organischen und des Physischen.

b. Die Modalität des Erkenntnisgebildes und die Modalerkenntnis.

An diesen Realmodi der Erkenntnis ist also nichts Neues zu gewinnen. Es sind auf der ganzen Linie dieselben wie an allem anderen Realen auch. Nicht um sie handelt es sich im Problem der Erkenntnismodalität, sondern um andere, sehr eigenartige Modi und Intermodalverhältnisse, die nur der Erkenntnis eigen sind und sonst in keiner Seinsschicht vorkommen. Es sind diejenigen Modi, in denen der Erkenntnis ihr eigener Inhalt erscheint, resp. gegeben ist.

Denn die Erkenntnis als Realprozeß ist nicht identisch mit ihrem Inhalt. Der Prozeß ist wohl auch ein inhaltlicher, ist das Anwachsen des Inhalts; aber der Inhalt selbst ist ein Anderes und hat andere Erscheinungsmodi als der Prozeß; andere auch als das Subjekt und der Gegenstand. Diese Erscheinungsmodi sind die eigentlichen Erkenntnismodi. Sie bilden das Novum der Erkenntnismodalität. Von ihnen allein ist im folgenden zu handeln.

Es sind natürlich Sekundärmodi, keine selbständigen Seinsmodi. Aber sie sind insofern von allergrößtem Gewicht — gerade auch für ein ontologisches Vorgehen —, als uns in ihrer Modalabstufung alles gegeben ist, was überhaupt erkannt wird. Erkenntnis ist die gebende Instanz alles Wissens, Ontologie aber ist Wissen um das Seiende als Seiendes. So ist alles Seinsverstehen dieser Gegebenheitsform erst abgewonnen. Unser Wissen um die Seinsmodi ist aus der Vermittelung durch die Erkenntnismodi erst wiedergewonnen. Die Wiedergewinnung geht den Weg der Abstreifung dessen, was die Erkenntnismodi darüber gelegt haben. Darum ist die Herausarbeitung der Erkenntnismodi methodologisch zugleich eine Probe auf das Exempel der Seinsmodi, und insonderheit der Realmodi.

Zum Wesen der Erkenntnis gehört außer dem Subjekt, dem Objekt und der Relation zwischen beiden noch ein viertes Moment: der in ihr geschaffene Bewußtseinsinhalt, oder das Erkenntnisgebilde — Leibnizisch, die Repräsentation (Vorstellung) des Objekts im Subjekt, oder auch das Bild des Objekts im Subjekt. Dieses Gebilde gehört dem Inhaltsbereich des Bewußtseins an; ihm bleibt die Sache, die es repräsentiert, stets gegenüber (transzendent). Es ist Bewußtsein des Gegenstandes, nicht selbst Gegenstand. Darum ist seine Seinsart die des Bewußtseins. Das ist eine hochdifferenzierte, von vielem abhängige, und doch in ihrer

Eigenheit selbständige Seinsart. Die Modalität des Erkenntnisgebildes bewegt sich daher in den Bewußtseinsmodi. Da es sich aber nicht um das Sein des Bewußtseins handelt, sondern um das seines Inhalts, so tauchen diese Modi für das erkennende Bewußtsein selbst am Gegenstande auf. Denn ein Bewußtsein des Inhalts — resp. des Erkenntnisgebildes — ist neben dem Bewußtsein des Gegenstandes normalerweise gar nicht vorhanden. Der Inhalt vielmehr ist selbst das Bewußtsein des Gegenstandes; er ist die Form, in der der Gegenstand dem Bewußtsein gegeben ist. Aber er ist kein zweites Gegebenes neben dem Gegenstande der Erkenntnis.

Hier nun ist der Punkt, an dem sich die besondere Modalität des Erkenntnisgebildes von der Realmodalität des Erkenntnisprozesses eindeutig scheidet. In der letzteren handelt es sich um Möglichkeit der Erkenntnis, desgleichen um Wirklichkeit und Notwendigkeit der Erkenntnis; man kann dieses die „äußere Modalität" der Erkenntnis nennen. Demgegenüber besteht die „innere Modalität" der Erkenntnis — die des Erkenntnisgebildes — in einem Modalbewußtsein, dem der Gegenstand in abgestufter Modalität gegeben ist.

Hier also handelt es sich nicht um Möglichkeit der Erkenntnis, sondern um Erkenntnis der Möglichkeit; desgleichen nicht um Wirklichkeit und Notwendigkeit der Erkenntnis, sondern um Erkenntnis der Wirklichkeit und der Notwendigkeit. Indem man die innere Modalität der Erkenntnis auf diese einfachen Bestimmungen bringt, tritt der Unterschied des Modalbewußtseins gegen die Bewußtseinsmodalität eindeutig hervor.

c. Die Auflösung des realen Modalzusammenhanges im Erfassen.

An diesem Modalbewußtsein nun, das die innere Modalität der Erkenntnis ausmacht, tritt ein eigenartiges Verhältnis zu den Modi des Gegenstandes auf. Diese sind Seinsmodi, Real- oder Idealmodi, je nachdem, was der Gegenstand ist. Die Gegenstandsmodi spiegeln sich im Gegenstandsbewußtsein; aber sie spiegeln sich nicht getreu, sondern verschoben und verzogen, wie in einem unebenen Spiegel.

Erkenntnis ist wohl Erfassen des Gegenstandes, aber durchaus kein vollständiges. Wäre alles Erfassen adäquat, so müßte aller Realnotwendigkeit des Gegenstandes auch ein Bewußtsein der Notwendigkeit entsprechen, und aller Realmöglichkeit auch ein Bewußtsein der Möglichkeit. Das ist nun keineswegs der Fall. Realmöglichkeit und Realnotwendigkeit sind im Realwirklichen indifferenziert und dadurch für das Bewußtsein verschwunden. So gibt es in der Alltagserfahrung allenthalben das Bewußtsein der Wirklichkeit, dem durchaus kein Wissen um Möglichkeit und Notwendigkeit folgt. Das gegebene Realwirkliche erscheint abgelöst vom tragenden Verhältnis der relationalen Modi; es erscheint „zufällig“, was es in Wahrheit nicht ist. Und ein Wissen um Notwendigkeit, ein Verstehen der Möglichkeit muß erst durch besonderes Eindringen erarbeitet werden. Das Eindringen kann aber auch ausbleiben. Der Alltagsbedarf der Erkenntnis geht gemeinhin gar nicht darauf; und wo er darauf geht, begnügt er sich mit Bruchstücken der Bedingungskette. Erst eigentliche Forschung und Wissenschaft geht weiter. Darum setzt mit ihr noch einmal ein zweites, verschobenes Modalbewußtsein ein.

So ist das Modalbewußtsein in der Erkenntnis in der Tat ein unebener Spiegel; nicht anders übrigens als das inhaltliche Gegenstandsbewußtsein ja auch. Das Gesetz der Inadäquatheit, das den Erkenntnisgang von unten auf beherrscht, scheidet die innere Modalität der Erkenntnis von der ihres Gegenstandes.

Ontologisch tiefer läßt sich das aus dem eigentümlichen Verhältnis des Gegenstandes zu seinem Erfaßtwerden verstehen. Der Gegenstand ist „an sich“, was er ist; an ihm als seiendem macht es überhaupt keinen Unterschied, ob und wie weit er erfaßt wird. Er verhält sich indifferent gegen das Erfassen, indifferent also auch gegen die Grenzen des Erfassens. Diese Grenzen sind keine Seinsgrenzen, sie sind bloß die in ihn hinausprojizierten Erkenntnisgrenzen. Was also am Gegenstande selbst unlöslich zusammenhängt, kann in der Erkenntnis des Gegenstandes sehr wohl abgelöst erscheinen.

Überträgt man das auf das Modalbewußtsein der Erkenntnis, so folgt daraus unmittelbar, daß ein Wirklichkeitsbewußtsein abgelöst vom Notwendigkeitsbewußtsein, ja sogar vom Möglichkeitsbewußtsein auftreten kann. Das Erfassen also löst den Modalzusammenhang des Realen auf — nicht zwar am Realen selbst (was ja unmöglich ist), wohl aber an der Vorstellung des Realen, an der Meinung oder Anschauung vom Realen, die wir uns bilden, kurz am Erkenntnisgebilde als solchem. Dieses ist ein anderes Gebilde als der Erkenntnisgegenstand. Im übrigen ist die Auflösung dieselbe, die auch an der Struktur geschieht. Denn das Erfassen ist inadäquat, der Gegenstand aber indifferent gegen die Inadäquatheit. Diese deformiert ja nicht den Gegenstand, sondern nur die Vorstellung. Das Wirklichkeitsbewußtsein ist abgelöst, weil das inhaltliche Erfassen des Gegenstandes nicht bis auf die Reihe seiner Realbedingungen durchstößt, geschweige denn deren Totalität erfaßt. In dieser Totalität aber wurzelt sowohl die Realnotwendigkeit als auch die Realmöglichkeit, die dem Gegenstande eignet.

Unterscheidet man die innere Erkenntnismodalität nicht von der äußeren, so muß dieses Verhältnis vollkommen unverständlich bleiben. Das Erfassen des bedingenden Gegenstandsmodus, der Realmöglichkeit des Gegenstandes, hat nichts zu schaffen mit dem bedingenden Realmodus des Erfassens, der Realmöglichkeit des Erfassens. Die Möglichkeit des Erfassens kann sehr wohl auf bloßes Erfassen der Wirklichkeit beschränkt sein und ein Erfassen seiner Möglichkeit noch ausschließen. Ein Modus des Erfassens ist kein Modus des Gegenstandes, und erst recht nicht des Gegenstandsbewußtseins. Daher die Andersheit und die relative Unabhängigkeit der inneren Erkenntnismodalität von der äußeren. Und daher die Auflösung der Gegenstandsmodalität in der Gegenstandserkenntnis.

Das Reale baut sich vom Fundament her auf, von seiner Bedingtheit, d. h. von seiner Möglichkeit und Notwendigkeit her. Die Realerkenntnis aber erfaßt nicht vom Fundament her, sondern von der Gegebenheit, der Außenseite, dem ontisch Sekundären her. Und das Gegebene erscheint ihr im Modus des Wirklichkeitsbewußtseins.

47. Kapitel. Modalbewußtsein und modales Begreifen.

a. Unmittelbare Anschauung und Begreifen.

Die Erkenntnis ist nun selbst wieder ein gestuftes Inhaltsreich. Und da es erkennendes Bewußtsein aller Stufen nebeneinander gibt, so treten die Stufen auch in einer gewissen Abgehobenheit voneinander auf.

Es handelt sich hier nicht um den Gegensatz eines naiven und eines entwickelten, etwa wissenschaftlichen, Erkenntnisbewußtseins, sondern um einen anderen, den man als den des anschaulichen und des begreifenden Bewußtseins bezeichnen kann. Denn wie „naives" Bewußtsein beschaffen sein mag, kann der philosophisch fragende Mensch nicht wissen; er kann es nur erraten, rekonstruieren, aber gegeben ist es ihm nicht. Sein Bewußtsein, wenn es der Reflexion auf sich fähig ist, ist kein naives. Andererseits ist auch wissenschaftliches Bewußtsein kaum jemals rein gegeben. Wohl aber ist im Leben wie in der Wissenschaft ein unmittelbar anschauendes Bewußtsein von einem bewußt eindringenden, suchenden, Probleme stellenden und lösenden zu unterscheiden, obgleich beide im Haushalt der Erkenntnis miteinander mannigfach verwoben sind.

Das erstere ist ein bloß hinnehmendes, sich an Gegebenheiten haltendes; in ihm muß der Wirklichkeitsmodus auf der ganzen Linie vorherrschen. Das letztere dagegen fragt nach Bedingungen und Gründen, es spürt Zusammenhänge und Abhängigkeiten auf, stellt Einheiten der Zusammenschau her, die der hinnehmenden Anschauung versagt sind. In dieser Tätigkeit besteht das Begreifen. Begreifen eben heißt, eines „auf Grund" eines anderen, oder aus anderem heraus, so zur Einsicht bringen, wie es abgelöst in der bloß anschaulichen Gegebenheit nicht eingesehen werden konnte. Darum treten im Begreifen die relationalen Modi in den Vordergrund. Das Begreifen bewegt sich ganz im Bewußtsein der Möglichkeit und der Notwendigkeit. Seine Funktion ist konspektiv, während die des hinnehmenden Anschauens stigmatisch ist.

Die Anschaulichkeit als solche braucht freilich im Begreifen nicht zurückzutreten. Begreifen ist nicht Abstraktion; es bedarf wohl des Begriffs als eines Hilfsmittels, aber es ist selbst nicht Begriff. Begreifen ist das Zusammengreifen des Geschauten in die Einheit der Überschau, das Fortschreiten der Erkenntnis am Leitfaden der Gegenstandszusammenhänge — im Gegensatz zur unmittelbaren Anschauung, für die das Einzelgebilde isoliert dasteht.

Dieses Moment der Schau, das eigentlich lebendige und tragende Element des Begreifens, macht den ursprünglichen Sinn des Wortes „Theorie" aus. Denn θεωρία heißt „Schau" und ist in diesem Wortsinn seinerzeit von Aristoteles eingeführt worden. Über der heutigen verblaßten Bedeutung des Wortes hat man das vergessen; „grau ist alle Theorie", so empfindet es der Laie auf allen Wissensgebieten. Er hält sich an geprägte Begriffe, weiß sie nicht als Durchblicke des eindringenden Schauens zu verwerten und hat daher an ihnen keine beweglichen Vehikel des Begreifens. Wer den Begriff durch lebendige Anschauung nicht zu erfüllen weiß, dem ist er in der Tat eine Fessel, ein erstarrtes Produkt; aber er hat sich dann vom lebendigen Erkennen schon entfernt, hat über dem Begriff die Sache schon verloren; er steckt schon in der Sackgasse, und was er an Theorie sich aneignet, ist in der Tat „grau".

Im Begreifen ist so die Schau durchaus die Hauptsache. Nur ist das Schauen als solches hier kein Novum. Auch die Unmittelbarkeit des Gegebenen ist anschaulich. Das Novum ist die Zusammenschau als solche. Und diese geht freilich sehr eigene Wege.

b. Aposteriorisches Wirklichkeitsbewußtsein; apriorisches Begreifen der Möglichkeit und Notwendigkeit.

Das Wesen dieses Unterschiedes zeigt sich am plastischsten von der inhaltlichen Seite. Die unmittelbare Anschauung geht vom Einzelfall in seiner empirischen Gegebenheit aus; das Begreifen setzt mit dem Allgemeinen ein, mit dem Gleichartigen, mit dem Gesetz. Es kann deswegen sehr wohl Begreifen eines Einzelfalles in seiner Individualität sein; es begreift eben doch vom Allgemeinen her, denn es erschaut das Prinzipielle und Wesenhafte in einer gewissen Unabhängigkeit vom Einzelfall. Ebenso kann die unmittelbare Gegebenheit sehr wohl auf das Erfassen eines Allgemeinen hinausführen; sie geht deswegen doch vom Einzelfall aus, und alles was sie erfaßt, bleibt von ihm abhängig.

Im Leben wie in der Wissenschaft gehen beide Arten des Erfassens fast ausnahmslos zusammen. Wir nehmen nichts Einzelnes wahr, das wir nicht sofort unter begriffenes Allgemeines einbeziehen und dadurch auch in gewissen Grenzen schon begreifen. Und wir begreifen nichts Allgemeines, das wir nicht ebenso notwendig auf gemachte Einzelerfahrung beziehen und dadurch in den Gegebenheitszusammenhang einfügen. Nicht um Isolierung also handelt es sich in der Unterscheidung, sondern um die Heterogeneität des Erfassens selbst, die auch im Ineinandergreifen nie ganz verwischt wird und oft genug als innerer Gegensatz fühlbar bleibt.

Der Gegensatz läuft so auf die bekannte Unterscheidung des Apriorischen und Aposteriorischen in der Erkenntnis hinaus. Dieses ist die Quelle der unmittelbaren Gegebenheit, jenes die des Begreifens und der eindringenden Einsicht. Für das Problem der inneren Erkenntnismodalität ist dieser Gegensatz insofern grundlegend, als sich an ihm die doppelte Bezogenheit unserer Erkenntnis auf ein und dasselbe Seiende darstellt. Die Erkenntnis ist mit ihrer einen Seite, der aposteriorischen, unmittelbar an die Realwirklichkeit gebunden, mit Überspringung der ontisch hinter ihr stehenden Realmöglichkeit und Realnotwendigkeit. Mit ihrer anderen Seite aber, der apriorischen, ist sie nicht ebenso unmittelbar an die Realmöglichkeit und Realnotwendigkeit gebunden, sondern zunächst nur an die entsprechenden Wesensmodi, und erst durch deren Vermittelung an den Realzusammenhang.

Das Reale eben ist durchsetzt von den Strukturen und Gesetzlichkeiten des Wesensreiches; und wenn diese die Fülle des Realzusammenhanges auch nicht erschöpfen, so bilden sie doch ein allgemeines Schema seiner Wesensstruktur. So faßt die apriorische Erkenntnis als solche direkt nur Wesensmöglichkeit und Wesensnotwendigkeit. Und erst von ihr aus dringt sie in das weit komplexere Gefüge der Realrelationalität ein.

Daraus ist zweierlei zu ersehen. Erstens handelt es sich in der apriorischen Erkenntnis um Einsicht der Möglichkeit und Notwendigkeit; und darin eben wurzelt der konspektive Charakter des Begreifens im Gegensatz zum schlichten Hinnehmen des Gegebenen. Zweitens aber ist diese Einsicht zunächst nur die der Wesensmöglichkeit und Wesensnotwendigkeit. Sie tritt einerseits in Form erster, irreduzibler Evidenzen auf — nach Art der mathematischen und Wesenseinsichten —, andererseits aber auch gebrochen in der Form der logischen Modi, als Widerspruchslosigkeit und logische Folge, in der charakteristischen Begrenztheit der Überschau, die dem Logischen eigen ist, nämlich relativ auf jeweilig Vorgegebenes und Vorerschautes. Ob das Vorerschaute selbst wiederum apriorisch erfaßt ist oder nicht, macht hierbei prinzipiell keinen Unterschied.

Das ist der Grund, warum auch für den apriorischen Einschlag der Erkenntnis, selbst in der strengsten wissenschaftlichen Form, die eigentliche volle Realmöglichkeit und Realnotwendigkeit gemeinhin unerreicht bleiben und nur annähernd erfaßt werden. Diese Realmodi hängen an der Totalität der Realbedingungen; und soweit diese Bedingungen nicht mit gegeben sind — was die Art der empirischen Anschauung sehr eng eingrenzt —, können sie selbst nur a priori erschlossen werden, und zwar auf Grund von Wesenseinsicht, also stets auf Grund eines Allgemeinen, das sich an Besonderheit und Inhaltsfülle mit dem Realfall nicht decken kann. So erfaßt die apriorische Erkenntnis stets nur Bruchstücke der Bedingungskette; und die Möglichkeit, mit der sie rechnet, ist nicht die erforderte Totalmöglichkeit. Darum ist sie eine bloß disjunktive Möglichkeit und impliziert nicht die Einsicht der Notwendigkeit.

Die Erkenntnis a posteriori ist nacktes Tatsachenbewußtsein. Sie stellt uns direkt vor die fertige Realwirklichkeit. Und nicht sie allein tut das. Hinter ihr steht das weit größere Gewicht der emotional-transzendenten Akte, des Erlebens, Erfahrens, Erleidens und all der anderen. Mit diesem Hintergrunde zusammen ist die aposteriorische Erkenntnis das eigentliche Realitätszeugnis [1]). Für die Erkenntnismodalität ist das insofern von entscheidender Bedeutung, als daraus hervorgeht, daß alles eigentliche Realitätszeugnis den Modus eines Bewußtseins der Wirklichkeit hat, nicht aber eines Bewußtseins der Möglichkeit oder der Notwendigkeit.

Alles Wissen um Möglichkeit und Notwendigkeit der Realgegenstände macht dagegen den Umweg über das Begreifen der Wesensmöglichkeit und Wesensnotwendigkeit. Es erschließt also keineswegs in gleicher Unmittelbarkeit das reale Möglichsein und Notwendigsein. Zu diesem hin hat die Erkenntnis stets einen weiten Weg, und in der Regel einen solchen, den sie nicht bis zu Ende gehen kann.

So ist die Modalität der aposteriorischen Erkenntnis nicht nur eine von Grund aus andere als die der apriorischen, sondern auch von ganz anderer Unmittelbarkeit und Striktheit. Es gibt wohl unmittelbare apriorische Erkenntnis, aber nicht im Felde der Realerkenntnis. Darum ist alles „Begreifen" des Realen ein vermitteltes. Die Wesenssphäre ist zwischengeschaltet. Deren Modi aber reichen für die Realität nicht zu.

c. Der modale Umweg des Begreifens und der Einschlag des Hypothetischen.

Begreifen und unmittelbare Anschauung bilden zwar keineswegs denselben Gegensatz wie apriorische und aposteriorische Erkenntnis,

[1]) Vgl. Zur Grundlegung der Ontologie, Kap. 27—35.

denn in beiden sind beide enthalten. Wohl aber dominiert im Begreifen das apriorische Element und in der unmittelbaren Anschauung das aposteriorische.

Dieses Verhältnis spiegelt sich in ihrer Modalität. Es sind zwar die gleichen Erkenntnismodi, die das Begreifen mit der Anschaulichkeit gemeinsam hat, aber sie spielen in beiden eine sehr verschiedene Rolle. Es überwiegt in der Anschauung das Wirklichkeitsbewußtsein, im Begreifen die Einsicht der Möglichkeit und Notwendigkeit. Und weil beide sich in jeweiliger Erkenntnis nie ganz decken, so sind auch die Modi der Gesamterkenntnis niemals ganz im Einklang miteinander. Sie differieren gegeneinander und zeigen schwankende Intermodalverhältnisse.

Es liegt auf den ersten Blick am nächsten, die Unterscheidung von Realerkenntnis und Idealerkenntnis zugrundezulegen und die innere Modalität beider gesondert herauszuarbeiten. Das ergibt dann freilich eine saubere Scheidung, aber der Zusammenhang kommt zu kurz. Und für den Gesamtbau der Erkenntnis ist der Zusammenhang gerade das Entscheidende. Reine Wesenserkenntnis haben wir nur auf vereinzelten Wissensgebieten, in der reinen Mathematik und in der philosophischen Wesensschau. Das ist ein zu enger Ausschnitt. Im Leben, sowie in den konkreten Wissenschaften gehen Idealerkenntnis und Realerkenntnis stets zusammen. Das gegebene Realwirkliche ist die Ausgangsebene der Wesenseinsicht, und die Wesenseinsicht wiederum erschließt Realzusammenhänge, führt somit auf Erfassung von Realwirklichem hin. Und dieses Erkenntnisverhältnis entspricht sehr genau dem Seinsverhältnis. Denn eben ideales Sein ist als Wesensstruktur in allem Realen enthalten. Nur ausnahmsweise überschreiten wir mit der Wesenserkenntnis die Grenzen des Realen.

Dazu kommt, daß die innere Modalität der reinen Wesensschau keine rechte Eigenstruktur hat. Sie folgt in weitestem Maße der Modalität des Logischen. Die Abstufung des Allgemeinen beherrscht sie ganz. Nur bei den ersten Ansätzen geht sie grundsätzlich darüber hinaus. Diese sind dem Bedingtheitszusammenhange entzogen. Sie können nur entweder intuitiv erschaut werden oder vom Abhängigen aus rückerschlossen werden. In beiden Fällen bleiben sie in einer gewissen Erkenntniszufälligkeit hängen, die nicht zu beheben ist, und über deren Mißlichkeit man sich vergebens mit der sog. „unmittelbaren Evidenz“ hinwegzutäuschen sucht. In Wahrheit bleiben die ersten Voraussetzungen für die Erkenntnis hypothetisch; eine Tatsache, die sich im Streit um die Axiomatik der mathematischen Wissenschaften sehr eindringlich fühlbar macht.

Gerade dieser Einschlag des Hypothetischen aber ist nicht der Idealerkenntnis allein eigen. Er ist ja auch in ihr am längsten verkannt worden. Die Realerkenntnis führt erst recht auf erste Voraussetzungen zurück, die hypothetisch bleiben; und zwar keineswegs nur die wissenschaftliche. Die Wesensgesetze der Räumlichkeit sind schon im schlichten Wahrnehmen von Dingen enthalten, und sie können in gewissen Grenzen auch daraus gewonnen werden. Aber nicht die Wahrnehmung als solche kommt für sie auf, sondern die in sie verwobene apriorische Wesenserkenntnis. Die Wissenschaft vollends macht den weitgehendsten Gebrauch vom Hypothetischen, und zwar keineswegs nur hinsichtlich der allgemeinen Gesetzlichkeiten, sondern auch gerade hinsichtlich des real wirklichen Einzelnen, das sie erschließt.

Dieser letztere Punkt ist überaus lehrreich für das Verständnis der inneren Erkenntnismodalität. Es gibt durchaus den Schluß von Wirklichem auf Wirkliches, nämlich von gegebenem auf nicht gegebenes Wirkliches. Jeder Kausalschluß ist von dieser Art. Man kennt die Ursachen und schließt auf unbekannte (etwa künftige) Wirkungen; oder man kennt die Wirkungen und schließt auf unbekannte Ursachen — sei es nun auf solche, die der Vergangenheit angehören und nicht mehr zur Wahrnehmung gebracht werden können, sei es auf solche, die sich grundsätzlich der Wahrnehmbarkeit entziehen (z. B. auf die Bewegungen der Elektronen im Atom oder die Radialgeschwindigkeiten der Körper im Weltraum). Nicht immer ist man sich dabei des hypothetischen Einschlages bewußt; aber er meldet sich immer wieder, wenn die Konsequenzen auf Unstimmigkeiten hinausführen.

Hier wird nun auf Realwirkliches geschlossen, aber auf dem Umweg über das Begreifen der Möglichkeit und Notwendigkeit. Im wissenschaftlichen Begreifen ist dieser modale Umweg unvermeidlich. Und weil er das Wissen um Wesenheiten und Wesensgesetze einschaltet (in ihnen findet er seine Obersätze), so ist er zugleich ein Umweg über die Idealerkenntnis. Da aber die Wesensmodi nicht zureichen zur Realmöglichkeit und Realnotwendigkeit, so bleibt der Schluß diesseits der Totalität der Realbedingungen stehen. Er ist also aus inneren Gründen mit hypothetischem Einschlag behaftet.

d. Der modale Bau der Hypothese.

Dieser modale Umweg des Begreifens ist an sich unabhängig vom Einschlag des Hypothetischen. Er kommt nur dort besonders greifbar zur Erscheinung, wo dieser Einschlag ein beträchtlicher ist. Und das ist überall der Fall, wo sich der Schluß merklich vom Gegebenen entfernt; also überall wo es sich um ein Erschließen dessen handelt, was seiner ganzen Artung nach nicht zur unmittelbaren Gegebenheit zu bringen ist. Sofern die Wissenschaft es mit der Ermittelung von Nichtgegebenem zu tun hat, nimmt sie diesen Einschlag in Kauf.

Es ist daher wichtig, sich an diesem Punkte über den modalen Charakter der Hypothese klar zu werden. Die übliche Auffassung rechnet die Hypothese zum Möglichkeitsmodus. Dazu verführt die Unentschiedenheit über wahr und unwahr; man pflegt das mit der Form des problematischen Urteils zusammenzubringen, in welchem die Alternative von A und non-A offen bleibt. Solch ein problematischer Charakter ist nun freilich in der Hypothese enthalten. Aber worin besteht denn der Unterschied der Hypothese von anderweitiger Einsicht der Möglichkeit, etwa der logischen Möglichkeit, die in nichts als Widerspruchslosigkeit gegen Vorgegebenes besteht? Warum wählt das Begreifen von seinem jeweiligen Standorte aus gerade eine bestimmte Annahme unter unzähligen an sich ebenso logisch möglichen und tritt für sie ein?

Offenbar wird es irgendwie auf sie hingedrängt. Ein Hingedrängtwerden aber ist etwas ganz anderes als bloße Einsicht der Widerspruchslosigkeit. Es steht in modalem Gegensatz zum Möglichkeitsbewußtsein. Es hat vielmehr bei aller Unvollständigkeit die ausgesprochene Form des Notwendigkeitsbewußtseins. Um einen gegebenen Tatsachenkomplex A zu verstehen, ist es „notwendig", daß man in Ermangelung besseren Wissens um seine Realbedingungen ein bestimmtes X hypothetisch annehme. Diese Notwendigkeit deckt sich zwar keineswegs mit Realnotwendigkeit, läuft deren Richtung sogar entgegen (denn X soll ja gerade als Realgrund für A verstanden werden, während im Verfahren der Hypothese A der Erkenntnisgrund für X ist); nichts destoweniger ist das unvollständige Bewußtsein der Notwendigkeit in der Hypothese ein eindeutiges Hinarbeiten der Erkenntnis auf das Begreifen der vollen Realnotwendigkeit; und zwar so, daß auf dem Umwege über diese das verborgene Realwirkliche dem Begreifen zugänglich gemacht wird. Der Grundmodus der Hypothese ist das im Werden begriffene Begreifen der Notwendigkeit.

In diese Sachlage leuchten am besten solche Beispiele hinein, in denen es sich nicht um Erkenntnis eines Allgemeinen (einer Gesetzlichkeit) handelt, sondern um die eines Einzelfalles. Von dieser Art ist das meiste in der hypothetischen Ermittelung des Stammbaumes der Pflanzen und Tiere (Rekonstruktion der Deszendenz), desgleichen im Erschließen der geologischen Perioden, oder der Bewegung der Gestirne; aber nicht weniger auch in der Ermittelung des geschichtlich Tatsächlichen auf Grund defekten Urkundenmaterials, oder auch in der philologischen Rekonstruktion entstellter Texte (der Konjektur). Überall hält sich das Suchen an das, was „notwendige Bedingung" des Gegebenen ist. Und je vollständiger es diese Notwendigkeit erfassen kann, um so näher kommt es dem gesuchten Realwirklichen. Als Leverrier aus den Störungen der Uranusbahn das Vorhandensein eines achten Planeten errechnete, ging die Vollständigkeit des Notwendigkeitsbewußtseins so weit, daß er außer dem Ort am Himmel auch noch Entfernung, Masse, Bewegung und Bahnelemente des unentdeckten Planeten genähert angeben konnte. Auch hier war die Hypothese von der Frage nach der Möglichkeit der beobachteten Erscheinungen ausgegangen. Ihre Bestimmtheit selbst aber war die einer durchaus strengen Notwendigkeit. Daran ändert es nichts, daß erst die nachträgliche optische Auffindung des Planeten den wahren Charakter dieser Strenge erwiesen hat. Wäre der Planet infolge ungünstiger Lichtverhältnisse nicht sichtbar zu machen, so würden wir uns heute noch mit unserem Wissen um ihn an diese Notwendigkeit der Hypothese allein halten.

Man kann hiernach den modalen Bau der Hypothese so bestimmen: sie geht vom Bewußtsein der Wirklichkeit aus, fragt danach, wie das Wirkliche möglich ist, und antwortet mit dem Begreifen der Notwendigkeit gewisser Bedingungen; da aber die Bedingungen, auf Grund deren ein Reales möglich ist, selbst Realwirklichkeit haben müssen, so kehrt das Begreifen auf dem Umweg über die Möglichkeit und Notwendigkeit zum Bewußtsein der Wirklichkeit zurück. Nimmt man hinzu, daß alle Hypothesen der Bestätigung durch die Erfahrung bedürfen — denn das Begreifen der Bedingungen ist unvollständig —, so wird es vollends klar, daß auch hier das Begreifen letzten Endes Erkenntnis der Wirklichkeit ist und nur um ihretwillen den Umweg über die relationalen Modi geht.

e. Die Bewegungsfreiheit im Begreifen der Möglichkeit und Notwendigkeit.

In diesem komplex modalen Gefüge ist das Charakteristische, daß das Begreifen der Möglichkeit und Notwendigkeit nicht direkt ein solches der Realmöglichkeit und Realnotwendigkeit ist. Das bedeutet nicht nur den Umweg über die Wesensmodi — und formal den über die Urteilsmodi —, sondern zugleich auch das Auftreten einer besonderen Form von relationalen Erkenntnismodi, in welchen sich die Richtung der Dependenz umkehrt.

Ist im Realen X der unbekannte Grund und A die bekannte Folge, die dem unmittelbaren Wirklichkeitsbewußtsein gegeben ist, so ist für das Begreifen umgekehrt A der Grund und X das Gefolgerte. Und da X zunächst durch keine unmittelbare Gegebenheit bestätigt wird, so wird es einerseits als ein Notwendiges begriffen, und zwar in einer gewissen inhaltlichen Unbestimmtheit begriffen; andererseits aber wird es eben um dieser Unbestimmtheit willen für ein bloß Mögliches genommen, d. h. für etwas, das in Wirklichkeit wohl auch anders sein könnte.

Der Grund von A wird also zwar als notwendiger Grund, seine besondere Beschaffenheit aber als eine bloß mögliche Beschaffenheit erfaßt; was ein ontisch unmögliches Verhältnis wäre, am Erkenntnisinhalt aber sehr wohl bestehen kann. Das Bewußtsein, daß diese Möglichkeit nicht mit der Realmöglichkeit von A koinzidiert, stuft sich mannigfaltig ab. Aber auch in seinen dunkelsten Formen ist es noch das Wissen um den hypothetischen Charakter des Gefolgerten.

Das Verhältnis, das hier vorliegt, ist ein der Erkenntnistheorie wohlbekanntes, aber nur nach seiner konstitutiven Seite. Man kennt es als den Unterschied der ratio cognoscendi und der ratio essendi. Die Erkenntnis ist in ihrer Schlußfolgerung frei beweglich gegen die Richtung der Seinsdependenz. Sie kann ihr folgen, kann ihr aber auch entgegenlaufen, je nachdem wo im Realzusammenhang das jeweilig Gegebene gelegen ist.

Erkenntnis kann nur vom Bekannten zum Unbekannten gehen. Ist also das dem Sein nach Abhängige bekannt, so muß sie vom Abhängigen zu dem, wovon es abhängt, fortschreiten. Sie folgt dabei nichtsdestoweniger dem Seinszusammenhang, spürt ihn gleichsam rückwärts auf. Es liegt nicht in ihrem Wesen, der Realdependenz entgegen zu laufen; wohl aber liegt es in ihrem Wesen, dieser Dependenz entgegen laufen zu „können". Denn sie muß das tun, wenn ihr das Abhängige gegeben ist. Das Begreifen ist keineswegs als solches schon die Umkehrung der Realabhängigkeit; wohl aber ist es der Umkehrung mächtig, und in bestimmter Problemlage auch bedürftig.

Der Satz vom Grunde des Erkennens ist ein ganz anderer als der Satz vom Realgrunde. Er ist nicht nur kein durchgehendes Gesetz der Erkenntnis — denn alles unmittelbar anschaulich Gegebene wird ohne zureichenden Grund hingenommen —, sondern er betrifft auch nicht unmittelbar den Realgrund des Erkenntnisgegenstandes. Er betrifft vielmehr zunächst immer nur die Erkenntnisgründe, aus denen heraus etwas als notwendig erkannt wird. Und sofern dieses Etwas der Seinsgrund des Gegebenen ist, so handelt es sich um die beim Gegebenen liegenden Erkenntnisgründe des Seinsgrundes.

Das bedeutet modal, daß die relationalen Erkenntnismodi in einer eigenartigen Verschmolzenheit auftreten. Die Bedingungen, aus denen A als möglich begriffen werden soll, erscheinen selbst als notwendige Bedingungen von A. Diese Notwendigkeit der Bedingungen ist aber nicht die von A selbst. Denn A ist erst aus der Totalität seiner Bedingungen heraus notwendig. Die Erkenntnisnotwendigkeit dagegen, in deren Modus die Bedingungen von A begriffen werden, betrifft sehr wohl auch die einzelnen Bedingungen. Die Erkenntnis teilt die Gesamtaufgabe des Begreifens in Teilaufgaben und geht so schrittweise zum

Ganzen fort. Sie besteht also als Modus des Begreifens immer schon vor dem Begreifen der vollen Realnotwendigkeit. Sie ist das schrittweise vorrückende Erfassen der Realmöglichkeit eines schon als wirklich Vorerfaßten — vermittelst der von diesem aus rückwärts eindringenden Erkenntnisnotwendigkeit. Das Erfassen der Realnotwendigkeit bleibt hierbei vor der Hand stets Aufgabe. Und oft genug ist es eine unvollendbare Aufgabe.

Mit dieser Bewegungsfreiheit gewinnen die relationalen Erkenntnismodi breiten Spielraum gegen das Gefüge der Realmodi. Das steht in auffallendem Gegensatz zu der festen Gebundenheit des Wirklichkeitsbewußtseins an die Realwirklichkeit vorliegender Fälle. Die relationalen Erkenntnismodi bleiben zwar stets dem Realzusammenhang zugewandt, sie sind und bleiben das Aufspüren der Realmöglichkeit und Realnotwendigkeit, aber sie schreiten an deren Gefüge in freier Beweglichkeit fort. Diese Beweglichkeit ist nur dem Begreifen eigen, nicht der unmittelbaren Anschauung. Denn sie ist nur dem Möglichkeits- und Notwendigkeitsbewußtsein eigen. Und diese eben sind die eigentümlichen Grundmodi des Begreifens im Gegensatz zur hinnehmenden Anschauung.

48. Kapitel. Das Erkenntnisgesetz der Wirklichkeit.

a. Modaler Kreislauf der Erkenntnis.

Will man das Gesagte in eine kurze Formel zusammenfassen, so läßt es sich so aussprechen: das Bewußtsein der Wirklichkeit setzt kein Bewußtsein der Möglichkeit und der Notwendigkeit voraus; aber das Begreifen der Wirklichkeit setzt Begreifen der Möglichkeit und der Notwendigkeit voraus.

Dieser Doppelsatz ist das entscheidende Grundgesetz der Erkenntnismodalität. Man kann ihn als das „Erkenntnisgesetz der Wirklichkeit" bezeichnen.

Die Erkenntnis ist ein modaler Kreislauf. Sie beginnt und endigt mit der Wirklichkeit. Der Unterschied zwischen Beginn und Ende ist nur der von unmittelbarer Anschauung und Begreifen. Es ist ein himmelweiter Unterschied zwischen dem bloßen Hinnehmen eines als „wirklich" Gegebenen und dem Begreifen dessen, was eigentlich an ihm ist. Zwischen dem einen und dem anderen liegt die ganze Weite des Erkenntnisweges — eines Weges, dessen Ende wir nirgends absehen —, zugleich aber auch das ganze verschlungene Gefüge der relationalen Erkenntnismodi. Denn im Begreifen der Möglichkeit und der Notwendigkeit, sofern es zum Begreifen der Wirklichkeit führt, spielt sich der eigentliche Prozeß der Realerkenntnis ab.

Der modale Kreislauf der Erkenntnis ist also auch wiederum mehr als ein Kreislauf. Er langt wohl bei derselben Wirklichkeit an, von der er ausging, aber nicht bei demselben Erfassen der Wirklichkeit. Das Begreifen der Wirklichkeit ist nicht nur etwas unvergleichlich Inhaltsreicheres als das bloß hinnehmende Bewußtsein der Wirklichkeit, sondern auch etwas modal ganz anderes. Das eben besagt das Erkenntnisgesetz der Wirklichkeit. Das Begreifen der Wirklichkeit setzt Begreifen der Möglichkeit und der Notwendigkeit voraus; das hinnehmende Bewußtsein der Wirklichkeit setzt nichts von alledem voraus. Das ist ein Intermodalgesetz des Begreifens, an dem dieses sich von der unmittelbaren Gegebenheit eindeutig abhebt. Die vorausgesetzten relationalen Erkenntnismodi scheiden es von ihr.

Das Begreifen nähert sich auf diese Weise dem Realverhältnis der Modi, wie das Realgesetz der Wirklichkeit es ausspricht (Kap. 24 d). Denn eben das Realwirkliche selbst, das den Gegenstand des Begreifens bildet, setzt Realmöglichkeit und Realnotwendigkeit voraus. Weil das Begreifen nicht ein Hinnehmen, sondern ein Eindringen ist, darum geht es in die Tiefe seines Gegenstandes. Dort aber stößt es auf die Bedingungskette, an deren Totalität die Realmöglichkeit und Realnotwendigkeit hängt. Das Begreifen eben hängt am Erfassen der Bedingungen.

Nur ist darüber eines nie zu vergessen: das Begreifen nähert sich wohl mit seinem modalen Bau dem des Realen, aber es erreicht ihn nicht. Es geht wohl der Tendenz nach auf die Totalität der Bedingungen, aber es kann sie keineswegs bewältigen. Das Begreifen der Möglichkeit und das Begreifen der Notwendigkeit stoßen beide nicht bis auf die volle Realmöglichkeit und Realnotwendigkeit durch. Sie sind also nur der Idee nach ein Begreifen der Realmöglichkeit und Realnotwendigkeit, nicht dem Gelingen nach. Die Annäherung erreicht in einfachen Fällen freilich Grade, die praktisch als Erreichen des Zieles gelten dürfen; aber weder ist das Erreichen ein strenges, noch läßt es sich verallgemeinern. Zwischen Idee und Erreichen liegt der ganze geschichtliche Weg und die Arbeit der Erkenntnis.

Die Diskrepanz zwischen dem einen und dem anderen ist die Spannung der Erkenntnistendenz. Ein bloß hinnehmendes Wirklichkeitsbewußtsein ist ohne Spannung. Das gegenständliche Bewußtsein der Gespanntheit ist das Problembewußtsein, d. h. das Wissen um das Unbegriffene am Gegebenen. Dieses Wissen ist schon beginnendes Begreifen. Es greift dem Erfassen vor im Wissen darum, daß am gegebenen Wirklichen ein Realzusammenhang haftet, aus dem heraus es sich begreifen lassen muß. Darum involviert das Problembewußtsein den Erkenntnisprogreß.

Im „Problem" ist schon das unmittelbare Wirklichkeitsbewußtsein in ein dunkles, aber zähes Bewußtsein der Möglichkeit umgeschlagen; und in gewissen Grenzen folgt diesem auf dem Fuß auch ein ahnendes Bewußtsein bestehender Notwendigkeit. Der Progreß aber setzt ein mit der bewußten Tendenz, jenes in ein „Begreifen" der Möglichkeit, dieses in ein „Begreifen" der Notwendigkeit umzusetzen. In dieser Tendenz aber wird tatsächlich, wiewohl nur schrittweise, das Wirkliche begriffen; und zwar sowohl dasjenige, von dessen Gegebenheit das Problembewußtsein ausging, als auch anderes Wirkliches, das mit der weit ausholenden Kette der Realbedingungen in Zusammenhang steht.

b. Das Begreifen und die Realwirklichkeit.

In diesem modalen Kreislauf, der inhaltlich ein ständiges Fortschreiten und Einbeziehen ist, liegt also die modale Struktur des Erkenntnisprogresses — wenigstens soweit dieser ein spontaner, aus innerer Tendenz kommender ist, und nicht bloß äußerlich von Gegebenheit zu Gegebenheit fortgeschoben wird. Darin ist zweierlei von Wichtigkeit.

Vor allem wird hieran in aller Konkretheit sichtbar, wie das Begreifen sich nicht vom Wirklichen entfernt, sondern gerade auf das Wirkliche zugeht. Diese Einsicht verschließt man sich radikal, wenn man den traditionellen schlechten Wirklichkeitsbegriff zugrundelegt, der das unmittelbar Gegebene (etwa das Wahrgenommene) dem Wirklichen gleichsetzt. Bei solcher Voraussetzung muß natürlich das Begreifen als ein Verlassen der Wirklichkeit erscheinen; denn sein Kreislauf führt nicht zum bloß Wahrgenommenen zurück, er gerade erschließt ganze Gebiete des Nichtwahrnehmbaren.

Dieser Elementarfehler im ersten Ansatz der Erkenntnistheorie hat unabsehbare Folgen; er ist, einmal begangen, nicht wieder gut zu machen. An ihm haftet die Populärvorstellung von der „grauen Theorie", ein unfreiwilliges Armutszeugnis des zu konkreter Zusammenschau unfähigen und nun aus der Unfähigkeit eine Tugend machenden Bewußtseins. Das wahre Begreifen ist umgekehrt gerade die konkrete Schau selbst, nämlich die des Realzusammenhanges, der ganz im Wicklichen verläuft. Aber dieses Wirkliche ist nicht auf Wahrnehmbares beschränkt. Es umfaßt die Tiefe des Verborgenen mit.

Das Begreifen der Möglichkeit und der Notwendigkeit ist das fortschreitende Zur-Anschauung-Bringen des Realwirklichen. Denn der unmittelbar gegebenen Anschauung ist es nur in beschränkten Ausschnitten zugänglich, in denen von jeder Ganzheit der Zusammenhänge abstrahiert ist. Der modale Umweg der Erkenntnis über das Begreifen der Möglichkeit und Notwendigkeit ist die Aufhebung dieser Abstraktheit; er ist in seinem ganzen Verlauf ein ständiges Stehen beim Realwirklichen, zugleich aber auch erst das Hinfinden des Realitätsbewußtseins zur Fülle und Tiefe des Realwirklichen. Denn die unmittelbare Gegebenheit haftet nur an seiner Oberfläche, am Phänomen. Der modale Umweg ist der Weg vom Phänomen zum Sein. Er ist das innerste Wesen aller echten θεωρία, die eindringende Zusammenschau des Realwirklichen an Hand des in ihm indifferenzierten Gefüges seiner Möglichkeit und Notwendigkeit.

c. Die Verwurzelung der Modi des Begreifens in den Modi des Realen.

Das andere Moment in diesem Fortschreiten ist die stets zurückbleibende Unvollständigkeit des Begreifens. Das Begreifen nähert sich wohl dem modalen Bau des Realen, aber es erreicht ihn nicht.

Dieses Zurückbleiben ist nicht ein Faktor, der sich im Hinblick auf die Idee der Erkenntnis vernachlässigen ließe. Es handelt sich ja nicht um die innere Modalität der Erkenntnisidee, sondern um die der wirklichen Erkenntnis. Im konstitutiven Verhältnis der Erkenntnisstadien läßt sich noch allenfalls davon absehen; hier ist es wenigstens spekulativ sinnvoll, vom Prinzipiellen aus zu argumentieren, wennschon manche Verunklärung darauf zurückgeht [1]). Im modalen Verhältnis läßt sich nicht davon absehen.

Hier ist gerade die Inadäquatheit wesentlich. Sie ist ein zuinnerst wesentliches Moment der relationalen Erkenntnismodi im Verhältnis zu den Seinsmodi desjenigen Realen, das sie zum Gegenstande haben. Eine unvollständige Reihe von Bedingungen ergibt eben noch keine Realmöglichkeit; solange noch eine einzige Bedingung fehlt, und sei es die geringste, ist dasjenige, was auf ihnen beruht, vielmehr noch real unmöglich. Bringt das Begreifen der Möglichkeit es nicht bis zur Totalität der Realbedingungen, so ist es streng genommen überhaupt kein Begreifen der Realmöglichkeit; und deswegen auch kein Begreifen der Realnotwendigkeit.

Hätte also das Begreifen die Härte des Realen an sich, sowie seine absolute Entschiedenheit, so wäre es durch seine inhaltliche Inadäquatheit lahmgelegt und könnte nichts erfassen. Dem ist aber keineswegs so. Es erfaßt durchaus Teilstücke des Realzusammenhanges, indem es die Bedingungskette schrittweise durchdringt. Das Durchdringen ist zwar ein abgekürztes und insofern eben inadäquates, aber es erschließt doch ganze Gebiete des Realwirklichen. Es erfaßt Teilverhältnisse der

[1]) Es schiebt sich dabei ungewollt stets die bloße Wesenserkenntnis in den Vordergrund, und man vergißt, daß diese nur ein Schema möglicher Realerkenntnis ist. Alle Argumentation mit dem intellectus infinitus leidet an diesem Fehler.

Realmöglichkeit und Realnotwendigkeit und gelangt so doch bis zu einem genäherten Durchschauen des Nichtgegebenen. Was ihm abgeht, ersetzt der Kreislauf durch die Rückkehr zur Realwirklichkeit, sofern diese ja nicht auf das bloße Erschlossenwerden angewiesen bleibt, sondern sich mittelbar durch die Kontrolle an neuer Gegebenheit entweder bestätigt oder widerlegt. Die Hypothese, und allgemein der Schluß auf das Unbekannte, bleibt nicht auf sich angewiesen. Sie findet in gewissen Grenzen ihre Rücksicherung.

Die stillschweigende Voraussetzung darin ist aber gerade die Härte und Entschiedenheit des Realen. Denn alle Bestätigung und Widerlegung des im Begreifen Aufgeschlossenen durch den Rekurs auf Wahrnehmung wäre illusorisch, wenn man nicht zum voraus die Gewißheit hätte, daß die Bedingungskette, die man nur teilweise durchschaut, im Realen stets eine totale ist, und daß folglich im Realen nur das möglich ist, was auch wirklich ist. Nur so hat die Bestätigung durch die Gegebenheit eines Resultats das Gewicht einer eindeutigen Rückverweisung.

Die Modi des Begreifens koinzidieren also zwar nicht mit denen des Gegenstandes des Begreifens, sie fußen aber auf deren streng gesetzlichem Verhältnis im Gegenstande. Und insofern sind sie mit ihrer uneingestandenen Voraussetzung eindeutig rückbezogen auf das Realgesetz der Wirklichkeit, und damit zugleich auf die ganze Intermodalgesetzlichkeit des Realen. Diese Gesetzlichkeit ist die innere, kategoriale Voraussetzung des Realitätsbegreifens, eine Voraussetzung, die das Begreifen stillschweigend immer schon gemacht hat, wenn es mit seinem Eindringen beginnt. Solche Voraussetzungen haben darin echten Kategoriencharakter, daß sie mit voller Selbstverständlichkeit und unbemerkt das Erkennen beherrschen, ohne für das Erkennen selbst ins Bewußtsein gehoben zu werden.

Erst unter der Voraussetzung dieser kategorialen Verwurzelung der Modi des Begreifens in den Modi des Realen gewinnt das inadäquate Begreifen der Möglichkeit und Notwendigkeit sein Gewicht im Gesamtbefunde der Erkenntnis. Es sind die Modi eines zwar unvollständigen, aber der Vollständigkeit im Gegenstande stets a priori gewissen Erkennens. Darum sind sie in Wahrheit Modalkategorien eines in seiner Weise höchst vollkommenen Prozesses, der bei aller inhaltlichen Inadäquatheit seiner Ziele gewiß ist.

49. Kapitel. Die zwiefache Modaltafel der Erkenntnis.

a. Die Modaltafel der unmittelbaren Anschauung.

Die Konsequenz, die aus alledem zu ziehen ist, betrifft unmittelbar die Modaltafel der Erkenntnis. Die eigenartige Doppelstellung der

Wirklichkeit, als unmittelbarer Gegebenheit einerseits und als letzten Resultates andererseits, macht es unmöglich, die Erkenntnismodi eindeutig für alles Erkennen anzuwenden. Das nackte Bewußtsein der Wirklichkeit ist in der unreflektierten Anschauung offenbar der niederste und elementarste der positiven Modi, über dem sich die relationalen erst erheben können. Im fortgeschrittenen Erkennen dagegen ist das Begreifen der Wirklichkeit der höchste und am weitgehendsten bedingte Modus, der seinerseits die relationalen voraussetzt.

Will man dem Rechnung tragen, so muß man die Modaltafel der Erkenntnis in zwei verschiedene Tafeln zerlegen, entsprechend dem Gegensatz von hinnehmender Anschauung und Begreifen. Es ist hierbei klar, daß die beiden Tafeln nicht nur in der Anordnung der Modi, sondern auch in den Intermodalverhältnissen weit auseinandergehen müssen. Und dennoch müssen sie so angelegt sein, daß sie das freie Ineinandergreifen von Anschauung und Begreifen zulassen. Das aber besagt, sie müssen selbst ineinander einfügbar sein, wenn man den Unterschied zwischen den Modi der Anschauung und denen des Begreifens mit zum Ausdruck bringt.

Die Modaltafel der unmittelbaren Anschauung ist dadurch gekennzeichnet, daß in ihr die absoluten Modi dominieren, ja geradezu eine gewisse Alleinherrschaft ausüben, während die relationalen ganz zurücktreten und nur die verblaßte Bedeutung von allenfalls mitlaufenden (aber nicht durchgehenden) Komponenten des Gegenstandsbewußtseins haben.

Unmittelbare Gegebenheit ist überhaupt nur Bewußtsein der Wirklichkeit und der Unwirklichkeit. Das hindert zwar nicht, daß auch ein dunkles Bewußtsein der Möglichkeit sie begleitet, sei es der positiven oder der negativen; aber dieses Bewußtsein ist keine selbständige Einsicht, sondern nur die sehr vage Voraussetzung, daß überhaupt das Wirkliche doch auch irgendwie möglich sein muß.

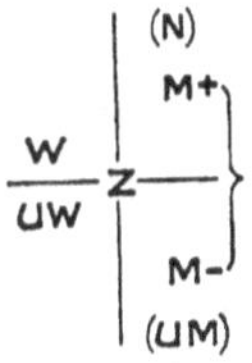

Fig. 13

Vollends zur Notwendigkeit, resp. Unmöglichkeit, ist das Verhältnis kein eindeutig angebbares. Denn das Wirkliche wird in reiner Tatsächlichkeit hingenommen, erscheint also in der unmittelbaren Gegebenheit als ein Zufälliges. Aber auch das ist keineswegs unbedingt zwingend. Vielmehr ist es nur das Fehlen aller Reflexion auf den Unterschied von Zufälligkeit und Notwendigkeit. Man kann dem in der Modaltafel nur dadurch Rechnung tragen, daß man die Notwendigkeit zwar an ihrem Platz als höchsten Modus stehen läßt, sie aber einklammert; und ebenso im Negativen die Unmöglichkeit (Fig. 13).

Wir haben also in der Modaltafel der Anschauung den äußersten Gegensatz zu der des Realen. Die Anordnung allein kann das nur undeutlich zum Ausdruck bringen. Der Gegensatz selbst aber entspricht genau der Umkehrung des Verhältnisses im Erkenntnisgange gegen das Realverhältnis. Das Realitätsbewußtsein setzt mit dem Resultat ein, es isoliert das Resultat und läßt das Gefüge der Zusammenhänge in ihm verschwinden. Das ist möglich, weil im Realwirklichen die Möglichkeit und Notwendigkeit sich gegenseitig indifferenzieren (Kap. 24 d). Sie müssen dadurch für ein bloß hinschauendes und hinnehmendes Erfassen hinter der Wirklichkeit verschwinden.

Dieses Verschwundensein der relationalen Modi ist in der Wahrnehmung ein fast vollkommenes. Darum ist Wahrnehmung isolierende Erkenntnis. Für sie sind die „Dinge", wie sie sich im Hinschauen darstellen, etwas Absolutes, nicht weiter Reduzierbares. Und dieser Wahrnehmungsstandpunkt bleibt maßgebend bis tief in das praktische Alltagsbewußtsein hinein. Er bleibt auch noch fester Ausgangspunkt, wo die Erfahrung längst mit einem hohen Einschlag des Begreifens arbeitet. Denn das Gewicht der Realgegebenheit liegt dauernd bei der Wahrnehmung, rückbezogen auf die Transzendenz der emotionalen Akte, die alle — verschieden abgestuft — die gleiche Gewißheit der Realgegebenheit zeigen.

Der Weg der Erkenntnis, wie ihn Aristoteles als Stufengang beschrieben — Wahrnehmung, Erinnerung, Erfahrung, Wissen —, hat in diesem absoluten Dominieren des Wirklichkeitsbewußtseins seine Basis. Letzteres ist zwar nur ein Oberflächenbewußtsein des Wirklichen, und darum ist in ihm das Dingbewußtsein das Vorwiegende — bis zu der unvermeidlichen Verführung, die Dinge als Substanzen zu nehmen —, aber es ist zugleich auch der bleibende Ausgangspunkt alles eindringenden Begreifens.

Die Stellung der Zufälligkeit im Schnittpunkt der Trennungsstriche entspricht hierbei genau der Einklammerung der beiden Notwendigkeitsmodi. Die Wahrnehmung ist zwar durchaus kein eigentliches Bewußtsein der Zufälligkeit. Doch bringt die Isolierung der Ausschnitte des Realen und die tiefe Undurchdringlichkeit des weiteren Realzusammenhanges für sie tatsächlich die Erscheinung der Zufälligkeit mit sich. Notwendigkeit und Unmöglichkeit dagegen bleiben nur gleichsam wie unerfüllte Leerstellen offen.

Die Möglichkeit schließlich zeigt den äußersten Gegensatz zur Modalität des idealen Seins. Dort war sie der Grundmodus, und die Wirklichkeit folgte ihr als ein bloßer Begleitmodus, mit dem ihr nichts hinzugefügt wurde. Das ist hier umgekehrt: das Bewußtsein der Möglichkeit läuft als unscheinbarer Begleitmodus mit dem Bewußtsein der Wirklichkeit mit; desgleichen das Bewußtsein der Nichtseinsmöglichkeit mit dem Bewußtsein der Unwirklichkeit. Aber das ist nur eine Selbstverständlichkeit: was die unmittelbare Anschauung als wirklich erfaßt, das kann sie natürlich nicht für unmöglich halten; so gilt es ihr denn eben damit auch als möglich. Aber mit einem Eindringen und Begreifen, wieso es möglich ist, hat das nichts zu tun.

Dieses Möglichkeitsbewußtsein in der unmittelbaren Gegebenheit des Wirklichen hat weder die Form der gespaltenen noch die der disjunktiven Möglichkeit. Es ist vollkommen indifferent gegen beides, ist ein ganz loser, unverbindlicher, biegsamer Modus, also ein aufs äußerste erweichter Modus. Es ist nur das unbestimmte und inhaltslose Bewußtsein des Überhaupt-Möglichseins. Indifferent ist es insofern, als auch im naivsten Hinnehmen des Wirklichseins die Möglichkeit des Nichtseins bereits abgespalten und zurückgelassen ist, während andererseits ihr Ausgeschlossensein als solches keineswegs eingesehen wird.

Genau läßt sich dieses Verhältnis im Schema nicht ausdrücken; Es ist in Fig. 13 dadurch angedeutet, daß die beiden Möglichkeiten zwar durch die dazwischen gelagerten absoluten Modi weit auseinander gespannt dastehen, dennoch aber miteinander über diese Distanz hinweg verklammert bleiben.

b. Die Modaltafel des Begreifens.

Ganz anders die Modi des Begreifens. Es ist zwar dieselbe Realwirklichkeit — die der Wahrnehmung gegebene —, die hier von der Einsicht durchdrungen wird. Aber es ist ein ganz anderes Bewußtsein der Wirklichkeit als das wahrnehmende, und seine Erkenntnismodi sind andere.

Derselbe Gegenstand in demselben Seinsmodus ist dem Begreifen in vollkommen anderer Bewußtseinsmodalität gegeben als der Anschauung. Der Unterschied ist der von Anfang und Ende der Erkenntnis. Der „Umweg" über das Begreifen der Möglichkeit und Notwendigkeit liegt dazwischen. Der modale Kreislauf der Erkenntnis ist vollendet, wo ein vollendetes Begreifen der Wirklichkeit ist. Und nur weil dieses Begreifen nie vollendet ist, bleibt auch er unvollendet.

Die Modalität des Begreifens ist im Unterschied zu der der Anschauung die einer Dynamik, des Erkenntnisprogresses; zwar nicht die äußere, die ihn als Realprozeß betrifft, wohl aber die innere, die den Werdegang des Inhalts, der Vorstellung betrifft. Das Bild des Wirklichen ist für das Begreifen ein wesentlich anderes als für die Wahrnehmung, ein unendlich differenzierteres, reicheres; und es ist Glied in einer unabsehbaren Verkettung von Inhalten, die eine ganze Welt bilden, eine Gegenwelt zur Welt des Realen, ihre Repräsentation im Bewußtsein.

In der Modaltafel des Begreifens rücken Wirklichkeit und Unwirklichkeit weit auseinander, ähnlich wie in der des Realen; und zwischen ihnen liegt die Reihe der relationalen Modi. Denn setzt das Begreifen der Wirklichkeit Begreifen der Möglichkeit und der Notwendigkeit voraus, so setzt auch das Begreifen der Unwirklichkeit Begreifen der negativen Möglichkeit und der Unmöglichkeit voraus. Begreifen eben, ob positiv oder negativ, schließt Wissen um das Warum ein. Das Warum aber hängt an der Kette der Realbedingungen. Das Begreifen der Unwirklichkeit ist so der bestimmteste und extremste negative Modus.

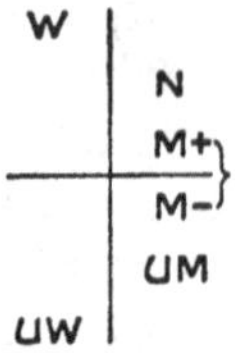

Fig. 14

Freilich bedeutet das im Negativen nicht so viel wie im Positiven, am Begreifen der Wirklichkeit. Das liegt an der Modalstruktur des Gegenstandes. Unmöglich ist im Realen schon dasjenige, an dessen Bedingungskette auch nur ein Glied fehlt; die Erkenntnis aber, daß ein Glied fehlt, ist viel einfacher als die Erkenntnis, daß alle Glieder vollzählig beisammen sind. Das Begreifen der Unwirklichkeit also ist dem Begreifen der Wirklichkeit keineswegs gleichwertig. Denn das Begreifen der Unmöglichkeit kann unter Umständen sehr einfach sein; das Begreifen der Möglichkeit aber, und mit ihm das der Notwendigkeit, ist unter allen Umständen nur bei totalem Durchdringen des Realzusammenhanges möglich. Diese Asymmetrie des modalen Gewichts über und unter dem Strich läßt sich in der Modaltafel nicht ausdrücken; die scheinbare Symmetrie im Schema (Fig. 14) darf aber darüber nicht täuschen.

Daß die Zufälligkeit hier verschwindet, die in den Modi der Anschauung eine so breite Rolle spielt, liegt im Wesen des Begreifens. Begreifen eben heißt, den zureichenden Grund erfassen. Erfaßt man aber diesen, so erfaßt man eben damit die Notwendigkeit. Darum gilt der Satz: soweit das Begreifen reicht, ist das Bewußtsein der Zufälligkeit suspendiert. Dieses Bewußtsein der Zufälligkeit ist nichts anderes als das in der Anschauungsmodalität fehlende Wissen um die Notwendigkeit. Die Suspendierung des Zufälligkeitsbewußtseins ist das Einsetzen eben dieses Wissens.

Andererseits aber darf man das Verschwinden der Zufälligkeit auch hier nicht überspannen. Es bedeutet nicht, daß mit dem Einsetzen des Begreifens alles Für-zufällig-Halten aus der Erkenntnis wiche. Im Gegenteil: nicht nur bleibt stets viel unbegriffene Gegebenheit übrig, sondern auch das Begreifen selbst durchdringt seinen Gegenstand nicht vollständig. Es bleibt hinter seiner Idee zurück, gelangt nicht bis zur

Totalität der Bedingungen; erst die Totalität aber ergibt Realnotwendigkeit. Dennoch ist es, soweit es reicht, Begreifen der Notwendigkeit.

Das bleibt auch dann bestehen, wenn seine Reichweite eine minimale ist. Denn mit dem bloßen Einsetzen des Begreifens tritt das Gegenstandsbewußtsein unter eine andere kategoriale Voraussetzung, unter die der Realmodalität. Es ist a priori der Realnotwendigkeit auch am scheinbar Zufälligen gewiß. Nur unter dieser Voraussetzung kann es überhaupt seinen Weg des Suchens nach den Realbedingungen beschreiten: es muß zum voraus die Gewißheit haben, daß das in Frage stehende Wirkliche auf Grund einer Bedingungskette so ist, wie es ist, und nicht anders sein kann. Insofern liegt in der Tat der bloßen Tendenz des Begreifens schon die prinzipielle Aufhebung des Zufälligkeitsbewußtseins zugrunde.

Hierin kommt deutlich die Annäherung der Modaltafel des Begreifens an die des Realen zum Ausdruck. Das Schema (Fig. 14) fällt auch fast mit dem der Realmodi (Fig. 7, Kap. 14 b) zusammen. Nur die Klammer, welche die positive und negative Möglichkeit zusammenspannt, zeigt immerhin, daß noch ein Unterschied vorhanden ist, daß also das Begreifen der Möglichkeit noch nicht das einer absolut gespaltenen und eindeutigen ist.

Der eigentliche Unterschied, daß nämlich im Begreifen das Realverhältnis der Modi nur der Tendenz nach besteht, nicht aber erfüllt ist, läßt sich in der Form bloßer Anordnung nicht ausdrücken. Das läßt sich nur an den Intermodalgesetzen selbst fassen und fällt daher der Entwicklung dieser Gesetze zu.

c. Die Aporie im Begreifen der Möglichkeit.

Eine gewisse Schwierigkeit bleibt bei den Modi des Begreifens nur in der Möglichkeit übrig.

Sofern es sich um Begreifen der Realmöglichkeit handelt, muß die negative von der positiven abgespalten sein. Denn da die reale Seinsmöglichkeit die Nichtseinsmöglichkeit ausschließt, so kann jene nicht begriffen werden, solange diese noch offenbleibt, und umgekehrt. Andererseits lehrt aber die Erfahrung, die das wissenschaftliche Erkennen auf allen Realgebieten macht, daß das Begreifen positiver Möglichkeit die negative Möglichkeit dennoch offen läßt. Woraus sich ergibt, daß tatsächlich die Möglichkeit hier ungespalten bleibt, also eine gewisse Disjunktivität beibehält.

Diese Sachlage wird nur dadurch gemildert, daß ein dunkles apriorisches Bewußtsein vorhanden ist, das über das jeweilige Begreifen hinausgeht; dieses besagt, daß in Wahrheit durchaus nur A möglich ist und nicht non-A, und zwar nicht weil dieses Bewußtsein Einsicht in die Unmöglichkeit von non-A hätte, sondern weil es weiß, daß nur A wirklich ist. Hier spielt also wiederum die kategoriale Voraussetzung der Realmodi im begreifenden Gegenstandsbewußtsein stillschweigend hinein. Das Begreifen greift damit sich selber vor. Und in diesem Vorgreifen spaltet es die Möglichkeit. Freilich tut es das nur prinzipiell, nur im Hinblick auf das noch Zu-Begreifende, nicht aus dem Begreifen des ausgeschlossenen Gegenteils heraus.

So darf man denn auch von der Möglichkeit sagen: soweit das Begreifen reicht, ist sie in ihm gespalten, und darin zeigt sich die Annäherung an die Realmodalität. Aber mehr als Annäherung läßt sich auch in diesem Punkt nicht aufweisen. Das Begreifen setzt mit der Einsicht der Möglichkeit ein. Diese schließt an das unreflektierte Bewußtsein der Möglichkeit an, welches dunkel, als mitlaufender Modus, dem Gegebenheitsbewußtsein der Wirklichkeit folgt. Dieses Bewußtsein beschränkt sich aber auf ein ganz vages Voraussetzen, daß das Wirkliche doch auch irgendwie möglich sein muß. In ihm ist die Möglichkeit also noch ganz disjunktiv.

Die ersten Schritte des Begreifens nun heben einzelne Bedingungen der Möglichkeit heraus, und im Fortschreiten der Einsicht ergänzen sich diese zu einer gewissen Reihe von Bedingungen. Aber die Reihe bleibt durchaus unvollständig. Sie reicht zur Totalmöglichkeit nicht zu, bleibt bei einer Teilmöglichkeit stehen. Teilmöglichkeit aber hat zwei Grundzüge: sie ist erstens immer noch durchaus disjunktiv — denn wie die übrigen Bedingungen ausfallen, bleibt in ihr unbestimmt —, und sie ist zweitens noch nicht Realmöglichkeit.

d. Die Amphibolie der Erkenntnismöglichkeit.

Für die Unvollständigkeit menschlicher Erkenntnis ist nichts charakteristischer als dieses Steckenbleiben in der Teilmöglichkeit. Käme das eindringende Begreifen gleich bis zur Totalität der Bedingungen, so käme es eben damit auch bis zur Realnotwendigkeit und zum vollen Durchschauen des Realzusammenhanges. Die Realnotwendigkeit aber ist vielmehr das Letzte, wozu es gelangen kann.

Statt dessen hat es nur das vorgreifende Bewußtsein der unbegriffenen Notwendigkeit. Und in demselben Sinne hat es auch nur ein vorgreifendes Bewußtsein der unbegriffenen Totalmöglichkeit. Dieses vorgreifende Bewußtsein aber ist ein unbestimmtes, und keineswegs ein Begreifen.

Darum ist auch das fortgeschrittene Bewußtsein der Möglichkeit im endlichen Verstande stets ein doppeltes: ein Begreifen der Teilmöglichkeit und gleichzeitig ein apriorisches Antizipieren der Totalmöglichkeit. Im wissenschaftlich strengen Begreifen sind beide Momente unterschieden, und dann bestehen sie ohne Widerstreit miteinander: der Widerstreit ist vollkommen in die Spannung der Erkenntnistendenz aufgegangen, die dann ihrerseits in das aktive Tun der Erkenntnis übergeht, die begriffene Teilmöglichkeit der antizipierten Totalmöglichkeit anzugleichen. Anders ist es im Leben und in der Praxis. Hier kann der umständliche Gang des Erkenntnisprogresses nicht abgewartet werden. Die Folge ist ein abgekürztes Begreifen, das die begriffene Teilmöglichkeit der nicht absehbaren Totalmöglichkeit unterschiebt, und so stets in Gefahr ist, diese zu verfälschen.

Das ist der Grund, warum das menschliche Realitätsbewußtsein überall und immer eine Pluralität der „Möglichkeiten" sieht, wo tatsächlich durchaus nur „eine" Möglichkeit besteht. Selbst das geschulte Denken des Praktikers hält unbelehrbar daran fest. Solche Unbelehrbarkeit wäre unverständlich, wenn sie nicht vom Standort des endlichen Begreifens aus gerade objektiv gerechtfertigt wäre: ein Begreifen der Teilmöglichkeit ist eben in der Tat der Ausblick auf eine Pluralität disjungierter Möglichkeiten. Die letzteren sind nur als solche noch keine Realmöglichkeiten. Aber da die Einsicht nur einen Teil der Bedingungen übersieht, so muß sie, gerade um der erfaßten Sachlage objektiv gerecht zu werden, die Vielzahl der Eventualitäten sehen. Und auch das Wissen darum, daß nur eine von ihnen sich im Realzusammenhang zur Realmöglichkeit ergänzt, ändert hieran nichts. Erst die Einsicht in den Rest der Bedingungen würde die Sachlage ändern. Diese Einsicht aber ist dem endlichen Begreifen nicht gegeben.

Hier ist der Punkt, an dem die Modalität des Begreifens von der des Realen abweicht. Das Abweichen aber ist vom Gesamtbau der Erkenntnis aus keineswegs als Verfehlen zu verstehen. Es ist vielmehr derjenige Modus des Begreifens, vermöge dessen es dem Realverhältnis noch so nah wie möglich bleibt. Denn decken kann es sich mit ihm nicht. Die eigene Begrenzung ist ihm im Wege.

Das Begreifen der Möglichkeit ist also als ein amphibolischer Modus zu verstehen, dessen Schmiegsamkeit unbegrenzte Annäherung an die Realmöglichkeit zuläßt, und dennoch dem unreflektierten Bewußtsein der Möglichkeit noch nahe bleibt. Es ist so zugleich der Grenzmodus der Anschauung und des Begreifens. Mit ihm hört die Unmittelbarkeit der Anschauung auf, und mit ihm beginnt das Begreifen. Es ist ein Übergangsmodus, in dem sich schillernd die Disjunktivität der „Eventualitäten" und die eindeutig gespaltene Möglichkeit begegnen. Sie liegen in ihm selbst in Widerstreit. Und dieser Widerstreit ist es, der das Begreifen in diesem Modus nicht zur Ruhe kommen läßt, es über sich hinaustreibt in den Erkenntnisprogreß. Im Progreß aber ist die Richtung eindeutig. Sie führt irreversibel zu immer weiterer Eingrenzung der Eventualitäten, und über diese der Tendenz nach zum Begreifen der einen Realmöglichkeit.

IV. Abschnitt.

Die Erkenntnismodi und ihre Gesetze

50. Kapitel. Der modale Zusammenhang von Anschauung und Begreifen.

a. Die kombinierte Modaltafel der Erkenntnis.

Wäre im Leben oder in der Wissenschaft das unmittelbar anschauende Gegenstandsbewußtsein vom begreifenden durch eine Kluft getrennt, so könnte man es bei der Duplizität der Modaltafel belassen und die Heterogeneität der Anordnung für eine endgültige nehmen. Dem ist aber natürlich keineswegs so. Von der Wahrnehmung bis hinauf zum streng wissenschaftlichen Begreifen ist der Erkenntniszusammenhang ein einziger, ununterbrochener. Die Extreme gerade sind nirgends rein gegeben, nur der Idee nach kann man sie fassen. Die wirkliche Erkenntnis spielt sich mannigfach abgestuft in den Übergängen ab. Und in ihr finden wir die Modi der Anschauung und die des Begreifens durchaus beieinander.

Freilich ist dieses Beieinander kein unbedingt friedliches. Der Gegensatz macht sich in einer gewissen Gespanntheit fühlbar; es fehlt auch nicht an innerem Widerstreit. Denn stets ist die Tendenz vorhanden, unmittelbar Angeschautes in Begriffenes umzusetzen. Und stets ist diese Tendenz im Erkenntnisprogreß die treibende Kraft.

Die Dynamik dieser Gespanntheit selbst läßt sich nun in der Tafel der inneren Erkenntnismodalität nicht ausdrücken. Wohl aber muß sich der Zusammenhang der Anschauungsmodi mit den Modi des Begreifens in einer kombinierten Modaltafel der Erkenntnis darstellen lassen. In dieser Tafel müssen die Wirklichkeit und die Möglichkeit doppelt erscheinen, und zwar beide Male, über wie unter dem Strich, im Positiven wie im Negativen. Wir bekommen also vier Wirklichkeits- und vier Möglichkeitsmodi.

Da aber die Verdoppelung auf dem Gegensatz von nackt hingenommener Gegebenheit und eindringendem Begreifen beruht, so kann man ihren strengen Sinn nur dadurch zum Ausdruck bringen, daß man diesen Gegensatz der Erkenntnisart mit hineinnimmt. Es heben sich dadurch „Gegebenheit der Wirklichkeit" (G. d. W.) und „Begreifen der Wirklichkeit" (B. d. W.) als verschiedene Erkenntnismodi von einander ab; desgleichen „Gegebenheit der Möglichkeit" (G. d. M.) und „Begreifen der Möglichkeit" (B. d. M.). Nur Notwendigkeit, positiv wie negativ, und Zufälligkeit treten nicht verdoppelt auf. Es gibt keine Gegebenheit der Notwendigkeit und kein Begreifen der Zufälligkeit. Die Gegebenheit gerade schließt die Notwendigkeit aus; und das Begreifen hebt die Zufälligkeit auf.

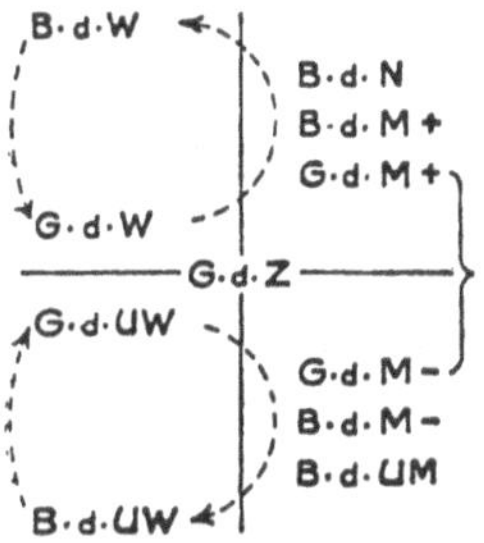

Fig. 15

An dieser kombinierten Modaltafel (Fig. 15) fällt nun ohne weiteres in die Augen, wie die beiden heterogenen Modaltafeln der Anschauung und des Begreifens sich in ihr erhalten und ergänzen, indem sie sich durchaus zwanglos ineinander fügen. Die Modi der Anschauung, oder der Gegebenheit (G), liegen hier alle dicht beisammen. Sie gruppieren sich um den Schnittpunkt der Grenzstriche, in dem (wie in Fig. 13) die Zufälligkeit steht. Selbst die positive und die negative Möglichkeit bleiben als mitlaufende Gegebenheitsmodi noch zusammengespannt (was die Klammer andeutet).

Die Modi des Begreifens (B) dagegen bilden im Positiven wie im Negativen die höheren und bestimmteren Modi. Sie liegen daher relativ weit auseinander. Darin kommt einerseits die scharfe Getrenntheit von Sein und Nichtsein im Begreifen zum Ausdruck (selbst in der Möglichkeit); es liegt eben nicht nur der Trennungsstrich dazwischen, sondern auch der ganze Komplex der Gegebenheitsmodi. Andererseits aber spiegelt sich darin der Kreislauf der Erkenntnis (was im Schema durch die punktierten Linien angedeutet ist), sowie das Erkenntnisgesetz der Wirklichkeit (vgl. Kap. 48 a).

Diesem Gesetz entspricht die weite Distanz zwischen der Gegebenheit der Wirklichkeit und dem Begreifen der Wirklichkeit, desgleichen zwischen Gegebenheit und Begreifen der Unwirklichkeit. Die Reihe der relationalen Modi liegt dazwischen. Der Erkenntnisgang eben setzt bei der unmittelbarsten Gegebenheit ein; das ist die der Wirklichkeit (resp. der Unwirklichkeit). In dieser Gegebenheit steht das Erfaßte als zufällig da. Die Erkenntnis schreitet dann fort über das mitlaufende Bewußtsein der Möglichkeit zum Begreifen der Möglichkeit, und von diesem weiter über das Begreifen der Notwendigkeit zum Begreifen der Wirklichkeit. Sie bleibt aber durch die Unvollständigkeit des Begreifens auf die Kontrolle durch das Gegebensein der Wirklichkeit angewiesen. Daher schlägt der Aufstieg in ein Zurückgreifen vom höchsten Modus des Begreifens auf den elementarsten der Gegebenheit um.

In diesem Kreislauf stützt alles sich gegenseitig und bleibt gegenseitig aufeinander angewiesen. Wie denn auch in dem bekannten konstitutiven Verhältnis das Begreifen „leer" ist ohne die Gegebenheit der Anschauung, die Anschauung des Gegebenen aber „blind" ohne das Begreifen.

b. Dynamisches Verhältnis zwischen Bewußtsein der Zufälligkeit und Begreifen der Notwendigkeit.

In diesen Modi fortschreitend bewegt sich der Progreß nicht in der Weise, daß er Anschauung und Gegebenheit hinter sich ließe, um zu „reinem" Begreifen aufzusteigen — wie die einseitig wissenschaftlich orientierten Methodologien des 19. Jahrhunderts und manche früheren uns haben belehren wollen [1] —, sondern er bewegt sich stets über das Begreifen zu neuer Anschauung, und meist auch zur Erschließung neuer Gegebenheit fort. Genau genommen ist eben das Begreifen selbst erweiterte Anschauung, ein fortwährendes Erschließen des Nichtgegebenen für die Schau, ein stetiges Zur-Gegebenheit-Bringen. Und die „Theorie", in die es ausläuft, ist die in sich mannigfaltige Zusammenschau größeren Stils, in der gerade das ursprünglich Gegebene erst zu seinem vollen Recht kommt.

Dadurch wird nun wohl die Berechtigung der kombinierten Modaltafel einleuchtend, aber die heterogenen Modi, die in ihr vereinigt sind, geraten in einen gewissen Widerstreit. Es ist eben nicht möglich, die Zufälligkeit des anschaulich Gegebenen mit dem Begreifen der Notwendigkeit zu vereinigen; und also auch nicht mit dem Begreifen der Wirklichkeit. Das Begreifen, wo immer es hinreicht, hebt die Zufälligkeit auf. Wird also hier die ursprünglich anschauliche Gegebenheit doch aufgehoben?

Das ist unmöglich. Die Gegebenheit ist die bleibende Basis, und auf sie wird alles weitere gebaut. Aber sie ist nicht identisch mit der Zufälligkeit, in der sie erscheint. Zufällig gerade erscheint sie nur durch ihre Abgelöstheit. Der Bewußtseinsmodus der Zufälligkeit, der die unreflektierte Gegebenheit des Wirklichen begleitet, ist kein eigentlicher Erkenntnismodus; er ist nichts als der scheinbar positive Ausdruck des Verschwundenseins der Realnotwendigkeit in der unmittelbaren Gegebenheit des Wirklichen. Kommt die Realnotwendigkeit zum Vorschein —

[1]) Ich rechne hierzu auch die geisteswissenschaftlich orientierte Methodenlehre, die anstelle des Begreifens das sog. „Verstehen" setzt, indem sie in mehr oder weniger anthropomorpher Denkweise den Realverhältnissen gewisse konstitutive Sinngehalte supponiert. Diese Lehre vertauscht, indem sie auf andere Gebiete (z. B. das des Organischen) übergreift, unmerklich die Erkenntnis der Realnotwendigkeit gegen die einer angenommenen Wesensnotwendigkeit und entfernt sich so verhängnisvoll von der Gegebenheit.

und sie beginnt schon im einsetzenden Begreifen der Möglichkeit sich zu zeigen —, so verschwindet ebendamit jenes unverbindlich begleitende Bewußtsein der Zufälligkeit.

Es ist also nicht zutreffend, das Bewußtsein der Zufälligkeit, als Begleiterscheinung der Wirklichkeitsgegebenheit, für ein durchgehendes und unaufhebbares zu halten. Es ist kein selbstverständlich mitlaufender Parallelmodus zu ihr. Das unmittelbar Gegebene erscheint nur so lange mit Zufälligkeit behaftet, als es in seiner Unmittelbarkeit schweben bleibt. Das aber gehört nicht zu seinem Wesen. Denn auch als Begriffenes noch bleibt es ein unmittelbar Gegebenes.

Man muß also den Schluß ziehen, daß die Gegebenheit der Wirklichkeit vielmehr indifferent ist gegen das Bewußtsein der Zufälligkeit und das Begreifen der Notwendigkeit. Was sich sehr wohl damit reimt, daß diese beiden Modi ausschließend zueinander stehen; denn alle äußere Indifferenz eines Modus bezieht sich auf je zwei zueinander kontradiktorisch stehende Gegenmodi. Und dasselbe gilt im Negativen von der Gegebenheit der Unwirklichkeit; auch sie steht indifferent gegen das Bewußtsein der Zufälligkeit und das Begreifen der Unmöglichkeit.

Damit hängt es auch zusammen, daß das Verschwinden der Zufälligkeit kein vollständiges ist. Wäre das Begreifen der Notwendigkeit vollständig, so könnte es den Schein der Zufälligkeit auch vollständig verdrängen. Es ist aber stets nur ein genähertes, und oft genug nur ein eben einsetzendes. Wohl steht es unter der kategorialen Voraussetzung, daß die Kette der Realbedingungen vollständig „ist“, und daß in ihr ein zureichender Realgrund des Gegebenen liegt. Aber die Voraussetzung ist eine apriorische, und als solche nur allgemein; sie bedeutet nicht, daß die Bedingungskette auch vollständig erkannt sei. So bleibt das Begreifen der Wirklichkeit in einer gewissen Schwebe hängen. Es hat ein Wissen um die Notwendigkeit, aber ihm fehlt das Durchdringen bis auf den Einzelfall; und der gerade ist das in Frage stehende Realwirkliche. Es weiß nicht, wie die Bedingungskette sich im Realzusammenhang zur Vollständigkeit ergänzt. So kann es des ursprünglich mitgehenden Bewußtseins der Zufälligkeit nicht Herr werden.

Die Folge ist das eigentümliche Phänomen, daß auch im Fortschreiten des Begreifens noch andauernd das Bewußtsein der Zufälligkeit und das Begreifen der Notwendigkeit miteinander streiten. Die Zufälligkeit weicht gleichsam nur Schritt für Schritt zurück. Sie ist auch auf weiten Strecken der Realwissenschaften keineswegs behoben. Denn der Weg der Empirie ist umständlich und kann von der endlichen Erkenntnis nur selten, im Falle relativ einfacher Realverhältnisse, zu einem gewissen Abschluß gebracht werden.

Vollends in der praktischen Erkenntnis des Alltags bleibt das Bewußtsein der Zufälligkeit fast auf der ganzen Linie in Kraft. Das Leben bewegt sich in Aktualitäten, es wartet den schwerfälligen Gang des Begreifens nicht ab. Das ist der Grund, warum der Mensch, auch als Wissender und Forschender, dauernd in einer Welt des scheinbar Zufälligen lebt. Er kalkuliert wohl die Chance, die sich ihm bietet, und bekundet damit ein stilles Wissen um die Notwendigkeit des Realzusammenhanges; aber er traut der Chance nicht weit über den Weg. Dieses Bewußtsein paktiert in seiner Ratlosigkeit immer wieder mit dem Unbekannten, das ihm als solches zufällig erscheinen muß. So bleibt es in seiner Halbheit gefangen, und nur das wissenschaftliche Denken vermag sich wenigstens grundsätzlich darüber zu erheben.

c. Die Doppelgestalt der Möglichkeitserkenntnis.

Die früheren Analysen haben gezeigt, wie fast alle Unstimmigkeiten in den Intermodalverhältnissen bei der Möglichkeit ihren Grund haben, und auch nur von ihr aus gelöst werden können. So war es beim Realen, beim Wesensreich, beim Urteil; so ist es auch bei der Erkenntnis. Nur daß die Schwierigkeit hier wieder von anderer Art ist. Es stehen sich in einer Tafel je zwei Möglichkeitsmodi gleichen Vorzeichens gegenüber, und zwar nicht so, daß sie ineinander übergingen, auch nicht so, daß sie einander verdrängten, sondern in eigenartiger Selbständigkeit, und dennoch im selben Gegenstandsbewußtsein sich treffend.

Es zeigte sich ferner, wie das Begreifen der Möglichkeit ein schon in sich amphibolischer Modus ist. Begriffen wird faktisch durchaus nur Teilmöglichkeit, diese aber ist nicht Realmöglichkeit, auch bleibt ihr stets das Gegenglied der Disjunktion anhaften. Sie ist zwar nicht unbedingt disjunktiv, braucht also den Gegenstand nicht als zugleich nichtseinsmöglich zu fassen; aber sie ist auch nicht streng eindeutig. Dennoch ist sie eben diejenige Möglichkeit, die beim weiteren Eindringen sich zum Begreifen der Notwendigkeit auswächst; was sie nur kann, indem sie sich der Totalität nähert. In der Näherung aber spaltet sie sich. Und da sie gleichzeitig die Totalmöglichkeit antizipiert, so ist sie in der Vorwegnahme bereits gespalten.

So stecken schon im Begreifen der Möglichkeit allein zwei verschiedene Modi, die sich nicht ohne weiteres reimen. Etwas ähnliches aber gibt es auch im Gegebenheitsbewußtsein der Möglichkeit. Dieses ist nur ein mitlaufender Modus (und zwar nicht einmal ein durchgehender). Eigentlich gegeben ist nur die Wirklichkeit, und zwar ohne den modalen Hintergrund der relationalen Modi. Hier besagt also das Möglichkeitsbewußtsein nur die apriorische, aber undifferenzierte Selbstverständlichkeit, daß ein Wirkliches doch auch möglich sein muß.

Die so verstandene Möglichkeit ist nicht einmal Teilmöglichkeit; die Reflexion auf Bedingungen hat noch gar nicht eingesetzt. So ist sie denn erst recht disjunktiv. Für sie ist das Gegenteil des Gegebenen um nichts weniger möglich als das Gegebene selbst. Das zeigt sich sehr plastisch in Fällen, wo das Gegebene dem Erwarteten widerspricht, aus dem Gewohnten oder schon halb Begriffenen herausfällt, oder gar etwas „Unglaubliches" an sich hat. Man kann sehr wohl das als „wirklich" Gegebene zugleich als rätselhaft oder wunderbar empfinden. Das „Wunder" eben ist nichts anderes als das Aussetzen jenes sonst so selbstverständlich mitlaufenden Möglichkeitsbewußtseins.

Und dennoch ist auch beim „Wunder" das rein apriorische Bewußtsein der Möglichkeit nicht ganz ausgelöscht. Das Wunderbare muß eben doch auch irgendwie möglich sein, denn Unmöglichkeit des Wirklichen ist widersprechend. Soweit ist auch schon das unverbindlichste Hinnehmen des Tatsächlichen dem Realverhältnis angepaßt. Man sieht das deutlich am gelegentlichen Bezweifeln der Gegebenheit selbst, wenn etwa der Wahrnehmende „seinen Augen nicht traut".

Das modal Eigentümliche aber an diesem Verhältnis ist, daß die apriorische Voraussetzung im mitlaufenden Bewußtsein der Möglichkeit nicht dieselbe ist wie die im Begreifen der Möglichkeit. In ihm wird disjunktive Möglichkeit vorausgesetzt, im Begreifen dagegen eine ausgesprochen eindeutige und einstrahlige Totalmöglichkeit, die das Spaltungsgesetz zur Voraussetzung hat. Hier nun scheint ein offener Widerspruch vorzuliegen, der durch kein Ausweichen der Modi zu beheben ist. Dennoch müssen die beiden apriorischen Voraussetzungen sich wiederum irgendwie reimen. Die Frage ist nur, wie das geschieht.

d. Logische Möglichkeit und Erkenntnismöglichkeit.

Die Lösung liegt darin, daß die kategoriale Voraussetzung der Möglichkeit in beiden Modi nicht nur eine verschiedene, sondern auch der Sphäre nach andere ist. Das Gegebenheitsbewußtsein steht dem Bau des Realen noch fern, es ist vereinfachte Auffassung. Dieser vereinfachten Auffassung aber entspricht — was man hier am wenigsten erwarten sollte — die logische Möglichkeit. Sie ist disjunktiv, zugleich Möglichkeit von A und non-A. Und von ihr gerade gilt das Vorausgesetztsein in der Wirklichkeit, auch sofern diese als ein Zufälliges dasteht.

Für die Modalität des Urteils war es charakteristisch, daß das „bloß Assertorische" in ihr ein Fremdkörper bleibt. Das Urteil ist damit auf Gegebenheit angewiesen, die Gegebenheit aber ist ein alogischer Faktor. Indem die Urteilsmodalität diesen Faktor aufnimmt, erweist sie sich als viel mehr denn bloße Urteilsmodalität: das Logische erstreckt sich damit tief in das Gegebenheitsbewußtsein hinein und nimmt dessen Grundmodus, das Wirklichkeitsbewußtsein, auf. Es ordnet ihn aber nicht mit den zugehörigen Realmodi zusammen, sondern mit seinen eigenen, den relationalen Modi des Logischen. So steht hier denn die bloße Widerspruchslosigkeit im problematischen Urteil zusammen mit der Realgegebenheit im assertorischen. Und das macht die Heterogeneität der Urteilsmodi aus.

Diese selbe Heterogeneität aber ist auch im anschauenden Gegenstandsbewußtsein. Denn hier ist der Ursprung jener Wirklichkeitsgegebenheit, die hinter dem empirischen Tatsachenurteil steht. Verbunden mit ihr aber ist jenes begleitende Möglichkeitsbewußtsein, das nur eine unbestimmte apriorische Voraussetzung ist; und es hat denselben rein formalen, inhaltslosen Charakter wie die Widerspruchslosigkeit, ohne freilich ein eigentliches Bewußtsein der Widerspruchslosigkeit zu sein. Es ist gleichsam ein verdunkelter logischer Modus, in dem nur das eine Moment sich eindeutig herausheben läßt: das Bewußtsein, daß dem betreffenden Inhalt „nichts im Wege stehen" kann, zu sein, wie er ist. Es ist ein bloßes Möglichkeitsbewußtsein.

Von hier aus gesehen, ist das erste Auftauchen eines Wissens um bestimmte Realbedingungen schon ein gewaltiger Schritt aufwärts im Sinne des Begreifens. Erst mit diesem Schritt taucht die Teilmöglichkeit auf und mit ihr die bewußt disjunktive Pluralität der Eventualitäten. Das alles gehört schon dem Begreifen an. Zugleich aber setzt im Begreifen die andere apriorische Voraussetzung ein: die der unerkannten Totalmöglichkeit, welche das disjunktive Gegenglied ausschließt. Diese kategoriale Voraussetzung zeigt die größte Annäherung an das Realverhältnis. Sie ist gleichsam das Durchschlagen der Realmodalität in die Erkenntnismodalität.

Und hier liegt nun der Grund, warum sich die beiden heterogenen apriorischen Voraussetzungen — die im vagen Bewußtsein der Möglichkeit und die im Begreifen der Möglichkeit — trotz aller Gegensätzlichkeit sehr wohl reimen: die auf der Totalität der Bedingungen beruhende volle Realmöglichkeit nämlich schließt die formale Widerspruchslosigkeit keineswegs aus, sondern ein. Was sie wirklich ausschließt, ist vielmehr nur die Disjunktivität. Aber gerade von ihr sahen wir früher, daß sie keineswegs ein notwendiger Wesenszug der Widerspruchslosigkeit ist; sie kann ihr freilich zukommen, aber nur bei inhaltlicher Begrenzung derjenigen Bestimmungen, relativ auf welche die Widerspruchslosigkeit besteht. Sie ist nicht unabtrennbar mit ihr verbunden. Sonst könnte eine Totalität von Realbedingungen ja gar nicht in sich widerspruchslos sein. Was vielmehr offenbar immer der Fall sein muß.

Die logische Möglichkeit ist begrenzte Wesensmöglichkeit. Wesensmöglichkeit aber muß natürlich stets in der vollen Realmöglichkeit mit enthalten sein; wie denn Wesensgesetzlichkeiten alles Reale durchziehen. Sie ist das Minimum an Seinsmöglichkeit, das in aller Realmöglichkeit vorausgesetzt ist.

Und das ist es, warum der positive Gehalt des unreflektierten und unbestimmten Möglichkeitsbewußtseins sich ohne Schwierigkeit im fortgeschrittenen Begreifen der Realmöglichkeit erhalten kann. Dieser positive Gehalt, so unscheinbar er sein mag, wird auch in der vollkommensten Annäherung des Begreifens an die Realmöglichkeit weder aufgehoben noch reduziert; er wird vielmehr im Fortschreiten des Begreifens immer weiter mit Inhalt erfüllt. Dagegen die in den Anfangsstadien auftretende Disjunktivität, sowie die Pluralität der Eventualitäten, die noch das auf halber Höhe stehende Realitätsbewußtsein beherrscht, hebt sich von Stufe zu Stufe mehr auf, bis es im wissenschaftlichen Begreifen allmählich verschwindet.

e. Der Einschlag der Wesensmodalität in den Modi des Begreifens.

Die Aufrollung und Lösung der Aporie in der Doppelgestalt der Erkenntnismöglichkeit hat noch eine weitere Frage heraufgeführt: die nach dem Hineinspielen der Wesensmodalität in die Erkenntnis. Denn offenbar ist auch das Begreifen der Notwendigkeit mit davon betroffen. Zu dieser Frage aber gehört zunächst ein Wort über die Modi der Wesenserkenntnis selbst.

Einer besonderen Analyse bedarf es für diese Modi nicht. Sie unterscheiden sich, wie schon gezeigt wurde, nicht wesentlich von denen des Wesensreiches selbst. Alle Wesenserkenntnis eben steht auf der Höhe des Begreifens, ist rein apriorisch; eine der Wahrnehmung verwandte Gegebenheit gibt es hier nicht, denn das ideale Sein kennt kein Individuelles. Anschauung und Begreifen klaffen hier nirgends auseinander. Wohl unterscheidet sich eine mehr isolierende Schau von der zusammenfassenden. Aber die Modalität beider ist nicht verschieden. Beide sind begreifende Schau, nur in verschiedener Ausdehnung der Überschau.

Wo und wie immer Wesenheiten erfaßt werden, da wird mit der Wesensmöglichkeit auch Wesenswirklichkeit, mit der Wesensunmöglichkeit auch Wesensunwirklichkeit erfaßt. Wesensnotwendigkeit dagegen muß unabhängig von der Wesensmöglichkeit, und selbst von der Kompossibilität, erfaßt werden. Man kann sie auch stets nur als die des Generellen in der species vom genus aus erfassen; das Spezielle als solches kann nicht als notwendig begriffen werden, weil es ja vielmehr wesenszufällig ist (vgl. Kap. 44 a). Dagegen wird innerhalb der parallelen

Systeme die Kompossibilität unmittelbar begriffen; und ebenso die Inkompossibilität der Systeme selbst. Kurz, wir haben hier die reine Angepaßtheit der Erkenntnismodi an die Seinsmodi.

Dieses Verhältnis kompliziert sich aber dadurch, daß die Wesenserkenntnis sich in die Realerkenntnis hinein erstreckt. Das reale Sein eben ist von Wesensstrukturen durchzogen. Und diese spielen im Begreifen der Möglichkeit und Notwendigkeit des Realen eine so breite Rolle, daß sich damit das Gesamtbild noch einmal verschiebt.

Denn das Eigentümliche dieses Verhältnisses ist, daß ein Begreifen der Wesensmöglichkeit, der Kompossibilität und der Wesensnotwendigkeit zwar relativ leicht gelingt, aber zum Begreifen der Realmöglichkeit und Realnotwendigkeit nicht entfernt ausreicht. Dennoch spielen diese Modi in der Realerkenntnis die Rolle der Vorbedingung, mit der man stets auch ein Stück weit in den Realzusammenhang eindringt. Das Begreifen des Realen macht eben hier den Umweg über das Begreifen des idealen Seins. Und dieser Umweg erweist sich für das weitere Eindringen als ein notwendiger; er ist der natürliche Weg der apriorischen Einsicht.

Inhaltlich stellt sich das Verhältnis so dar: es ist der Umweg über das Begreifen des Allgemeinen zum Begreifen des real Individuellen. Das eindringende Erfassen muß diesen Weg gehen, weil der apriorischen Erkenntnis als solcher — und an ihr hängt das Begreifen — nur das Allgemeine direkt zugänglich ist. Sie kann den realen Einzelfall stets nur insoweit treffen, als er seiner Artung nach unter das Allgemeine fällt. Das bedeutet natürlich nicht, daß die Erkenntnis in expliziter Form Subsumptionen vollziehen müßte. Die Subsumption findet vielmehr schon in der Anschauung statt und ist in der Regel schon vollzogen, wenn Dinge und Dingverhältnisse im Lebenszusammenhang erfaßt werden. Das Allgemeine darin wird dann als solches gar nicht bemerkt; es ist in der fortschreitenden Erfahrung zumeist schon vorhanden, und das Besondere rückt ohne logische Operation in seine Formen ein. Es „fällt unter sie", wird „in" ihnen begriffen. Nachträglich kann man das Allgemeine freilich herausheben. Aber das tut erst die Philosophie.

Ob also dieser Prozeß sich mit oder ohne Kontrolle des Bewußtseins vollzieht, ist gleichgültig. Seine Form ist die des „Darunter-Fallens". Darum ist in allem Begreifen der Realmöglichkeit und Realnotwendigkeit — auch im intuitiven des Alltags — der Umweg über das Begreifen der Wesensmodi schon enthalten. Wäre nicht ontologisch das Allgemeine im Einzelnen enthalten, so wäre der Umweg ein Irrweg. Denn Realmöglichkeit und Realnotwendigkeit sind durchaus nichts Allgemeines; beide sind genau so individualisiert im Einzelfall wie dieser selbst, und beide sind unübertragbar von einem Fall auf den anderen. Jeder Realfall hat seine absolut einzige Gesamtheit von Realbedingungen, so sehr auch deren einzelne Komponenten gemeinsame Züge mit denen anderer Fälle zeigen.

Wäre es der Realerkenntnis gegeben, diese Totalität direkt intuitiv zu erfassen, sie bedürfte des Umweges über das Allgemeine nicht. Aber das ist ihr nicht gegeben. Sie dringt nicht zur Totalität durch, bleibt bei Teilmöglichkeiten stehen, mit denen sie sich der vollen Realmöglichkeit nur nähern kann. Teilmöglichkeiten aber sind selbst von einer gewissen Allgemeinheit, was sich ja schon in ihrer Unbestimmtheit ankündigt. In ihnen also ist die apriorische Einsicht des Wesensmöglichen wie in einem homogenen Element wohl aufgehoben. Sie paßt ihrer Struktur nach auf sie zu und bildet deswegen ein legitimes Erkenntnismoment im endlichen Begreifen der Realmöglichkeit.

Und dasselbe gilt von der Einsicht der Wesensnotwendigkeit. Wo wir die ungeheure Fülle der einmaligen Kollokation von Realbedingungen nicht annähernd fassen, da können wir deswegen doch sehr wohl das Allgemeine eines typenhaft wiederkehrenden Realzusammenhanges erfassen — sei es nun als strenge Gesetzlichkeit oder als bloß hypothetisch gefaßte Form der Dependenz — und an Hand dieses Allgemeinen in das besondere Gefüge der Bedingungen hineinleuchten. Die exakte Naturwissenschaft geht diesen Weg, und ihr großer Erfolg besteht eben darin, daß sie es schließlich zu einem gewissen Überblick über die wiederkehrende Typik charakteristischer Realbedingungen auf Grund breit angelegter Gesetzeskenntnis bringt.

So ist das Erfassen der Wesensnotwendigkeit ein mächtiger Wegweiser für das Begreifen der Realnotwendigkeit. Das gegebene Realwirkliche fällt als Spezialfall unter das ideal erfaßte genus, und damit übertragen sich dessen wesensnotwendige Züge auf seinen Inhalt.

Die Wesenserkenntnis mit ihren charakteristischen Modi paßt sehr genau in das unvollständige Begreifen der Realmöglichkeit und Realnotwendigkeit hinein. Der Gegensatz tritt erst im Endziel der Realerkenntnis, sowie in ihrer kategorialen Voraussetzung hervor. Diese Voraussetzung ist, daß die Totalität der Bedingungen an jedem gegebenen Wirklichen vorhanden ist; und jenes Endziel ist das Begreifen eben dieser Totalität. Wo also die Realerkenntnis — wie in gewissen exakten Wissenschaften — sich dem Begreifen der vollen Realmöglichkeit und Realnotwendigkeit nähert, da muß sie die Wesenserkenntnis als solche mit ihren Modi des Allgemeinen wieder hinter sich lassen. Sie nimmt ihren positiven Gehalt auf, streift aber im Hinausgehen darüber dessen un-

51. Kapitel. Die Intermodalgesetze der Gegebenheit.

a. Amphibolische und komplexe Intermodalverhältnisse.

Auf Grund der vorangegangenen Erwägungen lassen sich nun die Intermodalverhältnisse der Realerkenntnis zusammenstellen. Sie müssen entsprechend der zwiefachen Modaltafel — der der Gegebenheit und der des Begreifens — beträchtlich komplizierter ausfallen als die der beiden Seinssphären und des Logischen. Nichtsdestoweniger sind sie in den durchdiskutierten Verhältnissen bereits so ziemlich enthalten und bedürfen darüber hinaus keines Erweises.

Charakteristisch ist zunächst, daß unter den Erkenntnismodi die Indifferenz eine außerordentlich breite Rolle spielt. Das hängt mit der Stellung der disjunktiven Möglichkeit zusammen, die sich ja auch auf den niederen Stufen des Begreifens noch erhält. Wie das Begreifen der Möglichkeit selbst hierdurch zu einem amphibolischen Modus wird, so werden auch seine Intermodalbeziehungen amphibolisch. Genau genommen wäre an den Modi des Begreifens stets ein doppeltes zu unterscheiden: ein Modus vollständigen Begreifens mit strikten Intermodalgesetzen und ein Modus unvollständigen Begreifens mit amphibolischem Verhältnis. Da aber beide wiederum fest aufeinander bezogen bleiben, und praktisch nur das unvollständige Begreifen in Frage kommt, so läßt sich der Übersicht halber die Sachlage dahin vereinfachen, daß die Modi des unvollständigen Begreifens allein zugrunde gelegt werden und von ihnen aus die Verschiebung nur dort angemerkt wird, wo sie in der Annäherung an das vollständige Begreifen faßbar wird.

Eine weitere Eigentümlichkeit sind die hier auftretenden komplexen Intermodalverhältnisse. Sie setzen überall da ein, wo ein einzelner Modus nicht von sich aus die Kraft hat, einen anderen zu implizieren, wohl aber mit einem zweiten, ihn ergänzenden Modus zusammen. So macht es einen Unterschied aus, ob man im unvollständigen Begreifen der Notwendigkeit den Gegenhalt an gegebener Anschauungswirklichkeit hat oder nicht. Mit dem Gegenhalt zusammen ergibt sich ein angenähertes Begreifen der Wirklichkeit, obschon man die Totalität der Bedingungen nicht übersieht. Ohne ihn aber kann davon nicht die Rede sein; und zwar deswegen nicht, weil der Anhalt fehlt, an dem die apriorische Voraussetzung einsetzen könnte. Ein gleiches gilt natürlich auch für das Begreifen der Möglichkeit, und entsprechend für das Begreifen der Unmöglichkeit.

Die Folge ist, daß man die Intermodalgesetze der Realerkenntnis nicht in gleicher Anordnung bringen kann, wie die der übrigen Sphären. Man muß die Beziehungen jedes einzelnen Modus zu den übrigen zusammenstellen, soweit sie dafür in Frage kommen. Das Bild, das man dann von den zentralen Modi bekommt, ist das einer gleichsam fächerförmigen Anordnung verschiedener Verhältnisse zu verschiedenen Modi. Wie weit diese Beziehungen sich unter allgemeinere Gesetze bringen lassen, ist eine cura posterior.

Aus demselben Grunde muß im Folgenden auf eine übersichtliche Zusammenstellung der Intermodalgesetze verzichtet werden. Gerade die äußere Übersicht, die sonst wenigstens einführenden Wert hat, wird unter solchen Umständen illusorisch. Es werden der Gesetze mehr als sich einheitlich überschauen ließe; und was wichtiger ist, das Amphibolische der Verhältnisse läßt sich in ihnen nicht mit ausdrücken. Das aber darf nicht fehlen, wenn die Gesetze stimmen sollen.

b. Das unmittelbare Bewußtsein der Unwirklichkeit.

Geht man von der kombinierten Modaltafel (Fig. 15) aus, so sieht man leicht, daß die absoluten Modi in der Realerkenntnis das Hauptgewicht tragen, die relationalen aber nur Übergangscharakter haben. Der Kreislauf beginnt mit der Gegebenheit der Wirklichkeit (resp. Unwirklichkeit) und kehrt zu ihr zurück. Schon aus diesem Grunde ist mit ihr zu beginnen.

Das unmittelbare Bewußtsein der Wirklichkeit ist anschaulich, es ist daher im Grunde nur positiv. Das Bewußtsein der Unwirklichkeit ist ihm nicht gleichwertig; negative Gegebenheit ist nur das Fehlen der Gegebenheit — in bestimmtem Gegebenheitszusammenhang —; es kommt daher zu aller übrigen Täuschbarkeit der Wahrnehmung hier noch die Möglichkeit, daß das Wahrnehmbare im Realen sehr wohl vorhanden, die Wahrnehmung nur nicht bis zu ihm hingedrungen ist.

So ist das Bewußtsein der Unwirklichkeit ein sehr schwacher und amphibolischer Modus. Er schließt eindeutig nur das Bewußtsein der Wirklichkeit aus. Das Bewußtsein der Möglichkeit schließt er keineswegs aus; ja, er schließt nicht einmal das Begreifen der Möglichkeit ganz aus. Er steht also indifferent gegen das Begreifen der Möglichkeit und das Begreifen der Unmöglichkeit. Ein bloß mitlaufendes Bewußtsein der Nichtseinsmöglichkeit dagegen ist mit ihm fest verbunden. Aber es spielt keinerlei bestimmende Rolle; es reicht nicht hin, um das Begreifen der Notwendigkeit ganz auszuschließen, was man eigentlich erwarten sollte. Hier besteht also weder Ausschließung noch ausgesprochene Indifferenz, sondern ein noch loseres, offenbar amphibolisches Verhältnis.

So eben ist der modale Bau unserer Erkenntnis: wir können sehr wohl auf Grund mannigfacher Zusammenschau etwas mit hoher Gewißheit als notwendig begreifen, was wir doch in keiner Weise zur Gegebenheit bringen können. In der Wissenschaft ist das eine sehr gewöhnliche Sachlage; man denke z. B. an die Phylogenese der Organismen: es drängt alles eindeutig auf das Bestehen gewisser Übergangsformen hin, aber die Bestätigung (etwa durch fossile Funde) bleibt in den meisten Fällen aus, das Wissen bleibt in der Schwebe, das Begreifen bleibt hypothetisch.

Ausgeschlossen also ist das Begreifen der Notwendigkeit erst vom Begreifen der Unwirklichkeit aus, nicht aber vom bloßen Bewußtsein der Unwirklichkeit. Jenes Begreifen eben setzt Begreifen der Unmöglichkeit voraus, und dazu ist weit mehr erforderlich. Denn Bedingung dafür wäre das Begreifen der negativen Möglichkeit. Davon aber ist das bloße Bewußtsein der Unwirklichkeit weit entfernt.

Aus alledem geht hervor, daß auch zur Zufälligkeit das Verhältnis ein loses ist. Ausgeschlossen ist weder das Begreifen der Unmöglichkeit noch das Begreifen der Notwendigkeit. Nach beiden Seiten ist das Bewußtsein der Unwirklichkeit nicht eindeutig vom Bewußtsein der Zufälligkeit begleitet, es zeigt auch hier dieselbe Indifferenz. Dagegen ist es charakteristischer Weise von einem dunklen Bewußtsein dessen begleitet, daß es selbst ein zufälliges Bewußtsein ist. Auch das ist zur Hälfte Täuschung, denn im Realprozeß der Erkenntnis ist es keineswegs zufällig; wohl aber besteht hier eine Zufälligkeit im Sinne der inneren Modalität, nämlich im Hinblick auf Sein und Nichtsein des Gegenstandes. Das Bewußtsein der Unwirklichkeit ist eben bloßes Nichtgegebensein ohne feste Beziehung auf das Nichtsein dessen, was ihm nicht gegeben ist. Man kann es nur uneigentlich unter Gegebenheit subsumieren.

Anschauung ist notwendig positiv. Insofern kann man das unmittelbare Bewußtsein der Unwirklichkeit als einen reinen modus deficiens bezeichnen. An Bestimmtheit gewinnt er erst, wenn er in einem breiteren Zusammenhang des Gegebenen steht; die Bestimmtheit ist dann aber nicht die seinige, sondern die des positiv Gegebenen. So ist das Bewußtsein der Unwirklichkeit ein unselbständiger Modus. Und das ist nicht sein Nachteil. Denn darin gerade nähert er sich dem Realverhältnis: auch die Realunwirklichkeit selbst zeigt bereits eine ähnliche Unselbständigkeit.

Aus der nackten Nichtgegebenheit folgt nichts (man denke an die falschen Schlüsse ex silentio auf geistesgeschichtlichem Gebiet). Es ist ihr nicht anzusehen, ob sie ein Nichtseinszeugnis ist oder ein bloßes Nichtgegebensein von etwas an sich wohl Seiendem. In dieser Unbestimmtheit wurzelt die ganze Amphibolie des Modus.

c. Die Gegebenheit der Wirklichkeit und die Möglichkeitsmodi der Erkenntnis.

Darin ist ihr positiver Gegenmodus von ganz anderer Art. Hier ist bei aller Abgelöstheit doch hohe Bestimmtheit. Das Bewußtsein der Wirklichkeit ist eben positive Gegebenheit. Dieser Modus ist nicht defizient, ist selbständig etwas für sich. Er ist wohl der Täuschung ausgesetzt (wie alle Anschauung), aber auch in der Täuschung bleibt er doch unmittelbar positive Gegebenheit; und diese als solche ist auf keine Weise wegzuschaffen. Alles Begreifen kann sie nur erklären, nicht aufheben; es hebt auch den Schein nicht auf, wo dieser fortbesteht. Es kann nur zeigen, daß die Sache selbst sich anders verhält. Aber dann muß es auch den Schein erklären.

Die Gegebenheit der Wirklichkeit impliziert, wie gezeigt wurde, ein dunkles Bewußtsein der Möglichkeit. Aber mit Begreifen der Möglichkeit hat dieses nichts zu schaffen. Wohl ist dadurch das Begreifen der Unmöglichkeit ausgeschlossen, und mit diesem zugleich das Begreifen der Unwirklichkeit —, was eine Selbstverständlichkeit ist, da ja auch das unmittelbare Bewußtsein der Unwirklichkeit ausgeschlossen ist. Aber weder das schlichte Bewußtsein noch das Begreifen der Nichtseinsmöglichkeit ist ausgeschlossen. Zu beiden ist das Verhältnis ein amphibolisches.

Ein vollständiges Begreifen der negativen Möglichkeit würde freilich das Bewußtsein der Wirklichkeit aufheben. Aber das endliche Begreifen ist unvollständig, die von ihm erfaßte Möglichkeit ist disjunktiv, läßt also das positive Gegenglied offen. Sie deckt sich nicht mit der eindeutigen Nichtseinsmöglichkeit des Realen selbst, welche die Seinsmöglichkeit ausschließt.

Wichtiger ist das Verhältnis zum Begreifen der positiven Möglichkeit. Es ist eine zentrale Grundeigentümlichkeit der Erkenntnis, daß die Gegebenheit der Wirklichkeit zwar ein unbestimmtes Bewußtsein der Möglichkeit, aber kein Begreifen der Möglichkeit impliziert. Gegebenheit eben impliziert überhaupt kein Begreifen.

Andererseits aber kann man auch nicht sagen, daß hier völlige Indifferenz bestünde. Es geht vielmehr ständig von der Gegebenheit des Wirklichen auf dem Umweg über das mitlaufende dunkle Bewußtsein der Möglichkeit ein Anreiz zum Begreifen der Möglichkeit aus. Dieser Anreiz mag im Leben gering sein; bei sehr unentwickelter Tendenz des Begreifens mag er gleich Null sein. Aber der Grenzfall bleibt hypothetisch; praktisch kennen wir wohl kaum ein anschauendes Hinnehmen ohne eine gewisse Einordnung in wenigstens halb erfaßte Zusammenhänge. In solcher Einordnung aber ist bereits ein Ansatz des Begreifens. Man sieht das am deutlichsten daran, daß wir das Unbegreifliche als rätselhaft oder wunderbar empfinden; was ja gerade dem naiveren Bewußtsein eigentümlich ist. Die Ungewohntheit allein reicht zur Erklärung dieses Empfindens nicht aus. Vielmehr zeugt das „Ungewohnte" als solches deutlich davon, daß eine gewohnte Einordnung in einen schon für allgemeingültig genommenen Zusammenhang vorbestanden haben muß. Das aber ist schon ein Begreifen, wenn vielleicht auch ein schiefes. Daß wir etwas als Wunder empfinden, ist eben schon das Versagen eines Begreifens bestimmter Stufe. Woraus folgt, daß die Tendenz des Begreifens schon da war. Sonst hätte sie nicht versagen können.

Man darf also zum mindesten soviel sagen: die Gegebenheit des Wirklichen impliziert zwar keineswegs das Begreifen der Möglichkeit; aber sie bedeutet für das Begreifen, sofern ein solches überhaupt der Tendenz nach besteht, doch schon ein Hindrängen auf die Ermittelung der Möglichkeit. Bei hochentwickelter Erkenntnisstufe oder bei theoretischer Einstellung geht daraus unmittelbar die Frage nach der Möglichkeit hervor. Und darauf beruht der wohlbekannte Problemanstoß des Begreifens, der immerfort von der Gegebenheit ausgeht.

Es ist also nicht so, daß im Bewußtsein der Wirklichkeit die Realmöglichkeit ganz „verschwunden" wäre. Sie ist nur verdeckt; sie ist unbegriffen, aber doch dunkel im Realitätsbewußtsein vertreten und in der einsetzenden Tendenz des Begreifens bereits vorausgesetzt.

d. Die Gegebenheit der Wirklichkeit und das Begreifen der Notwendigkeit.

Durchaus verschwunden dagegen ist die Realnotwendigkeit. Zu ihr ist das Verhältnis in der Gegebenheit ein ganz anderes, ein striktes Verhältnis: die Gegebenheit des Wirklichen ist gegen das Begreifen der Notwendigkeit durchaus indifferent. Sie impliziert es nicht nur nicht, sondern gibt auch direkt keinen Anreiz zu ihm.

Der Grund liegt darin, daß es kein mitlaufendes dunkles Bewußtsein der Notwendigkeit gibt, wie es ein solches der Möglichkeit gibt. Was nicht in bekannte Zusammenhänge sich einordnet, was aus ihnen heraus nicht zu erwarten war, wird als zufällig empfunden. Und bei diesem Bewußtsein der Zufälligkeit besteht nicht wie beim „Wunder" die Tendenz, es zu begreifen —, wenigstens nicht für das praktisch eingestellte Bewußtsein, auch nicht für ein höher entwickeltes. Im Gegenteil, es besteht eher die umgekehrte Tendenz, sich bei der Zufälligkeit zu beruhigen, sie gelten zu lassen. So kommt es, daß erst unter dem Hochdruck wissenschaftlicher Tendenzen der Antrieb zum Begreifen der Notwendigkeit einsetzt. Die Realnotwendigkeit eben ist in der Tat für das hinnehmende Bewußtsein des Wirklichen „verschwunden".

Daran ändert auch der Umstand nichts, daß einsetzendes Begreifen der Möglichkeit stets auch ein beginnendes Begreifen der Notwendigkeit bedeutet. Denn dieser Zusammenhang ist ein bloß inhaltlicher, und zunächst durchaus kein modaler. Die zunächst begriffene Teilmöglichkeit ist zwar auch noch lange nicht Realmöglichkeit, aber immerhin, inhaltlich genommen, ein Stück von ihr. Obgleich nun die Kette der Bedingungen in beiden Realmodi die gleiche ist, so ist doch ein Teilstück von ihr für das Begreifen der Notwendigkeit nicht dasselbe wie für das Begreifen der Möglichkeit. Notwendigkeit begreift man erst aus der Totalität der Bedingungen heraus. Man kann sie wohl auf Grund einer apriorischen Einsicht antizipieren, aber die Antizipation ist kein Durchdringen des gegebenen Falles. Das Bewußtsein der Zufälligkeit wird durch sie zwar aufgehoben, aber nicht widerlegt. Und vor allem: auch die Antizipation der Notwendigkeit wird keineswegs von der Gegebenheit des Wirklichen her veranlaßt — auch nicht im Sinne eines Anreizes —, sondern erst im Gegensatz zu ihr vom selbständigen Impuls des Begreifens vollzogen.

Die Gegebenheit des Wirklichen ist somit tatsächlich indifferent gegen Notwendigkeit und Zufälligkeit. Praktisch aber fällt diese Indifferenz zugunsten der Zufälligkeit aus. Die Notwendigkeit ist ein extremer Modus des Begreifens; sie ist schwer zu erfassen, ein Äußerstes an Zumutung an die Energie des Eindringens. Das Wirklichkeitsbewußtsein ist, auch wo es sich wohl annähernd dazu durchringen könnte, stets geneigt darauf zu verzichten, das Gegebene in der Unvollständigkeit des Zusammenhangsbewußtseins schweben zu lassen. Es nimmt lieber das unklare Bewußtsein der Zufälligkeit in Kauf und bescheidet sich bei ihm, als daß es die schwierige Aufgabe des Begreifens der Notwendigkeit auf sich nähme, die ohnehin meist praktisch irrelevant ist, weil ihre Bewältigung mit dem geschwinden Wechsel des Gegebenen nicht entfernt Schritt hält.

So ist das Zufälligkeitsbewußtsein ein Modus der Bequemlichkeit und des Verzichts, ein Modus praktischer Erkenntnisökonomie, kurz mehr ein modus vivendi als ein modus cognoscendi. Es ist ein Kompromiß der Erkenntnis mit den dringlicheren Erfordernissen des Augenblicks. Es hinterläßt denn auch im höher entwickelten Bewußtsein so etwas wie ein schlechtes Gewissen; die unterdrückte bessere Einsicht — die stets in den Ansätzen des Begreifens steckt — ist nicht ganz zum Schweigen gebracht. Aber erst mit der prinzipiellen Überwindung dieses Bewußtseinsmodus setzt das kompromißlose Begreifen ein, das sich beim Schein der Zufälligkeit nicht beruhigt. Das ist der Schritt vom Erkennen des Alltags zur Wissenschaft.

Als Konsequenz hieraus ergibt sich, daß das Bewußtsein der Wirklichkeit auch indifferent gegen das Begreifen der Wirklichkeit ist. Denn es besteht indifferent gegen das Begreifen überhaupt. Es gibt wohl den Anreiz zu ihm. Aber der Anreiz genügt nicht, um das Begreifen der Wirklichkeit in Gang zu bringen Der aktive Antrieb kommt vielmehr aus dem Begreifen selbst.

e. Das Bewußtsein der positiven und der negativen Möglichkeit.

Das Bewußtsein der Möglichkeit ist kein selbständiger Erkenntnismodus. Er folgt nur der Gegebenheit des Wirklichen. Darum sind seine Beziehungen zu den anderen Modi auch keine selbständigen.

Eigenartig aber ist sein Verhältnis zum Bewußtsein der negativen Möglichkeit. Es schließt dieses durchaus nicht ein, aber auch nicht aus. Beide Modi bilden also zusammen nicht ohne weiteres eine disjunktive Doppelmöglichkeit, sondern stehen in einer gewissen Indifferenz zu einander. Wenn ich etwa eine komplizierte Maschine arbeiten sehe, deren Mechanismus ich nicht durchschaue, so habe ich wohl ein Bewußtsein, daß die sonderbar auffallende Bewegung eines bestimmten Teiles irgendwie möglich sein muß; aber ich habe kein Bewußtsein dessen, ob auch eine andere Bewegung dieses Teiles an dieser Stelle möglich wäre.

Und da eine Indifferenz gegen ein Möglichkeitsbewußtsein ein Gegenglied hat — im Begreifen der Notwendigkeit mit umgekehrtem Vorzeichen —, so läßt sich das Gesamtverhältnis auch so aussprechen: das Bewußtsein der positiven Möglichkeit ist indifferent gegen das Bewußtsein der negativen Möglichkeit und das Begreifen der Notwendigkeit (der positiven); und das Bewußtsein der negativen Möglichkeit ist indifferent gegen das Bewußtsein der positiven Möglichkeit und das Begreifen der Unmöglichkeit.

Darin also sind die beiden Bewußtseinsmodi der Möglichkeit nicht amphibolisch, sondern zeigen eindeutig nur die äußere Indifferenz, die sie fähig macht, sich voneinander zu trennen und in die entsprechenden höheren Modi einzugehen. Die innere Indifferenz dagegen (die reine Disjunktivität) spielt in ihnen keine bestimmende Rolle.

Hiernach ist es selbstverständlich, daß von beiden aus auch dieselbe Indifferenz zum Begreifen der Möglichkeit besteht (der positiven resp. der negativen), und desgleichen zum Begreifen der Wirklichkeit (resp. der Unwirklichkeit), soweit dieses am Begreifen der Möglichkeit hängt. Nur daß die Indifferenz hier noch einen Schritt weiter geht: das Bewußtsein der positiven Möglichkeit kann auch bestehen bleiben bei unvollständigem Begreifen der negativen Möglichkeit, und das Bewußtsein der negativen Möglichkeit kann auch bestehen bei unvollständigem Begreifen der positiven Möglichkeit. Unvollständiges Begreifen der Bedingungen schließt eben das Gegenteil noch nicht aus.

Soweit sind beide Modi symmetrisch in ihren Intermodalverhältnissen. Die Asymmetrie kommt erst durch ihre Rückbezogenheit auf die absoluten Gegebenheitsmodi hinein. Diese nämlich sind nicht gleichwertig. Die Gegebenheit der Unwirklichkeit ist ein bloß defizienter Modus, und die Defizienz überträgt sich auf den mitlaufenden Möglichkeitsmodus. Bloße „Nichtgegebenheit" (in der Wahrnehmung) impliziert zwar ein dunkles Bewußtsein der Nichtseinsmöglichkeit, aber sie schließt das Begreifen positiver Notwendigkeit nicht ganz aus; man kann ein Nichtgegebenes sehr wohl als notwendig begreifen, aber man kann nicht ein Gegebenes als unmöglich begreifen. Die positive Gegebenheit eben ist ein absolut selbständiger und eindeutiger Modus, er kann nicht wie die negative auf bloßem Ausbleiben der Wahrnehmung beruhen.

Das Bewußtsein der negativen Möglichkeit kann also paradoxerweise zusammenbestehen mit dem Begreifen der Notwendigkeit; das Bewußtsein der positiven Möglichkeit aber kann nicht zusammenbestehen mit dem Begreifen der Unmöglichkeit. Jenes steht indifferent, dieses ausschließend zur Notwendigkeit des Gegenteils.

Wäre das Begreifen der Notwendigkeit gleich ein vollständiges, so wäre jene Indifferenz nicht denkbar. Die endliche Erkenntnis aber bringt es so leicht nicht zum vollständigen Begreifen. Und die Praxis der Erkenntnis, auch gerade die der wissenschaftlichen, bestätigt das. Dieses Verhältnis liegt überall vor, wo ein zum Teil erfaßter Realzusammenhang (etwa auf Grund begriffener Gesetzlichkeit) auf die Annahme eines Nichtgegebenen hindrängt, das sich einstweilen nicht bestätigt. Das Hindrängen ist unvollständiges Begreifen der Notwendigkeit; aber die Nichtgegebenheit läßt die Möglichkeit des Nichtseins offen. Das Bewußtsein dieses Verhältnisses ist der Index des Hypothetischen.

Dieses Bewußtsein wird erst ausgeschlossen, wenn die Hypothese sich bestätigt; das geschieht durch das Einsetzen der Gegebenheit in irgendeiner Form, wenn auch in vermittelter. Das Bewußtsein der negativen Möglichkeit also weicht nur dem Begreifen der Wirklichkeit. Denn dieses resultiert dort, wo das Begreifen der Notwendigkeit und Möglichkeit sich mit Gegebenheit der Wirklichkeit deckt.

Dieses Verhältnis läßt sich nicht ins Positive umkehren. Das Bewußtsein der Möglichkeit verträgt sich nicht mit dem Begreifen der Unmöglichkeit; auch nicht wenn dieses ein unvollständiges ist. Die Gegebenheit der Wirklichkeit eben, die hinter dem Bewußtsein der Möglichkeit steht, ist kein defizienter Modus. Darum ist auch das Bewußtsein der Möglichkeit selbst, bei aller inhaltlichen Unbestimmtheit, doch ein modal durchaus bestimmtes. Das Gegebene muß irgendwie möglich sein, sonst könnte es nicht gegeben sein. Selbst wenn es mit Irrtum behaftet ist, muß es doch etwas geben, worauf der Irrtum beruht; und das muß wiederum möglich sein. Dieses Möglichkeitsbewußtsein kann, weil es auf kein bloßes Fehlen der Gegebenheit zurückführbar ist, mit keinem Begreifen der Unmöglichkeit zusammenbestehen, kann aber auch von ihm nicht aufgehoben werden. Vielmehr, im Konfliktfall beweist es, daß das Begreifen auf Irrwegen ist.

Das bekannteste Beispiel für diese Sachlage ist die berühmte These der Eleaten von der Unmöglichkeit der Vielheit, des Raumes und der Bewegung. Die These war ein auf gewisse Voraussetzungen basiertes Begreifen der Unmöglichkeit. Ihr gegenüber stand unerschüttert das Bewußtsein der Wirklichkeit, das unmittelbare Gegebensein von Vielheit, Raum und Bewegung. Damit hing unaufhebbar das Bewußtsein der Möglichkeit zusammen: Bewegung muß möglich sein, weil sie wirklich ist; desgleichen Vielheit und Raum. Sind aber alle drei nur Täuschung, so muß vielmehr der Schein ihres Wirklichseins begreiflich gemacht werden. Denn dieser Schein besteht nun einmal.

Die Geschichte hat in diesem Streit dem schlichten Bewußtsein der Möglichkeit recht gegeben. Das Begreifen der Unmöglichkeit hat sich als Schein erwiesen. Und der Grund des Scheines hat sich in den stillschweigenden Voraussetzungen des Begreifens aufweisen lassen. Die Unmittelbarkeit ist als Zeugnis des Bestehens stärker als das Begreifen. Phänomene lassen sich nicht wegdisputieren. Die klassische Einsicht, die aus diesem Streit hervorging, war die, daß es keine Instanz des Argumentierens gegen die unmittelbare Gegebenheit gibt, desgleichen nicht gegen das sie begleitende dunkle Bewußtsein der Möglichkeit; daß vielmehr alles Begreifen und alle Theorie die Phänomene um jeden Preis zu wahren hat.

Das bedeutet nicht, daß die Gegebenheit in allem Inhaltlichen recht behielte. Das Begreifen kann ihr sehr wohl die Täuschung nachweisen, aber nur wenn es sie mit zu begreifen vermag.

52. Kapitel. Die Intermodalgesetze des Begreifens.

a. Das Begreifen der Möglichkeit.

Es wurde schon früher gezeigt, wie die Disjunktivität im Begreifen der Möglichkeit zunächst steigt. Hier eben wird eine begrenzte Reihe von Bedingungen erfaßt, eine solche ergibt bloße Teilmöglichkeit, und Teilmöglichkeit ist disjunktiv. So wenigstens ist es im unvollständigen Begreifen. Und das allein kommt in Frage. Das im Leben wohlbekannte Erwägen der „Eventualitäten“ ist durchaus Sache eines begreifenden Bewußtseins, wennschon eines nur halb begreifenden. So kommt das

Eigentümliche heraus, daß das Begreifen der positiven Möglichkeit dem Begreifen der negativen näher steht als das dunkle Bewußtsein der positiven Möglichkeit dem Bewußtsein der negativen.

Der Grund dafür liegt in der Ablösung von der Gegebenheit. Das Bewußtsein der Möglichkeit ist Begleitmodus der Gegebenheit des Wirklichen; von der Gegebenheit aus ist die Möglichkeit des Nichtseins zwar nicht ausgeschlossen, aber doch auch nicht mitgegeben. Ganz anders jedoch, wenn kein Gegebensein des Wirklichen vorhanden ist. Der Gedanke der Möglichkeit stammt dann aus anderer Quelle: ein Teil des Realzusammenhanges ist erfaßt, von diesem Teil aus aber sind die Konsequenzen nicht eindeutig, sondern lassen eine Mehrzahl von „Möglichkeiten" offen. Die Disjunktivität also ist hier eine strenge Folge aus der Erkenntnissituation selbst.

Freilich ist im Erkenntnisgange der Zusammenhang der, daß alles Begreifen der Möglichkeit durch Gegebenheiten veranlaßt ist; es hängt mit diesen über das Bewußtsein der Möglichkeit hinweg immer noch zusammen. Dennoch ist im Begreifen als solchem die Einsicht von der Gegebenheit abgelöst, gleichsam frei geworden, ist gegen sie beweglich geworden. Das Begreifen kann beim Gegebenen nicht stehen bleiben, schon darum weil es den Umweg über das Allgemeine geht, oder was dasselbe ist, weil es an Wesenserkenntnis gebunden ist, und erst von dieser her sich wieder zum Einzelfall zurückbewegt.

Die Rückbewegung aber ist ein weiter Weg, und selten wird er ganz bis zuende durchlaufen. Vom Allgemeinen her wird unmittelbar nur die Wesensmöglichkeit begriffen, und die reicht für den Realfall nicht aus; sie kann sich ihm nähern, indem sie sich hoch differenziert (in breit angelegter Gesetzeserkenntnis), aber sie ersetzt nie die Kette der Realbedingungen. Daher die suchende und tastende, immer unfertige Haltung des Begreifens der Möglichkeit; es findet wohl auch manches, deckt es auf, aber wo dem Gefundenen ein Gegebenes zuwiderläuft, da ist dieses Begreifen schnell aus dem Sattel gehoben. Unser empirisches Weltbewußtsein stellt sich jederzeit dar als ein enger Kreis des unmittelbar Gegebenen, das nur teilweise begriffen ist, umlagert von einem breiten Kranz des im Begreifen Ermittelten. In diesem letzteren spielt das Begreifen der Möglichkeit die Hauptrolle. Aber es ist ein unvollständiges Begreifen, und solange es seine Bestätigung nicht in Gegebenem findet, bleibt es in der Schwebe hängen.

In dieser Unvollständigkeit ist das Begreifen der Möglichkeit fast allseitig indifferent. Es impliziert von sich aus kein Begreifen der Notwendigkeit und der Wirklichkeit; und als negativer Modus kein Begreifen der Unmöglichkeit und der Unwirklichkeit. Freilich würde es für dieses letztere Begreifen nur dessen bedürfen, daß eine einzige Realbedingung als fehlend erfaßt würde; aber eben das setzt voraus, daß die fehlende Bedingung zuvor als eine unerläßlich „notwendige“ erkannt sei, und das ist nur bei einer gewissen Vollständigkeit des Begreifens zu erreichen.

Dieses unvollständige Begreifen der Möglichkeit ist also auch indifferent gegen das Wissen um Notwendigkeit und Zufälligkeit, ja ebenso indifferent gegen das Wissen um Wirklichkeit und Unwirklichkeit. Dasselbe gilt vom Begreifen der negativen Möglichkeit. Beide Möglichkeitsmodi haben sich von der Gegebenheit gelöst, sind aber zum vollen Begreifen nicht durchgedrungen. Es sind so in der Tat schwebende Modi, charakteristisch für das Suchen und Tasten des werdenden Begreifens.

Andererseits aber ist diese Indifferenz nur der Ausdruck mangelnden Durchdringens. Sie schließt das eindeutige Hintendieren zum Begreifen der Notwendigkeit nicht aus, sondern ein. Diese Tendenz geht unentwegt als eine Art Hindrängen von ihr aus, genau so wie das Hindrängen auf vollständiges Begreifen der Möglichkeit selbst. Ja, beides ist im Grunde eine Tendenz. Das unvollständige Begreifen der Möglichkeit arbeitet stets auf Begreifen der Notwendigkeit hin; es arbeitet damit dem Bewußtsein der Zufälligkeit strikt entgegen, es nimmt dieses nur als Kompromiß der Erkenntnis hin. Das liegt ebenso tief in seinem Wesen wie das Ergänzungsbedürfnis durch Gegebenheit und das ständige Ausschauen nach ihr.

Diese Verbundenheit wurzelt letzten Endes in der apriorisch-kategorialen Erkenntnisvoraussetzung alles Begreifens, daß in Wahrheit alles Realwirkliche die Totalmöglichkeit hinter sich stehen hat, und daß diese sich inhaltlich mit seinem zureichenden Grunde deckt. Mit dieser Voraussetzung ist das Begreifen der Möglichkeit an die Intermodalgesetze des Realen rückgebunden; in ihr waltet ein ganz anderes Verhältnis, gemäß dem das Begreifen der Möglichkeit seiner Idee nach sehr wohl das Begreifen der Notwendigkeit und der Wirklichkeit implizieren würde, sowie im Negativen das der Unmöglichkeit und der Unwirklichkeit.

Aber im endlichen Begreifen macht sich das nur als Tendenz geltend, die hinter ihrem Ziel weit zurückbleibt.

b. Das Begreifen der Notwendigkeit und der Unmöglichkeit.

Es gibt kein schlicht anschauendes Bewußtsein und keine unmittelbare Gegebenheit der Notwendigkeit. Es gibt nur ein Begreifen der Notwendigkeit; und ebenso nur ein Begreifen der Unmöglichkeit.

Dadurch ist die Ablösung von der Gegebenheit im Begreifen der Notwendigkeit noch weit radikaler als im Begreifen der Möglichkeit. Wohl liegt irgendwo weiter zurück der Ausgang von gegebener Wirklichkeit vor; das Gegebene ist ja zunächst das, was begriffen werden soll. Aber seine Notwendigkeit läßt sich nicht aus ihm, sondern nur aus seinem zureichenden Realgrunde einsehen. Und dieser liegt „hinter ihm" und muß erst ermittelt werden.

Das Begreifen der Notwendigkeit, positiv wie negativ, setzt Begreifen der Möglichkeit voraus; es impliziert also ein solches. Die Bedingungskette im Realzusammenhange aber, auf Grund deren etwas real möglich ist, ist dieselbe, auf Grund deren es real notwendig ist. Diese Identität fesselt auch das Begreifen der Realnotwendigkeit an das der Realmöglichkeit. Man kann den zureichenden Grund nicht erfassen, ohne die Bedingungen zu erfassen. Aber nicht umgekehrt: man kann sehr wohl Bedingungen erfassen, ohne den Grund zu erfassen. Denn erst alle zusammen machen den Grund aus (vgl. Kap. 25 c). Das liegt nicht nur an der Unvollständigkeit des Begreifens, sondern auch an den Graden der Zusammenschau. Von der Möglichkeit faßt man schon bei geringer Überschau ein Bruchstück; die erfaßte Teilmöglichkeit ist zwar nicht Realmöglichkeit, aber doch ein Ansatz zu ihr. Dagegen gibt es keine „Teilnotwendigkeit". Ein Teilgrund ist gar kein Grund, es resultiert nichts aus ihm, die Sache bleibt zufällig. Nur die Totalüberschau macht sie als notwendig begreifbar. Eine solche aber ist schwer zu beschaffen im endlichen Begreifen. Und wenn es über die begriffenen Bruchstücke hinaus nicht ein apriorisches Antizipieren der Notwendigkeit auf Grund kategorialer Voraussetzungen gäbe, so kämen wir im Leben nie zu einem Begreifen der Notwendigkeit.

Indessen, ganz so ist es doch nur bei der positiven Notwendigkeit, nicht bei der negativen. Realunmöglichkeit — so wurde früher gezeigt — besteht schon, wenn auch nur eine Bedingung an der Totalität fehlt. Ein solches Fehlen zur Einsicht zu bringen, ist nicht so schwierig. Zwar darf man sich nicht auf die Nichtgegebenheit verlassen, sie ist ein defizienter Modus; trotzdem ist das Fehlen einer Bedingung unter Umständen sehr wohl nachweisbar, und selbst in den langen Schlußketten wissenschaftlicher Erkenntnis bleibt es doch oft eine durchaus endliche Aufgabe.

Das Begreifen der Unmöglichkeit ist also viel günstiger gestellt als das Begreifen der Notwendigkeit. Man kann z. B. die Unmöglichkeit ewiger Fortdauer des organischen Lebens auf der Erde sehr wohl begreifen, und zwar ohne daß man im geringsten die inneren Bedingungen von Artenbildung und Artentod durchschaute; es genügt vielmehr die viel einfachere Einsicht, daß gewisse Grundbedingungen kosmischer Art dafür nicht erfüllt sind, etwa das unbegrenzte Fortbestehen von Wärme, Licht, Luft, Wasser auf der Erdoberfläche. Man kann natürlich die Schlüsse der heutigen Physik über die Dauer der Sonnenstrahlung anfechten; aber man kann nicht bestreiten, daß es ein Begreifen dieser Art gibt und daß es zu den bestimmtesten und bestbewährten Modi des Begreifens zählt.

Dasselbe Begreifen der Unmöglichkeit spielt auch im praktischen Leben die allerbreiteste Rolle, wennschon in loserer Form. Es begrenzt unsere Beschlüsse und Unternehmungen: man kann das Unmögliche wohl wünschen oder ersehnen, aber nicht wollen, soweit nämlich man es im Ernst für unmöglich hält. Alle praktischen Erwägungen halten sich von vornherein innerhalb der Grenzen einer wenigstens partial begriffenen Möglichkeit. Schon das leiseste Begreifen der Unmöglichkeit schiebt der Aktivität den Riegel vor. Und nicht um das bloße Nichtbeisammensein der Bedingungen handelt es sich hierbei; ein solches gerade läßt die Ermöglichung offen, in der die Verwirklichung besteht. Sondern es handelt sich vielmehr um die Einsicht, daß gewisse Bedingungen der Ermöglichung selbst fehlen, die auch zu schaffen nicht in unserer Macht steht.

Das Begreifen der Unmöglichkeit ist ein Erkenntnismodus von hoher Gewißheit und Tragkraft. Solches Begreifen pflegt in seiner Weise recht zu behalten, selbst wo nachmalige tiefere Einsicht es inhaltlich überholt. Man denke an die „Unmöglichkeit des Fliegens". Für die Jahrhunderte, die in der Überzeugung dieser Unmöglichkeit lebten, war nämlich das Fliegen auch in der Tat real unmöglich. Sie konnten die technischen Vorbedingungen nicht schaffen, und darum hatten sie für sich recht. An einem dunklen Bewußtsein, daß es einmal anders kommen könnte, hat es ja auch nicht ganz gefehlt. Das heutige Begreifen der Möglichkeit widerspricht dem nicht im mindesten. Mit dem Fortschritt der Technik haben sich eben die Realbedingungen selbst geändert. Und gerade von diesem Resultat des geschichtlichen Realprozesses aus wird man dem Begreifen der Unmöglichkeit in früheren Zeiten durchaus Recht geben müssen.

c. Die Wesenserkenntnis im Begreifen der Realnotwendigkeit.

Von hier aus versteht man auch das eigenartige Verhältnis des Begreifens der Unmöglichkeit zum Bewußtsein der Unwirklichkeit. Das letztere nämlich fügt zu ihm kaum etwas hinzu. Positive Gegebenheit der Wirklichkeit würde es aufheben; Gegebenheit ist stärker als Begreifen. Aber wenn beides nicht vorliegt, wenn weder Wirklichkeit noch Unwirklichkeit gegeben ist, man also nicht weiß, was tatsächlich „ist", so genügt das Begreifen der Unmöglichkeit durchaus schon zu einem gewissen Begreifen der Unwirklichkeit.

So war es in unserem ersten Beispiel von der Fortdauer des organischen Lebens auf der Erde. Hier kommt Bestätigung nicht in Frage, weil sie in ferner Zukunft liegt. Man darf also wohl sagen, daß eine gewisse

Implikation des Begreifens der Unwirklichkeit vom echten Begreifen der Unmöglichkeit ausgeht. Die Modi des Begreifens sind im Negativen stärker als die der Gegebenheit. Denn negative Gegebenheit ist ein defizienter Modus. Negatives Begreifen aber ist keineswegs defizient. Es kann sogar mittelbar ein sehr positives Begreifen sein. Unmöglichkeit von A ist Notwendigkeit von non-A. Dieses non-A kann aber unter Umständen etwas sehr bestimmtes sein.

Nicht so günstig liegen die Dinge im direkten positiven Begreifen der Notwendigkeit. Hier eben müßte von Rechts wegen eine Totalität von Realbedingungen erfaßt sein. Ein Teil davon genügt durchaus nicht. Es ist eine bekannte Sache, daß ein solches Begreifen der Notwendigkeit nur auf dem Gebiet der exakten Wissenschaften zuwege kommt, und auch da für konkrete Einzelfälle nur mit gewissen Abstrichen, die eine Grenze der Genauigkeit oder einen Einschlag des Hypothetischen bedeuten. Die exakten Wissenschaften haben es aber nur mit dem Realen der niedersten Stufe zu tun. Dort eben liegen die Verhältnisse des Realzusammenhanges noch relativ einfach. Oder richtiger, sie sind mehr schematischer Natur und deswegen übersichtlich. Von hier aus aufwärts im Stufenreich des Seienden wird der Realzusammenhang immer komplizierter. In den Seinsbereichen des Seelischen und des Geistigen ist von vollständiger Übersicht gar keine Rede mehr.

Und doch gibt es auf all diesen Gebieten mancherlei Begreifen der Notwendigkeit, oft sogar ein erstaunlich klares und treffsicheres. Ja, sogar weit außerhalb der Wissenschaft, mitten im Leben, wo in der Menschenwelt alle Schichten des Seienden sich überlagern und ungetrennt ineins bestehen, rechnen wir mit Notwendigem, z. B. in Form des deutlich Voraussehbaren, und richten danach unser Tun ein.

Wie ist das möglich, so fragt man sich, wo doch all dieses Begreifen ausnahmslos unvollständig ist? Die Antwort liegt bei dem, was wir als den Umweg des Begreifens über die Wesenserkenntnis, über das Allgemeine und seine apriorisch-kategoriale Bedingtheit kennen gelernt haben. Erkannt wird in solchen Fällen direkt gar nicht das, was hier und jetzt notwendig ist, sondern nur was überhaupt unter bestimmten Bedingungen notwendig ist. Ob aber im gegebenen Falle gerade diese Bedingungen erfüllt sind, wird nicht direkt eingesehen. Zum Bewußtsein kommt nur die Typenzugehörigkeit der Situation, und das genügt für bestimmte Aufgaben der Erkenntnis; aber dieses Situationsbewußtsein ist unvollständig. Bringt man jene grundsätzliche Einsicht der Notwendigkeit auf einen strengen Ausdruck, so hat sie stets die Form eines „Wenn—So". Es ist die Einsicht eines Allgemeinen, eines Wesenszusammenhanges, oder einer Gesetzlichkeit. Diese Einsicht kann durchaus exakt sein, auch wenn sie nicht ausdrücklich in Gesetzesform bewußt ist. Aber sie ist, für sich genommen, nur ein Begreifen der Wesensnotwendigkeit, nicht der Realnotwendigkeit. Und ob sie auf den gegebenen Fall zutrifft, resp. wieweit sie das Besondere in ihm mit betrifft, ist eine ganz andere Frage.

Von solchen Allgemeineinsichten, die im Grunde Wesenseinsichten sind, ist all unser Erkennen durchzogen, auch das praktische, das ohne Reflexion auf seine Voraussetzungen vor sich geht. Die gegebenen Einzelfälle fallen, so wie sie vom Wirklichkeitsbewußtsein erfaßt werden, immer schon unter gewisse Wesenseinsichten. Und auf diesen beruht dann das der Totalität vorgreifende Begreifen der Realnotwendigkeit. Zugleich aber wurzelt in diesem Verhältnis auch die Unvollständigkeit und Verführbarkeit dieses Begreifens. Denn die Subsumption unter das vorerfaßte Allgemeine ist ein Risiko der Erkenntnis. Die Gegebenheit des Falles reicht in der Regel nicht zu, um die Subsumption unter den Typus sicherzustellen.

Im praktischen Leben ist dieses Risiko verdeckt durch die Unbewußtheit und Selbstverständlichkeit, mit der ein Fall unter den vorschwebenden Typus einbezogen wird. Aber auch auf exaktem Gebiet, wo die Einbeziehung kritisch erwogen wird, bleibt die Unsicherheit bestehen. Man sieht das deutlich an dem Beispiel jener berühmten „Errechnung" des Neptun durch Leverrier: die Rechnung läßt sich kontrollieren, die zugrundegelegten Gesetze sind erprobt, aber das Beobachtungsmaterial könnte trotzdem irgendwie mißverstanden sein. Darum bleibt das volle Begreifen der Realnotwendigkeit auf die Bestätigung durch Gegebenheit des Wirklichen angewiesen.

Daraus ist zu entnehmen: das vollständige Begreifen der Notwendigkeit impliziert freilich von sich aus schon das Begreifen der Wicklichkeit. Das unvollständige aber tut es nicht. Und da im endlichen Erkennen das Begreifen der Notwendigkeit inbezug auf den Realfall unvollständig bleibt, da es die teilweise erfaßte Reihe der Realbedingungen nur durch ein Begreifen des Allgemeinen ergänzen kann, so muß man sagen: es impliziert von sich aus noch nicht das Begreifen der Wirklichkeit.

Sehr auffällig wird hier der Gegensatz zum Begreifen der Unmöglichkeit. Dieses eben reicht zu, ein Begreifen der Unwirklichkeit zu implizieren, und die negative Gegebenheit kann dem nur wenig hinzufügen. Hier ist keine Vollständigkeit erfordert, schon der Nachweis, daß eine einzige Bedingung fehlt, genügt zum Begreifen der Unmöglichkeit. Das ist ganz anders, wenn affirmative Notwendigkeit durchschaut werden soll, diejenige Notwendigkeit also, auf die es in der Wissenschaft und im praktischen Leben letzten Endes ankommt. Die Modi des Begreifens sind zwar im Negativen — also gerade dort, wo sie den geringeren Erkenntniswert haben, — stärker als die der Gegebenheit. Aber im Positiven, wo das eigentliche Gewicht menschlicher Weltorientierung auf ihnen ruht, sind sie schwächer als die Modi der Gegebenheit.

Daß ein Begreifen der Notwendigkeit kein Begreifen der Wirklichkeit impliziert, ist ein paradoxer Satz. Die Paradoxie läßt sich auch durch den Hinweis auf die Unvollständigkeit nicht ganz beheben. Denn man sollte meinen, unvollständiges Begreifen könne doch überhaupt nicht Begreifen der Notwendigkeit sein. Dem steht aber der Umstand gegenüber, daß auch die Einsicht des Allgemeinen schon ein gewisses Begreifen von Notwendigkeit ist. Es ist zwar unmittelbar nur ein solches der Wesensnotwendigkeit; aber eben weil das Reale gerade in seinen Dependenzverhältnissen unter Wesensgesetzen steht, so leuchtet jedes Begreifen von Wesensnotwendigkeit auch schon in das Gefüge der Realnotwendigkeit hinein. Und insofern ist das unvollständige Begreifen, trotz Unsicherheit und hypothetischem Einschlag, doch keineswegs zu verachten. Es ist trotz aller Halbheit doch der wertvollste Bestand menschlicher Erkenntnis.

Es ist dieselbe Paradoxie, die auch das Verhältnis zur negativen Möglichkeit zeigt. In der Beschränkung auf endliche Erkenntnis schließt das Begreifen der Notwendigkeit auch ein Bewußtsein der Möglichkeit des Nichtseins nicht aus; so wenig wie es die Gegebenheit der Unwirklichkeit ausschließen kann. Nur die Bestätigung durch positive Gegebenheit vermag das Bewußtsein negativer Möglichkeit auszuschließen.

d. Das Begreifen der Wirklichkeit und der Unwirklichkeit.

Die positiven Erkenntnismodi drängen alle auf das Begreifen der Wirklichkeit hin, die negativen alle auf das Begreifen der Unwirklichkeit. Aber das Hindrängen ist nur die von ihnen ausgehende Erkenntnistendenz, nicht Implikation. Echte einfache Implikation gibt es bei diesem Hindrängen nur im Negativen: vom Begreifen der Unmöglichkeit zum Begreifen der Unwirklichkeit.

Im Positiven dagegen waltet nur ein komplexes Implikationsverhältnis. Wir sahen soeben, wie das unvollständige Begreifen der Notwendigkeit allein kein Begreifen der Wirklichkeit impliziert; es ist nur ein „allgemeines" Begreifen vom Gesetz aus, genügt also nicht zur Realnotwendigkeit des Einzelfalles. Das aber ändert sich, wo zu diesem Begreifen des Allgemeinen die unmittelbare Gegebenheit eben dessen tritt, was auf Grund des Allgemeinen erschlossen wurde. Dann nämlich tritt für die fehlende Vollständigkeit des begriffenen Realzusammenhanges unmittelbar das Bewußtsein der Wirklichkeit des Resultats ein, und dieses überhebt das Begreifen der weiteren Vervollständigung. Es kann die letztere zwar nicht ersetzen; aber das unvollständige Begreifen, so weit es eben reicht, wird durch die ihm entgegenkommende Gegebenheit dennoch zu einem gewissen Begreifen der Wirklichkeit erhoben.

Das komplexe Implikationsverhältnis läßt sich demnach so formulieren: weder die Gegebenheit der Wirklichkeit noch das Begreifen der Notwendigkeit vermag ein Begreifen der Wirklichkeit zu implizieren — der ersteren fehlt es am Begreifen, dem letzteren am Wissen um das Wirklichsein —, wohl aber implizieren beide zusammen ein Begreifen der Wirklichkeit. Die entgegengesetzten Momente der beiden implizierenden Modi gehen hierbei eine Synthese miteinander ein, in der das Begriffene sich als ein Wirkliches erweist.

Das implizierte Begreifen ist hierbei freilich nicht vollständiger als das implizierende (das der Notwendigkeit). Es ist und bleibt auch nur ein Begreifen des Allgemeinen im Realwirklichen, und an der Besonderheit des Falles bleibt mancherlei Unbegriffenes zurück. Aber das ändert nichts daran, daß es eben doch ein gewisses Begreifen der Realwirklichkeit ist — in den Grenzen, in denen überhaupt menschliche Erkenntnis solchen Begreifens mächtig ist.

Der Erkenntniswert dieses Begreifens ist trotz der Unvollständigkeit unter Umständen ein außerordentlich hoher; denn die Heterogeneität der sich in ihm ergänzenden und gleichsam gegenseitig stützenden Modi verleiht ihm einen grundsätzlich hohen Gewißheitsgrad. Außerdem kann dieser Wert mit zunehmender Vervollständigung des Begreifens unbegrenzt steigen. Selbst in der Praxis des Lebens, wo die Synthese der Erkenntnismodi vollkommen unbewußt, aber mit größter Selbstverständlichkeit auf Schritt und Tritt vollzogen wird, — z. B. in aller sog. Lebenserfahrung, aller Menschenkenntnis, aller Situationsbeherrschung — kommt dem Begreifen dieser Art so großes Gewicht zu, daß gerade der Erfahrene sich mit gutem Grunde darauf verläßt.

Sieht man nun genau zu, so findet man, daß die Implikation, um die es hier geht, sogar noch bedeutend komplexer ist. Denn tatsächlich setzt ja das Begreifen der Notwendigkeit stets schon ein Begreifen der Möglichkeit voraus; und ebenso ist die Gegebenheit der Wirklichkeit schon vom Bewußtsein der Möglichkeit begleitet. So werden also die beiden positiven Möglichkeitsmodi mit hineingezogen; und es erweist sich, daß in Wahrheit nicht nur zwei, sondern vier positive Erkenntnismodi, d. h. alle außer dem höchsten, zusammenwirken, um gemeinsam diesen höchsten Erkenntnismodus, das Begreifen der Wirklichkeit, zu implizieren.

Dieser hochkomplexen Implikation entspricht die Umkehrung des Verhältnisses. Denn offenbar impliziert das Begreifen der Wirklichkeit seinerseits alle die Modi, die an seinem modalen Aufbau beteiligt sind. Es impliziert also sowohl das Begreifen der Notwendigkeit als auch die Gegebenheit der Wirklichkeit. Und da man Notwendigkeit nicht begreifen kann, ohne in gleichem Maße auch Möglichkeit zu begreifen, und Wirklichkeit nicht als gegeben erfassen kann, ohne ein Bewußtsein der Möglichkeit zu haben, so ergibt sich, daß das Begreifen der Wirklichkeit seinerseits alle anderen positiven Erkenntnismodi impliziert. Nur das Bewußtsein der Zufälligkeit schließt es aus. Aber dieses Bewußtsein ist kein rein positiver Erkenntnismodus.

Andererseits ist zu berücksichtigen, daß dieses Impliziertwerden der niederen Modi vom höchsten aus kaum mehr eigentliche Implikation zu nennen ist. Jedenfalls kommt sie für den synthetisch aufbauenden Erkenntnisgang so kaum in Frage. Die Erkenntnis geht den umgekehrten Weg, den vom niederen Modus zum höheren. Man begreift niemals die Notwendigkeit oder die Möglichkeit von der schon begriffenen Wirklichkeit aus, sowenig als man von ihr zur schlichten Gegebenheit gelangt (man gelangt wohl gemäß dem „Kreislauf der Erkenntnis" zu neuer Gegebenheit, aber nicht zu der alten, die schon vorausgesetzt war). Man begreift vielmehr nur umgekehrt die Wirklichkeit von der begriffenen Möglichkeit und Notwendigkeit einerseits, von der gegebenen Wirklichkeit andererseits aus. Das Begreifen der Wirklichkeit hat die niederen positiven Erkenntnismodi wohl zur Voraussetzung, aber eigentliche Implikation waltet nur in der umgekehrten Richtung: von der Gesamtheit dieser Modi zu ihm. —

Anders aber und einfacher liegen die Dinge beim Begreifen der Unwirklichkeit. Es wurde gezeigt, wie und warum schon das bloße Begreifen der Unmöglichkeit das der Unwirklichkeit impliziert. Da nun das letztere wohl ein Begreifen der negativen Möglichkeit voraussetzt, aber keineswegs die Gegebenheit der Unwirklichkeit zu ihrer Bestätigung oder Ergänzung braucht, so folgt, daß auch das Begreifen der Unwirklichkeit seinerseits nur das Begreifen der negativen Möglichkeit und das der Unmöglichkeit impliziert, nicht aber die Gegebenheit der Unwirklichkeit und ihren Begleitmodus, das Bewußtsein der negativen Möglichkeit.

Aber auch diese Umkehrung der Modaldependenz ist keine eigentliche Implikation mehr, sondern nur ein Vorausgesetztsein. Der Erkenntnisgang geht auch im Negativen nur vom unbestimmteren zum bestimmteren Modus.

e. Das Bewußtsein der Zufälligkeit.

Im ganzen Bereich des Begreifens ist der Tendenz nach die Zufälligkeit ausgeschlossen. Freilich nur der Tendenz nach, nicht effektiv im unvollständigen Begreifen, das auf die Allgemeinheit der Wesensverhältnisse angewiesen ist, wo es die undurchdringliche Verflochtenheit der Realbedingungen nicht faßt. Unter dem Allgemeinen als solchem bleibt das Besondere ja auch ontisch zufällig, wie die Intermodalverhältnisse des idealen Seins gelehrt haben (Kap. 42 c und 44 a). So kann man in der endlichen Erkenntnis keinen scharfen Grenzstrich ziehen, der die Reichweite möglichen Bewußtseins der Zufälligkeit abstecken könnte.

Der Idee nach müßte der Grenzstrich genau dort liegen, wo die beiden heterogenen Elemente der Erkenntnis, Gegebenheit und Begreifen, einander berühren. Aber im endlichen Erkennen ist diese Grenze verschoben, ist kein Strich, ist aufgelöst in die Reihe der Übergangsphänomene. Es gibt zwar kein eigentliches Begreifen der Zufälligkeit; aber alles unvollständige Begreifen behält einen gewissen Einschlag von Zufälligkeitsbewußtsein zurück. Dieser Einschlag ist nicht ein Moment des Begreifens, sondern gerade des Nichtbegreifens. Aber er begleitet das Begreifen genau so treulich durch alle seine Stufen wie das Wissen um das Unbegreifliche.

Da nun andererseits die Modi der Anschauung ohnehin ganz der erscheinenden Zufälligkeit ausgeliefert sind, so ist tatsächlich der Spielraum der Zufälligkeit in der Realerkenntnis ein außerordentlich breiter. Er wird überhaupt nur durch das gelegentlich in voller Strenge auftretende Begreifen der Unmöglichkeit eingedämmt. Im Positiven ist die Eindämmung schon viel schwächer, weil das Zusammenfallen des unvollständigen Begreifens der Notwendigkeit mit dem Gegebensein der Wirklichkeit nur ein Ersatz strikten Begreifens ist und nur unter günstigen Umständen erreichbar ist. Alles, was dazwischen liegt, ist und bleibt durchsetzt, und gleichsam zersetzt, vom Bewußtsein der Zufälligkeit.

In diesem Modus also haben wir den extremsten Gegensatz zwischen Erkenntnis und Gegenstand. Denn das Reale schließt innerhalb seiner Sphäre den Zufall aus; es ist das Gebiet der durchgehenden Determination und des zureichenden Grundes. Die Erkenntnis bringt es nur negativ zum zureichenden Grunde, oder in den Teilaspekten, die das Allgemeine gewährt. Im positiven Begreifen des Realfalles nach seiner Besonderheit bleibt sie unvollständig. Daher der breite Spielraum des Zufälligkeitsbewußtseins — auch im Begreifen: es setzt überall da ein, wo das Begreifen seine Grenzen findet. Das Bewußtsein der Zufälligkeit ist recht eigentlich der Grenzmodus des menschlichen Begreifens.

Aber es ist kein selbständiger Modus. Es kann nur als Begleitmodus der Gegebenheit auftreten. Formal also impliziert es die Gegebenheit, die der Wirklichkeit so gut wie die der Unwirklichkeit; mittelbar also auch das Bewußtsein der Möglichkeit (des Seins, resp. des Nichtseins). Aber das ist wiederum nicht eigentliche Implikation, sondern nur das Vorausgesetztsein des Fundamentalmodus, sowie dessen, was von ihm impliziert wird. Und so impliziert denn das Bewußtsein der Zufälligkeit in Wahrheit nichts.

Wohl aber schließt es andere Modi aus, und zwar nicht nur das Begreifen der Notwendigkeit, resp. der Unmöglichkeit — was eine Selbstverständlichkeit ist —, sondern auch das Begreifen der Wirklichkeit und Unwirklichkeit. Denn man kann das Realwirkliche nur begreifen, wenn man es als notwendig begreift. Indifferenz dagegen besteht gegen das Begreifen der Möglichkeit. —

Neben alledem gibt es aber noch ein anderes Auftreten des Zufallsmodus in der Erkenntnis, ein wirkliches Begreifen von Realzufälligkeit. Dieser Ausdruck ist sehr mit Vorsicht zu nehmen; er würde einen Nonsens aussprechen, wenn der Gegenstand nicht auch zufällig wäre. Und ist er real zufällig, so bleibt gerade im Zufälligsein ein Unbegreifliches; das Begreifen kann sich nur auf das „Auftreten" des Realzufälligen beschränken.

Das Reale nun ist so geartet, daß es zwar innerhalb seiner Grenzen durchgehender Dependenz unterliegt, also im Besonderen stets notwendig ist, an seinen Grenzen aber, sowie als Ganzes, zufällig bleibt. Das philosophische Begreifen aber kann auch dieses sein Geartetsein sehr wohl erfassen. Es erfaßt es sogar durchaus exakt an der Struktur der Realdetermination. Diese hat die Form der Reihe, und die ersten Reihenglieder müssen undeterminiert, d. h. zufällig sein.

Dieses Begreifen der Zufälligkeit läßt sich aber in keiner Weise verallgemeinern. Es bleibt auf den einen Punkt beschränkt. Und da dieser nur in spekulativ metaphysischen Erwägungen zum Gegenstand der Erkenntnis wird, so bleibt in der Wissenschaft und im Leben die Erkenntnis des Realen vom Begreifen der Zufälligkeit frei.

53. Kapitel. Erkenntnisdetermination und Erkenntnisgrund.

a. Der Doppelfehler des Rationalismus und die Modalanalyse.

Die Philosophie des Rationalismus verstand den Satz vom Grunde in doppeltem Sinne: sowohl das Seiende als auch die Erkenntnis des Seienden sollte durchweg zureichenden Grund haben. Wenn man unter Erkenntnis nur das vollständige Begreifen verstand, so war das eine einfache Konsequenz aus der durchgehenden Determination des Seienden. Ja, eigentlich mußten dann Erkenntnisgrund und Seinsgrund zusammenfallen und gar nicht mehr zweierlei Art von Grund sein.

Die Voraussetzung aber, auf der man fußte, ist gerade das Grundvorurteil dieses Rationalismus. Daß es ein vollständiges Begreifen des Realwirklichen gäbe, dafür haben wir nicht den mindesten Anhalt. Es kann ein solches genähert an begrenzten Ausschnitten des Seienden geben; und dann freilich liegt darin auch genähertes Begreifen des zureichenden Grundes und der aus ihm resultierenden Notwendigkeit. Aber weder läßt sich das verallgemeinern, noch ist in der Begrenztheit eines Ausschnittes volle Einsicht der Notwendigkeit möglich. Es bleibt immer ein Bestand von Realbedingungen zurück, die über die Grenzen des Ausschnittes hinaus liegen; von diesem Bestande wird dann grundsätzlich abgesehen, und nur durch das Absehen scheint die erfaßte Notwendigkeit vollständig zu sein.

Und folglich ist diese Einsicht noch gar nicht eigentliches Begreifen der Notwendigkeit. Begriffen wird nicht der zureichende Grund, der vollständig sein müßte, sondern nur ein Bruchstück von ihm, eine begrenzte Reihe von Bedingungen. Die Einsicht der Notwendigkeit selbst bleibt somit hypothetisch. Und nur die Rückbeziehung auf neue gegebene Tatsächlichkeit kann sie zur Gewißheit erheben. Diese Art Ergänzung aber kommt nicht aus dem Begreifen des Grundes, sondern aus der Gegebenheit des Wirklichen.

So wurzelt der alte Rationalismus und alles, was ihm in neuerer Zeit verwandt ist, in einer tiefen Verkennung des Wesens der Erkenntnis. Die Verkennung aber betrifft gerade die Intermodalverhältnisse der Erkenntnis. Vorausgesetzt wird hier stillschweigend, daß alles Erkennen eines Wirklichen auf dem Begreifen seiner Seinsgründe beruhe. Verkannt wird der Charakter der unmittelbaren Gegebenheit, die von Gründen nichts weiß. Man meint, es müsse in der Gegebenheit stets schon ein Begreifen der Wirklichkeit stecken, nur eben ein unvollständiges; und die Tatsache, daß im entwickelten Erkenntnisstande alle Gegebenheit schon in ein gleichsam bereitstehendes Maschennetz des angehenden Begreifens fällt, leistet dem Vorschub. So meinte Leibniz, alle vérité de fait auf ein sich selbst nicht „distinkt" durchschauendes Haben der Gründe zurückführen zu können. Es bedürfte dann nur des tieferen Durchschauens der eigenen Inhalte der Erkenntnis, um zum vollständigen Begreifen zu gelangen. Auf dieser Basis hat sich die logisch-wissenschaftstheoretische Richtung der Erkenntnistheorie im ausgehenden 19. Jahrhundert, insonderheit die des Neukantianismus, bewegt.

Die Modalanalyse der Erkenntnis macht diesem Irrtum ein für allemal ein Ende. Was kein Empirismus und kein Positivismus vermochte, weil beide in das umgekehrte Extrem fielen, das fällt in dieser Analyse als eine Art Nebenertrag der Untersuchung ab. Sie zeigt den weiten Abstand der anschaulichen Gegebenheit vom Begreifen im Modus der Wirklichkeit auf; einen Abstand, der nicht auf Abstufung derselben Einsicht, sondern auf der Heterogeneität verschieden gearteter Einsichten beruht. In der Gegebenheit eines Wirklichen braucht von Einsicht seiner Realgründe überhaupt nichts enthalten zu sein, weder offen noch latent. Damit deckt die Modalanalyse den doppelten Irrtum des Rationalismus auf: einerseits das Verwischen des Unterschiedes zwischen Realgrund und Erkenntnisgrund, andererseits aber das fälschliche Hinausspielen menschlicher Erkenntnis auf die Abstufungen absoluter (oder „göttlicher") Erkenntnis, in der das Wissen um Tatsächlichkeit mit dem Begreifen von Möglichkeit und Notwendigkeit zusammenfallen müßte.

Beides hängt aufs engste zusammen. Die Zweideutigkeit liegt schon im Titelbegriff des „Rationalen" selbst. Man versteht die ratio einerseits als Vernunft, andererseits als Grund; man meint, es sei genau so viel Vernunfteinsicht in der Erkenntnis, als Gründe des Gegenstandes erfaßt seien. Das hat Sinn, wenn man das Erfassen des Gegenstandes dem Sichselbstdurchschauen der Vernunft gleichsetzt. Es geht also an im absoluten Apriorismus (Leibniz), der die Gründe des Seienden im Hintergrunde des Bewußtseins voraussetzt. Es geht aber nicht an, wenn man die Selbständigkeit der aposteriorischen Erkenntnisquelle durchschaut. Dann brauchen die Seinsgründe nicht nur nicht erfaßt zu sein, sondern sie brauchen den Erkenntnisgründen auch inhaltlich gar nicht zu entsprechen.

Damit ist eine unübersteigliche Grenzscheide zwischen der menschlichen Erkenntnis und dem erträumten intellectus infinitus gezogen. Es ist die Grenze des vom ontisch sekundären Gebilde (dem posterius) ausgehenden, sich auf Seinsgründe stets erst mittelbar besinnenden Intellekts gegen den rein vom ontisch primären Gebilde (dem prius) aus erkennenden. Der letztere würde zwar aus lauter zureichenden Gründen heraus erkennen können, aber er ist nicht unser Intellekt und kann von dem unseren nie erreicht werden.

Die Konsequenz dieser Sachlage ist, daß — entgegengesetzt der Annahme jener Theorien — die Erkenntnis, wie sie ist, tatsächlich der zureichenden Gründe zumeist entbehrt und jedenfalls weit entfernt ist, sich in ihrem Gesamtbestande auf dem Begreifen der Seinsgründe aufzubauen. Im allgemeinen begnügt sich die Erkenntnis — soweit überhaupt sie Gründe begreift — mit durchaus „unzureichenden" Gründen und muß sich die Ergänzung für die fehlende Striktheit der Notwendigkeit auf anderer Seite suchen. So allein entspricht es der bekannten Sachlage, daß die Wissenschaft auf allen Realgebieten ein langwieriges, nur selten einmal abschließbares Verfahren hypothetischen Vordringens nötig hat, um wenigstens zu einem partiellen Begreifen der Notwendigkeit hinzugelangen, und zwar gerade dort, wo Tatsachenreihen in breitestem Umfange vorliegen.

b. Realgrund der Erkenntnis und Erkenntnis des Realgrundes.

Diese Sätze dürfen nicht dahin mißverstanden werden, als wäre Erkenntnis jemals etwas Grundloses. Dafür, daß etwas überhaupt erkannt wird, und daß es gerade so und so weit erkannt wird, gibt es stets den zureichenden Grund, ob sie um ihn nun weiß oder nicht. Die Erkenntnis kann nie anders ausfallen, als sie faktisch ausfällt; könnte sie anders erkennen, so müßte sie auch anders erkennen.

Daß etwas wahrgenommen wird, hat seinen zureichenden Grund in einer Kollokation von Umständen, im Gegenwärtigsein des Gegenstandes, im Vorhandensein des Organs, des Bewußtseins, im Hingelenktsein der Aufmerksamkeit u. a. m.; ebenso daß etwas begriffen wird, im Vorhandensein der inneren und äußeren Bedingungen des Begreifens. Stets ist die Kette der Realbedingungen erfüllt. Und stets ist das real wirkliche Erfassen auch real notwendig.

In diesem Sinne also gibt es stets den zureichenden Grund der Erkenntnis. Denn Erkenntnis ist, ontologisch verstanden, ein Realprozeß — ein Prozeß des geistig realen Lebens — und unterliegt den Intermodalgesetzen des Realen. Den Grund in diesem Sinne also darf man den „Realgrund der Erkenntnis" nennen. Sein Vorhandensein wurzelt in den Realmodi der Erkenntnis, die sich von denen des sonstigen Realen in der Welt nicht unterscheiden. Aber der Realgrund der Erkenntnis besteht ganz unabhängig davon, ob er selbst wiederum erkannt wird oder nicht. Gemeinhin wird er nicht erkannt. Ja, er trägt auch, wenn er wirklich erkannt wird, nicht wesentlich zur Erkenntnis des Gegenstandes bei; er tut das nur in besonderen Fällen, etwa wo es sich um Aufdeckung von Schein oder Täuschung handelt Denn er ist nicht der Realgrund des Gegenstandes, sondern nur Realgrund der Erkenntnis des Gegenstandes.

Was man dagegen erkenntnistheoretisch den Grund als Basis des Begreifens nennt, ist etwas ganz anderes. Mit ihm ist der Grund gemeint, aus dem heraus man die Notwendigkeit des Gegenstandes begreift. Erkenntnisgrund in diesem engeren Sinne muß also vielmehr der Realgrund des Gegenstandes sein, sofern er erkannt wird und sofern aus ihm die Notwendigkeit der Sache begriffen wird.

Was also in der Frage nach dem zureichenden Grunde in der Erkenntnis gemeint ist, das ist nicht der Realgrund der Erkenntnis, sondern die Erkenntnis des Realgrundes des Gegenstandes der Erkenntnis. Und mit dieser Erkenntnis steht es so, daß sie keineswegs die des Gegenstandes ohne weiteres begleitet, obgleich der Realgrund des Gegenstandes stets vorhanden ist. Die Erkenntnis, soweit sie zustande kommt, ist zwar stets notwendig, aber sie ist deswegen keine Erkenntnis der Notwendigkeit; und zwar weder ihrer eigenen Realnotwendigkeit noch der Realnotwendigkeit des Gegenstandes. Die innere Erkenntnismodalität fällt eben mit der äußeren nicht zusammen, selbst dann nicht, wenn sie gelegentlich einmal mit ihr übereinstimmt. Fielen beide zusammen, so müßte alle Wirklichkeitserkenntnis zugleich Begreifen der Notwendigkeit sein.

Der Umstand, daß dem nicht so ist, macht die innere Situation der Erkenntnis aus, die sich darin bekundet, daß das anschauliche Wirklichkeitsbewußtsein — mitsamt dem es begleitenden dunklen Möglichkeitsbewußtsein — den zureichenden Grund des Wirklichen nicht sieht. Das konkrete Gegenstandsbewußtsein trennt seine Gegenstände von ihren Gründen ab. Es ist gleichsam blind für sie. Darum erscheinen ihm die Gegenstände (die Situationen, Geschehnisse u. s. f.) grundlos, zufällig, als unterlägen sie keinem Determinationsgesetz.

Die Erkenntnis ist weit entfernt, dem Realzusammenhange folgen zu können. Darum gilt gerade für sie — entgegen der Voraussetzung des Rationalismus — kein Gesetz des zureichenden Grundes. Nur für das Begreifen gilt ein solches Gesetz, aber auch nur der Idee nach; oder richtiger, es würde streng nur für ein vollständiges Begreifen gelten. Vollständiges Begreifen aber bleibt im großen Ganzen ein Desiderat und zählt jedenfalls nicht zu den durchgehenden Wesensgruppen der Realerkenntnis.

c. Das „Begründen" und das Aufzeigen von Realgründen.

Der Satz vom zureichenden Grunde ist kein allgemeines Erkenntnisgesetz. Er besagt nicht, daß alle Erkenntnis auch um die Gründe wüßte, auf denen ihr Gegenstand beruht, und noch weniger, daß sie „aus" ihnen ersähe, wie er beschaffen ist. Zwar gibt es stets den zureichenden Grund, warum wir etwas erkennen, und warum gerade so und so weit. Aber das ist nur der Realgrund der Erkenntnis, nicht der des Erkannten; und nicht „aus" ihm wird erkannt, was erkannt wird, sondern zumeist in Unkenntnis seiner.

Ein Erkennen aus Gründen gibt es zwar; aber weder ist es allem Erkennen eigen, noch ist es deswegen auch schon ein Erkennen aus dem Realgrund der Sache. Der Erkenntnisgrund vielmehr kann auch die ontische Folge dessen sein, was aus ihm erkannt wird.

So ist es z. B. in allem kausalen Rückschließen von der Wirkung auf die Ursache. Dieser Schluß ist berechtigt, wo er sich auf zureichende Kenntnis der Seinsgesetze stützt, die den Fall beherrschen. Aber es ist kein Schluß aus dem Realgrunde der Sache auf diese, sondern ein Schluß aus der Gegebenheit der Sache auf ihren Realgrund. Erkenntnis ist nicht nur ein Gebiet unvollständiger Determination, sondern auch ein solches der gegen die Realdependenz frei variierenden Richtung des Vordringens. Die Richtung der Erkenntnisfolge ist nicht an die der Realfolge gebunden; sie kann ebensogut mit ihr wie gegen sie laufen. Bedenkt man, daß die Gegebenheit in der Regel nur das Außenphänomen der Sache, also das ontisch Abhängige darbietet, die Realgründe aber für diese Art des Herantretens erst „hinter" der Sache auftauchen können, so ist leicht abzunehmen, daß im Erkennen gemeinhin das Verhältnis von Grund und Folge sich inhaltlich umkehrt.

Die Konsequenz daraus ist: das „Begründen", wie die Wissenschaft es pflegt und wie es im Leben unsere Überlegungen beherrscht, ist keineswegs identisch mit dem Aufzeigen von Realgründen, und folglich auch nicht mit dem Wissen um sie.

Das Begründen besteht wohl im Aufzeigen von Erkenntnisgründen. Aber der Erkenntnisgrund fällt nicht mit dem Realgrund der Sache zusammen. Das Begründen geht wohl letzten Endes auf das Begreifen der Sache, und dieses ist nur aus deren Realgründen möglich. Aber der Weg dahin ist weit. Zunächst müssen die Realgründe selbst erst gefunden werden. Und sie sind bestenfalls auffindbar, indem man die Gegebenheit dessen, was im Realverhältnis Folge ist, zum Erkenntnisgrunde macht, d. h. aus ihr auf jene schließt.

Indessen nicht das allein macht den Unterschied von Begründen und Aufzeigen der Realgründe aus. Denn umgekehrt liegt die Sache so: hat man schließlich wirklich den Realgrund X einer Sache A herausgefunden, so ist damit noch keineswegs gesagt, daß man auch schon verstünde, wie A aus X hervorgeht. Man kann sehr wohl wissen, daß A auf X beruht, ohne doch zu begreifen, wieso gerade X es hervortreibt. Gerade die inneren Zusammenhänge des „Folgens" als solchen pflegen nicht als eigentliches Folgen begriffen zu werden. Das Begreifen geht gemeinhin nur bis zur Gesetzlichkeit, d. h. bis zum allgemeinen Typus eines bestimmten, sich konsequent wiederholenden Folgens; man versteht dann wohl, wie unter Voraussetzung des Gesetzes im gegebenen Falle X nicht ohne die Folge A bleiben kann. Aber das ist noch kein Begreifen des Hervorgehens selbst, also auch noch kein ontologisches Begreifen der Notwendigkeit.

Charakteristisch für dieses Verhältnis ist das kausale Begreifen; da läßt sich in der Regel der Zusammenhang von X und A in Form einer Gesetzlichkeit erfassen, oft genug auch auf allgemeinere Gesetze zurückführen. Aber mit alledem sieht man noch lange nicht ein, wie die Ursache es vollbringt, die ihr unähnliche Wirkung hervorzutreiben. Vielmehr das Allgemeine selbst, auf Grund dessen man das Besondere begreift, bleibt so zunächst noch unbegriffen. Das Begreifen durchdringt den Realnexus nicht. Es kann ihm nicht in seine innere, geheimnisvolle Dynamik hinein folgen, es bleibt vor ihr als einem Irrationalen stehen.

Es ist eine der tiefsten Einsichten Kants, daß für unser Erkennen der Kausalzusammenhang nur eine „Analogie der Erfahrung" bedeutet, die wir zwar mit Recht auf die Folge der Erscheinungen a priori anwenden, aber keineswegs durchschauen. Denn wie eine Ursache ihre Wirkung hervorbringt, „davon haben wir a priori nicht den mindesten Begriff" [1]). Und da wir a posteriori erst recht keinen Begriff davon haben, so haben wir eben überhaupt kein Begreifen davon.

Man kann somit unter günstigen Bedingungen sehr wohl den Grund X für ein gegebenes A aufzeigen. Und ist X zureichend — was in einfachen Fällen genähert zutreffen mag —, so liegt in ihm dann auch wirklich die vollständige Kette der Realbedingungen, unter denen A real notwendig auftritt. Dennoch aber braucht das Wissen um diese Bedingungen als Bedingungen von A noch keineswegs ein Begreifen der Notwendigkeit von A zu sein. Dazu würde außerdem noch erforderlich sein, daß man auch begriffe, wieso denn eigentlich unter diesen Bedingungen A nicht ausbleiben kann, resp. wie eigentlich X es macht, A hervorzubringen.

Dazu aber reicht unsere Gesetzeserkenntnis schon in den einfachsten Fällen nicht aus. Führt man z. B. die Keplersche Ellipse der Erdbahn auf die Newtonschen Gesetze der Beharrung und der Gravitation zurück, so hat man damit noch keineswegs erfaßt, wie Trägheit der Masse und Gravitation es anstellen, die elliptische Form hervorzubringen. Dazu müßte man auch wissen, was eigentlich Trägheit und was Gravitation ist. Beide aber kennen wir nur als Formulierungen für gewisse Grundmomente der Erscheinungen. Was Gravitation als Kraft ist, was Trägheit als Eigenschaft der Materie ist (und das heißt, was Materie selbst ist), bleibt darin durchaus unbekannt. An beide Punkte knüpfen sich die größten Rätselfragen der Physik, und je tiefer man in ihre Aporetik eindringt, um so rätselvoller werden sie.

Hier also ist das Aufzeigen der Realgründe (so weit man sie faßt) jedenfalls kein Begreifen der Realnotwendigkeit. Es ist ein „Begründen" nur im Sinne der Rückführung auf Allgemeines (Wesenszüge), aber nicht im Sinne des Herleitens, oder gar des Beweisens aus ihm.

d. Wesen und Grund, Begreifen und Begründen.

Was schon in so einfachen Fällen versagt, kommt für komplexere erst recht nicht in Frage. Auch das Aufzeigen von Realgründen ist also noch

[1]) Kant sagt: „Wie nun überhaupt etwas verändert werden könne, wie es möglich sei, daß auf einen Zustand in einem Zeitpunkte ein entgegengesetzter im anderen folgen könne, davon haben wir a priori nicht den mindesten Begriff", Krit. d. r. V., 2. Ausg., S. 252. Daß das Hervorgehen der Wirkung aus der Ursache gemeint ist, zeigt der weitere Zusammenhang.

keineswegs ein Begreifen der Realnotwendigkeit aus ihnen. Zu einer Erfüllung des Satzes vom zureichenden Grunde kommt es auch so in der Erkenntnis nicht. In diesem Punkte ist tiefste Heterogeneität zwischen der Erkenntnis und ihrem Gegenstande.

Was darüber immer wieder getäuscht hat, ist die alte Vorstellung vom „Wesen" der Sache. Man meint, der „Grund" der Sache sei nichts anderes als ihr Wesen. Ja, es scheint, wenn der Grund nicht Wesen der Sache ist, so muß er ihr äußerlich sein; und dann kann er an ihr auch nichts erklären. So war es Hegels Ansicht; und ihr liegt schon eine alte Metaphysik des Wesens zugrunde. Diese reicht über die klassischen essentia-Theorien bis auf Aristoteles zurück, der im τί ἦν εἶναι die innere αἰτία erblickte. Geht man allgemein vom teleologischen Schema des Realzusammenhanges aus, so ist das wenigstens konsequent, wenn auch den Phänomenen nicht genügend. Hat man aber den ontischen Gestaltenreichtum der Realverknüpfung erfaßt, so werden Vereinfachungen dieser Art zu Verfälschungen.

Die Welt ist keineswegs so gebaut, daß jede Sache ihr eigenes Prinzip in sich trüge, unabhängig vom übrigen Realen. Der Realzusammenhang gerade geht durch, stets wurzelt eines im anderen, ist rückbezogen auf Bedingungen, die keineswegs in ihm selbst liegen; und erst die Gesamtheit dieser Bedingungen, zusammen mit der jeweilig gewordenen inneren Geformtheit, macht seinen zureichenden Realgrund aus.

Die Hegelsche Dialektik des „Grundes" ist von Grund aus falsch angelegt. Sie lehnt den „äußeren Grund" ab, betrachtet ihn als etwas, was vom begründenden Verstande fälschlich an die Sache herangetragen wäre. Sie lenkt statt dessen auf die Aristotelische Wesenssubstanz zurück, und daraus resultiert dann die ganze Reihe der selbstgemachten Schwierigkeiten, in der diese Dialektik besteht, desgleichen die grundsätzliche Verkennung des Realzusammenhanges. Der Grund ist nicht identisch mit dem Begründeten, ist nicht sein Wesen, und zwar weder im Realverhältnis noch im begründenden Erkennen. Das Gesetz des Grundes ist kein tautologisches Prinzip. Weder Hegels „formeller" noch sein „materieller" Grund kommt hier überhaupt in Frage; Form wie Materie sind wesentlich die der Sache selbst. Ihr Realgrund aber ist nicht sie selbst, sondern ein anderes als sie, und niemals in ihr enthalten. Aller Realgrund ist der Sache äußerlich, die er zur Folge hat. Und eben dadurch ist das Gesetz des Grundes ein Einheitsgesetz der Welt. Es bedeutet die durchgehende Notwendigkeit der Dependenz in der Einheit des Realzusammenhanges.

Aber indem der Realgrund X stets ein anderes ist „hinter" dem A, und niemals „in" ihm selbst gegeben sein kann, so ist nichtsdestoweniger das „Begründen" im Erkenntnisgange doch kein „Herantragen" von

Gründen. Es ist vielmehr ein Aufzeigen von schon bestehenden, dem A zugrundeliegenden und dennoch ihm äußeren Realfaktoren, deren Gesamtheit (X) stets ein ganzes Feld des Seienden umfaßt. Erkenntnis kann zum Seienden nichts hinzufügen. Sie hat es im Begreifen des Grundes wie im Anschauen der Tatsache mit nichts als dem Vorhandenen zu tun. Nur die Gegebenheitsverhältnisse liegen verschieden; denn das Vorhandene ist als solches noch nicht gegeben.

Was stets schon vorhanden ist, wo immer es ein A gibt, das ist sein Beruhen auf einem Bedingungskomplex, der den Realgrund X ausmacht. Dieses Verhältnis besteht unabhängig vom Begreifen. Das eben besagte das „Realgesetz der Notwendigkeit", sowie das aus ihm resultierende Gesetz der Realdetermination. Dieses Verhältnis des „Beruhens" ist aber mit A nicht mitgegeben, sondern hinter dem Bewußtsein der Wirklichkeit „verschwunden". Die Erkenntnis muß es erst wieder aufdecken, muß es aufzeigen, wenn anders sie A auch in seiner Realnotwendigkeit begreifen will. Sie muß dazu A als Glied eines Realzusammenhanges verstehen, den sie erst freilegen muß. Darum muß sie es als das von X „Abhängende" verstehen, das es ist, aber als das es ihr nicht gegeben ist. Denn es gibt keinen Leitfaden im Aufspüren der verborgenen Realnotwendigkeit als die Verflochtenheit des Realen in der Realdependenz selbst.

Dazu hilft ihr das „Wesen" der Sache wenig. Man kann wohl den Wortsinn von „Wesen" umbiegen und sagen, der Realzusammenhang mit X eben sei das Wesen von A. Aber das ist nur ein Spiel mit dem Wort. „Wesen" hat vielmehr seine ganz bestimmte Bedeutung, es bezeichnet den Einschlag des idealen Seins, als eines Allgemeinen, im Realen. Und dieser Einschlag deckt sich nun einmal nicht mit der Realkollokation der Umstände und Bedingungen.

Der Realgrund ist niemals Wesensgrund, das Begreifen des Realgrundes niemals bloße Wesensschau. Dieses Begreifen vielmehr ist die Einsicht der Realdependenz des A von X. Die Abhängigkeit dieser Einsicht selbst also von ihren Erkenntnisbedingungen — dem Erkenntnisgrunde — kann niemals dieselbe sein wie die Realabhängigkeit, die sie einsehen soll. Letztere ist hier Gegenstand der Einsicht, erstere aber ihre Voraussetzung. Darum ist der Erkenntnisgrund als solcher nie Seinsgrund der Sache, und das Einsehen aus Gründen als solches noch nicht Begreifen von Realgründen. Darauf beruht die Begrenztheit alles Begreifens der Notwendigkeit.

Vierter Teil

Intermodalverhältnisse zweiter Ordnung

I. Abschnitt

Das modale Verhältnis der beiden Seinssphären

54. Kapitel. Das Sphärenproblem im Lichte der Modalanalyse.

a. Ontologische Gewichtsverteilung im Sphärenverhältnis.

Das Verhältnis der Sphären tritt in ihren Modi und inneren Intermodalverhältnissen bereits deutlich hervor. Und dieses Verhältnis ist die Grundlage aller weiteren ontologischen Überlegung. Es gibt aber einen Weg, es noch genauer zu präzisieren, und zwar gerade auf Grund der entwickelten Mannigfaltigkeit der Modi. Dieser Weg liegt in der Verfolgung des Verhältnisses zwischen den korrespondierenden Modi verschiedener Sphären, d. h. der Intermodalverhältnisse zweiter Ordnung.

Es sind nicht durchweg strenge Gesetzlichkeiten, die hier walten. Ein Teil der Verhältnisse ist lose gefügt und ergibt keine eindeutigen Beziehungen, sei es nun der Implikation oder der Ausschließung; und selbst das unbestimmte Verhältnis der Indifferenz trifft hier in manchen Fällen nicht mehr zu. Denn es gibt auch so etwas wie die „Tendenz" eines Modus der einen Sphäre auf einen entsprechenden Modus der anderen, ohne daß deswegen die Tendenz auch gleich die Macht hätte, sich durchzusetzen und in regelrechte Implikation überzugehen. Es bekundet sich darin eine gewisse Losigkeit des Verhältnisses, eine Art Spielraum der Sphären gegeneinander. Und das gerade ist tief charakteristisch für die Stellung der sekundären Sphären (der logischen und der Erkenntnissphäre) zu beiden Seinssphären. In anderen Fällen aber nimmt das Verhältnis eine durchaus bestimmte Form an. Und da darf man dann von eigentlichen Intermodalgesetzen zweiter Ordnung sprechen.

Da von den vier Sphären jede den drei übrigen Sphären gegenübersteht, so muß es, formal genommen, zwölf verschiedene Gesamtbeziehungen von Sphäre zu Sphäre geben (von denen je zwei einander der Richtung nach entgegenlaufen, ohne sich aber zu decken). Und da weiter in jeder Sphäre eine Mehrzahl von Modi die Bezugspunkte ausmacht, so würde man rein kombinatorisch sehr schnell auf eine unübersehbare Mannigfaltigkeit von Intermodalverhältnissen zweiter Ordnung hinausgelangen. Es soll nicht in Abrede gestellt werden, daß eine genaue Verfolgung aller dieser Beziehungen ein gewisses philosophisches Interesse für sich hat. An Relevanz für Probleme tieferer Art sind sie aber sehr ungleichwertig. Und vollends für die Zwecke der Ontologie spielen nur wenige von ihnen eine entscheidende Rolle; und zwar nicht nur weil lange nicht alle diese Beziehungen von hinreichender Bestimmtheit sind, um fundamentalphilosophisch ins Gewicht zu fallen, sondern auch weil jene 12 Gesamtverhältnisse der Sphären selbst sich nur teilweise mit den systematischen Grundproblemen der Philosophie berühren. Die wenigen Verhältnisse allerdings, auf die es ankommt, sind so geartet, daß ihre genauere Bestimmung von einzigartig klärender Bedeutung ist.

Es sind zwei Sphärenverhältnisse, auf denen hierbei das ganze Gewicht liegt: das Verhältnis der idealen zur realen Seinssphäre und das der Erkenntnissphäre zur realen Seinssphäre. Im ersteren liegt der Schwerpunkt des ontologischen Problems, im letzteren der des Erkenntnisproblems.

Das Verhältnis der Erkenntnis zur Idealsphäre ist demgegenüber schon um vieles gewichtsloser, wenigstens soweit es rein in sich selbst betrachtet wird; denn insoweit betrifft es nur die Idealerkenntnis als solche. Sobald man aber das ontische Verhältnis der idealen und realen Seinssphäre mit einbezieht, erstreckt es sich mittelbar auch auf die Realerkenntnis. Und damit fällt ein Teil des Gewichts der letzteren auf die Idealerkenntnis zurück.

Solche Mittelbarkeit des Probleminteresses gilt noch mehr vom Verhältnis der logischen Sphäre zu den drei anderen Sphären. An sich wäre dieses Verhältnis gewichtslos, wenn es nicht tief in das Reich der Erkenntnis hineinspielte, und zwar auch gerade in das der Realerkenntnis. Das Logische ist nun einmal die Formgesetzlichkeit gedanklicher Struktur und Folge. Die Modalanalyse hat gezeigt, wie diese Gesetzlichkeit in ihrem wesentlichsten Bestande ideale Seinsgesetzlichkeit ist. Sie stellt also, in den Haushalt der Erkenntnis einbezogen, die Verbindung nach der Wesenssphäre zu her; und folglich auch, soweit diese sich ins Reale hineinerstreckt, eine Verbindung zur Realsphäre.

In denjenigen Intermodalverhältnissen also, welche die logische Sphäre mit der idealen Seinssphäre verbinden, liegt mittelbar auch ein durchaus wesentlicher Bestandteil unseres Wissens um das Reale. Und so ist denn auf diesem Umwege auch die logische Sphäre in die ontologische Bedeutsamkeit des Sphärenverhältnisses einbezogen.

b. Fehlerhafte Übertragung logischer Verhältnisse.

Die geschichtliche Tatsache, daß die Logik früher als andere philosophische Disziplinen zu einer gewissen Vollendung gelangte, hat ihr einen Einfluß auf die Metaphysik gegeben, der ihrer wahren Stellung keineswegs entsprach. Seit dem Ausgang der alten Philosophie verstand man mehr und mehr die Erkenntnis nach Art des Logischen, und schließlich auch den Gegenstand der Erkenntnis, das reale Sein. Den Prinzipien oder Kategorien, die man fand, gab man logische Form; und solche, die man nicht fand, ergänzte man nach Analogie logischer Formen. Grundsätzlich verstand man Kategorien als „Begriffe", Sachzusammenhänge prinzipieller Art als „Urteile". Wie die Logik ursprünglich ontologisch orientiert gewesen war, so wurde nun die Wissenschaft vom Sein logisch orientiert.

Diese Auffassung ist, ungeachtet des fast völligen Verschwindens der alten Ontologie vor anderthalb Jahrhunderten, bis heute nicht entwurzelt. Die Fehler, die darin stecken, sind zum Teil längst bekannt, aber doch nur die gröberen; die versteckteren sind geblieben. Überdies sind sie durch nichts Neues eindeutig ersetzt worden; durch nichts wenigstens, was durchschlagende Kraft gehabt hätte. Das Logische ist nun einmal das Reich des Gedankens, und der Sphäre nach gehört die Philosophie in dieses Reich. Es ist nicht zu vermeiden, daß seine Formen immer wieder auf das Inhaltliche der philosophischen Probleme übertragen werden; wenigstens so lange nicht, bis der Gegensatz der Sphären und ihre positiven Beziehungen wirklich klargestellt werden.

Der logische Rationalismus in der Philosophie ist nicht mit bloßen Negationen, mit Gegenthesen oder Standpunkten „irrationalistischer" Art zu überwinden, sondern nur durch Aufdeckung und genaue Bestimmung des natürlichen Verhältnisses der Sphäre. Hieran aber hat es immer gefehlt. Idealistische und realistische Theorien begegneten sich in dem gleichen Fehler; die antiintellektualistischen Tendenzen aber — die des Sensualismus, Intuitivismus u. a. — blieben der Theorie nach in Negationen stecken und nahmen dabei unbemerkt das logische Schema doch mit auf. Denn kein menschliches Denken kann dieses Schema vermeiden, wenn es die kategorialen Strukturen und Modi seines Gegenstandes nicht im Gegensatz zu ihm positiv zu fassen weiß. Daß die logischen Verhältnisse und Gesetze in gewissen Grenzen auf die Erkenntnis und ihre Realgegenstände übergreifen, kann ja nicht bestritten werden; daß sie sich aber mit den Verhältnissen und Gesetzen dieser Sphären nicht decken, ist immer erst an der Unstimmigkeit weitabliegender Konsequenzen zu sehen.

Es ist darum schon viel wert, wenn man einsieht, wie dieses „Übergreifen" begrenzt ist. Aber dazu muß man begreifen, worin es seinen

Grund hat. Die Modalanalyse hat diesen Grund aufgedeckt. Die logische Sphäre hat sich als eine ganz und gar sekundäre, ihre Modi haben sich als übertragene, „erweichte", uneinheitlich zueinander stehende Modi erwiesen. Sie sind nicht geeignet, Seiendes in seiner bestimmten Seinsweise, am wenigsten Reales in seiner Realität, zu fassen. Alles Erfassen von Seiendem als Seiendem kann der Gedanke nur in einer gewissen Selbstaufhebung der eigenen Modalstruktur bewerkstelligen. Daß so etwas kein Ding der Unmöglichkeit ist, dürfte die Modalanalyse mit der Tat bewiesen haben. Es ist nicht ihre Tat allein; denn ganze Wissenschaftszweige sind ihr darin vorangegangen — charakteristischer Weise ohne es ganz zu wissen, was sie taten.

Was hinter jenem Übergreifen des Logischen steckt, und worin es seine relative Berechtigung hat, ist nach den durchgeführten Analysen nicht schwer zu sagen. In den Gesetzen und Modi des Logischen stecken Gesetze und Modi des idealen Seins; da die letzteren aber sich als Wesensmomente tief in die Realverhältnisse hineinerstrecken, und diese wiederum das Gegenstandsfeld der Erkenntnis ausmachen, so ist die logische Struktur des Gedankens, soweit sie vom idealen Sein her bestimmt ist (und das ist sie freilich nicht durchweg) in der Tat dem Erfassen des Realen angepaßt. Nur eben reicht die Anpassung nicht bis auf die letzten Seinsgrundlagen. Und da es in der Ontologie um eben diese Seinsgrundlagen geht, so muß auf ihrem Problemgebiet der Gegensatz in die Erscheinung treten. Gerade das Prinzipielle von Sein und Seinserkenntnis ist es, worin die Übertragung des Logischen sich als irreführend erweist.

Dieses Resultat kann man auch anders aussprechen. Das Prinzipielle im Seienden und in der Seinserkenntnis macht das Problemgebiet der Kategorien aus. Woran die unbesehen übertragene logische Struktur scheitert, das ist das Kategorienproblem. Kategorien sind das Allgemeine der Sachgehalte und ihrer Seinsarten; wer sie von vornherein in die logischen Verhältnisse des Gedankens einsperrt, der kommt gar nicht bis zu ihrem eigenständigen Wesen. Noch Kant glaubte die Kategorien aus einer Urteilstafel ableiten zu können; ja, er meinte auf diese Weise eine gewisse Vollzähligkeit verbürgen zu können. In keinem Punkte seines großen Werks der Kritik dürfte er so sehr irre gegangen sein wie hier. Es ist kein Zufall, daß in keinem Punkte dieses Werk sich geschichtlich weniger durchgesetzt hat als in diesem.

Es wurde schon zu Anfang gezeigt, wie diese Schiefheit der Übertragung sich in den Kantischen Modalkategorien verdichtet (Kap. 12 d). Diese Modi sind in keiner Weise mehr geeignet, für Modi des Gegenstandes zu gelten. Auf sie trifft auch jene Identität der Kategorien — als solcher der Erfahrung und des Gegenstandes der Erfahrung — keineswegs mehr zu, auf die Kant die objektive Gültigkeit synthetischer Urteile a priori zu gründen suchte. Nun liegen aber gerade bei den Modalkategorien die wichtigsten Aufschlüsse über Seinsweise und besondere Seinsart der Gegenstandsbereiche, mit denen die Erkenntnis es zu tun hat.

Diese Aufschlüsse bleibt die Kantische Philosophie schuldig. Das gleiche Schicksal trifft jede Philosophie, welche die Modi einer sekundären Sphäre auf das Seiende als Seiendes überträgt. Hier gerade ist das umgekehrte Vorgehen geboten: die selbständige Herausarbeitung der Seinsweisen auf Grund der Zugänge, die allein hierfür offenstehen, der Analyse ihrer inneren Modalverhältnisse. Ist dieses aber geschehen, so läßt sich auch das Verhältnis der ganzen Sphären selbst und ihrer Seinsweisen aufzeigen. Damit erst kann die Grundlage für das speziellere Werk der Kategorienlehre geschaffen werden, sofern diese die grundsätzliche Orientierung des philosophierenden Geistes in der Welt, wie sie ist, bedeutet.

c. Die Verdecktheit der Modi als Quelle metaphysischer Mißverständnisse.

Man darf nun in der Tat erwarten, daß sich anhand der herausgearbeiteten Intermodalverhältnisse, wie sie innerhalb der einzelnen Sphären bestehen, nun auch das Verhältnis der ganzen Sphären selbst zu einander wird fassen lassen. Denn es zeigte sich, daß jene inneren (der Sphäre immanenten) Intermodalverhältnisse bereits vielfach über sich hinauswiesen auf die der anderen Sphären; am stärksten trat das an den Modi der Gegebenheit und denen des Begreifens zutage. Darin aber, welche Modi einer Sphäre einen Modus der anderen implizieren oder ausschließen, resp. welche Modi der einen gegen die einer anderen Indifferenz zeigen, muß sich schließlich das gesuchte Sphärenverhältnis selbst verraten. Indifferenzen im Intermodalverhältnis zweiter Ordnung weisen offenbar auf eine gewisse Selbständigkeit der Sphäre hin, an deren Modi sie auftreten. Implikation und Ausschließung dagegen verraten die besonderen Formen der Verbundenheit, Bezogenheit, oder Abhängigkeit zwischen den Sphären. Indem man diesen Verhältnissen nachgeht, muß sich die ontologische Fundamentalfrage nach dem Zusammenhang der Seinsweisen und ihrer Erscheinungsweisen — im Urteil, in der Gegebenheit und im Begreifen — auf gesicherter Grundlage behandeln lassen.

Es ist dieselbe Grundlage, auf der sich auch Recht und Unrecht des alten ontologischen Rationalismus kritisch voneinander scheiden läßt. Logische Form, ideale Wesenheit und Realgesetz sind weder identisch miteinander noch auch total divergent. Sie sind es genau so wenig wie die Modi der entsprechenden Sphären. Kein Zweifel, daß man hier immer geneigt gewesen ist, vorschnell zu identifizieren, ohne zu ahnen, daß man damit die wichtigsten ontologischen Unterschiede verwischte.

So hat man immer wieder das Fehlen der Wesensnotwendigkeit in der Besonderheit des Realfalles für Realzufälligkeit gehalten; desgleichen die logische Disjunktivität im problematischen Urteil für eine im realen Weltgeschehen sich eröffnende Vielheit der „Möglichkeiten". Nicht weniger häufig ist die Verwechselung der Wesensmöglichkeit, und selbst der Kompossibilität, mit dem „Begreifen" der Realmöglichkeit. Und kaum retten kann man sich — auch noch in heutigen Theorien — vor der Verwürfelung des Gegensatzes von ideal und real mit dem von möglich und wirklich. Eine weitere Quelle unabsehbarer Mißverständnisse ist die Beschränkung dessen, was man als „wirklich" gelten läßt, auf die „Gegebenheit" des Wirklichen (also auf einen Erkenntnismodus); desgleichen dessen, was man für unwirklich hält, auf das Fehlen der Gegebenheit. Und ebenso irreführend ist die Beschränkung von Möglichkeit und Unmöglichkeit auf die sehr eng gezogenen Grenzen des Wissens um sie. Bei der Notwendigkeit vollends führt solche Beschränkung zu einem Weltbilde der Unbestimmtheit und der Unordnung.

Der Vorurteile dieser Art sind viele. Sie haben alle die Form von mißverstandenen Intermodalverhältnissen zweiter Ordnung. Sie entstehen durch die Mannigfaltigkeit und Verborgenheit der wahren Intermodalverhältnisse selbst. Diese eben liegen zugrunde, einerlei ob wir um sie wissen oder nicht. Indem aber das auf sie nicht bedachte Bewußtsein an besonderen Punkten seiner Überlegungen auf vereinzelte Fäden ihres Geflechts gestoßen wird, macht es sich je nach der Einstellung, die es mitbringt, ein schiefes Bild von ihnen; meist ist es ein nach logischem Vorbild vereinfachtes Bild. Und soweit es damit im Leben zurechtkommt, bleibt es dabei stehen.

Diese Vorurteile sind im natürlichen Welt- und Lebensbewußtsein keineswegs auszurotten, auch dann nicht, wenn man ihnen mit philosophischen Mitteln an die Wurzel geht. Unser Leben bedarf im allgemeinen ihrer Ausrottung auch nicht; es hat in ihnen seinen modus vivendi gefunden und ist in der Halbheit ihrer Anpassung an die wahren Verhältnisse praktisch gar nicht übel gestellt. Ganz anders aber die ontologische Besinnung. Sie kann es bei der Halbheit nicht bewenden lassen. Ihr ist es um das Sein zu tun — um das der Welt so gut wie um das eigene menschliche —, ihr erstes Anliegen ist die Aufhebung der Mißverständnisse und die Klarstellung der Sphärenverhältnisse. Dazu bedarf sie der Herausarbeitung der wirklichen Intermodalverhältnisse zweiter Ordnung.

d. Metaphysisches Gewicht der Intermodalität zweiter Ordnung.

Gibt man sich nun der Hoffnung hin, die bevorstehende Herausarbeitung werde auf ein einfaches, leicht übersichtliches, in bündige

Gesetze aufgehendes Verhältnis der Sphären hinausführen, so sieht man sich alsbald getäuscht. Dafür sind die Sphären zu ungleichartig. Ihre Vierzahl ist von den Ebenen der Gegebenheit und den an sie anschließenden Wissensgebieten hergenommen. Ihre Nebenordnung ist nur πρὸς ἡμᾶς gerechtfertigt. Nur die beiden Seinssphären stehen in einer gewissen Homogeneität da; die Sekundärsphären würden neben ihnen gewichtslos in der Luft schweben, wenn sie ontologisch nicht auf jene rückfundiert wären.

Aber auch inhaltlich kann es sich nicht um einfache Beziehungen handeln. Ein Verhältnis, das weder durchgehende Übereinstimmung noch durchgehende Divergenz zeigt, ist offenbar ein hoch differenziertes und kann in einer einfachen Gesetzlichkeit nicht zusammengefaßt werden. Man muß es also in seine Besonderheiten hinein verfolgen. Die Wahrheit ist, wie zumeist in prinzipiellen Dingen, so auch hier, nicht ein Einfaches, sondern ein gegliedertes Ganzes. Und als solches entbehrt sie der Einheitlichkeit keineswegs.

Es ergibt sich also die Aufgabe, die Intermodalverhältnisse zweiter Ordnung in derselben Weise wie die der ersten Ordnung durchzugehen und es darauf ankommen zu lassen, ob überhaupt und in welchem Maße sich dabei Gesetzlichkeiten ergeben. Vorweg darf hierzu nur gesagt werden, daß die bereits analysierten Intermodalverhältnisse erster Ordnung nicht nur die Grundlage dafür abgeben, sondern — da sie nur im stetigen Vergleich der Sphären gewonnen werden konnten — bereits in vielen Punkten auf das gesuchte Verhältnis der Ideal- und Realmodi, der Real- und Erkenntnismodi u. s. f. hinausgeführt haben. Insofern stehen wir hier auf weitgehend vorbereitetem und bearbeitetem Boden und können die Früchte früherer Bemühung ohne weiteres ernten.

Indessen ist es doch tatsächlich etwas sehr anderes, ob man bloß Nebenresultate einer anderweitigen Untersuchung ableuchtet oder die Übersicht von Verhältnissen eigener Dimension und Struktur zum Thema macht. Es ist nicht das principium divisionis allein, das sich damit verschiebt, es verschiebt sich vielmehr auch der Aspekt des Ganzen und aus ihm heraus die ontologische Bedeutung der Modalkategorien selbst. Ja, in gewissem Sinne liefert erst in dieser Übersicht die Modalanalyse den Beweis dafür, daß sie eine systematisch grundlegende Disziplin ist. Denn erst von hier aus kann es klar werden, daß es ein Ding der Unmöglichkeit ist, der Logik, der Erkenntnistheorie, ja der Metaphysik als Wissenschaft vom Weltbilde eine bestimmte Stellung und Fundierung zu geben, solange man sich im Verhältnis der Real- und Idealmodi zueinander, sowie beider zu den Modi des Wissens und des Urteils nicht auskennt.

55. Kapitel. Möglichkeit und Wirklichkeit der beiden Seinssphären.

a. Wesenswirklichkeit und Realwirklichkeit.

Da sich das Vorgehen bei dieser Aufgabe auf die Resultate der voraufgegangenen Untersuchungen stützt, so kann es sich entsprechend den Problemgruppen, die es bestimmen, frei bewegen und bedarf nicht des Ausganges vom Bekannten. Man kann also ruhig mit dem Verhältnis der beiden Fundamentalsphären, des idealen und des realen Seins, beginnen und ihre Modi direkt miteinander konfrontieren. Man tritt dadurch gleich mit dem ersten Schritt ins Zentrum des Sphärenverhältnisses und kann nach dessen Bewältigung die mehr peripher gelagerten Beziehungen in beliebiger Ordnung vornehmen.

Allgemein vorwegnehmen läßt sich nun, daß ideales Sein überhaupt gegen Realität indifferent ist, Realität aber stets in irgendeiner Form ideales Sein voraussetzt. Sie hat Wesensgesetze in sich, ist mit auf ihnen aufgebaut und von ihnen nicht abzutrennen. Sie ist aber ontologisch mehr als bloßes Wesen, ein volleres Sein. Darum ist dieses Verhältnis nirgends umkehrbar. Die Realfälle richten sich nach der Wesenheit, die Wesenheit aber besteht unabhängig davon, ob ihr überhaupt Realfälle entsprechen oder nicht. So wenigstens gilt es allgemein und grundsätzlich.

In den einzelnen Modi aber treten noch sehr besondere Verhältnisse auf. So ist es leicht ersichtlich, daß die negativen Modi die Tendenz haben müssen, das Grundverhältnis umzukehren. Das ist keine Durchbrechung jenes Grundverhältnisses, sondern gerade seine Konsequenz. Und bedenkt man weiter, daß im Realen sehr vielerlei enthalten ist, was in Wesenheit nicht aufgeht, daß ferner die Modi selbst in beiden Sphären durchaus verschiedene Bedeutung annehmen und keineswegs durch bloße Inhaltsverdichtung unterschieden sind, so läßt sich leicht abnehmen, daß jenes allgemeine Verhältnis nur ein Schema ist, innerhalb dessen der Spielraum für mannigfaltige Verschiebung offen bleibt. Auf diese Verschiebung aber kommt es gerade an, sofern es gilt, das Verhältnis der beiden Sphären zu durchleuchten.

Unter den Wesensmodi ist die Wirklichkeit der blasseste und wesenloseste, ein bloßer Gefolgsmodus der Wesensmöglichkeit. Da nun Wesensmöglichkeit bloße Widerspruchslosigkeit bedeutet, und diese zur Realmöglichkeit nicht entfernt zureicht, welch letztere aber Voraussetzung der Realwirklichkeit ist, so folgt, daß Wesenswirklichkeit in keiner Weise Realwirklichkeit implizieren kann, sondern ganz und gar indifferent gegen sie dasteht.

Das ist ein so wohlbekannter Satz, daß nichts weiter zu ihm zu bemerken ist. Nur ist der Gegensatz von Wirklichkeit und Wirklichkeit verschiedener Seinssphären meist mißverstanden worden, nämlich als ein solcher von Möglichkeit und Wirklichkeit. Man ließ ideales Sein nur als ein mögliches, reales nur als wirkliches Sein gelten, womit man die Dimension des Gegensatzes verschob und sowohl das Verhältnis der Sphären als auch das der Modi verfälschte. Zu was für Konsequenzen das geführt hat, ist oben am Beispiel Leibnizischer und Kantischer Argumente gezeigt worden (vgl. Kap. 43 a bis c).

Ganz anders ist es in der Umkehrung des Verhältnisses. Was real wirklich ist, muß zum mindesten auch ideal wirklich sein. Denn es muß zum mindesten ideal möglich sein. So wenigstens muß es grundsätzlich gelten; denn auch das Reale bedarf — in den Grenzen dessen, was wir von ihm begreifen — der Widerspruchslosigkeit. Die Wesensmöglichkeit aber impliziert bereits Wesenswirklichkeit.

Es besteht also hier, grundsätzlich genommen, einseitige Implikation: die Realwirklichkeit impliziert wohl Wesenswirklichkeit, aber Wesenswirklichkeit nicht Realwirklichkeit. So entspricht es der äußersten Gewichtslosigkeit des einen und der äußersten Gewichtigkeit des anderen Modus. Ideales Sein ist schon an sich nur unvollständiges und gleichsam schwebendes Sein, reales dagegen das allein vollständige und ontisch vollwertige. Der Wirklichkeitsmodus aber ist außerdem noch im idealen Sein ein bloß mitlaufendes Modalmoment, im realen dagegen der Gipfel der Seinsfülle und die Synthese des Möglich- und Notwendigseins (Kap. 24 c und d). Eine größere Spannweite des Gegensatzes hinsichtlich der Bestimmtheit und Seinsfülle ist also unter den Modi aller Sphären gar nicht möglich.

Indessen der erste Teil dieses Doppelgesetzes — daß Realwirklichkeit die Wesenswirklichkeit impliziert — findet doch seine Einschränkung durch die Individualität des Realen, die von seiner Art des Wirklichseins unabtrennbar ist, sowie an der Tatsache gewisser Realantinomien, die ja zugleich auch das Begreifen der Realverhältnisse begrenzen.

Das Wesensreich ist der eigentlichen Individualität unfähig, es schließt sie von sich aus, verharrt auch in den Besonderungen seiner Gebilde noch im Allgemeinen. Es gibt wohl die Wesenheit eines Individuellen; aber sie ist keine individuelle Wesenheit, sie bleibt grundsätzlich ein Generelles. Und daß es in der Realwelt nur einen einzigen „Fall" gibt, der ihr entspricht, liegt nicht an ihr, sondern an der Artung des Realzusammenhanges, der eben immer wieder anderes hervortreibt, und niemals genau dasselbe. Die Realwirklichkeit der Individualität also impliziert nicht die Wesenswirklichkeit derselben Individualität. Und zwar einfach aus dem Grunde, weil es kein Sein des Einmaligen und

Einzigen in der Wesenssphäre gibt. Was gleichbedeutend damit ist, daß diese Sphäre überhaupt eine zeitlose und nur im Allgemeinen sich bewegende ist.

Und was die Realantinomien anlangt, so sind sie die Erscheinungsform eines inneren Widerspruchs. Das Wesensreich aber schließt das, was in sich widersprechend ist, als wesensunmöglich von sich aus. Sofern also das Reale Antinomien enthält, so setzt deren Wirklichkeit offenbar nicht Wesenswirklichkeit voraus; denn diese kann nur der Wesensmöglichkeit folgen, und die ist durch den Widerspruch ausgeschlossen. Freilich, ob es wirklich Widersprechendes im Realen gibt, d. h. ob die in Frage stehenden Antinomien solche des Seienden sind oder, wie Kant meinte, bloß solche der Vernunft, das ist noch die Frage und kann an dieser Stelle nicht vorentschieden werden. So viel aber darf wohl gesagt werden, daß doch mancherlei ernste Gründe dafür sprechen, und daß wir zum mindesten damit rechnen müssen, daß sie sehr wohl Realantinomien sein könnten. In diesem Fall aber haben wir es in ihnen mit etwas Realwirklichem zu tun, dem keine Wesenswirklichkeit entsprechen dürfte.

Was hieran greifbar wird, ist nichts Geringeres als die Tatsache, daß es keineswegs streng allgemein die Funktion der Wesenheiten und Wesensgesetze ist, die Realwelt zu durchsetzen oder zu beherrschen; daß es vielmehr sehr wohl auch Realverhältnisse geben könnte, die sich abweichend verhalten, resp. einer anderen als der Wesensgesetzlichkeit unterliegen. Ob dem so ist, wird sich schwerlich ganz eindeutig entscheiden lassen; sicher aber muß die Ontologie damit rechnen, daß es so sein könnte.

Der Satz also, daß Realwirklichkeit die Wesenswirklichkeit impliziere, ist einzuschränken: diese Implikation gilt nur so weit, als das Reale den Wesensgesetzen entspricht (resp. von ihnen beherrscht ist).

Diese Art Begrenzung, mitsamt ihrer hypothetischen Geltungsweise, betrifft nicht diese Implikation allein. Sie kehrt noch in anderen wieder; denn sie ist im Grunde für das ganze Verhältnis der Wesenssphäre zur Realsphäre charakteristisch.

b. Wesensunwirklichkeit und Realunwirklichkeit.

Man sollte meinen, die entsprechenden negativen Modi beider Sphären müßten sich ebenso verhalten. Aber das Gegenteil ist der Fall, das Verhältnis kehrt sich um.

Realunwirklichkeit ist offenbar indifferent gegen Wesensunwirklichkeit. Das muß so sein, schon weil Wesenswirklichkeit indifferent gegen Realwirklichkeit ist, also sich auch mit Realunwirklichkeit verträgt. Aus dem realen Nichtbestehen oder Nichtvorkommen von etwas folgt niemals, daß dieses Etwas nicht wesensmöglich sei; ist es aber wesensmöglich, so ist es auch wesenswirklich.

Man nehme etwa den Satz, daß es einen zwecktätigen Naturprozeß nicht gibt. Dann ist damit noch nicht gesagt, daß auch das Wesen eines solchen Naturprozesses nicht zurechtbestünde. Man kann hierzu eine einwandfreie spekulative Überlegung anstellen: es könnte an sich — d. h. von Wesens wegen — sehr wohl eine reale Welt geben, in der solche Prozesse wirklich abliefen. Es gibt sie nur tatsächlich nicht. Aber das liegt nicht an einer Wesensunmöglichkeit, (einem inneren Widerspruch im Wesen der Sache), und folglich auch nicht an einer Wesensunwirklichkeit, sondern an der besonderen Struktur des allein wirklichen Realzusammenhanges, resp. der allein wirklichen Realwelt. Wie wenig hier die Realunwirklichkeit mit Wesensunwirklichkeit zu tun hat, leuchtet schon aus der Tatsache ein, daß von jeher spekulative Theorien, die sich nicht an der Eigenart der Realverhältnisse, sondern an einer bloß apriorischen Diskussion von Wesensverhältnissen orientierten, das Bestehen zwecktätiger Naturprozesse unbesehen angenommen haben.

Anders aber sieht die Beziehung der beiden Modi in umgekehrter Richtung aus: aus der Wesensunwirklichkeit folgt im allgemeinen wohl die Realunwirklichkeit. Denn wesensunwirklich ist nur das Wesensunmögliche, d. h. das, was einen Widerspruch in sich einschließt. Und soweit das Reale unter Wesensgesetzen steht, ist das natürlich auch ein Realunmögliches, also jedenfalls auch ein Realunwirkliches.

Die Frage bleibt dabei nur, wie weit die genannte Bedingung zutrifft, d. h. wie weit wirklich das Reale unter Wesensgesetzen steht. Nur in diesen Grenzen gilt der Satz, daß Wesensunwirklichkeit die Realunwirklichkeit impliziert. Er gilt also mit derselben Einschränkung, die auch im Verhältnis der beiden positiven Wirklichkeitsmodi auftrat. Auf die Individualität und auf das im Realen auftretende Antinomische trifft der Satz nicht zu. Daß es vollgültige Individualität im idealen Sein nicht gibt, schließt nicht aus, daß ein Individuelles Realwirklichkeit habe. Und ebenso vermag die Wesensunwirklichkeit etwa des Weltanfangs — dieses, daß er weder in der Zeit noch außer der Zeit ohne Widerspruch bestehen kann, — die reale Welt nicht zu hindern, einen Anfang zu haben.

c. Wesensmöglichkeit und Realmöglichkeit.

Das Verhältnis der beiderseitigen Wirklichkeitsmodi setzt das der Möglichkeitsmodi bereits voraus. Dieses ist in ihm das eigentlich Maßgebende. Wie innerhalb der Sphären die wichtigsten Aufschlüsse stets bei der Möglichkeit lagen, so auch im Verhältnis der Sphären.

1. Die Wesensmöglichkeit impliziert nicht Realmöglichkeit. Sie steht indifferent zu ihr.

Die Wesensmöglichkeit ist ein formaler, bloß an einer negativen Bedingung hängender Modus. Für sie ist nichts als die Widerspruchslosigkeit in sich erforderlich. Diese Bedingung ist leicht erfüllt, und darum gibt es die ungeheure Weite des Möglichen im idealen Sein. Für die Realmöglichkeit reicht die Erfüllung einer so allgemeinen Bedingung nicht entfernt zu; für sie ist das Vorhandensein der totalen Reihe der Realbedingungen erforderlich, von denen jede einzelne im vollen Sinne real wirklich sein muß. So lange auch nur eine einzige von ihnen unwirklich ist, ist die Sache real unmöglich.

So ist für die Realmöglichkeit unvergleichlich mehr verlangt als für die Wesensmöglichkeit; sie ist der unermeßlich vollere und bestimmtere Seinsmodus. Diese tiefe Unähnlichkeit und Ungleichwertigkeit der beiden Modi bestimmt eindeutig ihr Verhältnis. Wesensmöglichkeit besagt im Realverhältnis verschwindend wenig. Sie hat nicht entfernt die Kraft, Realmöglichkeit zu implizieren. Sie ist gegen diese vollkommen indifferent.

So mag es wesensmöglich sein, daß ein senkrecht auf die Spitze gestellter Bleistift im labilen Gleichgewicht stehen bleibe; real möglich ist es deswegen nicht, die Realbedingungen dafür sind praktisch nicht zu erfüllen. So sind Leibnizens „mögliche Welten" in der Tat nur wesensmöglich, nicht real möglich. Wären sie alle real möglich, so müßten sie (gemäß dem Realgesetz der Möglichkeit) auch real wirklich sein. Denn es müßten dann alle Realbedingungen, an denen ihre Wirklichkeit hängt, bereits erfüllt sein. Was bei ihrer Vielzahl unmöglich ist; denn sie sind nicht kompossibel. Im idealen Sein weicht das Inkompossible sich aus, im realen schließt es sich aus. Nur die eine Welt, die da real wirklich wird, war von Anbeginn real möglich (vgl. Kap. 43 a). Sie war es deswegen, weil ihr Seinsgrund ein zureichender ist.

Formal einfacher läßt sich das Verhältnis auch so fassen: die Realmöglichkeit ist gespaltene Möglichkeit, als solche ist sie der disjunktiven an Bestimmtheit weit überlegen. Da nun die Wesensmöglichkeit disjunktiv ist, so kann sie als der unbestimmtere Modus den bestimmteren nicht implizieren.

2. Anders aber ist es umgekehrt: Realmöglichkeit impliziert im allgemeinen sehr wohl Wesensmöglichkeit. Da sie auf einer Totalität von Realbedingungen beruht, und diese auch unter Wesensgesetzlichkeit stehen, so muß die innere Widerspruchslosigkeit, und mit ihr die Wesensmöglichkeit, in ihnen erfüllt sein.

Genauer, sie muß erfüllt sein, so weit jene Realbedingungen unter der Wesensgesetzlichkeit stehen. Soweit sie nicht unter ihr stehen, kann auch das Wesensunmögliche real möglich sein; so überall da, wo das Reale in sich antinomisch ist, was freilich nur in gewissen Grenzfällen des Erkennbaren eintritt. Diese Fälle bestehen gerade darin, daß das ideal Widersprechende real zusammenbesteht. Es brauchte deswegen der Satz des Widerspruchs im Realen noch gar nicht aufgehoben zu sein. Denn im Realen brauchte sich noch nicht zu widerstreiten, was sich im Wesensverhältnis widerstreitet und deswegen vom Denken als widersprechend empfunden wird.

Abgesehen davon aber besteht freilich die Möglichkeit, daß auch der Widerstreit selbst real wäre — etwa im Sinne Heraklits, als das innere Bewegende des Realprozesses. Erst in diesem Falle würde es sich um echte Realantinomien handeln.

56. Kapitel. Die Notwendigkeitsmodi der beiden Seinssphären.

a. Kompossibilität und Realmöglichkeit.

Die Modalität des idealen Seins ist um einen Zwischenmodus reicher als die der anderen Sphären. Man sollte nun erwarten, daß auch das Verhältnis zu den Realmodi sich dadurch irgendwie komplizieren werde. Das trifft keineswegs zu. Die Kompossibilität ist nur insofern eine besondere Form der idealen Seinsmöglichkeit, als das ideale Sein für koordinierte Parallelsysteme Spielraum hat. Was inkompossibel ist, kann sehr wohl als wesensmöglich überhaupt nebeneinander bestehen. Im Realen aber gibt es keinen Spielraum für inkompossible Parallelsysteme; hier waltet durchgehende Bezogenheit in der Einheit des Realzusammenhanges, und was real möglich sein soll, muß auch miteinander bestehen können.

Darum kehrt an der Kompossibilität der Wesenssphäre dasselbe Verhältnis zur Realmöglichkeit wieder, das sich an der Wesensmöglichkeit ergab. Der Zuwachs an Bestimmtheit, der hier einsetzt, bleibt immer noch weit unterhalb der Totalität der Realbedingungen.

1. Die Kompossibilität reicht also ebensowenig wie die einfache Wesensmöglichkeit zur Realmöglichkeit zu; sie impliziert nicht Realmöglichkeit. Wohl aber impliziert umgekehrt Realmöglichkeit die Kompossibilität — wenigstens in den Grenzen, in denen das Reale den Wesensgesetzen unterliegt. Denn was real zusammenbestehen soll, muß offenbar auch den Wesenszügen nach zusammen-möglich sein.

Kompossibilität unterscheidet sich eben von der Wesensmöglichkeit überhaupt nur durch den Zusammenhalt des Systems, innerhalb dessen der Widerspruch ausgeschlossen ist. Daß auch das Inkompossible ideal möglich ist, geht die Realmöglichkeit nichts an.

2. Dagegen schließt das Inkompossible die Realmöglichkeit aus, oder was dasselbe ist, es impliziert Realunmöglichkeit. Damit aber

stehen wir bereits bei einem Notwendigkeitsmodus; und da walten besondere Beziehungen. Aber auch diese Implikation besteht nur in den Grenzen zurecht, in denen Wesensgesetze im Realen Geltung haben. Im Falle abweichender Bestimmtheit des Realen kann das ideal Inkompossible wohl auch real möglich sein.

b. Wesensunmöglichkeit und Realunmöglichkeit.

Negation der Möglichkeit ist negative Notwendigkeit. Darum ist das Verhältnis der Unmöglichkeitsmodi beider Seinssphären zueinander das umgekehrte wie das ihrer Möglichkeitsmodi.

1. Wesensunmöglichkeit impliziert (im allgemeinen) die Realunmöglichkeit; und damit auch die Realunwirklichkeit.

Denn das Realmöglichsein würde Wesensmöglichkeit implizieren. Widerspruchslosigkeit im Zusammenbestande ist in der Totalität der Realbedingungen schon vorausgesetzt; anders könnten diese Bedingungen eben nicht zusammenkommen, sie würden einander ausschließen. Ist also etwas nicht einmal wesensmöglich — d. h. in sich, resp. in seinen Bedingungen — widerspruchsfrei, so kann es offenbar auch nicht real möglich sein.

Man kann sich das auch anders klar machen. Realmöglichkeit ist ein hochbestimmter Modus; sie steht darin der Realnotwendigkeit gleich, denn beide erfordern dieselbe Totalität der Bedingungskette. Fehlt auch nur eine Bedingung, so ist die Sache real unmöglich. Zur Realunmöglichkeit also gehört wenig. Zur Wesensunmöglichkeit gehört weit mehr: was im Realzusammenhang wegen einzelner fehlender Bedingungen nicht möglich ist, das ist offenbar noch lange nicht wesensunmöglich. Denn dazu müßte es auch in sich widersprechend sein. Ist es aber widersprechend und damit wesensunmöglich, so kann es natürlich erst recht nicht real möglich sein. Zur Wesensunmöglichkeit gehört weit mehr als zur Realunmöglichkeit; darum ist sie dieser im Intermodalverhältnis überlegen und impliziert sie.

An dieser Implikation ist nur insofern ein Abstrich zu machen, als die Wesensgesetzlichkeit im Realen nicht nachweisbar unbegrenzt gilt. In den Grenzen dieser Geltung kann das ideal Widersprechende nicht real möglich sein. Jenseits dieser Grenzen wird es anders; wo das Reale unter anderen Gesetzen steht, wo es echte Antinomien aufweist, da kann das Widersprechende, d. h. das Wesensunmögliche, sehr wohl zugleich ein Realmögliches sein. Ob es solche Grenzen gibt, und ob der Fall irgendwo eintritt, ist eine andere Frage. Nur die Abhängigkeit der Implikation von der Reichweite der Idealgesetzlichkeit im Realen ist eine unmittelbar einsichtige.

2. Und wiederum ist das umgekehrte Verhältnis ein ganz anderes: Realunmöglichkeit impliziert keineswegs Wesensunmöglichkeit. Sie impliziert auch keine Inkompossibilität und keine Wesensunwirklichkeit. Gegen diese Modi alle steht sie indifferent.

Das ist die einfache Kehrseite jener Implikation. Zur Realunmöglichkeit genügt es, daß auch nur eine einzige Realbedingung fehle. Ein solches Fehlen läßt die Wesensmöglichkeit ganz unberührt; die ist überhaupt gleichgültig gegen das Vorhandensein von Realbedingungen, ihr genügt es, daß die Sache in sich widerspruchsfrei sei.

Realunmöglichkeit verträgt sich daher auch mit Wesenswirklichkeit — die ja nur Begleitmodus der Wesensmöglichkeit ist —, sowie mit Kompossibilität; ja grundsätzlich sogar mit Wesensnotwendigkeit. Denn auch die Wesensnotwendigkeit steht vollkommen indifferent gegen die Realität derjenigen Bedingungen, an denen die Realmöglichkeit hängt. Sie kann als allgemeine Dependenz der species vom genus unangefochten bestehen, auch wo die Kette der Realbedingungen im bestimmten Einzelfall unvollständig ist; der Fall fällt dann eben nicht unter das genus. Da aber schon das Fehlen einer Bedingung Realunmöglichkeit bedeutet, so ist es klar, daß unbeschadet der in ihrer Allgemeinheit zurecht bestehenden Wesensnotwendigkeit die Sache real doch unmöglich sein kann.

Man fragt vielleicht, wie es denn angängig sein solle, unter solchen Umständen aus der Wesensunmöglichkeit auf Realunmöglichkeit zu schließen (was nach dem Implikationsgesetz unter Ziffer 1 möglich sein muß). Die Antwort ist: das ist eben das umgekehrte Verhältnis; Wesensunmöglichkeit impliziert sehr wohl Realunmöglichkeit, nur diese impliziert nicht jene. Wesensunmöglichkeit bezieht sich zwar auch direkt auf keinerlei gegebene Realbedingungen; diese aber stehen zu ihr nicht indifferent. Ihr Zusammenhang muß wenigstens wesensmöglich sein, wenn die Sache real möglich sein soll. Im übrigen handelt es sich bei einem Realfall niemals um reine Wesensunmöglichkeit (in bloßer Allgemeinheit), sondern stets um solche, die schon rückbezogen ist auf bestimmte Realfaktoren, deren Realwirklichkeit gegeben ist. Verträgt sich das „Wesen" von A mit diesen nicht, so ist A eben dadurch auch real unmöglich.

c. Wesensnotwendigkeit und Realnotwendigkeit.

Im idealen Sein beruht die Notwendigkeit auf Wesenszugehörigkeit, im realen Sein auf einer weit ausladenden Kollokation von Realumständen, die in ihrer Totalität die Sache hervorbringen. Eines hat mit dem anderen nur wenig zu tun; es sind Arten der Dependenz, die in verschiedener Dimension spielen.

1. Dementsprechend müssen Wesensnotwendigkeit und Realnotwendigkeit gegeneinander indifferent dastehen. Das klingt erstaunlich genug, zumal man gewohnt ist, im Realen nur die Wesenszusammenhänge als „notwendig" anzusehen. Aber gerade hier zeigt sich bei genauerem Zusehen die ganze Tiefe der Heterogeneität zwischen realer und idealer Seinssphäre.

Wesensnotwendigkeit — die unverbrüchliche Gebundenheit des Besonderen an die Wesenszusammenhänge des Generellen — reicht zur Realnotwendigkeit nicht zu; auch dann nicht, wenn sie wirklich in ihr enthalten ist, was in den Grenzen des Waltens der Wesensgesetze im Realen immer der Fall ist. Realnotwendigkeit aber setzt auch ihrerseits nicht die Wesensnotwendigkeit derselben Sache voraus, sondern höchstens die von etwas anderem, etwa der Zusammenhänge spezieller Art (aber keineswegs der individuellen des Einzelfalles) auf Grund von allgemeineren. Sie setzt z. B. nicht die Wesensnotwendigkeit einer bestimmten Wirkung auf Grund eines gegebenen Ursachenkomplexes voraus. Denn daß überhaupt etwas eine Wirkung hervorbringe, liegt gar nicht in seinem „Wesen", sondern lediglich in der Artung des Realzusammenhanges.

Andererseits aber steht sehr wohl auch der Realzusammenhang unter Wesensgesetzen. So steht die räumliche Bewegung materieller Gebilde unter mathematischen Gesetzen, und die letzteren haben Wesensnotwendigkeit auf Grund ihrer Axiome. Nur erschöpft solche Wesensnotwendigkeit allein niemals das Gefüge der Realnotwendigkeit. Sie ist wohl in diesem Gefüge mit enthalten und macht einen Teil ihrer Struktur aus. Aber sie als solche ist noch nicht direkt Notwendigkeit eines bestimmten Realwirklichen in bestimmtem Realzusammenhang. Denn die vorausgesetzten Realfaktoren sind nicht durch sie, sondern durch das Bestehen der bestimmten einmaligen Realsituation gegeben.

So ergibt sich hier ein eigenartiges Verhältnis. In der Realnotwendigkeit von A auf Grund eines Bedingungskomplexes X ist wohl Wesensnotwendigkeit enthalten, aber nicht die von A (die des bestimmten einmaligen Realfalles), und nicht auf Grund von X (nicht auf Grund dieser bestimmten einmaligen Kollokation von Realumständen), sondern eine andere: nämlich die Notwendigkeit des Zugehörigseins gewisser allgemeiner Wesensmomente zu einer ebenso allgemeinen Wesenheit. Ist z. B. der Gesichtsradius des Horizontes von einem bestimmten Berge aus in umliegender Ebene mit 30 km gegeben, so folgt daraus, daß die Größe der übersehbaren Landfläche $30^2 \pi$ km^2 beträgt. Das folgt aus dem Wesensgesetz des Kreises, daß sein Flächengehalt gleich $r^2\pi$ ist. Dieses Wesensgesetz überträgt seinen Inhalt auf den Realfall. Aber es besagt inhaltlich nicht dieselbe Notwendigkeit wie das Realverhältnis, sondern nur eine allgemeine und von bestimmten Größen unabhängige.

Unter diesem Gesichtspunkt wird zwar die grundsätzliche Indifferenz der beiden Notwendigkeitsmodi gegeneinander nicht aufgehoben; aber sie wird doch wesentlich modifiziert:

2. So gesehen nämlich impliziert Realnotwendigkeit sehr wohl Wesensnotwendigkeit, aber nicht direkt die des Realfalles A, sondern nur die eines Allgemeinen, unter welchem A als Sonderfall immer noch unbestimmt bliebe, wenn nicht die besonderen Bedingungen, welche die einmalige Realsituation mitbringt, ihn zu dem determinierten, was er ist.

3. Und ebenso kann man nun auch umgekehrt sagen, daß alle Wesensnotwendigkeit, soweit nur immer sie sich in die Realverhältnisse hineinerstreckt, bedingterweise Realnotwendigkeit impliziert. Sie impliziert diese in dem Falle, daß eine ganze Kollokation von Realumständen sich zusammenfindet, die unter ein bestehendes Wesensgesetz fällt (so wie in dem obigen Beispiel unter das Flächengesetz des Kreises). Ob sich aber eine solche Kollokation zusammenfindet, dafür kommt die Wesensnotwendigkeit nicht nur nicht auf, sondern es bleibt auf die Besonderheit des hier und jetzt auftretenden Realzusammenhanges angewiesen.

Die Gewichtigkeit dieser beiden bedingten Implikationen zweiter Ordnung — insonderheit der letzteren — ist im Gebiet aller Erkenntnis von Realnotwendigkeit eine wohlbekannte. Denn alles Erfassen von Realnotwendigkeit, und am meisten das wissenschaftliche, geht den Umweg über das Wissen um Wesensgesetze, die dann in die Gegebenheit des Realfalles eingesetzt werden. Und umgekehrt geht alles Erforschen der Naturgesetzlichkeit von eben dieser Gegebenheit aus, die als solche mit Notwendigkeit nichts zu tun hat; sie setzt dabei die Realnotwendigkeit des Geschehens voraus, ohne sie zu kennen, und beurteilt den Fall als Repräsentanten einer allgemeineren Gesetzlichkeit, deren Wesensform sie aus ihm zu gewinnen sucht. Sie setzt also voraus, daß in der gesuchten Realnotwendigkeit Wesensnotwendigkeit (etwa mathematische) enthalten ist. Darum kann sie das Generelle, das sie als Resultat herausbekommt, unter den ihr bekannten Wesensgesetzen als Realgesetzlichkeit ansehen.

Eine Grenze aber haben beide Implikationen in der Reichweite der Gültigkeit von Wesensgesetzen im Realen, also überall dort, wo es sich um strenge Einmaligkeit und Einzigkeit oder um Realantinomien handelt.

II. Abschnitt.

Die Realsphäre und die Erkenntnis

57. Kapitel. Die Realwirklichkeit und das Wissen um sie.

a. Gleichgültigkeit der Realmodi gegen die Erkenntnis.

Es gehört zum Wesen der Erkenntnis, daß ihr Gegenstand ein an sich seiender, d. h. vom Erkennen unabhängiger und auch ohne alles Erkanntwerden bestehender ist. Dieses Verhältnis macht die Übergegenständlichkeit des Erkenntnisgegenstandes aus, welche nichts anderes besagt, als daß der Erkenntnisgegenstand in seinem Erkanntsein nicht aufgeht [1]).

Daraus folgt unmittelbar, daß das Seiende sich der Erkenntnis weder verschließt noch ihr entgegenkommt; es widersetzt sich dem Tun des erkennenden Subjekts nicht, wenn dieses es zu seinem „Gegenstande" macht, es sich objiziert. Denn von Hause aus ist es nicht Gegenstand, kann auch von sich aus nicht Gegenstand werden, sondern nur von einem Subjekt zum Gegenstand gemacht werden. In seinem Seinsbestande wird es dadurch nicht modifiziert, noch sonst irgendwie betroffen. Und darum eben ist es gleichgültig gegen sein Erkanntwerden. Das Erkanntwerden eben ist identisch damit, daß es zum Gegenstande gemacht, oder objiziert (zum Objekt gemacht) wird. Und ebenso gleichgültig ist es gegen die Grenzen der Objektion; denn kein Erkennen durchdringt das Ganze eines Seienden, es haftet stets an bestimmten Seiten oder Zügen des Gegenstandes, je nach den Angriffsflächen, die dieser ihm bietet. Das Erkennen kann solche Grenzen wieder überschreiten, indem es selbst fortschreitet. Aber der seiende Gegenstand als solcher ist gegen dieses Überschreiten ebenso indifferent wie gegen das Erkanntwerden überhaupt.

Überträgt man nun dieses Verhältnis auf das Modalitätsproblem, so ergibt sich daraus, daß die Seinsmodi überhaupt, und folglich auch die Realmodi, niemals und in keiner Weise einen Erkenntnismodus implizieren können. Sie müssen gegen die entsprechenden Erkenntnismodi ebenso indifferent dastehen, wie ihr Träger, der seiende Gegenstand, grundsätzlich gegen das Erkanntwerden dasteht.

Man erinnere sich hierzu daran, was eigentlich die „innere Erkenntnismodalität" — denn nur um diese handelt es sich — bedeutet (vgl. Kap. 46 b und c). Nicht um Möglichkeit und Wirklichkeit der Erkenntnis geht es, sondern um Erkenntnis der Möglichkeit, Erkenntnis der Wirklichkeit u. s. f.; die innere Erkenntnismodalität betrifft die Erkenntnis der

[1]) Vgl. zu diesen Bestimmungen „Zur Grundlegung der Ontologie" Kap. 22, 23, 25, 26.

Seinsmodi, d. h. der Modi des Gegenstandes. Diese Modi des Gegenstandes nun bestehen ebenso unabhängig von allem Erkanntwerden und verhalten sich ebenso gleichgültig gegen die Erkenntnis wie alle übrigen Seinscharaktere des Gegenstandes auch. Darum variiert ihr Erkanntwerden in weiten Grenzen unabhängig von ihnen. Dieses ihr Erkanntwerden — und folglich auch ihr Nichterkanntwerden oder Verkanntwerden — ist gerade das Spielfeld der inneren Erkenntnismodi. Darum gilt der Satz, daß die Modi des Realen grundsätzlich indifferent stehen gegen die Modi der Realerkenntnis.

Aber der Satz gilt nur, soweit man den Begriff Erkenntnis unverbindlich versteht, nämlich als ein Gegenstandsbewußtsein, dessen Inhalt ebensowohl unzutreffend als zutreffend sein kann. Von diesem Erkenntnisbegriff muß man ausgehen, weil es eine absolute Gewähr des Zutreffens nicht gibt, und wir dauernd ein Gemenge von Erkenntnis und Irrtum in unserem jeweiligen Gegenstandsbewußtsein für Erkenntnis nehmen. Besinnt man sich aber darauf, daß nur das Zutreffende den Namen „Erkenntnis" verdient, das Unzutreffende dagegen Irrtum ist, daß also Erkenntnis im eigentlichen Sinne nur die „wahre" ist, so ändert sich auch das Verhältnis der beiderseitigen Modi. Realmöglichkeit z. B. impliziert zwar auch dann nicht Erkenntnis der Möglichkeit, denn sie kann ja auch ganz unerkannt bleiben. Liegt aber einmal Erkenntnis des Modalcharakters eines Gegenstandes vor, so müßte die Realmöglichkeit des Gegenstandes freilich Erkenntnis der Möglichkeit implizieren.

Das aber betrifft nur den idealen Fall einer Erkenntnis, die das Kriterium der Wahrheit in sich trüge und deswegen ihres Zutreffens jederzeit gewiß sein könnte. So ist die menschliche Erkenntnis — die einzige, um die es sich hier handeln kann, — jedenfalls nicht beschaffen. Es läßt sich also wohl sagen, daß bei gegebener Wahrheit der Erkenntnis der Erkenntnismodus dem Realmodus des Gegenstandes folgen muß. Nur die Bedingung dafür, das Wahrsein, läßt sich nicht wie eine Tatsache konstatieren, noch auch an einem allgemeinen Maßstab messen. Das Gegenstandsbewußtsein, das wir unsere Erkenntnis nennen, unterliegt vielmehr jederzeit der Möglichkeit des Irrtums. Die Erkenntnis eines intellectus infinitus würde freilich in ihrem Modalbewußtsein der Seinsmodalität folgen; die menschliche tut es nicht, sie hat Spielraum gegen die Seinsmodi. Ihre Inadäquatheit und Ungewißheit ist das getreue Spiegelbild jener Indifferenz der Realmodi gegen sie. —

Da aber andererseits Erkenntnis nur möglich ist, wo ein seiender Gegenstand vorliegt, so muß das Verhältnis sich bei den negativen Modi umkehren, wenigstens dort, wo es sich um Gegebenheit handelt. Das Nichtvorhandene kann nicht gegeben sein. Es kann freilich Gegebenheit vorgetäuscht sein, aber auch die Täuschung noch stammt von etwas her, was da ist, und nicht von nichts. Das bedeutet: im Modus der Unwirklichkeit besteht eine gewisse Implikation vom Realen her zur Erkenntnis hin — sehr bedingt freilich durch einen schon vorbestehenden Erkenntniszusammenhang, in dem allein der modus deficiens der Nichtgegebenheit sich geltend machen kann. Was real wirklich ist, braucht zwar nicht gegeben zu sein (deswegen impliziert umgekehrt das Bewußtsein der Unwirklichkeit keineswegs Realunwirklichkeit); aber was real unwirklich ist, kann nicht in eigentlichem Sinne gegeben sein. In den Grenzen dieser Bedingtheit also darf man sagen, daß Realunwirklichkeit auch das Fehlen des Wirklichkeitsbewußtseins impliziert.

Im übrigen stimmt dieser Satz nur, wenn man ihn auf reine oder unreflektierte Nichtgegebenheit bezieht. Er stimmt keineswegs für die zahlreichen Umwege eines vermittelten Unwirklichkeitsbewußtseins, die über die mannigfachen Arten der Kombination, des Schließens oder des Begreifens führen. Die Wirklichkeitserkenntnis ist täuschbar. Doch bleibt in aller Täuschung ein Kern von Realitätsgegebenheit übrig. Und an diesem hängt das Bewußtsein der Wirklichkeit. Wo aber kein Realwirkliches vorhanden ist, da ist auch nichts, was die Täuschung in einem rein empfangenden Gegebenheitsbewußtsein hervorrufen könnte.

Zur Erläuterung diene die folgende Überlegung. Wenn der mythisch denkende Mensch in der Quelle ein göttliches Wesen erblickt, so ist ihm das nicht gegeben, sondern seine Interpretation. Wenn ich den schräg ins Wasser getauchten Stab gebrochen sehe, so ist nicht die Gebrochenheit gegeben, sondern ein Realverhältnis, um dessen Komplexheit ich nicht weiß. Liegt dagegen gar kein Eintauchen vor, so gibt es auch nichts, was mir den gebrochenen Stab vortäuschen könnte; ist keine Quelle vorhanden, so findet auch der mythische Mensch nichts vor, darin eine Nymphe zu erblicken. Die Nichtgegebenheit also ist in bestimmter Weise an das Nichtsein der Sache gebunden. Ist etwas, was seiner Artung nach sehr wohl gegeben sein könnte, gar nicht vorhanden, so kann es auch nicht eigentlich gegeben sein. In diesem Sinn allein besteht der Satz zurecht, daß Realunwirklichkeit die Nichtgegebenheit — d. h. das Bewußtsein der Unwirklichkeit — impliziert.

Da nun Realwirklichkeit durch Realmöglichkeit und Realnotwendigkeit bedingt ist (vgl. Kap. 24 c und d), so folgt weiter, daß auch Realunmöglichkeit und negative Realmöglichkeit schon genügen, das Bewußtsein der Unwirklichkeit zu implizieren — unter den gleichen Umständen und mit der gleichen Einschränkung. Aber damit ist nichts Neues gesagt. Denn eben in der Durchdringung von Unmöglichkeit und negativer Möglichkeit besteht die Realunwirklichkeit.

b. Das Bewußtsein der Wirklichkeit und die Realwirklichkeit.

In allen übrigen Intermodalverhältnissen zwischen Erkenntnis und Realität handelt es sich ausschließlich um die Frage, inwieweit Erkenntnismodi die Realmodi implizieren, ausschließen oder unberührt lassen. Unter diesen durchaus einseitigen Verhältnissen nehmen die Implikationen allein das ganze Interesse in Anspruch. Ist doch die Frage nach ihnen fast identisch mit der nach dem Wahrheitsgehalt der Erkenntnis. Bei wahr und unwahr eben kommt es darauf an, ob dem Bewußtsein der Wirklichkeit auch Realwirklichkeit, dem Begreifen der Möglichkeit auch Realmöglichkeit des Gegenstandes entspricht, u. s. f. in allen Modi. Und bedenkt man, daß es ein allgemeines Kriterium der Wahrheit nicht gibt, so wird es klar, daß die Erörterung dieser Implikationen erkenntnistheoretisch von hoher Bedeutung ist. —

Im Modus der einfachen Wirklichkeitsgegebenheit nun gestaltet sich das Verhältnis durchaus positiv. Das schlichte Bewußtsein der Wirklichkeit impliziert in seiner Weise immer Realwirklichkeit. Aber es impliziert keineswegs immer die Realwirklichkeit dessen, was ihm inhaltlich vorschwebt. Das Reale, von dem es bestimmt ist, kann dem Sosein nach anders sein, als es ihm erscheint.

Das unvermittelte und unreflektierte Wirklichkeitsbewußtsein ist eben nichts mehr als ein bloßes Bewußtsein der Gegebenheit. Und Gegebenheit kann das Bewußtsein sich nicht willkürlich einbilden; es muß etwas vorhanden sein — und zwar real vorhanden —, was in ihr die gebende Instanz ist. Anders ist es keine Gegebenheit. Aber das Bewußtsein kann die gebende Instanz dem Sosein nach verkennen; und so braucht diese inhaltlich nicht dieselbe zu sein, die ihm vorschwebt.

Die inhaltliche Verschiedenheit ist charakteristisch für alle Sinnestäuschung und für mancherlei Art von Auffassungsirrtümern. Aber etwas Reales überhaupt liegt doch immer zugrunde. So ist es in den Beispielen von der Quelle und vom gebrochenen Stabe. Gegeben ist etwas durchaus Realwirkliches, aber die Art, wie dieses dem Subjekt erscheint, fällt nicht mit seinen Realbestimmtheiten zusammen. Man irrt sich nicht in der Gegebenheit selbst, sondern nur in der näheren Beschaffenheit des Gegebenen.

Das Positive daran ist gerade, daß diese Implikation allgemein für die Wahrnehmung gilt. Man kann nicht wahrnehmen, wo gar nichts ist. Die reine Vorspiegelung (die Halluzination und ähnliches) zählt hier nicht mit, sie ist eben nicht Wahrnehmung. Im übrigen sind selbst die subjektivsten Täuschungen (wie der auf die Wand projizierte Fleck des Nachbildes) noch durch ein Realverhältnis bedingt, ohne das sie nicht zustande kommen. Letzteres kann auch in rein inneren Subjektzuständen bestehen, in körperlichen oder seelischen. Aber auch diese sind noch Realzustände, und keineswegs irreal.

Das Charakteristische der Wahrnehmung ist überhaupt der Realitätskern ihres Gegenstandes. Der Gegebenheitsapparat, der ihr die Elemente liefert, liegt in den Qualitätssystemen der Sinne. Das System der Töne oder das der Farben ist so angelegt, daß immer eine bestimmte Realbeschaffenheit (Schwingungsfrequenz) der empfundenen Qualität „entspricht", ohne doch im geringsten mit ihr übereinzustimmen oder etwa ihr ähnlich zu sein. Nur die Bestimmtheit und feste Eindeutigkeit der Zuordnung macht in dieser Bezogenheit des Heterogenen das eigentliche Erkenntnisverhältnis aus.

Von hier aus stuft sich die Realitätsgewißheit des Wirklichkeitsbewußtseins ab: sie nimmt mit der zunehmenden Komplexheit und Reflektiertheit des Gegebenen ab. Entsprechend der Komplexheit und der Entfernung vom Boden jener festen Zuordnung entfernt es sich von der primären Wirklichkeitsgegebenheit. Damit wächst der Einschlag der Deutung, des Dafürhaltens, der Überlegung, und mit ihr der Täuschbarkeit.

Aber das Implikationsverhältnis, daß dem Wirklichkeitsbewußtsein auch ein real wirkliches Etwas entspricht, verschwindet damit keineswegs. Es nimmt auch durchaus nicht im gleichen Maße ab wie die inhaltliche Gewißheit. Z. B. das Situationsbewußtsein im täglichen Leben, das Wissen um fremde Subjektivität und seelische Innerlichkeit unterliegt in hohem Maße der Täuschbarkeit. Aber immer noch entspricht dem Gegebenen ein Reales, von dem es herrührt. Die mannigfachen Irrtumsquellen vermögen daran nicht viel zu ändern.

Eine weitere Konsequenz dieses Verhältnisses ist diese: da Realwirklichkeit auf Realmöglichkeit und Realnotwendigkeit beruht, so muß das Bewußtsein der Wirklichkeit, sofern es Realwirklichkeit impliziert, auch Realnotwendigkeit und Realmöglichkeit implizieren. Aber von beiden gilt: 1. auch diese Implikation braucht nicht die desselben Inhalts zu sein; und 2. sie bedeutet keineswegs, daß auch ein Bewußtsein der Möglichkeit und der Notwendigkeit impliziert würde (oder gar ein Begreifen). Ganz im Gegenteil, das bloße „Vorhandensein" (Ansichbestehen) der Realmöglichkeit und Realnotwendigkeit wird impliziert, und nicht auch noch ein Wissen darum. Das Gegebenheitsbewußtsein greift nicht „als Bewußtsein" auf die relationalen Realmodi über; beide bleiben verborgen, indifferenziert, verschwunden für das Bewußtsein. Unmittelbar gegeben ist nur das Wirklichsein.

Dem entspricht das oben analysierte Verhältnis der Erkenntnismodi: das Bewußtsein der Wirklichkeit ist kein Begreifen; es ist indifferent gegen das Begreifen der Möglichkeit und das Begreifen der Notwendigkeit.

Die Implikation der Realwirklichkeit durch das Bewußtsein der Wirklichkeit geht letzten Endes zurück — über das Wahrnehmungsbewußtsein und seine Elemente — bis auf die emotional-transzendenten Akte (vorwiegend auf das Erfahren, Erleben und Erleiden), die alle den Modus des Betroffenseins an sich haben. In diesen Akten wurzelt die grundsätzliche Gewißheit des Realitätsbewußtseins als solchen.

c. Realunwirklichkeit und Bewußtsein der Unwirklichkeit.

Wenn das Bewußtsein der Unwirklichkeit ein bloß defizienter Modus ist, also bloß das Fehlen der Gegebenheit bedeutet, so folgt — da es nicht im Wesen des Seienden liegt, gegeben zu sein, — daß das Bewußtsein der Unwirklichkeit als solches indifferent sein muß gegen Realunwirklichkeit und Realwirklichkeit. Es folgt aus diesem Bewußtsein niemals ohne weiteres, daß die Sache auch wirklich nicht existiere. Das Fehlen der Gegebenheit kann auch an ganz etwas anderem liegen, am Unbemerktsein, am Verborgensein. Denn es liegt eben nicht im Wesen des Realen, gegeben zu sein. Seiendes überhaupt ist gleichgültig gegen Objektion.

An diesem Verhältnis ändert es nichts, daß die Realunwirklichkeit ihrerseits keineswegs indifferent gegen das Bewußtsein der Unwirklichkeit ist (wie oben gezeigt wurde). Indifferenzen sind nicht umkehrbar. Gegeben kann eben ein Realunwirkliches nicht sein. Auch die Gegebenheitstäuschung spricht nicht dagegen; in ihr ist schließlich doch auch ein Realwirkliches gegeben, wenn schon ein anderes als das vermeinte.

Es ist von Wichtigkeit, sich darüber klar zu sein, daß diese Indifferenz gegen Vorhandensein und Nichtvorhandensein der Sache nur vom unreflektierten Bewußtsein der Unwirklichkeit gilt, keineswegs aber von jedem beliebigen, ihm äußerlich ähnlichen Nichtseinsbewußtsein. Es gibt daneben auch ein sehr gewisses Wissen um Unwirklichkeit; so z. B. wenn der Astronom weiß, daß zu bestimmter Stunde keine Verfinsterung eines Jupitertrabanten eintritt.

Mit diesem Wissen eben ist es etwas ganz anderes. Da handelt es sich gar nicht um Nichtgegebenheit, d. h. nicht um den modus deficiens, sondern um ein auf Umwegen der Überlegung (Berechnung) gewonnenes, durchaus positives Wissen der Unwirklichkeit. Die Vermittlung geht über die vereinigten Modi des Begreifens der Unmöglichkeit und der positiven Gegebenheit von Realwirklichem (einer Reihe von Beobachtungen sukzessiver Stellungen des Trabanten). Beides zusammen ergibt dann einen ganz anderen Erkenntnismodus: das Begreifen der Unwirklichkeit. Zu diesem Begreifen genügt das Wissen um das Fehlen eines als notwendig erkannten Faktors in der Kette der Realbedingungen (vgl. Kap. 52 b).

58. Kapitel. Die Möglichkeitsmodi der Realität und der Erkenntnis.

a. Realmöglichkeit und Bewußtsein der Möglichkeit.

Es wurde bei den Erkenntnismodi gezeigt, daß ein gewisses unreflektiertes Bewußtsein der Möglichkeit — und zwar sowohl der positiven als der negativen — schon vom einfachen Bewußtsein der Wirklichkeit, resp. der Unwirklichkeit, impliziert wird. Es ist ein rein mitlaufender Modus, ohne eigene Form der Einsicht; ihm entspricht keine besondere Gegebenheit, aber auch keine Überlegung. Es bedeutet kein Begreifen, „wie" A (oder non-A) real möglich ist, sondern nur ein dunkles Bewußtsein, „daß" überhaupt es irgendwie real möglich sein muß, da es doch wirklich ist.

1. Von diesem dunklen Bewußtsein der Möglichkeit nun gilt, daß es sehr wohl ausreicht, um das Realmöglichsein zu implizieren; nämlich in demselben Sinne und in denselben Grenzen, in denen auch das Bewußtsein der Wirklichkeit, dessen Begleitmodus es ist, Realwirklichkeit impliziert.

Wenn ich „sehe", daß jemand 2,70 Meter hoch springt, so habe ich auch ein Bewußtsein, daß dieses möglich sein muß; habe ich recht gesehen, so folgt außerdem, daß es auch real möglich „ist". Denn die Realwirklichkeit setzt Realmöglichkeit voraus. Habe ich mich aber „versehen", so muß etwas anderes wirklich gewesen sein, was das Versehen ermöglichte; und auch dieses andere muß dann ein Realmögliches sein.

Hier wird die Art der Gewißheit, sowie ihre inhaltliche Begrenztheit sehr deutlich faßbar. Das Begreifen oder Nichtbegreifen, wie es möglich ist, spielt hier gar keine Rolle. Vielmehr ist das Verhältnis ein ganz anders vermitteltes: impliziert nämlich die Realwirklichkeit schon in ihrer Sphäre die Realmöglichkeit, und impliziert andererseits das Bewußtsein der Wirklichkeit (die einfache Gegebenheit) die Realwirklichkeit — wenn schon nicht notwendig die des inhaltlich Gemeinten —, so folgt, daß auch das dunkle, bloß mitlaufende Bewußtsein der Möglichkeit die Realmöglichkeit impliziert; und zwar in den Grenzen derselben inhaltlichen Unsicherheit (oder Täuschbarkeit), denen auch die Gegebenheit selbst unterliegt.

Das ist ein sehr merkwürdiges Resultat, und zwar um so mehr, als dieses dunkle Bewußtsein der Möglichkeit ein ganz vages Hinnehmen einer unvermeidlichen Konsequenz ist, das sich von der Kette der Realbedingungen, auf denen die Möglichkeit des Gegebenen beruht, gar nichts träumen läßt. Es ist lediglich eine vermittelte Implikation, und darum durchaus kein Wissen um die Realzusammenhänge. Ja, man muß hinzufügen, daß gerade nur ein solches dunkel mitlaufendes Möglichkeitsbewußtsein diese Art Implikation an sich hat. Von irgendwelchen Überlegungen, die das Möglichsein zu begreifen suchen, gilt keineswegs dasselbe. Sie nämlich sind dem Irrtum in sehr beträchtlichem Maße unterlegen.

2. Das gilt aber nur vom Bewußtsein der positiven Möglichkeit. Ins Negative läßt sich diese Implikation nicht umkehren; hier geht sie in Indifferenz über: das Bewußtsein der negativen Möglichkeit impliziert nicht die negative Realmöglichkeit.

Da zwar die Realunwirklichkeit in ihrer Sphäre die negative Realmöglichkeit impliziert, das bloße Bewußtsein der Unwirklichkeit aber ein defizienter Modus ist und als solcher die Realunwirklichkeit keineswegs impliziert (vgl. oben), so kann auch das mitlaufende Bewußtsein der negativen Möglichkeit die negative Realmöglichkeit nicht implizieren. Es steht vielmehr indifferent gegen Möglichkeit und Unmöglichkeit des realen Nichtseins.

Um das konkret einzusehen, braucht man nur das Beispiel vom Jupitertrabanten ein wenig zu variieren. Wenn ich nach der Ephemeride eine Verfinsterung um 10 Uhr 22 Abends erwarte und sie dann nicht eintreten sehe, so stellt sich mit dem Bewußtsein der Unwirklichkeit (dem Ausbleiben in der Beobachtung) auch ein unbestimmtes Bewußtsein der Möglichkeit des Ausbleibens ein. Diesem Bewußtsein braucht aber durchaus keine Realmöglichkeit des Ausbleibens der Verfinsterung selbst zu entsprechen; das könnte nur im Falle eines Fehlers der Ephemeride so sein. Vielmehr kann die Ephemeride sehr wohl stimmen, und dann liegt mit der Realwirklichkeit der Verfinsterung auch ihre Realmöglichkeit vor. Der Fehler aber konnte an einer nichtigen Fahrlässigkeit der Beobachtung liegen, z. B. daran, daß ich eine Stunde zu früh nach der Verfinsterung ausschaute (nach M. E. Z. beobachtete, während die Ephemeride W. E. Z. gab, was ich hätte wissen können).

b. Das Begreifen der positiven Möglichkeit und die positive Realmöglichkeit.

Nicht so günstig ist das „Begreifen" der Möglichkeit in der Realerkenntnis gestellt. Wäre das Begreifen wie das unmittelbare Bewußtsein an die Gegebenheit gebunden, so müßte es freilich auf diesem Umwege auch die Realmöglichkeit implizieren. Da es nicht an sie gebunden ist, sondern inhaltlich weit über die engen Grenzen des Gegebenen hinausgreift, ja in dieser Freizügigkeit seinen eigentümlichen Erkenntnisvorzug hat, so bleibt es in weitem Maße indifferent gegen das Bestehen oder Nichtbestehen der Realmöglichkeit, und das bedeutet: indifferent gegen reale Möglichkeit und Unmöglichkeit.

Das mutet paradox genug an. Ist doch das Begreifen gerade das „Dahinterkommen", das Aufspüren der Zusammenhänge und Bedingungen, das Aufdecken und Berichtigen von Irrtümern und Schiefheiten. Verständlich wäre diese Indifferenz allenfalls, wenn man sie ohne weiteres auf den Gegensatz von Wesensmöglichkeit und Realmöglichkeit zurückführen könnte, also auf den von bloßer Widerspruchslosigkeit und der höchst affirmativen Kette der Realbedingungen. Aber sie hängt keineswegs an diesem Gegensatz allein. Das Begreifen der Realmöglichkeit beschränkt sich niemals auf das Begreifen von Wesensmöglichkeit, wiewohl es diese ständig einbezieht und mit ihrer Hilfe in das Geflecht der Realbedingungen einzudringen sucht. Es gibt vielmehr durchaus ein direktes Erfassen der Realbedingungen als solcher, und zwar im Wissen um ihren Bedingungscharakter. Ohne ein solches helfen auch die Wesenseinsichten zum Durchdringen der Realverhältnisse nichts. In diesem Erfassen liegt daher der Schwerpunkt des Begreifens der Realmöglichkeit.

Aber dieses Erfassen ist begrenzt, und die Bedingungskette ist verzweigt, kompliziert, nach rückwärts ohne eigentliche Grenze. Das Begreifen erfaßt nicht alle Bedingungen, obschon es — soweit es reicht — ein durchaus echtes Erfassen sein mag. Nun aber liegt die Realmöglichkeit nicht in einem Teil der Bedingungen, sondern nur in ihrer Totalität. Solange also nicht alle erfaßt werden, entspricht einem solchen „Begreifen der Möglichkeit" noch keineswegs mit Sicherheit die positive Realmöglichkeit.

Das ist der Grund, warum dem endlichen Begreifen so vielerlei real möglich erscheinen kann, was nicht real möglich ist. Dieser Gegensatz von Erscheinen und Sein der Realmöglichkeit ist nichts anderes als der populäre Ausdruck für das Fehlen des eindeutigen Implikationsverhältnisses vom Begreifen der Möglichkeit zur Realmöglichkeit. Nichts anderes meinen wir auch im Leben, wenn wir im Hinblick auf Gegenwärtiges und Künftiges sagen, vieles sei denkbar oder vorstellbar, vieles erscheine als Eventualität von der gegebenen Situation aus, was im Realzusammenhang durchaus nicht möglich ist. Es ist die innere Inkonsequenz des Wirklichkeitsbewußtseins, das dieses weiß und dennoch an der Vielzahl der „Möglichkeiten" festhält (vgl. Kap. 24 b).

In strengerer Form läßt sich das so aussprechen: das unvollständige Begreifen der Möglichkeit rechnet immer mit der Teilmöglichkeit, und diese ist ihrem Wesen nach noch weit entfernt von Realmöglichkeit; es rechnet darum mit einer Vielheit von Möglichkeiten, die im Realen gar nicht bestehen (vgl. Kap. 52 a). Im Realzusammenhang besteht von diesen jederzeit nur eine einzige, die eigentliche Realmöglichkeit; sie ist stets die Möglichkeit dessen, was auch wirklich wird. Wenn das Begreifen schon weiß, welche es ist, so kann es sich wohl an sie halten und das Rechnen mit den übrigen aufgeben. Aber es tut das dann nicht aus sich selbst, dem Begreifen der Bedingungen, heraus, sondern auf dem Umwege über einen ihm ganz heterogenen Modus, über die Gegebenheit des Wirklichen.

Am deutlichsten ist das zu sehen an unserem Bewußtsein des Zukünftigen, das stets mit einer Vielzahl von Möglichkeiten rechnet, weil es noch nicht durch Gegebenheit wissen kann, welche die allein real bestehende Möglichkeit ist. Die auf dem Aspekt der Teilmöglichkeit beruhenden „vielen Möglichkeiten" sind nicht etwa an sich falsche Vorstellungen; sie bestehen vielmehr tatsächlich und vollkommen folgerichtig von dem begrenzten Ausschnitt der jeweilig erfaßten Bedingungen aus. Nur bestehen sie deswegen nicht realiter, denn der Ausschnitt ist ein ontologisch willkürlicher, dem Realzusammenhang äußerlicher. In Wahrheit gibt es jederzeit nur die Ganzheit der Realsituation, wie verzweigt immer sie sein mag; und in ihr liegt stets nur eine Totalmöglichkeit (vgl. Kap. 31 b und c).

Das Versagen des Begreifens wird am stärksten empfunden, wo die Realwirklichkeit der Sache unmittelbar gegeben ist, die entscheidenden Bedingungen aber nicht erfaßt, ja auch nicht recht vorgestellt werden können. Das Gegebene erscheint dann als ein „Rätselhaftes" oder als „Wunder". Das Verwunderliche ist dann gerade der Gegensatz zum dunkel mitlaufenden Bewußtsein der Möglichkeit, das da besagt: die Sache muß eben doch irgendwie möglich sein, weil sie ja wirklich ist.

Es gibt allerdings Wege, das Versagen des Begreifens auszugleichen, das Begreifen der Möglichkeit dem Bedingungsgefüge der Realmöglichkeit anzupassen. Die Wissenschaft geht unausgesetzt einen solchen Weg, und zwar ohne Rücksicht darauf, ob sie ihn zuende gehen kann; er besteht in der Erforschung der Realbedingungen selbst, aus denen heraus es diskutierbar wird, was eigentlich bei gegebenen Voraussetzungen „möglich" ist. Eine Diskussion dieser Art ist im wesentlichen apriorischer Art, aber in ihren Ausgängen empirisch bedingt und praktisch begrenzt. Und aus ihrer Begrenztheit heraus ist sie auch wiederum täuschbar.

Es bedarf hierzu bereits anderer Erkenntnismodi. Es bedarf des Bewußtseins gegebener Wirklichkeit, eines Wissens um das Vorhandensein dessen, was Bedingung ist. Und ebenso bedarf es eines Begreifens der Notwendigkeit, eines Wissens um die Gesetze der Abhängigkeit zwischen Bedingung und Bedingtem. Der Gegenstand dieses Wissens umfaßt außer mancher Realgesetzlichkeit auch Wesensgesetzlichkeit. Es bedarf also auch eines Begreifens der Wesensnotwendigkeit.

c. Das Begreifen der negativen Möglichkeit und die Realmöglichkeit des Nichtseins.

Im Begreifen ist die negative Möglichkeit besser gestellt als die positive, umgekehrt also wie im bloß mitlaufenden Möglichkeitsbewußtsein. Was dem Begreifen der positiven Möglichkeit nur im Grenzfall gelingen kann, das gelingt dem Begreifen der negativen Möglichkeit relativ leicht: das Zutreffen des Begriffenen auf das vorliegende Realverhältnis, resp. die Implikation der negativen Realmöglichkeit.

Zur Realmöglichkeit des Nichtseins genügt schon das Fehlen einer einzigen Bedingung. Zum Wissen um diese Realmöglichkeit also ist keine Überschau der Bedingungskette erforderlich; es genügt die Einsicht, daß eine bestimmte Bedingung fehlt. Und das ist eine Anforderung, der auch das unvollständige Begreifen relativ leicht gerecht werden kann. Die Vorbedingung dafür ist freilich, daß man ein gewisses Wissen um die Unerläßlichkeit dieser einen fehlenden Bedingung habe. Vorausgesetzt also ist ein Wissen um die einschlägige Gesetzlichkeit, und in ihr wiederum steckt das Begreifen der Wesensnotwendigkeit.

Der Sache nach kommt ein Begreifen der negativen Möglichkeit durchaus dem Begreifen der Unmöglichkeit gleich. Denn wenn ich weiß, daß eine Bedingung von A fehlt, so weiß ich nicht nur, daß non-A möglich ist, sondern auch, daß A unmöglich ist. Dasselbe Fehlen einer Bedingung genügt eben schon zur Unmöglichkeit. Und das wiederum impliziert weiter ein Begreifen der Unwirklichkeit.

d. Realunmöglichkeit und Begreifen der Unmöglichkeit.

Wäre also das Begreifen der negativen Möglichkeit nicht an die Bedingung der Gesetzeskenntnis (der „Unerläßlichkeit" eines fehlenden Faktors) gebunden, und wäre in dieser „Kenntnis" kein Irrtum möglich, so müßte nicht nur das Begreifen der negativen Möglichkeit die negative Realmöglichkeit implizieren, sondern auch das Begreifen der Unmöglichkeit müßte ohne weiteres die Realunmöglichkeit implizieren.

Das aber ist nicht so unbedingt der Fall, sondern nur unter bestimmten Umständen. D. h. das Intermodalverhältnis wird hier ein amphibolisches. Will man ein eindeutiges Verhältnis finden, so muß man die Implikation entsprechend ihrer inneren Bedingtheit einschränken.

Die Bedingtheit nun hängt an einer Gesetzeskenntnis, oder genauer an der im Erkennen stillschweigend vorausgesetzten Gesetzlichkeit der einschlägigen Kategorien. Worauf es ankommt, ist die Frage, wieweit die apriorische Gesetzlichkeit im Erkennen mit der des Realen übereinstimmt. Die Grenze, bis zu der das Begreifen der Unmöglichkeit die Realunmöglichkeit impliziert, hängt also ab von der Grenze der Identität von Erkenntniskategorien und Seinskategorien. So entspricht es der kategorialen Grundrelation, an welcher der apriorische Einschlag aller Realerkenntnis hängt: es läßt sich durchaus nur eine partiale Identität der beiderseitigen Kategorien aufweisen [1]).

Das Intermodalgesetz würde sich dementsprechend so formulieren lassen: in den Grenzen der Identität von Erkenntniskategorien und Realkategorien impliziert das Begreifen der Unmöglichkeit allerdings die Realunmöglichkeit, nicht aber darüber hinaus. Und da diese Grenzen mit denen der objektiven Gültigkeit der apriorischen Elemente der Erkenntnis zusammenfallen, so kann man nun auch sagen: diese Implikation besteht in den Grenzen objektiv gültiger Realerkenntnis a priori zu Recht.

Da wir aber diese Grenzen weder auf Grund einer Gegebenheit noch mit Hülfe der Erkenntnisanalyse jemals streng angeben können, sondern stets erst gelegentlich der Konsequenzen darauf gestoßen werden — etwa wenn diese in Konflikt mit gegebenen Realfällen geraten —, so kann man in der Praxis der Erkenntnis (auch der philosophischen) dieser Implikation nur insoweit gewiß sein, als man die einschlägige apriorische Gesetzlichkeit selbst durchschaut und bereits an mannigfaltigen Realfällen überprüft hat.

Was wir im unvollständigen Begreifen für „unmöglich" halten, entspricht nicht immer einer an sich bestehenden Realunmöglichkeit, weil ein solches Begreifen die Gewähr dafür nicht hat, daß es auch wirklich übersieht, was unter gegebenen Umständen real möglich ist. Es kann sehr wohl für unmöglich halten, was in der Tat real möglich ist (ja auch das, was schon real wirklich ist). Dadurch wird das Begreifen der Unmöglichkeit amphibolisch.

Man denke hier etwa an das geschichtlich alte und viel wiederholte Argument gegen die Kugelgestalt der Erde: die Antipoden müßten ja dann „auf dem Kopfe stehen". Hinter dieser populären Wendung verbirgt sich eine vermeintliche Unmöglichkeit; man kann es sich nicht vorstellen, daß die Richtungen im Raume, d. h. das Oben und Unten, nur relativ auf den Erdkörper bestehen. Und eben dieses, daß man es sich nicht vorstellen kann, beruht darauf, daß man die Absolutheit der Richtungen stillschweigend als apriorische Gewißheit hinnimmt. Praktisch besteht die vermeinte Unmöglichkeit so lange fort, bis man die dynamische Bedingtheit der Richtungen durch die Schwerkraft, sowie deren Bezogenheit auf das Erdzentrum begriffen hat.

---

[1]) Wegen der erkenntnistheoretischen Begründung dieser kategorialen Grundrelation muß ich an dieser Stelle verweisen auf „Grundzüge einer Metaphysik der Erkenntnis", 2. Aufl. Berlin 1925, Kap. 48 a—d.

e. Vom Treffen und Verfehlen der Realunmöglichkeit.

In der populären Form des unvollständigen Begreifens der Unmöglichkeit bleibt ein gewisses Rechnen mit der „Vielheit von Möglichkeiten" anstößig, das der Einheit des jeweilig Realmöglichen in keiner Weise entspricht. Dennoch besteht gerade diese Vielheit im Gegensatz zum Realverhältnis für das begrenzte Begreifen zu Recht. Hat man nur einen Teil der Bedingungen vor Augen, so ist aus ihnen nicht zu ersehen, was für Determinanten noch weiter dazu gehören; und so bleiben denn mehrere Eventualitäten offen, nicht freilich im Realen, sondern im Begreifen des Realen.

Die Teilmöglichkeit eben ist ihrem Wesen nach disjunktiv. Aber sie besteht nur relativ auf ein Teilwissen um die Bedingungen. Und im irrtümlichen „Begreifen" einer vorgetäuschten Unmöglichkeit liegt die Sache so, daß gerade die einzige tatsächlich bestehende Realmöglichkeit verkannt wird, weil gewisse zentrale Faktoren des Bedingungskomplexes verkannt sind; so im obigen Beispiel die Relativität der Schwere, das Nichtbestehen absoluter Richtungen im Raume usw.

Andererseits: daß das Begreifen der Unmöglichkeit dennoch in gewissen Grenzen die Realunmöglichkeit trifft — sie also impliziert und sichtlich eine weit straffere Bezogenheit auf sie zeigt, als das Begreifen der Möglichkeit sie auf die Realmöglichkeit hat —, das liegt daran, daß dieses Begreifen der Unmöglichkeit kein defizienter, sondern ein durchaus effektiver Modus der Erkenntnis ist. Dieser Modus besteht nicht im bloßen Nichtwissen um ein Möglichsein, sondern im positiven Wissen um das Nichtbestehen der Möglichkeit. Und günstigen Falls kann es ein durchaus gewisses Wissen sein.

Dieses Wissen ist dann vorhanden, wenn man 1. auf Grund von a priori erfaßten (oder kategorial vorausgesetzten) Gesetzlichkeiten begriffen hat, daß gewisse Bedingungen unerläßliche Voraussetzungen für A sind, und 2. weiß, daß eine dieser Bedingungen tatsächlich nicht vorhanden ist. Denn das Fehlen einer einzigen schon macht die Kette unvollständig, macht also A unmöglich. So kann man z. B. in aller Exaktheit die Unmöglichkeit, daß der Ring des Saturn ein fester Körper sei, begreifen; er könnte als fester Körper nach dem dritten Keplerschen Gesetz keine Stabilität haben. Und ebenso kann man einsehen, daß er auch weder flüssig noch gasförmig sein kann; die innere Reibung bei verschiedener Rotationsgeschwindigkeit seiner Schichten müßte ihn sprengen.

Ein solches Wissen um die Gesetzlichkeit ist aber nicht überall vorhanden. Es steht nicht hinter jedem Bewußtsein der Unmöglichkeit (z. B. nicht hinter dem Argument gegen die Kugelgestalt). Die Wissenschaft aber kann sich gegebenen Falls ihm nähern; daher die Wesentlichkeit der Gesetzeserkenntnis, und daher die Begrenzung des Begreifens der Unmöglichkeit durch die Grenze der Identität von Erkenntniskategorien und Seinskategorien. Desgleichen beruht hierauf der Einschlag des Hypothetischen im Begreifen der Realunmöglichkeit.

Die vermittelnde Rolle in diesem Wissen um die Gesetzlichkeit fällt in weitem Maße dem idealen Sein zu. Das ist die eigentümliche Stellung der Wesensgesetzlichkeit, daß sie einerseits die Realgesetzlichkeit beherrscht, andererseits aber zugleich die Erkenntnisgesetzlichkeit bestimmt. Nur ist dieses Beherrschen und Bestimmen beiderseits begrenzt. Und außerdem reicht Wesensgesetzlichkeit zur Realgesetzlichkeit noch keineswegs zu. Die Wesensunmöglichkeit (z. B. die mathematische) ist leicht einzusehen; aber Realunmöglichkeit kann auch ohne Wesensunmöglichkeit bestehen. Diese eben wurzelt im Widersprechendsein, Realunmöglichkeit aber kann auch bei völliger Widerspruchslosigkeit, also bei gegebener Wesensmöglichkeit, bestehen. Sie besteht dann auf Grund einer fehlenden Bedingung. Es hilft also wenig, daß die Wesensunmöglichkeit unmittelbar a priori einsichtig ist; es gibt Realunmögliches auch ohne sie.

Innerhalb dieses Verhältnisses gibt es den extremen Fall des offenkundig irrenden „Begreifens" der Unmöglichkeit. Freilich ist es in Wahrheit vielmehr ein Nichtbegreifen der Möglichkeit. Dieser Fall ist der schon oben herangezogene des „Wunders", des Rätselhaften, des Unglaubwürdigen oder des Paradoxen. In diesem Fall ist die Realwirklichkeit eines A unmittelbar gegeben, und es streiten nun in der Erkenntnismodalität das der Gegebenheit mitfolgende Bewußtsein der Möglichkeit und das „Begreifen" der Unmöglichkeit. Das letztere beruht hier auf irriger Gesetzesvoraussetzung. Das „Wunder" ist der Bewußtseinsmodus des irrenden Begreifens und Festhaltens der Unmöglichkeit bei bereits gegebener Realwirklichkeit.

Die Konsequenz ist: ein echtes Begreifen der Unmöglichkeit gibt es trotz der scheinbaren Einfachheit dieses Modus doch nur in den Grenzen exakt wissenschaftlichen Erkennens, dessen apriorischer Einschlag an Voraussetzungen ein wohlgeprüfter ist. Darüber hinaus gibt es nur hypothetisches, angenähertes Begreifen der Unmöglichkeit, das seine Bestätigung erst von der Tatsächlichkeit des Unwirklichseins erwarten kann.

59. Kapitel. Die Notwendigkeits- und Wirklichkeitsmodi.

a. Die Realnotwendigkeit und das indirekte Begreifen.

Das Wissen um Notwendigkeit in der Realerkenntnis kann von zweierlei Art sein, ein indirektes oder ein direktes.

Das indirekte macht den Umweg über das Begreifen der Unmöglichkeit des Gegenteils. Man geht davon aus, etwas müsse entweder A oder non-A sein; man erweist dann, daß es non-A nicht sein kann, und die Folge ist, daß es notwendig A ist. Dasselbe ist der Fall, wenn statt des kontradiktorischen Verhältnisses mehrere positive, streng disjungierte Glieder nebeneinander stehen, vorausgesetzt freilich, daß die Disjunktion eine vollständige ist. Der modus tollendo ponens läßt sich dann immer vollziehen, sofern sich die Unmöglichkeit aller Glieder bis auf eines nachweisen läßt; das eine bleibt als „notwendig" übrig.

Dieses Verfahren ist das sog. apagogische, und es läßt sich nicht verkennen, daß hier Notwendigkeit begriffen wird. Es ist nur die Frage, ob es Realnotwendigkeit ist, was auf diese Weise begriffen wird.

Ein gutes Beispiel ist das vom Saturnring (vgl. oben). Hat man begriffen, daß er weder fest noch flüssig noch gasförmig sein kann, so bleibt nur übrig, daß er aus einer Wolke kleiner Partikeln bestehe. Das ist nun zwar — die Vollständigkeit der Disjunktion vorausgesetzt — eine notwendige Konsequenz und insofern auch durchaus real zutreffend. Aber es ist deswegen doch noch kein Begreifen der Realnotwendigkeit. Daß der Saturn überhaupt einen Ring hat, muß seinen zureichenden Realgrund haben, und dieser muß in der vollständigen Kette der Realbedingungen bestehen, unter denen ein Ring sich bildet. Von alledem sagt die indirekte Schlußweise nichts. Man begreift auf diese Weise keineswegs, wieso denn eine Wolke von Partikeln sich um diesen Planeten herum bilden mußte. Darin aber müßte ein Begreifen der Realnotwendigkeit bestehen.

In anderen Fällen freilich kommt man mit diesem apagogischen Verfahren der Realnotwendigkeit näher. So z. B. wenn man vom Gesetz der Gleichgewichtslagerung großer Massen einen Schluß auf die Kugelgestalt der Erde zieht: die Überlegung zeigt hier, wie bei jeder anderen Gestalt die innere Gleichgewichtslage der Erdmasse ein Ding der Unmöglichkeit ist. Auch hier wird aus dem Begreifen der Unmöglichkeit heraus geschlossen. Nur handelt es sich hier um eine Unmöglichkeit, die im Bildungsprozeß der Erdgestalt auch real begrenzend, und insofern determinierend mitspielt; es handelt sich also mittelbar um eine sehr positive Grundbedingung, die durchaus mit zur Totalität der Bedingungen zählt, und keineswegs bloß in der Überlegung besteht. (Man kann dieses Beispiel noch weit anschaulicher gestalten, wenn man die apagogische Überlegung auf ein geschichtlich späteres Stadium der Wissenschaft, auf die Rotationsdynamik und die genauere Form des Ellipsoids bezieht.)

Das apagogische Begreifen der Notwendigkeit kann sich also dem positiven Wissen um die Bedingungskette nähern; ja, es kann gelegentlich nur eine äußerliche, „logische" Verschleierung eines solchen sein. Und da es sich auf ein Begreifen der Unmöglichkeit auf Grund wohlgeprüfter Gesetze stützt, so muß es freilich die Realnotwendigkeit implizieren, soweit nur immer die Identität seiner Kategorien mit denen des Realen reicht.

Aber darüber darf man sich nicht täuschen: dieses Implizieren der Realnotwendigkeit ist keineswegs ein Begreifen der Realnotwendigkeit. Begriffen wird hier nicht die Totalität der Realbedingungen, also auch nicht der zureichende Realgrund als solcher, durch den allein die Sache real notwendig ist; begriffen wird vielmehr nur die Notwendigkeit der Folge im Erkenntniszusammenhang. Hier wird aus Erkenntnisgründen eingesehen, wie ein Reales beschaffen sein muß, nicht aber aus Realgründen, warum es mitsamt seiner Beschaffenheit hier und jetzt zustande kommen mußte. Führt man z. B. die Verlangsamung der Pendelbewegung nach dem Äquator zu als „Grund" für die ellipsoide Gestalt der Erde an, so meint man nicht, daß dieses Phänomen der Realgrund der Erdgestalt sei; das umgekehrte Verhältnis vielmehr ist ganz klar. Die ratio cognoscendi deckt sich nicht mit der ratio essendi. Sie läuft ihr im letzteren Falle geradezu entgegen (vgl. Kap. 53 c und d).

Das Begreifen eben hat seine eigene Art von Dependenz, und diese läßt in ihrer Weise an Striktheit nichts zu wünschen übrig. Was vermöge ihrer zur Einsicht gebracht wird, hat den Modus innerer Erkenntnisnotwendigkeit, aber nicht den eines eigentlichen Begreifens der Realnotwendigkeit.

b. Das echte Begreifen der Notwendigkeit und seine Bedingungen.

Es gibt aber auch ein direktes Begreifen der Notwendigkeit, welches in der Erkenntnis der Realbedingungen wurzelt. Dieses ist das allein echte und eigentliche Erkennen der Realnotwendigkeit; auch dann, wenn es sich im Erkenntniszusammenhang auf die Vermittelung anderer Verfahren stützt.

Da nun eine Totalität von Bedingungen in der Regel nur verkürzt erfaßt werden kann, so bleibt diesem Begreifen ein Einschlag des Hypothetischen anhaften, den erst die Kontrolle an einer Tatsachengegebenheit beheben kann. Dennoch ist auch ohne solche Kontrolle die Annäherung an das echte Begreifen der Notwendigkeit möglich, nämlich auf Grund einer erfaßten oder im apriorischen Einschlag des Begreifens vorausgesetzten Gesetzlichkeit. Die Realnotwendigkeit von A erscheint dann dem Erkennen als Folge von gewissen Tatsachen, die gegeben sind, und zugleich von gewissen erkannten Gesetzen, unter welche die Tatsachen subsumiert werden. Die Tatsachen treten im Modus eines Bewußtseins der Wirklichkeit auf, die Gesetze in dem eines Begreifens der Wesensnotwendigkeit. Beide ineinandergefügt ergeben ein gewisses begrenztes, aber doch stichhaltiges Begreifen der Realnotwendigkeit.

Aus dieser Sachlage heraus läßt sich das Intermodalverhältnis zweiter Ordnung, das hier greifbar wird, so formulieren: vorausgesetzt, daß die gegebenen Tatsachen zutreffend erfaßt sind, impliziert das Begreifen der Notwendigkeit die Realnotwendigkeit, aber nur in den Grenzen der Identität von Erkenntniskategorien und Realkategorien.

Denn auf diese Identität geht der Einschlag des Apriorischen mit „objektiver Gültigkeit" in der zugrundegelegten Gesetzeserkenntnis zurück; und dasselbe gilt vom Anteil der Wesensnotwendigkeit im Begreifen der Realnotwendigkeit. Es ist derselbe Apriorismus in der menschlichen Realerkenntnis, der so oder so gesehen auf die kategoriale Grundrelation zurückgeht.

Da wir andererseits für die Begrenzung des kategorialen Identitätsverhältnisses kein anderes Anzeichen haben als die Einstimmigkeit zwischen den Gesetzen selbst und den gegebenen Tatsachen, so läßt sich auch sagen: das direkte Begreifen der Notwendigkeit muß insoweit Realnotwendigkeit implizieren, als die Gesetze, auf Grund deren das Begreifen zustande kommt, an genügend breitem Tatsachenmaterial überprüfbar und erweisbar sind.

Der Einschlag des Hypothetischen freilich wird hierbei nie gänzlich ausgeschieden. Er bleibt sowohl an der inhaltlichen Seite der gegebenen Ausgangstatsachen als auch an der empirischen Bewahrheitung der zugrundegelegten Gesetze hängen. Aber die Annäherung an das echte Begreifen der Realnotwendigkeit bleibt nichtsdestoweniger unbegrenzt offen, und die Wissenschaft kann es deswegen auf ihren exakt arbeitenden Gebieten zu den höchsten Graden hypothetischer Gewißheit bringen.

Für diese Art des Begreifens ist es charakteristisch, daß sie der Richtung nach mit der Seinsdependenz (der ratio essendi, resp. fiendi) zusammen geht. Sie setzt bei den Realbedingungen an, diese also müssen ihr in wesentlichen Stücken gegeben sein. Die Folge ist, daß dieses eigentliche und direkte Begreifen der Notwendigkeit sich in erster Linie auf Fälle erstreckt, die in der Zukunft liegen, auf Voraussage und Vorausberechnung (z. B. die einer Sonnenfinsternis oder einer künftigen Stellung der Planeten); etwas ähnliches liegt in den Berechnungen der Technik zugrunde, nur daß bei diesen das zeitliche Verhältnis nicht das ausschlaggebende ist. Von der außerordentlichen Implikationskraft dieser Art des Notwendigkeitsbegreifens gibt die erstaunliche Treffsicherheit der exakten Wissenschaften in allen Fällen, die strukturell den genannten gleichen, ein überzeugendes Bild. Das Geheimnis dieser Kraft liegt freilich zum Teil in der Gewißheit der mathematischen Gesetzlichkeit, zum Teil aber auch in der inhaltlichen Koinzidenz der Bedingungen, aus denen erkannt wird, mit den Bedingungen, auf denen die Realnotwendigkeit der Sache unabhängig von allem Erkennen beruht. Die Sachlage ist trotz der Höhe der Anforderung vereinfacht durch das inhaltliche Deckungsverhältnis zwischen Erkenntnisnotwendigkeit und Realnotwendigkeit.

Dagegen in derjenigen Tendenz der Wissenschaft, die auf Herausarbeitung der Gesetze (etwa Naturgesetze) geht, spielt dieser Modus des Begreifens nur eine untergeordnete Rolle. Das klingt befremdlich, weil die Tendenz zur Notwendigkeit gerade die Gesetzesforschung beherrscht, und weil das direkte Begreifen der Notwendigkeit doch gerade diese Tendenz am reinsten vertritt.

So äußerlich aber darf man die scheinbar zusammengehörigen Notwendigkeitsmomente in der Erkenntnis nicht identifizieren, auch wenn sie in den Methoden der Wissenschaft noch so eng miteinander verknüpft auftreten. Die Wahrheit ist vielmehr, daß die Gesetzlichkeit nur ein allgemeines Schema von Realnotwendigkeit bestimmter Art enthält. Hat man sie gefunden, so ist freilich „unter" ihr die Notwendigkeit der Folge aus gegebenen Bedingungen im Einzelfall einsichtig; aber sie selbst wird nicht als notwendige Folge aus Realbedingungen eingesehen, sondern auf viel komplizierteren Wegen des analytischen Eindringens. Und für dieses gerade ist die Umkehrung der Richtung in der ratio cognoscendi gegen die ratio essendi charakteristisch. Denn von der Tatsache aus muß die Einsicht zur Allgemeinheit des Gesetzes aufsteigen. Freilich zeigt auch dieser Aufstieg eine charakteristische Erkenntnisnotwendigkeit, aber es ist keine Einsicht der Realnotwendigkeit. Die letztere vielmehr setzt erst ein, wo das Gesetz auf den Einzelfall angewandt wird; was dann „unter" dem Gesetz als real notwendig begriffen wird, ist aber etwas anderes: das Folgen eines nichtgegebenen Realen aus gegebenem Realem.

c. Die Realwirklichkeit und das Begreifen der Wirklichkeit.

Es ist früher gezeigt worden (Kap. 52 d), wie das Begreifen der Wirklichkeit ein in sich komplexer Erkenntnismodus ist, wie in ihm das Begreifen der Möglichkeit und Notwendigkeit einerseits, das schlichte Gegebenheitsbewußtsein der Wirklichkeit andererseits vorausgesetzt sind. Damit ist gesagt, daß es ein extremer, im Erkennen schwer erreichbarer Modus ist, der nur unter besonders günstigen Bedingungen auftritt. Relativ häufig gibt es ihn noch in den exakten Wissenschaften, die es mit Realgegenständen niederer Ordnung zu tun haben; auch da freilich meist nur genähert. In den historischen Wissenschaften und im praktischen

Leben finden wir ihn meist nur in gewissen Ansätzen oder in Beschränkung auf bestimmte Seiten des Realwirklichen. Daß wir ihn auch in solcher Begrenzung noch als echte Durchleuchtung des Seienden empfinden, widerspricht dem nicht. Denn auch ein partiales Begreifen ist echtes Eindringen und Klären, auch wenn es das Ganze der einschlägigen Realzusammenhänge nicht zu durchdringen vermag.

Das Begreifen der Wirklichkeit bleibt im menschlichen Erkennen im allgemeinen unvollständig. Und gerade als unvollständiges ist es kein eigentliches Begreifen. Das bloße Eindringen genügt hier nicht, das Durchdringen aber hängt an der Vollständigkeit. Das kann nicht anders sein, weil Realwirklichkeit sich aus der gegenseitigen Durchdringung von Realmöglichkeit und Realnotwendigkeit aufbaut, die beide an der Totalität der Bedingungen hängen; eine unvollständige Bedingungskette ergibt weder die eine noch die andere. Da aber das echte Begreifen der Wirklichkeit an das Begreifen der Möglichkeit und Notwendigkeit gebunden ist, dieses letztere Begreifen aber die vollständige Bedingungskette umfassen müßte, so ist offenbar das unvollständige Begreifen kein eigentliches Begreifen der Realwirklichkeit.

Das reimt sich gut mit dem Range dieses Modus als des höchsten und positivsten Erkenntnismodus. Und zugleich ist es durchaus verständlich, warum trotz aller Unerreichbarkeit dennoch alle Realerkenntnis auf diesen Modus hinarbeitet. Er ist eben die Synthese der positiven Erkenntnismodi, die organische Vereinigung von Gegebenheit und Begreifen überhaupt.

Rein strukturell gesehen, ist das Begreifen der Unwirklichkeit genau ebenso die Synthese der negativen Erkenntnismodi. Hier ist das schlichte Bewußtsein der Unwirklichkeit einerseits, das Begreifen der negativen Möglichkeit und der Unmöglichkeit andererseits vorausgesetzt. Nur die Unvollständigkeit zieht im negativen Begreifen nicht so enge Grenzen.

Von beiden Modi nun ist zu sagen, daß sie — soweit überhaupt sie sich im Erkennen herstellen — den entsprechenden Realmodus implizieren. Das Begreifen der Wirklichkeit impliziert Realwirklichkeit, und das Begreifen der Unwirklichkeit impliziert Realunwirklichkeit. Das eben liegt im Charakter der höchsten Erkenntnismodi, daß sie — wenn nur überhaupt das Erkennen sich zu ihnen erheben kann — ihren Gegenstand auch wirklich fassen.

Beim Begreifen der Wirklichkeit liegt schon in seinem inneren Bau eine gewisse Gewähr dafür, daß es die Realwirklichkeit impliziert. In diesem seinem Bau ist eben die Rückbeziehung auf die Gegebenheit mit enthalten. Die modale Synthese schließt sie ein. Die Sackgasse inhaltlichen Verfehlens, wie bei der bloßen Gegebenheit, ist hier nicht zu befürchten; das intendierte Realwirkliche kann hier nicht so leicht ein anderes sein als das tatsächlich vorliegende, die Rücksicherung durch die beiden relationalen Modi des Begreifens läßt es nicht zu. Denn selbst wenn das Begreifen ein unvollständiges ist, so hängt es doch fest an gewissen Gliedern der Bedingungskette, und diese sind in jedem Falle streng inhaltlich umrissen und niemals beliebig von einem Inhalt auf den anderen übertragbar. Und ebenso ist das Verfehlen des Realverhältnisses durch die Vordringlichkeit des Erkenntnisverhältnisses, wie es im Begreifen der Notwendigkeit sich einstellte, hier nicht zu gewärtigen; davor schützt nun umgekehrt die Rückbeziehung auf das schlichte Bewußtsein der Wirklichkeit. Durch dieses ist das Begreifen an die im Seienden vorliegende Richtung der Dependenz gebunden; denn wenn es sie in der ratio cognoscendi umkehrte, würde es nicht das Gegebene aus seinen Bedingungen, sondern ein anderes aus anderem begreifen.

Wichtiger vielleicht noch ist eine andere Seite an dieser Modalsynthese. Indem das Begreifen der Möglichkeit und der Notwendigkeit in das komplexe Begreifen der Wirklichkeit eingeht, ist es nicht mehr durch die Bedingung eingeschränkt, daß es nur in den Grenzen der Identität von Erkenntniskategorien und Realkategorien Realmöglichkeit und Realnotwendigkeit impliziert. Freilich ist diese Grenzsetzung nicht aufgehoben; vielmehr sie ist von vornherein erfüllt, und darum keine Einschränkung mehr. Denn sie ist gewährleistet durch die Rückbeziehung auf Gegebenheit des Wirklichen. In der Gegebenheit allein liegt ja das Kriterium der Reichweite jener kategorialen Identität. Der synthetische Erkenntnismodus hat durch die Zweiheit der Instanzen, die in ihm zusammenarbeiten, in weitem Maße die Gewähr für strengste Einhaltung der Grenzen objektiver Gültigkeit des Apriorischen in sich. Der Kreislauf der Erkenntnis erfüllt sich im Begreifen der Wirklichkeit, indem das als notwendig Erfaßte sich an neuen Tatsachenreihen bewährt. Und ebenso hat dieser synthetische Modus die Kontrolle für inhaltliche Identifizierung des Gegebenen durch das Begreifen der Notwendigkeit aus ihren Realbedingungen in sich. Denn nachdem man das Folgen aus den Bedingungen begriffen hat, ist es nicht mehr möglich, das Gegebene für etwas anderes zu halten, als es auf Grund dieser Bedingungen sein muß.

d. Realunwirklichkeit und Begreifen der Unwirklichkeit.

Im Begreifen der Unwirklichkeit läuft es auf eine Synthese ähnlicher Art hinaus, und zwar mit annähernd dem gleichen Resultat. Nur ist hier der Anteil des Begreifens ein unvergleichlich stärkerer und reinerer. Denn im negativen Begreifen, dem der negativen Möglichkeit und der Unmöglichkeit, ist das Erfassen einer Totalität der Bedingungen nicht vonnöten. Hier genügt es, daß man nur eine einzige Bedingung als fehlend feststellen kann. Was in vielen Fällen sehr leicht geschehen ist.

Dagegen ist die Bedingtheit des Begreifens der Unwirklichkeit durch erfaßte oder vorausgesetzte Gesetzlichkeit, sowie auch deren Restriktion auf die Grenzen der transzendenten Identität der Kategorien grundsätzlich die gleiche wie beim Begreifen der Wirklichkeit. Denn wenn man aus dem Fehlen einer oder selbst einiger Bedingungen die Unwirklichkeit einer Sache begreifen will, so ist es erforderlich, daß man mit voller Gewißheit die Unerläßlichkeit dieser Bedingungen einsehe. Solche Einsicht aber ist nur auf apriorischem Wege zu gewinnen.

Andererseits aber ist hier die Gegeninstanz schwächer: die negative Gegebenheit ist ein defizienter Modus; sie ist insofern gegen die positive im Nachteil, als man ihr nicht ansehen kann, ob wirklich etwas fehlt, oder ob es bloß unbeachtet geblieben ist. Dieser Nachteil aber wird dadurch aufgewogen, daß ein Begreifen der Unwirklichkeit dieser Gegeninstanz auch nicht eigentlich bedarf (vgl. Kap. 52 e). Es kann auch ohne sie bestehen — wie so häufig auf Gebieten, wo nur ein Schlußverfahren noch hinreicht —, dazu eben sind die einschlägigen Modi des Begreifens im Negativen stark genug. Man darf das nur nicht so verstehen, als würde hier das unmittelbare Bewußtsein der Unwirklichkeit überflüssig. Die Gegenprobe der negativen Gegebenheit bleibt durchaus von Wert und kann selten ganz entbehrt werden. Nur ist sie nicht von gleich ausschlaggebendem Gewicht wie dort, wo vom Begreifen die Überschau einer Totalität erfordert ist, die es grundsätzlich nicht erreichen kann.

Im übrigen ist die Synthese im Negativen die gleiche wie im Positiven. Und wenn man den Einschlag des Hypothetischen einrechnet und sich in den Grenzen der kategorialen Identität bewegt, so ist auch das Resultat ein streng analoges: das Begreifen der Unwirklichkeit impliziert die Realunwirklichkeit.

Sieht man aber genauer aufs Inhaltliche, so verschwindet auch der formale Unterschied gegen das positive Begreifen der Wirklichkeit immer mehr. Tatsächlich ist in einem größeren Realzusammenhang das Negative vom Positiven nicht immer streng zu unterscheiden. Der Zusammenhang selbst macht die negative Bestimmtheit zu einer positiven. Das ist an Beispielen leicht sichtbar. Daß die Erdoberfläche „nicht eben" ist, bedeutet noch nicht die Kugelgestalt der Erde, wohl aber die Krümmung; was etwas durchaus Positives ist. Das „Fehlen" bestimmter Teile des Spektrums, resp. ihre Verdunkelung, in dem sonst kontinuierlichen Spektrum eines Sternes bedeutet das Vorhandensein absorbierender Gase in seiner Atmosphäre, oder auch auf dem Strahlungswege im interstellaren Raum. Das „Bedeuten" stützt sich zwar auf bestimmte Experimente im Laboratorium, es geht also auf deren theoretische Deutung zurück; aber seine Gewißheit ist eine hohe, und der affirmative Charakter dessen, was es besagt, läßt sich in keiner Weise bestreiten.

Auf diese Weise aber rückt das Begreifen der Unwirklichkeit dicht an das Begreifen der Wirklichkeit heran; und damit fällt es grundsätzlich unter dieselben Bedingungen wie dieses. Seine modalen Bestandteile, die Nichtgegebenheit, das Begreifen der negativen Möglichkeit und das der Unmöglichkeit, werden selbst durch die Einbettung in den Zusammenhang — den der Gegebenheiten einerseits und den des Begriffenen andererseits — in die entsprechenden positiven Erkenntnismodi umgewandelt. Und damit überträgt sich auch die besondere Form der Realimplikation vom Begreifen der Wirklichkeit auf das der Unwirklichkeit.

Nur wo die Einbettung in einen größeren Erkenntniszusammenhang fehlt — in den Grenzfragen oder Ursprungsfragen ganzer Wissensgebiete — versagt diese Übertragung. Und dann ist die Realitätsbezogenheit im Begreifen der Unwirklichkeit eine viel geringere; der hypothetische Einschlag nimmt breiteren Raum ein, und die Implikation der Realunwirklichkeit wird fragwürdig. Das ganze Gewicht liegt eben auf der Breite der einbezogenen Zusammenhänge. Denn alles Begreifen beruht auf dem Erfassen von Zusammenhängen.

e. Konsequenzen. Das Zweiinstanzensystem der Erkenntnis.

Das Seiende impliziert in keinem seiner Modi das Erkennen. Das Erkennen aber impliziert nur bedingterweise das Sein dessen, was es zu fassen meint. Dieses Verhältnis geht, sehr wesentlich abgestuft, durch alle Erkenntnismodi; es ist in seinem Gesamtaspekt nichts anderes als die wohlbekannte Eigenart des menschlichen Weltbewußtseins, kein absolutes Kriterium der Wahrheit zu haben.

Indessen zeigte es sich, daß die Bedingtheit der Realimplikation im höchsten und positivsten Erkenntnismodus, dem Begreifen der Wirklichkeit, sich in gewissen Grenzen verliert und sich der Gewißheit nähert, dadurch daß dieser Modus ein synthetischer ist. Dadurch nimmt er eine Sonderstellung unter den Erkenntnismodi ein. Freilich, auch er bringt es nicht zur „strikten" (bedingungslosen) Implikation des entsprechenden Realmodus; aber unter günstig liegenden Umständen — bei vielfach sich ergänzender Gegebenheit und genügend breit ausladendem Zusammenhang des Begreifens — kann er es doch zu so weitgehender Annäherung an volle Gewißheit bringen, daß man für die Belange des Lebens, sowie für die der Wissenschaft, wohl von vollgültiger Implikation der Realwirklichkeit sprechen kann. Beim bloßen Bewußtsein der Wirklichkeit (der Gegebenheit) fehlt die inhaltliche Gewißheit; denn die gebende Instanz der Wahrnehmung verschweigt zu viel vom Sosein der Objekte. Beim Begreifen der Möglichkeit und der Notwendigkeit, ja selbst bei dem der Unmöglichkeit, fehlt die Kontrollinstanz für die Voraussetzungen, ohne die kein Begreifen gelingt. Im Begreifen der Wirklichkeit aber liegt eine Synthese beider Erkenntnisweisen vor, in der die Fehlerquellen der einseitigen Erkenntnismodi sich kompensieren.

Freilich muß man hinzufügen, daß gerade dieser einzigartig dastehende Erkenntnismodus am schwersten erreichbar ist. Gerade weil er in einer breit angelegten Synthese heterogener Erkenntnismodalität besteht, ist sein Auftreten davon abhängig, ob und wieweit die vorausgesetzten Modalelemente sich zusammenfinden. Und insofern muß man sagen: der Modus, der sich am meisten der unbedingten Realimplikation nähert, ist im Gefüge menschlichen Erkennens gerade der am weitgehendsten bedingte Modus. Die Bedingtheit also verschiebt sich nur vom Wahrheitswert der Erkenntnis auf ihre Erreichbarkeit, resp. Durchführbarkeit.

Gerade darum aber steht das Begreifen der Wirklichkeit als das eigentliche Desiderat aller Realerkenntnis da. Auf diesen Modus zielt alles Erkennen als auf seine natürliche Vollendung hin. Alle Wissenschaft (mit Ausnahme lediglich der reinen Mathematik, die bloße Wesenswissenschaft ist) und alle praktische Erkenntnis im Leben, alle Menschenkenntnis und alle Situationskenntnis drängt auf ihn hin. Das Ganze der Realerkenntnis, einerlei auf welcher Entfaltungs- oder Erfüllungsstufe, läßt sich als ein allseitig eindeutiger Prozeß der Annäherung an diesen Erkenntnismodus verstehen. Und alles, was sie zustande bringt, bewegt sich in Näherungswerten dieses höchsten Modus.

Das ist ein Resultat der Modalanalyse, das die Erkenntnistheorie sehr wesentlich angeht. Überträgt man es in die Begriffssprache des konstitutiven Verhältnisses, so kommt man auf das Zweiinstanzensystem der Realerkenntnis hinaus. Der aposteriorischen Instanz entsprechen die Modi der Gegebenheit, das schlichte Bewußtsein der Wirklichkeit und der Unwirklichkeit; und mittelbar gehört hierher auch noch das mitlaufende Bewußtsein der positiven und der negativen Möglichkeit. Der apriorischen Instanz entsprechen die Modi des Begreifens, des positiven wie des negativen, soweit sie relationalen Charakter haben; also mit Ausnahme des höchsten synthetischen Modus selbst. Denn das Begreifen der Möglichkeit und der Notwendigkeit ist die Aufdeckung der Realbedingungen anhand erkannter, oder auch unerkannt zugrundeliegender Gesetzlichkeit.

Diese Modi des Begreifens decken sich freilich nicht ganz mit dem apriorischen Einschlag der Erkenntnis. Denn das eigentliche Element a priori in ihnen ist nur das der Gesetzeserkenntnis, und neben diesem liegen auch hier schon stets Elemente der Gegebenheit zugrunde. Aber das apriorische Element bleibt deswegen doch das maßgebende, dasjenige, das die Zusammenhänge des Möglichseins und Notwendigseins oder Unmöglichseins erst erschließt. Apriorische Einsicht eben ist ihrem Wesen nach an die Form des Begreifens von Zusammenhängen und Bedingtheiten gebunden. Sie ist, auch wo sie auf das besondere Bestehen (Sosein) der Sache hinausläuft, doch im Grunde zusammenschauend, ist auch inhaltlich relationale Erkenntnis (Einsicht von Relationen). Darum ist sie der Erkenntnistypus der relationalen Modi. Erkenntnis a posteriori dagegen ist wesentlich auf das Einzelne gerichtet. Sie ist die Form der absoluten Gegebenheitsmodi.

Nun ist das einzige Kriterium der Wahrheit, das wir in der Realerkenntnis haben, ein „relationales". Es wurzelt in der Selbständigkeit und Heterogeneität der beiden Erkenntnisquellen, der apriorischen und der aposteriorischen. Beide haben aneinander ihr Korrektiv; ihre Fehler und Irrtümer kompensieren sich, weil die der einen sich nicht leicht mit denen der anderen decken.

Dieser Struktur des Wahrheitskriteriums entspricht die Synthese der Erkenntnismodi im Begreifen der Wirklichkeit. Es sind heterogene Modi, die hier in eins zusammengehen: die relationalen Erkenntnismodi haben ihre Kontrolle an den absoluten, die absoluten die ihrige an den relationalen; die Gegebenheit ergänzt das Begreifen, und das Begreifen durchleuchtet die Gegebenheit. Das Resultat ist die Implikation der Realwirklichkeit im Begreifen der Wirklichkeit.

Diese Implikation ist nichts anderes als die „objektive Gültigkeit", welche die Erkenntnis in ihrem höchsten Modus erlangt, resp. ihr inhaltliches Zutreffen auf den realen Gegenstand. Eben dieses Zutreffen aber ist der Sinn der „transzendenten Wahrheit" der Erkenntnis. Es ist also ein und dasselbe relationale Kriterium der Wahrheit, welches konstitutiv in der inhaltlichen Synthese von apriorischer und aposteriorischer Erkenntnis, modal aber in der Synthese der Modi des Begreifens mit denen der Gegebenheit liegt.

Die Gespaltenheit der Erkenntnis nach ihren zwei heterogenen Quellen geht im Begreifen der Wirklichkeit wieder in eine synthetische Einheit zusammen. Insofern kann man sagen, daß alles eigentliche Erkennen realer Gegenstände, auch das alltägliche, soweit es Anspruch auf Wahrheit erhebt, die Gestalt dieses Modus annimmt. Tatsächlich gibt es im Gefüge der Erkenntnis das isolierte Auftreten der Gegebenheit genau so wenig wie ein solches des Begreifens. Nur die Grade der Verbundenheit stufen sich überaus mannigfaltig ab, und mit ihnen der Vollzug der modalen Synthese.

III. Abschnitt.

Stellung des idealen Seins und des Logischen

60. Kapitel. Die Wesenssphäre und die Erkenntnis.

a. Die Nahstellung des idealen Seins zum Bewußtsein.

Wie das ideale Sein zum realen steht, ist früher erörtert worden (Kap. 55 und 56): keiner seiner positiven Modi impliziert einen Realmodus, wohl aber implizieren gewisse positive Realmodi die ihnen entsprechenden Wesensmodi. Man sollte nun meinen, nachdem auch das Verhältnis der Erkenntnis zur Realsphäre in den Grundzügen festgelegt ist, müßte sich daraus das Verhältnis der Erkenntnis zum idealen Sein von selbst ergeben. Das ist keineswegs der Fall. Vielmehr handelt es sich hier um eine eigenartige Stellung der idealen Sphäre zur Erkenntnis, sowie um eigene Intermodalverhältnisse zweiter Ordnung.

Der Sinn der Erkenntnis überhaupt, modal ausgedrückt, besteht in der Implikation des Seinsmodus durch den entsprechenden Erkenntnismodus. Diese Implikation ist dann das Zutreffen des Erkenntnisgebildes auf das Seiende, das sein Gegenstand ist. Sie ist also nichts Geringeres als die modale Formel der „Wahrheit". Und die Gewißheit solcher Implikation ist das Wissen um Wahrheit und Unwahrheit.

Im Verhältnis zum realen Sein nun hat es die Erkenntnis außerordentlich schwer, diese Implikation zu erreichen. Sie kann es nur in der Synthese aller positiven Modi. Diese aber ist bei der Begrenztheit ihrer Überschau schwer herzustellen. So bleibt sie fast auf der ganzen Linie ihrer Realprobleme bei den Annäherungen stehen.

Ganz anders ist es in ihrem Verhältnis zum idealen Gegenstande. Hier stellt sich die Implikation des entsprechenden Seinsmodus im allgemeinen leicht her. Dieser Modus eben ist nur ein Wesensmodus. Das Reich der Wesenheiten aber ist der inneren Schau in einer gewissen Unmittelbarkeit zugänglich.

Die Zugänglichkeit freilich ist nicht so zu verstehen, als wäre ideales Sein schon als solches direkt gegeben; es besteht vielmehr auch ohne alle Gegebenheit an sich; es ist darin nicht anders gestellt als das reale Sein. Die Zugänglichkeit bedeutet vielmehr nur ein Nahgerücktsein, ein Erfaßbarsein in Unabhängigkeit von Erfahrung und gegebenen Umständen: das ideale Sein kann jederzeit zur Gegebenheit gebracht werden, und zwar rein innerlich in der Vergegenwärtigung. Und diese hat die Form geistigen Schauens. So erfaßt man geometrische Verhältnisse, so Wesensgesetze, so Wertcharaktere. Dieses Erfassen muß auch erarbeitet werden, und unter Umständen ist es ein schweres Stück Arbeit. Aber es besteht eben doch nur im richtigen Hinlenken der inneren Schau selbst. Gelingt es, den idealen Gegenstand ins Blickfeld dieser Schau zu bringen, so resultiert das Erfassen von selbst und ist unmittelbar die Gewißheit des Erschauten.

Das liegt im Wesen der reinen Intuition, sowie in ihrem Aprioritätscharakter. Und daran ändert es auch nichts, wenn die unmittelbare Evidenz praktisch in einem Sonderfall der Täuschbarkeit unterworfen bleibt. Es steht immer die Erweiterung des Gesichtsfeldes frei, die Konfrontation mit anderweitigem ideal Erkanntem; die isolierte stigmatische Schau findet ihre Ergänzung an der konspektiven Schau, in der sich das schief Erfaßte ganz von selbst ausscheidet.

Aber diese konspektive Schau ist nicht weniger reine Intuition, auch nicht weniger apriorisch und von Umständen der Gegebenheit unabhängig. Sie ist in derselben Weise auf unmittelbar zugängliche Wesenszusammenhänge bezogen, wie die stigmatische auf Wesenheiten und Wesenszüge. Sie verbleibt also auf demselben Boden. Für sie gilt dieselbe innere „Nahstellung" des idealen Gegenstandes wie für jene, dieselbe unmittelbare Erfaßbarkeit im bloßen Hinschauen.

Der modale Sinn dieser inneren Zugänglichkeit oder Nahstellung ist aber nichts anderes als die Implikation des idealen Seinsmodus vom entsprechenden Erkenntnismodus aus. Aus diesem Grunde müssen die Intermodalverhältnisse zweiter Ordnung, die zwischen der Erkenntnis und dem idealen Sein bestehen, ganz andere sein als die zwischen Erkenntnis und realem Sein. Und es ist leicht vorauszusehen, daß hier die Implikation das Grundverhältnis bildet, das dann in den einzelnen Modi nur wenig abgewandelt wiederkehrt.

Auch hier aber handelt es sich durchaus nur um Implikation des Seinsmodus durch den Erkenntnismodus, nicht umgekehrt. Denn Erkenntnis kann vom Sein ihres Gegenstandes aus überhaupt nicht impliziert werden. Das ideale Sein ist an sich nicht weniger indifferent gegen die Idealerkenntnis, als das reale Sein gegen die Realerkenntnis.

b. Wesenswirklichkeit und intuitive Gegebenheit.

Im Gebiet der Idealerkenntnis läßt sich kein scharfer Grenzstrich zwischen Gegebenheit und Begreifen ziehen. Wohl gibt es hier Abstufungen, aber nicht den schroffen Gegensatz. Das Erfassen der Wesenswirklichkeit bleibt sich grundsätzlich gleich, ob es nun durch ein Begreifen von Wesensmöglichkeit und Wesensnotwendigkeit, also von Zusammenhängen, vermittelt ist oder nicht. In Wahrheit läßt es sich von solchem Begreifen überhaupt niemals ablösen. Zum mindesten ist ein gewisses Begreifen der Möglichkeit stets im Erfassen bestehender Wesenszüge schon mit enthalten.

Das hängt mit dem Intermodalgesetz des idealen Seins zusammen, daß Wesenswirklichkeit ein mitlaufender Modus der Wesensmöglichkeit ist (vgl. Kap. 40 d). Das bloße Widerspruchslossein genügt zum idealen Bestehen. Die Widerspruchslosigkeit ihrerseits aber muß stets irgendwie miterfaßt sein, wo ein Wesenszug als „bestehend" erfaßt wird.

Prinzipiell nun impliziert die intuitive Gegebenheit einer Wesenheit die Wesenswirklichkeit. Das will besagen: überall wo echte Wesensschau vorliegt, trifft sie auch ihren idealen Gegenstand und sieht keineswegs an ihm vorbei. Es gibt wohl die Wesensblindheit für einen Wesenszug, aber nicht in gleicher Weise das affirmative Einleuchten von etwas, was nicht im Wesen des idealen Gegenstandes liegt. Es ist nur die Frage, ob und wann wirkliche Wesensschau vorliegt; und darüber entscheidet keineswegs unmittelbar das Auftreten des Evidenzgefühls. Darüber gerade gibt es sehr wohl auch Täuschung.

So hat man z. B. in der Ethik lange Zeit als evident vorausgesetzt, es liege im Wesen eines zweckgeleiteten Tuns, auf etwas Wertvolles zu gehen. Man ging dabei von der antiken Anschauung aus, niemand tut freiwillig Böses. Der Irrtum liegt hier in der Verwechselung von Wollen und Tun. Der menschliche Wille kann freilich nicht ein Wertwidriges um seiner selbst willen wollen. Aber erstens kann er es um eines anderen, Wertvollen, willen sehr wohl wollen (als Mittel); und das Tun kann dann, wenn es über die Verwirklichung des Mittels nicht hinausgelangt, eine auf Wertwidriges gerichtete Zwecktätigkeit sein. Und zweitens, auch wenn der menschliche Wille nicht Wertwidriges um seiner selbst willen verfolgen kann, so liegt das doch nicht im Wesen der Zwecktätigkeit, sondern im Wesen des menschlichen Willens. Denn die Idee eines „satanischen" Willens, der das Böse um seiner selbst willen verfolgt, ist nicht in sich widersprechend, widerspricht vor allem keineswegs seiner Zwecktätigkeit (die ja nicht identisch ist mit dem Wollen selbst), sondern nur der besonderen Wesensart „menschlichen" Willens.

Zugleich sieht man, wie ein tieferes Eindringen in die verzweigten Wesensverhältnisse von Zweck, Wert und Wille den Irrtum aufdecken kann. Die fortschreitende Aufdeckung dieser Verhältnisse bedeutet dann, daß die echte Wesensschau an die Stelle der vermeintlichen rückt. Solange dieses nicht der Fall ist, meldet sich das Verfehlen in der Wesensschau selbst — genauer, in ihren weiteren Zusammenhängen — als ein dunkles Bewußtsein der Unstimmigkeit. Und dieses hat bereits die Form eines aufkommenden Begreifens der Unmöglichkeit. Das Korrektiv der Wesensgegebenheit also liegt bei den höheren relationalen Modi der Wesenserkenntnis selbst.

Mit dieser Einschränkung also darf man sagen: die positive Wesensgegebenheit zeugt von Wesenswirklichkeit. Aber dieser Satz läßt sich nicht ins Negative umkehren: negative Wesensgegebenheit zeugt keineswegs von Wesensunwirklichkeit.

Denn sie hat die Form eines modus deficiens und kann sehr wohl auf bloßer Nichtgegebenheit beruhen. Und bedenkt man, wie weiter Umwege es unter Umständen bedarf, um ein bestehendes Wesensverhältnis zur Gegebenheit zu bringen, so sieht man, daß von vornherein stets die Gefahr groß ist, daß der Wesensschau etwas entgeht. Es ist eine bekannte Tatsache, daß die phänomenologische Wesensschau, so fruchtbar sie im positiven „Aufweisen" ist, fast überall versagt hat, wo sie etwas zu widerlegen unternahm. Das Aufweisen eben ist ein ausschließlich affirmativer Erkenntnismodus, er läßt sich nicht ins Negative wenden. Das Argument, daß etwas sich „nicht aufweisen lasse", ist trügerisch, weil es niemals die Gewähr leisten kann, daß dem Aufweisen nichts entgangen ist, was sich vielleicht bei veränderter Sehweise sehr wohl aufzeigen läßt. Dasselbe läßt sich auf den exakten Wissensgebieten nachweisen. Daß es einen elliptischen Raum geben könnte, lag der älteren Mathematik gänzlich fern; man hatte nur den Euklidischen Raum im Auge, und man konnte deswegen nicht sehen, was ihm widersprach. Das Wesensreich aber hat Spielraum für inkompossible Systeme. Für die anderen Raumsysteme aber mußte die Sehweise erst gefunden werden.

Negative Gegebenheit impliziert nicht Wesensunwirklichkeit. Sie steht in weitem Maße indifferent zu ihr. Ja, eigentlich ist negative Wesensgegebenheit kaum ein eigener Erkenntnismodus zu nennen. Wenigstens ist sie es nicht unmittelbar. Das bloße Nichtsehen der Möglichkeit genügt hier nicht. Man müßte schon die Wesensunmöglichkeit einsehen. Wie denn Wesensunwirklichkeit auch keineswegs der Begleitmodus der negativen Wesensmöglichkeit ist, sondern der der Wesensunmöglichkeit (vgl. Kap. 44 d und e). Das aber ist ein ganz anderer Seinsmodus; und ihm entspricht ebenso ein anderer Erkenntnismodus.

c. Wesensmöglichkeit und Begreifen der Möglichkeit.

Die Möglichkeit ist der eigentliche Grundmodus des idealen Seins. Die Wirklichkeit hat hier keine modale Selbständigkeit neben ihr; die Notwendigkeit ist im Wesensreich äußerst begrenzt, sie hält mit der Wesensmöglichkeit nicht Schritt. Und die Kompossibilität ist nur eine Besonderung der Wesensmöglichkeit. In diesem Sinne ist das Reich der Wesenheiten recht eigentlich ein Reich der Möglichkeit. Und danach muß man erwarten, daß der Modus der Möglichkeit sich auch in den Intermodalgesetzen der Wesenserkenntnis als der beherrschende erweisen wird.

Das trifft insofern auch vollkommen zu, als gerade in diesem Modus die innere Nahstellung des idealen Seins zum Bewußtsein sich am stärksten fühlbar macht. Das zeigt sich sehr deutlich darin, daß im Begreifen der Wesensmöglichkeit sich die Idealforderung aller Erkenntnis erfüllt, d. h. daß in ihr die veritas zugleich norma sui et falsi ist. Anders ausgedrückt: in diesem Erkenntnismodus trägt das Begreifen das Kriterium seiner Wahrheit in sich selbst. Dieses Kriterium ist die Widerspruchslosigkeit. Der Satz des Widerspruchs, der ihr Prinzip ausspricht, ist das alleinige Seinsgesetz, an dem im Wesensreich die Möglichkeit hängt, und zugleich das Erkenntnisgesetz, an dem das Begreifen der Möglichkeit hängt. So ist die Widerspruchslosigkeit der innere Anzeiger des Wesensmöglichen im Begreifen selbst.

In diesem Erkenntnismodus also ist die straffste und einfachste Bezogenheit auf den entsprechenden Seinsmodus gegeben. Als Intermodalgesetz zweiter Ordnung bedeutet diese Bezogenheit den Satz: das Begreifen der Wesensmöglichkeit impliziert das Bestehen der Wesensmöglichkeit selbst.

In einem bestimmten Sinne freilich muß es auch hier den Irrtum geben können. In komplizierten Wesensverhältnissen kann der Widerspruch auch versteckt liegen und unerkannt bleiben. Es kann dem Begreifen auch die Überschau fehlen. Aber das ändert wenig daran, daß der Widerspruch, wo und wie immer er erfaßt wird, die Wesensmöglichkeit schon im Begreifen selbst ausschließt. Überdies zeigt auch die fehlende Überschau sich selbst innerlich an. Ob z. B. das Verhältnis von Umfang und Radius im Kreise sich in ganzzahligen Verhältnissen ausdrücken läßt oder nicht, ist dem Kreise in der Anschauung nicht anzusehen; daher die wiederkehrenden Versuche einer Quadratur des Kreises. Aber eben dieses, daß man es ihm nicht ansehen kann, ist mit bewußt, oder doch sehr leicht zum Bewußtsein zu bringen, dergestalt daß schon das erste Auftauchen der Frage genügt, den Betrachter vom Anschauen zum Wissen fortzuführen. Und wenn hier auch noch lange nicht ein Wissen um die Unmöglichkeit aufkommt, so stellt sich ein Wissen um die Möglichkeit des Nichtseins (des Nichtaufgehens in ganzzahligen Verhältnissen) doch unvermeidlich ein, sobald man erfaßt hat, daß es überhaupt Verhältnisse von anderer Art gibt. Das Kriterium seiner selbst ist also dem Begreifen der Wesensmöglichkeit auch in seinem Versagen noch durchaus mitgegeben. Es meldet sich dunkel auch noch im Nichtwissen um die Möglichkeit.

Dank seiner hohen Implikationskraft spielt nun das Begreifen der Wesensmöglichkeit eine führende Rolle im Gesamtgefüge der Erkenntnis, bis tief in die Realerkenntnis hinein. Denn auch die Realmöglichkeit hat die Wesensmöglichkeit zur Voraussetzung (vgl. Kap. 55 c), soweit nur immer das Reale überhaupt Wesensverhältnisse zur Voraussetzung hat. Dem Vorgehen nach beginnt denn auch alles Begreifen von Realmöglichkeit mit dem Begreifen der Wesensmöglichkeit. Und es bleibt das ewige Desiderat der Realerkenntnis, das Erfassen der Wesensmöglichkeit so weit vorzutreiben, daß es gleichsam ein Maschennetz an Vorerfaßtem für die unabsehbare Mannigfaltigkeit der Realfälle bilde.

Hier wurzelt auch die Gewichtigkeit der Wesensgesetze als Obersätze möglicher Realerkenntnis, sowie die Tendenz zum deduktiven Begreifen. Zugleich aber setzt hiermit auch die vermittelnde Rolle des Logischen ein. Und dadurch werden noch andere Intermodalverhältnisse zweiter Ordnung hineingezogen.

61. Kapitel. Die höheren Wesensmodi und das Begreifen.

a. Kompossibilität und Begreifen der Kompossibilität.

Die Kompossibilität spielt der allgemeinen Wesensmöglichkeit gegenüber für die Erkenntnis keine gesonderte Rolle. Nur am Bestande des idealen Seins selbst fällt sie modal ins Gewicht, sofern sie das Komplementärmoment zur Parallelität der einander ausschließenden Systeme im intelligiblen Aufbau des Wesensreiches ausmacht. Das bedeutet aber nicht, daß die Wesenserkenntnis nichts mit ihr zu tun hätte. Vielmehr ist es umgekehrt, fast alles Begreifen der Wesensmöglichkeit hat die Form des Begreifens der Kompossibilität.

Aller Widerspruch und alle Widerspruchslosigkeit gilt eben nur für einen irgendwie umreißbaren Zusammenbestand von Wesensbestimmtheiten. Daß aber auch das Inkompossible im Wesensreiche koexistiert, bedeutet demgegenüber nur die Pluralität der Möglichkeiten, wie sie stets in der Vielheit der species unter einem genus enthalten ist. In ihrer Vollständigkeit ist diese Pluralität keineswegs immer zusammenzubringen; man denke an die großen Schwierigkeiten, mit denen es die Wissenschaft in den Obersätzen disjunktiver Schlüsse zu tun hat, weil die Schlüssigkeit positiver Konklusionen hier ganz und gar an dieser Vollständigkeit hängt.

Daher hält sich das Begreifen der Wesensmöglichkeit stets an die Kompossibilität, als an den bei weitem bestimmteren und greifbareren Modus. Und somit überträgt sich das Implikationsverhältnis, das im Begreifen der Wesensmöglichkeit jene eigenartige Straffheit erlangte, voll und ganz auf das Begreifen der Kompossibilität; dieses letztere impliziert die am idealen Gegenstande bestehende Kompossibilität.

Aber in diesem Begreifen der Kompossibilität ist keineswegs unmittelbar auch ein Wissen um anderweitige, parallele Wesensmöglichkeit enthalten. Das Begreifen des disjunktiven Möglichkeitsverhältnisses ist vielmehr ein ganz anderes; es hängt am Erfassen des nächsthöheren genus und ist durch dessen Erkennbarkeit jederzeit begrenzt.

Dasselbe gilt auch vom Begreifen der Inkompossibilität. Begriffen wird hier die relative Unmöglichkeit, so wie sie innerhalb eines vorgegebenen Komplexes von Bestimmungen besteht. In dieser Rückbezogenheit ist das Begreifen der Inkompossibilität das Bewußtsein des Widerspruchs, der zwischen A und einem System X besteht; und so ist es die Grundform des Begreifens der Unmöglichkeit.

Aber in beiden Fällen, im positiven wie im negativen Modus, gibt es durchgehend die Implikation des entsprechenden Wesensmodus durch den Modus des Begreifens. Denn es ist dasselbe innere Kriterium wie im Begreifen der Möglichkeit, das hier die Implikation gewährleistet. Daher der hohe Erkenntniswert im Begreifen der Kompossibilität und der Inkompossibilität; ein Erkenntniswert, der auch hier mittelbar der Realerkenntnis zugute kommt.

b. Wesensunmöglichkeit und Begreifen der Unmöglichkeit.

Noch um eine Stufe steigert sich die Straffheit der Beziehung zum Wesensmodus im Begreifen der Unmöglichkeit.

Begriffen wird hier stets, daß etwas mit bestimmtem Anderem nicht kompossibel ist. Aber sofern dieses Andere als ideal seiend feststeht, d. h. als schlechthin „so seiend" erfaßt wird, so ist damit die Relation der Unstimmigkeit selbst auf feste Ausgangsglieder bezogen, und insofern wird über die bloß relative Inkompossibilität hinaus noch etwas mehr erfaßt: die Wesensunmöglichkeit schlechthin. In diesem Sinne unmöglich ist es, daß im Euklidischen Raume ein Dreieck mehr als zwei Rechte in der Winkelsumme messe, daß es einen Grund ohne Folge, ein Bewußtsein ohne intentionalen Gegenstand gebe.

Sätze dieser Art gelten mit Recht als Ausdruck von Einsichten, die in sich selbst einleuchtend sind, deren Zutreffen auf das ideale Sein — und mittelbar auf das reale — unmittelbar am Inhalt selbst ersichtlich ist. Wir nennen eben „Grund" nur, was eine Folge hat, „Bewußtsein" nur, was einen Gegenstand hat; fehlt dort die Folge, hier der Gegenstand, so wird das „Grundsein" ebenso widersprechend wie das „Bewußtsein". Das bedeutet, eins wie das andere wird wesensunmöglich; und zwar schon im Gedanken, und umsomehr im Wesensverhalt. Denn der Satz des Widerspruchs, der schon das Denken beherrscht (soweit es konsequent ist), beherrscht noch viel strenger das Wesensreich.

Das Begreifen der Unmöglichkeit also impliziert die Wesensunmöglichkeit. Die Unstimmigkeit, die wir im Denken des Gegenstandes als Widerstand — als Undenkbarkeit — empfinden, ist der Widerspruch im idealen Gegenstande selbst.

Das gilt wenigstens soweit, als es sich um echtes Begreifen des Widersprechendseins handelt. Ein defizienter Modus des Begreifens reicht hier keineswegs zu. So ist bloßes Nichtbegreifen der Möglichkeit etwas ganz anderes als Begreifen der Unmöglichkeit.

Man sollte meinen, daß in der Wesenserkenntnis das Nichtbegreifen der Möglichkeit sich nicht so leicht verwechseln lasse mit dem echten Begreifen der Unmöglichkeit. Und im allgemeinen dürfte die Verwechselung auch so leicht nicht vorkommen. Immerhin aber gibt es Grenzprobleme, in denen sie sich meldet; und diese bilden denn auch eine Grenze der Treffsicherheit in der Wesenserkenntnis. Es gibt im Problemgebiet der Paradoxien Fälle, in denen man die Möglichkeit der Subsumption von non-A unter A nicht begreift, obgleich sie durch die Sachlage gefordert ist. So ist es z. B. in dem bekannten Mengenparadoxon. Daß es eine „Menge aller Mengen, die sich selbst nicht enthalten" geben muß, ist nicht strittig; daß sie möglich sein muß, also auch nicht, denn ideales Bestehen kann es nicht ohne Wesensmöglichkeit geben. Wie aber diese Möglichkeit zurecht bestehen soll, ist nicht begreiflich; denn weder kann sie sich selbst enthalten, noch kann sie sich nicht selbst enthalten. Was gegen den Satz vom ausgeschlossenen Dritten geht. Was hier versagt, ist also das Begreifen der Möglichkeit.

Man darf diese Sachlage keineswegs verallgemeinern. So eben sieht es nur in gewissen Grenzproblemen aus. Und das darf einen nicht wunder nehmen. Denn an den Grenzen der Sphäre heben sich die regulären Intermodalverhältnisse auf. Was innerhalb der Grenzen steht, bleibt von der Aufhebung unangefochten. Charakteristisch für das Beispiel ist es denn auch, daß hier ein eigentliches Begreifen der Unmöglichkeit nicht vorhanden ist; die Unmöglichkeit der fraglichen Menge ist vielmehr durch ihr ideales Bestehen aufgehoben. Was bleibt, ist durchaus nur der defiziente Modus, das Nichtbegreifen der Möglichkeit.

Was hier vorliegt, ist also eine Grenze des Begreifens, nicht eine Grenze der Implikation des Wesensmodus durch den Modus des Begreifens. Vielmehr ist es zum voraus einsichtig, daß wenn das Begreifen auf irgendeine Weise sich einstellt, es auch das ideale Sein des Begriffenen implizieren muß. Ergibt sich ein Begreifen der Möglichkeit, so impliziert es auch die Möglichkeit der Menge selbst; ergibt sich aber ein Begreifen der Unmöglichkeit, so erweist dieses auch die Wesensunmöglichkeit der Menge selbst, womit ihr Bestehen dann widerlegt ist.

Das Begreifen der Unmöglichkeit also ist in der Idealerkenntnis stärker als die intuitive Gegebenheit der Wesenswirklichkeit. Diese unterliegt weit eher der Täuschung. Die konspektive Intuition ist der stigmatischen offenbar überlegen. Und so eben muß es sein in der Erkenntnis eines Wesensreiches, dessen dominierende Modi ganz und gar die relationalen sind. Denn im Geleise dieser Modi bewegt sich die konspektive Intuition. Darum sucht alle Wesensschau für das zunächst isoliert Erfaßte ihr Kriterium in der Zusammenschau; nicht aber umgekehrt.

c. Wesensnotwendigkeit und Begreifen der Notwendigkeit.

Es wurde oben gezeigt (Kap. 44 a, b), wie im idealen Sein die Rolle der Notwendigkeit gegen die der Möglichkeit — und selbst der Kompossibilität — eine eingeschränkte ist: Wesensnotwendigkeit waltet nur vom genus zur species; notwendig also ist stets nur das Generelle am Speziellen. Es ist klar, daß echtes Begreifen von Wesensnotwendigkeit dementsprechend kein anderes sein kann als das Erfassen dieses Dependenzverhältnisses. Und insofern ist auch in der Wesenserkenntnis das Begreifen der Notwendigkeit gegen das der Möglichkeit ein sehr bestimmt eingeschränktes.

Das bedeutet aber keineswegs, daß es der im Erkenntniswert geringere Modus wäre; desgleichen nicht, daß seine Kraft, den entsprechenden Wesensmodus zu implizieren, eine geringere wäre. Im Gegenteil, die letztere ist durchaus die gleiche; und ihr gnoseologisches Gewicht ist nur um so größer, als eben Notwendigkeit der höhere und bestimmtere Modus ist. Die Wesensmöglichkeit einsehen, dazu gehört relativ wenig, aber damit ist auch wenig geleistet; die Wesensnotwendigkeit erfassen, dazu gehört weit mehr, aber es bedeutet auch mehr. Und erinnert man sich hier, was für eine wichtige vermittelnde Rolle das Begreifen der Wesensnotwendigkeit in der weit schwierigeren Aufgabe, die Realnotwendigkeit (und -wirklichkeit) zu begreifen, spielt, so steigt dieser Modus der Wesenserkenntnis im Gesamtgefüge des menschlichen Weltbewußtseins zu erheblichem Range auf.

Wie bei der Realerkenntnis, so gibt es auch hier ein indirektes Begreifen der Notwendigkeit auf Grund eines Begreifens der Unmöglichkeit des Gegenteils, d. h. ein apagogisches Begreifen. Es setzt die Gewißheit und disjunktive Vollständigkeit einer Alternative voraus; was unmittelbar gewiß nur im Falle des kontradiktorischen Verhältnisses gegeben ist. Und auch hier ist zu sagen, daß ein solches Begreifen nicht die eigentliche Wesensnotwendigkeit selbst faßt. Dasselbe gilt von allem Rückschließen auf das Allgemeinere und Prinzipiellere, wobei die Erkenntnisdependenz der Seinsdependenz entgegen gerichtet ist. In allen solchen Fällen wird keine Notwendigkeit begriffen, sondern es wird nur „mit Notwendigkeit" erkannt, daß das Erschlossene so ist, wie es ist.

Von alledem hebt sich die eigentliche und direkte Einsicht der Wesensnotwendigkeit ab als das affirmative und rechtläufige Begreifen der im idealen Sein selbst vorhandenen Determination des Spezielleren vom

Generellen her. Diese Art Einsicht setzt in der Weise ein, daß die Implikation des Wesensmodus selbst zur unmittelbaren Gewißheit wird: die gegebenen Wesenselemente a b c von A hängen vom genus her mit einem weiteren Element d zusammen und „implizieren" es am Bestande von A. Die Form der Schau ist hierbei eine ausgesprochen konspektive, ein notwendiges Mitsehen von d in Verbundenheit mit a b c. So ist es bei den mathematischen Sätzen. Indem man sich in die Verhältnisse der Dreiecksgestalt intuitiv hineinsieht, erfaßt man die Größe der Winkelsumme mit; indem man sich in die Besonderheit der Kreisfigur hineinsieht, bekommt man auch zu fassen, warum ihr Flächeninhalt $= r^2\pi$ sein muß. Daß solch ein Sich-Hineinsehen unter Umständen mancherlei Umwege einschlägt, Hilfskonstruktionen braucht, Vorerschautes einbeziehen muß, ändert hieran nichts. Konspektive Schau kann ihrem Wesen nach nicht einfach sein. Wichtig ist hier überall nur, daß sie der Dependenz gewiß ist, an der sie fortschreitet, und zugleich für das Bestehen des Erschauten am Gegenstande aufkommen kann.

Und nicht anders ist es beim Erfassen von Wesenszusammenhängen höherer Ordnung, auch wenn ihm die exakte Form fehlt. So kann man mit voller Gewißheit einsehen, daß nur ein freies Wesen sittlich gut oder böse sein kann, daß Gesinnung Personalität voraussetzt, daß ein Musikwerk nicht an sich besteht (wie Dinge und Geschehnisse), sondern nur relativ auf ein musikalisch hörendes Wesen. Verhältnisse solcher Art werden als wesensnotwendige begriffen, und zwar stets vom Generellen her —, unabhängig davon, ob die Anlässe des Begreifens beim Besonderen, ja selbst bei realen Einzelfällen, liegen oder nicht.

Im Begreifen der Wesensnotwendigkeit hat der Begreifende unmittelbar das Bewußtsein, vom Gegenstande gezwungen zu werden. Er kann, dem Sinn der Sache entsprechend, nicht anders als so begreifen, wie er begreift. Zum Begreifen selbst freilich zwingt dieser Modus nicht, wohl aber, wenn überhaupt es zum Begreifen kommt, zum Erfassen des bestimmten Verhältnisses. Die Wesensnotwendigkeit selbst zwingt sich keinem Bewußtsein auf; im Gegenteil, sie ist genau so indifferent gegen das Erkanntwerden wie alle übrigen Modi des Seienden auch (des idealen wie des realen). Wohl aber setzt das „Zwingen" ein, sobald erst einmal ein Begreifen des Wesenszusammenhanges einsetzt; es steht dem erkennenden Subjekt dann nicht mehr frei, so oder anders zu begreifen, vielmehr dann muß es die Notwendigkeit am idealen Gegenstande durchaus so begreifen, wie sie ist.

Man kann also niemals sagen, die Wesensnotwendigkeit impliziere das Begreifen der Notwendigkeit. Wohl aber gilt der Satz: das Begreifen der Notwendigkeit impliziert die Wesensnotwendigkeit.

Freilich müßte man auch hier hinzufügen: in den Grenzen der Identität von Erkenntnis- und Wesenskategorien. Aber es liegt nah, daß die konspektive Intuition diese Grenze überhaupt nie überschreitet, so daß jede Klausel hier überflüssig wird. Der „Zwang" der empfundenen Notwendigkeit eben ist unmittelbar der der Wesenskategorien im Begreifen. In diesem Sinne ist das Begreifen der Wesensnotwendigkeit der absolut zwingende Modus des Begreifens; derjenige, in dem die innere Nahstellung des idealen Seins zum Bewußtsein am unmittelbarsten erfahren wird. Die Stringenz des Wesenszusammenhanges legt hier unmittelbar im Bewußtsein Zeugnis von sich selbst ab.

d. Wesensschau und Begreifen von Wesenszusammenhängen.

Es ist in der Idealerkenntnis nicht wie in der Realerkenntnis, wo immer an der „objektiven Gültigkeit" kategorialer Voraussetzungen ein gewisses Risiko bestehen bleibt, das sich in den Abstufungen der Gewißheit fühlbar macht. Sein und Erkennen sind hier näher aneinander gerückt; das Begreifen wird unmittelbar von den schon unbewußt vorausgesetzten Gesetzen des Gegenstandes beherrscht (so im mathematischen Denken). Die Axiome des Gegenstandes sind im Begreifen des Besonderen zugrundegelegt, ohne doch als solche schon erfaßt zu sein. Und nur soweit dieses Verhältnis waltet, gibt es affirmative Wesenserkenntnis.

So erhebt sich das Begreifen der Notwendigkeit zum vorherrschenden Modus der Wesenserkenntnis. Das ist durchaus keine Selbstverständlichkeit, wenn man sich erinnert, daß im idealen Sein selbst die Notwendigkeit keineswegs die Rolle eines vorherrschenden Modus spielt, daß sie hier vielmehr sehr beschränkt ist und grundsätzlich überhaupt nur in der Richtung vom genus zur species waltet. Für die Erkenntnis aber wird sie auch in dieser Einschränkung hoch bedeutsam. Denn wo sie das Allgemeine erfaßt hat, da ist sie gerade auf diese Weise des Generellen im Speziellen sicher.

Wo die Wesensschau sich in ihren Gegenstand hineinsieht und an ihm ein „es ist so" konstatiert, da hat sie in der Regel schon ein „es muß so sein" begriffen, auch wenn dieses nicht ins Bewußtsein gehoben ist. Man sieht das am besten in Fällen, wo sie bestritten wird: die Intuition hat sofort Gründe bereit, aus denen heraus sie ihr Erschautes verteidigt. Sie muß die Gründe also bereits mit erschaut haben. Aber eben dieses Miterschauthaben der Gründe ist das vorausgegangene intuitive (nicht explizite) Begreifen der Notwendigkeit.

Darin liegt der Hauptunterschied gegen die Realerkenntnis. Diese erfaßt im Gegebenheitsmodus Realwirkliches, ohne seine Notwendigkeit oder auch nur seine Möglichkeit zu durchschauen. Sie isoliert das an der Oberfläche zugängliche Wirkliche von seinem Hintergrunde, den Realzusammenhängen; darum ist in ihr das Begreifen der Notwendigkeit etwas so ganz anderes, ein vollkommen neuer Erkenntnisansatz. Anders die Idealerkenntnis. Sie isoliert niemals die Modi voneinander, Gegebenheit und Begreifen gehen hier von Hause aus zusammen. Sie schreitet an den Idealzusammenhängen selbst fort, ist im Grunde stets zugleich konspektiv. Darum walten in ihr die relationalen Modi vor. Das Begreifen der Wesensnotwendigkeit steckt bereits verkappt im Wissen um die Wesenswirklichkeit. Es gibt kein Verdecktsein oder Verschwundensein der Wesensnotwendigkeit in der Wesenswirklichkeit, das sich vergleichen ließe mit dem der Realnotwendigkeit in der Realwirklichkeit.

Daraus ergibt sich nun die große Bedeutung der Idealerkenntnis für das Begreifen der Realnotwendigkeit. Denn in der Realnotwendigkeit steckt auch die Wesensgesetzlichkeit, und sie zu erfassen ist ohne diese nicht möglich. In der Wissenschaft wie im Leben ist das intuitive Begreifen von Wesensnotwendigkeit der Boden, auf dem allererst das Begreifen von Realnotwendigkeit erwachsen kann, obgleich diese inhaltlich etwas ganz anderes ist und auch der Dependenz nach mit jener nie zusammenfällt. Das findet seine Bestätigung in dem Einschlag der apriorisch reinen Gesetzeserkenntnis, der immer im Begreifen der Realnotwendigkeit enthalten ist (vgl. Kap. 52 c).

Das Begreifen der Wesensnotwendigkeit ist auf diese Weise ein besonders tragkräftiger Modus. Er trägt nicht nur das Bewußtsein der Wesenswirklichkeit, sondern darüber hinaus noch einen gewichtigen Anteil der Realerkenntnis. Auf seine Vermittelung ist die Einheit der Realerkenntnis angewiesen, deren heterogene Instanzen, Gegebenheit und Begreifen, geradezu in diesem Punkte miteinander zusammenhängen.

62. Kapitel. Intermodale Stellung der logischen Sphäre.

a. Indifferenz des Seins gegen die logischen Modi.

Die logische Sphäre, als die des Urteils und des Begriffs verstanden, ist ontologisch ganz sekundär. Sie würde bei den Intermodalverhältnissen zweiter Ordnung keiner besonderen Eingliederung bedürfen — denn ihre Modi sind erweichte und eingeschränkte Modi des idealen Seins —, wenn sie nicht die Eigentümlichkeit hätte, die allgemeinsten Grundformen und -modi des Begreifens selbst zu enthalten.

Nicht so sehr der Begriff, ja kaum einmal das Urteil, zeigt diese Grundformen in voller Reinheit, sondern der Schluß. Und wenn auch das eigentliche Schema des Schlusses bloß ein solches der Subsumption ist, so ist doch diese allereinfachste Subsumptionsfunktion im Vollzug des

Begreifens eine zentrale, auch dort wo sie nicht mit Bewußtsein vollzogen wird. Ihr Zutreffen auf die idealen und realen Seinsverhältnisse ist ein durchgehender Faktor und gleichsam das Gerüst der apriorischen Erkenntnis, soweit diese nicht bei leeren Allgemeinheiten stehen bleibt, sondern die Einsicht in den Spezialfall vermittelt. Die Form der Vermittelung eben ist die logische Folge.

Hieraus ist nun sofort ersichtlich, daß es sich ausschließlich um die relationalen Modi handelt. Die logische Wirklichkeit ist im Grunde ein außerlogischer Modus, resp. ein Grenzmodus des Logischen; man kann auch sagen, ein logisch defizienter Modus: von all der Relationalität, in der das logische Verhältnis sich bewegt, zeigt er nichts an. Wie denn hinter dem assertorischen Urteil bloße Gegebenheit steht. Das ist ein außerlogisches Moment.

Worum es sich bei den in Frage stehenden Intermodalverhältnissen zweiter Ordnung allein handeln kann, das sind die logischen Modi der Notwendigkeit, Möglichkeit und Unmöglichkeit. Aber auch das ist noch zu viel. Denn auch das problematische Urteil zählt hier nur halb mit. Da die Möglichkeit in ihm disjunktiv ist, so ist es ein Urteil der Unbestimmtheit; es fällt darunter alles — affirmativ wie negativ —, was nicht geradezu in sich widersprechend, also logisch unmöglich ist. Formal also liegt auch hier ein logisch defizienter Modus, ein Fehlen der Bestimmtheit, vor. Und eine eventuelle Implikation zweiter Ordnung, die von einem solchen Urteilsmodus zu einem Seins- oder Erkenntnismodus hinüberführte, wäre kaum von Belang.

Auf diese Weise bleiben nur zwei Modi des Urteils übrig, um deren Betrachtung es sich hier handelt: die Notwendigkeit und die Unmöglichkeit. Diese beiden zusammen aber machen den Modaltypus des apodiktischen Urteils aus, das in affirmativer und negativer Qualität ein und dieselbe Art des prädikativen Seins (resp. Nichtseins) besagt.

Ein zweites Moment betrifft die Irreversibilität der an den logischen Modi hängenden Implikationen zweiter Ordnung. Es ist niemals so, daß ein Seinsmodus einen Urteilsmodus implizierte. Alles Sein ist als solches indifferent gegen Begriff und Urteil, genau so sehr als es indifferent gegen die Erkenntnis ist. Begriff und Urteil sind sekundär; sie treten nur als Fassung oder Prägung des Erkannten auf. Ist nun das Seiende beider Sphären schon grundsätzlich indifferent gegen die Erkenntnis, um wieviel mehr also gegen deren bloße Prägungen!

Nicht ganz in gleichem Maße aber gilt dasselbe vom Verhältnis zu den Erkenntnismodi. Freilich, es ist nicht nötig, daß Erkenntnis sich in Urteilsform umsetze; und insofern ist sie auch durchaus ebenso indifferent wie das Seiende gegen logische Form und deren Modalität. Aber es gibt hier noch einen anderen Zusammenhang, und dieser hängt weder am Begriff noch am Urteil, sondern am Schluß. Die logische „Folgerung" in ihren mannigfaltigen Formen spielt sehr wesentlich in den Erkenntniszusammenhang hinein. Sie vermittelt ihrerseits neue Einsicht, insonderheit dort, wo die Wirklichkeit einer Sache bereits gegeben, ihre Notwendigkeit aber noch unbegriffen ist. Das ist keineswegs bloß da der Fall, wo bewußt und explizit „geschlossen" wird; es ist vielmehr schon überall im konkreten und intuitiven Erfassen der Fall, wo etwas an einer Sache vom Allgemeinen her, unter das sie fällt, eingesehen wird. Denn faktisch wird auch hier stets subsumiert, auch wenn man sich des Allgemeinen, unter das man subsumiert, nicht bewußt ist.

Der Schluß geht in der Erkenntnis sowohl dem formulierten Urteil als auch dem definierten Begriff voraus. Das reimt sich gut mit dem inneren Verhältnis von Begriff, Urteil und Schluß — einem Verhältnis, das freilich in der formalen Logik meist verkannt worden ist —, denn gemeinhin entsteht das Urteil erst im Schluß, der Begriff aber integriert sich aus Urteilen.

Mit den Schlußformen allein also ragt das Logische bestimmend in den lebendigen Gang der Erkenntnis hinein. Und hier werden wir denn auch die umgekehrte Implikation zu erwarten haben: die des Urteilsmodus durch den Erkenntnismodus. Und da es sich nur um Unmöglichkeit und Notwendigkeit handelt, so geht es hier um das beiderseitige Verhältnis zwischen dem Begreifen der Unmöglichkeit und Notwendigkeit einerseits und dem im Schluß gewonnenen apodiktischen Urteil.

b. Apodiktisches Urteil und Realnotwendigkeit.

Logische und reale Notwendigkeit sind einander von Grund aus unähnlich. Die logische Folge hat mit der Realfolge kaum etwas gemeinsam. Jene geht von Prämissen aus, führt also vom Allgemeinen zum Besonderen; diese dagegen geht von der Realsituation aus, führt also von streng individueller Besonderheit der Sachlage zu ebenso individueller Realfolge. Alles was hier an Bezogenheit bestehen kann, erstreckt sich allein auf die Gesetzlichkeit, oder das Allgemeine im Realzusammenhang, soweit dieses sich in logischen Prämissen einfangen läßt. Ob aber der besondere Realfall gerade von derjenigen Gesetzlichkeit betroffen ist, die in der major des Schlusses zum Ausgangsglied gewählt ist, hängt davon ab, ob das Subjekt des Untersatzes in stichhaltiger Weise unter den Mittelbegriff (terminus medius) gebracht ist.

Ob dem so ist, darüber kann die Logik nicht entscheiden. Das ist Sache der Erkenntnis, und zwar in den Modi des Begreifens. So bleibt der logischen Notwendigkeit im apodiktischen Urteil wenig Aussicht auf Implikation der Realnotwendigkeit.

Dazu kommt noch ein zweites. Auch wenn die Allgemeinheit des Obersatzes auf einem echten Realgesetz beruht, der Spezialfall richtig erkannt, und die Subsumption fehlerfrei vollzogen ist, so ergibt der Schluß doch nur die Notwendigkeit aus dem Gesetz. Diese aber kann unter Umständen ganz windschief zur Realnotwendigkeit stehen, und in jedem Falle ist sie eine andere als diese. Schließt man z. B. aus der Gesetzlichkeit der Mondbahn und einer bestimmten Stellung des Mondes zu bestimmter Zeit auf das Eintreten einer Mondfinsternis, so spiegelt sich in dem apodiktischen Urteil, das die conclusio bildet, in der Tat ein Teil der Realnotwendigkeit, mit der die Verfinsterung eintritt. Man kann aber auch unter Zugrundelegung der Gesetze aus dem Eintreten einer Verfinsterung zu bestimmter Zeit auf die bestimmte Stellung des Mondes (im Kreuzungspunkt seiner Bahn mit dem Erdschatten) zu eben dieser Zeit schließen. Auch das ist ein logisch stichhaltiger Schluß, und auch er führt zu einem apodiktischen Urteil im Folgesatz.

In diesem zweiten Falle aber ist die Notwendigkeit im Urteil inhaltlich eine ganz andere als die Realnotwendigkeit. Im Realverhältnis ist nur die Verfinsterung auf Grund der Mondstellung notwendig, nicht aber die Mondstellung auf Grund der Verfinsterung. Das Verhältnis der Realdetermination ist irreversibel, das der logischen ist reversibel. Jene führt von den Realursachen zur Realwirkung, diese vom Gegebenen zum Gesuchten. Ist nun die Realwirkung gegeben, so kehrt sich das Verhältnis von Grund und Folge im Schluß um und koinzidiert nicht mit dem Realverhältnis.

Es folgt hieraus: logische Notwendigkeit impliziert als solche nicht Realnotwendigkeit; auch dann nicht, wenn sie eindeutig auf deren Realgesetzlichkeit (in der major) gegründet ist, und überdies logisch folgerecht erschlossen ist. Wohl aber ist in einem solchen — dem günstigen — Falle ein Zugang zur verborgenen Realnotwendigkeit freigelegt. Denn eben im Rückschluß auf die Bedingungen kommen diese zutage; und in der Totalität der Bedingungen wurzelt die Realnotwendigkeit.

Darauf beruht die relativ hohe Schlagkraft der logischen Schlüsse im Erfassen der Realverhältnisse. Diese Schlagkraft besteht nicht in eigentlicher Implikation des Realmodus. Sie stellt ein weit komplexeres Verhältnis dar, das sich auf der Umkehrbarkeit des logischen Grund-Folge-Verhältnisses gegen das reale gründet. Alles wissenschaftliche Schließen, das von der Tatsächlichkeit der Realfolge ausgeht und auf Gründe schließt (seien es nun allgemeine Gesetze oder vergangene Geschehnisse), nimmt diesen Weg. Und so gerade entspricht es der Schwierigkeit und der ewigen Halbheit, mit der das Begreifen der Realnotwendigkeit zu ringen hat. Der Schluß, und mit ihm die apodiktische Naturnotwendigkeit, ist das formale Vehikel dieses Begreifens.

Günstiger und einfacher gestaltet sich das Verhältnis im negativ apodiktischen Urteil. Auch hier freilich gilt dieselbe Reversibilität und Indirektheit. Der gleichläufige Fall aber ist im Negativen von ganz anderer Vollständigkeit. Denn zur Realunmöglichkeit genügt schon das Fehlen einer einzigen Teilbedingung. Ein solches Fehlen kann gegeben sein; diese Gegebenheit kann in der minor ausgesprochen sein, während die major das Gesetz der Grundbedingungen ausspricht, unter denen dann eben jene fehlende mit gesetzt ist (man vergleiche die Schlußmodi Camestres und Baroco). In diesen Fällen gibt es dann auch die direkte Implikation der Realunmöglichkeit — auch inhaltlich verstanden — auf Grund des negativ apodiktischen Urteils.

Auch dieser Fall ist von großem Gewicht. In der Wissenschaft liegt er den apagogischen Notwendigkeitserweisen zugrunde. Und im praktischen Leben bildet er die Handhabe zur Reduktion der „Eventualitäten" im Kalkül auf das Zukünftige.

c. Apodiktisches Urteil und Wesensnotwendigkeit.

Weit unmittelbarer ist das Verhältnis des Logischen zum Wesensreich. Seine Gesetze sind Wesensgesetze. Nur ist es ein sehr enger Ausschnitt der allgemeinsten Wesensgesetzlichkeit, der in der logischen Gesetzlichkeit steckt: die Abhängigkeitsgesetzlichkeit des Besonderen und des Allgemeinen. Letzten Endes steckt dahinter das Verhältnis von genus und species, und zwar auch nur hinsichtlich des Generellen in der species.

Das dictum de omni et nullo drückt diese Abhängigkeitsgesetzlichkeit eindeutig und formal aus. Dieses Diktum ist ein Wesensgesetz. Als solches ist es zugleich gültig in der Sphäre des Logischen, aber auch in der des Realen. Darauf beruht die Möglichkeit, im Schließen Realverhältnisse zu erschließen. Das Wesensreich spielt hier die Rolle des Vermittlers, und zwar in Form einer übergeordneten Gesetzessphäre.

Man darf also sagen: sind die Prämissen zutreffend (inhaltlich dem idealen Sein entsprechend), so drückt die Apodiktizität der Konklusion Wesensnotwendigkeit aus. Unter dieser Bedingung gilt dann der Satz: logische Notwendigkeit impliziert Wesensnotwendigkeit.

Die Bedingung selbst aber bedeutet hier keine sehr empfindliche Einschränkung, denn sie ist relativ leicht zu erfüllen: die Wesenszulässigkeit der Prämissen kündigt sich schon unmittelbar in der Sphäre des Urteils an. Die Prämissen brauchen nur der Forderung der Widerspruchslosigkeit zu entsprechen; denn im Reich des idealen Seins ist alles „möglich", was in sich widerspruchsfrei ist; auf Kompossibilität mit der ganzen Sphäre kommt es keineswegs an. Daher die leichte Herstellbarkeit der Übersicht. Und da andererseits alles Wesensmögliche auch wesenswirklich ist, so ist die obige Bedingung bei einfacher Erfülltheit der logischen Gesetze ohne weiteres selbst erfüllt.

Man kann also das Implikationsgesetz auch so aussprechen: Wesensnotwendigkeit impliziert zwar keine Apodiktizität des Urteils; wohl aber impliziert stets ein apodiktisches Urteil seinerseits Wesensnotwendigkeit, sofern nur die Prämissen den allgemeinen logischen Gesetzen entsprechen, die auch die Voraussetzung der logischen Konsequenz im Schlusse sind.

Dieses außerordentlich günstige Verhältnis wurzelt letzten Endes in der eigentümlichen Nahstellung des idealen Seins zum Bewußtsein. Auf ihr beruht das gewaltige Gewicht der logischen Form in der konspektiven Intuition der idealen Seinsverhältnisse. Und da in Wahrheit rein stigmatische Intuition isolierter Wesenheiten ohne die Einlagerung in erfaßte Wesenszusammenhänge nicht vorkommt, so folgt, daß alle Wesenserkenntnis mit auf logische Apodiktizität rückbasiert ist. Daß aber diese Rückbasierung bei den einfachsten Wesenselementen versagt, ist kein Widerspruch, der die ganze Kette der Einsichten zweideutig zu machen brauchte, sondern nur der generelle Ausdruck jener Relativität aller Notwendigkeit auf erste Glieder, die zufällig bleiben, — wie sie in jeder Sphäre wiederkehrt.

d. Apodiktisches Urteil und Erkenntnisnotwendigkeit.

Eben damit ist auch schon das Verhältnis zur Erkenntnis ins Licht gerückt. Das Gebiet des Logischen ist zwar seiner Struktur nach kein Erkenntnisgebiet, wohl aber ist es faktisch stets an den Erkenntniszusammenhang gebunden und kommt außerhalb seiner nicht vor. Nur in abstracto, um der logischen Theorie willen, kann man es ablösen.

Der logische Folgezusammenhang leistet eine ganz bestimmte Funktion in der Erkenntnis. Er ist diejenige Form apriorisch-konspektiver Intuition, die unter erfaßten Gesetzen das Besondere begreift. Diese Form eben ist die Subsumption. Der Modus des Begreifens ist dabei stets ein Begreifen der Notwendigkeit. Denn stets wird auf Grund des supponierten Gesetzes die notwendige Zugehörigkeit eines Merkmals „m" zu A erfaßt, die an der bloß empirischen Gegebenheitsweise von A nicht erfaßt werden konnte.

So ist es in den geometrischen „Beweisen", so in physikalischen Ableitungen. Die Notwendigkeit, die hier zur Einsicht gebracht wird, mag eine durchaus einseitige, begrenzte oder hypothetische sein. Sie kann weder für die supponierten Gesetze (in der major) noch für das zutreffende Erfaßtsein der Sonderfälle (in der minor) aufkommen. Sie steht nur für die Folgerichtigkeit des Urteilszusammenhanges als solchen ein. Sie mag also logisch wohl eine absolute sein, für die Erkenntnis bleibt sie stets eine hypothetische, d. h. sie behält die Form eines „Wenn — So". Nämlich: „wenn" die Prämissen stimmen, „so" stimmt auch die Konklusion; wobei das „Stimmen" die Bedeutung von Wahrsein hat, also ein Zutreffen auf reales oder wenigstens ideales Sein besagt.

Man darf also allgemein so formulieren: logische Notwendigkeit impliziert von sich allein aus weder das Begreifen der Realnotwendigkeit noch das der Wesensnotwendigkeit; wohl aber impliziert sie beide, wenn die Prämissen wahr sind.

Dieser Satz aber, mitsamt seiner Einschränkung, hat eine sehr verschiedene Bedeutung für die Idealerkenntnis und für die Realerkenntnis.

Im idealen Sein eben ist schon die Widerspruchslosigkeit der zureichende Anzeiger der Wesenswirklichkeit. Da sich der Widerspruch in jedem übersehbaren Erkenntnisinhalt unmittelbar fühlbar macht, so ist die Idealerkenntnis mit ihren Prämissen in der Regel im Reinen und kann für sie einstehen. Unter solchen Umständen aber wird die Schlußgewißheit aus einer hypothetischen zur kategorischen. Und damit wird auch die logische Notwendigkeit eine absolute. Sie impliziert dann also ohne weiteres das Begreifen der Wesensnotwendigkeit; und zwar ebensosehr affirmativ wie negativ.

Nur die Grenzen der Zusammenschau selbst schränken sie ein. Aber diese fallen mit dem ganzen Operationsfelde der Idealerkenntnis zusammen. Denn diese Erkenntnis hat gnoseologisch gleichfalls die Form konspektiver Intuition.

Ganz anders in der Realerkenntnis. Hier grenzt die Fragwürdigkeit sowohl der supponierten Gesetze als auch der subsumierten Gegebenheiten die Realimplikation ein. Die ersteren hängen letzten Endes an der transzendenten Identität der Kategorien (der Erkenntnis und des Realen), die letzteren an der Adäquatheit der empirischen Daten. Darüber hinaus aber bleibt noch die Reversibilität des Determinationsverhältnisses in der Erkenntnis bestehen. Denn auch der stichhaltig fundierte und folgerecht gezogene „Realschluß" braucht noch nicht die Realnotwendigkeit zu treffen; er kann ebensogut ihrer Richtung entgegen laufen und lediglich zu gewissen „notwendigen" Bedingungen der Realnotwendigkeit führen. Ein Schluß aus der Totalerkenntnis der Realbedingungen heraus auf die eigentliche Realnotwendigkeit eines bestimmten A mitsamt seinem individuellen Hier und Jetzt ist eine große Seltenheit, ein Grenzfall, der nur unter besonders günstigen — in Wahrheit stets nur unter vereinfacht gesehenen — Bedingungen eintreten kann.

Immerhin ist auch dieser Fall durchaus möglich und kommt auf Wissensgebieten mit durchsichtigen Realverhältnissen wohl vor. Man darf also sagen: logische Notwendigkeit impliziert unter Umständen sehr wohl Realnotwendigkeit — z. B. in der exakten Voraussage eines bestimmten Naturgeschehens —; aber ihre Bedeutung für die Realerkenntnis ist mit dieser engen Umgrenzung nicht entfernt erschöpft. Vielmehr ist logische Notwendigkeit stets zum mindesten eine Heranführung an das Begreifen der Realnotwendigkeit, und mittelbar durch sie der Realwirklichkeit. Und insofern haben wir in ihr ein mächtiges Mittel der Orientierung bei der Erkenntnis von Realzusammenhängen.

Gerade der Umstand, daß sie nicht ohne weiteres die Realnotwendigkeit anzeigt, sondern gegen deren Dependenzrichtung Freiheit hat, gibt ihr die Beweglichkeit, die eine orientierende Erkenntnisinstanz haben muß. Und so kommt es, daß trotz der Lockerheit des Implikationsverhältnisses von der logischen zur Erkenntnisnotwendigkeit doch im Felde des Realen alle Erkenntnis der Notwendigkeit mit der logischen Notwendigkeit arbeitet und mittelbar durch sie gerade am sichersten zu stichhaltigen Ergebnissen kommt.

Man kann das auch in anderer Weise umschreiben: die logische Notwendigkeit im apodiktischen Urteil impliziert zwar nicht direkt das eigentliche Begreifen der Realnotwendigkeit; wohl aber impliziert sie stets ein Begreifen von Zusammenhängen, die ihrerseits auf Realnotwendigkeit beruhen. Und dadurch führt sie im Bereich der Realerkenntnis mittelbar auf das Begreifen der Notwendigkeit hin. Sie ist der natürliche Zugang der Erkenntnis zur Realnotwendigkeit.

Werke von Professor Dr. Nicolai Hartmann
im Verlage Alfred Töpelmann, Berlin W 35

Platos Logik des Seins

(Philosophische Arbeiten III) Oktav. X, 512 Seiten. 1909. Vergriffen

Über des Proklus Diadochus philosophische Anfangsgründe der Mathematik

(Philosophische Arbeiten IV. 1) Oktav. II, 57 Seiten. 1909. RM 1.30

Schriften desselben Verfassers, die in anderen Verlagen erschienen sind:

Zur Methode der Philosophiegeschichte, Kantstudien Bd. XV. 1910.

Systembildung und Idealismus, in Philosophische Abhandlungen, Berlin, Bruno Cassirer, 1912.

Philosophische Grundfragen der Biologie, Bd. 6 der Sammlung „Wege zur Philosophie", Göttingen, Vandenhoek u. Ruprecht, 1912. Vergriffen.

Systematische Methode, Logos, Bd. III. 1912.

Logische und ontologische Wirklichkeit, Kantstudien, Bd. XX. 1915.

Über die Erkennbarkeit des Apriorischen, Logos, Bd. V. 1914—15.

Die Frage der Beweisbarkeit des Kausalgesetzes, Kantstudien, Bd. XXIV. 1919.

Aristoteles und Hegel, Beiträge zur Philos. des deutschen Idealismus, Bd. III. 1923; 2. Aufl. (Sonderdruck) Erfurt, Kurt Stenger, 1933.

Diesseits von Idealismus und Realismus, ein Beitrag zur Scheidung des Geschichtlichen und Übergeschichtlichen in der Kantischen Philosophie, Kantstudien Bd. XXIX; auch als Sonderdruck, Berlin, Pan-Verlag, 1924.

Kategoriale Gesetze, ein Kapitel zur Grundlegung der allgemeinen Kategorienlehre, Philosophischer Anzeiger, Bd. I, Bonn 1926.

Systematische Philosophie in eigener Darstellung, in Deutsche syst. Philosophie nach ihren Gestaltern, Bd. I (auch als Sonderdruck), Berlin, Junker und Dünnhaupt, 1931, 2. Aufl. 1935.

Zum Problem der Realitätsgegebenheit, Philos. Vorträge der Kantgesellschaft, Nr. 32, Berlin, Pan-Verlag, 1931.

Sinngebung und Sinnerfüllung, Blätter für deutsche Philosophie, Bd. VIII. 1934.

Hegel und das Problem der Realdialektik, Blätter für Deutsche Philosophie, Bd. IX, 1935.

FSC
www.fsc.org
MIX
Papier | Fördert gute Waldnutzung
FSC® C083411

Kolibri 360 GmbH
Ferdinand-Jühlke-Straße 7
99095 Erfurt, Deutschland
produktsicherheit@kolibri360.de